AF549801

Turbo

911er

TECHNIK-HANDBUCH

PERFORMANCE-TIPPS FÜR ALLE LUFTGEKÜHLTEN

Bruce Anderson

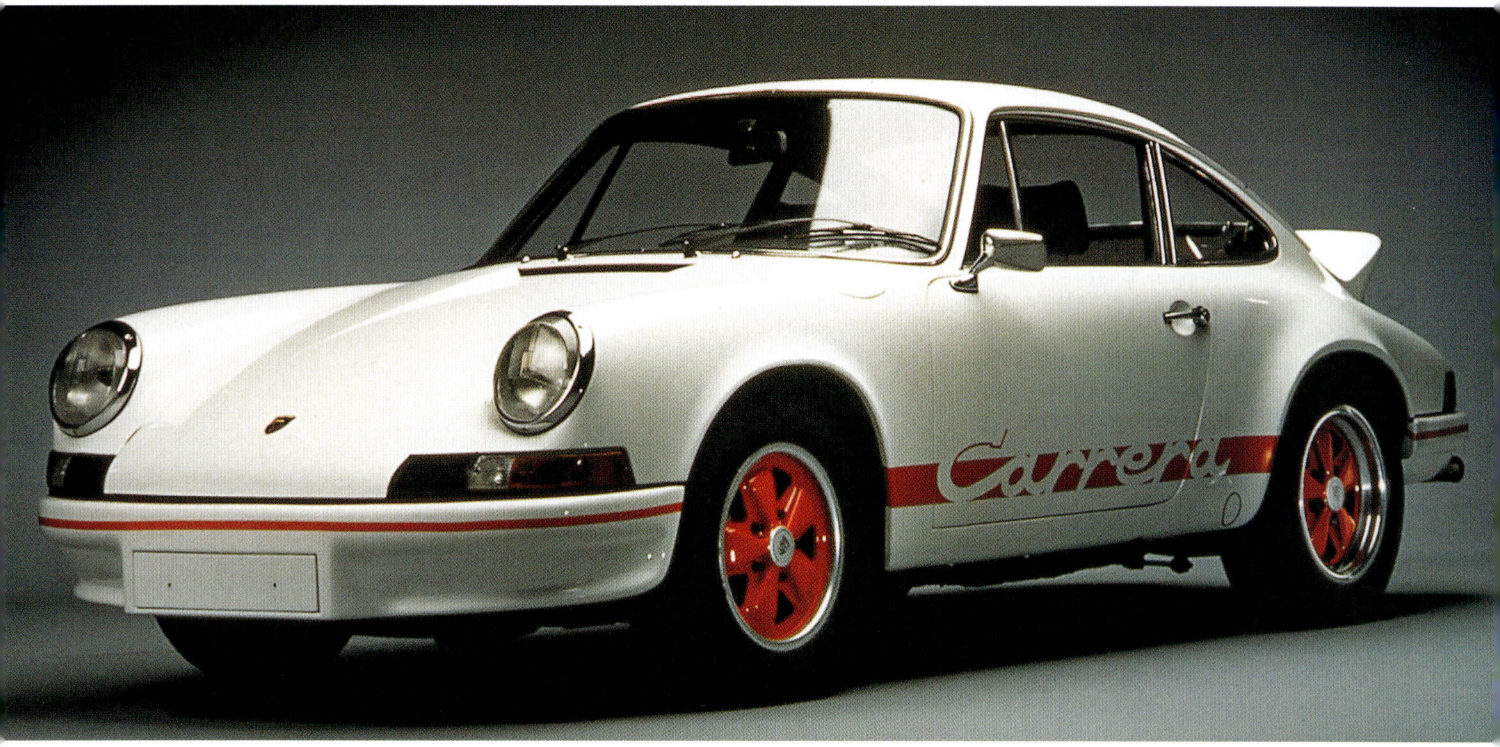

IMPRESSUM

HEEL Verlag GmbH
Gut Pottscheidt
53639 Königswinter
Tel.: 02223 9230-0
Fax: 02223 9230-26
info@heel-verlag.de
www.heel-verlag.de

Der Originaltitel „Porsche 911 Performance Handbook 1963–1998“ ist erschienen bei:
Motorbooks, an imprint of Quarto Publishing Group USA Inc.
400 First Avenue North, Suite 400
Minneapolis, MN 55401
USA

Übersetzung ins Deutsche: TTS Veil + Partner, Stephan Veil, Stuttgart

Lektorat: Jürgen Schlegelmilch, Jost Neßhöver

Printed in China

ISBN: 978-3- 95843-623-7

WARNHINWEIS:
Dieses Buch soll Hilfe zur Selbsthilfe sein. Die hierin veröffentlichten technischen Ratschläge entsprechen nicht immer den üblichen Handwerksregeln.
Für etliche technische Ratschläge in diesem Buch wird handwerkliches Grundwissen vorausgesetzt, ohne das man die entsprechenden Arbeiten nicht angehen soll.
Im Zweifelsfall sollte man vor Durchführung von technischen Arbeiten immer einen geschulten Spezialisten zu Rate ziehen und die Arbeiten nicht selbst durchführen.
Etliche Ratschläge können bei fehlerhafter Ausführung unter bestimmten Umständen zu erheblichen Folgeschäden führen.
Autor, Übersetzer und Verlag lehnen daher ausdrücklich jede Haftung für die veröffentlichten Arbeitsanweisungen und daraus gefolgerte Schlüsse ab. Für alle anhand dieses Buches ausgeführten Arbeiten übernimmt der durchführende Schrauber, Bastler oder Mechaniker das alleinige und uneingeschränkte Risiko. Ebenso ist die Haftung des Autors, Übersetzers und Verlags für Druckfehler, Schreibfehler und sachliche Fehler jeder Art ausdrücklich ausgeschlossen. Bei dem vorliegenden Handbuch handelt es sich um eine Übersetzung aus dem Englischen.

RECHTEHINWEIS:
Dieses Werk ist kein offizielles Produkt der Porsche AG, Stuttgart. Alle verwendeten Markenzeichen, Modellbezeichnungen und Namen sind Eigentum des Markeninhabers und dienen hier lediglich zur Identifizierung und Spezifikation.

Inhalt

Danksagung

Am Anfang stand ein 356 Super, mein erster Porsche (den ich 1961 neu erwarb), und damit war mein gesamtes weiteres Leben vom ständigem Kontakt zu Porsche-Fahrzeugen und zu Markenliebhabern geprägt, die selbst Porsche fahren, pflegen und restaurieren. Besonderen Dank schulde ich allen, die mit dazu beitrugen, dass ich meine Kenntnisse über die Marke Porsche stetig weiter vertiefen konnte und als Informationsquellen oder durch die Weitergabe eigener Erfahrungen einen direkten Beitrag zu diesem Buch und zu dessen inhaltlichen Grundlagen leisteten. Allen, die mir im Laufe der Jahre geholfen haben, gilt mein aufrichtiger Dank, und wenn ich in der nachstehenden Aufzählung den einen oder anderen Namen vergessen habe, bitte ich hiermit um Entschuldigung und bedanke mich ausdrücklich auch bei jenen, die ungenannt bleiben möchten.

Bob Akin, Clark Anderson, Stephanie Anderson, meine Gattin, die all meine Projekte so geduldig ertrug und selbst einige Fotos beisteuerte, Doug Arno, Manfred Bantle, Jürgen Barth, Michael Bavaro, Cecil und Carol Beach, Hartmut Behrens, Paul Bingham, Glen Blakely, Gerhard Blendstrup, Howard Blitz, Gary Bohrman, Ralph T. Booth, Alexander Bornscheuer, Helmuth Bott, Kevin Buckler, die Zeitschrift *Car and Driver,* Tony Callas, Bob Carlson, Stephania Cohen, Miles Collier, Len Cummings, John Daniels, Philippe de Lespinay, Steve Doudy, Elliott Forbes-Robinson, Dan Fleck, Heinz Dorsch, Bob Holcombe, Lillian Fuess, Chuck Gaa, Paul Gagliardi, Warren Gardner, Bob Garretson, Fred Garretson, Paul Guard, Gemballa Automobilinterieur GmbH, Wolfhelm Gorissen, Begonia Gosh, Chas. R. Green, Robert Grigsby, Harry Hall, Jon Hammill, Roger Hamlin, Fred Hampton, Tom Hanna, Allen Henderson, Paul Hensler, Tony Heyer, Terry Hunt, Alan Johnson, Ursula Jopp, Dave Klym, Tod Knight, Scott Krag, Kremer Brothers Porsche Racing, Olaf Lang, Eugene Lemke, Bill F. Martin, Hans Mezger, Dale Miller, Dwight Mitchell, Chuck Moreland, George Narbel, James Newton, Joe Padermderm, Rick Parker, Klaus Parr, Richard Parr, Porsche AG, Porsche Cars North America Inc., Leo F. Rapp, Greg Raven, Klaus Reichert, Richard Riley, Ted Robinson, Alois und Estonia Ruf, RUF Automobile Gmbh, Paul Schenk, Lori Schutz, Peter Schutz, Jerry Seinfeld, Rolf Soltau, Doug Speer, Scott Spence, Rolf Sprenger, Alwin Springer, Chuck Stoddard, John Straub, Robert Strange, Auto Design Strosek, Achim Stroth, Hans Struffert, Christian Tahone, Dave Truax, Unocal, Tom Urbaniak, Gary Walton, Rich Walton, Craig Watkins, Jim Weber, Pete Weber, Jerry Woods, Tim Wusz und Ekehard Zimmermann.

Vorwort

Mein gesamtes Erwachsenenleben hindurch galt Sportwagen meine besondere Leidenschaft. Ich bin im Santa Clara Valley (heute besser bekannt als Silicon Valley) in Kalifornien geboren und aufgewachsen. Der Norden Kaliforniens war in den 1950er Jahren das ideale Pflaster für alle, die in Sportwagen vernarrt waren. Auch mich trieb es regelmäßig zu den lokalen Straßenrennpisten und Rundkursen, z. B. auf der Moffett Field Naval Air Station, dem Golden Gate Park in San Francisco und natürlich dem legendären Pebble Beach Road Race. Schlüsselerlebnis für meine besondere Beziehung zu Porsche war eine Spritztour im durch und durch serienmäßigen 1953er 356 Coupé eines Freundes. Wer jemals einen 356 aus der Zeit vor der A-Baureihe gefahren hat, wird sich fragen, worin der Charme gerade dieses Modells lag, aber immerhin spielte sich dies vor Urzeiten ab (1955, um genau zu sein) und verglichen mit den MG und Austin-Healey, mit denen ich bereits gewisse Erfahrungen sammeln konnte, war der Porsche eindeutig eine Klasse für sich.

Mit dieser ersten Mitfahrgelegenheit begannen gewissermaßen meine „Porsche-Lehrjahre", und seither hat mich mein Interesse an allen Weiterentwicklungen rund um die Porsche-Technik nie mehr verlassen. Im Gedächtnis ist mir vor allem eine Autoschau in einer unserer „Shopping Malls" im Jahr 1956 geblieben, bei der ich tief beeindruckt vor dem nagelneuen 356A mit seinen 15-Zoll-Rädern, seinem sportlicheren Fahrwerk und der gewölbten Windschutzscheibe stand – für seine Zeit ein echtes Wunder auf vier Rädern.

1961 erstand ich meinen ersten eigenen Porsche – einen ladenneuen, rubinroten 356 Super mit Karmann-Hardtop – und seither habe ich durchgehend ständig einen oder mehrere Porsche besessen – insgesamt über ein Dutzend. Derzeit steht in meiner Garage ein 1999er Boxster. Zu den kapitalen Fehlern meines Lebens zählen dabei diverse Fahrzeuge, die ich unverzeihlicherweise verkauft habe, u. a. ein 1959er GT Speedster und ein 1964er SC GT Coupé.

Gut 17 Jahre lang arbeitete ich für Hewlett Packard als Technischer Autor und Leiter der Publikationsabteilung. Während dieser Zeit – mitten in den 1960er Jahren – wagten ein Freund und ich als Nebenprojekt den Sprung in die Porsche-Welt – mit einer kleinen Tuningwerkstatt in der Garage meines Freundes. Zunächst wurden unsere eigenen Wagen sowie der Fuhrpark unserer Freunde optimiert und für den Start bei Autocross-Rennen und Clubrennen präpariert. Anfang der 1970er Jahre wurde daraus ein Vollzeitunternehmen. Das Tuning der Kundenfahrzeuge und der Start bei Rennen in aller Welt haben uns immensen Spaß bereitet, und zehn Jahre lang war ich als Mitinhaber und Geschäftsführer unserer Tuningschmiede an vorderster Front aktiv, bis wir unseren Betrieb veräußerten und getrennte Wege gingen.

1964 war ich bereits dem Porsche Club of America (PCA) beigetreten und engagierte mich über Jahre hinweg auf lokaler und nationaler Ebene im Club. Insgesamt nahm ich an 38 „Porsche Parades", den Jahrestreffen der Fangemeinde mit sportlichem Touch, teil. Bei drei der Jahrestreffen gelang mir der 1. Platz beim von Bosch gesponserten technischen Quiz, und 1973 konnte ich mir in meinem 914-6 den Klassensieg im Autocross sichern. 1976 war für mich Schluss mit dem Autocross – nach 12 Jahren Motorsport und etlichen Klassensiegen bei Rennen des PCA und des Northern California Sports Car Council.

Mein Interesse und meine Fachkenntnisse rund um die Porsche-Technik machten sich auch in meiner Tätigkeit als Technikreferent im PCA von 1981 bis 2002 bezahlt und seit 2002 blieb ich dem Thema „Technik" im Club als „Senior Technical Adviser" verbunden. Seit 1987 fungierte ich zudem als Technischer Redakteur des *Excellence*-Magazins. Dazu kommen Artikel für zahlreiche Porsche-Publikationen in den USA und im Ausland, unter anderem im *Flat 6*–Magazin und *Talon Pointe* (Frankreich), in der *Porsche Post* und *911 & Porsche World* (Großbritannien); *911 & Porsche Magazine* (Japan), in der Kundenzeitschrift *Christophorus* des Porsche-Werks sowie in *Porsche Panorama,* dem offiziellen Mitteilungsblatt des PCA.

Die erste Auflage des *Porsche 911 Performance Handbook* (der US-Originalausgabe dieses Handbuchs) war für mich die Gelegenheit, alles, was ich über den 911 wusste, in gebündelter Form niederzuschreiben und später ohne langes Suchen nachschlagen zu können. Dazu muss man wissen, dass bevor dieses Buch entstand, mein Porsche-Fachwissen vorwiegend auf losen Blättern und Notizzetteln dokumentiert war. Es zeigte sich rasch, dass auch viele andere 911er Fans diese Informationen nachlesen wollten. 2009 erschien dann die US-Fassung in der dritten Auflage. Wie bereits bei der zweiten Auflage, die 1996 veröffentlicht wurde, ist das Buch um neue Erkenntnisse und aktuelle Informationen erweitert worden, womit die Geschichte der luftgekühlten Modellreihe 911 nach und nach komplett abgedeckt werden konnte. Außerdem wurden zahlreiche Fotos neu in das Buch aufgenommen, darunter viele Farbfotos, die hier erstmals veröffentlicht werden. Ich hoffe, dass dieses Buch auch Ihnen ein wertvoller Ratgeber zur Vertiefung Ihrer eigenen Kenntnisse über die Marke Porsche ist.

Bruce Anderson – 2009

(Anmerkung des Herausgebers:
Bruce Anderson verstarb am 9. Februar 2013.)

KAPITEL 1
PORSCHE 911 PERFORMANCE HISTORIE

Der Porsche 911 zählt – wie bereits sein Vorgänger seinerzeit, der legendäre 356 – seit jeher zu den Sportwagen, die nicht nur auf ein sportliches Äußeres setzen, sondern auch mit einem entsprechenden Leistungspotenzial aufwarten. Bevor der 911 das Licht der Autowelt erblickte, kursierten Gerüchte, wonach der Nachfolger des 356 kein Sportwagen, sondern eine größere, viersitzige Gran Turismo-Limousine werden sollte. Glücklicherweise bewahrheiteten sich diese Mutmaßungen nicht: Auch das neue Modell entpuppte sich als 2+2-Sitzer – und in puncto Leistungsdaten, Fahrkomfort und sportbetonten Fahreigenschaften distanzierte er den 356 eindeutig.

In den ersten Nachkriegsjahren, als die britischen Hersteller tonangebend waren (und insbesondere den US-Sportwagenmarkt dominierten), galten seitliche Steckscheiben, ein unzulängliches Verdeck und eine knochenharte Federung noch allerorten als unverzichtbare Attribute eines „echten" Sportwagens. Porsche-Fahrer, die bereits durch den 356 relativ verwöhnt waren, wussten es freilich besser.

Für alle Kunden, denen das Sportwagen-Flair des 356 noch nicht genügte, hatte Porsche die Speedster-Version aufgelegt. Aber selbst der Speedster war gar nicht so kompromisslos: Das Verdeck war durchaus brauchbar und die Straßenlage hervorragend. Zwar waren die seitlichen Steckscheiben undicht, aber bei welchem Wagen mit Steckscheiben war das je anders?

Erste konkrete Hinweise auf den neuen 911 machten Anfang der 1960er Jahre in Porsche-Kreisen die Runde. Ein Freund des Verfassers – selbst 356er Fahrer – berichtete nach einer Europareise von einem Besuch im Werk, bei dem er das neue Porsche-Modell, den späteren 911, zu sehen bekommen hatte. Nach seiner Rückkehr plagten ihn schwere Bedenken, dass Porsche den 356 sang- und klanglos

Der T7, die viertürige Studie von Butzi Porsche, die noch vor dem 901 entstand, saß auf dem Rahmen eines 356. Foto: Paul Gagliardi

untergehen lassen und in unerschwingliche Preisregionen aufrücken würde. Die normalen 356 mit OHV-Motoren, mit denen das Gros der Porsche-Fahrer seinerzeit unterwegs war, lagen preislich bei 14.000 bis 15.000 DM. Das damalige Topmodell, der 2,0-Liter-Carrera, schlug demgegenüber mit 23.700 DM zu Buche.

Interessanterweise wurde die Entwicklung des 901 von Porsche nicht zuletzt durch eine Anzahlung finanziert, die hundert der renommiertesten Porsche-Händler auf Ersuchen des Werks für je einen der fertigen Wagen leisteten. Diese Anzahlung betrug rund 8000 DM – 1962 eine erkleckliche Summe. Die Investition dürfte sich aber für sämtliche Händler mehr als bezahlt gemacht haben.

Das Debüt des 911

Auf der IAA im September 1963 feierte der neue Porsche Premiere – anfangs noch unter dem Typenkürzel 901. Schon bald folgte allerdings eine Umbenennung, zu der sich Porsche aufgrund eines Einspruchs der Firma Peugeot gezwungen sah, denn die Franzosen hatten sich bereits lange zuvor alle dreistelligen Typennummern mit mittlerer Null schützen lassen. Kurz nach dem Serienanlauf im September 1964 vollzog Porsche den offiziellen Wechsel zur Typbezeichnung 911. Lediglich die ersten 82 Exemplare wurden noch als 901 produziert. Diese späte Änderung erklärt auch, warum viele der Teilenummern und Bezeichnungen am 911 mit der Zahlenfolge

Der allererste 911

Der Wagen, den Porsche-Fans weltweit als 911 kennen, debütierte wie bereits erwähnt im September 1963 als Typ 901. Bis Ende 1964 stellte Porsche 232 Exemplare fertig. Das hier abgebildete Fahrzeug mit der Fahrgestellnummer 300049 entstand im November 1964 und war das erste Exemplar, welches die neue Modellbezeichnung 911 erhielt. Dieses Exemplar befindet sich heute im Besitz des US-Schauspielers und Comedy-Serienstars Jerry Seinfeld.

Nach der Vollrestaurierung in Deutschland konnte Jerry Seinfeld den ersten „echten" 911 in Pebble Beach wieder in Empfang nehmen. Foto: Stephanie Anderson

Der perfekt restaurierte Motorraum von Seinfelds neuem vierrädrigem Schmuckstück. Foto: Stephanie Anderson

Seinfeld (rechts) bestaunt seinen „neuen" Porsche im Beisein von Talkshow-Moderator Jay Leno (links). Porsche-Fan Seinfeld ließ den „ersten 911" nach dem Kauf zur Restaurierung ins Porsche-Werk verschiffen. Der Schauspieler besitzt auch den letzten je produzierten luftgekühlten 911, einen Carrera 4S, der im März 1998 vom Band lief. Foto: Stephanie Anderson

Rolf Sprenger, Leiter des Werks 1, in dem der Wagen restauriert wurde, übergibt die Fahrzeugpapiere an Jerry Seinfeld. Foto: Stephanie Anderson

Der 911 Targa in einer seiner vier Erscheinungsformen als „Targa Spyder“, der vollständig offenen Version mit abgenommenem Dach und versenkter Heckscheibe. Foto: Porsche AG

901 beginnen. Für stolze 21.900 DM konnten sich die ersten Kunden den brandneuen Porsche in ihre Garage stellen (zum Vergleich: der Mercedes 230 SL kam auf 20.600 DM).

Ganz in der Tradition der Marke setzte auch der 911 das motorsportliche Engagement des Hauses Porsche fort: Bereits im Januar 1965 debütierte der neue Porsche bei der Rallye Monte Carlo, wo er auf Anhieb den 5. Platz belegte. In der Folgezeit gewann der 911 zahlreiche der wichtigsten europäischen Rallyes, unter anderem noch zwei Mal die Rallye Monte Carlo sowie die Tour de Corse. Bei diesen frühen 911 beschränkte sich die Rennvorbereitung noch auf geringfügige Eingriffe am Fahrwerk, leistungsgesteigerte Versionen des 901er Motors und eine Vielzahl unterschiedlicher Getriebeabstufungen. Mit der weiteren Entwicklung des 901 entstanden dann auch Spezialversionen für Tourenwagenrennen, GT-Rennen und Rallyes. Diese Abkömmlinge des 911 waren im Laufe der Jahre in den Siegerlisten so ziemlich aller wesentlichen Rennen und Rallyes der Welt zu finden.

Bereits auf der IAA 1965 präsentierte das Werk eine unkonventionelle Neuheit für alle Offenfahrer: den Targa, bei dessen Namensgebung die vielen Porsche-Siege bei der Targa Florio Pate standen. Als Besonderheit besaß dieses Cabrio – als erstes Serienmodell – einen markanten, breiten Überrollbügel aus poliertem rostfreiem Stahl, schon bald hielt der „Targabügel“ jedoch auch bei etlichen anderen Herstellern Einzug. Manchmal wurde der Targa als „Henkelporsche“ belächelt, manchmal als Sicherheitscabrio hochgelobt. Porsche vermarktete ihn kurzerhand als „Wagen mit vier Gesichtern“: 1) als Targa Spyder mit abgenommenem Zwischendach und verstauter Heckscheibe, 2) als Targa Bel Air, bei dem die Insassen bei abgenommenem Targa-Dach zugfreien Sonnenschein (denn die Heckscheibe blieb ja eingesetzt) wie mit einem riesigen Schiebedach genießen konnten, 3) als Targa Voyage mit geschlossenem Verdeck, aber geöffneter Heckscheibe und 4) als Targa Hardtop mit geschlossenem Targaverdeck und wieder eingesetzter Heckscheibe.

Bei der Präsentation des 911 ließ Porsche gegenüber den Händlern verlauten, dass nicht mit einer Cabrioversion zu rechnen sei. Also erstanden US-Großhändler John von Neumann und einige Händlerkollegen ein rollfähiges Fahrgestell und ließen bei Bertone darauf einen Cabrio-Aufbau schneidern. Die Linien dieses Einzelexemplars muten durchaus gefällig an, der betont italienische Touch ist bei einem Porsche allerdings etwas gewöhnungsbedürftig. Bis Bertone seine Kreation fertiggestellt hatte, war Porsche indes mit dem Targa als eigener offener Version angetreten. Damit waren auch die Pläne um das Bertone-Cabriolet Makulatur.

Der Cabrio-Prototyp mit der Fahrgestellnummer 13360 (heute im Besitz eines US-Sammlers).

Allerdings wurde der Targa erst mehr als ein Jahr später, zum Modelljahr 1967, in das reguläre Porsche-Programm aufgenommen.

Bereits zu Zeiten des 901 war außerdem der Prototyp eines klassischen Cabriolets (mit der Fahrgestellnummer 13360) entstanden. Nachdem Karmann im Juni 1964 mit dem Umbau beauftragt wurde, ging das fertige Fahrzeug am 10. September 1964 an Porsche zurück. Wie aus der Tagesordnung der Vorstandssitzung von Porsche vom Februar 1965 hervorgeht, wurde bei dieser Gelegenheit die Machbarkeit eines 911 Cabriolet erörtert. Im Frühjahr 1965 entstand ein weiterer Prototyp (Nr. 13396). Beide Fahrzeuge waren auch bei der IAA 1965 auf dem Porsche-Stand zu sehen. Als im Anschluss an den Messeauftritt die Entscheidung über den Bau einer offenen Version anstand, entschied man sich in Zuffenhausen jedoch einstweilen gegen den Bau eines reinrassigen Cabrios (erst zum Modelljahr 1983 erschien ein echtes 911 Cabriolet).

1967

Für die Karosserie des 911 Coupé zeichnete Ferdinand Alexander „Butzi“ Porsche verantwortlich, der bereits die Karosserie des 904 entworfen hatte und auch den Targa gestaltete, bevor er später seine eigene Firma Porsche Design gründete. Anfangs war der 911 nur in einer einzigen Leistungsstufe (130 DIN-PS) lieferbar. Eine „schärfere“ Version war also nur eine Frage der Zeit, und kaum jemand dürfte überrascht gewesen sein, als zum Modelljahrgang 1967 ein leistungsstärkeres Modell – der 911 S mit 160 DIN-PS – Einzug hielt. Der Preis des neuen 911 S betrug 24.480 DM, der normale 911 war dagegen für 22.900 DM zu haben.

Neben dem potenteren Motor waren am 1967er 911 S erstmals innenbelüftete Scheibenbremsen zu finden. Als weiteres Novum kamen die geschmiedeten Fuchs-Leichtmetallfelgen hinzu, die schon bald als eines der markantesten Stilmerkmale des 911 galten. In ihrer ursprünglichen Ausführung in der Größe 4 ½x15 Zoll besaßen die Fuchs-Felgen durchgehend silberne Speichen und waren beim 911 S Teil der Serienausstattung, beim 911 und Vierzylinder-912 gegen Aufpreis lieferbar. Dabei fanden diese Leichtmetallräder bei ihrer Einführung zunächst keineswegs einhelligen Beifall. Böse Zungen behaupteten, sie sähen aus, als stammten sie von einem Zirkuswagen. Optische Stilfragen mal beiseitegelassen, waren sie auf jeden Fall leichter und stabiler und sorgten für bessere Kühlwirkung an den Bremsen als die bisherigen Stahlscheibenräder.

Neu zum Modelljahr 1967 war auch der hintere Querstabilisator, der die ohnehin exzellenten Fahreigenschaften des 911 weiter aufwertete. Neben den Fuchs-Felgen hob sich der 911 S vom normalen 911 und dem 912 auch durch geänderte Schweller- und Stoßstangenschutzleisten mit kräftigerem, quadratischem Gummiprofil ab. Das Armaturenbrett des 911 S war komplett mit Kunstleder bezogen, ebenso die bisher mit Holz ausgekleideten Flächen der ersten 911, und der Fahrer saß hinter einem neuen Lenkrad mit kunstlederbespanntem Radkranz. Die normalen 911 und 912 erhielten 1967 statt der Holzblende einen Alustreifen am Armaturenbrett.

Ende 1967 entstand eine Kleinserie von 23 Renn-911 unter der Bezeichnung 911 R (R wie Rennsport). Der 911 R bedeutete mit seiner Glasfaserkarosserie, Plexiglasscheiben und dem 210-PS-Motor aus dem Carrera 6 eine deutliche Abkehr vom Serienmodell.

Die spartanischen, nur knapp über 800 kg schweren 911 R liefen zwar nur selten in Rennen, stellten aber die Weichen für spä-

Der 1967 eingeführte 911 S bot mehr Leistung, bessere Straßenlage und stilistische Verfeinerungen. Mit den 4,5 Zoll breiten Fuchs-Rädern aus geschmiedetem Alu zählt er zu den ersten Serienmodellen mit Leichtmetallfelgen. Die Gummileisten an den Seitenflanken und Stoßstangen waren zum Modelljahr 1967 deutlich verbreitert worden und wiesen jetzt ein quadratisches Profil auf. Bei der Europaversion des 911 S entfielen die vorderen Stoßstangenhörner. Foto: Stephanie Anderson

Einer von nur 23: der 911 R.

tere Rennderivate des 911. Für die Targa Florio 1969 erhielt ein 911 R den Motor des 916. Der Typ 916 entwickelte als Viernockenwellen-Version des 901-Triebwerks 230 PS (20 mehr als der Carrera 6). An motorsportlichen Erfolgen des 911 R wären eine Serie von vierzehn internationalen Klassen- und fünf Weltrekorden auf der Rennstrecke von Monza im Jahr 1967 sowie der Sieg beim 84-stündigen Marathon de la Route 1969 auf dem Nürburgring zu nennen.

1968

1968 kam eine preisgünstigere Version des 911 ins Programm: der im ersten Jahr nur auf dem europäischen Markt angebotene 911 T. Damit umfasste die 911er Palette in Europa (im internen Jargon meist als „Rest der Welt" – RdW – tituliert) nun drei Modelle: den 911 T, den 911 L und den 911 S (sowie den vierzylindrigen 912). Der 911 L (L = „Luxus") löste auf den RdW-Märkten den bisherigen normalen 911 ab und war nicht exakt baugleich mit der US-Version, die ebenfalls unter dem Kürzel 911 L lief.

Auf dem wichtigen US-Markt war Porsche 1968 nur mit zwei Versionen des 911 sowie dem 912 vertreten – neben dem normalen 911 auch der 911 L, der weitgehend mit dem 911 S übereinstimmte – bis auf eine Kleinigkeit: Der Motor entsprach aufgrund der verschärften US-Abgasnormen sowie aus Rationalisierungsgründen in der Fertigung dem des normalen 911.

Neu war beim Modell 1968 zudem die Zweikreisbremsanlage, die in den US-Ausführungen noch durch eine Kontrollleuchte ergänzt wurde. Am Modell 1968 wurden die 4-½-Zoll-Felgen bei allen Modellvarianten durch breitere 5-½-Zoll-Exemplare abgelöst. Außerdem lagen die Wischerblätter jetzt in Ruhelage links statt rechts an und verschwanden damit aus dem unmittelbaren Sichtfeld des Fahrers.

Zum Modelljahr 1968 beschritt Porsche mit der Getriebehalbautomatik Sportomatic auch in anderer Hinsicht Neuland. Ein vollautomatisches Getriebe wäre nach Ansicht der Porsche-Marketingstrategen undenkbar für den typischen Porsche-Kunden, daher fiel die Wahl auf eine Kombination des Vierganggetriebes mit Drehmomentwandler und unterdruckbetätigter Kupplung. Die Festbremsdrehzahl des Wandlers lag bei 2600/min. Die Kupplung wurde über die Unterdruckkammer des Servos ausgerückt, sobald vom Mikroschalter am Schalthebel ein entsprechendes Signal erzeugt wurde: Wenn der Fahrer den Schalthebel berührt, rückt die Kupplung aus und der Fahrer kann schalten. Lässt man den Schalthebel los, wird wieder eingekuppelt. Die hohe Festbremsdrehzahl des Wandlers kam schaltfaulen Fahrern entgegen; es war sogar möglich, im zweiten Gang anzufahren und gleich in den Vierten zu schalten, sobald der Wagen auf Touren kam. Andererseits ließ er sich auch sehr aggressiv unter Nutzung aller vier Gänge bewegen, wobei die Sportomatic-Version dem handgeschalteten Vier- oder Fünfgang-911 hinsichtlich der Fahrleistungen kaum nachstand.

Sehr zum Leidwesen aller Porsche-Freunde, die Spaß am Fahren ohne Kupplung hatten, setzte sich die Sportomatic jedoch nie so ganz durch (vor allem in den USA) und wurde rund 10 Jahre nach ihrer Einführung aus dem Programm gestrichen. Manche Porsche-Besitzer schwören noch heute auf ihre Sportomatic, die ihrer Ansicht nach das Optimum aus Schaltgetriebe und Automatik vereinte.

Wann Porsche die Sportomatic endgültig aufgab, ist nicht exakt festzustellen. 1980 war sie letztmalig im Zubehörprogramm zu finden (selbst in Europa). Das neueste in Sammlerkreisen bekannte US-Exemplar mit Sportomatic ist ein 911 SC von 1978. 1985 konnten Porsche-Freunde in Le Mans jedoch den Carrera von Wolfgang Porsche bestaunen, der mit einer Viergang-Sportomatic ausgerüstet war. Dieses Carrera-Cabriolet im Turbo-Look mit Perlmutteffektlack dürfte ein Modell 1984 oder 1985 gewesen sein und war sehr wahrscheinlich eine Sonderanfertigung …

1969

Als wesentlichste Neuerungen hatte das Modell 1969 einen längeren Radstand sowie Kotflügelverbreiterungen zu bieten. Der 911 S erhielt eine mechanische Doppelreihen-Sechsstempeleinspritzpumpe, ebenso der 911 L, der ab sofort 911 E (E wie *Einspritzung)* hieß. Die einzelnen Modelle hoben sich nun deutlicher voneinander ab: So galt der 911 S als das Sportmodell, der 911 T als Sparmodell und

Links: Detailansicht der Modelle von 1963 bis 1968 mit kurzem Radstand; zu erkennen am Abstand zwischen der Kotflügelkante und dem Verschlussdeckel für die Drehstabfederlagerung. Rechts: Die Version ab 1969 mit verlängertem Radstand. Der Unterschied ist am deutlich größeren Abstand zwischen Kotflügelkante und Drehstabfederdeckel gut zu erkennen.

Der Porsche 914/6

Zum Modelljahr 1970 präsentierten Porsche und Volkswagen im Rahmen einer Koproduktion den VW-Porsche 914, der (außer in den USA) unter dem Doppelnamen beider Hersteller vertrieben wurde (und im Volksmund bald unter dem Spitznamen „VolksPorsche“ oder kurz „VoPo“ bekannt wurde). Bestandteil der Zusammenarbeit war auch die Vereinbarung, dass VW die Vierzylinderausführung (914/4) vertreiben sollte, während bei Porsche die Sechszylinder-Ausführung (914/6) bestellt werden konnte. In den USA lief der 914/6 unter der Ägide der neugegründeten Porsche Audi-Vertriebsorganisation als Porsche und blieb von 1970 bis 1972 im Programm: Von den 3360 produzierten Exemplaren gingen 1788 in die USA.

Eine GT-Version des 914/6 entstand nach dem Internationalen Reglement der Gruppe 4 (GT-Klasse) für den Rallye- und Renneinsatz. Die exakte Produktionszahl des echten 914/6 GT lässt sich kaum noch feststellen, da Porsche die Homologation für die B-Serienklasse des Sports Car Club of America (SCCA) anstrebte. Da dazu mindestens 500 Serienexemplare produziert werden mussten, legte Porsche etliche echte 914/6 GT, einige Pseudo-GT und eine größere Stückzahl an GT-Umrüstsätzen für den normalen 914/6 auf. Beim SCCA fanden diese Praktiken jedoch keine Gnade, und der 914/6 GT wurde im Juli 1971 aus der B-Serienklasse in die B-Rennsportklasse umgestuft, in der er allerdings nicht konkurrenzfähig war.

Weder Verkaufszahlen noch Rennsportengagement des 914/6 brachten den erhofften Erfolg. Immerhin siegte ein 914/6 jedoch 1970 in der GT-Klasse in Le Mans und belegte im Gesamtklassement den sechsten Rang. 1971 holten Peter Gregg und Hurley Haywood in den USA die GT-Meisterschaft der IMSA auf einem 914/6 GT. 1976 und 1977 brachte es Walt Maas mit seinem 914/6 GT Bj. 1971 nochmals zu einigem Erfolg in der GTU-Serie der IMSA, siegte in zwölf Rennen und sicherte sich 1977 die amerikanische GTU-Meisterschaft.

Der 916 war als zivilisierte straßentaugliche Version des 914/6 GT geplant worden, das Projekt wurde jedoch aus finanziellen Gründen früh wieder eingestellt. Zwischen 1972 und 1974 entstanden 13 Prototypen mit einer Variante des 2,4-Liter-Motors des 911 S, breiteren 7-Zoll-Rädern, einem aufgeschweißten Stahldach und Luxusausstattung. Die Hälfte davon blieb im Besitz der Porsche-Familie, der Rest wurde an „Freunde des Hauses“ veräußert.

Das Mittelmotorkonzept des 914 bot sich geradezu ideal für den Motorsport an. Diesen 914/6 pilotierte Walt Maas 1977 zur GTU-Meisterschaft der IMSA. Besonders auffallend die massiven Radkastenverbreiterungen, der Frontspoiler und der wuchtige Heckspoiler.

Unter dem Blech des 914/6 Roadster saß der 2,0-Liter-Motor des 911 in einer mit dem 911 T von 1969 weitgehend identischen Ausführung.

Ging leider nicht in Serie: der 916.

der 911 E als Luxusversion mit weicherem Fahrwerk. In dieser Form stand die 911er Modellpalette sowohl in den USA als auch in den RdW-Ländern in den Schaufenstern der Händler.

Die weichere Radaufhängung des 911 E war dem „Komfortpaket“ zu verdanken, das aus hydropneumatischen Boge-Federbeinen anstelle der herkömmlichen Drehstäbe bestand. Diese Federbeine sorgten unabhängig von der Belastung für eine gleichbleibende Niveauhöhe an der Vorderachse und ergaben ein deutlich weicheres Federverhalten. Bei dieser Ausstattungsvariante entfiel auch der vordere Querstabilisator. Die Bereifung wurde auf 5 ½x14-Zoll-Felgen mit Reifengröße 185/70x14 umgestellt. Beim 911 E mit Sportomatic war die Komfortausstattung Teil der Serie, beim 911 T, 911 E und 911 S auf Wunsch lieferbar. Der 911 T erhielt als Standard die Felgengröße 5 ½x15 Zoll, der 911 S sogar 6x15-Felgen. Dank der mechanischen Einspritzanlage erfüllten die 911 E und 911 S nun auch wieder die US-Abgasvorschriften, und bei der neuen USA-Version des 911 T saß zur Abgasentgiftung ein Abmagerungsventil an den Weber-Vergasern sowie eine Unterdruckdose am Verteiler.

Der Porsche 911 ST

Das Porsche-Werksteam brachte als erste Mannschaft einen 911 im Motorsport zum Einsatz: im Januar 1965, als ein vom Werk präparierter 911 sich den fünften Platz bei der Rallye Monte Carlo holte – ein beeindruckendes Debüt für ein nagelneues Modell. Porsche hatte hierfür den 911 in der Gran-Turismo-Klasse homologiert und den Motor auf 160 PS gebracht. Zudem gab es einen 100-Liter-Tank, größere Bremsen und ein Sperrdifferenzial. In den Folgejahren konnte sich der 911 den Sieg bei so ziemlich allen großen europäischen Rallyes sichern, u. a. drei Mal den ersten Platz bei der Rallye Monte Carlo und einen weiteren Sieg bei der Tour de Corse.

Porsche-Kunden hatten bereits den 356 GT im Motorsport an den Start gebracht, also war ein ähnliches Engagement auch beim 911 zu erwarten. In den 1960er und 1970er Jahren konzentrierte sich ein Großteil der Motorsportaktivitäten des Werks auf die 904, 906, 907, 908, 910 und 917. Abgesehen vom 911 R von 1967 überließ Porsche bei der motorsportlichen Weiterentwicklung des 911 und 911 S dagegen weitgehend den rennambitionierten Kunden das Feld.

Zur Saison 1968 und 1969 homologierte Porsche immerhin Rennversionen des 911 S und des 911 T für die GT-Klasse der Gruppe 3. Beide Modelle waren mit 2,0-Liter-Renntriebwerken auf Basis der 911 R-Motoren bestückt, allerdings mit den Serienventilen des 911 S und 911 T (42 mm Einlass und 38 mm Auslass). Die Version für 1969 erhielt einen längeren Radstand, der durch Verlängerung der Schräglenker und Verlegung der Radausschnitte nach hinten von 2211 mm um 57 mm auf 2268 mm geändert wurde. Außerdem kamen vorne und hinten Radlaufverbreiterungen hinzu, die den Rädern mehr Freigang verschaffen sollten. Für diese 2,0-Liter-Sondermodelle waren Felgenbreiten von 4,5 bis 7 Zoll lieferbar.

Zur Saison 1970 homologierte Porsche den 911 S für die GT-Klassen sowohl der Gruppe 3 (Serien-GT) als auch der Gruppe 4 (Spezial-GT). Dank des neuen GT-Reglements durften die Radlaufverbreiterungen nun um 5 cm breiter als bei der Serienversion ausfallen, so dass noch voluminösere Reifen und Felgen Platz in den Radausschnitten fanden. Mit einem Hubraum von 2195 ccm traten die Renner in der Klasse von 2,0 bis 2,5 l an und konnten hier mit einer größeren Bohrung das Hubraumlimit bis an das Klassenlimit ausnutzen.

Diese Rennmodelle erlangten unter ihrem internen Kürzel 911 ST Bekanntheit. Von 1970 bis 1972 legte Porsche eine Kleinstserie für den Rallye- und GT-Renneinsatz auf und schloss mit diesen Modellen die Lücke zwischen dem 911 R und den ersten RSR des Jahrgangs 1973, so dass Porsche und seine Kunden durchgehend Flagge im GT-Rennsport zeigen konnten.

Ab 1970 warteten die 911 ST mit 2,3-Liter-Motoren (mit 2247 ccm bei 85 mm Bohrung und 66 mm Hub) auf, die später jedoch einer 2,4-Liter-Version (in zwei Mutationen mit 2380 ccm mit 87,5 x 66 mm bzw. 2395 ccm mit 85 x 70,4 mm Bohrung/Hub) wichen und in der letzten Evolution 2,5 Liter erreichten (in zwei Versionen mit 2492 ccm und 86,7 x 70,4 mm bzw. 2464 ccm und 89 x 66 mm Bohrung/Hub). Die 1970 und 1971 produzierten Exemplare besaßen Motoren mit 66 mm Hub, bei den meisten späteren Exemplaren des Jahres 1972 wurde die Version mit 70,4 mm Hub verbaut.

Der 911 ST hob sich von der Serienversion durch geringere Stärken des Dachblechs, der hinteren Seitenbleche, der Sitzwanne und der Rückwand- und Seitenbleche im Innenraum ab. Zur Gewichtsersparnis entfielen außerdem die Sitzschienenträger auf dem Zentraltunnel, sämtliche Serien-Gurtbefestigungspunkte, die Heizkanäle, Aschenbecher, Handschuhfachdeckel, die Führungen für die Front- und Heckhaubenschlösser sowie die Schlossmechanismen vorne und hinten. Auch die Zierprofile unter den Türen und an den Stoßstangen verschwanden, ebenso die Deckel der Nebelleuchtenaufnahmen, der Vorderachs-Drehstabschutz, die hinteren Drehstababdeckungen und die Beifahrer-Sonnenblende. Auf die Verzinnung der Blechnähte wurde verzichtet, Dämmmaterial entfiel ebenso, und sogar die Lackschichtdicke wurde aus Gewichtsgründen weiter reduziert.

Für Kunden, die diese 911 noch weiter abspecken und modifizieren wollten, bot Porsche diverse Spezialzutaten an, u. a. Fronthaube, Vorderkotflügel und Front- und Heckstoßstangen aus GFK sowie Plexiglas für sämtliche Scheiben mit Ausnahme der Windschutzscheibe, die ihrerseits aus dünnerem und leichterem Glas bestand. Statt des 62-Liter-Serientanks mit Einfüllstutzen im Kotflügel konnten auf Wunsch 80- oder 110-Liter-Tanks montiert werden, deren Einfüllstutzen in der Fronthaube saß. Zudem ließ sich der Vorderwagen durch eine Domstrebe versteifen. Den Fahrbahnkontakt stellten wahlweise 7-Zoll- oder 9-Zoll-Räder in Verbindung mit jeweils 15-Zoll-Reifen her.

1970-1971

1970 und 1971 wurden die Motoren des 911 auf 2,2 Liter (exakt: 2195 ccm) vergrößert, die Wagen entsprachen aber bis auf Detailänderungen am Interieur weitgehend dem Modell 1969.

Neu im Jahr 1970 war beim 911 T in der US- und RdW-Version außerdem eine neue Zenith-Vergaseranlage, um die US-Abgasvorschriften einhalten zu können. Das Zenith-Vergaserpaar besaß ein Zusatzgemischanreicherungssystem, das aus zwei jeweils in Vergasermitte montierten Zusatzgemischventilen bestand. Die Gemischventile wurden über ein Magnetventil und einen Drehzahlgeber angesteuert. Das Gemischanreicherungssystem schaltete nur im Schiebelauf (bei geschlossener Drosselklappe) und Motordrehzahlen über 1350/min zu. Der Drehzahlgeber erfasste die Motordrehzahl und öffnete das Magnetventil, worauf der Motorunterdruck an der Membran der Gemischventile anlag.

Dadurch öffneten die Ventile und die Saugrohre erhielten zusätz-

Sloopy Jr.

In der 911-ST-Kleinserie fand sich ein besonders bemerkenswertes Exemplar: der *Sloopy Jr.*, eine 2,4-Liter-Version, mit der das Team von Richie Ginther Racing 1971 bei den 24 Stunden von Le Mans mit Alan Johnson und Elliott Forbes-Robinson am Steuer antrat. Der Ex-Formel-1-Pilot Ginther war bekannt für seine Fähigkeit, aus den Serien-Porsches auch noch das letzte Quäntchen Leistung herauszukitzeln – er und sein Team hatten bereits in den vorangegangenen Jahren 911er und 914er für die Rennen des SCCA (Sports Car Club of America) in den USA präpariert. Unter anderem ersetzte Ginther die Gummi-Serienfahrwerksbuchsen durch Teflonbuchsen aus eigener Entwicklung, die eine deutlich präzisere Fahrwerksführung bewirkten. Auch die steiferen Drehstabfedern trugen zur Optimierung des Handling bei. Ginthers Tuningguru Harold Broughton präparierte den Motor, und als Lohn aller Anstrengungen konnte sich ihr Renner als Schnellster der GT-Klasse der Gruppe 4 sowie Schnellster aller 20 angetretenen GT-Porsche qualifizieren.

Am Renntag schaffte es *Sloopy Jr.* dann aber doch nicht, seinen Vorschusslorbeeren gerecht zu werden, und fiel in der 8. Stunde mit Pleuelschaden aus. Ginthers Start sollte allerdings nicht ohne Folgen bleiben, denn damit setzte ein Run anderer US-Teams auf den Start in Le Mans ein. Der Verfasser war selbst Teil des Dick Barbour Racing-Teams, das 1979 mit vier Porsche 935 in Le Mans antrat. Mit einem 2., 8. und 9. Platz schnitt Dick Barbour besser als *Sloopy Jr.* ab, doch auch diesmal reichte es nicht zum Sieg.

Sloopy Jr. ging derweil in den Besitz des kalifornischen Porsche-Händlers Bill Yates über, der den Wagen bei Porsche-Clubrennen an den Start brachte und immer wieder neue Modifikationen vornahm, um ihn konkurrenzfähig zu halten. Glücklicherweise bewahrte Yates im Zuge der Umbauten alle Originalteile auf, und als schließlich Dave Morse den Wagen 1993 erwarb, konnte er ihn bei Morspeed ohne allzu große Schwierigkeiten wieder in den Originalzustand zurückversetzen lassen.

Morspeed führte im Laufe der Jahre zahlreiche Vollrestaurierungen besonderer Porsche-Fahrzeuge durch, u. a. an diversen 911 Carrera RS, 906, 908, 936, 934, 924 GTR sowie an einem 917/30. Sämtliche Karosserie- und Technikarbeiten erledigt Morspeed im eigenen Betrieb. Jerry Woods Enterprises, dessen Tuningschmiede ursprünglich bei Morspeed angesiedelt war und der später Morspeed übernahm, baute Motor und Getriebe für den 911 ST von Dave Morse neu auf.

Vor Beginn der Vollrestaurierung stellte Morse zusammen mit Ron Gruener und dem Team von Morspeed/Woods umfangreiche Recherchen zur Historie von *Sloopy Jr.* an. Gerade noch rechtzeitig zu den 1997er Monterey Pre-Historics wurde das Fahrzeug fertig. Die Tests verliefen positiv, und eine Woche später trat der Wagen als erster 911 bei den Monterey Historics an. Dass *Sloopy Jr.* starten durfte, ist dem Umstand zu verdanken, dass bei historischen Rennen in den USA mittlerweile eine gut beschickte, eigene Gruppe für historische Trans-Am-Fahrzeuge vertreten ist. Anfangs umfasste die Trans-Am-Serie zwei Klassen, die Klasse über 2,5 Liter, in der sich Mustangs, Camaros und dergleichen tummeln, sowie die Klasse bis 2,5 Liter, in der Porsche, Datsun 510, Alfa Romeos usw. gegeneinander antreten. Der 911 ST von Dave Marsh war in jenem Jahr der einzige Trans-Am-Wagen unter 2,5 Liter bei den Monterey Historics, immerhin gelang damit aber ein Auftakt nach Maß zu einem Trend, der nach dem Wunsch aller Fans des 911 hoffentlich noch lange anhält.

Das Team von Jerry Woods Enterprises bei der Restaurierung von *Sloopy Jr.*, dem 911 ST von Paul Richard „Richie" Ginther.

Rich Walton und Jerry Woods bei Motorarbeiten am 2,5-Liter-Triebwerk dieses außergewöhnlichen Fahrzeugs.

Unter der Fronthaube des 911 ST offenbart sich der voluminöse Benzintank. Die Motorhaube besteht aus GFK.

Sloopy Jr. in der legendären „Corkscrew", dem besonderen Merkmal des Laguna Seca Raceway.

lichen Kraftstoff für den Verbrennungsvorgang. Die Drosselung der Kohlenwasserstoffemissionen machte sich im Schiebelauf bemerkbar: Sobald die Drehzahl unter 1300/min fiel, schlossen die Anreicherungsventile und die normalen Leerlaufsysteme übernahmen die Vergaserregelung. Dank dieser Vergaser und der Unterdruckdose am Verteiler schaffte die US-Version des 991T die US-Abgasemissionshürden. Auch bei den US-911 T von 1970 und 1971 waren die Zenith-Vergaser zu finden, bei den RdW-911 T gehörten sie bis 1973 zur Serienausstattung.

Etliche 911 auf Basis des 2,2-Liter-911 wurden speziell für Straßenrennen und Rallyes entwickelt. Zusätzlich zu den Maßnahmen zur Karosserieerleichterung und dem Wegfall des Dämmmaterials warteten diese Sonderversionen mit Fahrwerksänderungen sowie einer Vielzahl unterschiedlicher Getriebeabstufungen auf. Je nach Einsatzzweck standen außerdem diverse Motoren zur Wahl. Die Rallye-Version besaß üblicherweise einen fast serienmäßigen 911 S-Motor, für Straßenrenneinsätze gab es spezielle 2,2- und 2,3-Liter-Versionen sowie einen 2,5-Liter-Prototyp des wenig später vorgestellten Aggregats mit langhubigerer Kurbelwelle. In allen anderen Aspekten beschränkten sich die Änderungen gegenüber den Serien-911 auf Kleinigkeiten.

Einige der in dieser Zeit entstandenen Renn-911 wurden allerdings tiefgreifend modifiziert, so z. B. der Wagen für die Tour de France 1970, dessen Gewicht auf gerade einmal 789 kg gedrückt wurde. Als Antrieb diente ein 2,4-Liter-Motor mit 245 PS. Da der Wagen in der Prototypenklasse und nicht als GT eingesetzt werden sollte, stand diesen radikalen Eingriffen nichts im Wege.

Auch für die East African Safari entstanden diverse Spezial-911. Diese waren leichter als die Serienversionen, unterschieden sich jedoch vor allem durch die Präparation für die Strapazen des Geländeeinsatzes, z .B. durch spezielle Versteifungen, größere Bodenfreiheit und Steinschlagschutzgitter. Trotz guter Platzierungen blieb ihnen ein Gesamtsieg bei der East African Rallye immer verwehrt – einem der wenigen großen internationalen Wettbewerbe, die ein 911 (oder ein Abkömmling des 911) nie als Erster beenden konnte.

1972-1973

1972 stand die nächste Hubraumvergrößerung an, diesmal auf 2,4 Liter (2341 ccm). Aus Gründen der Gewichtsverteilung wanderte zugleich der Öltank vor das rechte Hinterrad. Diese Änderung war allerdings nicht von Dauer, denn es soll zu oft vorgekommen sein, dass die nun im rechten Heckkotflügel sitzende Klappe mit der Tankklappe verwechselt wurde – mit entsprechenden Folgen für den Motor.

Bereits 1973 fand sich der Öltank wieder an seinem bisherigen Platz. Im Laufe der Zeit kehrte er dann 1989 mit dem Einzug der Baureihe 964 wieder vor das rechte Hinterrad zurück – eigentlich ein praktischer Einbauort, denn so entsteht seitlich im Heck viel Platz für wichtigere Dinge, z. B. für die Ladeluftkühler oder Schalldämpfer, wie später beim 993.

1972 entstand aus dem neuen 2,4-Liter-Aggregat der 2,5-Liter-Rennmotor für die GT-Klasse. Auf dem Pariser Salon 1972 präsentierte Porsche den 2,7-Liter-Carrera RS, der für die Homologation für die Gruppe 4 (Spezial-GT-Fahrzeuge) in einer Serie von 500 Exemplaren geplant war. Bereits seit dem Klassensieg von Porsche 1953 bei der Carrera Panamericana in Mexiko trug das leistungsstärkste Modell des Hauses den Namen „Carrera", und das Kürzel RS steht natürlich für „Rennsport".

Der RS war in drei Ausführungen lieferbar: erstens als M471 RS Sport, der als „Leichtbau-Version" bekannt wurde, zweitens als M472 RS Touring, der verbreitetsten Version mit ähnlichen, ab Werk montierten Komfortoptionen wie im 911 S, sowie drittens als M491 RS Rennsport, der RSR-Rennversion (RSR = „Rennsport Rennen") des Carrera mit 2,8-Liter-Motor. Der Carrera RSR übertraf die Absatzerwartungen von Porsche bei weitem: Bis April 1973 waren bereits über 1000 Stück produziert worden, womit der Carrera die Homologation für die Gruppe 3 der GT-Meisterschaft erfüllt hatte. Bis Ende 1973 waren – einschließlich der ersten 10 Prototypen – insgesamt über 1590 Exemplare des Touren- und Leichtgewichts-Carrera RS mit 2,7-Liter-Motor gefertigt worden.

Rechts: Die 911 der Modelljahre 1969 bis 1973 ähneln einander weitgehend. Diese Modelle besaßen bereits den längeren Radstand und die Kotflügelverbreiterungen. Hier sehen wir einen 1972er 911 E, zu erkennen an der Lage des Öltankdeckels am rechten Heckkotflügel. Diese Exemplare werden auch gerne „Ölklappenmodelle" genannt.
Unten: Der Öleinfüllstutzen an einem 911, Modell 1972. Im Jahr darauf kehrte der Einfüllstutzen wieder in den Motorraum zurück und der Tank fand sich erneut in seiner angestammten Position.

Porsche reduzierte das Fahrzeuggewicht spürbar und bestückte Carrera RS mit einem größeren Motor, diversen aerodynamischen Verbesserungen sowie breiteren Rädern und Kotflügeln. Zugleich war der neue Carrera RS der erste Serien-Porsche, der hinten breitere Räder als vorne besaß. Der Carrera RSR 2,7 bildete den Ausgangspunkt für eine überaus erfolgreiche Rennversion, den 2,8-Liter-Carrera RSR. Insgesamt wurden 49 Exemplare des Carrera RS 2,7 als Option 491 (RSR 2,8 Liter) umgebaut. Vom 911 RSR abgesehen, kann dieses Modell als der erste Rennwagen auf Basis des 911 gelten, der quasi in Serienfertigung entstand (andere Fahrzeuge wie die zur Tour de France gemeldeten Exemplare blieben Einzelstücke). Der Erfolg des RSR setzte noch vor seiner Homologation in der Gruppe 4 ein, als er bereits 1973 die 24 Stunden von Daytona für sich entscheiden konnte. Bis zum Start in Sebring lag auch die Homologation für die Gruppe 4 vor, und prompt holte er sich sowohl den Klassensieg als auch den Sieg in der Gesamtwertung.

Im Modelljahr 1973 änderte sich wenig gegenüber dem Vorjahr. Die mechanische Sechsstempel-Einspritzanlage wich beim US-Modell des 911 T ab Januar 1973 der K-Jetronic. Bei den RdW-Ausführungen des 911 T wurden die Zenith-Vergaser bis zum Produktionsende 1973 beibehalten.

1974

Der Hubraum der Basismodelle wuchs im Modelljahr 1974 auf 2,7 Liter. Das Modell 1974 erhielt außerdem einen vereinfachten vorderen Querstabilisator, der unterhalb des Karosseriebugs in Gummibuchsen an beiden Querlenkern gelagert war. Sein Durchmesser betrug beim 911 und 911 S 16 mm, beim Carrera 20 mm (dieser besaß außerdem einen hinteren Stabilisator mit 18 mm Durchmesser). Die hinteren Schräglenker bestanden nun aus Aluminiumguss, einem stabileren, leichteren und in der Fertigung kostengünstigeren Werkstoff.

Fortsetzung auf Seite 20

Eine Besonderheit des Modells 1974 war das als Sonderzubehör lieferbare Streifendekor der Fronthaube, das als „Sicherheitsstreifen" propagiert wurde.

Diese Aufnahme eines 1974er US-Carrera zeigt die (im Vergleich zu den Standardmodellen) größeren Räder, die Kotflügelverbreiterungen und den „Entenbürzel". Die US-Stoßstangen stießen zwar anfangs einhellig auf Ablehnung, schon nach einem Jahr galten aber stattdessen die bisherigen Stoßstangen als altmodisch.

Die Carrera RS und RSR

Als Dr. Ernst Fuhrmann 1972 bei Porsche das Kommando übernahm, verlagerte er in Absprache mit dem Aufsichtsrat den Schwerpunkt der werkseigenen Motorsportaktivitäten von den außerordentlich kostspieligen, als Einzelanfertigungen aufgelegten Rennwagen (wie dem 917/30) auf Rennversionen der Serienfahrzeuge. Dieses neue Konzept sollte nicht nur Geld sparen, sondern auch neue Impulse für den Vertrieb der Serien-911 geben. Als eine der ersten Kreationen nach diesen neuen Vorgaben entstand der Carrera RSR 2,7 Liter, der den Ausgangspunkt für die Homologation des 2,8-Liter-Carrera RSR von 1973 bildete. Der RSR war das eigentliche Entwicklungsziel von Porsche, also wurden zuerst die Anforderungen an eine Basisversion für eine erfolgreiche Homologation festgelegt und daraus das Homologationsfahrzeug in Gestalt des Carrera RS 2,7 entwickelt.

Zur Saison 1974 ließ Porsche dem Carrera RS eine Weiterentwicklung angedeihen, und im April 1974 war die Homologation als straßentaugliche Variante für Starts in der Gruppe 3 geschafft. Der 1973er RSR 2,8 Liter sowie der 1974er RSR 3,0 Liter boten Porsche-Privatfahrern beste Voraussetzungen, um sowohl in Europa als auch in den IMSA-Rennläufen in den USA eine dominierende Stellung zu erobern.

Porsche spendierte diesem Modell umfangreiche Modifikationen, insbesondere mit dem Ziel der Gewichtsreduktion. Die Geräuschdämmmatten waren ersatzlos gestrichen worden, statt der Bodenteppiche fanden sich Gummimatten. Hintere Notsitze, Zeituhr, Beifahrer-Sonnenblende und Handschuhfachdeckel verschwanden ebenfalls. Der Lehnen-Neigungswinkel der minimalistischen Recaro-Schalensitze ließ sich mit einer Rändelschraube einstellen. Windschutzscheibe und Seitenscheiben bestanden aus dünnerem, leichterem Glaverbel-Sicherheitsglas. Die hinteren Seitenscheiben waren nicht ausstellbar. Der Carrera RS erhielt zudem erstmals noch üppigere Heckkotflügelverbreiterungen zur Aufnahme der voluminöseren 7 Zoll großen Hinterräder.

Der Erfolg der beiden Modelle erklärt sich nicht zuletzt auch aus der vergleichsweise erschwinglichen Preisgestaltung. Der straßenzulassungstaugliche Carrera RS bewegte sich mit einem Tarif von ca. 35.700 DM in für eine Rennsport-Sonderversion erstaunlich maßvollen Preisregionen. Dank der selbst bei der reinrassigen Rennversion noch vorherrschenden Seriennähe hielt sich sogar die Umrüstung für die Gruppe 4 und den technischen Stand des RSR 3,0 preislich im Rahmen.

Die Stoßdämpferdome des RSR: Porsche verstärkte die Größe dieser Aufnahmen, um die Umstellung von der Drehstabfederung auf Schraubenfederbeine zu ermöglichen.

Kundensportgerät mit Siegpotenzial: der 2,7-Liter-Carrera RS. Foto: Porsche AG

Blick unter die Fronthaube des „Leichtbau"-Carrera RS mit seinem 85-Liter-Benzintank. Das Ersatzrad saß als Faltrad auf der Leichtmetallfelge (6Jx15). Außerdem war hier nur noch eine Batterie statt der sonst üblichen zwei (!) Batterien (aus Gründen der Gewichtsverteilung) der Serien-911 vorgesehen. Foto: James D. Newton

Mehr Leistung: der Carrera RSR 2,8 Liter.

Der „Leichtbau"-Carrera RS erhielt eine aus Gewichtsgründen sichtlich spartanische Innenausstattung. Foto: James D. Newton

Der Carrera RS des Jahrgangs 1974 wurde zu Homologationszwecken als Evolutionsmodell des ursprünglichen Carrera RS 2,7 Liter der Gruppe 3 produziert. Der 230 PS starke Carrera RS 3,0 besaß nach wie vor eine mechanische Einspritzanlage und folgte damit bekannten Konstruktionstendenzen des 911. Da das Gros dieser Fahrzeuge absehbar zu Rennfahrzeugen umgerüstet werden würde, wurden sie durchweg mit der Bremsanlage des 917 und einer Ölpumpe mit externem Schlangen-Getriebeölkühler ausgeliefert.

Mark Donohue gewinnt auf einem solchen 3,0-Liter-IROC-911 die Premieren-Saison der US-Rennserie International Race of Champions 1974.

Beim Carrera RSR 3,0 von 1974 handelte es sich im Prinzip um den Carrera RS 3,0 im Renntrimm mit breiteren Kotflügeln für die 10,5-Zoll-Vorderräder und die hinteren 14-Zoll-Räder. Der überarbeitete Motor leistete jetzt 330 PS.

Motorhaube und Heckflügelaufsatz des 1974er Carrera RSR Turbo 2,1: Links von der Hutze auf der Beifahrerseite sitzt der Lufteinlass für den Turbolader. Über den NACA-Ansaugschacht in der Mitte wird die Luft zum Ladeluftkühler angesaugt, über die rechteckige Öffnung auf der Rückseite tritt die Luft aus dem Ladeluftkühler aus. Der Lufteinlass auf der rechten Seite ist für die Motorkühlluft vorgesehen.

Der Carrera RSR Turbo 2,1 Modell 1974 galt als Entwicklungsplattform für die Zukunft. Porsche entwickelte und erprobte diese Fahrzeuge in Rennen im Vorgriff auf die künftige „Silhouetten"-Formel Gruppe 5, die 1975 beginnen sollte, aber bis 1976 aufgeschoben wurde. Verschiedene Konstruktionsdetails dieser Fahrzeuge tauchten später bei Rennmodellen auf 911-Basis auf, u. a. die Bremsen und Titanachsen des 917. Foto: Bill Martin

Der 1974er Carrera RSR Turbo 2,1: Bei manchen Ausführungen des Carrera RSR Turbo 2,1 saß der Kraftstofftank im Innenraum (links), um das Fahrzeug hecklastiger zu machen. Gut zu erkennen der Auslass des Turbo (rechts), der direkt in den Einlass des Ladeluftkühlers mündet, und der Auslass des Ladeluftkühlers, der direkt in den Ansaugluftsammler führt. Auffallend auch das liegende Kühlgebläse.

Fortsetzung von Seite 17

Die US-Version des Carrera Modell 1974 besaß breitere Räder, Kotflügelverbreiterungen und den als „Entenbürzel“ bekannt gewordenen Heckspoiler. Als wohl wichtigste optische Neuerung am 911 kamen die US-Stoßstangen hinzu.

1974 gingen auch die Stahlscheibenräder in ihr letztes Jahr: Als Bestandteil der Basisausstattung verfälschten diese Stahlräder mittlerweile zunehmend die Listenpreise des Hauses, da ohnehin niemand mehr seinen 911 mit diesen Rädern orderte. 1974 bot Porsche außerdem ein Sicherheitsstreifendekor für die Fronthaube an, eine Besonderheit, die nur in diesem einen Modelljahr zu finden war.

Als Reaktion auf das neue Evolutionsreglement der FIA wurde für europäische Kunden ein Carrera RS 1974 mit 3,0-Liter-Motor eingeführt, um die Rennversion noch konkurrenzfähiger zu gestalten und das Hubraumlimit voll auszunutzen. Zur Homologation wurde eine Kleinserie von 109 Stück aufgelegt. Als Evolutionsmodell des ursprünglichen 2,7-Liter-Carrera RS der Gruppe 3 von 1973 war zur Homologation für 1974 nur eine Serie von 100 Exemplaren vorgeschrieben. 52 der 109 Exemplare entfielen auf die begehrte Straßenversion, die übrigen wurden als Rennversionen umgerüstet, darunter 15 für die IROC-Serie in den USA. Die 15 IROC-Exemplare basierten auf den 3,0-Liter-RS und RSR, ihre Fahrgestellnummern stammten allerdings aus der Nummernserie des RS 2,7 Liter, da sie noch vor den 3,0-Liter-RS und RSR aufgebaut wurden.

Der so entstandene 3,0-Liter-RSR sollte in den Folgejahren Garant für zahlreiche Erfolge bei GT-Rennen sein. Der RSR 3,0 war der erste gänzlich auf dem Reißbrett entstandene Rennwagen auf Basis des 911. Insgesamt wurden 57 Werksexemplare des 3,0 RSR sowie 15 IROC-Renner fertiggestellt. Zu Verwirrungen bei der Gesamtstückzahl trägt bei, dass Porsche noch bis 1976 weitere RSR 3,0 als Ersatz- und Neufahrzeuge aufbaute.

1974 war Porsche mit vier tiefgreifend modifizierten Carrera RSR mit 911er Turbomotoren in der Prototypenklasse vertreten – als Vorbereitung auf die Silhouettenformel der Gruppe 5. Diese extrem modifizierten GT fielen bei der Teilnahme in der Prototypenklasse unter das 3-Liter-Limit, d. h. aufgrund des Handicap-Faktors von 1,4 für Turbomotoren lag die eigentliche Hubraumgrenze bei 2142 ccm. Dieses Turboaggregat brachte es auf 480 PS bei 8000/min.

In diesem Wagen waren bereits verschiedene Weiterentwicklungen zu finden, die in späteren Derivaten des 911 auftauchten. Die Aerodynamik am Wagenheck wurde durch eine hochgezogene hintere Dachpartie mit höherer Heckscheibe verbessert. Bei der Vorder- und Hinterradaufhängung stand Leichtbauweise im Vordergrund, die Radfederung übernahmen vorne und hinten Schraubenfedern.

1975

Zum neuen Modelljahr hielt eine neue Auspuffanlage mit neuen Wärmetauschern und Schalldämpfer mit einem einzigen Eingang für die RdW- und die „49-Staaten“-US-Version Einzug, während die Kalifornien-Version eine eigene, neu entwickelte Auspuffanlage mit wiederum anderen Wärmetauschern und Thermoreaktoren mit einem Schalldämpfer mit zwei Eingängen erhielt, die der bereits bei früheren Modellen montierten Anlage ähnelte.

In den USA standen 1975 lediglich zwei Modelle im Programm: der 911 S und der Carrera. Unter der Haube beider Modelle saß der gleiche Motor, nachdem die 911er Standardmaschine eingestellt worden war. In der 49-Staaten-Version entwickelte der Motor 157 PS und war mit einer Lufteinblaspumpe kombiniert, um die Abgasgrenzwerte einhalten zu können. Die Kalifornienversion verfügte zur Abgasentgiftung über eine zusätzliche Abgasrückführung, wodurch die Leistung auf 152 PS sank. Zur Drosselung des Kraftstoffverbrauchs und der Abgaswerte erhielten die US-911er eine modifizierte Antriebsübersetzung.

Ein zusätzliches Elektroheizgebläse am Motor sollte den Heizluftstrom vom Motor in den Innenraum intensivieren. Die Auslassventildeckel des Motors waren mit einem schwarzen Schalldämmmaterial überzogen. Die Einspritzanlage erhielt einen neuen, unterdruckgesteuerten Warmlaufregler, wodurch das Drosselklappenwinkel-Ventil entfallen konnte.

Am Fahrzeugäußeren fielen die jetzt wieder ausstellbaren hinteren Seitenscheiben am Coupé auf (die beim Modell 1974 nicht ausstellbar waren). Das rückwärtige Ende der Regenrinne schloss in gerundeter (und nicht mehr eckiger) Form ab – eines der kleinen Details, anhand derer Kenner die 1974er von den 1975er Modellen unterscheiden können. Der Targabügel war jetzt mit schwarzer Lackierung lieferbar und der „Entenbürzel“ wich beim US-Carrera einem breiteren Heckspoiler. Die geschmiedeten Leichtmetallfelgen des Carrera waren ab sofort auch in den Größen 7x15 Zoll (vorne) bzw. 8x15 Zoll (hinten) lieferbar. Die neue Gummilippe am Frontspoiler sollte die strömungstechnische Balance zum aerodynamisch wirksameren Heckspoiler aufrechterhalten.

Bei der 911-S-Serienversion 1975 lösten die 6-Zoll-Leichtmetall-Gussräder von ATS (schon bald als „Keksausstecher“ tituliert) die Stahlscheibenräder in der Serienausstattung ab. Die Bodenfreiheit der US-Modelle wurde gegenüber den Europaversionen um 25 bis 30 mm vergrößert, damit den US-Sicherheitsvorschriften für beschädigungsfreie Kollisionen bis 5 mph Genüge getan war. Auch die Gummieinlagen der US-Stoßstangen wurden dicker, um den Lack der Stoßstangen sowie die Rückleuchten bei kleineren Remplern besser zu schützen. Letztmalig war in diesem Modelljahr auch der kleine „911“-Schriftzug auf der Motorhaube zu finden.

Im gleichen Jahr lancierte Porsche seine Räder mit Sicherheitswülsten am inneren und äußeren Rand des Felgenbetts. Diese als Doppelhump bekannt gewordene Felgenkonstruktion bot deutliche Vorteile gegenüber der Vorläuferausführung. Beim Blick auf eine moderne Felge (bei abgenommenem Reifen) fällt auf, dass diese am Umfang nicht eben ist, sondern eine Vielzahl von Wulsten bzw. „Humps“ aufweist. Zwischen Felgenaußenrand und Hump bleibt ein ca. 15 mm breiter ebener Bereich. Hier ruht der Reifenwulst im montierten Zustand. Die Bezeichnung „Doppelhump“ rührt daher, dass Außen- und Innenumfang der Felge einen solchen Hump aufweisen (ältere Felgen waren auf dieser Anlagefläche durchgehend eben, d. h. der dichte Sitz des Reifens auf der Felge musste durch den Luftdruck des Schlauchs im Reifen hergestellt werden). Porsche empfahl für diese Doppelhumpfelgen ausschließlich die Montage schlauchloser Reifen (bei den älteren Felgen wurde dagegen von der Montage schlauchloser Reifen abgeraten, da sie bei zu geringem Luftdruck von der Felge springen konnten).

Als Sondermodell wurde der 911 S 1975 auch als „Silver Anniver-

Schon damals Top-Modell der 911-Palette: der 930 Turbo.

sary"-Edition mit Metalliclack in Diamantsilber und grau-schwarzer, mit Ausnahme der Sitzseitenteile und Kopfstützen, durchgehend in Tweed gehaltener Innenausstattung aufgelegt. Alle Silver Anniversary-Modelle trugen am Armaturenbrett eine Plakette mit der Signatur von Ferry Porsche und einer eigenen Seriennummer für jedes Exemplar.

Die Silver Anniversary-Versionen des 911 S wurden sowohl als Coupé als auch als Targa angeboten. Insgesamt entstanden 750 für Nordamerika sowie eine ähnliche Anzahl für die RdW-Länder.

Auf dem Pariser Automobilsalon im Oktober 1974 präsentierte Porsche den 930 Turbo als Modell 1975. Bereits im September 1973 war – als Versuchsballon zur Auslotung der Marktchancen – auf der IAA ein Turbo-Prototyp des 911 zu sehen gewesen. 1975 kam der 930 dann als 911-Version für die Homologation der für 1976 geplanten Werksrennwagen der Gruppe 4 und 5 auf den Markt.

Porsche versprach sich keine allzu großen Absatzchancen für ein Serienmodell in den Preisregionen des 930, daher waren ursprünglich nur die für die Zulassung erforderlichen 400 Stück in den bei-

Der Werks-935/76, mit dem Porsche in der Gruppe 5 zur Markenweltmeisterschaft 1976 an den Start ging. Nach dem Reglement der Gruppe 4 musste der 934 annähernd der Konfiguration des Serienmodells 930 entsprechen, in der Gruppe 5 herrschten dagegen wesentlich größere Freiheiten. Bei dieser so genannten „Silhouettenformel" waren weit umfangreichere technische Eingriffe gestattet, solange die grundsätzliche Silhouette des Fahrzeugs beibehalten wurde, auf dessen Grundlage die Homologation erfolgte. Der Anbau eines nicht homologierten Spoilers war beispielsweise zulässig, sofern er nicht über die Umrisse der Frontansicht des Wagens hinausragte – daher der Begriff „Silhouettenformel". Die Urversion des 935 ähnelte noch weitgehend dem 911, auf dem sie ja auch basierte; Porsche nutzte die Möglichkeiten des Reglements schon bald nach allen Regeln der Kunst. Anfangs lief der 935 auch in den Rennen mit den steil angestellten Scheinwerfern der Serienmodelle und den rundlicheren Heckkotflügeln. Foto: Porsche AG

den Jahren 1975 und 1976 vorgesehen. Schlussendlich entstanden dann aber zwischen 1974 und der Produktionseinstellung des Original-Turbo im Jahr 1989 beachtliche 23.341 Exemplare.

Das Konzept der Turbo-Version wurde ein derartiger Erfolg, dass sie bis in die jüngste Modellgeschichte des 911 und seiner Derivate das Top-Modell der Baureihe darstellt und seit 1975 fast ununterbrochen im Porsche-Programm zu finden ist.

Erst nach geraumer Zeit wurde den Verantwortlichen bei Porsche klar, dass ein Produktionsende dieser Modelle mit ihrer üppigen Spurverbreiterung keineswegs absehbar war. Beim Produktionsanlauf des 930 wurden die Verbreiterungen bei der Fertigung noch an die Kotflügel angeschweißt. Erst 1986 ging man bei diesem Modell dazu über, Front- und Heckkotflügel aus einteiligen Pressteilen ohne Schweißnaht zu fertigen.

Neu war beim 1975er 930 Turbo ein Kurbelgehäuse aus Alu-Druckguss in Verbindung mit einer auf 95 mm vergrößerten Bohrung bei 70,4 mm Hub, was einem Hubraum von 3 Litern entsprach. Der Ladedruck wurde auf 0,8 bar begrenzt, womit die Höchstleistung bei 260 DIN-PS lag. Für das höhere Drehmoment war ein angemessen dimensioniertes Vierganggetriebe erforderlich geworden, und auch der Kupplungsdurchmesser wurde angesichts der gestiegenen Motorleistung von 225 auf 240 mm vergrößert. Leider musste zur Verzögerung nach wie vor die unveränderte Bremsanlage des normalen 911 S herhalten, die folglich ihre liebe Not hatte, das Leistungspotenzial zu bändigen. Nicht einmal mit einem Bremskraftverstärker konnten die Bremsen des 1975er Modells aufwarten.

Abgesehen von dem potenteren Motor und den augenfälligen Karosserieretuschen, hob sich der 930 Turbo nur in Details vom normalen 911 ab. Zu den Änderungen zählten Front- und Heckspoiler sowie eine überarbeitete Vorderachsgeometrie. Die Drehstäbe maßen vorne 19 mm und hinten 22 mm. Die Hinterachsschräglenker bestanden aus Alu-Spezialgusselementen, die zur Änderung der Hinterachsgeometrie verkürzt worden waren und gegenüber den Lenkern des normalen 911 wesentlich größer dimensionierte Radlager erhielten. Die Standardreifengrößen lauteten 185/70 VR15 vorne und 215/60 VR15 hinten, wobei auf Wunsch auch 205/50 VR15 und 225/50 VR15 aufgezogen werden konnten. Diverse frühe 930 Turbos warteten mit Interieurs in einer markanten Kombination aus Leder und hellem Schottenkarostoff auf.

1976

1976 traten die „Silhouettenformel“ für die Gruppe 5 und die Änderung des Rennreglements für die Gruppe 4 in Kraft, in deren Folge Porsche zwei neue 911er Rennversionen – den 934 und 935 – für die beiden neuen Klassen entwickelte. Der 934 wurde für die Gruppe 4 homologiert und für GT-Rennen an Privatfahrer verkauft. In der Gruppe 5 brachte das Werk den 935 an den Start und konnte sich 1976 die Markenweltmeisterschaft sichern. Grundlage für die Homologation des 934 bildete der 930 Turbo-Carrera, von dem laut Reglement innerhalb von zwei Modelljahren 400 Stück produziert werden mussten. Aufgrund des Handicapfaktors von 1,4 für Turbomotoren galt der 934 Turbo RSR – im Gegensatz zu seinem Vorläufer 3,0 RSR – nicht mehr als Leichtbauversion. Mit dem Multiplikator rutschte der 934 in die Klasse von 4001 bis 4500 ccm, für die ein Mindestgewicht von 1120 kg vorgeschrieben war. Trotz diverser Zutaten wie elektrischen Fensterhebern benötigte der 934 jedoch immer noch rund 40 kg Ballast im Bug, um das Mindestgewicht zu erreichen. 31 Exemplare dieses 934 der Gruppe 4 wurden für Privatfahrer produziert – fast alle Wagen blieben in Europa.

In den USA sperrte sich die IMSA gegen die Zulassung der Porsche-Turbos und favorisierte stattdessen die Weiterentwicklung der normalen RSR-Saugmotoren durch das Werk. Beim Sports Car Club of America (SCCA) wurde der 934 der Gruppe 4 dagegen mit offenen Armen aufgenommen. Vasek Polak erwarb fünf Exemplare und Al Holbert einen weiteren, die in der SCCA Trans-Am-Se-

Zur Rennsaison 1976 änderte die FIA das Homologationsreglement für die Gruppe 4: Statt die Produktion von 500 Exemplaren eines Modells innerhalb eines Jahres als Voraussetzung für den Rennstart vorzuschreiben, genügten nach dem neuen Reglement 400 innerhalb von zwei Jahren produzierte Exemplare. Durch weitere Reglementänderungen wurde die Zahl der zulässigen Umbauten begrenzt und ein Gewichtsfaktor auf Basis des Motorhubraums eingeführt (eine deutliche Abkehr von den bisherigen Gewichtsregeln bei der Homologation). Durch diese Änderung sollten die Rennställe von Tricksereien beim Homologationsgewicht abgehalten werden, gleichzeitig aber auch die Chancen serienmäßig luxuriöser ausgestatteter (und daher schwererer) Fahrzeuge gewahrt werden. Mit dieser Reglementänderung entfiel auch die Notwendigkeit der „Leichtbauversionen“ des Serienmodells wie dem Carrera RS 2,7 und RS 3,0. Als eine weitere Folge der neuen Technischen Bestimmungen wurde die zulässige Reifenbreite je nach Motorhubraum begrenzt.

rie starten sollten. Die Polak-Wagen liefen unter verschiedenen Fahrern, meistens saß jedoch George Vollmer am Steuer, der sich auch die Trans-Am-Meisterschaft sicherte.

Die Europaversion des Carrera 2,7 wurde noch bis in das Modelljahr 1976 weiterproduziert, allerdings entstanden nur noch 155 Stück als 1976er Modell, bevor Porsche ihn durch den Carrera 3,0 ablöste.

Mit einem 200 PS starken 3-Liter-Motor auf Basis des 3-Liter-Turboaggregats wies der Carrera 3,0 in Sachen Leistung eine Menge Potenzial auf und durfte zu Recht als Spitzenmodell unter den Saugmotorversionen aus Zuffenhausen gelten. Zugleich war er der Vorläufer des 911 SC-Motors.

In den USA blieb der Carrera 3,0 ein Exot, denn dort wurde er nicht offiziell vertrieben. Umso präsenter war er dagegen auf den RdW-Märkten: Porsche produzierte im Modelljahr 1976 insgesamt 1093 Carrera 3,0 Coupé und 479 Targa. Im Folgejahr kletterte der Ausstoß auf 1473 Coupé und 646 Targa, was ein Gesamtvolumen von 3691 Einheiten ergab. In die USA wurde kein einziges Exemplar offiziell exportiert.

1976 präsentierte Porsche den 3,0-Liter-Carrera als Spitzenmodell unter den Saugmotorversionen und Nachfolger des Carrera 2,7 Liter. Die Konstruktion des Carrera-Motors basierte auf demselben Alu-Druckguss-Kurbelgehäuse wie der 1975er Turbomotor. Das so entstandene „neue" 3,0-Liter-Triebwerk nahm seinerseits alle Grundelemente des im Modelljahr 1978 erscheinenden SC vorweg, wobei die Leistung des SC um 10 Prozent auf 180 PS sank. Woher dieser Leistungsunterschied rührt, ist allerdings nicht nachzuvollziehen.

1976 war die US-Version des Carrera eingestellt worden. Neben dem 911-S-Saugmotormodell konnte der 911 Turbo jetzt auch in den USA bestellt werden. Der 911 Modell 1976 erhielt einen gegenüber den Modellen 1974/75 auffälligeren „911"-Schriftzug auf der Motorhaube und war hieran leicht zu erkennen. Die Leistung betrug bei der Kalifornienversion jetzt 157 PS und lag damit gleichauf mit der „49-Staaten"-Version von 1975. Erstmals war im Model 1976 des 911 ein elektronischer Tachometer zu finden. Er wurde über das elektronische Signal eines Induktionsgebers angesteuert, der seitlich am Getriebe saß und die Magnetimpulse einer Reihe von Magneten am Differenzial erfasste. Die Benzinpumpe befand sich nun am Vorderachsträger, um Problemen mit Dampfblasenbildung entgegenzuwirken, die bei US-Fahrzeugen aufgetreten waren. Durch einen Zusatzluftregler wurde die Leerlaufdrehzahl bei kaltem Motor angehoben, so dass der Handgashebel der frühen K-Jetronic-Modelle entfiel. Der 1976er 911 war mit einem einzelnen, elektrisch einstellbaren und beheizten Außenspiegel bestückt. Der Motor erhielt ein fünfflügeliges Kühlluftgebläse, das jetzt 1,8:1 statt wie bisher 1,3:1 übersetzt war. Diese höhere Antriebsdrehzahl sollte die Ladeleistung des Drehstromgenerators bei niedrigen Drehzahlen verbessern. Trotz des schneller rotierenden Gebläses konnte das Laufgeräusch dank der fünfflügeligen Lüfterkonstruktion gesenkt werden; diese Geräuschminderung war aufgrund der europäischen Typzulassungsvorschriften erforderlich geworden.

An der Bremsanlage des 1976er 911 traten die Grauguss-„A"-Bremssättel an die Stelle der „S"-Alusättel. In ihren Abmessungen entsprachen sie den bisherigen „S"-Alusätteln, waren jedoch mit dünneren Bremsklötzen bestückt. Die Scheinwerferwaschanlage des Turbo war nun auch für die normalen 911-Versionen erhältlich. Gepolsterte und abgesteppte Türverkleidungen und farblich abgestimmte Armaturenbrettpolsterungen traten an die Stelle der bis 1976 dominierenden Farbe Schwarz. Auch die Türablagefächer erhielten nun eine Teppichauskleidung. Neu war im 1976er auch der „Tempostat", die erste Variante einer automatischen Geschwindigkeitsregelung in einem 911.

Nicht zu vergessen ist – als Teil der Modellpalette 1976 – auch das Sondermodell „Signature" des 911 S mit Sonderlackierung in Platinmetallic, Leichtmetall-Gussrädern, beigefarbenen Tweed-Polstern, einem lederbezogenen Dreispeichenlenkrad mit eingeprägter Unterschrift von Ferry Porsche sowie schwarz eloxierten Zierteilen. Dieses Sondermodell war sowohl in Nordamerika als auch in den RdW-Ländern lieferbar.

Der 930 Turbo blieb 1976 weitgehend unverändert und stand nun auch in einer US-Version mit 245 PS im Programm. Um die Abgasvorschriften einhalten zu können, erhielt der US-930 einen stärker drosselnden Thermoreaktor in der Auspuffanlage. Das Leistungsgefälle zwischen der US- und Europaversion des 930 war in erster Linie dieser Auspuffanlage zuzuschreiben. Die 205/50-VR15- und 225/50-VR15-Bereifung war bei allen 930 Turbo des Jahrgangs 1976 Teil der Serienausstattung.

Schon 1967 hatte Porsche aufwändige Korrosionsschutzversuche am 911 betrieben und drei Exemplare mit Karosserien aus poliertem, unlackiertem Nirosta-Stahl gefertigt. Eines der Fahrzeuge war 1967 auf der IAA zu sehen. Von den drei Exemplaren fielen zwei Unfällen zum Opfer, das dritte wurde 1975 nach sieben Jahren und rund 150.000 km intensiver Erprobungsfahrten an das Deutsche Museum in München übergeben. Der nichtrostende Stahl bewährte sich zwar in den Versuchsfahrzeugen, wäre für eine Serienfertigung – selbst bei einem Porsche – jedoch viel zu kostspielig geworden. Als Alternative ging Porsche dazu über, die am stärksten rostgefährdeten Teile der Bodengruppe zu verzinken. Dieses Verfahren wurde im Sommer 1970 bei den 2,2-Liter-Modellen des Modelljahres 1971 eingeführt. Bei der IAA 1975 präsentierte Porsche zusätzlich zur Verzinkung der Bodengruppe eine mit Vollkorrosionsschutz behandelte Karosserie. Mit dieser Kombination – kompletter Rostschutz von Karosserie und Bodengruppe – konnte die Durchrostungsgarantie des 911 auf sechs Jahre erweitert werden. Alle Blechteile waren jetzt innen und außen feuerverzinkt.

Ab 1976 führte Porsche die komplett feuerverzinkte Karosserie für alle 911er Modelle ein. Während der ersten Produktionsmonate war das Dach des Coupé noch unverzinkt, bis zum Jahresende wurde es jedoch ebenfalls auf verzinktes Blech umgestellt. Diese Korrosionsschutzmaßnahmen brachten derart durchschlagenden Erfolg, dass die Garantie gegen Durchrostungen weltweit ab 1981 auf sieben Jahre und ab 1986 für den US-Markt auf zehn Jahre verlängert werden konnte.

Auch die Zahl der Komponenten aus korrosionsbeständigem Aluminium wurde im Laufe der Jahre stetig ausgeweitet; 1976 zählten hierzu die Stoßstangen, die hinteren Schräglenker, der vordere Querträger und das Kurbelgehäuse. Auch die Edelstahl-Auspuffanlage und der Targa-Überrollbügel bestanden jetzt aus korrosionsbeständigen Werkstoffen. Die Auspuff-Heizkästen waren aluminiumbeschichtet, ebenso der Trockensumpföltank.

1977

1977 wurde am 911 gegenüber dem Modell 1976 nicht viel geändert; lediglich die US-Version war aufgrund der geltenden Abgasreinigungsvorschriften nur noch mit einer einzigen Motorversion mit Thermoreaktoren, EGR und Sekundärlufteinblasung für alle Staaten lieferbar. Die technischen Daten entsprachen denen der entgifteten Kalifornien-Version von 1976.

Als Reaktion auf die Probleme mit ausgerissenen Zylinderkopfbolzen bei den früheren 2,7-Liter-Motoren, stellte Porsche bei der unteren Bolzenreihe der Zylinderköpfe auf Bolzen aus einer neuen Stahllegierung namens Dilavar um. Die Dilavar-Bolzen hielten bei den 911er Motoren Ende des Modelljahres 1977 Einzug, brachten allerdings nicht die erhoffte Abhilfe, sondern sorgten bei vielen Porsche-Fahrern vielmehr für neues Kopfzerbrechen. Ihre Festigkeit reichte für die in den großvolumigeren Motoren auftretenden Belastungen nicht aus, und zudem erwiesen sie sich bei ungünstigen Witterungsverhältnissen als korrosionsanfällig.

Dieses Thema wird in Kapitel 2 noch näher beleuchtet, die eigentliche Ursache der ausgerissenen Zylinderkopfbolzen ist jedenfalls in der Verwendung von Magnesium anstelle von Aluminium als Kurbelgehäusewerkstoff zu suchen. Die kristallinen Strukturen von Aluminium und Magnesium unterscheiden sich erheblich voneinander; Magnesium weist ein sechseckiges (hexagonales) Kristallsystem auf. Diese Kristallstruktur hat zur Folge, dass Magnesium grundsätzlich etwas spröder als Aluminium ist. Magnesium ist daher also denkbar ungeeignet als Werkstoff zur Aufnahme von Gewinden, und es ist eigentlich übliche Praxis, die Magnesium-Kurbelgehäuse mit Gewindeeinsätzen aus Stahl zu verstärken. Um Abhilfe zu schaffen, ersetzten zahlreiche Porsche-Schrauber ihre Dilavar-Stehbolzen durch Stahlbolzen oder hochfeste Aftermarket-Zylinderkopfbolzen, wie sie u. a. von RaceWare und ARP vertrieben werden. Wer in seinem 911 einen Motor mit Alu-Kurbelgehäuse besitzt, darf sich darüber freuen, dass aufgrund der anders gearteten Kristallstruktur Alu-Kurbelgehäuse wesentlich seltener als Magnesiumgehäuse – wenn überhaupt jemals – vom Problem der ausgerissenen Stehbolzengewinde befallen werden.

Die Probleme mit Magnesium-Kurbelgehäusen beschränken sich jedoch nicht allein auf die Zylinderkopfbolzen. So kommt es auch immer wieder zu Öllecks und Schwierigkeiten mit mangelndem Öldruck, der auf Ölaustritt an den Hauptlagern als Folge verzogener Lagerböcke zurückzuführen ist. Diese Thematik wird in Kapitel 2 ebenfalls noch detaillierter behandelt.

Beim Modell 1977 stellte Porsche gleichzeitig auf einen verbesserten Werkstoff für die Ventilführungen um, die – statt wie bisher aus Kupferlegierung – jetzt aus Silikonbronze bestanden. Die Verbesserung machte sich schon bald bemerkbar. Beim 2,7-Liter-Motor waren die Ventilführungen aufgrund der höheren Wärmebelastung oft bereits nach 50.000 bis 100.000 km erneuerungsreif, wobei vor allem die 911er Motoren mit Thermoreaktoren oft auf lediglich 50.000 km kamen. Bei den normalen 2,7-Liter-Motoren mit Ventilführungen aus Kupferlegierungen waren ausgeschlagene Ventilführungen bei 100.000 km durchweg keine Seltenheit.

Im Innenraum wartete der 1977er 911 mit Frischluftdüsen am Armaturenbrett auf, die auch für die auf Wunsch eingebaute Klimaanlage genutzt wurden. Außerdem signalisierte jetzt eine Warnleuchte am Armaturenbrett etwaige Defekte an der Bremsanlage. In der Mittelkonsole saßen die Regler für die Klimaanlage, ein Cassettenablagefach sowie Aufnahmen für Mikrofon und Senderspeichertasten des Blaupunkt Bamberg-Autoradios, das beim Turbo Carrera zur Serienausstattung zählte und beim 911 S gegen Aufpreis lieferbar war. Die Türschlösser wurden – eine Spezialität von Porsche – durch einen Drehgriff entriegelt. Beim 911 Targa entfielen am Modell 1977 die Ausstellfenster in den Türen.

1977 kamen außerdem neue einstellbare Hinterachsfederaufhängungen hinzu, die eine Feineinstellung des Hinterachsniveaus ermöglichten, und sämtliche Modelle erhielten einen Bremskraftverstärker. Zusätzlich zur Hilfsfeder am Kupplungspedal – hier gibt es heute im Zubehörhandel (www.PelicanParts.com) Federn in unterschiedlichen Zugstärken – unterstützte nun eine Zusatzfeder den Ausrückhebel am Getriebe. Die neue Feder in Hufeisenform, die in der Ersatzteilliste die Bezeichnung „Biegefeder" trägt, verstärkte die Betätigungskraft, und sofern alles richtig eingestellt war, funktionierte diese Konstruktion sehr gut.

Gegen Aufpreis konnte für den 911 S ein Komfortpaket mit weicher abgestimmten Bilstein-Dämpfern, 185 HR14-Reifen auf 14-Zoll-Felgen, elektrischen Fensterhebern und einem Drehzahlregler (der die Höchstgeschwindigkeit auf 210 km/h begrenzte) geordert werden. Dieser Regler war aufgrund der Geschwindigkeitsbegrenzung der montierten HR-Reifen erforderlich geworden.

Der 930 Turbo blieb 1977 gegenüber dem Vorjahresmodell weitgehend unverändert; wichtigste Neuerung war der hier erstmals verbaute Bremskraftverstärker. Im Turbo Modell 1977 saß außerdem erstmals eine Ladedruckanzeige im Armaturenbrett. Die hinteren Federaufhängungen waren zweiteilig gestaltet und konnten an Exzentern zueinander verstellt werden – wie beim normalen 911 von 1977 (dieses Konstruktionsdetail wurde bei allen 911 bis 1989 beibehalten). Noch wichtiger war die damit mögliche Feinabstimmung am 911 Turbo mit seiner breiten Spur, breiten Rädern und höherem Gewicht. Der 930 Turbo erhielt nun den einfacheren Vorderachsstabilisator, wie er bereits seit 1974 im 911 saß (Stabidurchmesser vorne 20 mm, hinten 18 mm). Räder und Bereifung wurden jetzt auf 16-Zoll-Räder mit 205/55 VR16-Bereifung auf 7x16-Felgen vorne und 225/50 VR16-Reifen auf 8x16-Felgen hinten umgestellt. Zusätzlich bekam der 1977er 930 Turbo ab Werk erstmals beheizbare, elektrisch einstellbare Außenspiegel links und rechts.

Nachdem Porsche in seiner eigenen Rennwagenklasse konkurrenzlos dastand, versuchte sich die Rennabteilung mit dem 935 *Baby* zusätzlich in der direkten Konfrontation mit BMW in der Klasse bis 2 Liter in der deutschen Gruppe 5. Der *Baby* besaß einen Turboladermotor, weshalb aufgrund des Äquivalenzfaktors von 1,4 der Hubraum unter 1425 ccm gehalten werden musste. Daher montierte Porsche im *Baby* einen speziellen 370-PS-Motor mit 71 mm Bohrung und 60 mm Hub. Aus Platzgründen saß unter der Motorhaube ein kleinerer Ladeluftkühler.

Für die Saison 1977 leistete sich Porsche einen zusätzlichen Nervenkitzel und trat in der für Gruppe-5-Reglement ausgeschriebenen Deutschen Rennsportmeisterschaft in der Division 2 (bis 2 Liter) an. Bevor Porsche den 935 *Baby* herausbrachte, war diese kleinere Klasse die Domäne von BMW und Ford gewesen. Äußerlich ähnelte der *Baby* weitgehend seinen hubraumstärkeren Vettern. Unter der Haube werkelte jedoch ein spezieller 370-PS-Turbomotor mit 1,5 Litern Hubraum und Ladeluftkühlung. Der *Baby* brachte gerade einmal 726 kg Eigengewicht auf die Waage, was durch umfangreiche Modifikationen erreicht wurde, u. a. durch Alu-Hilfsrahmen vorne und hinten und durch einen einfacheren Schmierölkreislauf mit weniger Rohrleitungen, bei dem der Ölkühler von vorne ins Wagenheck in die Nähe des Motors wanderte. Foto: Porsche AG

Der *Baby* ging nur zweimal an den Start – das erste Mal ohne Erfolg, im zweiten und gleichzeitig letzten Rennen auf dem Hockenheimring siegte Jacky Ickx aber mit mehr als einer halben Runde Vorsprung. Der *Baby* war der erste 935 mit Aluminiumrohr-Hilfsrahmen (Gitterrohrrahmen), wie er später auch im 937/78 zu finden war.

1977 legte Porsche eine Sonderserie von zehn 934 mit IMSA-Zulassung: Hierbei schöpften die Porsche-Ingenieure das sehr freizügige Reglement der US-Rennserie voll aus und griffen auf einen Großteil der Technik des 935 zurück. Die IMSA-Wagen gingen mit geringerem Gewicht an den Start, erhielten eine breitere 15-Zoll-Bereifung, den größeren Heckflügel der Gruppe 5 und die mechanische Bosch-Einspritzanlage. Die Wagen fuhren sich dank dieser Gemischaufbereitungsart deutlich angenehmer und zuverlässiger und lagen leistungsmäßig eher bei den 600 PS des 935 als bei den 500 PS der Version der Gruppe 4.

Der Porsche 935/77: Porsche überarbeitete den Werkswagen zur Rennsaison 1977, optimierte die Aerodynamik und konstruierte den Motor auf Doppelturbo um. Die hochgezogene Dachattrappe sorgte als Teil der aerodynamischen Eingriffe für einen saubereren Luftabriss am Heck, die Außenspiegel wurden in die Kotflügel eingezogen und die Luftführungen an beiden Haubenseiten sorgten für einen gewissen Bodeneffekt. Genau genommen besaß dieses Fahrzeug zwei Heckscheiben: Nach dem Reglement durfte das hochgezogene Dach nur zusätzlich über dem Seriendach mit der serienmäßigen Heckscheibe angeordnet werden. Die Einbauposition der Rückspiegel war zwar aerodynamisch günstig, nach Aussagen der Fahrer aber wenig praxistauglich. Foto: Porsche AG

In Europa waren im Laufe der Saison 1976 etliche der 934 Gruppe 4 in Händen von Privatfahrern auf Gruppe 5 umgerüstet worden, worauf Porsche 1977 selbst eine Kleinserie von 13 Gruppe-5-Fahrzeugen für Privatfahrer auflegte. Diese Kundenversionen waren genau genommen Replikas der beiden 935er Einzellader-Werkswagen von 1976.

Daneben stellte Porsche drei weitere 935 für den Werkseinsatz in der Saison 1977 fertig, wobei die gelockerten Vorschriften der Gruppe 5 weidlich ausgenutzt wurden. Die Lockerung des Reglements war dem Bestreben, die Konkurrenzfähigkeit anderer Teams zu verbessern, zu verdanken gewesen. So durften jetzt die Bodenbleche bis an die Türeinstiegsschweller hochgesetzt, die Trennwand zwischen Motor und Cockpit um 20 cm in das Cockpit zurückversetzt werden und als Karosseriestruktur galt nun der Bereich zwischen vorderer und hinterer Trennwand. So richtig zum Tragen kamen diese Reglementänderungen freilich erst ab 1978. Die neuen Werksrenner warteten mit aerodynamisch optimierter GFK-Karosserie auf, was nicht zuletzt der radikal umgestalteten Heckpartie mit Plexiglas-Heckscheibenattrappe über der Originalheckscheibe zu verdanken war. Laut Reglement musste zwar die Originalheckscheibe beibehalten werden, doch stand nirgends geschrieben, dass nicht auch zwei Heckscheiben montiert werden durften. Das Porsche-Werksteam trat 1977 bei acht der neun Rennen um die Marken-Weltmeisterschaft an und siegte in drei Rennen. Die übrigen Rennen gingen an Privatteams, so dass Porsche die Meisterschaft abermals für sich entscheiden konnte.

Die Lufteinlässe des Doppelladermotors saßen an der Hinterkante der hinteren Seitenscheiben und belegten einen Teil der Dachattrappe. Am Bug waren die beiden Vorderspiegel in die Vorderkotflügel eingezogen worden; unterhalb der Türen und zwischen den Kotflügeln verlief je ein ausladender Seitenschweller.

Der 911 SC debütierte zum Modelljahr 1978 und blieb bis 1983 im Programm. Optisch hatte sich gegenüber dem Carrera 3,0 von 1976 wenig geändert, beim 911 SC waren jedoch viele der Schwachstellen früherer Modelle beseitigt und zugleich zahlreiche Verfeinerungen eingeführt worden. Der 911 SC durfte folgerichtig als der bis dahin beste 911 gelten. Diese Abbildung zeigt ein 1983er Exemplar anlässlich der Weltpremiere des Vollcabriolets 1982 in Laguna Seca. Am Steuer Porsche-Vorstandschef Peter W. Schutz, daneben Gattin Sheila.

Auch die Motoren erfuhren bei diesen Werkswagen für die Saison 1977 diverse Änderungen. Neu waren unter anderem die bereits erwähnten Doppellader und die optimierte Ladeluftkühlung. Hauptzweck der Doppelturbos war nicht so sehr die Leistungssteigerung, sondern vielmehr die Verbesserung der Gasannahme und Minimierung des Turbolochs. Das Doppelladersystem bestand im Wesentlichen aus zwei kleineren Ladern, die jeweils mit der halben Schwungmasse anliefen und hochdrehten bzw. abbremsten, sobald der Motor beschleunigte bzw. in Schiebelauf überging. Beim Einbau des neuen Ladeluftkühlers nutzten die Konstrukteure die Reglementänderung, wonach die Trennwand zwischen Motor und Cockpit versetzt werden durfte. Der Ladeluftkühler saß nun auf der Schwungradseite des Motors, die Schläuche der Lader wanderten nach vorne.

Mitte der 1970er Jahre wurde die Einhaltung der immer strengeren US-Abgas- und Sicherheitsvorschriften für alle neuen Modelle zu einem ernsten Problem. Da der 911 in seiner Grundkonzeption sehr aus dem Rahmen des Üblichen fiel, trafen ihn die verschärften Auflagen besonders hart. Der überwiegende Teil der Weltproduktion setzte sich aus Wagen mit Frontmotor und Wasserkühlung zusammen, also wurden die Abgas- und Sicherheitsbestimmungen entsprechend formuliert. Der luftgekühlte 2,7-Liter-Boxermotor des 911 hatte, wie zu erwarten, erhebliche Schwierigkeiten bei der Erfüllung dieser Vorschriften und allerorten wurde das baldige Abtreten dieser Modellreihe erwartet. Mitte der 1970er Jahre hielt zudem die neue Porsche-Generation mit Frontmotor und Transaxle Einzug, zuerst 1976 der 924, dann 1977 der 928. Damit schien das Schicksal des 911 besiegelt.

1978

Die seit Einführung des Turbo 1975 gesammelten Erfahrungen in der Bändigung der Mehrleistung des Turbo boten Porsche eine hervorragende Ausgangsbasis für den Bau eines wesentlich stärkeren Saugmotors für den 911. Aus dieser Überlegung heraus entstand im Jahr 1976 der Carrera 3,0 für den europäischen Markt.

1978 löste der 911 SC 3,0 Liter den Carrera 3,0 in Europa sowie die 2,7-Liter-Modelle in Europa und den USA ab und etablierte sich bald als internationales Standardmodell. Mit 3 Litern Hubraum und 180 PS war der 911 SC nicht nur größer und leistungsstärker als der Motor des 2,7 Liter, sondern zudem eine fast völlige Neukonstruktion – und das beste bis dato produzierte Triebwerk für einen 911. Die Übertragung der Turbotechnik auf die normalen Saugmotoren löste viele der mit dem raschen Hubraumanstieg in den 1970er Jahren verbundenen Schwierigkeiten. Die wirksameren Abgasreinigungsanlagen für den Motor des 911 SC von 1978 bedeuteten zudem entscheidende Fortschritte im Bestreben, Umweltbewusstsein, Fahrspaß und Motorleistung in Einklang miteinander zu bringen. Mit der Einführung des Dreiwegekatalysators mit Lambdasonde gelang Porsche schließlich 1980 abermals ein gewaltiger Schritt nach vorn.

Porsche baute diesen 1978er 911 SC für die East African Safari-Rallye auf. Der 911 hatte sich bei dieser brutalsten und materialmordensten Rallye im WM-Kalender schon mehrfach bewährt, die East African zählte allerdings zu den ganz wenigen großen internationalen Rennen, bei denen es nie ein 911 oder ein Modell auf 911-Basis auf das Siegerpodest schaffte. Foto: Porsche AG

Die Karosserie des 911 SC war die logische Weiterentwicklung des Carrera und behielt die ausladenderen hinteren Kotflügelverbreiterungen und die breiteren Hinterradfelgen. Die serienmäßigen Felgengrößen lauteten nun vorne 6x15 Zoll mit Reifengröße 185/70 VR15 und hinten 7x15 Zoll mit der Bereifung 215/60 VR15. Zum Modelljahr 1978 waren auch die 16-Zoll-Räder für den US-Markt erstmals auf Wunsch lieferbar – jetzt mit 6x16-Felgen mit Reifengröße 205/55 VR16 vorne und 7x16 mit 225/50 VR16-

Bereifung hinten. 1980 wuchs der Durchmesser der hinteren Drehstäbe von 23,0 auf 24,1 mm. Die schwarzen Scheibenrahmen wurden 1981 serienmäßig eingeführt und ab demselben Jahr, saßen an den Vorderkotflügeln der Europaversion des 911 SC zusätzliche Seitenblinker.

Der 911 SC war nach wie vor als Coupé und als Targa lieferbar, ab 1983 auch als Vollcabriolet.

Durch eine Bohrungsvergrößerung auf 97 mm und einen auf 74,4 mm verlängerten Hub erreichte der Hubraum des 930 Turbo jetzt 3,3 Liter. Als erstes Serienmodell wartete der Turbo 3,3 Liter mit einem Ladeluftkühler auf. Dieser Kühler senkt die Temperatur der Ansaugluftfüllung: Kühle Luft kann mehr Sauerstoff aufnehmen. Als Resultat erhält man eine verbesserte Zylinderfüllung bei gleichzeitig niedrigerem Ladedruck. Damit sinkt auch die Verdichtungstemperatur im Motor, so dass der Weg frei wird für ein höheres Verdichtungsverhältnis. Beim Turbo 3,3 Liter wurde die Verdichtung von den 6,5:1 des 3 Liter auf 7,0:1 angehoben. Durch den Ladedruck ergibt sich eine theoretische effektive Gesamtverdichtung von 11,7:1. Die Europaversion des Turbo 3,3 Liter brachte es auf 300 DIN-PS, die US-Version mit ihrem Thermoreaktor verzeichnete immerhin einen Sprung von ursprünglichen 245 PS auf nunmehr 265 PS bei, gegenüber dem 3,0-Liter-Turbo unveränderten 0,8 bar Ladedruck.

Der neu entwickelte Heckspoiler des 930 Turbo war aerodynamisch günstiger gestaltet und sorgte für einen intensiveren Luftstrom zu dem groß dimensionierten Ladeluftkühler im Motorraum, der eine der wesentlichen Neuerungen des neuen 3,3-Liter-Turboaggregats darstellte. Erstmals besaß der 930 jetzt auch größere Bremsen als der normale 911: Für noch bessere Verzögerungswerte sorgten die nun innenbelüfteten und gelochten Bremsscheiben. Die Bremssättel auf den Bremsscheiben waren als Serienabkömmling der Vierkolbensättel des 917-Rennmodells für die Can-Am-Serie entstanden. An der Vorderachse waren die Kolben größer als an den Hinterrädern dimensioniert, um eine ideale Bremskraftverteilung zwischen Vorder- und Hinterachse zu ermöglichen.

Für die Rennsaison 1978 legte Porsche eine Kleinserie von 15 Kunden-935 auf, die Privatfahrern für die Markenweltmeisterschaft

1978 wurde der 930 Turbo grundlegend überarbeitet. Der Motorhubraum wuchs auf 3,3 Liter und der Motor erhielt zur Wirkungsgradoptimierung einen Ladeluftkühler. Die Version mit Ladeluftkühler erforderte eine Umkonstruktion des Heckflügels, unter dem nun Platz für diesen geschaffen und ein höherer Luftdurchsatz in den Motorraum erreicht wurde. Die Turbos ab 1978 besaßen die wesentlich größeren und leistungsstärkeren Bremsen des 917. Foto: Porsche AG

Mit dem 935/78 *Moby Dick* der Saison 1978 ging Porsche bis an die Grenzen der Homologationsvorschriften für die Gruppe 5. Unter Nutzung etlicher Schlupflöcher im FIA-Reglement gelang es Porsche-Ingenieur Norbert Singer, den Wagen 75 mm tieferzulegen und die Aerodynamik mithilfe einer völlig neu gestalteten Karosserie weiter zu optimieren. Foto: Porsche AG

zur Verfügung gestellt wurden. Die Wagen unterschieden sich optisch nur wenig von der ersten Kundenserie, waren jedoch in etlichen Details überarbeitet und mit dem Doppelladermotor des 935 ausgerüstet worden, der noch im Vorjahr den Werksexemplaren vorbehalten geblieben war. Die Karosserie hatte erstmals abnehmbare Heckkotflügel, was der Wartungs- und Reparaturfreundlichkeit sehr zugute kam. Der Heckflügel selbst war zur Verbesserung der Abtriebskraft nun zweistufig aufgebaut.

Porsche überarbeitete die Konzeption der Gruppe-5-Wagen für die Saison 1978 grundlegend, wobei das Werk von den Reglementänderungen von 1977 in noch größerem Maße profitierte. Der 935/78 *Moby Dick* wurde eigens für den Einsatz in Le Mans konzipiert, wo es mehr auf Spitzengeschwindigkeiten auf den Geraden als auf die Kurvengeschwindigkeiten ankommt. Die Ergebnisse sollten die künftigen Rennpraktiken der Gruppe 5 nachhaltig beeinflussen. Unter der Haube des *Moby Dick* saß eine neuentwickelte 3,2-Liter-Version des ehrwürdigen 901er Motors – jetzt mit vier Ventilen pro Zylinder, wassergekühlten Zylinderköpfen und je zwei obenliegenden Nockenwellen.

Sowohl für diesen Renner als auch für die 936er entwarf Porsche eine neue Zylinderkopfgestaltung, um die Probleme mit durchgebrannten Kopfdichtungen und Kolbendefekten in den Griff zu bekommen, die sich bei den 935er und 936er Turbomotoren bei hohen Ladedrücken einstellten.

Die Zylinderkopfdichtung hatte sich als das schwächste Glied der luftgekühlten Turbomotoren erwiesen. Als Porsche die neue Version des 911er Motors entwarf, mussten laut Reglement das originale Kurbelgehäuse und die luftgekühlten Zylinder der Serienversion beibehalten werden. Also verfiel Porsche auf die Idee mit wassergekühlten Vierventil-Köpfen, die mehr Leistung und Standfestigkeit gewährleisten sollten. Da man gemäß der Statuten der Gruppe 5 nach wie vor die luftgekühlten Einzelzylinder verwenden musste, entschied sich die Porsche-Rennabteilung für einzelne Zylinderköpfe, die sie im Elektronenstrahlverfahren mit den Zylindern verschweißte, womit zugleich die Kopfdichtungsprobleme elimi-

Der wassergekühlte Zylinderkopf des 935 *Moby Dick* und des 936/78. Bei dieser Konstruktion wurde erstmals Wasser zur Kühlung eines 911-Motors genutzt.

niert wurden. Nun waren nur noch die Zylinder luftgekühlt und so konnte auch die Gebläsegröße verringert werden. Ab diesem Zeitpunkt verrichtete wieder ein konventionelles stehendes Kühlgebläse, ähnlich den Serien-911ern den Dienst, das allerdings nur 210 mm im Durchmesser maß und mit der 1,34-fachen Kurbelwellendrehzahl lief. Sein Luftdurchsatz betrug 500 l/min bei 8200/min Motordrehzahl (das liegende Gebläse des vollständig luftgekühlten 935er Motors war auf 1700 l/min gekommen). Der Leistungsverlust durch das 210-mm-Gebläse lag bei rund 4 PS.

Die Zylinderköpfe der linken und rechten Zylinderbank wurden separat über jeweils einen eigenen Kühler gekühlt, der auf der entsprechenden Fahrzeugseite im Heckkotflügel saß. Die zugehörigen Wasserpumpen wurden über die Auslassnockenwelle angetrieben, das Kühlwasser zirkulierte von der Auslassseite in Richtung Einlassseite. Diese Motoren bildeten für die nächsten 17 Jahre die Grundlage für die weitere Rennmotorenentwicklung bei Porsche.

Im Dezember 1976 änderte die FIA ihr Reglement, um BMW und anderen Frontmotorteams unter die Arme zu greifen. Nach den neuen Richtlinien durften die Hersteller die Bodenbleche bis zu den Einstiegsschwellern hochlegen, womit mehr Platz für den Einbau von Turboladern und Auspuffanlagen unter dem Wagen frei wurde. Auch zwei weitere Reglementänderungen blieben nicht ohne Folgen: Zum einen durften die Teams die Motortrennwand 20 cm weit in das Cockpit hineinverlegen, zum anderen durfte die „Karosseriestruktur“ vor der vorderen Trennwand und hinter der rückwärtigen Trennwand enden. Die erstere Regel war für Porsche-Renningenieur Norbert Singer Anlass, den Ladeluftkühler bei der Rennversion des 935/11 in den hinteren Cockpitbereich zu verlegen.

Die Reglementänderung zur „Karosseriestruktur“ nutzte Singer geschickt zur Gewichtsreduktion beim 935 *Baby*, indem Vorderbau und Heckpartie durch Alurohr-Leichtbaukonstruktionen ersetzt wurden. In seinen Erinnerungen schilderte Singer, dass diese Maßnahmen sogar so erfolgreich waren, dass das Eigengewicht des *Baby* noch unter dem Limit von 735 kg lag. Um das fehlende Gewicht auszugleichen, goss das Rennteam flugs die Alu-Längsrohre des Vorderbaus mit geschmolzenem Blei aus – ein Kniff, der garantiert unentdeckt bleiben würde. In den im Porsche-Museum ausgestellten Fahrzeugen soll das Blei laut Singer noch immer den Vorderbau beschweren.

Bei der Rennversion des Folgejahres, dem 935/78 *Moby Dick,* trennte Singer Front und Heck des Fahrzeugs ab und konstruierte eine Alu-Rohrkonstruktion, die die vorderen und hinteren Karosseriepartien sowie Vorder- und Hinterachse samt Motor und Getriebe aufnahm. Das Stahlbodenblech wurde herausgetrennt und aus GFK eine neue Bodenplatte angefertigt, die bündig mit den Türunterkanten abschloss. Anschließend wurde der Wagen genauso tief wie der 935/77 des Vorjahres gelegt, woraus sich dank der höhergelegten Bodenpartie eine Tieferlegung um 75 mm ergab. Da gemäß Reglement Komponenten bis zu 20 cm weit auf der Innenseite der Trennwand angeordnet werden durften, fanden hier jetzt die Rohrleitungen und weitere Baugruppen Platz. Anschließend wurde der Aluminium-Überrollkäfig bis zur Bodengruppe heruntergezogen und die Karosserie zur Versteifung mit dem Überrollkäfig verbunden. Der *Moby Dick* wartete obendrein mit einer neuen, strömungstechnisch optimierten Karosserie auf, die alle Vorteile des niedrigeren Fahrzeugprofils nutzte.

Die Rundenzeiten von *Moby Dick* in Le Mans lagen um neun Sekunden unter denen des 935/77, die Geschwindigkeit auf der Geraden stieg von 329 km/h auf 355 km/h. *Moby Dick* ging zwar nur in vier Rennen an den Start und kam lediglich in Silverstone als Erster

Schauspieler und Hobbyrennfahrer Paul Newman mit dem Kunden-935/78 von Dick Barbour Racing, mit dem er 1979 in Daytona startete. Die abnehmbaren Heckkotflügel sind hier gut zu erkennen. Dank der Schnellverschlüsse ließen sich die kompletten Kotflügel im Handumdrehen abnehmen, was die Arbeit am Fahrzeug wesentlich vereinfachte. Zur Leistungs- und Durchzugsoptimierung besaß der 935/78 zwei Turbolader. Bei der Anordnung des Ladeluftkühlers nutzte Porsche die Reglementänderung von 1977, nach der Motorbauteile bis zu 20 cm in den Innenraum hineinverlegt werden durften.

ins Ziel, seine Konzeption stellte jedoch die Weichen für zahlreiche weitere innovative Kreationen für die Gruppe 5.

1979

Das Modell 1979 entsprach im Wesentlichen dem Modell 1978, und der 1979er 930 sollte vorläufig auch der letzte in die USA importierte Turbo werden, bis er 1986 wieder auf den US-Markt zurückkehren durfte. (Eine Kleinserie von ungefähr 80 Turbos des Modells 1980, die im Wesentlichen dem Modell 1978 bzw. 1979 entsprachen und vor Januar 1980 produziert wurden, gingen noch rasch in die USA, um dort eine Straßenzulassung zu erhalten. Diese 80 Exemplare hoben sich durch Ausstattungsdetails von den späteren 911 des Modelljahrs 1980 ab. Der Turbo erfuhr von 1980 bis 1985 diverse Modellpflegemaßnahmen, und einige Exemplare gelangten über den grauen Markt auch in die USA.)

Auch 1979 entstand bei Porsche eine überarbeitete Version des Kunden-935 zur Verteidigung des Markenweltmeistertitels. Der 935/79 übernahm einige der Neuerungen des 935/78 und bildete die Basis für zahlreiche Weiterentwicklungen des 935 durch private Teams. Auch 1979 ging die Markenweltmeisterschaft wieder an Porsche.

1982 wurden die FIA-Reglements geändert und die Gruppen 4, 5 und 6 in die neuen Gruppen A, B und C aufgeteilt. Für die Zulassung in der Gruppe B war eine Serie von zweihundert Exemplaren vorgeschrieben. Nach Erreichen der 200 Stück waren „Evolutionen“ zulässig, für deren Homologation nur 20 weitere Exemplare produziert werden mussten. Nach der Reglementänderung 1982 homologierte Porsche die „Evolutionsmodelle“ des 911 SC und 911 Turbo, um ambitionierten Kunden einen Renneinsatz zu ermöglichen.

Das werksseitige Performance-Update des Jahres 1982 umfasste einen Aluminium-Überrollkäfig, einen 100/120-Liter-Sicherheitstank im Fahrzeugbug, Domstreben, einen in den vorderen Kofferraum verlegten Öltank, verstärkte Vorder- und Hinterachsaufhängung, verbesserte Vorder- und Hinterradbremsen und Zweikreis-Hauptbremszylinder mit Waagebalken sowie Zentralverschluss-Radmuttern und verstärkte Achsen. Die Eingriffe am Motor beschränkten sich gemäß Reglement auf geringfügige Änderungen, insbesondere einen größeren Ladeluftkühler, eine Nockenwelle mit größeren Steuerzeitenüberschneidungen und längeren Öffnungszeiten (Gruppe-B-Nockenwelle) sowie einen um 0,1 bar höheren Ladedruck.

1980

Zum Modelljahr 1980 erhielt der 911 SC einen Dreiwegekatalysator mit Lambdasonde. In der Europaversion leistete der 8,6:1 verdichtete 911 SC nun 188 PS. Der 245-mm-Motorlüfter wurde vom Turbo übernommen, war jetzt aber nur noch 1,68:1 übersetzt. Der Ölkühler der Europaversionen wurde auf einen Messingrohrkühler umgestellt, für die USA blieb es dagegen beim Schlangenkühler. Die SC- und Turbotriebwerke erhielten neue, verstärkte und wesentlich verwindungssteifere Auslassventildeckel, die dem Ölleckproblem in diesem Bereich weitgehend Einhalt geboten.

Die schwarzen Scheibeneinfassungen wurden 1980 Teil der Serienausstattung, ebenso die elektrischen Fensterheber der US-Versionen, das lederbezogene 380-mm-Dreispeichenlenkrad und die Mittelkonsole. Auf Wunsch konnte auch eine Alarmanlage geordert werden. Der Tacho erhielt ein neues Zifferblatt mit Meilen- und km/h-Teilung. Die Meilenskala war alle 10 mph unterteilt, die km/h-Skala in 20 km/h-Schritten. Die in der vorderen Stoßstange montierten Scheibenwaschdüsen wurden verkleinert. Dazu kamen neue Scheinwerferringe mit geänderten Scheinwerfereinstellern, die hinter einer kleinen Gummiabdeckung verschwanden.

Speziell für die USA entstand 1980 die „Weissach“-Sonderedition (Mehrausstattungscode M 439). Von der „Weissach Special Edition“ wurden insgesamt 408 Exemplare in den Farben Schwarzmetallic und Platinmetallic gefertigt. Teil der Sonderedition war auch die Innenausstattung in beigefarbenem Leder mit burgunderroten Kedern und Bodenteppichen. Die Weissach-Modelle erhielten Fuchs-Leichtmetallfelgen in den Größen 7x15 (vorne) bzw. 8x15 (hinten). Die Felgensterne waren in Platinmetallic lackiert. Von den normalen 911 SC des Modells 1980 hoben sie sich äußerlich zudem durch ihre speziellen Front- und Heckspoiler ab.

Die Turbos der Jahre 1980-1985

Der 930 Turbo von 1980 erhielt einen neuen Schalldämpfer mit Doppelendrohr (im Original war nur ein einziges Endrohr vorhanden gewesen). Dies sollte das Auspuffgeräusch ohne Leistungseinbußen von 82 auf 79 dB drücken. Zur Intensivierung der Ölkühlung stellte Porsche außerdem den im Bug montierten Ölkühler auf eine Messingrohrausführung um. Der Motor des 1981er Turbo blieb gegenüber dem Vorgänger unverändert; 1982 erhielt das Turboaggregat dann einen Ölabscheider in der Kurbelgehäuseentlüftung. Die Öldämpfe aus dem Kurbelgehäuse gelangen über den Abscheider in einen Luftfilter. Die Entlüfterleitung des Öltanks mündet im Ölabscheider bzw. der Luftfilterleitung. Damit sollte verhindert werden, dass bei aggressiver Fahrweise Öl aus dem Öltank über die Entlüfterleitung in den Motor gedrückt wird.

Zur Verbesserung der Heizleistung erhielten die Warmluftkanäle im linken und rechten Fußraum Anfang 1983 zwei zusätzliche Heizluftgebläse. Über einen dreistufigen Schalter neben dem Verteilerhebel konnten die Zusatzgebläse zugeschaltet und damit die Heizleistung deutlich gesteigert werden.

Die Auspuffanlage wurde 1983 abermals modifiziert und ein separater Schalldämpfer für das Wastegate integriert (bisher mündete das Wastegate in den Hauptschalldämpfer). Dadurch stieg das Höchstdrehmoment von 412 auf 431 Nm. Die K-Jetronic erhielt nun einen geänderten Warmlaufregler sowie einen modifizierten Kraftstoffverteiler. Am Zündverteiler saß jetzt eine doppelte Unterdruckdose und auch die Verstellkennline wurde geändert.

Der Turbo Modell 1984 blieb unverändert. Zum Modelljahr 1985 wurde der im Bug montierte Ölkühler in einen Rippenkühler geändert und ein größerer Ausschnitt in der vorderen Stoßstange ermöglichte einen intensiveren Kühlluftstrom zum Kühler. Damit ließ sich die Öltemperatur sogar bei Volllast um rund 20 °C senken. (Wie bereits erwähnt, gelangte von den Turbos der Modelljahre 1980 bis 1985 – abgesehen von den 80 frühen 1980er Turbos, die Ende 1979 in die USA gingen – lediglich über den grauen Markt eine gewisse Stückzahl in die USA.)

Oben: Die Werksrennwagentypen 956 (oben) und 962 (unten): Der 956 gab zur Rennsaison 1982 in der Gruppe C seinen Einstand. Laut Rennkonstrukteur Norbert Singer entstanden insgesamt 148 Exemplare des 956 bzw. 962; diese Modelle dominierten den Rennsport in den Sportwagenklassen über mehr als ein Jahrzehnt und heimsten sechs Siege in Le Mans ein. Foto: Porsche AG (oben), Verfasser (unten)

1981

Um die Flammrückschlagneigung zu kurieren, die wiederholt für geplatzte Luftfiltergehäuse gesorgt hatte, erhielt der 1981er 911 SC einen Kaltstartgemischverteiler im Luftfiltergehäuse. Bereits durch diese Änderung konnten offenbar 90 Prozent aller Störungen behoben werden. Dennoch kommt es immer wieder zu einzelnen Fällen von Fehlzündungen, bei denen die (sehr teuren) Luftfilterkästen Schaden nehmen, da der Überdruck nicht entweichen kann. In der Regel sind Störungen in der Einspritzanlage für diese Defekte verantwortlich. Heute wird im Zubehörhandel ein Rückschlagventil (federbelasteter Klappdeckel) zum Nachrüsten älterer Systeme angeboten, das im Luftfiltergehäuse montiert wird und sich bei Überdruck öffnet.

Alle Kraftstoff- und Einspritzleitungen wurden in jenem Jahr auf Stahlausführungen umgestellt. Die Leistung des Europa-911 SC stieg auf 204 PS bei einer Verdichtung von 9,8:1. Auch der Motor des US-Modells wurde überarbeitet und verdichtete jetzt 9,3:1. Die Leistung wurde jedoch unverändert mit 180 PS angegeben. 1981 erhielten die US-Modelle – wie bereits die Europaausführung – zusätzliche Seitenblinker unmittelbar vor den Türen.

Außerdem sorgten in den US- und Kanadaversionen jetzt Sealed-Beam-Halogenscheinwerfer für die Fahrbahnausleuchtung. In Kanada durfte der Turbo in der RdW-Ausführung ohne Thermoreaktoren wieder in die Schauräume zurückkehren.

1982 und 1983

Der 911 SC Modell 1982 erhielt einen Drehstromgenerator mit integriertem Spannungsregler. Das Nockenwellenrad war jetzt mit einer Schraube statt einer großen Mutter befestigt. Auf dem umgestalteten Zifferblatt der Öltemperaturanzeige begann das weiße Feld nun bei ca. 20 °C und reichte bis 60 °C. Zusätzliche Markierungen zeigten an, wann 90 °C und 120 °C erreicht waren. Der rote Bereich begann bei 150 °C und erstreckte sich bis 170 °C.

Mit der Erweiterung der Modellpalette um ein richtiges Cabriolet zum Modelljahr 1983 konnte Porsche erstmals seit 1961 sechs verschiedene Karosserievarianten anbieten. Das Vollcabriolet war das erste wirklich offene Modell der Marke, seit das 356C Cabriolet im Jahr 1965 eingestellt worden war, und bedeutete damit eine willkommene Abrundung des 911er Programms.

1983 änderten sich in den USA abermals die Vorschriften für die Stoßstangengestaltung, und die Fahrwerkshöhe des 911 wurde an die der RdW-Modelle angeglichen. Außerdem wurde bei den US-Modellen nun auch der Ölkühler auf die bereits seit 1980 in den RdW-Ausführungen verwendete Messingrohrversion umgestellt.

Der Prototyp des 959 wurde auf der IAA 1983 in Frankfurt präsentiert. Foto: Porsche AG

Der 959

Auf der IAA 1983 präsentierte Porsche den brandneuen 959 für die Gruppe B als weiteres Beispiel technischer Neuerungen aus der Rennsportabteilung. Der neue 959 wurde in einer Kleinstserie aufgelegt, war aber vor allem als Technologieträger für zukunftsweisende Lösungen gedacht, die das Konzept des 911 noch bis in das Jahr 2000 aktuell halten sollten.

Der 959 blieb zwar erkennbar ein Abkömmling des 911, wartete jedoch in praktisch allen Bereichen von Motor, Antrieb, Karosserie und Fahrwerk mit Neuentwicklungen auf. Viele Außenteile der aerodynamisch ausgefeilten Karosserie bestanden aus Kevlar auf einem selbsttragenden Stahlblechgerippe. Fronthaube und Türen waren aus Aluminium, die Motorhaube mit integriertem Heckflügel aus Kevlar.

Der 450 PS starke 2,85-Liter-Motor basierte auf dem 911er Triebwerk und setzte das Konzept des Vierventilmotors mit vier Nockenwellen und wassergekühlten Zylinderköpfen fort, das bereits aus den Rennmotoren 935, 936 und 956 bekannt war. Trotz gleicher Grundkonzeption waren die Zylinderköpfe des 959 jedoch pro Zylinderreihe aus einem Stück und nicht mehr einzeln gegossen.

Zur Verbesserung der Elastizität erhielt der Motor zwei Abgasturbolader und kam auch in den Genuss aller elektronischen Hilfen zur Leistungsoptimierung, die bereits im Gruppe-C-Boliden 956 erprobt worden waren. Seine Leistung brachte der 959 über eine innovative programmgeregelte Allrad-Transaxle-Technik mit Sechsganggetriebe auf die Straße.

Die Einzelradaufhängung an allen vier Rädern bestand aus einem Doppelquerlenker an Vorder- und Hinterachse und Schraubenfeder-Verstelldämpfereinheiten an jedem Rad. Höhenverstellung und Federcharakteristik der Stoßdämpfer konnten vom Fahrersitz aus während der Fahrt nachjustiert werden.

Der 959 war nicht nur ein mit High-Tech vollgestopfter 420.000 DM teurer Über-Porsche, er imponierte auch durch sein attraktives Styling als erster Vertreter einer neuen Reihe von „Supercars". Im späten Frühjahr 1987 lief die Fertigung des 959 an; ab Mai 1987 konnten die Kunden die ersten Exemplare in Empfang nehmen. 1987 und 1988 wurden insgesamt 337 Stück des 959 fertiggestellt. Eine Serie von 200 Fahrzeugen war zum Zeitpunkt der Entwicklung dieses Modells für die Homologation in der Gruppe B vorgeschrieben.

Ursprünglich war bei Porsche eine Evolutionsversion des 959 in Gestalt des 961 geplant gewesen, bis zur Fertigstellung der Serie von 200 Exemplaren war der 959 jedoch nach einer Änderung der FISA-Regeln aus der Gruppe B verbannt worden.

Außer den bei der Rallye Paris-Dakar 1986 eingesetzten Rallye-Versionen des 961, entwickelte Porsche eine Rundstreckenversion, die dreimal in der IMSA-GTX-Klasse lief, in den 24 Stunden von Le Mans 1986 den 7. Platz belegte und später im Jahr 1986 im Finale von Daytona antrat. Unglücklicherweise brannte der 961 bei einem schweren Unfall in Le Mans 1987 teilweise aus. Die IMSA hatte sich zwischenzeitlich bereit erklärt, den 961 nach Auflage einer 200er Homologationsserie für die GTO-Klasse zuzulassen. Bei Porsche war außerdem eine „Evolutions"-Serie von 25 Exemplaren für Privatfahrer im Gespräch, angesichts des immensen Preises schien dies allerdings nicht auf größeres Interesse zu stoßen, und letzten Endes entstand kein einziges Exemplar der Kundenversion des 961.

Jacky Ickx wollte nach seinem Sieg bei der Rallye Paris-Dakar 1983 (auf einer Mercedes G-Klasse) Porsche davon überzeugen, dort als Erster einen Sportwagen an den Start zu bringen. Porsche nahm dies zum Anlass für weitere Entwicklungsarbeiten am Allradantrieb des 959, meldete 1984 drei 953 (stark modifizierte Version des 911) mit Allradantrieb zur Rallye Paris-Dakar an und triumphierte gleich im ersten Anlauf. Ickx und Beifahrer Claude Brasseur belegten auf Porsche Platz 6 in der Gesamtwertung.

1985 beteiligte sich Porsche mit drei Prototypen des 959 wiederum an Paris-Dakar. Allerdings stand das Rennen für die Stuttgarter diesmal unter keinem günstigen Stern, und infolge diverser Probleme – teilweise auch durch Fahrfehler – schieden nach und nach alle Fahrzeuge aus. Die in jenem Jahr gemeldeten Rallye-Fahrzeuge besaßen Fahrgestell und Allradantrieb des 959, aber einen 3,2-Liter-Carrera-Motor.

Die Rennversion 961 basierte auf dem 959 und belegte bei ihrem Auftritt in Le Mans den siebten Platz. Foto: Porsche AG

Im Jahr darauf schickte Porsche drei Rallye-Versionen des 959 ins Rennen und war erneut erfolgreich. Alle drei Fahrzeuge kamen diesmal ins Ziel: René Metge gewann vor Jacky Ickx, der dritte Wagen mit Werksingenieur Roland Kussmaul landete auf Platz 6.

Zwischenzeitlich kursierten Pläne für eine US-Version des 959, und sogar der Bau einer weiteren 200er Serie als US-Versionen wurde erwogen. Ein Exemplar wurde zur Vorbereitung der Umrüstung sogar einem Crashtest unterzogen. Letztendlich setzte sich allerdings die Erkenntnis durch, dass die erforderlichen Änderungen viel zu umfangreich ausgefallen wären. Von den 377 insgesamt produzierten Exemplaren kamen drei in die USA, bevor dort die Zulassungsvorschriften im Juni 1988 erneut geändert wurden; alle drei wurden in der Folge typgeprüft und zugelassen. Nach dem Jahr 2000 erteilten die US-Behörden dem 959 eine eingeschränkte Betriebsgenehmigung unter der Auflage, dass die Fahrzeuge die Abgasvorschriften einhalten. Seither wurden von Porsche-Tuner Bruce Canepa aus Santa Cruz (Kalifornien) mehr als 25 dieser Fahrzeuge in die USA importiert und zulassungsfähig nachgerüstet. Porsche plante außerdem den Bau einer Sportversion des 959 und exportierte sogar acht Stück in die USA, allerdings fiel dies mit einer abermaligen Änderung der US-Zulassungsvorschriften im Juni 1988 zusammen, worauf alle acht wieder die Reise zurück nach Europa antraten.

1984

1984 kehrte die Bezeichnung „Carrera" wieder in das 911er Programm zurück. Der 911 Carrera Modell 1984 durfte mit seinem neuen 3,2-Liter-Motor und der DME-Steuerung der Kraftstoff- und Zündanlage als der beste bisher gebaute 911 gelten. Die USA erhielten mit dem Carrera ihren bisher schnellsten 911 mit Straßenzulassung.

Weitere Neuerungen am Carrera 3,2 waren ein neuer Frontspoiler mit integrierten Nebelleuchten und ein als Sonderausstattung lieferbarer Heckspoiler, das Carrera-Logo auf der Motorhaube, Drucköl-Kettenspanner sowie zusätzliche Heizgebläse. Außerdem erweiterte Porsche das Modellprogramm um den 911 Carrera mit Turbo-Look-Ausstattung und Sportfahrwerk. Diese Version setzte sich durch turbo-spezifische Karosseriemerkmale, bessere Bremsen und üppigere Turbo-Felgen und -Reifen von der normalen 911-Ausführung ab. Vorne saßen 7x16-Zoll-Räder mit 205/55 VR16-Bereifung, hinten 8x16-Zoll-Räder mit 225/50 VR16-Bereifung.

Der 911 SC RS (Typ 954)

Der kürzere Schalthebel war Teil des 911 SC RS Typ 954 (Teile-Nr. 954.424.010.00). Foto: Porsche AG

Der 911 SC RS (Typ 954) war ein typisches Produkt der Evolutions-Homologation. Grundlage für diese Homologation bildete der 911 SC 3,0 Liter von 1983. Eine Serie von 20 Evolutions-Exemplaren wurde fertiggestellt und zum 1.1.1984 homologiert. Sie verfügten alle über jene Leistungsmerkmale, die den Sieg in der Europäischen Rallyemeisterschaft sichern sollten. Der Motor des 911 SC RS leistete in der modifizierten Version 250 PS, für die Verzögerung sorgten die Bremsen des Turbo. Fronthaube und Türen bestanden aus Alu; für die Fertigung von Stoßstangen und Motorhaube kam GFK als Werkstoff zum Einsatz.

1985

Zum Modelljahr 1985 wurde das Vierspeichenlenkrad des Carrera auch im Turbo als Standardausstattung übernommen. Eine Antenne in der Windschutzscheibe löste die Automatikantenne im Vorderkotflügel ab. Außerdem gab es nun eine elektrische Sitzverstellung und der Ölkühler war beim Carrera und Turbo als Rippenkühler gestaltet. Daneben standen jetzt die GZ-Doppelrohr-Gasdruckstoßdämpfer von Boge als Alternative zu den Einrohr-Gasdruckdämpfern aus dem Hause Bilstein zur Wahl.

Ab dem Modell 1985 konnten die Kunden das Turbo-Look-Paket zusätzlich zum Coupé auch beim Targa und Cabriolet ordern. Obendrein war die Turbo-Look-Version ohne Front- und Heckspoiler erhältlich.

Neu war beim Modell 1985 außerdem das Getriebe mit Schaltwegverkürzung. Die um 10 Prozent kürzeren Schaltwege sollten verhindern, dass bei den mit Sportsitzen ausgestatten Fahrzeugen beim Einlegen des 2. Gangs der Schalthebel an den Sitzen streifte.

1986

In jenem Jahr hatten Porsche-Fans in den USA besonderen Grund zur Freude, denn endlich war der 911 Turbo (930) wieder auf diesem wichtigen Exportmarkt zu haben. Schon bald nach der Rückkehr auf den US-Markt verkürzte Porsche die Modellbezeichnung auf 911 Turbo und strich den Typencode 930.

Um die US-Abgasgrenzwerte einhalten zu können, wurde ein Katalysator mit Lambdasonde verbaut. Dennoch kletterte die Leistung des neuen US-Modells auf nunmehr 282 PS. Natürlich erhielt auch die neue US-Version sämtliche Modellpflegemaßnahmen, die zwischenzeitlich vorgenommen worden waren, seit der Turbo 1979 letztmalig in den USA angeboten wurde.

Beim 1986er Turbo und den Modellen im Turbo-Look änderte sich die Hinterachsbereifung abermals gegenüber den Vorgängermodellen. Statt der 8Jx16-Hinterradfelgen mit 10,3 mm Offset und 225/50 VR16-Reifen wurden jetzt 9Jx16-Räder mit 15-mm-Offset mit 245/45 VR16-Bereifung montiert. Die Turbo-Kotflügelverbreiterungen waren fortan fester Teil der Front- und Heckkotflügel und nicht mehr – wie bisher – separat angeschweißt.

Bei der US-Version des Carrera 1986 stieg die Leistung auf 217 PS – geänderte Zündungs- und Kraftstoffkennfelder der DME (Motronic), mit denen die in den USA angebotenen Benzinqualitäten von 95 ROZ/85 MOZ getankt werden konnten, machten es möglich. Größere Luftansaugtrakte wurden für die Frischluftzirkulation und die Klimaanlage eingeführt. Serienmäßig wurden die Carreras mit Doppelrohr-Niederdruck-Gasdruckdämpfern von Boge bestückt. Der Durchmesser des vorderen Stabilisators wuchs von 20 auf 22 mm, die hinteren Drehstäbe wurden von 24,1 auf 25 mm Durchmesser verstärkt. Auch der Hinterachsstabilisator legte von 18,8 auf 21 mm Durchmesser zu. 1986 hielt außerdem die hochgesetzte mittlere Zusatzbremsleuchte bei den US-Modellen Einzug. Beim Cabriolet saß die Leuchte auf der Motorhaube, beim Coupé und Cabriolet an der Oberkante der Heckscheibe. Auf Wunsch konnte das Cabriolet ab sofort mit elektrisch betätigtem Verdeck geordert werden.

Neben dem klassischen Coupé bot Porsche den Turbo 1987 auch in der Targa-Version (siehe Bild) sowie als Vollcabriolet an. Foto: Porsche AG

1987

Neben dem normalen 911er Turbo-Coupé waren 1987 auch der Targa und das Cabriolet als Turbo lieferbar.

Im gleichen Jahr erhielt der Carrera obendrein ein komplett neues Fünfganggetriebe (Typ G50).

Bei dem geänderten Schaltschema lag der Rückwärtsgang jetzt links neben dem normalen „H"-Schema, der fünfte Gang rechts vom „H". Die Kupplung wuchs von 225 auf 240 mm Durchmesser und wurde über hydraulische Geber- und Nehmerzylinder betätigt. Der Mittelteil des hinteren Torsionsstabs war nun abgewinkelt, um zusätzlichen Freiraum für das neue Getriebe und die größere Kupplung zu schaffen. Der 911 Carrera und 911 Turbo erhielten neue, in der Europa- und USA-Version optisch einheitliche H5-Scheinwerfer. Im Aussehen entsprachen sie den bei den RdW-Modellen bereits seit einem Jahrzehnt verbauten H1- bzw. H4-Scheinwerfern. Die in den USA obligatorische hochgesetzte mittlere Bremsleuchte wanderte bei allen Modellen mit Ausnahme des Cabrios an die Unterkante der Heckscheibe. Die Carrera und Turbo erhielten in der Katalysatorversion ein zusätzliches Elektrogebläse am Ölkühler im rechten vorderen Radkasten, das über einen Temperaturschalter im Ölkühler bei 118 °C Öltemperatur zuschaltete.

Vorne saßen serienmäßig „Wählscheiben"-Gussräder in der Größe 7Jx15 Zoll mit 195/65 VR15-Bereifung, hinten 8Jx15-Räder mit 215/60 VR15-Reifen. Als Mehrausstattung konnten 6Jx16-Leichtmetallräder von Fuchs mit 205/55 VR16-Reifen für die Vorderachse und 7Jx16-Räder mit 225/50 VR16-Gummis an der Hinterachse montiert werden.

Seit einigen Jahren lief parallel zur Serienproduktion in der Abteilung Kundenservice im Zuffenhausener Werk I bereits ein umfangreiches Programm für Individualisierungsansprüche von Kunden in ganz Europa. Dieses Porsche Sonderwunschprogramm hieß ab 1986 *„Porsche Exclusive"*. Nunmehr gab es eine offizielle Liste für

Porsche legte eine Sonderserie der Flachschnauzerversion auf und vertrieb diese Variante über das „Exclusive Program" der Porsche Cars of North America auch erstmals in den USA. Foto: Porsche AG

1987 bot Porsche die Club Sport-Version des 911 als Mehrausstattungspaket M-637 an. Als abgespeckte Version des Serien-911 kam der Club Sport dank seines um rund 50 kg reduzierten Gewichts und einiger Eingriffe am Motor auf beeindruckende Leistungsdaten. Zur Gewichtsersparnis entfielen Rücksitze, Radio nebst Einbausatz, der automatische Heizregler, Klimaanlage, Schalldämmung (außer im Motorraum und am Dachblech), der PVC-Unterbodenschutz, die Deckel der Türtaschen, elektrische Fensterheber, Fronthaubenschloss, Kleiderhaken, die Beifahrersonnenblende bei den RdW-Modellen sowie noch weitere Details. Foto: Porsche AG

Individualausstattungen, in der Kunden aus einer Reihe von Umbauten, Modifikationen und Spezialausführungen wählen konnten. Mit Einführung der Flachschnauzerversion 1987 lief dieses Programm auch in den USA unter Federführung von Porsche Cars of North America (PCNA) an und wurde bis zum Produktionsende des Ur-Turbo im Jahr 1989 fortgeführt. Die „Flachnase" war als Coupé, Targa und Cabriolet lieferbar. Diese Karosserieversion unterschied sich geringfügig von der bisherigen Version aus dem Sonderwunsch-Programm, da die US-Vorschriften für die Stoßstangengestaltung eingehalten werden mussten und daher die Ölkühler nicht mehr im Wagenbug untergebracht werden konnten. Stattdessen saß jetzt ein externer Ölkühler im rechten Heckkotflügel.

Im April 1987 präsentierte Porsche eine Replika des 1984 bei der Rallye Paris-Dakar eingesetzten 953. Allerdings wurde nur ein einziges Kundenexemplar tatsächlich fertiggestellt. Dieser 953 besaß ein aus dem serienmäßigen 3,2-Liter-Aggregat des Carrera abgeleitetes Triebwerk, das bei einer Verdichtung von 9,5:1 auf 228 PS bei 5900/min und ein Drehmoment von 143,7 Nm kam. Das Motronic-Motormanagement wurde beibehalten; als Mindest-Oktanzahl waren 95 ROZ vorgeschrieben.

Der permanente Allradantrieb des 953 basierte auf der Technik des 959 und nahm in etlichen Komponenten die technische Entwicklung des späteren Allrad-911 964 C4 vorweg. Das Fünfganggetriebe Typ G50 war mit einer Mehrscheiben-Differenzialsperre ausgerüstet. Ein zweites Mehrscheiben-Sperrdifferenzial saß am Mitteldifferenzial für die Vorderräder.

Die Vorderräder waren an Doppelquerlenkern mit zwei Stoßdämpfern pro Rad aufgehängt. Der Durchmesser der vorderen Drehstäbe betrug 24,1 mm, der des vorderen Stabilisators 22 mm. Die Hinterradaufhängung folgte dem Konzept mit Schräglenkern, Drehstab und Schraubenfedern. Hinten saßen ebenfalls Drehstäbe mit 24,1 mm Durchmesser; der Durchmesser des Hinterachsstabilisators betrug 20 mm. Die Vorderachse erhielt 6x15 Zoll-Felgen, die Hinterachse 7x15 Zoll-Felgen.

Als Bodengruppe diente ein verstärktes Carrera-Chassis, das Gesamtgewicht betrug dennoch nur rund 1250 kg. Türen, Kotflügel und Fronthaube bestanden – wie auch die Front- und Heckstoßstangen – aus Aluminium. Die Scheiben wurden aus dünnem Spezialglas gefertigt; auch Rennsitze und Rennsicherheitsgurte gehörten zum Ausstattungsumfang.

Der Clubsport-Aufkleber auf dem linken Vorderkotflügel

1988

Die Zusatzbremsleuchte kehrte zum Modelljahr 1988 wieder an die Oberkante der Heckscheibe zurück, wo sie bereits bei ihrem Debüt 1986 saß. Vorne wurden jetzt serienmäßig Fuchs-Leichtmetallfelgen in der Größe 7Jx15 Zoll mit Reifengröße 195/65 VR15 montiert, hinten 8Jx15-Felgen mit 215/60 VR15-Reifen. Wer größere Bereifung bevorzugte, konnte vorne 6Jx16-Fuchs-Leichtmetallfelgen mit 205/55 VR16-Reifen und hinten 7Jx16-Felgen mit 225/50 VR16-Reifen aufziehen lassen.

1987 gab der 911 Club Sport – eine Sonderserie für Sport- und Renneinsatz – auf den RdW-Märkten seinen Einstand, ein Jahr später war er dann weltweit zu haben. Um den Club Sport angemessen abzuspecken, verschwanden alle normalerweise ab Werk vorhandenen Komfortdetails wie Klimaanlage, elektrische Fensterheber, Schalldämmmatten, Radio, Türablagefächer und Beifahrersonnenblende. Die Motoren wurden zur Leistungsoptimierung einem Feintuning unterzogen, hohle Einlassventile und ein spezielles Motronic-Steuergerät mit Drehzahlbegrenzer hoben den Beginn des ro-

Auf der IAA 1989 präsentierte Porsche die Designstudie Panamericana. Für ihre Zeit ein zweifellos radikales Modell, viele stilistische Nuancen tauchten jedoch wenige Jahre später im 993 auf, der sich bei Porsche-Fans rasch großer Beliebtheit erfreute. Foto: Porsche AG

ten Drehzahlbereichs von 6250 auf 6840/min an. Insgesamt wurden von 1987 bis 1989 340 Club Sport-911er produziert, davon 81 im Jahr 1987 (ausschließlich für Kunden außerhalb der USA), 169 Exemplare im Jahr 1988 (davon gingen 21 in die USA) sowie 90 im Jahr 1989 (7 Stück für den Export in die USA).

Als Sonderserie des Modelljahres 1988 gesellte sich das Jubiläumsmodell anlässlich des 250.000sten 911 hinzu. Diese Jubiläumsedition – die zwischen Juli und September 1987 vom Band lief – wurde mit Sonderlackierung in Diamantblaumetallic sowie mit Teillederausstattung in Silberblaumetallic und faltigen Ledereinsätzen für die Sitze ausgeliefert. Die Räder waren farblich auf die Wagenfarbe abgestimmt. Von den Coupés, Targas und Cabriolets blieben 250 in Deutschland, 325 gingen in die USA und 325 in die RdW-Länder. Insgesamt 50 Exemplare entstanden als Rechtslenker, darunter 30 Coupés, 10 Targas und 10 Cabriolets. Manchmal wird dieses Jubiläumsmodell als „Signaturedition" bezeichnet, da die Kopfstützen die Signatur von Ferry Porsche tragen.

Der Turbo von 1988 entsprach im Wesentlichen dem 1987er Modell. Erstmals erhielt hier ein US-Modell ab Werk 16-Zoll-Felgen von Fuchs. Vorne saßen 6Jx16er mit 205/55 ZR16-Reifen, hinten 8Jx16-Zöller mit 225/50 ZR16-Bereifung. Leuchtdioden (LEDs) in den Türverriegelungstasten signalisierten die scharfgeschaltete Alarmanlage.

Ab Fertigungsdatum 13. Oktober 1988 wurde die Klemmlippe der Windschutzscheibendichtung an der Rohkarosserie modifiziert, die Windschutzscheibe wanderte weiter nach vorne und schloss nun bündig mit der A-Säule ab. Mit diesem Schritt wurde auch eine neue Windschutzscheibenausführung mit neuer Scheibenrahmendichtung eingeführt. Diese Änderung betraf sowohl das Coupé als auch Targa und Cabriolet gleichermaßen.

Als neue Version für Offenfahrer gesellte sich der 911 Speedster zur Modellpalette hinzu. Insgesamt produzierte Porsche 2104 Speedster, davon 165 ohne Turbo-Look, den Rest im Turbo-Look. 800 Speedster gingen in den US-Export. Die Fahrgestellnummern (VIN) des Speedster waren in den Nummernbereich des Cabriolets eingegliedert, allerdings wurden andere Typnummern verwendet:

TYPNUMMER	MARKT	LENKUNG
Typ 911 730	RdW	Linkslenker
Typ 911 731	RdW	Rechtslenker
Typ 911 740	USA	Linkslenker

Für die Carrera-Modelle im Turbolook wurde keine separate Typnummer ausgegeben. Die Stückzahlen dieser Modelle lassen sich daher nur sehr schwer rekonstruieren. Einziger Anhaltspunkt sind die Mehrausstattungsnummern M491 bzw. M470. M491 galt für die Version mit Spoilern, M470 für die Version ohne Spoiler. Bei Porsche Cars North America wurden immerhin die in die USA und Kanada importierten Exemplare statistisch erfasst.

Stückzahlen der Turbo Look-Modelle für die USA:						
	1984 (423)	1985 (391)	1986 (15)	1987 (30)	1988 (155)	1989 (66)
Coupés	421	213	5	10	29	10
Targas	–	65	2	4	18	13
Cabriolets	2	113	8	16	108	43

Im 1989er 911 Turbo saß das Fünfgang-Schaltgetriebe G50/50, im Prinzip eine verstärkte Ausführung des G50-Getriebes, das seit 1987 im Carrera Dienst tat. Dank unterschiedlicher Gängeübersetzungen wurden Beschleunigung und Fahrverhalten des Turbo nochmals spürbar lebhafter. Außerdem bot der Turbo von 1989 – wie bereits der Carrera – eine hydraulisch betätigte Kupplung, und ein entsprechend abgewinkeltes Mittelteil des Hinterachsdrehstabrohrs sorgte für den nötigen Einbauraum für das größere G50/50-Getriebe nebst Kupplungen. Der Durchmesser der hinteren Drehstäbe betrug nun 27 mm (statt bisher 22 mm), der Durchmesser des Hinterachsstabilisators wurde dagegen von 20 auf 18 mm zurückgenommen.

1987 und 1988 wurden die Flachschnauzerversionen in den USA und Kanada als Mehrausstattung 505 angeboten. 1989 hieß dieses Modell dann 930S, obwohl es sich dabei im Prinzip immer noch um den 911 Turbo handelte. 1987 war der Serien-Turbo in den USA mit 63.295 $ gelistet. Die Flachschnauzerversion kostete 23.826 $ Aufpreis, womit die Investitionssumme für Erstbesitzer stolze 87.121 $ betrug. 1988 kletterte der Preis für den US-Serien-Turbo auf 68.670 $, für die Flachschnauze wurden weitere 29.559 $ berechnet, was einer Endsumme von 98.229 $ entsprach. Im Jahr 1989 stand der Serien-Turbo dann mit 70.975 $ in den Preislisten, mit der Option 930 S kamen noch 29.555 $ hinzu, was einen Gesamtbetrag von 100.530 $ ergab. Als Cabriolet und Targa war der Flachschnauzer sogar noch teurer (im Datenbuch von 1988 wurde die Flachschnauzerversion übrigens als 930S aufgeführt, obwohl sie offiziell immer noch als Mehrausstattung 505 in den Preislisten stand).

Von 1987 bis 1989 entstanden bei Porsche insgesamt 948 Turbo 3,3 Liter als Flachschnauzer, wovon 630 in die USA gingen – 200 im Jahr 1987, 283 im Jahr 1988 sowie 147 im Jahr 1989.

Der 911 Carrera 4 (Typ 964) debütierte als von Grund auf neue Allradversion des 911er Programms und basierte auf einer völlig neuen Plattform. Beim Motor handelte es sich um eine Weiterentwicklung des bisherigen Carrera-Motors, der durch eine Vergrößerung von Bohrung und Hub auf 100 bzw. 76,4 mm jetzt auf 3600 ccm Hubraum kam.

Laut Werksangaben sollen 85 Prozent der Bauteile des 964 neu gewesen sein.

Die Karosserie des Carrera 4 wurde unter Beibehaltung der originalen Konturen und Optik des 911 tiefgreifend überarbeitet. Die Vorgabe an die Konstrukteure lautete, oberhalb der Stoßfänger die Optik des Vorgängers beizubehalten und die Stoßfänger so zu integrieren, dass sie sich in das Gesamtbild einfügen. Die neuen Front- und Heckpartien bestanden aus thermoplastischem Kunststoff und bildeten eine homogene Einheit mit der Karosserielinie, während bei den älteren 911 die Stoßstangen wie aufgesetzt wirkten (ein optischer Makel, der aufgrund der US-Kollisionsschutzvorschriften vielen Mitte bis Ende der 1970er Jahre entwickelten Modellen anhaftete). Die neue Stoßfängerlinie verschaffte dem Carrera 4 in Verbindung mit dem ausladenderen Heckspoiler und dem glattflächigen Unterboden hervorragende Luftwiderstandsbeiwerte. Vorderkotflügel und Scheinwerfer entsprachen dem bisherigen Design des 911, die Heckleuchten – mit Rückleuchten und Nebelschlussleuchten – wurden beim 964 dagegen schräg angestellt. Die Windschutzscheibe rückte an den A-Säulen ein Stück nach vorne, um eine glattflächigere Gestaltung und noch bessere Aerodynamik zu erreichen. Aus dem gleichen Grund saß auch die – allerdings nicht bündig mit den Seitensäulen abschließende – Heckscheibe jetzt höher in der Karosserie.

Die Vorderachse erhielt ab sofort eine McPherson-Einzelradaufhängung mit Leichtmetall-Querlenkern und Federbeinen. Die Hinterräder wurden einzeln an Schräglenkern aus Leichtmetall und Schraubenfedern mit innenliegenden Gasdruckdämpfern geführt.

Zum Allradantrieb und dem neuen Fahrwerk kamen noch ein ABS an allen 4 Rädern sowie die Servolenkung hinzu.

Ein Schmankerl des Modelljahres 1989 war die auf insgesamt 500 Exemplare (ausschließlich als Coupé und Cabriolet) limitierte Sonderserie „25 Jahre Porsche 911". 240 Coupés und 160 Cabriolets waren in Silbermetallic lackiert, 60 Coupés und 40 Cabriolets in Satinschwarzmetallic. Die Leder-Innenausstattung wurde ergänzt durch eine in Wagenfarbe lackierte Lenkradnabe. Die Liste der serienmäßigen Extras konnte sich sehen lassen: ein kürzerer Schalthebel, eine stärkere Scheibenwaschanlage, eine Scheinwerferwaschanlage, Heckscheibenwischer (Coupé), ein elektrisch versenkbares Cabrioverdeck, Tempomat, Spoiler, HiFi-Anlage mit Verstärker und ein Schiebedach.

1990

Im Jahr 1990 folgte der Carrera 2 als Heckantriebsversion des 964. Die ursprüngliche 911er Plattform hatte nun ausgedient und die Carrera 2 und Carrera 4 (kurz: C2 und C4) lösten alle bisherigen Varianten des 911 ab. Der Carrera 2 ähnelte weitgehend dem Carrera 4 und übernahm die meisten Ausstattungsdetails des Allradlers, z. B. die neue Vorder- und Hinterachskonstruktion, ABS vorne und hinten sowie Servolenkung.

Oben: Der 911 Carrera 4 mit Allradantrieb (Typ 964).

Unten: Der Antriebsstrang des nagelneuen Carrera 4 von 1989. Fotos: Porsche AG

Der Carrera 2 war sowohl mit dem Fünfganggetriebe als auch mit einer neuen Viergangautomatik namens Tiptronic lieferbar. Dieses neue Sportgetriebe mit integriertem Hypoidachsantrieb ließ sich manuell oder automatisch schalten. Die Carrera 2 und 4 mit Fünfgang-Schaltgetriebe waren mit dem Zweimassenschwungrad anstelle der Kupplung mit Gumminabe gekoppelt, um die Getriebegeräusche zu reduzieren. Der Carrera 4 besaß zwei Schalter in der Mittelkonsole, einen zum Sperren des Hinterachsdifferenzials, falls ein Rad z. B. auf vereister Straße durchdrehte, einen zweiten zum Ausfahren des Heckspoilers. Am Carrera 2 war folgerichtig nur der Schalter zum Ausfahren des Heckspoilers vorhanden.

Sowohl Carrera 2 als auch Carrera 4 waren als Coupé, Targa und Cabriolet lieferbar. Fahrer- und Beifahrer-Airbag zählten bei allen Carrera 2 und 4 zur Serienausstattung der US-Versionen.

Der 911 Carrera Cup löste 1990 die 944 Turbo Cup-Rennserie ab. Beim Carrera Cup gingen extrem modifizierte und abgespeckte Carrera 2 mit spartanischer Innenausstattung an den Start, die mit eingeschweißtem Stahlüberrollbügel von Wilfried Matter, Recaro-Sitz, Sechspunkt-Sicherheitsgurt und Feuerlöscher bestückt

1990 kam der heckgetriebene Porsche unter der Bezeichnung Carrera 2 bzw. C2. C2 und C4 waren jetzt als Coupé, Cabriolet und Targa lieferbar. Foto: Porsche AG

wurden. Dank geänderter Auspuffanlage und Motormanagementsystemen kletterte die Motorleistung auf 265 PS. Interessanterweise besaßen auch die Cup-Fahrzeuge – wie bereits der 944 Turbo – einen Katalysator. Die Fahrwerksfederung fiel dank verkürzter Federn, der Bilstein-Stoßdämpfer und einer um 50 bis 55 mm tiefergelegten Vorderachse wesentlich härter aus. An der Vorderachse konnte der Stabilisator auf fünf verschiedene Stellungen eingestellt werden, an der Hinterachse wurde eine Dreifachverstellung verbaut. Die Lenkung war direkter übersetzt und musste ohne Servounterstützung auskommen, die Felgengröße wurde vorne auf 8x17 Zoll, hinten auf 9,5x17 Zoll geändert.

1991

1991 erfolgte der Übergang vom Aluguss-Saugrohr zu einer Ausführung aus glasfaserverstärktem Kunststoff. Am Armaturenbrett saß eine zusätzliche Motor-Funktionskontrollleuchte. Die Rücksitzlehnen erhielten eine Arretierung und einen Entriegelungsdruckknopf. Fahrer- und Beifahrerairbag – beim US-Carrera 2/4 Teil der Serienausstattung – wurden jetzt weltweit bei allen Linkslenkern als Sonderzubehör angeboten.

Der 911 Carrera 2 Turbo tauchte weltweit zunächst nur als Coupé auf. Unter seinen vorderen und hinteren Kotflügelverbreiterungen saßen vorne 7x17-Zoll-Räder mit 205/55 ZR17-Reifen, hinten 9x17-Zoll-Räder mit 255/40 ZR17-Reifen. Passend zur Silhouette der Kotflügelverbreiterungen wurden auch die Front- und Heckstoßfänger ausladender gestaltet.

Das Fahrwerk des neuen Turbo entsprach im Wesentlichen dem des heckgetriebenen Carrera 2. Der neue Turbo wartete zudem mit dem hydraulischen Bosch-Bremskraftverstärker auf und auch ABS und Servolenkung waren Teil der Serienausstattung.

Im Winter 1991 erhielt Jürgen Barth den Auftrag zum Bau einer Serie von 20 Leichtbau-Carrera 4. Die nur 1100 kg schweren Allradler (24 Prozent leichter als die Werksserie) waren mit manueller Front-Heck-Differenzialregelung ausgerüstet, so dass der Fahrer das Fahrverhalten mit zwei Einstellrädern auf einer Konsole unter der Mitte des Armaturenbretts (kleines Bild) individuell abstimmen konnte. Alle 20 Exemplare sollen in die USA gegangen sein. Fotos: Pete Albrecht

Für den 911 Turbo wurden neue, aerodynamischer gestaltete Außenspiegel nach dem Vorbild des 959 entwickelt (die ab 1992 auch für die übrigen 911er Modelle übernommen wurden). Statt des verstellbaren Heckflügels des Carrera 2/4 wurde der bekannte „Walflossen"-Heckspoiler montiert, unter dem der große, am Motor angebaute Ladeluftkühler Platz fand.

Als Antriebsaggregat des neuen 911 Turbo tat eine überarbeitete Version des Turbo 3,3 Liter mit K27.2-Turbolader und Ladeluftkühler mit ca. 50 Prozent größerer Kühlfläche Dienst. Auch der neue Turbo besaß noch immer die altbewährte K-Jetronic, die US-Version zudem einen Katalysator mit Metallmatrix und Lambdaregelung zur Abgasreinigung.

Die Zündanlage operierte jetzt mit elektronischen Kennfeldern analog zum Zündungsteil der Motronic-Anlage der Carrera-Saugmotoren. Dank der motorseitigen Eingriffe stieg die Leistung des alten 3,3-Liter-Turbomotors auf 320 DIN-PS. Das Zweimassenschwungrad des Turbo ähnelte dem der Carrera 2/4. Als erster Serienmotor auf 911-Basis besaß der Turbo einen Ölfilter in der Druckölstufe des Schmierkreislaufs. Porsche hatte bereits seit den Zeiten des 906 Ölfilter in der Druckölstufe der Rennmodelle verwendet, aber noch nie in einer normalen Straßenversion.

Das ZF-Sperrdifferenzial wurde auf eine asymmetrische Version mit einem Sperrfaktor von 20 Prozent unter Last und 100 Prozent beim Bremsen geändert. Durch die Heraufsetzung der Sperrung auf 100 Prozent beim Bremsvorgang wird das Fahrzeug stabilisiert, da Heckschlingern beim Gaswegnehmen und die daraus resultierenden Übersteuerneigungen weitgehend wegfallen. Eine Sperrung von 20 Prozent unter Last ermöglichte nach Porsche-Erkenntnissen ausreichende Traktion, ohne das Fahrverhalten zu beeinträchtigen.

1992

Neu war im Modelljahr 1992 das Cabriolet im Turbo-Look in der RdW-Modellpalette. Fahrwerk, Bremsanlage, 17-Zoll-Räder und Kotflügelverbreiterungen waren vom 911 Turbo entlehnt worden, Motor, Kupplung und Getriebe stammten dagegen aus dem Carrera 2. Auch auf dem US-Markt stand dieses Modell im Katalog – als 911 Carrera 2 America Roadster.

Die Lenkhilfe war statt der bisherigen im Carrera 2/4 verwendeten Kolbenpumpenkonstruktion jetzt als Drehventil-Servolenkung aufgebaut. Die aerodynamisch optimierten Außenspiegel blieben beim 1992er Modell unverändert gegenüber dem 911 Turbo von 1991. Im Laufe des Modelljahres 1992 hielten beim Carrera 2 Vierkolben-Bremssättel an der Hinterachse Einzug. Um Blockieren der Hinterräder zu unterbinden, erhielt die Bremsanlage ein Bremskraftregelventil.

Das 1992er Cabriolet im Turbo-Look Foto: Porsche AG

Der 911 Carrera RS wurde nach dem Reglement der Gruppe N für großvolumige Touren-Serienmodelle und GT-Rennen aufgebaut. Wie bereits der originale Carrera RS von 1973, erfreute sich auch der neue 911 Carrera RS rasch großer Beliebtheit bei Privatkunden mit Sportfahrerambitionen. Zahlreiche Details des Carrera RS wurden direkt aus den Carrera Cup-Modellen übernommen. Der 911 Carrera RS war in zwei Versionen zu haben – als rund 10 Prozent leichtere Basis- bzw. Leichtbauversion oder als Tourenversion. In Deutschland stand nur die Basisversion im Programm, für Exportkunden sowohl Basis- als auch Tourenversion. Der US-Markt musste indes auf den Carrera RS verzichten.

Einzige Karosserieausführung des Carrera RS war das Carrera 2 Coupé mit ausfahrbarem Heckspoiler. Auf die Rücksitze wurde verzichtet, stattdessen war der Heckbereich mit Bodenteppichen ausgekleidet. Die Verglasung – abgesehen von der Windschutzscheibe – bestand aus Dünnglas. Bei der Basisversion fehlten außerdem Unterbodenschutz und Innenraum-Schalldämmung, die Fensterheber arbeiteten mechanisch, die Türverkleidungen wurden vereinfacht und mit einfachem Zuziehgriff und Türschlaufe zum Öffnen versehen. Die Rennschalensitze besaßen Aufnahmen für Hosenträgergurte, Sportsitze wie in der Tourenversion konnten gegen Aufpreis geordert werden. Die Alu-Fronthaube wurde im geöffneten Zustand von einer dünnen Stützstrebe gehalten. Die neuen Außenspiegel im Turbo-Look ließen sich nur manuell verstellen. Der Bodenteppich im Kofferraum deckte gerade einmal den Reserveradbereich ab, das Tourenmodell war dagegen – außer im Bereich der Alu-Fronthaube – komplett ausgekleidet. Der Mittelteil der Heckstoßstange wurde bei beiden Ausführungen dieses Modells geändert: Bei beiden Ausführungen waren Abdeckungen für die Nebelleuchten eingelassen. Im Kofferraum saß über der Batterie ein zusätzlicher Hauptschalter.

Der Motor der Basisversion erhielt ein Sportschwungrad mit konventioneller Kupplung statt des Zweimassenschwungrades des serienmäßigen Carrera 2/4 und der Tourenversion. An der rechten Nockenwelle der Basisversion entfiel der Antrieb für die Servolenkung. Die Motorleistung erhöhte sich gegenüber den 250 PS des normalen Carrera 2 auf nun 260 PS.

Schaltmuffen und Stahlsynchronringe des Getriebes waren bei den Gängen 1 bis 4 geändert worden, um die einzelnen Schaltvorgänge zu beschleunigen. Der Schalthebel (in verkürzter Ausführung) wanderte weiter nach links.

Das Fahrwerk wartete mit umkonstruierten Federn, Stoßdämpfern und Stabilisatoren auf, was die Straßenlage weiter verbessern sollte. Der vordere Stabilisator hatte 24 mm Durchmesser und 5 Verstellbohrungen, der Hinterachsstabi 18 mm und 3 Verstellmöglichkeiten. Die Gummifahrwerkslager wurden für den Carrera RS versteift und die Vorderachsfederbeine in Uniball-Lagern geführt. Obendrein lag der Carrera RS 40 mm tiefer als der normale Carrera 2/4 auf der Straße.

Der 911 RS America. Foto: Porsche AG

Eine Servolenkung war nicht vorhanden – außer beim Carrera RS Touring und den Rechtslenkerversionen. Auf den 7,5- bzw. 9-Zoll-Magnesiumgussfelgen mit asymmetrischen Humps waren vorne 205/50 ZR17-Reifen und hinten 255/40 ZR17-Gummis aufgezogen. Die Bremsanlage des Carrera RS entsprach der des 911 Turbo mit innenbelüfteten und gelochten Bremsscheiben. An den Vorder- und Hinterradbremsen kamen Vierkolben-Alubremssättel zum Einsatz.

Der 1992 vorgestellte 911 RS America wurde noch im selben Jahr in den USA und Kanada bereits als Modell 1993 verkauft. Insgesamt entstanden in den Modelljahren 1992 bis 1994 vom RS America 701 Exemplare, davon 297 im Jahr 1993, 328 im Jahr 1993 und 76 im Jahr 1994. Unter der Haube dieses Modells saß die serienmäßige Motor-Getriebeeinheit des Carrera 2 mit Zweimassenschwungrad. Auf Wunsch konnte ein Sperrdifferenzial mitbestellt werden. Fahrfertig wog der RS America rund 40 kg weniger als das Carrera 2-Serienmodell und saß auf dem serienmäßigen C2-Chassis mit speziellem M030-Fahrwerk mit verstärkten Turbo-Hinterradfedern und Turbo-Stoßdämpfern vorne und hinten. Der Vorderachsstabilisator kam jetzt auf 22 statt bisher 20 mm Durchmesser. Die Lenkung arbeitete auch hier ohne Servounterstützung.

Die 17-Zoll-Leichtmetallräder wiesen vorne eine Breite von 7 Zoll auf (Bereifung 205/50 ZR17) und hinten von 8 Zoll (Bereifung 255/40 ZR17). Bis auf den starren Heckspoiler entsprach die Karosserie der des Carrera 2.

Der RS America war in Schwarz, Rot, Weiß, Polarsilbermetallic und Mitternachtsblaumetallic zu haben. Die Sitze präsentierten sich in schwarzem Cordstoff. Die Türverkleidungen stammten aus dem Carrera RS, verfügten aber über Zusatzschalter für die elektrischen Fensterheber.

Die Dreipunkt-Sicherheitsgurte und die Türöffnungsgurte waren in Guards Red gehalten. Die Außenspiegel im Turbo-Look mussten auch beim RS America von Hand verstellt werden. Eine Klimaanlage war gegen Aufpreis lieferbar. Ebenso wurden das Radio (Porsche-Radio mit MW/UKW) und das Schiebedach extra berechnet, ein Tempomat fehlte völlig. Der Radioeinbau war allerdings mit zwei Lautsprechern, Windschutzscheibenantenne, Antennenverstärker und Verkabelung ab Werk vorbereitet. Die auf 75 Ah verkleinerte Batterie des RS America musste u.a. zwei Nebelleuchten sowie eine beheizbare Heckscheibe versorgen. Das mechanische Sperrdifferenzial wies eine Sperrung von 40 Prozent auf.

Zur Saison 1992 erhielten die Carrera Cup-Fahrzeuge weitere 10 PS und kamen somit auf 275 PS, also satte 25 PS mehr als die Serien-Carrera 2/4. Die 1992er Auflage der Carrera Cup-Exemplare rollte ebenfalls auf dreiteiligen 18-Zoll-Felgen, vorne mit der Dimension 8x18 Zoll, hinten 9,5x18 Zoll. Die Reifengrößen waren 235/635-18 vorne und 235/645-18 hinten. Für die Carrera Cup-Fahrzeuge wurde die Karosserie des RS samt der dünneren Verglasung der Tür- und Heckscheiben übernommen. Die Türzuziehgriffe entsprachen denen des Carrera RS, ebenso die Alu-Vorderradnaben. Auch die Bremsanlage der Cup-Modelle stammte vom RS, der Bremsscheibendurchmesser wurde jedoch um 25 mm vergrößert und die Bremssättel entsprechend um 25 mm nach außen verlegt.

Porsche Motorsport North America hatte für 1992 eine IMSA Porsche Carrera Cup-Serie geplant, deren Teilnehmerfahrzeuge annähernd den Regularien der europäischen Carrera Cup-Serie entsprechen sollten. 45 Fahrzeuge wurden als straßenzulassungsfähige Ausführungen ins Land geholt – 44 in Weiß und einer in Rot. Der Legende zufolge soll der rote Wagen als Pace Car für die Rennen vorgesehen gewesen sein. Anschließend gingen die Wagen zu ANDIAL in Kalifornien, wo sie abgespeckt wurden und potentere Motoren, steifere Fahrwerke und Radaufhängungen sowie kräftigere Bremsen als die Carrera 2-Serienversionen erhielten. Übrigens: ANDIAL steht als Kürzel für die Firmengründer Arnold Wagner (AN); Dieter Inzenhofer (DI) und dem früheren Präsidenten von Porsche Motorsport North America Alwin Springer (AL). Die erfolgreiche Tuningfirma aus Fountain Valley, Kalifornien, die viele Fahrzeuge für IMSA und Pikes Peak vorbreitet hat, wurde im Februar 2013 von PMNA gekauft.

Auf der Motorseite wurde die Leistung der Carrera Cup-Fahrzeuge in Kombination mit einer Rennauspuffanlage mit Katalysator von 247 auf 271 PS angehoben. Die Höchstleistung wurde mit 98-oktanigem Bleifreisprit erreicht.

Komfort war ohnehin von vornherein ein Fremdwort, und obendrein wurden die Cup-Fahrzeuge gegenüber der US-Serienversion des Carrera 2 nochmals um über 200 kg abgespeckt. Dank der Versteifungsschweißungen, zusätzlicher Querträger und eines eingeschweißten Überrollbügels präsentierten sich die Cup-Chassis erheblich verwindungssteifer.

Anstelle des Serienfahrwerks wurde ein Cup-Spezialfahrwerk mit steiferen Federn und Stoßdämpfern und größeren einstellbaren Stabilisatoren montiert. Außerdem wich die Bremsanlage größeren Turbo-Bremsen vorne und speziellen Carrera Cup-Bremsen an der Hinterachse.

Die Räder wurden von 6x16 Zoll vorne auf 8x17 Zoll vergrößert, die Hinterradfelgen wuchsen von 8x16 auf 9,5x17 Zoll an. Geplant war die Montage von Toyo F1-SR-Radialreifen mit Z-Freigabe in den Größen 235/45-17 vorne und 255/40-17 hinten.

Außerdem war vorgesehen, alle 45 Fahrzeuge zu rennfertigen Carrera Cup-Rennwagen ohne Straßenzulassung umzubauen und zu verkaufen. Der Preis eines Carrera Cup-Fahrzeugs wurde mit 100.000 $ zuzüglich einer Sicherheitsleistung von 10.000 $ für den Start beim Carrera Cup 1992 veranschlagt.

Am 8. Mai 1992 gab Porsche Cars North America jedoch bekannt, dass die Carrera Cup-Rennserie auf unbestimmte Zeit verschoben werde. Die bereits umgerüsteten Carrera Cup-Fahrzeuge wurden auf einen US-straßenzulassungsfähigen Stand rückgerüstet und mit Straßenzulassung an Sammler und Markenfans veräußert. Einige dieser Carrera Cup-Boliden sind später wieder zu Rennversionen umgebaut worden und laufen in Club-Rundstreckenrennen in den USA.

Der 1992er 911 Turbo blieb gegenüber 1991 im Wesentlichen unverändert. Ergänzend zum normalen Carrera 2 Turbo wurden jedoch zwanzig 911 Turbo S2 für die USA als Homologationsbasis für die Super Cars der IMSA-Serie aufgelegt. Dazu erhielt der 3,3-Liter-Motor des 911 Turbo schärfere Nockenwellen, einen größeren Ladeluftkühler und einen geänderten Turbolader mit größerem Verdichter, wodurch die Leistung immerhin von den 315 Serien-PS auf 322 PS und das Drehmoment um 30 Nm auf 480 Nm stieg.

1993

1993 gesellte sich mit dem 911 Carrera 4 Coupé im Turbo-Look als Ergänzung zur Turbo-Look-Version des Carrera 2 Cabriolet ein neues Modell hinzu. Das Coupé im Turbo-Look gab seinen Einstand zum 30-jährigen Modelljubiläum als RdW-Sondermodell (in den USA wurde es nicht angeboten) und glänzte im Farbton Violettmetallic mit Innenausstattung in Rubikongrau.

Im Frühjahr desselben Jahres ergänzte der 911 Carrera 2 Speedster als traditionelles Modell für Offenfahrer – bereits als Modell 1994 – das Portfolio. Für den US-Markt debütierte der Speedster bei der 1993er Auflage der Detroit Auto Show. Im Gegensatz zum Turbo-Look des Speedster von 1989 basierte er diesmal auf der Standard-Karosserie.

Mechanisch entsprach der Speedster dem Carrera 2 mit Fünfgang- oder Tiptronic-Getriebe. Im ihm fanden sich die gleichen Recaro-Rennschalensitze wie in der Europaversion des RS. Das Modell rollte auf 17-Zoll-Rädern in größerer und breiterer Ausführung als die Serienräder des Carrera 2. Die mit dem Lackfarbton der Karosserie harmonierenden Felgen maßen vorne 7x17 Zoll (Bereifung 205/50 ZR17) und hinten 8x17 (Bereifung 255/40 ZR17). Insgesamt verließen 930 Speedster – als Modell 1994 aus den Kalenderjahren 1993 und 1994 – das Werk, wovon 409 in den US-Export gingen. 64 Stück (darunter 9 US-Exportexemplare) dieser Kleinserie besaßen das Tiptronic-Getriebe.

Die 3,6-Liter-Version des 911 Turbo debütierte 1993 und wurde in den USA 1993 und 1994 als 1994er Modell vertrieben. Der Motor basierte auf dem Saugmotor des 964, erhielt allerdings die K-Jetronic des Turbo 3,3 Liter anstelle der Motronic des Carrera. Die Motorleistung betrug nun 360 PS gegenüber den 320 PS des 3,3 Liter. Die 8- bzw. 10x18-Zoll-Räder entsprachen den Rädern der Carrera Cup-Fahrzeuge. Als erster Porsche wartete der Turbo 3,6 Liter mit den großen, roten Brembo-Bremssätteln und größeren Bremsscheiben auf.

Als sich die Produktion des Carrera 2 3,6 Turbo ihrem Ende näherte, legte Porsche noch eine Kleinserie von 88 Turbo S in Flachschnauzer-Optik auf, wovon 49 Stück in den US-Export gingen. Die Leistung dieser Kraftpakete betrug nun 385 PS. Vom Turbo S 3,6 Liter mit normaler Karosserie wurden gerade einmal 17 Stück fertiggestellt und sämtlich in die USA exportiert.

Ab Sommer 1993 erhielten alle in Zuffenhausen produzierten Fahrzeuge ab Werk vollsynthetisches Shell TMO-Motoröl der Viskosität SAE 5W-40 statt der bisherigen Öle auf Mineralölbasis.

Um die Reichweite zwischen Tankstopps zu vergrößern, konnte gegen Aufpreis statt des normalen 77-Liter-Tanks ein 92-Liter-Kraftstoffbehälter bestellt werden, allerdings nicht für Rechtslenker, Fahrzeuge mit Targa-Dach sowie Exemplare für den US- und kanadischen Markt.

Neu war zum Modelljahr 1993 auch die serienmäßige Befüllung aller Porsche-Bremsanlagen mit ATE Typ 200 (auch als ATE Blue vertrieben), einer neuen DOT 4-Bremsflüssigkeit mit höheren Siedepunkten, wodurch sich die Lebensdauer der Bremsflüssigkeit erhöhte und die Wechselintervalle auf drei Jahre verlängert werden konnten.

Zugleich wurden ab 1993 alle Klimaanlagen auf das FCKW-freie Kältemittel R 134a umgestellt.

Außerdem entstanden im Modelljahr 1993 Kleinauflagen des Carrera RS 3,8 und RSR 3,8 auf der Bodengruppe des 964 mit der breiteren Karosserie des Turbo. Von den 100 produzierten Exemplaren wurden 55 als straßenzugelassene RS und 45 als Rennversion RSR fertiggestellt. Je nach Renneinsatzort wichen diese RSR in Details voneinander ab. So entstanden Varianten nach dem Le Mans-Reglement, für die Kärcher Global Endurance GT-Serie (BPR), das Reglement der japanischen GT-Klasse sowie für die IMSA und zahlreiche nationale Reglements – mit je nach Rennserie unterschiedlichen Benzintanks, Auspuffanlagen und Ansaugdrosseln (Luftmengenbegrenzer bzw. Air Restrictor). Die weitgehend neuen Motoren der RSR 3,8 Liter besaßen ein geändertes Kurbelgehäuse, neue Kolben und Zylinder sowie ein neues, längenabgestimmtes Ansaugplenum mit sechs Einzelklappenstutzen. Ihre Leistung lag in der Le Mans-Version mit den dort verbauten Air Restrictoren bei 340 bis 350 PS. Als Novum hatte der RSR als erstes Modell das neue ABS 5 zu bieten, das wesentlich schneller als ältere ABS-Anlagen ansprach. Vor Einführung der neuen ABS-Anlage hatten die meisten Fahrer das ABS abgeschaltet, jetzt kamen sie allerdings rasch dahinter, dass mit dem neuen ABS schnellere Run-

Der Carrera RS 3,8. Foto: Porsche AG

Der 911 S Turbo Le Mans GT. Foto: Porsche AG

denzeiten möglich wurden. 1993 siegten die RSR prompt bei ihrem ersten Auftritt in Le Mans: Auf dem Porsche 911 Carrera RSR des Teams Monaco Media International gewannen Joël Gouhier (F)/ Dominique Dupuy (F)/Jürgen Barth (D) die GT-Klasse (15. Gesamtrang, 71 Runden hinter dem Gesamtsieger).

Der Carrera RS 3,8 (als 3,8-Liter-Straßenversion des Carrera RSR) kam auf 300 PS und schlug in den USA mit stolzen 140.000 $ zu Buche. Zur Ausstattung zählten Sportkupplung, 9- und 11x18-Zoll-Räder mit 235/40 ZR- (vorne) bzw. 285/35 ZR-Reifen (hinten), groß dimensionierte Bremsen mit ABS, einstellbare Vorder- und Hinterachsstabilisatoren, Turbo-Karosserieverkleidungen, ein verstellbarer Heckspoiler, Luftansaugöffnungen in der Frontstoßstange zur Belüftung der Vorderradbremsen sowie ein Frontspoiler.

Auf Wunsch gab es obendrein ein Radio, Airbag, das Clubsport-Paket, einen Überrollbügel, Feuerlöscher, Sicherheitsgurte und eine spartanischere Innenausstattung. Die Leistung der Rennversion Carrera RSR 3,8 lag je nach verwendetem Air Restrictor bei über 325 PS; entsprechend bewegte sich auch der Kaufpreis jenseits der 140.000 $. Eine Luftheberanlage schlug mit zusätzlichen ca. 4800 $ zu Buche, Radnaben mit Zentralverschlussmuttern mit weiteren 4000 $.

Zur Grundausstattung der Rennversion Carrera RSR 3,8 zählten eine Rennkupplung, 9- und 11x18-Zoll-Speedline-Felgen, ein Rennfahrwerk (mit Uniball-Lagern), leistungsfähigere Bremsen mit ABS und Rennbremsklötzen, einstellbare Stabilisatoren vorne und hinten, ein einstellbarer Heckspoiler, Lufteinlässe zur Bremsenkühlung in der Frontstoßstange, Frontspoiler, Rennsitz, Sicherheits-Benzintank, Sechspunkt-Sicherheitsgurt, Überrollbügel, Feuerlöschanlage, eine reduzierte Innenausstattung sowie Haubenschnellverschlüsse. Als Sonderausstattung gab es u. a. eine Luftheberanlage, Radzentralverschlüsse sowie eine zusätzliche Bremsenkühlanlage.

Neu war zur Rennsaison 1993 auch der vom Werk produzierte 911 Turbo S Le Mans GT. Der Wagen von Brumos Porsche debütierte im März 1993 in Sebring (USA) und sicherte sich dort den 1. Platz in der FIA GT-Klasse mit Hurley Haywood, Hans-Joachim Stuck und Walter Röhrl.

Nur ein einziges Exemplar des 911 Turbo S Le Mans GT verließ das Werk. Zwischen Sebring und dem Start in Le Mans im Juni ging der Wagen in den Besitz des Franzosen Jack Leconte über und wurde danach von seinem Team Larbre Compétition an den Start gebracht. Larbre startete 1993 in Le Mans mit demselben Fahrerteam wie bereits in Sebring und weiteren Starts für Larbre (mit Werksunterstützung). Sein bestes Resultat erreichte der Le Mans GT 1994 in Daytona, wo er auf den zweiten Platz der Gesamtwertung kam und sich den Sieg in der Invitational Le Mans GT 1-Klasse holte.

Konzipiert worden war dieses Exemplar mit der Fahrgestellnummer „Le Mans GT 001" als Aspirant für die FIA-GT-Klasse der Saison 1993. Der 911 Turbo S Le Mans GT brachte ca. 1000 kg auf die Waage; sein 3,2-Liter-Biturbomotor entwickelte 475 PS (mit den für die GT-Klasse in Le Mans vorgeschriebenen Air Restrictoren).

Als weiteres Novum des Jahres 1993 ist der Porsche Supercup zu erwähnen, eine zusätzliche Serie zu den europäischen Formel-1-Läufen. 1993 wurden sechs der acht Läufe dieser Serie als Rahmenrennen bei Formel-1-WM-Läufen ausgetragen, in den Folgejahren fanden sämtliche Rennen in dieser Konstellation statt.

1994

Im Herbst 1993 präsentierte das Werk den 993, „den neuen 911 Carrera", der in Europa und dem Rest der Welt als Modell 1994 an den Start ging. Bei seinem Debüt im September 1993 verhieß der 993 eine zu 30 Prozent neue Technik bei gleichen oder niedrigeren Preisen (je nach Absatzmarkt). Auf dem US-Markt stieg Porsche mit dem C4 „Turbo Look"-Coupé als 1994er Modell ein. Daneben wurden der Speedster, der RS America, der 911 Turbo 3,6, der C2 Coupé sowie die Targa- und Cabriolet-Versionen in gegenüber 1993 unveränderter Form, dafür aber als Modell 1994 angeboten.

In den USA gab der 993 im Frühjahr 1994 als Modell 1995 seinen Einstand – tatsächlich zu einem niedrigeren Preis als das C2-Vorgängermodell: Das C2 Coupé war mit 64.990 $ veranschlagt worden, für den 993 wurden 1994 dagegen 59.900 $ aufgerufen.

Die Karosserie des 911 Turbo 3,6 entspricht der des 3,3-Liter-Turbo-Vorgängermodells. Die Räder (vorne 8x18 Zoll, hinten 10x18 Zoll) erinnern an die Räder der Carrera Cup-Fahrzeuge. Der Turbo 3,6 wartete als erster Porsche mit den typisch roten, größeren Brembo-Bremssätteln und größer dimensionierten Bremsscheiben auf. Foto: Porsche AG

Am 993 schienen mehr als nur 30 Prozent neu zu sein; er bedeutete gegenüber dem alten 911 vielmehr einen Riesensprung nach vorn. Beim Debüt des 964 waren bereits 85 Prozent neuer Teile angekündigt worden, diese 911-Generation stand nach vorherrschender Meinung aber eher für eine evolutionäre Entwicklung und mutete bei aller scheinbar radikalen Abkehr vom alten 911 letzten Endes doch wie ein erneuter Aufguss des vertrauten 911 an. Bei der Karosserielinie des 993 mutierten dagegen alle wohlbekannten Markenzeichen des 911 zu einem rundum neuen Ganzen. Markanteste Neuerung war die neue Außenhülle des 993, die zwar die Identität des klassischen 911 wahrte, zugleich aber die bisher einschneidendste optische Weiterentwicklung bedeutete. Beibehalten wurde beim 993 der ausfahrbare Heckspoiler, der nicht nur zur besseren Aerodynamik beitrug, sondern in ausgefahrener Position auch die Motorkühlung intensivierte. An den Prototypen saß die mittlere Bremsleuchte noch in der Dachleiste über der Heckscheibe, beim Debüt des 993 in den USA war sie dagegen in einen relativ zweckfreien, einem Tragegriff nicht unähnlichen Aufsatz auf der Motorhaube gewandert. Erst mit dem Debüt des Turbo 1996 war an den US-Modellen wieder die vollintegrierte dritte Bremsleuchte zu finden.

Die 3,6 Liter Turbo-Flachbaumodelle

1994 legte Rolf Sprenger im Werk I eine Kleinserie der Flachschnauzer-Turbos mit 3,6-Liter-Motor auf – gewissermaßen als würdevollen Abschied vom 964 Turbo. Die 10 Exemplare für den japanischen Markt wurden als Version 1 X81 Japanmodell bezeichnet. Die 27 Fahrzeuge für den RdW-Markt hießen Version II X84. Die 39 Fahrzeuge für den US-Markt trugen die Bezeichnung Version II X85, wozu noch weitere 10 Stück für den US-Markt kamen, die die so genannte „Package"-Ausstattung erhielten (mit Serienkarosserie, aber sämtlichen technischen Modifikationen).

Der Flachschnauzer-Turbo Version II. Foto: Porsche AG

Oben: Der Flachschnauzer in Version I und Version II.
Unten: Der Flachschnauzer-Turbo Version I. Foto: Rolf Sprenger

Der Flachschnauzer-Turbo Version II von vorne. Foto: Porsche AG

Heckansicht des Flachschnauzer-Turbo Version II. Foto: Porsche AG

Der 993 – der „neue 911 Carrera".

Der luftgekühlte 3,6-Liter-Motor des 911 brachte es dank abermaliger Weiterentwicklung nun auf 270 PS.

Erstmals in der Geschichte des 911 wartete das Triebwerk nun mit wartungsfreien Hydrostößeln auf. Das Motormanagementsystem wurde überarbeitet und die Klappenventile für die Luftmengenmessung durch Hitzdraht-Luftmengenmesser ersetzt. Außerdem erhielt der 933 eine neue 3-in-2-Auspuffanlage – die erste tiefgreifende Neuerung an der Abgasanlage seit 1975. Der Austritt der Anlage mündete in zwei Katalysatoren und zwei separaten Schalldämpfern. Diese motorischen Änderungen bescherten dem 933 zusätzliche PS und höheres Drehmoment bei günstigeren Abgas- und Verbrauchswerten, ohne dass der Wagen schwerer wurde.

Eine Novität am 993 war auch die von Grund auf neue Mehrlenker-Hinterachse, die Straßenlage und Handling merklich aufwertete. Zudem arbeitete sie wesentlich geräuschärmer als die frühen Schräglenkerachsen des 911. Die Mehrlenkerachse bestand aus unteren Dreiecksquerlenkern und zwei oberen Verbindungen, die an einem eigenen Hilfsrahmen saßen. Die Vorderachse wurde ebenfalls weiterentwickelt und auf die neue Hinterachse abgestimmt; neue Felgen rundeten das Gesamtpaket ab.

Der 993 war mit einer neuen Sechsgangversion des G50-Getriebes sowie mit einem weiterentwickelten Tiptronic-Automatikgetriebe erhältlich.

Größere, gelochte Bremsscheiben vorne mit größeren Bremsklötzen und gelochte Hinterachs-Bremsscheiben bedeuteten eine nochmalige Verbesserung der ohnehin außerordentlich standfesten Bremsanlage des 911. Dank des Plus an Leistung und Drehmoment beschleunigte der 993 besser und kam auf eine höhere Spitze als sein Vorgänger. Obendrein war der Carrera auf 993-Basis innen und außen leiser. Klima- und Lüftungsanlage erhielten einen Partikelfilter und die Sitze ein neues Profil. Fahrer- und Beifahrerairbags wurden verstärkt und die Scheibenwischer so umgestaltet, dass sie eine größere Wischfläche abdeckten. Zugleich kam hier erstmals die neue Generation der modularen Ellipsoidscheinwerfer zum Einbau.

Der 430 PS starke 911 GT2 in der straßenzugelassenen Version. Foto: Porsche AG

Beim Debüt des 993 bei der IAA in Frankfurt präsentierte Porsche auch einen Supercup-Ableger auf Basis des 993. Er entsprach optisch weitgehend dem normalen 993, unter der Haube saß jedoch ein 300 PS starkes 3,8-Liter-Triebwerk. Fahrwerk und Radaufhängung wurden zur weiteren Leistungsoptimierung des Supercup-Carrera überarbeitet. Auch in diesem Jahr fanden die Supercup-Rennen wieder als Rahmenrennen der Formel 1 statt.

Ende August 1994 gab das S-Modell mit Tiptronic seinen Einstand. Die S-Version wartete mit neuen Bedienelementen im Formel-1-Stil am Lenkrad auf; zum Hochschalten wurde der Umschalter an einer der beiden Lenkradseiten nach oben gedrückt, durch Druck auf den unteren Teil der Umschalter wurde heruntergeschaltet.

Pünktlich zur Rennsaison 1995 legte Porsche das GT 2-Turbomodell auf Basis des 993 auf, das als straßenzulassungsfähige Version auf 430 PS, als Rennversion auf 450 PS kam. Das Rennmodell entsprach in seiner Konstruktion den Reglements der 24 Stunden von Le Mans, der BPR-Serie, der japanischen Rennbehörde und der IMSA.

Die Leistung der Straßenversion des GT 2 wurde mit 430 PS angegeben. Zur Grundausstattung zählten Sechsganggetriebe mit Sportkupplung, 40/65-Sperrdifferenzial, ABD (Automatisches Bremsdifferenzial) und Hinterradantrieb. Dies bedeutete einen markanten Unterschied zum Biturbo-Straßenmodell, das im selben Frühjahr mit Allradantrieb und 408 PS Leistung eingeführt worden war. Für Aufsehen sorgte auch die aggressive Karosserielinie des GT 2-Straßenmodells mit verschraubten Kotflügelverbreiterungen aus Kunststoff (vorne 40 mm, hinten 30 mm) und einem ausladenden Heckflügel mit Turbo-Lufteinlässen an der Vorderkante. Auffallend war die seitlich hochgezogene, breite Lippe des Frontspoilers. Die Reifen (vorne 235/40 ZR18, hinten 285/35 ZR18) saßen auf dreiteiligen Speedline-Rädern (vorne 9x18, hinten 11x18 Zoll). Optional waren eine Club Sport-Version für den Motorsporteinsatz sowie eine Luxusversion für die Ausstattung als gediegener Gran Turismo (u. a. mit Airbags, Radio, getönten Scheiben und Klimaanlage) erhältlich.

Die Rennversionen sollten ein konkurrenzfähiges Gesamtpaket für die GT2-Klasse von Le Mans bieten, daher die Modellbezeichnung GT 2. In der IMSA-Serie liefen diese Fahrzeuge in der GTS 1-Klasse, da nach IMSA-Reglement keine Turbofahrzeuge in der GTS 2-Klasse starten durften.

Serienmäßig betrug der Durchmesser der GT 2-Bremsscheiben vorne und hinten 322 mm, mit den optionalen Langstrecken-Vorderradbremsen konnten jedoch vorne 380-mm-Bremsscheiben montiert werden. Die Raddimensionen betrugen nun 10x18 Zoll vorne und 11x18 Zoll hinten. Auch das neue ABS 5 von Bosch kam im GT 2 zum Einsatz.

Beim ersten Rennauftritt beim 24-Stunden-Rennen zur IMSA-Meisterschaft in Daytona im Februar der Rennsaison 1995 traten die Teams von Jochen Rohr und Champion mit GT 2 an. Der Wagen von Rohr – pilotiert von Haywood / Murry / Mayländer / Rohr – holte nach diversen Problemen in der Mitte des Rennens nochmals stark auf und erreichte den 2. Platz der Klasse IMSA GTS 1 (hinter Klassensieger Roush Racing mit Ford Mustang) und den 4. Platz in der Gesamtwertung.

Je nach Reglement durfte der 1150 kg schwere GT 2 mit unterschiedlichen Air Restrictoren antreten, die natürlich entsprechende Leistungsunterschiede zur Folge hatten. Die Nennleistung betrug 450 PS, die über ein Sechsganggetriebe mit Sportkupplung übertragen wurde.

1995

Wie bereits erwähnt, kam der 993 Anfang 1994 in den USA auf den Markt, zählte aber bereits als 1995er Modell. Zum US-Programm gehörten das Carrera Coupé und Cabriolet sowie im weiteren Verlauf des Jahres die C4 Coupé und Cabriolet.

Im Januar 1995 lancierte Porsche die Carrera RS und RS Clubsport als Exklusivmodelle für den europäischen Markt. Unter der Haube des Europa-RS saß ein 300 PS starker 3,8-Liter-Motor. Die

Der 911 Carrera RS Foto: Porsche AG

Heckansicht des Carrera RS Clubsport mit seinem betont aggressiven Heckspoiler. Foto: Porsche AG

Der 911 GT2 Evolution (Evo). Foto: Porsche AG

Karosserie fiel deutlich motorsportbetonter aus als die normale Hülle des 993, vor allem dank der aggressiven Frontspoiler und des größeren, starren Heckflügels. Noch kompromissloser mutete die Clubsport-Version mit ihrem Frontspoiler und dem größeren, doppelten Heckflügel mit Seitenflanken an.

Auch Carrera RS und Clubsport wurden mit den modularen RS-Cup Design-Rädern in 8x18 Zoll und 225/40 ZR18-Bereifung vorne und hinten mit 265/35 ZR18-Bereifung auf 10x18-Zoll-Felgen bestückt. Neu war auch das attraktive Momo-Dreispeichenlenkrad von Porsche Design.

Der 911 Turbo C4 debütierte auf dem Genfer Salon im März 1995. Er basierte auf der Plattform des 993 und wurde von einer überarbeiteten Version des ehrwürdigen 911-Turbo-Motors mit Doppelturbo und Motronic-Motormanagement angetrieben. Zum Modelljahr 1995 wurden für den Carrera außerdem ein weicheres Tourenfahrwerk sowie eine neue Variante der Sportsitze angeboten.

Zur Diebstahlsicherung wartete Porsche mit dem „Porsche Electronic Immobilizer" als neuer Alarmanlage auf, die direkt in das DME-Steuergerät eingriff. Die Alarmanlage saß in einem eigenen Steuergerät, das direkt neben dem DME-Steuergerät unter dem linken Sitz positioniert war, und verfügte über zwei Handsender. Die beiden Steuergeräte saßen unter einer mit vier Scherschrauben befestigten Schutzabdeckung aus Metall. Um die Abdeckung zu Wartungszwecken abnehmen zu können, mussten die Schraubenköpfe abgebohrt werden. Bei aktivierter Sperre konnte der Motor weder angelassen werden noch weiterlaufen.

Der Allradantrieb des C4 von 1995 war gegenüber dem 964 wesentlich vereinfacht worden. Die Kraftübertragung erfolgte über eine Viskokupplung und eine Mittelwelle auf das Vorderachsdifferenzial und damit auf die Vorderräder. Die Viskokupplung sprach auf den Drehzahlunterschied der Vorder- und Hinterräder an, so dass an den Vorderrädern jederzeit ausreichend Traktion anlag. Diese Konstruktion bot eine wesentlich transparentere Fahrcharakteristik als die bisherige, mit allzu komplizierten Computersteuerungen überfrachtete Anlage, die ständige Untersteuerungstendenzen heraufbeschwor und dem Wagen ein sehr frontantriebähnliches Fahrverhalten bescherte.

1995 stand außerdem eine überarbeitete Auflage des Supercup-Modells mit größerem Heckflügel und Frontspoiler des RS Clubsport und einem auf 310 PS aufgewerteten Triebwerks bereit.

Rechtzeitig zum Le Mans-Rennen 1995 zog Porsche mit einer Evolution des 911 GT 2 nach, der fortan als 911 GT 2 Evo firmierte. Der Evo sollte Privatfahrern zu einem Sportgerät verhelfen, das mit entsprechenden Modifikationen in Le Mans, in der BPR GT 1-Klasse, in der japanischen GT-Klasse und der IMSA-Serie gleichermaßen konkurrenzfähig war. Seinen ersten Einsatz absolvierte der GT 2 Evo Racing 1995 beim BPR-4-Stunden-Rennen auf dem Nürburgring und startete anschließend in Le Mans. Der Evo wartete mit einem neuen Saugrohr, geänderten Turboladern, Kolben, Pleueln und Nockenwellen auf, was dem Motor atemberaubende 600 PS entlockte. Durch weitere Eingriffe verlor er zudem an Gewicht und wog nun nur noch 1100 kg. Unter den ausladenderen Kotflügeln verbargen sich größere Reifen: Die Räderdimensionen betrugen jetzt 10x18 Zoll vorne und 12,5x18 Zoll hinten.

1996

Der 1996er Porsche 911 Turbo, der im März 1995 auf dem Genfer Salon als Biturbomodell seinen Einstand gab, hielt sich während der Modelljahre 1995 und 1996 im Programm. Der neue Turbo basierte auf der C4-Plattform des 993 und wurde von einer auf 408 PS getrimmten Version des rüstigen 911er Turbomotors angetrieben. Endlich kam auch der Turbo in den Genuss des Motronic-Motormanagementsystems – dem ersten echten Entwicklungsfortschritt des Turbomotors seit 1978, als der Turbo 3,3 Liter mit Ladeluftkühler debütierte.

Das neue Motormanagement und der Doppelturbo hoben Leistung und Durchzug in ganz neue Sphären.

Der neue Doppelturbo saß auf dem Unterbau des 993 C4 mit Allradantrieb und Sechsganggetriebe. Porsche propagierte den Neuling sogleich als rundum alltagstaugliches Supercar. Die Bremsen des neuen Turbo saßen hinter neu entwickelten Rädern im Hohlspeichendesign, die im Rotationsreibschweißverfahren miteinander verbunden wurden. Die 18-Zoll-Räder waren vorne 8 Zoll breit (mit 225/40er Bereifung), hinten 10 Zoll (285/30er Bereifung). Der Turbo erhielt vorne und hinten neue Spoiler und seine Heckkotflügel waren nun 25 mm weiter ausgestellt als die des Standard-993. Der Heckspoiler saß starr auf der Heckpartie – eine Besonderheit der Turboversion.

Antriebsstrang des 993 Turbo: Der Allradantrieb des 1995er Turbo war wesentlich einfacher aufgebaut als der Antrieb der 911 aus der Typenreihe 964. Die Kraftübertragung erfolgt über eine Viskokupplung, die auf Drehzahlunterschiede zwischen Vorder- und Hinterrädern reagiert, auf die Vorderräder. Foto: Porsche AG

Der 911 Turbo Modell 1996 mit Doppelturbo, das Porsche-„Supercar für den Alltagseinsatz". Foto:Porsche AG

Zum Modelljahr 1996 ergänzte Porsche die Modellpalette des 993 um zwei weitere Varianten: einen neuen 911 Targa sowie einen 911 Carrera 4S. Eigentlich hätte der 911 Targa anders heißen müssen, denn er symbolisierte eine radikale Abkehr vom vertrauten Targa-Konzept. Der neue 911 Targa basierte vielmehr auf einem Cabriolet und besaß eine Dachpartie mit Glasschiebedach – gewissermaßen ein Coupé mit Glaskuppel und riesigem Schiebedach. Der 911 Targa erhielt neue 17-zöllige Targa Design-Räder.

Der Carrera 4S setzte demgegenüber die Tradition der Coupés im Turbo-Look fort. Wie auch beim Turbo wurden die Heckkotflügel beim Turbo-Look-Modell verbreitert, allerdings nur um

Oben: Der neue 1996er Targa.

Links: Zeichnung des Targaverdecks aus dem Modelljahr 1996. Foto: Porsche AG

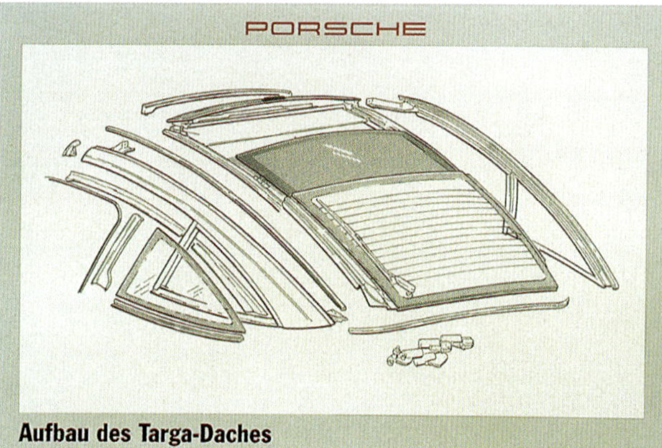

Aufbau des Targa-Daches

25 mm und somit weniger radikal als bei den Vorgängerversionen. Die Räder des Carrera 4S waren als einteilige Druckgussvariante der Hohlspeichen-Turboräder konstruiert. Auch die Bremsanlage des Carrera 4S fiel durch ihr immenses Verzögerungsvermögen auf; Allradantrieb, Räder- und Reifengrößen sowie die verstärkte Federung stammten aus dem Teileregal des Turbo. Im Übrigen besaß der Carrera 4S sämtliche Stylingmerkmale des Turbo mit Ausnahme des Heckflügels; der 4S behielt stattdessen den ausfahrbaren Heckflügel des normalen 993.

Die Leistungsentfaltung des auf dem 933 basierenden Carrera mit Varioram-Saugrohranlage lässt sich nur als spektakulär beschreiben. Die spezifische Leistung übertraf sogar die Werte des lange Zeit unerreichten Carrera RS 2,7. Der 1996er 993 stieß mit einer Literleistung von 78,3 PS wieder in die Regionen des 1969er 2,0-Liter-Triebwerks des 911 S, der auf 86,4 PS/l kam, oder des 2,4-Liter-911 S mit 81,2 PS/l bzw. des Carrera RS vor, der mit seinen 77,8 PS/l ohnehin bereits hinter dem 993 zurückblieb.

Der entscheidende Unterschied zwischen den Standardversionen des 993 von 1995 und 1996 lag in der Varioram-Saugrohranlage, die das Drehmoment im mittleren Drehzahlbereich um satte 18 Prozent anhob und die Leistung von 270 auf 282 PS hochschraubte. Und obendrein fuhr sich der 993 jetzt noch besser, verbrauchte weniger und hielt sogar die immer strengeren internationalen Geräusch- und Abgasvorschriften ein.

Vor Beginn der Rennsaison 1996 erhielt der 911 GT 2 Evo eine neuerliche Überarbeitung. Markanteste Unterscheidungsmerkmale der neuen Version waren der höhere Heckflügel und der geänderte Frontspoiler mit zusätzlichen Lufteinlässen für Bremsen und Ölkühler.

Windkanal-Versuchsmodell des GT1 von 1996. Foto: Porsche AG

Die Vorderräder maßen jetzt 10,5x18 Zoll, während das Format der Hinterräder mit 12,5x18 Zoll beibehalten wurde. Die ersten dieser neuen GT 2 Evo-Renner gingen an das in Verl beheimatete Team von Franz Konrad Motorsport, der damit 1996 bei den 24 Stunden von Daytona antrat (dort aber mit Elektrikproblemen ausschied).

Zur Saison 1996 wurde das Supercup-Modell abermals überarbeitet. Änderungen am Ventiltrieb des 3,8-Liter-Triebwerks ergaben einen Leistungsanstieg von 310 auf 315 PS bei 6200/min. Die Höchstdrehzahl stieg von 6700 auf 6900/min. Weitere Eingriffe am Fahrwerk dienten dazu, Vorspuränderungen beim Überfahren von Bodenwellen zu minimieren und die Sturzänderungen an der Vorderachse zu optimieren. Dies verhalf der Lenkung zu größerer Präzision und Stabilität auf holprigeren Rennpisten. Auch Feder- und Stoßdämpfercharakteristik wurden zur Rennsaison 1996 verfeinert. Obendrein war der sechste Gang jetzt kürzer übersetzt, um die Kraftreserven des Motors auch bei sehr hohen Geschwindigkeiten noch etwas mehr nutzen zu können. Neue, steifere Kunststoff-Getriebelager kamen der Schaltpräzision bei den im Renneinsatz auftretenden Beanspruchungen zugute.

1996 präsentierte Porsche außerdem eine Sonderversion des Supercup-Renners für US-Kunden, um diesen ein aktuelles Modell für die GTS 2-Klasse der IMSA anbieten zu können. Im „Rest der Welt“ war für die GT 2-Wagen von Porsche bereits der Weg für den Start in den GT-2-Klassen frei, da aber nach dem IMSA-Reglement für die GTS-2-Kategorie der Einsatz von Turboladern tabu war – und der auf dem 964 basierende Carrera RSR 3,8 allmählich in die Jahre kam –, benötigten die US-Kunden dringend einen konkurrenzfähigen GTS 2-Porsche. Das neue Modell lief unter der Bezeichnung 911 Cup RSR und entsprach im Prinzip der aktuellen Version des Supercup-Modells, jedoch mit 3,8-Liter-RSR-Motor.

Das erste Exemplar ging rechtzeitig zum Start bei den 24 Stunden von Daytona im Februar 1996 an den Kanadier Doug Trott.

Nachdem sich ein McLaren F1 GTR im Jahr zuvor den Gesamtsieg in Le Mans sichern konnte, befand Porsche seine bisherigen Einsatzfahrzeuge wie den veralteten 962 oder die WSC-Ausführungen für die LMP1-Kategorie als nicht mehr konkurrenzfähig. Allerdings entsprach eine zurückerlangte Wettbewerbsfähigkeit in der GT1-Klasse am ehesten den Ambitionen des Sportwagenherstellers, und so gab es bald grünes Licht für die Entwicklung eines neuen Modells auf Basis des 911 (993) für den Start in den internationalen GT-Klassen. Als Zielvorgabe definierte man Siegpotenzial in der

Hans-Joachim Stuck 1996 am Steuer des Porsche GT1 in Le Mans: Zusammen mit Bob Wollek (F) und Thierry Boutsen (B) belegte er in jenem Jahr den zweiten Gesamtrang.

GT1-Klasse mit Ambitionen auf einen Gesamtsieg in Le Mans. Am 10. Juli 1995 fiel die Entscheidung für den Bau des 911 GT1, im November ging Porsche mit seine Plänen an die Öffentlichkeit und präsentierte Fotos eines 1:5-Modells des Prototypen. Am 14. März 1996 absolvierte der fertige Rennwagen mit Jürgen Barth am Steuer auf der Teststrecke von Weissach seine ersten Kilometer – ein Prozedere, wie es bereits vom Debüt des 956 bekannt war.

Voraussetzung für die Starterlaubnis des Fahrzeugs bestand unter anderem darin, dass die Rennversion des Porsche 911 GT1 auf einer Straßenversion desselben Modells basierte. Es musste eine Homologationsserie von 25 Exemplaren des Supersportwagens aufgelegt werden. Porsche produzierte zunächst ein einziges Exemplar des 911 GT1 für die Straße. Für die Pressefotos wurden Kennzeichen vorne und hinten an dem weiß lackierten Exemplar montiert. Anschließend erhielt derselbe Wagen die Renngrafiken und wurde als Rennversion präsentiert. Die eigentliche Rennversion blieb der Öffentlichkeit und der Presse noch bis zu den Testläufen in Le Mans am 28. April vorenthalten.

Die Rennversion präsentierte sich naturgemäß aggressiver als die Straßenversion und verfügte über noch breiter ausgestellte Kotflügel vorne und hinten sowie einen 600-PS-Turbomotor. Der Fahrer der Straßenversion musste sich mit „nur“ 544 PS begnügen.

Das eigentliche Ziel des Werks war nicht etwa, straßenzulassungstaugliche Versionen des GT1 an den Mann zu bringen, sondern rechtzeitig zur Rennsaison 1997 Privatfahrerversionen des GT1 anbieten zu können. Bei den Tests in Le Mans waren 1996 lediglich vier 911 GT1 präsent: Fahrgestell-Nr. 001 – das ursprüngliche Erprobungsfahrzeug, ferner Nr. 002 und 003 (die Rennwagen für Le Mans) sowie die Straßenversion.

Der 911 GT1 erhielt die Bugpartie des 993, die mit einem Kastenprofilrahmen verschweißt war und die Frontpartie bildete, die unmittelbar hinter dem Fahrer endete. Damit wirkte der 911 GT1 weitgehend wie ein Serienmodell, sobald die vordere Karosseriehälfte teilweise entfernt wurde.

Um dem 911 die nötigen Chancen gegen die Konkurrenz zu verschaffen, kam für den 911 GT1 nach Ansicht seiner Konstrukteure nur ein Mittelmotorkonzept in Frage.

Dies versprach weiteres Optimierungspotenzial bei Aerodynamik und Gewichtsverteilung. Die Motoranordnung in Richtung Wagenmitte ergab eine wesentlich aufgeräumtere Heckpartie, zusätzlich wurden durch einen Diffusor unter dem Heck die Abtriebskräfte erhöht. Von der Stirnwand hinter dem Fahrer bis zum Heck erinnerte der 911 GT1 mehr an die 962 mit Mittelmotor aus den 1980er Jahren als an einen 911. Abgesehen von der Monocoque-Stahlkonstruktion der Frontpartie bestand das Fahrzeug großenteils aus Karbonfaser.

Die Windschutzscheibe des 911 GT1 stammte aus dem Ersatzteilregal des 1994er Speedster, womit sich die Entwickler das niedrigere Profil und den günstigeren Anstellwinkel der Scheibe zunutze machten. Die Windschutzscheibe saß in einem eigenen Rahmen und ließ sich mit wenigen Kreuzschlitzschrauben an ihrem Umfang im Handumdrehen montieren und demontieren. Die Frontpartie erinnerte optisch an den 993, ebenso der Heckbereich um die Rückleuchten. Auf der Dachpartie thronte eine wuchtige Hutze für die Luftzufuhr zu den Einlässen des Doppelturbos und den großen Luft/Luft-Ladeluftkühlern auf dem Motor.

Der Carrera S von 1997, die allerletzte Auflage der luftgekühlten 993er Modelle.

Der 3,2-Liter-Motor des 911 GT1 baute auf dem altbewährten, komplett wassergekühlten 962er Motor auf, der seit 1986 bei Porsche Verwendung fand. Statt sechs einzelnen Zylinderköpfen – wie bei allen 911 und den 962 – erhielt der 911 GT1 jedoch die beiden einteiligen, aus dem 959 bekannten Gussköpfe für je drei Zylinder. Die Zylinder wurden beim 962 mit den Zylinderköpfen elektronenstrahlverschweißt und die Zylinder anschließend in einem Wassermantel montiert. Der Motor des 911 GT1 besaß dagegen Einzelzylinder im Wassermantel. Diese Bauweise sollte später bei den

Innenausstattung eines straßenzugelassenen GT2. GT2 und RS teilten sich ein ausgesprochen sportbetontes Interieur. Foto: Porsche AG

GT3- und Turbomodellen der Baureihen 996 und 997 ihre Weiterentwicklung finden.

Der Nockenwellenantrieb erfolgte – wie beim 959 – über Kette und nicht über Stirnräder wie bei den beiden obenliegenden Nockenwellen des 962. Durch den Einbau von zwei 35,7-mm-Air Restrictoren wurde die Motorleistung auf rund 600 PS begrenzt. Für die Gemischaufbereitung war das elektronische TAG 3.8-Motormanagement mit sequenzieller Mehrpunkteinspritzung, Lambdaregelung und zylinderselektiver Klopfregelung zuständig.

Die Radführung erfolgte vorne und hinten an je zwei Dreieckslenkern. Die Vorderradaufhängung war direkt mit der vorderen Monocoque-Rahmenstruktur verbunden, die Hinterradaufhängung hing an einem groß dimensionierten Gussteil, das auch die Befestigungspunkte für das Fahrwerk sowie für das auf dem 986er Getriebe basierende Sechsganggetriebe bot. Dieses Getriebe war eine Weiterentwicklung des G50-Sechsganggetriebes aus dem 993.

Den Fahrbahnkontakt besorgten beim 911 GT1 einteilige BBS-Rennfelgen in den Dimensionen 11,5x18 Zoll vorne und 13x18 Zoll hinten mit entsprechender Bereifung. Eine Servolenkung hielt den Kraftaufwand beim Lenken in Grenzen. Vorder- und Hinterachse waren mit verstellbaren Querstabilisatoren bestückt, nach dem Reglement war eine direkte Einstellmöglichkeit durch den Fahrer allerdings nicht zulässig, daher wurden die Stabis von außen durch das Boxenteam justiert (die Einstellung des Vorderachsstabis erfolgte über eine Öffnung im Kühlluftauslass). Die Bremsanlage mit Bosch-ABS und 380x37-mm-Karbonbremsscheiben vorne und hinten wartete mit Brembo-Achtkolben-Bremssätteln mit Karbon-Bremsklötzen vorne und Vierkolbensätteln und Karbonbremsscheiben hinten auf.

Alles in allem lief der GT1 drei Jahre – 1996, 1997 und 1998 – im Motorsport. Bei der Version 1997 handelte es sich lediglich um eine Evolution des Modells 1996 unter der Bezeichnung GT1 Evo („Evolution"), dank einer optischen Überarbeitung ähnelte die Neuauflage jedoch deutlicher dem neuen 996, von dem auch die markanten Scheinwerfer stammten. Mit der Version 1998 wurde eine radikale Abkehr von den Modellen 1996 und 1997 vollzogen: Der Wagen bestand jetzt komplett aus Kohlefaser und der 993 hatte als konstruktive Grundlage ausgedient. In der Saison 1998 hatte mittlerweile die Dominanz des Mercedes CLK-GTR in der GT1-Klasse eingesetzt, Porsche sicherte sich aber immerhin den Sieg im wichtigsten aller Sportwagenrennen, den 24 Stunden von Le Mans. Dieser Erfolg markierte den sechzehnten Triumph Zuffenhausens auf der Rennstrecke an der Sarthe.

Insgesamt entstanden 16 Straßenexemplare des GT1, einer auf Basis des GT1/96, die übrigen auf Basis des GT1/97:

GT1/96-Rennmodelle: drei Werkswagen und sieben Fahrzeuge für Privatfahrer

GT1/97-Rennmodelle: drei Werkswagen und fünf Fahrzeuge für Privatfahrer

GT1/98-Rennmodelle: fünf Rennfahrzeuge und ein Straßenfahrzeug

1997 und 1998

Der Carrera S – mit dem Motor des normalen 911 Carrera – kam als Modell 1997 auf den Markt und setzte den Schlusspunkt unter die luftgekühlten Modelle auf Basis des 993. Für den US-Markt stand nach wie vor das Motor-Soundpaket M159 in der Zubehörliste – im Gegensatz zu Europa, wo seit Oktober 1996 verschärfte Geräuschgrenzwerte galten. Das Getriebe des US-Carrera entsprach der Ausführung des normalen Carrera. Für den Europamarkt mussten allerdings – ebenfalls aufgrund der strengeren Geräuschgrenzwerte – die Gängeabstufungen geändert werden. Dazu wurde der 2. Gang höher übersetzt, so dass das Getriebe der US-Version entsprach. Auch die Tiptronic war bei sämtlichen Carrera baugleich. Die US-Versionen verfügten über eine Kupplungssperre, die ein Anlassen des Motors ohne Durchtreten der Kupplung verhinderte. Die elektrische Anlage entsprach ebenfalls der des normalen 911 Carrera.

Der Antriebsstrang des Carrera S lehnte sich weitgehend an die beim normalen 911 Carrera verbaute Ausführung an. Der europäische S lag vorne 10 mm und hinten 20 mm tiefer als die Standardversion. Bei den US-Modellen war dagegen die Fahrwerkshöhe des normalen Carrera und des Carrera S identisch.

Die Cup-Design-Räder des Carrera S maßen vorne 7x17 Zoll und waren mit 205/50 ZR17-Reifen bestückt, hinten 9x17 Zoll mit 255/40 ZR17-Bereifung. Durch den Einbau von 31-mm-Distanzringen an der Hinterachse, füllten die Räder die voluminöseren Heckkotflügel ähnlich wie beim 911 Turbo komplett aus.

Gegen Aufpreis konnten 18-Zoll-„Technologie"-Räder geordert werden: Die 8x18-Zoll-Räder der Vorderachse wiesen dieselben Offset-Werte wie der Turbo auf und erhielten 225/40 ZR18-Reifen, hinten saßen 10x18-Zoll-Felgen (ebenfalls mit dem gleichen Offset wie beim Turbo) mit 285/30 ZR18-Bereifung.

Die Karosserie entsprach dem 911 Carrera 4S mit Turbo-Look. Wie der 911 Carrera/Carrera 4, besaß auch der Carrera S einen elektrisch ausfahrbaren Heckspoiler. Der geteilte Spoiler-Luftgrill des Carrera S war in Wagenfarbe lackiert.

Die Innenausstattung unterschied sich nicht wesentlich von der Standardversion. Einzige Ausnahmen waren ein lackierter Schalthebelknauf (bzw. Sperrtaste bei der Tiptronic S) und der stahlgraue Handbremshebelgriff (mit Entriegelungsknopf). Drehzahlmesser und Motorhaube erhielten einen „Carrera S"-Schriftzug. Polster und Türverkleidungen waren mit gebürstetem schwarzem Leder bezogen.

Der 911 Carrera S wurde sowohl 1997 als auch 1998 produziert. Insgesamt liefen 2812 Stück für die RdW-Märkte und 759 für Nordamerika als Modell 1997 (Serie V) vom Band, ferner 130 Stück für RdW-Kunden und 993 Stück für die USA als Modell 1998 (Serie W).

Die Supercup-Fahrzeuge blieben gegenüber dem Jahrgang 1996 unverändert. Die Serien-993 des Jahrgangs 1998 wurden ebenfalls ohne nennenswerte Änderungen gegenüber dem Modell 1997 weitergebaut. Die 1998er Supercup-Wagen besaßen als erste den wassergekühlten Motor des 996.

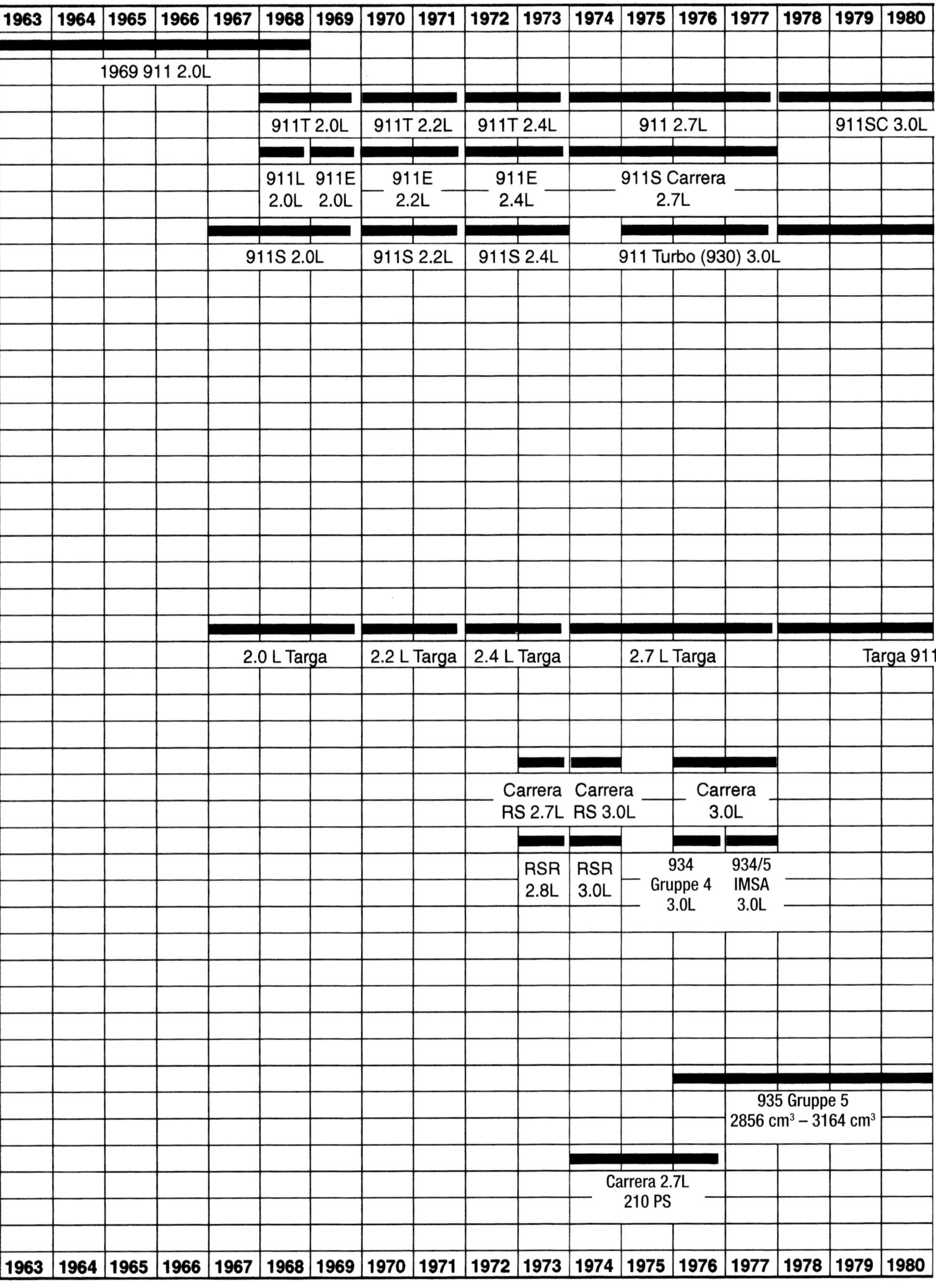
1963 1964 1965 1966 1967 1968 1969 1970 1971 1972 1973 1974 1975 1976 1977 1978 1979 1980
1969 911 2.0L
911T 2.0L
911T 2.2L
911T 2.4L
911 2.7L
911SC 3.0L
911L 2.0L
911E 2.0L
911E 2.2L
911E 2.4L
911S Carrera 2.7L
911S 2.0L
911S 2.2L
911S 2.4L
911 Turbo (930) 3.0L
2.0 L Targa
2.2 L Targa
2.4 L Targa
2.7 L Targa
Targa 911
Carrera RS 2.7L
Carrera RS 3.0L
Carrera 3.0L
RSR 2.8L
RSR 3.0L
934 Gruppe 4 3.0L
934/5 IMSA 3.0L
935 Gruppe 5
2856 cm³ – 3164 cm³
Carrera 2.7L
210 PS
1963 1964 1965 1966 1967 1968 1969 1970 1971 1972 1973 1974 1975 1976 1977 1978 1979 1980

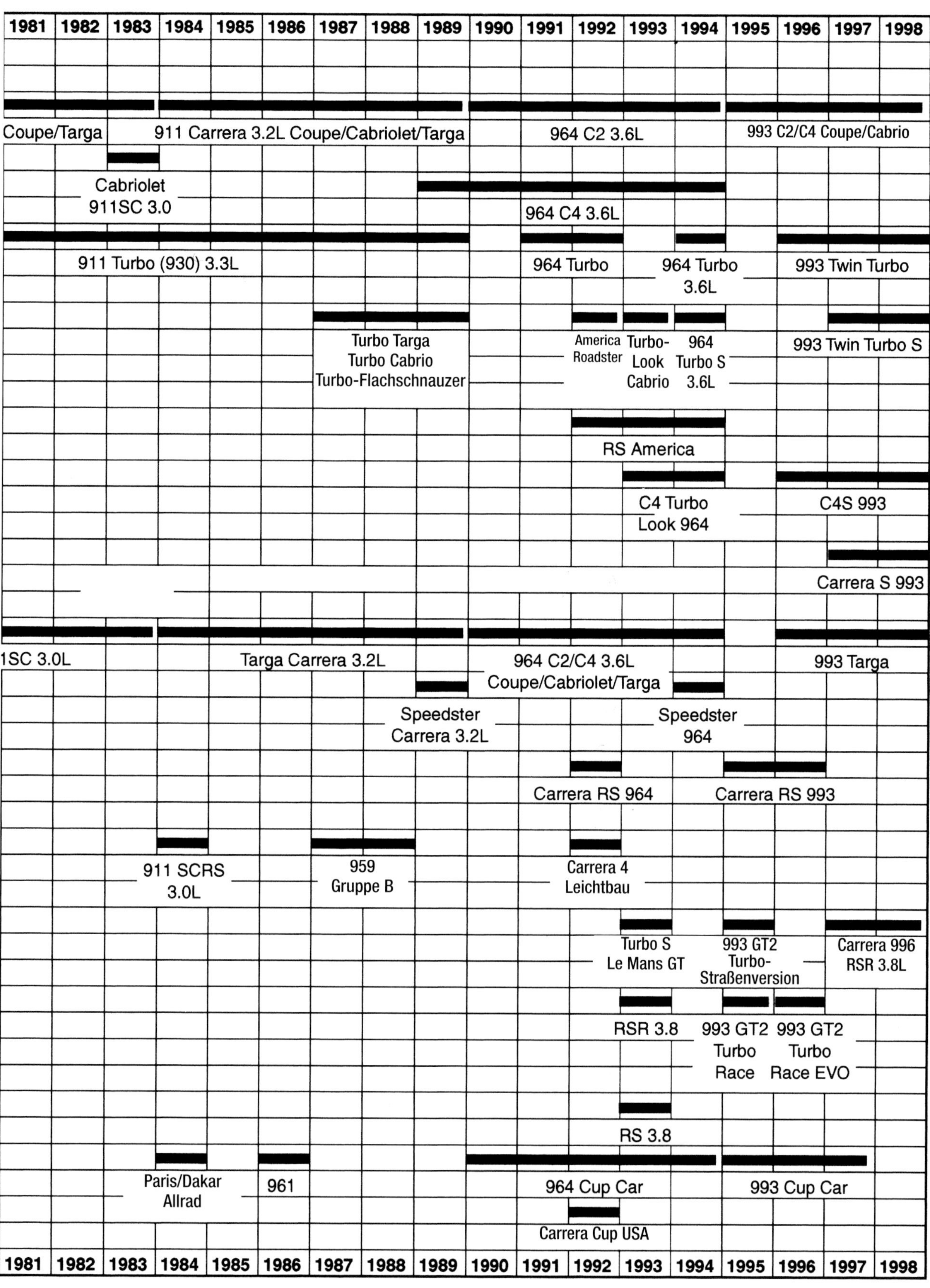
1981
1982
1983
1984
1985
1986
1987
1988
1989
1990
1991
1992
1993
1994
1995
1996
1997
1998
Coupe/Targa
911 Carrera 3.2L Coupe/Cabriolet/Targa
964 C2 3.6L
993 C2/C4 Coupe/Cabrio
Cabriolet
911SC 3.0
964 C4 3.6L
911 Turbo (930) 3.3L
964 Turbo
964 Turbo 3.6L
993 Twin Turbo
Turbo Targa
Turbo Cabrio
Turbo-Flachschnauzer
America Roadster
Turbo-Look Cabrio
964 Turbo S 3.6L
993 Twin Turbo S
RS America
C4 Turbo Look 964
C4S 993
Carrera S 993
1SC 3.0L
Targa Carrera 3.2L
964 C2/C4 3.6L
Coupe/Cabriolet/Targa
993 Targa
Speedster
Carrera 3.2L
Speedster
964
Carrera RS 964
Carrera RS 993
911 SCRS
3.0L
959
Gruppe B
Carrera 4
Leichtbau
Turbo S
Le Mans GT
993 GT2
Turbo-
Straßenversion
Carrera 996
RSR 3.8L
RSR 3.8
993 GT2
Turbo
Race
993 GT2
Turbo
Race EVO
RS 3.8
Paris/Dakar
Allrad
961
964 Cup Car
993 Cup Car
Carrera Cup USA
1981
1982
1983
1984
1985
1986
1987
1988
1989
1990
1991
1992
1993
1994
1995
1996
1997
1998

KAPITEL 2 **KAUFBERATUNG FÜR LUFTGEKÜHLTE 911ER**

Der Erwerb eines gebrauchten Porsche 911 ist oft der Beginn einer langen, wunderbaren Freundschaft – sofern wir uns als Käufer ein solides, gut erhaltenes Exemplar gesichert haben. Wer aber nicht aufpasst und sich ein problembehaftetes Exemplar andrehen lässt, für den kann der Traum vom Porsche rasch zu einem nicht enden wollenden Alptraum geraten. Worauf ist also beim Kauf eines Zweithand-911 zu achten? Zuallererst ist zu klären, welches Modell und welche Modellgeneration es sein soll. Wer ein relativ neues 993 Carrera Cabriolet sucht, darf und sollte wesentlich kritischer sein als der Sammler, für den es ein 1974er Carrera RS 3,0 sein muss. Vom 993 Carrera Cabriolet dürfte sich jederzeit eine erkleckliche Anzahl auf dem Gebrauchtwagenmarkt tummeln, von einem Carrera RS 3,0 von 1974 dürften weltweit noch kaum mehr als 20 bis 25 Exemplare existieren.

Bei allen selteneren Porsche-Modellen muss jeder selbst entscheiden, welche Mängel er bereit ist zu akzeptieren. Bei einem 993 Carrera Modell 1995 darf es dagegen ruhig ein Exemplar in Topzustand sein. Dieses Modell ist nicht sonderlich selten, also lohnt sich die Suche nach dem Besten, was der Gebrauchtwagenmarkt zu bieten hat.

Hintergrundinformationen

Nachdem wir unsere Fahrzeugsuche auf eine überschaubare Zahl von Modellen und Modelljahren eingegrenzt haben, machen wir uns bereits im Vorfeld möglichst eingehend mit den gesuchten Modellen vertraut. Bei selteneren Varianten wie dem RS 2,7 kann die Informationsbeschaffung mitunter fast schon wissenschaftliche Züge annehmen.

Bei den Serienmodellen sind die Werksveröffentlichungen „Typen-Maße-Toleranzen" als Grundlage für die Informationsbeschaffung empfehlenswert. Diese Datensammlungen im Taschenformat enthalten alle wissenswerten Daten und Fakten.

Wer seinen Wissensstand weiter vertiefen möchte, findet umfangreiche technische Informationen in den „Service Informationen", die von Porsche jedes Jahr beim Modellwechsel veröffentlicht wurden. Diese Handbücher richteten sich ursprünglich an die Vertragshändler, sind heute aber eine zuverlässige Informationsgrundlage beim Gebrauchtwagenkauf. Als beispielsweise 1994 der 993 Carrera debütierte, präsentierten die Service Informationen eine detaillierte Übersicht über die Unterschiede zwischen dem 964 und dem neuen 993 nebst ausführlichem Verzeichnis aller technischen Daten des Modells 1994.

Die Preisfrage

Zunächst verschaffen wir uns vorab einen Überblick über die zu erwartenden Preise – was je nach Alter oder Seltenheit des Objekts völlig unterschiedliche Vorgehensweisen erfordert. Das regelmäßige Studium des Kleinanzeigenteils der Autozeitschriften oder überregionaler Tageszeitungen und die Recherche bei diversen Auto-Portalen im Internet vermittelt ebenfalls rasch ein Bild des Marktes, anhand dessen wir unser Budget und unsere „Schmerzgrenze" überprüfen können. Immer hilfreich sind die Preise von Classic Data und die verschiedenen jährlich erscheinenden Katalogpublikationen, wie das Preissonderheft von Oldtimer Markt oder der Oldtimerkatalog aus dem HEEL Verlag.

Wer dagegen auf ein besonders rares Modell aus ist, wird nicht umhin kommen, den Preisrahmen durch eigene Recherchen und Anfragen bei Besitzern eines entsprechenden Modells oder bei Markenexperten oder Typreferenten der Markenclubs auszuloten.

Die Besichtigung

Unser erster Eindruck bei der Besichtigung eines gebrauchten 911 ist zunächst zwangsläufig subjektiv und dient zur Vorauslese. Kommt das Objekt in die engere Wahl, versuchen wir nach Möglichkeit, den Verkäufer dafür zu gewinnen, dass Mechanik und Karosserie durch eine Werkstatt mit Porsche-Erfahrung überprüft wird – vor allem bei Wagen mit relativ frischen Karosserie- und Lackarbeiten: Ein neuer Lack kann allerlei faule Stellen verbergen.

Wer zum ersten Mal einen gebrauchten 911 inspiziert, sollte sich keinesfalls vom Verkäufer nervös machen lassen. Bestimmtes, selbstsicheres Auftreten, bei dem man sich alles zeigen lässt, was für die Kaufentscheidung relevant ist, ist das A und O. Und wenn Sie bei diesem Lokaltermin ein ungutes Gefühl beschleicht, dann scheuen Sie sich nicht, dankend abzulehnen. Häufig ist es hilfreich, sich für die Fahrzeugbesichtigung noch jemanden mitzunehmen, der im besten Fall mit dem Thema Porsche vertraut ist.

Wie entschlüsselt man die Fahrzeugcodes?

Es ist grundsätzlich sinnvoll, sich für die Begutachtung eines Gebraucht-Porsche eine Systematik zurechtzulegen. Als ersten Schritt überprüfen wir die Fahrzeugnummern. Die Fahrgestellnummer bzw. Fahrzeug-Identifikationsnummer (FIN bzw. VIN) gibt Typ, Länderversion, Modellversion und Seriennummer des betreffenden Fahrzeugs an. Bei den US-Modellen ab 1970 ist die VIN auf einem Metallschild eingeschlagen, das an der fahrerseitigen Windschutzscheibensäule sitzt; außerdem geben Schilder an der Schlosssäule und unter der Fronthaube Auskunft.

Beim 911 aus der Zeit bis 1969 ist die Fahrgestellnummer nur unter der Fronthaube zu finden. Alle Nummern müssen übereinstimmen (auch mit dem Fahrzeugbrief bzw. der Zulassungsbescheinigung) und zu der Nummernserie gehören, die laut Datenbüchern der betreffenden Modellreihe zugeordnet ist. Anschließend überprüfen wir, ob auch die Motornummer zu der Motorbaureihe des betreffenden Modells gehört.

Die Codes

Beispiel A					
Typ	Modelljahr (letzte Ziffer)	Karosserieversion und Modellcode			Fortlaufende Zählnummer
11 = 911 12 = 912	8 = 1968 9 = 1969	0 = Coupé, S-Version 1 = Coupé, L-Version 2 = Coupé, T-Version 3 = Coupé, US-Version 4 = nicht belegt 5 = Targa, S-Version 6 = Targa, L-Version 7 = Targa, T-Version 8 = Targa, US-Version			0001
Beispiel B					
Typ	Modelljahr	Motortyp	Karosserieversion		
11 = 911 911 = 911	9 = 1969 0 = 1970 1 = 1971	1 = 911T 2 = 911E 3 = 911S	0 = Porsche-Coupé 1 = Targa 2 = Karmann-Coupé		0317
Beispiel C					
911 = 911	2 = 1972 3 = 1973	1 = 911T 2 = 911E 3 = 911S 4 = nicht belegt 5 = TV 6 = SC	0 = Coupé 1 = Targa		0317
Beispiel D					
911 = 911	4 = 1974	1 = 911T 3 = 911S 4 = 911 Carrera	0 = Coupé 1 = Targa		0125
Beispiel E					
911 = 911 930 = Turbo	5 = 1975	1 = 911T 2 = 911 USA 3 = 911S 4 = Carrera USA 6 = Carrera 7 = Turbo	0 = Coupé 1 = Targa		0047
Beispiel F					
911 = 911 930 = Turbo	6 = 1976 7 = 1977	2 = 911S USA 2,7 l 3 = 911/911 S Japan 2,7 l 6 = Carrera 3,0 l 7 = Turbo/Turbo Japan 3,0 l 8 = Turbo USA 3,0 l	0 = Coupé 1 = Targa		0047
Beispiel G					
911 = 911 930 = Turbo	8 = 1978 9 = 1979	2 = 911 SC USA 3,0 l 3 = 911 SC RdW und Japan 7 = 930 Turbo RdW und Japan 3,3 l 8 = 930 Turbo USA 3,3 l	0 = Coupé 1 = Targa		0047
Beispiel H					
Typ	Modelljahr	Fertigungswerk	Typenzusatz	Motortyp	
91 = 911 93 = Turbo	A = 1980	0	3 = 911 SC 7 = 930	RdW 3,0 l 4 = 911 SC Turbo RdW	0001 USA 3,0 l

Es ist aus mehreren Gründen ratsam, alle Fahrzeugnummern eingehend zu überprüfen. Erstens möchte man ja sichergehen, dass das angebotene Exemplar auch das ist, was es zu sein vorgibt. Bereits dies ist nicht ganz einfach, denn beim 911 kamen insgesamt 6 verschiedene Fahrgestellnummernschemata zur Anwendung. Die Interpretation der Fahrgestellnummern ist eigentlich nur anhand der Datenhandbücher und der „Service Information"-Broschüren zuverlässig möglich, mittlerweile bieten aber auch verschiedene Websites von Porsche-Spezialisten Hintergrundinformationen oder eine Online-Entschlüsselungsfunktion an.

Die erste Fahrgestell-Nummernserie wurde vom Produktionsanlauf des 911 im September 1964 (Modelljahr 1965) bis zum Modelljahr 1967 verwendet. Die Nummern dieser frühen 911er wurden fortlaufend als sechsstellige Zahlenfolge vergeben und begannen bei den Porsche-Coupés des Modells 1965 mit 300001.

Als Karmann im Laufe des Jahres 1965 die Fertigung von 911er

Position der Nummern und Fahrzeugcodes

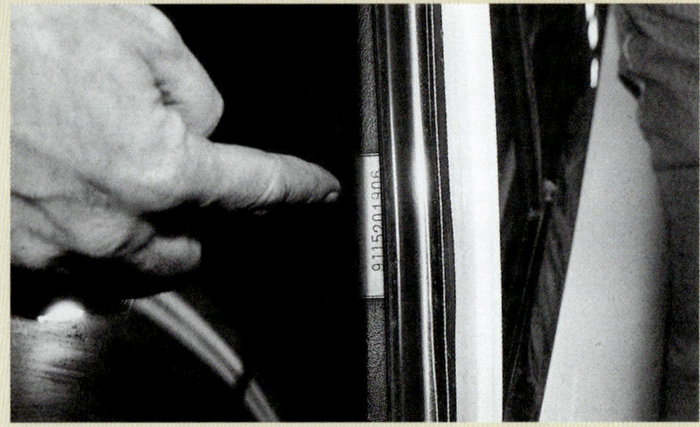

Ab 1969 war die Fahrgestellnummer (VIN) bei den US-Versionen des 911 an der Windschutzscheibensäule zu finden. Diese Nummer muss mit den Angaben in den Fahrzeug- und Zulassungspapieren übereinstimmen.

Typenetikett eines 911 an der Türsäule: Die Fahrgestellnummer muss mit der Nummer auf dem Typenschild übereinstimmen. Auf diesem Typenetikett sind auch Fertigungsort und -datum sowie die Ausführung des Wagens angegeben.

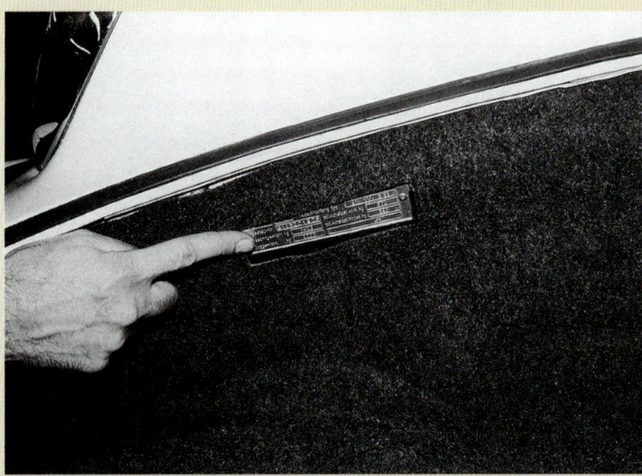

Nach der Umstellung der Stoßstangen im Jahr 1974 wanderte das Typenschild an die rechte Seitenwand unter der Fronthaube. Auf dem Typenschild sind Fahrgestellnummer, Typ, Gewicht usw. angegeben.

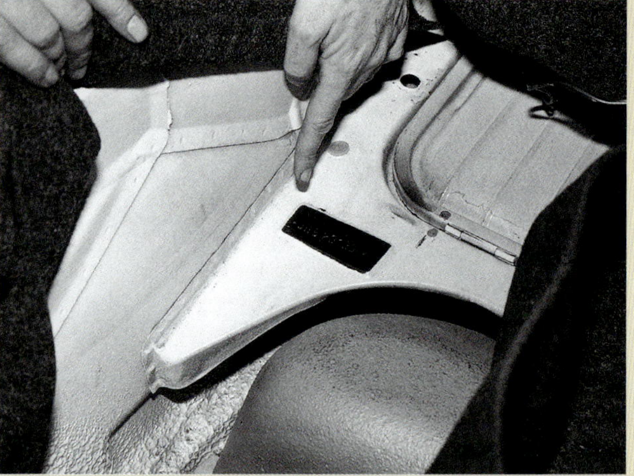

Eine unter dem Bodenteppich über dem Benzintank an der Karosserie eingeschlagene Fahrgestellnummer: Auch diese Nummer muss mit den Nummern auf Typenschild und Zulassungspapieren übereinstimmen.

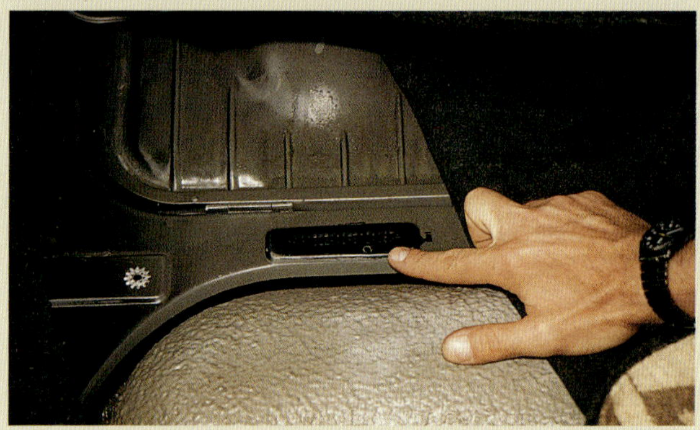

Eine unter dem Bodenteppich über dem Benzintank eingeschlagene Fahrzeug-Identifikationsnummer: Im Jahr 1981 wanderte dieses Schild in die Mitte über den Tank. Bei den US-Versionen stimmen nicht mehr alle Nummern miteinander überein.

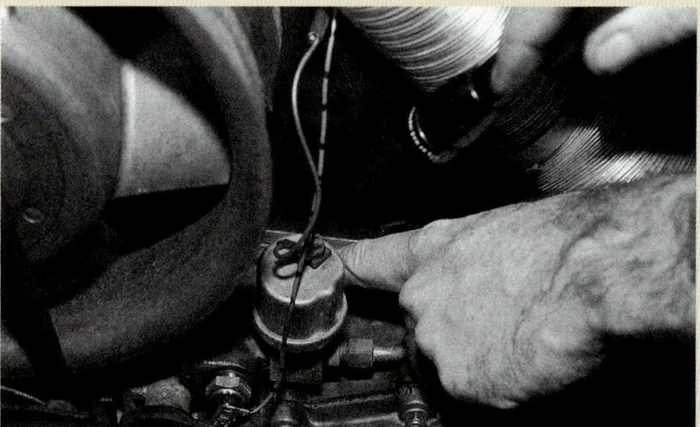

Die Typnummer eines 911er Motors versteckt sich auf der waagerechten Fläche hinter der Motornummer. Die Motornummer ist am Kurbelgehäuseteil eingeschlagen, der das Lüftergehäuse unmittelbar links vom Öldruckgeber aufnimmt.

Coupé-Karosserien aufnahm, ordnete das Werk ihnen zur Abgrenzung von den bei Porsche gefertigten Karosserien eine Fahrgestellnummer ab 450001 zu. Im Modelljahr 1967 kam die Targa-Karosserie neu hinzu und erhielt eine eigene Nummernreihe ab 500001. Nur die erste Zahl (3, 4 oder 5) in dieser Zahlenfolge diente also zur Unterscheidung, die restlichen fünf Zahlen wurden fortlaufend vergeben. Als der 911 S hinzukam, wurde zur Unterscheidung lediglich ein S an die Fahrgestellnummer angehängt.

1968 stellte Porsche auf achtstellige Fahrgestellnummern um (11860001). Die ersten vier Stellen standen für Codes mit spezieller Bedeutung, die restlichen vier bildeten die eigentliche Fahrgestellnummer. Die ersten beiden Zahlen (11) dieses Systems wiesen den Wagen als 911 aus (beim 912 begann die Nummer mit „12"), die dritte Zahl (8) stand für die letzte Ziffer des Modelljahres und die vierte Zahl gab sonstige Besonderheiten des betreffenden Exemplars an (siehe Tabelle auf S. 53, Beispiel H).

Die vier letzten Ziffern der Fahrgestellnummer wurden fortlaufend zugeteilt, wobei die erste dieser vier Ziffern zur Unterscheidung zwischen Karmann- und Porsche-Karosserien (Porsche: 0 bis 4, Karmann: 5 bis 9) diente.

Ab 1969 musste bei den USA-Modellen die Fahrgestellnummer auf der Fahrerseite auch von außen zu erkennen sein. 1969 verlängerte Porsche zudem die Nummer auf neun Stellen (119210317), wobei nun die ersten fünf Stellen eine codierte Sonderbedeutung hatten: Die ersten beiden Zahlen (11) gaben weiterhin an, dass es sich um einen 911 handelt, die dritte Zahl (9) stand für die letzte Ziffer des Modelljahres. Die vierte Ziffer (2) gab den offiziellen Motortyp an, die fünfte Ziffer (1) die Karosserieversion. Auch hier wurden die vier letzten Zahlen fortlaufend vergeben (siehe Beispiel B).

1970 kam im Zuge einer neuerlichen Detailänderung eine sechste Ziffer im Code-Teil der Fahrgestellnummer hinzu, d. h. die Nummer war nun zehnstellig. Vor der 11 stand in der Typennummer nun noch eine 9, d.h. die Nummer begann mit „911" und lautete z. B. 9119210001.

1972 folgten weitere geringfügige Änderungen: Die Nummerierung blieb gleich, doch wurden die Codes für Motortyp und Karosserieversion geändert. Einige Motortypen kamen neu hinzu, dafür blieben nur noch zwei Karosserievarianten übrig: 0 = Coupé und 1 = Targa (siehe Beispiel C).

Manche Motortypencodes sind etwas schwerer zu entschlüsseln, daher hier die Erläuterung:

1 = 911 T (Einspritzer, nur USA)

5 = 911 TV (TV = Vergasermotor)

6 = SC (Carrera RS 2,7 mit mechanischer Einspritzanlage)

1974 blieben nur noch drei Motortypen übrig, am Nummernsystem änderte sich ansonsten nichts: z. B. 9114410125 (siehe Beispiel D).

1975 kam der 911 Turbo hinzu, womit ein abermals geändertes Fahrgestellnummernschema erforderlich wurde. Die ersten drei Ziffern standen nach wie vor für den Fahrzeugtyp, die vierte für das Modelljahr und die fünfte für den Motortyp. Für den Turbo wurde ein zusätzlicher Motortypencode eingeführt. Karosserieversionsnummer und fortlaufende Zählnummer blieben unverändert, z. B. 9115610047 (siehe Beispiel E).

Im Modelljahr 1976 und 1977 änderten sich lediglich die offiziellen Motortypnummern (z.B. 9116300001) (siehe Beispiel F).

Auch in den Modelljahren 1978 und 1979 beschränkten sich die Änderungen auf die Motortypnummern (9118300001) (siehe Beispiel G).

1980 war eine drastischere Umstellung nötig, um eine Doppelbelegung der bereits zehn Jahre zuvor ausgegebenen Fahrgestellnummern zu vermeiden. Porsche verwendete weiterhin zehnstellige Nummern (91A0130001), allerdings mit geänderter Codierung: Die ersten beiden Stellen (91) bezeichneten das Modell: Typ 91 = 911 und 93 = 930. An dritter Stelle stand der Codebuchstabe A für das Modelljahr: A = 1980. Die vierte Ziffer (0) bezeichnete das Fertigungswerk, die fünfte Stelle (1) war eine zusätzliche Typennummer: 1 = 911 und 0 = 930. Die sechste Stelle (3) gab Motortyp bzw. Motorversion an und die restlichen vier Stellen blieben für die fortlaufende Zählnummer frei, z.B. 91A0130001 (siehe Beispiel H).

1981 wurde das System der Fahrzeug-Identifizierungsnummern (VIN bzw. FIN) tiefgreifend umgestellt. Die neue, international gültige Nummernfolge besteht aus siebzehn Zeichen (1 2 3 4 5 6 7 8 9 10 11 12 13 14 15 16 17). Die ersten drei Zeichen (1, 2, 3) geben den Welt-Herstellungscode an (für Porsche gilt dabei der Code WPO).

Die drei folgenden Zeichen 4, 5 und 6 stehen für den VDS-Code für USA und Kanada. Der VDS-Code besteht aus zwei Buchstaben und einer Zahl. Der erste Buchstabe (Zeichen 4) gibt an, zu welcher Serie der Wagen gehört: A steht für das 911 Coupé, E für Targa Cabriolet oder Speedster und J für das Turbo-Coupé. Der zweite Buchstabe (Zeichen 5) besagt, ob der Motor die Kanada- (A) oder USA-Ausführung (B) ist. Das dritte (numerische) Zeichen in dieser Zifferngruppe (Ziffer 6) gibt die Art des Rückhaltesystems an: 0 = aktives, 1 = passives Rückhaltesystem. Diese drei Zeichen werden bei den Modellen für den „Rest der Welt" durch „ZZZ" ersetzt und als Füllziffern bzw. Sondercode für die USA- und Kanada-Version behandelt. Hinweis: Bei der über dem Benzintank eingeschlagenen VIN-Nummer der US-Versionen werden an diesen Stellen der Zeichenfolge ebenfalls die Buchstaben „ZZZ" eingeschlagen.

Die nächsten Zeichen (7 und 8) stehen für die ersten beiden Ziffern des Porsche-Modellcodes: 91 = 911, 93 = 930 und 95 = 959. Das anschließende Zeichen 9 gilt als Prüfziffer. Zeichen 10 gibt das Modelljahr an: 1981 erhielt den Buchstaben B, 1989 den Buchstaben K. Das Zeichen 11 bezeichnet das Fertigungswerk: S = Stuttgart. Zeichen 12 ist die dritte Zahl des betreffenden Modellkürzels: 1 = 911, 0 = 930 und 9 = 959. Zeichen 13 ist der Karosserie- und Motorcode. Die restlichen vier Ziffern (14 15 16 17) verbleiben für die fortlaufende Fahrgestell-Zählnummer, z. B. 3173.

Diese Zeichen änderten sich jährlich bei den einzelnen Modellen, d. h. nur über die Datenbücher „Typen-Maße-Toleranzen" oder in der Porsche-Szene bekannte Insiderquellen lässt sich die Nummer eines bestimmten Fahrzeugs wirklich präzise entschlüsseln.

Die Datenbücher enthalten außerdem Einzelheiten zu den Motor- und Getriebecodenummern.

Aussagefähiger als die Motornummern sind aber oft eher die internen Typenbezeichnungen, die im Motorenkapitel nachzulesen sind.

Die Fahrgestellnummern vieler seltenerer 911-Versionen lassen sich mit den obigen Angaben allerdings nicht immer entschlüsseln; oft bleibt nur eine Anfrage im Werk.

Ein Beispiel für die Fahrgestellnummer eines seltenen Modells wäre 9114600110. Die ersten drei Ziffern weisen diesen Wagen als einen 911 aus, die Ziffer 4 als Modell 1974. Die nächste Ziffer, eine 6, lässt sich aber nach den vorliegenden Quellen keinem uns bekannten Motortyp zuordnen. Auch die Motornummer 6840030 hilft nicht viel weiter. Die erste Ziffer 6 gibt das Bauprinzip des Motors an, hier also einen Sechszylindermotor. Die zweite Ziffer 8 bezeichnet den offiziellen Motortyp. Die 8 fehlt jedoch in unserer Liste, kann also nicht entschlüsselt werden. Die dritte Ziffer, eine 4, steht ebenfalls für das Modelljahr – wie bei der Fahrgestellnummer also für das Jahr 1974.

Die interne Motorenbezeichnung (Typ 911/74) ist in den einschlägigen Unterlagen nicht verzeichnet, hilft also auch nicht weiter. Ohne ergänzende Informationen lässt sich also nicht mehr über dieses Modell feststellen. Die Nummer gehört übrigens zu einem der raren RS bzw. RSR 3,0 von 1974 – was sich aber nur durch Entschlüsselung der Motornummer herausfinden lässt.

Eine genaue Überprüfung der Fahrgestellnummer bzw. VIN ist auch deshalb angeraten, weil öfters Schrott- oder Unfallwagen wieder aufgebaut werden. Derartige Generalsanierungen müssen nicht unbedingt schlecht sein, wenn sauber gearbeitet wurde. Nur würde dann niemand überhaupt etwas von diesen Arbeiten merken (abgesehen davon, dass dies auch bei der Hauptuntersuchung oder H-Kennzeichen-Prüfung Ärger bereiten kann). Wenn noch erkennbar ist, dass der Wagen aus zwei verschiedenen „Spendern“ zusammengeschweißt wurde, ist die Arbeit eben doch nicht sauber genug ausgeführt worden. Dieser Verdacht liegt auch nahe, wenn wir auf „falsche“ oder nachträglich geänderte Fahrgestellnummern stoßen.

Tricksereien an der Fahrgestellnummer könnten bedeuten, dass Ihr „Traumwagen“ irgendwann einmal gestohlen worden ist. Wer also auf ein Exemplar mit unplausiblen Nummern oder anderen verdächtigen „Frisuren“ stößt, den Wagen aber trotzdem noch für interessant genug hält, der sollte auf jeden Fall beim KBA in Flensburg anfragen, ob gegen den Wagen etwas vorliegt. Ist der Wagen nicht als gestohlen gemeldet und sind die Papiere in Ordnung, lassen wir ihn – bei ernsthaftem Kaufinteresse – von einer Karosseriewerkstatt genauestens inspizieren.

Anmerkungen zum technischen Zustand eines gebrauchten 911

Wer die Möglichkeit hat, einen Porsche-Mechaniker oder erfahrenen Porsche-Hobbyschrauber zur Besichtigung eines „Kaufkandidaten“ mitzunehmen, sollte diese Möglichkeit unbedingt nutzen: Jeder kennt aus seinem Umfeld sicher Fälle vermeintlicher „Schnäppchenkäufe“, bei denen hinterher Probleme zutage traten, die ein Markenexperte, der mit dem Modell und seinen Problemstellen vertraut ist, bei einer gründlichen Durchsicht vor dem Kauf ohne Weiteres erkannt hätte. Die folgenden Abschnitte in diesem Buch bieten ebenfalls einen Überblick über die wesentlichen Schwachstellen der luftgekühlten 911er Generationen.

Der Ur-911 der Baujahre 1964 bis 1973 fällt kaum je durch größere Probleme auf und ist alles in allem sehr zuverlässig. Von 1964 bis 1967 und Anfang 1968 bestanden alle Motorgehäuse aus Alu-Sandguss, waren recht robust und hatten nur relativ selten unter Öllecks zu leiden. Einzige Ausnahme waren die Ventildeckel und deren Dichtungen, vor allem die unteren auf der Auslassseite. Die frühen Ventildeckelausführungen wurden von nur sechs Stiftschrauben gehalten und verzogen sich beim Festziehen der Stiftschrauben gerne. Der seinerzeit übliche Kork als Dichtungswerkstoff bewährte sich an dieser Stelle nur bedingt.

1968 stellte Porsche auf eine geänderte Befestigung der Auslassventildeckel mit 11 Stiftschrauben um, die entsprechend enger beieinandersaßen, so dass sich die Deckel weniger verziehen konnten (gleichmäßiges Anziehen vorausgesetzt). Außerdem änderte das Werk Konstruktion und Werkstoff der Ventildeckel mehrmals, bis 1980 die deutlich verstärkten Deckel im Turbo-Look Einzug hielten, mit denen Ölundichtigkeiten an dieser Stelle beinahe vollständig der Vergangenheit angehörten.

Als 1964 der Motor des 901 debütierte, war er noch mit hohlgebohrten Nockenwellen bestückt. Das Drucköl strömte über eine spezielle Axialdichtung am Kettengehäusedeckel durch die Bohrungen in den Nockenwellen. Die Ölkanäle zweigten vom Hauptkanal zu den einzelnen Nockenwellenlagerstellen und den Nocken ab, damit die Laufflächen der Nockenwelle jederzeit ausreichend geschmiert wurden. Im November 1965 (zum Modelljahr 1966) erfolgte die Umstellung auf ein integriertes Spritzölrohr zur Schmierung des gesamten Nocken- und Ventiltriebs.

Ein echtes Manko der frühen 911er sind allerdings die etwas schwächlich konstruierten Kettenspanner und deren Gleitschienen. Zweck der Kettenspanner und Gleitschienen ist, die Duplexketten für den Antrieb der obenliegenden Nockenwellen ständig gestrafft zu halten und bei Lastwechsel auftretende Schwingungen zu dämpfen bzw. zu minieren. Wenn allerdings Ölundichtigkeiten auftraten, konnte der Spanner seine Aufgabe nicht mehr erfüllen. Porsche tüftelte jahrelang, aber erst mit den Drucköl-Kettenspannern des Carrera 3,2 Liter von 1984 gelang es, Abhilfe zu schaffen.

Die originalen Gleitschienen von 1965-1967 bestanden aus Kunststoff mit Aluminiumunterlage. 1968 trat eine einteilige Ausführung aus schwarzem Gummi an ihre Stelle. Diese neue Ausführung funktionierte tadellos, solange sie elastisch blieb, das Material versprödete im Betrieb allerdings ziemlich rasch. Wenn dann eine Gleitschiene brach, wanderten die Fragmente entlang der Kette Richtung Kettenrad und verursachten so mitunter ein Blockieren, in dessen Folge die Kette auf der Nockenwelle übersprang und sich die Steuerzeiten verstellten. 1976 wurden beim Turbo neue einteilige Gleitschienen aus Hartkunststoff eingeführt. Diese ersten Hartkunststoffschienen (braune Färbung, Teile-Nr. 911.105.222.05) arbeiteten allerdings recht geräuschvoll und wurden durch fünf größere, einteilige Schienen in schwarzer Färbung (Teile-Nr. 911.105.222.06) abgelöst, die mit lediglich einer einzigen der braunen Schienen Nr. 911.105.222.05 zu einem Satz kombiniert wurden.

Auch die ab Werk montierten Kettenspanner durchlebten diverse Verbesserungen (Vorsicht vor schlechten Nachbauteilen). Die originalen Porsche-Kettenspanner waren offen aufgebaut und auf eine ausreichende Spritzölschmierung durch die umlaufenden Ketten angewiesen. Im Fahrbetrieb war die Ölfüllung allerdings oft zu gering, was zum Ausfall der Kettenspanner führte.

1968 kam stattdessen eine geschlossene Ausführung zum Einbau, die bis 1983 beibehalten wurde. Die erste Ausführung hatte seit ihrer Einführung diverse Detailänderungen in Aufbau und Werkstoffen durchlaufen, zuletzt im Modelljahr 1980.

Mitverantwortlich für viele defekte Kettenspanner war auch, dass Porsche ab 1967 auf die Buchsenlagerung der Kettenräder, Kettenrad-Umlenkhebel und Kipphebel verzichtete – vor allem zur Senkung der Fertigungskosten. Viele der ohne Buchsen laufenden Kipphebel neigten zum Fressen auf den Kipphebelwellen. Die Folgen der nicht in separaten Lagerbuchsen laufenden Umlenkhebel waren weniger augenfällig: Erst 1979 kamen die Porsche-Ingenieure dahinter, dass diese fehlende Buchse für viele der Kettenspannerdefekte verantwortlich war.

Die Kettenspanner, die Porsche 1980 für alle Motorvarianten des 911 und 930 einführte, arbeiteten nach wie vor hydraulisch und auch ihr Innenleben hatte sich nicht geändert. Ihr Gehäuse war jetzt an der Halterung am Kettengehäuse dünner. So blieb jetzt Platz für neue, breitere Umlenkhebel mit zwei Bronzebuchsen. Diese Änderungen sollten die Schwergängigkeit und Fressneigung beseitigen und vorzeitigen Kettenspannerschäden vorbeugen.

Nach der Umstellung auf Drucköl-Kettenspanner im Jahr 1984 im Carrera 3,2 folgte als nächster Entwicklungsschritt die aus dem 959 stammende Konstruktion mit einer langen festen Gleitschiene und einer gewölbten, unter Spanndruck stehenden Gleitschiene mit einem ähnlichen Spanner wie im Carrera 3,2. Diese Ausführung wurde auch für die Motoren des 964 und 993 und bis zur Produktionseinstellung der luftgekühlten Modelle beibehalten.

1974-1977

Bei sämtlichen 2,7-Liter-Motoren ist aufgrund der Magnesium-Kurbelgehäuse mit Standfestigkeitsproblemen zu rechnen. Die 911 2,7 Liter von 1974 und 1977 genießen einen etwas besseren Ruf als die mittleren Baujahre. Das Modell 1974 besaß noch nicht die Thermoreaktoren der Modelle 1975, 1976 und 1977 (der US-Versionen). Die Thermoreaktoren verschärften die konstruktionsbedingten Schwächen der 2,7-Liter-Motoren noch weiter – genau wie die fünfflügeligen Gebläse der Modelle 1976/77. Die Motoren von 1977 hielten sich dagegen wieder etwas besser, nachdem die Ventilführungen von Kupfer auf Siliziumbronze umgestellt worden waren. 1977 setzte Porsche erstmals Zylinderkopfbolzen aus Dilavar ein, die zunächst scheinbar Abhilfe für das Problem ausgerissener Bolzengewinde im Kurbelgehäuse brachten.

Vor dem Ausmaß der Probleme, die ein 911 mit krankem 2,7-Liter-Motor bereiten könnte, sei an dieser Stelle noch mal deutlich gewarnt: Eine fachmännische Komplettüberholung schlägt ohne Weiteres mit einem fünfstelligen Euro-Betrag zu Buche.

Manche frühen 911 litten unter Ölverlust am Kurbelgehäuse und an den Dichtflächen zwischen Nockenwellenträgern und Zylinderköpfen. Bei den 2,7-Liter-Versionen weitete sich dies zu einem ernsten Ärgernis aus. Im Rahmen einer Rückrufaktion wurden an vielen dieser 2,7er zusätzliche Abdichtarbeiten durchgeführt.

Mittlerweile kommen die Magnesium-Kurbelgehäuse in die Jahre und entwickeln oft Risse, so dass eine Instandsetzung unmöglich ist. Bei diesem Gehäuse läuft ein Riss direkt durch die Hauptölgalerie. Foto: Tim VanWyngarden

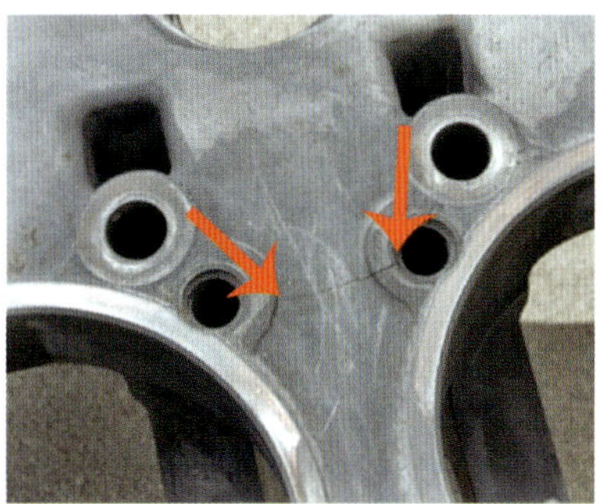

An dem Kurbelgehäuse mit dem Riss an der Ölgalerie war obendrein ein deutlicher Riss zwischen zwei Einschraubstellen der Zylinderkopfschrauben festzustellen. Foto: Tim VanWyngarden

In einem Kundendienstrundschreiben vom 20. September 1977 wurde ein spezieller Dichtungssatz (Teile-Nr. 930 100 909 00) beschrieben, der die neu eingeführten Grafitdichtungen für Kettengehäusedeckel und Kettengehäuse, Nockenwellenanlaufscheiben, Zwischenwellenplatte und O-Ringe für die Nockenwellenanlaufscheiben und die Ölrücklaufrohre enthielt. Außerdem wurde der Ersatz verschlissener Kettengleitschienen durch die neuen Gleitschienen aus Kunststoff empfohlen.

Auch die „S"-förmigen Zuleitungsschläuche am Motor bereiteten Probleme aufgrund von Versprödung und Alterung. Bei den originalen 911 gelangte das Motoröl über einen Stahlgeflechtschlauch mit Gewindeverschraubungen, der vom Öltank zur Ölkühlerunterseite verlief, zur Druckstufe der Ölpumpe im Motor. Beim 911 von 1972 kam erstmals ein „S"-förmiger Gummiansaugschlauch in Verbindung mit dem vor dem Hinterrad montierten Ölkühler zum Einsatz. Ersatz für diesen sehr ausgefallenen Formschlauch ist – sofern er noch zu bekommen ist – sehr teuer. Dieser „S"-Schlauch kam erstmals 1973 zum Einbau und hielt sich bis 1989. Wann immer möglich, sollte der Schlauchzustand auf Risse usw. überprüft werden. Bereits bei geringen Rissspuren ist Ersatz fällig. Es kam sogar vor, dass schadhafte Schläuche abrissen und der Wagen auf dem dann schwallweise austretenden Motoröl ins Schleudern geriet.

Ein weiterer Quell lästiger Ölverluste sind die O-Ringe an den Ölrücklaufrohren. Wenn die O-Ringe altern und austrocknen, ist Ölaustritt an den Ölrücklaufrohren die Folge. Im Laufe der Bauzeit kamen hochwertigere Viton-Ringe zum Einbau, worauf auch die Öllecks an dieser Stelle seltener wurden.

Auch am auf der Motorrückseite angeordneten Öldruckschalter kann es zu Ölverlusten kommen. Die Dichtung zwischen Ober- und Unterteil lockert sich gelegentlich durch Alterung und wird undicht. Aufgrund seiner Einbaulage auf der Schwungradseite des Motors gerät die Erneuerung dieses Schalters schnell zu einer sportlichen Herausforderung.

Weiterer Schwachpunkt: Wie der Öldruckschalter sitzt auch der Motorölthermostat leider an der Motorrückseite, d. h. diese Leckstelle lässt sich oft nur mit Mühe exakt lokalisieren. Übeltäter ist fast immer die Dichtung zwischen Thermostat und Kurbelgehäuse – die moderneren Viton-Dichtungen halten da wesentlich länger.

Ölverluste am Motor-Ölkühler sowie an den Dichtungen zwischen dem Kühler und seiner Dichtfläche am Kurbelgehäuse sind ebenfalls nicht unbekannt. Ist ein Ölleck am Ölkühler zu vermuten, sollte er ausgebaut und einer Druckprüfung unterzogen werden. Ein Ersatzkühler kann schnell ins Geld gehen; müssen nur die Dichtungen ersetzt werden, halten sich die Reparaturkosten in Grenzen.

Auch die Ölzuleitungsschläuche zu den Nockenwellen altern und werden undicht – in diesem Fall ist ebenfalls zügig Ersatz erforderlich.

Der zwiespältige Ruf der Motoren von 1974 bis 1977 hat seinen Ursprung im Jahr 1968, als Porsche die Fertigungsverfahren für das Kurbelgehäuse des 911 umstellte. Bis 1968 bestand das Kurbelgehäuse aus Alu-Sandguss, 1968 erfolgte die Umstellung auf Gehäuse aus Magnesium-Hochdruckguss. Zunächst versprach diese Änderung etliche Vorteile: Das Druckguss-Kurbelgehäuse ließ sich präziser gießen und erforderte weniger spanende Fertigbearbeitungsschritte, zudem lässt sich Magnesium besser bearbeiten, wodurch sich die Produktionszeiten verringern. Obendrein wog das einbaufertige Kurbelgehäuse rund 10 kg weniger als die ältere Aluminimumversion. Als Porsche 1968 die Firma Mahle mit der Produktion betraute, waren diese Teile die größten je produzierten Magnesium-Druckgussteile.

Die Typnummern der Motoren von 1968 waren bei den Alu-Sandguss- und Magnesium-Druckgussgehäusen identisch. Bei den US-Versionen lauteten die Typbezeichnungen bei der Schaltgetriebeversion 901/14, bei der Sportomatic 901/17. Die Gehäusenummern der letzten Sandgussgehäuse lauten: 901/14: 3280631, 901/17: 3380148. Die Sandgussgehäuse sind außerdem an ihrer Verrippung auf der Unterseite zu erkennen, die bei den Magnesiumgehäusen fehlt. Das Magnesium-Druckgussgehäuse wirkt optisch sehr glatt und zeigt eine mattgraue Färbung. Dieses Grau rührt von einer von Dow Corning entwickelten Produktionstechnik her, mit der Porsche den Korrosionsprozess zu verlangsamen versuchte.

Soweit wäre alles gutgegangen, wenn Porsche den 911er Motor bei 2 Litern Hubraum belassen und weiterhin Biral-Zylinder montiert hätte, deren Wärmedehnungskoeffizient ungefähr dem der Zylinderkopfbolzen entsprach. Nach der anschließenden Hubraumvergrößerung traten freilich schon bald mannigfaltige Schwächen der Magnesium-Kurbelgehäuse zutage. Das Kurbelgehäuse wurde mehrfach umkonstruiert, um die Mehrbelastung durch die Hubraumvergrößerungen zu kompensieren, und wich 1975 beim Turbomotor, 1976 beim europäischen Carrera und 1978 beim 911 SC schließlich einem wesentlich standfesteren Kurbelgehäuse aus Hochdruck-Aluguss.

Magnesium ist alles andere als ideal für die Aufnahme von Befestigungsgewinden, und nach gängiger Praxis werden an diesen Stellen separat eingezogene Stahlgewindebuchsen montiert, was man auch bei Porsche hätte bedenken müssen.

Als Porsche ab 1977 in den Serienmotoren zur Montage der eigentlich im Rennsport bewährten Dilavar-Zylinderkopfbolzen überging, bedeutete dies nach allgemeiner Ansicht die Lösung für die Probleme mit den Magnesium-Kurbelgehäusen. Die Probleme mit den Zylinderkopfbolzen waren damit keineswegs behoben. Im Laufe der Zeit rissen immer wieder Zylinderkopfbolzen aus, und auch gebrochene Dilavar-Bolzen waren keine Seltenheit.

Bei den vor 1980 produzierten Motoren kamen silbrig-glänzende Dilavar-Bolzen zum Einbau, an denen die Bearbeitungsspuren am Schaft noch zu erkennen waren. An einem erheblichen Teil der Motoren mit dieser Bolzenausführung sind bereits ein oder mehrere Bolzen gebrochen und mussten ersetzt werden. Auf die ursprüngliche, silbrig-glänzende Ausführung folgten zwei weitere Dilavar-Versionen. Die ab 1980 produzierten Bolzen sind an einer goldfarbenen, strukturierten Oberfläche zu erkennen, die nach 1984 produzierte Ausführung an einer schwarzen Epoxydharzbeschichtung am Mittelteil des Schaftes. Brüche können allerdings bei allen Ausführungen vorkommen, vor allem als Folge von Korrosionsbefall – besonders betroffen davon die früheren Versionen ohne Epoxydharzschicht. Doch selbst die späteren Motoren mit epoxydharzbeschichteten Bolzen sind nicht immun gegen Defekte, wenn die Epoxydharzschicht bei Reparaturarbeiten beschädigt wurde. Es kam sogar vor, dass nagelneue Dilavar-Kopfbolzen beim Zusammenbau des Motors brachen.

In Porsche-Schrauberkreisen häuften sich zeitweise die Berichte über derartige spontane Materialschäden. Anfangs fiel der Verdacht auf eine Charge fehlerhafter Zylinderkopfbolzen, die Probleme dauerten jedoch jahrelang an, bis Porsche schließlich von den Dilavar-Bolzen abrückte. Am Herstellungsprozess soll nichts geändert worden sein und es war absolut keine Erklärung für diese spontanen Defekte zu finden. Bei einem Werksbesuch im Jahr 1997 konnte sich der Verfasser davon überzeugen, dass weder bei den 993er Saugmotoren noch bei den Turbomotoren Dilavar-Zylinderkopfbolzen verbaut wurden. Die Bolzen in den Turbo-Motoren ähnelten optisch sehr den originalen Stahlbolzen von 1964, bei den Saugmotoren kamen dagegen geänderte Bolzen mit komplett durchgehendem Gewinde zum Einsatz.

Selbst der Verfasser empfahl lange Zeit die Nachrüstung von Dilavar-Zylinderkopfbolzen. Bei den anderen Motorbaumustern erreichte der Anteil defekter Bolzen nie die Ausmaße wie bei den 2,7-Liter-Motoren. Da aber mittlerweile doch unvertretbar häufig Dilavar-Bolzen als Defektursache festgestellt wurden, ist es dringend anzuraten, verstärkte Zylinderkopfbolzen, wie sie u. a. von RaceWare oder ARP vertrieben werden, oder die originalen Porsche-Stahlbolzen zu montieren und vor allem das Gehäuse durch Time-Sert-Gewindeeinsätze oder andere geeignete Gewindebuchsen zu verstärken.

Der 911 SC (1978 bis 1983)

Der 911 SC besaß eine kontaktlose elektronische Zündanlage mit Zündimpulsgeber, der über den Kondensatorstromkreis den Zündfunken erzeugt. Da die Wartung der Unterbrecherkontakte entfiel,

Ein geplatztes Luftführungsgehäuse der K-Jetronic. Fehlzündungen im Ansaugtrakt führen an einem 911 mit K-Jetronic fast unweigerlich zum Bersten des Luftführungsgehäuses. Leider können derlei Fehlzündungen durch vielerlei Ursachen ausgelöst werden: falsche Gemischzusammensetzung, ungünstiges Kaltstartgemisch oder verstellter Warmlaufregler.

1981 änderte Porsche den Kaltstartkreislauf und montierte einen neuen Kaltstartverteiler, mit dem die Fehlzündungen und geplatzten Luftverteilergehäuse größtenteils der Vergangenheit angehörten.

kümmerten sich viele Besitzer bzw. Mechaniker überhaupt nicht mehr um den Verteiler, denn der Wagen lief ja auch ohne Wartung einwandfrei.

Dabei vergaßen sie allerdings häufig auch, den Filz unter dem Verteilerläufer gelegentlich zu ölen. Irgendwann lief der Verteiler dann trocken und der Zündversteller machte durch Quietschgeräusche auf sich aufmerksam und funktionierte nicht mehr richtig. Bei jeder periodischen Wartung sollte also der Verteilerdeckel abgenommen, der Verteilerläufer abgezogen und der darunterliegende Filzeinsatz mit einem Tropfen Öl geschmiert werden. Dies gilt übrigens auch für den Carrera 3,2 Liter, denn auch hier verschiebt der Zündversteller den Zündzeitpunkt, damit der Zündfunke stets im optimalen Augenblick an den Kerzen überspringt.

Mit der Einführung der K-Jetronic im Jahr 1973 zeigte sich eine gar nicht so seltene Unart, die während der gesamten Bauzeit des 911 SC immer wieder auftrat: Durch Fehlzündungen im Ansaugtrakt konnte das Luftführungsgehäuse (Airbox) der K-Jetronic aufgrund von Überdruck platzen.

Die K-Jetronic war beim 911 T im Januar 1973 eingeführt worden und tat bei allen 911 von 1974 bis zum Debüt des 911 Carrera im Jahr 1984 Dienst. Die Bosch K-Jetronic war eine relativ einfach aufgebaute mechanische Einspritzanlage für Ottomotoren. Die in den Motor strömende Ansaugluft wird durch die Drosselklappe dosiert. Die Luftmenge wird dabei durch den Luftmengenmesser gemessen, der seinerseits die Stellung eines Kraftstoff-Steuerkolbens im Mengenteiler bestimmt. Vom Mengenteiler strömt der Kraftstoff über die einzelnen Kraftstoffleitungen zu den Einspritzventilen und wird in den Motor eingespritzt. Natürlich ist die Anlage nicht ganz so einfach aufgebaut: Diverse Ausgleichsvorrichtungen ergeben eine komplexere Gesamtanlage, dafür arbeitet die Anlage dank dieser Vorrichtungen bei den unterschiedlichen Betriebsbedingungen wesentlich präziser.

Die K-Jetronic war bei ihrem Debüt im Jahr 1973 eine recht durchdachte Konstruktion, die für ordentliche Leistung bei mäßigem Verbrauch sorgte. Zudem ließen sich mit ihr die Abgasgrenzwerte, die seinerzeit in den USA jedes Jahr weiter verschärft wurden, zuverlässiger einhalten. Ein wesentlicher Nachteil war, dass die Luftführungsgehäuse (Airbox) bei fehlerhafter Ansauggemischaufbereitung zum Platzen neigten. Verantwortlich hierfür war nicht zuletzt das nicht ausgereifte Kaltstartsystem von Porsche. Der zusätzliche Kraftstoff, den der Motor beim Kaltstart benötigte, tropfte einfach in das Unterteil des Luftführungsgehäuses. Dies führte allerdings mitunter zu einer zwischen den Zylindern sehr uneinheitlichen Gemischverteilung. Bei übermäßiger Gemischabmagerung verbrennt das Gemisch langsamer, d. h. der Verbrennungsvorgang ist möglicherweise beim nächsten Takt, wenn das Einlassventil bereits wieder öffnet, noch nicht abgeschlossen. Wenn dann das frische, unverbrannte Kraftstoff-Luft-Gemisch einströmt und in den noch laufenden Verbrennungsvorgang gerät, kommt es zu Fehlzündungen und einem Flammrückschlag in den Ansaugtrakt mit den beschriebenen Folgen.

Ab dem Modelljahr 1981 montierte das Werk einen Kaltstartverteiler für die einzelnen Zylinder im unteren Teil des Luftführungsgehäuses. Der Anreicherungskraftstoff für den Kaltstart wurde in das Zentralrohr dieses Verteilers eingespritzt und mit Luft aus dem Zusatzluftventil bzw. Zusatzluftregler gemischt und dann direkt den einzelnen Zylindern zugeführt.

Mit dieser Änderung waren die geplatzten Luftführungsgehäuse weitestgehend Geschichte. Leider flogen auch später noch gelegentlich Luftführungsgehäuse auseinander – meist aufgrund von Störungen an der Einspritzanlage. Hauptursache auf der Einspritzseite war ein schadhafter Warmlaufregler, der nach dem Anlassen des Motors die Gemischzusammensetzung durcheinanderbrachte. In die-

Um sich heutzutage vor einer teuren Reparatur zu schützen, kann man sich aus dem Zubehörhandel (z. B. www.pelicanparts.com) spezielle Klappenventile zum Nachrüsten besorgen. Der federbelastete Deckel öffnet sich, wenn im Inneren des Luftführungsgehäuses ein Überdruck entsteht. Der nachträgliche Einbau eines solchen Ventils ist relativ einfach zu bewerkstelligen.

sem Fall schlägt der Motor nach dem Anspringen, nicht beim Anspringen in den Ansaugtrakt zurück.

Wenn der Motor nach dem Anspringen zunächst einige Sekunden lang sehr holprig läuft und erst danach allmählich wieder rundläuft, ist dies sehr wahrscheinlich auf eine Störung am Warmlaufregler zurückzuführen. Wer dieses Kaltlaufproblem dann nicht behebt, geht das hohe Risiko ein, bald das Luftführungsgehäuse erneuern zu müssen.

Vor der Umstellung auf den neuen Kaltstartverteiler versuchte Porsche verschiedene andere Lösungsansätze. Anfangs wurden Interferenzen der Zündanlage als Ursache für die Fehlzündungen vermutet: Die Umstellung auf geschirmte Kabel brachte allerdings keine durchgreifende Besserung. Als hochwertige Zündkabel haben sich z. B. 7-mm-Aramidfaserkabel bewährt.

Etliche Besitzer eines 911 haben inzwischen selbst eine Flammrückschlagsicherung zum Schutz des Luftführungsgehäuses montiert. Dieses Zubehörteil gibt es in verschiedenen Ausführungen und es sorgt dafür, dass Überdruck, Verpuffungen oder Flammenrückschläge im Ansaugtrakt direkt ins Freie entweichen können.

Diverse weitere Schwachstellen der K-Jetronic dürfen nicht unerwähnt bleiben: Aufgrund des Prinzips der Luftmengenmessung eignet sich die K-Jetronic nur für Motoren mit relativ zahmen Nockenwellen und entsprechend begrenzt ist auch das nutzbare Leistungspotenzial dieser Motorbaureihen.

Gravierender ist die Anfälligkeit der K-Jetronic gegenüber Verunreinigungen im Kraftstoff, da der Kraftstoff unzählige Präzisionsbauteile der Einspritzanlage passieren muss. Feuchtigkeit und Verunreinigungen im Kraftstoff verursachen Kraftstoffmangel und unrunden Lauf. K-Jetronic-Modelle müssen daher stets mit möglichst sauberem und wasserfreiem Kraftstoff betrieben werden. Vorsicht ist bei den heutigen Kraftstoffen mit höherem Ethanolgehalt und als Oktanbooster verwendeten Alkoholzusätzen geboten.

Mit dem Alkohol gelangt auch Wasser in den Kraftstoffkreislauf und kann dort Rückstandsbildung und Korrosion verursachen.

Die folgende Seite enthält eine aus langjähriger Praxis entstandene Checkliste aller wichtigen Punkte, die bei der Besichtigung eines 911 SC vor dem Kauf eingehend untersucht werden sollten. Weitere Listen zu anderen Modellreihen des 911 finden sich im weiteren Verlauf dieses Kapitels. Die hier aufgeführten Punkte umfassen häufig auftretende Probleme, unter denen diese Fahrzeuge im Laufe der Jahre typischerweise leiden. Clevere Kaufinteressenten prüfen diese Details vorab und kalkulieren sie bei den Preisverhandlungen mit ein.

Sowohl der 911 SC als auch der Carrera 3,2 Liter sind faszinierende Fahrzeuge und bürgen in der Regel für jede Menge Fahrspaß. Kritisch ist allerdings das Alter, das diese Fahrzeuge mittlerweile erreicht haben. Leistungsmäßig hat der Carrera 3,2 nach den offiziellen Werksangaben die Nase etwas vorne. Nach Angaben von Porsche kam die US-Version des 911 SC in 7,0 Sekunden von 0 auf 100 km/h und legte den Kilometer bei stehendem Start in 27,5 s zurück. Die US-Version des Carrera 3,2 Liter kam in 6,7 s von 0 auf 100 km/h und schaffte den Kilometer aus dem Stand in 27,0 s. Die Europaversionen beider Modelle waren demgegenüber schneller: Der 911 SC benötigte 6,8 s von 0 auf 100 und 26,8 für den stehenden Kilometer, die Europaversion des Carrera spurtete sogar in 6,1 s von 0 auf 100 und schaffte den stehenden Kilometer in 26,1 s.

Der größte Unterschied zwischen diesen beiden Generationen – abgesehen von den 200 ccm zusätzlichem Hubraum – dürfte in den unterschiedlichen Zünd- und Kraftstoffanlagen liegen. Der 911 SC besaß als Letzter eine Bosch K-Jetronic.

Der Carrera 3,2 wartete demgegenüber als eines der ersten Serienmodelle mit der Bosch-Motronic auf (auch als DME – Digitale Motor Elektronik – bezeichnet). Die Motronic vereinigt Zünd- und Kraftstoffanlage – und bei den US- und Japanversionen die Lambdasonden – in einer gemeinsamen Motorsteuerung. Im Motronic-Steuergerät sind vollständige Kennfelder für Zündung und elektronische Einspritzanlage gespeichert. Über Motorsensoren erhält der Mikrocomputer im Steuergerät fortlaufend die benötigten Daten für die richtige Kraftstoffdosierung und optimale Zündzeitpunkteinstellung bei allen Betriebsbedingungen des Motors. Mit der DME ließ sich der 911 hinsichtlich Leistung, Verbrauch und Abgaswerten weiter optimieren – ohne Abstriche an der Laufkultur.

Die 3,2-Liter-Version ist unter dem Strich also die etwas bessere Wahl. Im Zweifel empfiehlt sich jedoch, sich das beste Exemplar innerhalb des selbst gesetzten Preisrahmens zu sichern, statt unbedingt ein ganz bestimmtes Modell innerhalb dieses Preisrahmens erstehen zu wollen. Ein wirklich gut erhaltener 911 SC von 1980-1983 ist einem nicht mehr ganz taufrischen 1984er Carrera also auf jeden Fall vorzuziehen.

Der 911 Carrera 3,2 Liter (1984 bis1989)

Problem Nr. 1 bei den 3,2-Liter-Motoren des Carrera sind verschlissene Ventilführungen.

Ein typisches Anzeichen für ausgeschlagene Ventilführungen ist ein sehr deutlich erhöhter Ölverbrauch: Laut Werksangaben ist

CHECKLISTE
Zu prüfende Schwachpunkte beim 911 SC

erstellt von Tony Callas

MOTOR

- Rost an Verteiler-Unterdruckversteller
- Zündkerzenstecker schadhaft
- Kettenspanner defekt / Carrera-Nachrüstung unbedingt empfehlenswert
- Ölverlust an Ölrücklaufrohren
- S-Schlauch in Ölansaugsystem rissig
- Öldruckschalter und/oder Motorthermostat (O-Ring) undicht
- Motorölkühler undicht
- Carrera-Bugölkühler – neuere Ausführung
- Ölgaleriekanäle verharzt
- Nockenwellen-Ölzulaufschläuche undicht
- Halter für Luftfiltergehäuse gerissen
- Luftführungs-/Ansauggehäuse geplatzt
- Nockenwellenlagerböcke undicht
- Motorlager ermüdet
- Richtige Beilagscheiben für Motorlager montiert?
- Entlüfter-/Heizungsschläuche rissig
- Alle Drosselklappen-Gestängebuchsen

GETRIEBE/KUPPLUNG

- Dichtring an Schwungrad undicht
- Dichtring an Getriebeschaltwelle undicht
- Kupplungsscheibe für Kupplung mit Gumminabe defekt
- Alter des Kupplungsseils?
- Kupplung falsch eingestellt

LENKUNG/BREMSEN/FAHRWERK

- Tieferlegung des Fahrwerks auf Europaversion empfehlenswert
- Vorderachs-Querlenker verzogen
- Vorderrad-Bremssättel schleifen
- Bremsschläuche innerlich gealtert
- Hauptbremszylinder undicht
- Quietschgeräusche an Vorderachs-Drehstäben
- Buchsen der Hinterachs-Drehstäbe ausgeschlagen
- Rahmenaufnahme Hinterachs-Drehstäbe gerissen/geschweißt
- Oberes Lenksäulenlager defekt/Ersatzbuchse OK
- Lenkrad gebrochen
- Vorderachsfederbeine und Achsschenkel ausgeschlagen
- Turbo-Lenkspurstangen empfehlenswert
- Feststellbremse falsch eingestellt
- Bremslichtschalter defekt

ELEKTRISCHE ANLAGE

- Alarmanlagen-Steuergerät schadhaft
- Abblend-/Blinkerschalter schadhaft
- Generatorladestrom zu hoch
- Impulsgeber für Tachometer schadhaft
- Zahnräder für Tacho-Kilometerzähler bzw. Tageskilometerzähler schadhaft
- Logikeinheit für Drehzahlbegrenzer schadhaft
- Fensterheberschalter defekt
- Anlasser setzt in warmem Zustand aus

KAROSSERIE

- Wassereintritt an Windschutzscheibendichtung
- Befestigung für Fahrertürfangband an A-Säule
- Hinterachs-Stabilisatoraufnahmen gebrochen
- Dämpfer für Fronthaube/Heckklappe schadhaft
- Hinteres Motorlager (mit Querträger) rissig oder gebrochen
- Gelockerte/undichte Freonanschlüsse an Klimakompressor
- Motorgeräuschdämmeinsatz schadhaft
- Pedaleriebuchsen verschlissen
- Schaltbuchsen und/oder -kupplung
- Geräusche an Lambdasondenmodul (klickendes Geräusch)
- Klimakompressorschläuche undicht
- Falsche Scheibenhöheneinstellung (Targa und Cabriolet)
- Falsche Stellung der Wischerarme
- Gurtspanner verschlissen
- Reservereifenkompressor fehlt
- Schiebedachseilzüge gerissen

INNENAUSSTATTUNG

- Risse in den Türablagetaschen

EINSPRITZANLAGE

- Unterdruckverluste an Einspritzventilen
- Benzinpumpenschläuche rissig

ABGASREINIGUNG (soweit vorhanden)

- Luftpumpe defekt
- Luftpumpen-Rückschlagventil defekt
- Aktivkohlebehälter schadhaft
- Katalysator defekt

beim Carrera 3,2 ein Bedarf von ca. 1,5 Liter je 1000 km absolut vertretbar. Ideal sind Werte von maximal 1 Liter auf ca. 1500 km. Bei hohem Ölverbrauch neigen die Zündkerzen zum Verrußen!

Dieses Problem betrifft speziell die Carrera-Motoren. Wenn überhaupt, werden sie meistens bei Kilometerständen zwischen ca. 60.000 und 100.000 km davon befallen. Warum gerade bei diesen Motorenbaumustern die Ventilführungen vorzeitig verschleißen, ist nie ganz geklärt worden. Eine Theorie besagt, dass die Viton-Ventilschaftabdichtungen zu gut funktionieren und eine ausreichende Schmierung der Gleitflächen von Ventil und Ventilführung verhindern.

Andere Vermutungen sehen die Ursache in der Einspritzanlage und einem zu fett laufenden Motor, bei dem der Schmierfilm von den Ventilschäften und Führungen abgewaschen wird. Fest steht: Es sind nicht alle Carrera 3,2 in gleichem Maße betroffen.

CHECKLISTE
Zu prüfende Schwachpunkte beim Carrera 3,2

erstellt von Tony Callas

MOTOR
- Ventilführungen verschlissen
- Verteilerkappe und/oder –läufer verursachen Zündaussetzer
- Ansaugdichtungen undicht – Unterdruckverluste
- Nockenwellen-Ölleitung – neuere Ausführung – Nachrüstsatz mit Zusatzleitungen und Haltern
- Heizungsrohr und Halter für Kerzenkabel zu Zündkerze Nr. 6 sowie Befestigungsteile fehlen
- Ölrücklaufrohrleitungen undicht
- Nockenwellen-Ölschläuche undicht
- Motorlager defekt
- O-Ring an Nockenwellen-Zusatzleitung am Steuerkettengehäusedeckel undicht
- Hinteres Motorlager gerissen/Nachrüstversion lieferbar.
- Motorverkleidungsblech eingerissen
- Zündkerzenstecker schadhaft
- Saugrohr-Beilagscheiben nachgerüstet

ELEKTRISCHE ANLAGE
- Parkleuchtendiode defekt
- Alarmanlagen-Steuergerät schadhaft
- Tempomat-Steuergerät schadhaft
- DME-Relais – Alter?
- Drehstromgenerator – Ladestrom zu hoch
- Fußraum-Heizgebläse schadhaft
- Zusatzheizgebläse schadhaft
- Anzeigeinstrumente beschlagen
- Abblend-/Blinkerschalter schadhaft

EINSPRITZANLAGE
- Motorkraftstoffleitungen rissig
- Einspritzanlage: DME/Steuergerät-Masseanschlüsse korrodiert
- Leerlaufstabilisator verkehrt herum eingebaut
- Einspritzventile hängen in geschlossener Stellung, nachdem der Motor längere Zeit nicht angelassen wurde

INNENAUSSTATTUNG
- Risse in den Türablagefächern (GFK-Reparatur möglich)
- Tacho-Impulsgeber schadhaft
- Tacho-Kilometerzähler bzw. Tageskilometerzähler schadhaft
- Sitzschalter schadhaft
- Radio-Antennenverstärker schadhaft

LENKUNG/BREMSEN/FAHRWERK
- Turbo-Spurstangen – Nachrüstung empfehlenswert
- Gleichlaufgelenkmanschetten eingerissen
- Tieferlegung der US-Version auf Bodenfreiheit der Europaversion empfehlenswert
- Vorderachslenker verzogen
- Äußere Hinterachsmuttern gelockert
- Hinterachs-Bremsscheiben verzogen

KAROSSERIE
- Dichtungen der Scheinwerferringe defekt
- Scheinwerfer beschlagen
- Dritte (hochgesetzte) Bremsleuchte löst sich
- Abschlepphaken vorne schadhaft/verbogen
- Windschutzscheiben-Verbundglaslagen lösen sich
- Türfangbandbefestigung an Tür gerissen
- Oberes Lenksäulenlager defekt (Reparatur mit Werks-Reparatursatz)
- Cabrioletverdeckbügel gebrochen
- Motorschalldämmeinsatz löst sich
- Defektes Tempomatkabel
- Dämpfer für Fronthaube/Heckklappe schadhaft
- Klimakompressor verliert Öl
- Gummiverbindung zwischen Klimakompressor und Kondensatorschlauch schadhaft
- Poröse Klimaanlagenschläuche
- Schadhafte Fensterheberschalter
- Durchführung an Deckenlichtschalter eingerissen
- Schiebedachseilzüge gerissen
- Quetschgeräusche an Vorderachs-Drehstäben
- Hinterachs-Stabilisatoraufnahmen gebrochen
- Rostbildung an Frontstoßstange

GETRIEBE/KUPPLUNG
- Schwungraddichtring undicht
- Dichtring an Getriebeschaltwelle undicht
- Nehmerzylinderschlauch undicht
- Nehmerzylinderschlauch verdrillt
- Halter zwischen Getriebe und Katalysator – neuere Ausführung
- Kupplungsausrückhebel – neuere Ausführung
- Gumminabe an Kupplungsscheibe defekt
- G50-Schaltgestänge – neuere Ausführung
- Bolzen für G50-Rückwärtsganghebel gebrochen
- Schaltbuchsen
- G50-Führungslager – neuere Ausführung

Die Erneuerung der Ventilführungen läuft im Prinzip auf eine Zylinderkopfüberholung hinaus, d. h. hier sind rund 40 Arbeitsstunden plus Maschinenarbeiten sowie die Ersatzteile einzukalkulieren.

Manche Porsche-Schrauber haben schon neue Ventilschaftabdichtungen montiert, nur um sicherzugehen, dass der Ölverbrauch wirklich an den Ventilführungen liegt. Manche skrupellosen Eigentümer haben dies sogar als Notreparaturen praktiziert und den Wagen schnell verkauft, bevor der Ölverbrauch erneut in die Höhe ging.

Bei der Besichtigung eines Carrera 3,2 Liter sollten Interessenten also an diese mögliche Schwachstelle denken.

Der 911 Carrera (964) von 1989 bis 1994

Einige Problembereiche verdienen auch bei den Motoren des 964 Erwähnung. Zum einen können die Zylinderköpfe früher Exemplare ölfeucht werden. An den Motoren der Modelljahre 1989 (K), 1990 (L) und 1991 (M) ist mit Undichtigkeiten zwischen Zylinderköpfen und Zylindern zu rechnen. Als frühe Exemplare gelten die Fahrzeuge bis 62 M 06836, M64.01 (Schaltgetriebe) und 62 M 52757, M64.02 (Tiptronic). Im Laufe des Modelljahres 1991 erhielten die 964er Motoren geänderte Zylinder-und Zylinderkopfdichtungen, während die ursprünglichen 964er Motoren ohne Zylinderkopfdichtung montiert wurden und es hier zu Öldurchtritt an der Dichtfläche zwischen Kopf und Zylinder kommen konnte. Bei der Bearbeitung der originalen Zylinderköpfe und Zylinder blieb ein winziger Spalt im Randbereich nahe der Zylinderkopfbolzen. Verzug der Zylinderköpfe beim Anziehen der Bolzen wird häufig als Ursache für Undichtigkeiten an dieser Stelle angeführt.

Diese Undichtigkeiten traten allerdings nur an einem sehr geringen Prozentsatz der Fahrzeuge auf, und schon während der Garantiezeit rüstete Porsche alle Fahrzeuge nach, an denen Undichtigkeiten festgestellt wurden. Als „undicht" galt bereits eine beim Abtasten mit dem Finger ölfeuchte Passfläche, nicht nur Anzeichen von bereits ausgetretenem Öl. Zur Abhilfe wurden die Kolben getauscht und Zylinder mit einer um 32 mm auf 145 mm verbreiterten Passfläche eingebaut. Damit konnten sich die Zylinderköpfe beim Festziehen oder bei den Dehn- und Kontraktionsbewegungen des Metalls beim Warmwerden und Auskühlen des Motors nicht mehr verziehen. Außerdem saß jetzt in einer Nut um die Zylinderbohrung ein zusätzlicher Dichtring. Dank der größeren, bündig abschließenden Passflächen war nun auch die Umrüstung von Dilavar-Zylinderkopfbolzen auf die zuverlässigeren Stahlbolzen möglich. Bei den späteren Motoren mit der breiteren Zylinderkopf-Anlagefläche und separater Kopfdichtung ist die Gefahr von Undichtigkeiten offenbar weitgehend gebannt.

Gelegentlich sorgte auch ein gerissener Antriebsriemen im Zündverteiler für Ärger. Der Verteilerläufer für den zweiten Kerzensatz lief dann nicht mehr mit und es zündete nur noch die Zündkerze, die der Stellung, in der der Läufer stehengeblieben war, am nächsten stand. Diese zusätzlichen Zündfunken hatten Fehlzündungen zur Folge – mögliche Motorschäden eingeschlossen. In der modifizierten Verteilerausführung wurden ein verbesserter Antriebsriemen und ein vom Gebläse kommender Schlauch montiert, der für Kühlung sorgen und das Ozon aus dem Verteilerinneren abführen soll. Diese Maßnahmen verlängern die Riemenlebensdauer deutlich.

Ein weiterer Problembereich der frühen 964 betrifft Defekte am Zweimassenschwungrad. Viele Fahrer interpretieren die auftretenden Symptome als einen Kupplungsschaden, in Wahrheit handelt es sich jedoch um einen Schwungraddefekt. Die Kupplungen des 964 geben nach allen Erfahrungen genauso wenig Anlass zur Klage wie die Kupplungen der übrigen 911.

Die Zweimassenschwungräder wurden seit 1990 verbaut. Das originale Zweimassenschwungrad von Freudenberg bereitete im 911 schon früh Probleme und wurde zum 13. Mai 1992 durch eine Zweimassenversion von LuK abgelöst, die sich als wesentlich standfester erwies. Diese Schwungradänderung wurde bei Motornummer 62 N 01738 vollzogen. Das N steht dabei in der Motornummer für das Modelljahr 1993. Das originale Freudenberg-Schwungrad mit seinen Gummifederelementen erreichte nur einen Federwinkel von 30°, die LuK-Version mit Stahlfedern kam dagegen auf einen Winkel von bis zu 50°.

Die Allradkonstruktion des 964 war im Vergleich zu anderen Allradkonstruktionen wie auch späteren Porsche-Systemen außerordentlich komplex. Beim 964 erfolgte die Kraftübertragung über ein Verteilergehäuse auf die Vorderräder. In diesem Verteilergehäuse saß ein Planetenradsatz, der das Drehmoment in einem Verhältnis von 69 zu 31 Prozent auf die Hinter- und Vorderräder verteilte und bei normalen Straßenverhältnissen für eine hecklastige Fahrcharakteristik sorgte.

Im Verteilergehäuse war außerdem eine elektrohydraulisch betätigte Mehrscheibenkupplung untergebracht, mit der sich die Drehmomentverteilung stufenlos zwischen 0 und 100 Prozent bzw. in Sekundenbruchteilen ändern ließ, falls ein durchdrehendes Vorder- und Hinterrad erkannt wurde. Eine ähnliche Mehrscheibenkupplung mit Quersperrung war Teil des Hinterachsdifferenzials. Beide Mehrscheibenkupplungen wurden elektronisch durch einen Querbeschleunigungssensor und die Raddrehzahlsensoren gesteuert. Der Fahrer konnte beide Mehrscheibenkupplungen jedoch auch manuell sperren, um die Traktion z. B. auf verschneitem oder vereistem Untergrund zu verbessern. Diese Sperre ließ sich allerdings nur bis zu 30 km/h zuschalten; bei Fahrgeschwindigkeiten über 40 km/h schaltete das Differenzial wieder in den „Normalmodus" zurück.

Das spätere System des 993 war wesentlich einfacher aufgebaut und verfügte über eine Viskokupplung am Vorderachsdifferenzial. Die straffe Straßenlage des 964 hatte keinen großen Anklang gefunden, zumal die Elektronik den Eindruck vermittelte, schlauer als der Fahrer sein zu wollen. Im Winterbetrieb funktioniert der Allradantrieb des 964 dank seiner extrem kurzen Ansprechzeiten dagegen sehr gut. Der spätere Allradantrieb war zwar nicht so reaktionsfreudig wie die Version des 964, erwies sich bei normalen Fahrverhältnissen dagegen als wesentlich besser und war in seiner Funktionsweise geradezu „transparent".

Neue Querbeschleunigungssensoren für diese Anlage liegen pro Stück im vierstelligen Euro-Bereich und sind heute leider häufiger erforderlich als einem lieb sein kann. Bei der Allradanlage des 993 fielen dafür Dutzende Teile, Leitungen, Magnetschalter, Steuergeräte, Pumpen usw. weg, was nicht nur Gewicht, sondern auch einiges an Instandhaltungskosten spart. Der Unterhalt älterer 964 C4 ist also keine billige Angelegenheit.

Der 911 Carrera (993) von 1995 bis 1998

Der 993 ist alles in allem ein sehr zuverlässiges Fahrzeug. Bei manchen Exemplaren kann der Motorkabelstrang für Ärger sorgen, und manchmal leuchtet die Motorkontrollleuchte auf – meist ein Indiz für vorzeitigen Verschleiß der Ventilführungen. Dieses Problem betrifft die Modelle ab 1996 mit OBD2-Diagnosesystem: Die verschlissenen Ventilführungen sorgen für Störungen an der Lufteinblasung. Da aber nur Fahrzeuge mit OBD2 betroffen sind, können wir dieses Problem mit einem 993 Modell 1995 umgehen.

Als der 993 Targa seinen Einstand gab, waren bald allerorten Klagen über das quietschende, klappernde und undichte Dachteil zu hören. Wer sich aber aktuell mit Besitzern eines 993 Targa unterhält, hört großenteils zufriedene Stimmen und von Wassereinbrüchen, Quietsch- oder Klappergeräuschen ist kaum noch die Rede. Die Fahrzeuge gelten allgemein als relativ frei von Defekten.

Unter Markenexperten gilt der 993 als der wahrscheinlich beste Porsche aller Zeiten, allerdings sind durchaus größere Investitionen einzukalkulieren, um einen Gebrauchten in Topzustand zu versetzen. Auf der „To-do-Liste" stehen dann neue Ventile, ein neues Schwungrad, ein Satz Zündkabel, ein Satz Generatorriemenscheiben, eine große Inspektion, neue Stoßdämpfer sowie neue Vorderachslenker, denn ausgeschlagene Lenkerbuchsen machen sich oft durch Vibrationen im Lenkrad unliebsam bemerkbar. Erneuerungsbedürftig sind oft auch die Unterdruckkanäle am Motor, der Faltenbalg am Heckflügel sowie mitunter der Antriebsmechanismus, ferner die äußeren Windschutzscheibendichtungen, die leckanfällige Lenkung, die Widerstände der Kühlerlüfter sowie möglicherweise die Klimareglersteuerung (siehe Checkliste für den 993 auf Seite 69). Alles in allem ist der 993 aber trotzdem ein außerordentlich guter Wagen.

Die Besichtigung

Noch vor Beginn der eigentlichen Fahrzeugbesichtigung steht Kontrolle und Abgleich aller Fahrzeugnummern ganz oben auf der Inspektionsliste, so verschaffen wir uns einen ersten Gesamteindruck. Vielleicht entscheidet man sich ja bereits jetzt instinktiv gegen den Wagen. Dann sollten wir uns lieber sofort höflich verabschieden – dies spart uns und dem Verkäufer wertvolle Zeit.

Ist der erste Eindruck aber nicht allzu negativ, sehen wir uns das Kaufobjekt eingehender an. Was nicht perfekt ist, gibt Punktabzug – mit dem entscheidenden Unterschied, dass unser Punktabzug von dem Betrag abgeht, den Sie für das Kaufobjekt anzulegen bereit sein sollten. Vor allem der Innenausstattung gebührt ein sehr prüfender Blick, dabei muss man auf verschlissene Stellen auf Polster und Bodenteppichen besonders achten, erzählt deren Zustand doch sehr viel darüber, wie der Vorbesitzer mit dem Wagen umgegangen ist.

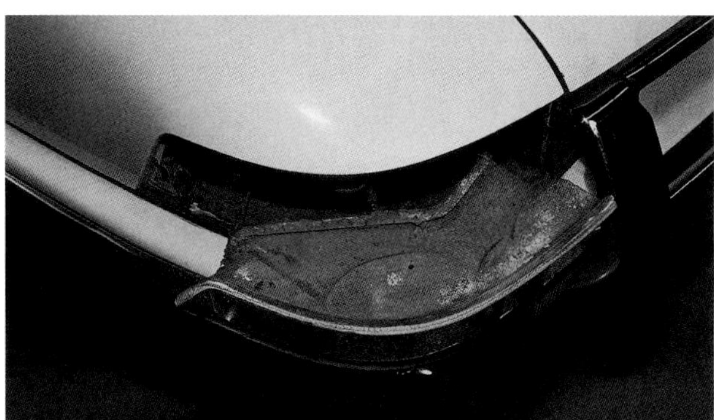

Hinter den abgebauten Heckleuchten des 911 kommen oft versteckte Schäden zum Vorschein.

Bruch am Querblech eines 911 um das Kupplungsrohr. Am 914 ist dies seit langem eine Schwachstelle, beim 911 macht sich dieses Problem erst jetzt, da die Fahrzeuge in die Jahre kommen, allmählich bemerkbar.

Es kommt in dieser Phase darauf an, die Schwachstellen aufzuspüren und selbst zu entscheiden, wie schwer diese wiegen und ob man damit leben kann.

Lack und Karosserie

Karosserie und Lack untersuchen wir eingehend auf Zustand und Verarbeitung, vor allem auf Reparaturstellen und Lackausbesserungen. Sachgemäß ausgeführte Karosserie- und Lackreparaturen stellen dann normalerweise keinen Grund zur Beanstandung dar. Besonderes Augenmerk sollte Roststellen, schlechter Passung von Anbauteilen und schlampigen Lackierungen gelten.

Einige gezielte Kontrollen vermitteln bereits einen hinreichend genauen Eindruck vom Gesamtzustand des Verkaufsobjekts. Dabei fangen wir vorne an, denn die meisten Unfallschäden sind am Bug zu finden. Ein Blick unter die Teppiche im Kofferraum gibt oft Aufschluss über schludrig reparierte Unfallschäden, die hier typischerweise auch an nicht beseitigten Knicken und Spalten in den Blechen zu erkennen sind. Bei Verdacht auf unsachgemäße Karosseriearbeiten sollte eine Karosseriewerkstatt zu Rate gezogen werden.

Rost

Korrosion ist einer der Erzfeinde aller selbsttragenden Karosserien. Ein sicherer Indikator für Rost an den 911 der Generation zwischen 1974 und 1989 ist die Gummileiste zwischen Karosserie und Vorderstoßstange. Diese Leiste muss flach und bündig an der Stoßstangenhinterkante anliegen. Wirkt sie wellig oder ist sie hochgedrückt, hat sich dahinter höchstwahrscheinlich bereits die braune Pest eingenistet. Die Gummileiste ist mit einer korrosionsgefährdeten Metallleiste verklebt. Bei Rostbefall wirkt die Gummileiste, die sich dann teilweise vom Metall ablöst, wellig und fast schon aufgeblasen.

Eine gealterte Gummileiste ist weniger tragisch, da sie leicht und recht preisgünstig zu ersetzen ist. Sie ist jedoch ein ziemlich sicheres Indiz für weiteren Rost, mahnt also zur Vorsicht. Auch die Aufnahmepunkte der Vorderradaufhängung sollten auf Rostbefall untersucht werden – bei den älteren Modellen ohne verzinkte Karosserie ist dies eine häufige Schwachstelle. Auch um die Schein-

Riss im Blech an der Wagenheberaufnahme unterhalb der Tür. Dieser 911 ist offensichtlich bereits ziemlich verbraucht.

Mangelhafte Türpassung: Dieser Unfallschaden wurde unsachgemäß behoben.

werfer und Heckleuchten sammelt sich gerne Rost. Oft entdeckt man ihn erst nach dem Abbau der Leuchten, die derartige Mängel hervorragend kaschieren. Wenn die Scheinwerfer schon einmal demontiert sind, prüfen wir die Lampentöpfe auf Ebenheit und Passgenauigkeit. Unebene Stirnflächen oder Fluchtungsfehler lassen auf oberflächliche Unfall- oder Rostreparaturen schließen.

Eine einfache Prüfung besteht bei jedem 911 ab 1969 darin, mit dem Finger an der Kotflügelkante entlangzufahren. Diese Kotflügelkanten werden im Werk mit einer leicht strukturierten Steinschlagschutzschicht überzogen. Reparaturkotflügel oder Seitenbleche werden allerdings ohne diese Beschichtung geliefert. Nur erstklassige Werkstätten machen sich die Mühe, wieder eine entsprechende Schutzschicht aufzutragen. Fehlt also auf einer der Kotflügelkanten diese Beschichtung, prüfen wir auch die angrenzenden Bereiche auf Anzeichen von Unfallreparaturen.

Zur weiteren Rostsuche nehmen wir die Bodenteppiche und Bodenverkleidungen heraus und inspizieren den Pedalbereich. Werden diese Bereiche im Laufe des Autolebens nicht sauber gehalten, sammeln sich hier Schmutz und Feuchtigkeit als ideale Rostbrutstätten. Diese Stellen sind noch recht einfach zu kontrollieren. Stoßen wir bereits hier auf Rost oder Anzeichen von Blechreparaturen oder wirft der Zustand der Karosserie sonstwie Fragen auf, sollte der Wagen – wenn möglich – von einer Karosseriewerkstatt mit Porsche-Erfahrung inspiziert werden oder man nimmt einen zweiten Mann mit einschlägiger Erfahrung zum Besichtigungstermin mit.

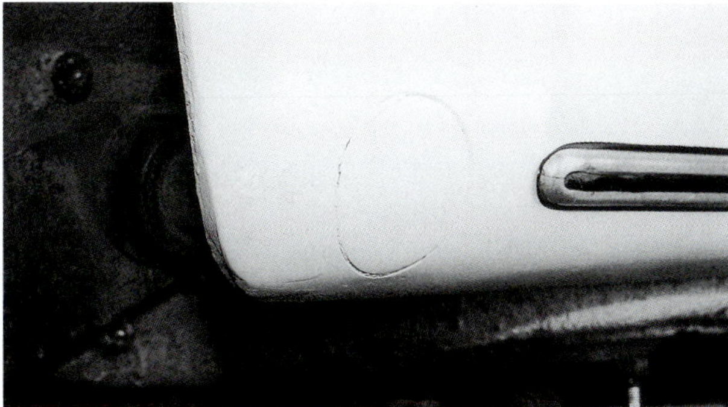

Diese Kotflügelkante wurde unsauber gespachtelt und nachlackiert.

Geld für die Inspektion durch einen Markenprofi ist gut angelegt.

Nicht nur bei der Karosserie, sondern auch bei der Technik kann sich ein Check durch einen kompetenten Fachbetrieb bezahlt machen. Langfristig spart der Käufer sicher einiges Geld und viel Kopfzerbrechen, und selbst wenn diese Besichtigung den einen oder anderen 10-Euro-Schein kostet, ist dieses Geld gut angelegt.

Viele Verkäufer dürften wenig begeistert sein von der Idee, ihren Wagen in der Werkstatt durchchecken zu lassen. Abgesehen von logistischen Problemen, bei denen eine solche externe Besichtigung nicht machbar ist, ist dann oft ein gewisses Misstrauen angebracht, denn höchstwahrscheinlich hat der Verkäufer etwas zu verbergen.

Steht das Fahrzeug im näheren Einzugsgebiet des eigenen Wohnsitzes, bringen wir ihn am besten zu der Werkstatt, die später auch den Kundendienst durchführen soll. Steht der Wagen ganz woanders, fragt man bei der eigenen Porsche-Werkstatt nach empfehlenswerten Werkstatt-Adressen in der Nähe des Verkäufers.

Treten bei diesen Werkstattchecks Probleme zutage, die Reparaturen oder einen Teiletausch erfordern, lassen wir uns einen Kostenvoranschlag geben, der in die Preisverhandlungen mit einfließt.

Porsche-Werkstätten stellen Kompressions- und Druckverlustprüfungen bei den luftgekühlten Modellen meist gesondert in Rechnung, da einige Zündkerzen sehr schlecht zugänglich sind, zur Prüfung aber ausgebaut werden müssen. Aber in diese Tests zu investieren, kann sich später auszahlen.

Eine Kompressionsprüfung darf im Rahmen des Werkstatttermins vor dem Kauf nicht fehlen.

Dem Rostteufel auf der Spur

Die Kontrolle auf Korrosionsschäden ist eines der wichtigsten Kapitel der Fahrzeugbesichtigung vor dem Kauf. Die hier gezeigten neuralgischen Stellen verdienen besondere Aufmerksamkeit.

Nach der Demontage des Scheinwerferrings kommt bei diesem 911 der Rostbefall im Scheinwerfertopf zum Vorschein.

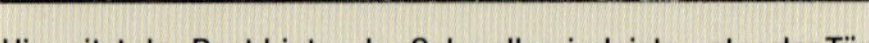

Hier sitzt der Rost hinter der Schwellerzierleiste unter der Tür.

Auch an allen Blink-, Seiten- und Rückleuchten ist eine Kontrolle auf Rostbefall notwendig. Meistens ist es ratsam, die Leuchte abzubauen und die dahinterliegende Aufnahme zu inspizieren.

Bei frühen Baujahren ohne entsprechende werksseitige Rostschutzbehandlung waren die Vorderachsaufnahmen besonders rostgefährdet. Diese Reparatur wurde sehr unsauber durchgeführt. Passgenaue Reparaturbleche, die eine einwandfreie Reparatur ermöglichen, sind nach wie vor lieferbar.

An diesem 911 wurde der untere Türkastenbereich unsachgemäß instandgesetzt.

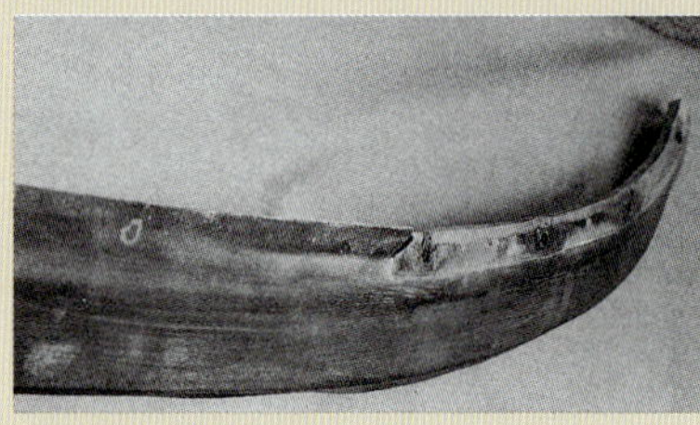

Die Einsatzleiste der Vorderstoßstange: Die wellige Oberfläche ist auf Rostbefall an der dahinterliegenden Stahleinlage zurückzuführen, der die Einsatzleiste hochgedrückt hat.

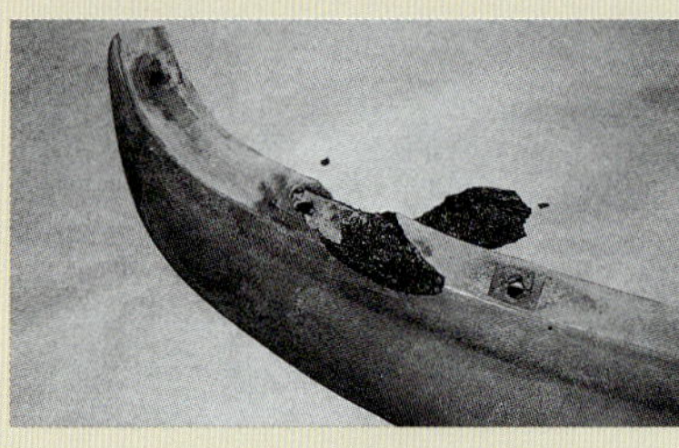

Die Einsatzleiste der Vorderstoßstange von der Montageseite aus gesehen: Die Rostschäden sind gut zu erkennen.

Kompressions- und Druckverlustprüfungen

Die Kompressionsprüfung vermittelt einen recht guten Eindruck vom Gesamtzustand des Motors. Bei gesunden Motoren sollte die Kompression zwischen 9 und rund 11,5 bar liegen. Ganz wichtige Erkenntnis nach diesem Test: Die Ergebnisse der einzelnen Zylinder dürfen – unabhängig vom eigentlichen Wert – um nicht mehr als ca. 1 bar voneinander abweichen.

Falls einer oder mehrere Zylinder bei der Kompressionsprüfung übermäßig „schwächeln“, lassen sich Ausmaß und Ursache des Schadens mit einer Druckverlustprüfung näher eingrenzen. 5 bis 15 Prozent Druckverlust sind an sich noch unbedenklich, bei ordentlich gewarteten Porsche-Motoren in gutem Zustand liegen die Verluste aber zwischen weniger als 3 und 5 Prozent.

Bei der Druckverlustprüfung wird gemessen, inwieweit die einzelnen Zylinder den im Brennraum herrschenden Druck halten können. Dazu werden die Zylinder nacheinander im OT unter Druck gesetzt. Die Lufteinleitung erfolgt über die Zündkerzenbohrung nachdem die Kerze des zu messenden Zylinders ausgebaut wurde. Fast alle Druckprüfer sind mit zwei Manometern ausgerüstet. Das eine zeigt den in den Zylinder geleiteten Druck an, der z. B. auf 10 bar eingestellt wird. Das andere zeigt direkt den im geprüften Zylinder herrschenden Druck an. Wenn das Manometer beispielsweise einen gehaltenen Druck von 9,7 bar anzeigt, bedeutet dies 0,3 bar (entspricht 3 Prozent) Druckverlust bzw. Differenz.

Die Fehlerquelle lässt sich eingrenzen, indem wir versuchen, das durch den Druckverlust an dem unter Druck gesetzten Zylinder entstehende Pfeifgeräusch zu lokalisieren. Ist das Pfeifen am Endrohr zu hören, liegt es wahrscheinlich an einem verbrannten Auslassventil. Ist das Pfeifen am Öleinfüllstutzen zu hören, sind vermutlich die Kolbenringe übermäßig verschlissen. Pfeift es im Luftfilter, dürfte ein Einlassventil der Schuldige sein. Bei prozentual geringen Verlusten ist das Leckgeräusch oft schwer auszumachen und damit auch die Fehlerquelle kaum einzugrenzen. Größere Schäden – rund 15 Prozent oder mehr – lassen sich anhand des Pfeifgeräuschs aber ziemlich zuverlässig lokalisieren.

Kontrolle auf verschlissene Ventilführungen

Auch auf ausgeschlagene Ventilführungen ist bei der Durchsicht zu achten. Verschlissene Ventilführungen machen insbesondere durch lauteres Ventilgeräusch auf sich aufmerksam; richtig eingestellte Ventile (bei einem betriebswarmen Motor) dürfen sich beim 911 nicht akustisch bemerkbar machen. Fällt unser „Kandidat" durch einen lärmenden Ventiltrieb auf, kann der Mechaniker zur Kontrolle des Ventilspiels das Auslassventil in geöffneter Stellung (bei ca. 10 mm Ventilhub) mit einem Schraubendreher hin- und herdrücken. Durch diese Hin- und Herbewegung der Ventile lässt sich der Verschleiß in den Führungen ziemlich sicher quantifizieren. Beim Carrera 3,2 Liter sollten auch die Einlassventilführungen auf Verschleiß überprüft werden.

Bei allen Porsche-Motoren bis 1977 bestanden die Ventilführungen aus einer Kupferlegierung. In den zunehmend großvolumigeren, thermisch härter beanspruchten Triebwerken sank die Lebensdauer der Führungen rapide. Beim 2,7-Liter-Motor waren die Ventile meist nach 50.000 bis 100.000 km fällig – bei den Antriebsaggregaten mit Thermoreaktor oft nach 50.000 km, beim Modell 1974 ohne Thermoreaktor und beim Modell 1977 mit Führungen aus besserem Werkstoff eher nach 100.000 km.

Im Modelljahr 1977 wurde der Ventilführungswerkstoff auf eine Siliziumbronzelegierung umgestellt. Die neueren Führungen haben ein bronzefarbenes Aussehen und sind wesentlich verschleißbeständiger als die alte (kupferfarbene) Version. Es sind allerdings 911 SC dokumentiert, deren Ventile auch nach über 250.000 km noch annähernd geräuschlos arbeiten – ein sicheres Zeichen, dass Ventile und Führungen noch in Ordnung sind.

Berüchtigt sind die Probleme der 2,7-Liter-Motoren mit ausgerissenen Zylinderkopfbolzen. Leider lässt sich dies beim Fahrzeugcheck vor dem Kauf kaum feststellen. Bei 2,7-Liter-Modellen mit Laufleistungen über 100.000 km sind sicher bereits Eingriffe am Motor vorgenommen und die Ventilführungen ersetzt worden. Diese Schwachstelle der 2,7-Liter-Motoren ist in den Porsche-Werkstätten auf jeden Fall hinlänglich bekannt und sollte bei einem gut gewarteten Fahrzeuge hoffentlich beseitigt worden sein. Erfahrene Porsche-Werkstätten reparieren bei der Instandsetzung der Zylinderköpfe meist auch die Zylinderkopfbolzen und beseitigen sonstige Mängel am Motor. Generell ist es also ratsam, anhand der vorhandenen Reparaturbelege des Verkäufers zu prüfen, ob und wann die Zylinderkopfbolzen erneuert wurden. In der Regel müssten Gewindeeinsätze für alle 24 Bolzen eingesetzt und schwächliche bzw. bruchgefährdete Bauarten der Zylinderkopfbolzen durch eine standfestere Ausführung ersetzt worden sein. Diese Arbeiten müssen aus den Rechnungen hervorgehen.

Die Motoren ab 1978

Im Gegensatz zum 2,7-Liter-Motor der Jahre 1974 bis 1977 waren die 3,0-Liter-Triebwerke des 911 SC ab 1978 ein Muster an Zuverlässigkeit. Nur selten musste beim 911 SC der Motor wegen Verschleiß überholt werden. Im Bekanntenkreis des Autors brachte es ein 911 S als ausgesprochenes Langstreckenfahrzeug auf über 320.000 km, was durchaus als beachtliche Laufleistung gelten darf. Schaut man sich nach weiteren Laufleistungsrekordlern unter dem 911 SC um, stößt man womöglich auf Fälle wie jenen Werkstattmonteur, dessen SC-Motor satte 730.000 km auf der Uhr hat und noch nie demontiert war. Eine derartige Standfestigkeit stellt selbst die rekordverdächtige Langlebigkeit der 911 und 911 S mit 2,0-Liter-Motor in den Schatten.

Zwar hatte auch der 911 SC seine Schwachstellen, allerdings wurden diese noch während seiner Bauzeit abgestellt. An erster Stelle stehen hier „explodierte" Gummidämpfer-Kupplungen sowie die gefürchteten Kettenspannerdefekte. Die Kupplung mit dem dicken Gummidämpfer wurde von 1978 bis 1983 verbaut und dann durch

In der Fachwerkstatt sollte auch die Motorunterseite auf Öllecks überprüft werden (links), ebenso die Dichtflächen zwischen Nockenwellengehäusen und Zylinderköpfen (rechts).

Ein kompetenter Mechaniker prüft auch den Zustand der Spurstangenköpfe mit einem kräftigen Hebeleisen (links) bzw. einer Rohr- oder Wasserpumpenzange (Mitte) und kontrolliert die Bremsklötze und Bremsscheiben auf Verschleiß (rechts).

eine Federscheibenkupplung ersetzt. Sofern der Vorbesitzer diesen Austausch nicht nachweislich erledigt hat, sollte man für die anstehende Arbeit einen entsprechenden Betrag einkalkulieren.

Die Kettenspanner waren seit jeher ein wunder Punkt des 911. 1980 änderte Porsche eine der Hauptursachen für die daraus resultierenden Motorschäden – die Kettenradträger. 1984 erhielt der Carrera dann die wohl endgültige Abhilfe für dieses Problem, den Carrera-Druckölspanner. Wenn der Vorbesitzer die Umrüstung auf die Carrera-Ausführung nicht nachweisen kann, sollte auch dies beim Kauf eingepreist werden. Wenn Kupplung und Kettenspanner erneuert wurden, ist der 911 SC ein zuverlässiges, langlebiges Auto.

Der 911 SC war bis zur Einführung des Carrera, der ihn noch übertraf, der beste 911, und noch besser geriet der Carrera 3,2 Liter. Der Carrera 3,2 fiel nur durch wenige Probleme auf, und diese betrafen selten so viele Fahrzeuge, dass man von einem Serienfehler sprechen könnte. Ein häufiges Übel waren freilich verschlissene Ventilführungen. Als Ursachen wurden hierfür alle möglichen mehr oder minder plausiblen Theorien angeführt, ohne dass bis heute die wirkliche Ursache zweifelsfrei feststeht. Inzwischen sind schon einige Carrera 3,2-Liter-Motoren mit ausgelaufenen Ventilführungen aufgefallen, sodass diese Ventilschäden in Porsche-Werkstätten keineswegs unbekannt sind. Der Begriff Serienfehler wäre aber dennoch etwas übertrieben. Die meisten Fahrer eines Carrera 3,2 dürften wohl eher selten mit diesem Problem konfrontiert werden.

Als Fazit gilt also auch beim Kauf eines alten Porsche, dass sich der Wagen entweder in wirklich gutem Zustand befinden sollte oder aber wir genau wissen sollten, worauf wir uns einlassen. Ersatzteile und Werkstatt-Lohnkosten sind in den vergangenen mehr als 40 Jahren unaufhaltsam gestiegen.

Grauimporte und Reimporte

Die USA waren seit jeher der wichtigste Exportmarkt für Porsche, und manche Modelle, die nicht offiziell eingeführt wurden, gelangten sogar unter der Hand in kleinen Stückzahlen als Grauimporte ins Land der unbegrenzten Möglichkeiten. Besonders in der heutigen Zeit der großen Nachfrage findet daher ein reger Rückimport gut erhaltener Exemplare aus den USA nach Europa und Deutschland statt. Solche 911 sollten vor dem Kauf besonders genau durchgecheckt werden – am besten unter Hinzuziehung einer auf Porsche spezialisierten Werkstatt. Eventuelle Umbauten müssen auf jeden Fall so durchgeführt worden sein, dass der TÜV seinen Segen gibt. Dies betrifft nicht nur an US-Grauimporten nach der Einfuhr in die USA vorgenommene Umbauten, sondern vor allem auch Rückrüstungen, um US-Versionen an die hiesigen Zulassungsvorschriften anzupassen – insbesondere bei den Katalysatoranlagen, die in den USA deutlich früher als in Europa Einzug hielten. Andernfalls muss sich der Käufer um diese bürokratische Hürde kümmern. Auch die Zollpapiere müssen natürlich in Ordnung sein.

Das Problem ist nicht unbedingt der Umbau an sich, sondern eher die fachgerechte Ausführung und Verwendung der richtigen Ersatzteile. Irgendwie kann jeder Reimport für hiesige Zulassungsvorschriften „passend“ gemacht werden, doch geht dies nicht ohne profunde Fachkenntnis, damit man notfalls auch gegenüber dem Prüfer die richtigen Argumente für die Umrüstung zur Hand hat. Dies betrifft gerade bei den Abgasreinigungsanlagen auch die Kenntnis bestimmter Stichtage für die Erstzulassung, die darüber entscheiden können, ob eine in den USA montierte Anlage hier – als Teil einer „historisch korrekten“ Fahrzeugspezifikation – zulassungsfähig ist oder ob sie auf die Europaversion rückgerüstet werden muss. Vorsicht also bei Fahrzeugen, die erst vor kurzem aus den USA nach Deutschland zurückgeholt wurden und nun – noch bevor eine TÜV-Abnahme, ein H-Kennzeichen-Gutachten und eine Zulassung erfolgt ist – gleich wieder zum Kauf angeboten werden. Selbst Fahrzeuge, die auf den ersten Blick wie ein Schnäppchen anmuten, können sich rasch als Groschengrab erweisen, wenn es sich um eine US-Version handelt, deren Rückrüstung für eine Zulassung hierzulande vergleichsweise aufwändig ist. Womöglich wird das Fahrzeug nur angeboten, weil der Verkäufer angesichts des Umrüstungsaufwands kapituliert hat und den Wagen schnellstmöglich an das nächste „Opfer“ weiterreichen möchte.

Häufig empfiehlt sich also die radikale Rückrüstung auf die Europaversion, selbst wenn dann das Flair der besonderen „Exportausführung“ verlorengeht. In den USA liefen die als Grauimporte ins Land geholten 930/911 Turbo selten richtig gut, solange sie die US-Abgasvorschriften erfüllten. In derartigen Fällen griffen US-Werkstätten meist auf die Teile der späteren, offiziell in die USA importierten Turbo zurück. Ähnlich radikale Lösungen sind auch hierzulande zur Einhaltung der deutschen Zulassungsbestimmungen oft der beste Ausweg.

Bei US-Reimporten sollte ein gründlicher Blick auch der dokumentierten Fahrzeughistorie gelten.

Der besondere Reiz der US-Importe ist der (tatsächliche oder

CHECKLISTE
Zu prüfende Schwachpunkte beim 993

erstellt von Tony Callas

MOTOR

- Codes für Sekundärlufteinblasung
- Rückschlagventile für Sekundärlufteinblasung
- Verschlissene Ventilführungen
- Ölverlust an Ventildeckeldichtungen
- Verteilerdeckel, -läufer (Fehlercodes für aussetzende Zylinder)
- Unterdruckverteileranschluss
- Sensor für Antriebsriemenspannung
- Generatorriemenscheibe – neuere Ausführung
- Zündkerzenkabel rissig
- Motorunterwanne entfernt (zu hohe Motortemperaturen)
- Kettenspannerbrücken undicht
- Verteilerantriebsriemen OK?
- Wartung Motorkabelstrang
- Zustand Kettenspanner

TURBOMOTOR

- Extreme Rauchbildung beim Anlassen

GETRIEBE/KUPPLUNG

- Schwungraddichtung undicht
- Schwungrad schadhaft (Fehlercodes für Zündaussetzer)
- Getriebeschaltwellendichtung schadhaft
- Geräusche an Nehmerzylinder
- Nehmerzylinderschlauch undicht

LENKUNG/BREMSEN/FAHRWERK

- Lenkmanschetten eingerissen
- Lenkgetriebe undicht
- Vorderachs-Bremsluftführungen (Callas-Umbau)
- Schutzabdeckungen für Gleichlaufgelenke an Hinterachslenkern
- Monroe-Stoßdämpfer nicht empfehlenswert (undicht, zu weich)
- US-Versionen: Tieferlegen auf Europa-Bodenfreiheit
- Lenkgetriebehalter nachrüsten, wenn bei Modell 1994-1996 18-Zoll- oder größere Felgen montiert werden
- Rissbildung an Vorderachslenkerbuchsen
- Hinterachs-Nachlaufeinsteller richtig montiert?

ELEKTRISCHE ANLAGE

- Widerstände an Klimakondensator-Ölkühlergebläse
- Alarmanlage defekt/neuere Ausführung montiert
- Öl- und Klimaanlagen-Kühlgebläserelais
- Öl- und Klimaanlagen-Kühlgebläsewiderstände
- Alter des DME-Relais?

ABGASREINIGUNGSANLAGE

- OBD-2 Fahrzyklus mit Abgasprüfung

KAROSSERIE

- Halteklammer für Hauptscheinwerfer-Glühlampe – neuere Ausführung
- Verkabelung der dritten (hochgesetzten) Bremsleuchte (durch Heckscheibe)
- Untere Schutzleiste Vorderstoßstange
- Quietschgeräusche äußere Windschutzscheibeneinfassung
- Faltenbalg Heckflügel rissig
- Geräusche an Antriebsmechanismus Heckflügel
- Heckflügelmechanismus (Callas-Umbau mit O-Ringen)
- Befestigung Fahrertür-Fangband an A-Säule
- Verbundglaslagen der Windschutzscheibe lösen sich am Antennendurchtritt
- Heckkotflügel-Steinschlagschutz schadhaft
- Haltebügel Airbag
- Cabrioletverdeck-Wartung

INNENAUSSTATTUNG

- Innentemperatursensor Motor (Computerfehler Nr. 45)
- Gummizwischenlage Mittelkonsole fehlt
- Gummizwischenlagen Türablagetaschen fehlen
- Risse an Türablagetaschen (Instandsetzung nach Callas-Methode)
- Klimsteuerungscomputer/-steuergerät
- Aschenbecher schließt nicht

KRAFTSTOFFANLAGE

- Abdichtung Tankdeckel – neuere Ausführung?

vermeintliche) vergleichsweise rostfreie Zustand älterer Baujahre, die ihr Leben im trockenen Kalifornien verbrachten. Aber lief der Wagen wirklich durchweg in Kalifornien oder nicht doch in schnee- und salzreicheren Regionen der USA und kam er erst kurz vor dem Export nach Kalifornien? Und selbst weitgehende Rostfreiheit kann bei echten Kalifornienexemplaren ein zweischneidiges Schwert sein, denn die Sonne Kaliforniens spielt dem Lack und der Innenausstattung oft übel mit. Auch eine Neuaufpolsterung belastet das Budget, und eine vor dem Export schnell auf der von der Sonne regelrecht abgebeizten Karosserie aufgebrachte Verkaufslackierung ist auch nicht unbedingt ein Garant für handwerklich saubere Arbeit.

Kurz, wer nicht gerade einen wirklich ausgefallenen Porsche wie einen speziellen 356 oder einen Carrera RS sucht, sollte grundsätzlich ein Exemplar in möglichst gutem und „unverbasteltem" Zustand anvisieren. Dabei konzentriert man sich innerhalb der Bauzeit des gesuchten Modells am besten auf ein möglichst junges Baujahr, denn jedes Modelljahr erhielt im Zuge der Modellpflegemaßnahmen Verbesserungen gegenüber dem Vorjahr.

KAPITEL 3
ENTWICKLUNG DES SECHS-ZYLINDER-BOXERMOTORS

In ihrer Ausgabe vom Januar 1985 widmete die amerikanische Fachzeitschrift *Car and Driver* den (nach Ansicht der Redaktion) zehn besten Motoren aller Zeit einen längeren Artikel. Nicht zu Unrecht stand auch der Motor des 911 in dieser exklusiven Liste. Immerhin hat er sich als extrem zuverlässiger Hochleistungsmotor bewährt – obgleich Lebensdauer und Zukunftspotenzial im Laufe seiner langen Entwicklung mitunter erheblich gefährdet schienen.

Besondere Anstrengungen investierte Porsche im Laufe der Jahre in den alljährlichen Kampf um den Sieg bei den 24 Stunden von Le Mans. 1970 war es nach 20 vergeblichen Anläufen endlich soweit: Der legendäre 917 mit Hans Herrmann und Richard Attwood am Steuer konnte den langersehnten Erfolg bei dem berühmten Langstreckenklassiker für die Stuttgarter sichern. Gleich im Folgejahr 1971 wiederholte ein von Helmut Marko und Gijs van Lennep pilotierter 917 diesen Triumph. Bis heute konnte sich Porsche insgesamt 19 Mal als Sieger in die Ergebnislisten dieser prestigeträchtigen Veranstaltung eintragen, davon oft genug mit Motoren auf Basis des 911-Baumusters – allein in den 1980er Jahren gleich sieben Mal nacheinander. Heute hat sich Porsche in Le Mans – einem der wichtigsten Rennen der Welt – etabliert wie kaum ein zweiter Hersteller. Damit ist auch der Status des Motors des 911 als eines der herausragenden Sportwagentriebwerke für Straße und Rennpiste gesichert.

Im Rahmen der Motorentwicklung für den geplanten 911 entstanden in den frühen 1960er Jahren nach und nach mehrere Sechszylinder-Prototypen, aus denen sich schließlich das Antriebsaggregat des 911 (bzw. 901, wie er anfangs noch hieß) ableitete. Der Typ 745 war ein Sechszylinder-Boxermotor mit zwei in der Motormitte liegenden Nockenwellen (eine über, eine unterhalb der Kurbelwelle) und Ventilsteuerung über Stößelstangen. Noch wichtiger dürfte das Motorbaumuster 821 gewesen sein, dessen Konzeption bereits in wesentlichen Zügen der späteren Serienversion entsprach. Dieser Motor verfügte über denselben Solex-Überlaufvergaser, der schon in den ersten 901-Motoren beim Serienanlauf Ende 1964 zum Einsatz kam. Hauptunterschied zwischen dem Motortyp 821 und dem Typ 901 war jedoch der Nasssumpf des 821 (der an die Stoßstangenmotoren des 356 erinnerte). Die während der gesamten Bauzeit des 911er Motors beibehaltenen, annähernd hemisphärischen Brennräume und der Nockenwellenantrieb tauchten erstmals in diesem Prototyp auf.

Die erste Ausführung des Serienmotors des 901/911. Foto: Porsche AG

Der Prototypmotor Typ 821 war einer der ersten Versuchsmotoren für den 901. Der Typ 821 ähnelte – bis auf die Nasssumpfkonstruktion – bereits unverkennbar dem ersten Serienmotor. Foto: Porsche AG

Als nächste Evolutionsstufe der Motorenentwicklung folgte der 901er Motor mit konventionelleren Solex-Dreifach-Fallstromvergasern und einer Auspuffanlage, die sich stark an der des Vierzylinder-Carrera orientierte: Die Abgase strömten zuerst nach vorne in zwei Wärmetauscher und Expansionskammer-Vorschalldämpfer und von dort nach hinten in einen großen Hauptschalldämpfer mit Doppelendrohren. Diese Motorversion saß auch unter der Haube des 901, der auf der IAA 1963 präsentiert wurde. Beim Prototyptriebwerk waren die Zündkerzen noch steil nach oben angestellt, so dass sie annähernd parallel zu den Ansaugkanälen lagen. Dadurch erhielten auch die Einlassventildeckel ihre besondere, wesentlich kleinere Form mit nur zwei kleinen Ausschnitten für die Zündkerzen.

Im Herbst 1964 ging der 901 bzw. 911 mit diesem Motor (1991 ccm), der von vornherein für eine Erweiterung auf bis zu ca. 2,5 Liter ausgelegt worden war, schließlich als Modell 1965 in Serie.

Ein genauerer Blick auf den 911er Motor

In seiner Grundkonzeption ist der Motor des 911 als achtfach gelagerter Sechszylinder-Boxermotor aufgebaut, wobei das Kurbelgehäuse entlang der Kurbelwellenachse senkrecht geteilt ist. Die sechs Lagerzapfen der geschmiedeten Kurbelwelle sind um je 120 Grad versetzt, so dass alle 120 Grad Kurbelwellendrehungen ein Zylinder zündet (was dem Motor zu einer außerordentlichen Laufruhe verhilft). Die Kurbelwelle wurde badnitriert – bei den frühen Triebwerken nach dem Teniferverfahren, später nach konventionelleren Verfahren. Die chemisch-physikalische Teniferbehandlung dient der Härtesteigerung von Stahlwerkstoffen. Dabei wird die Kurbelwelle längere Zeit bei hohen Temperaturen in ein Cyansalzbad getaucht. Dieses Verfahren – dem amerikanischen Tufftriding-Verfahren nicht unähnlich – ergibt höhere Dauerstandfestigkeit und verbessert die Verschleißeigenschaften der Lagerzapfen. Die Ergebnisse dieser beiden Verfahren sind allerdings bei aller Ähnlichkeit nicht exakt vergleichbar, da Behandlungstemperaturen und -zeiträume unterschiedlich sind.

Unterhalb der geschmiedeten Kurbelwelle läuft die gegenläufige Zwischen- oder Ausgleichswelle, die über ein Zahnrad von der Kurbelwelle angetrieben wurde. Um Zahnverschleiß und Laufgeräusche gering zu halten, ist die Welle so übersetzt, dass dieselben beiden Zähne der zusammengepaarten Zahnräder viel seltener als üblich miteinander in Eingriff kommen. Die Räder laufen dazu nicht etwa mit der normalen Übersetzung von 1:2, sondern das Kurbelwellenrad weist 28 Zähne auf, das Zwischenwellenrad 48 Zähne. Erst nach neun Kurbelwellenumdrehungen kommen also dieselben Zähne wieder miteinander in Eingriff. Auf der Zwischenwelle sitzen außerdem zwei Antriebsritzel für die Nockenwellen-Steuerketten. Um dieses ungerade Übersetzungsverhältnis auszugleichen, besitzt das Antriebsritzel 24 Zähne, das angetriebene Gegenritzel dagegen 28 Zähne. Somit läuft die Nockenwelle also wieder mit halber Kurbelwellendrehzahl. Über eine innenverzahnte Hilfswelle zwischen Zwischenwelle und Ölpumpen übernimmt die Zwischenwelle auch den Antrieb der Tandem-Rückförder- und Druckpumpen des Trockensumpf-Ölkreislaufs. Der Verteiler wird von einem weiteren Antriebsrad auf der Kurbelwelle ebenfalls mit halber Kurbelwellendrehzahl angetrieben.

Auf den sechs einzelnen Zylindern und Kolben des Motors sind sechs identische Zylinderköpfe montiert. Die Gusskolben des 911 laufen in Biral-Zylindern (Graugusszylinder mit umgossenen Aluminium-Kühlrippen). In den annähernd hemisphärischen Brennräumen ist je ein Einlass- und ein Auslassventil unter einem Winkel von 59 Grad zur Senkrechten angeordnet.

In der endgültigen Version des Motortyps 901 saß die Kerze wieder genau in der Mitte des Einlassventildeckels. Anlass für diese Änderung war die parallel laufende Entwicklung des Motors des Carrera 6 (906) mit je zwei Kerzen pro Zylinder in den Zylinderköpfen. Um bei Doppelzündung die mittig im Brennraum sitzenden Zündkerzen symmetrisch anordnen zu können, wurde der Winkel gegenüber dem älteren 901-Prototypmotor geändert. Bei Einzelzündung sitzen die Kerzen mittig in den Einlassventildeckeln. Rennmotoren mit Doppelzündung erhalten eine zweite Kerze in zentraler Position im Auslassventildeckel.

Pro Zylinderbank läuft je eine obenliegende Nockenwelle direkt in den Alu-Gehäusen, die auf je drei Zylinderköpfen montiert sind. Der Nockenwellenantrieb erfolgt über ein Paar Duplexketten, die in je drei Gleitschienen laufen und mit einem hydraulischen Kettenspanner mit Federvorspannung kombiniert sind.

Die Ventile werden über Kipphebel betätigt, die ebenfalls auf etwas unkonventionelle Weise im Nockengehäuse montiert sind: Jeder Kipphebel sitzt auf einer Welle mit Expansionssitz, die gleichzeitig für die Ölabdichtung im Nockenwellengehäuse sorgt.

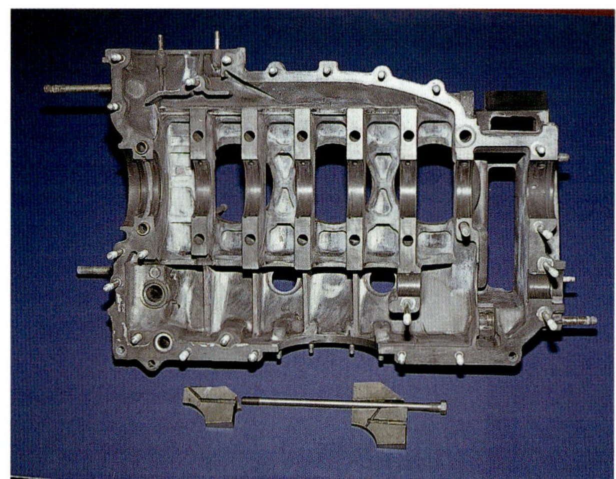

Die Bohrungen für die Zugankerschrauben sind im 911-Motor Teil des Schmierkreislaufs und versorgen die Hauptlager und die Kolbenspritzrohre mit Öl. Unter dem Motorgehäuse ist hier eine Zugankerschraube zu sehen. Gut zu erkennen sind auch die Schmierbohrungen für die Lagerschmierung an den Hauptlagerstellen. Die sechs Hauptlagerzapfen werden von der rechten Kurbelgehäuseseite (Zylinder 4 bis 6) aus geschmiert.

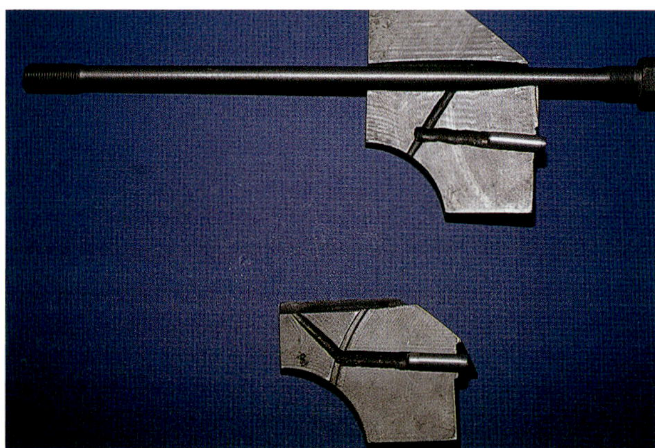

Detailbild zur Lage der Spritzrohre im Kurbelgehäuse: Zu Anschauungszwecken wurden diese Teile aus schrottreifen Kurbelgehäusehälften in Nähe der Hauptlagerstellen herausgetrennt.

Als Besonderheit der Motorschmierung werden die Hauptlager von der Hauptölgalerie aus über die Ölkanäle in den Bohrungen der Kurbelgehäuse-Zugankerschrauben geschmiert. Die beiden Kurbelgehäusehälften werden von elf Zugankerschrauben um die Hauptlagerstellen zusammengehalten. Unter Druck gelangt das Schmieröl über Radialbohrungen in den Lagern zum vorderen und hinteren Kurbelwellenende (Hauptlager 1 und 8) sowie durch die Durchgangsbohrung entlang der Kurbelwelle zu den Pleuellagern.

Bei frühen Serienmotoren (bis Motornummer 903069) und in Rennversionen wird das Schmieröl für die Nockenwellen vom Ende des Hauptölkreislaufs abgezweigt und über einen speziellen Axial-Dichtring zum Ende der mittig gebohrten Nockenwellen gefördert.

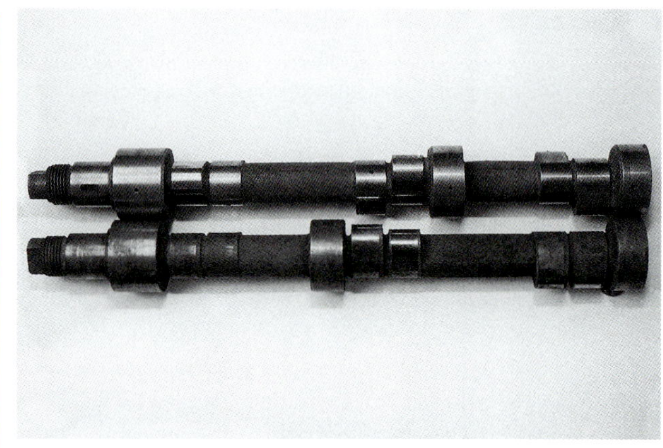

Die Nockenwellen des 901 (mit Solex-Vergasern) mit bzw. ohne Zentralschmierkanal zu den Nocken. Das Öl gelangt über die Schmierbohrungen in den Lagerzapfen und im Grundkreis der einzelnen Nocken zu den Schmierstellen.

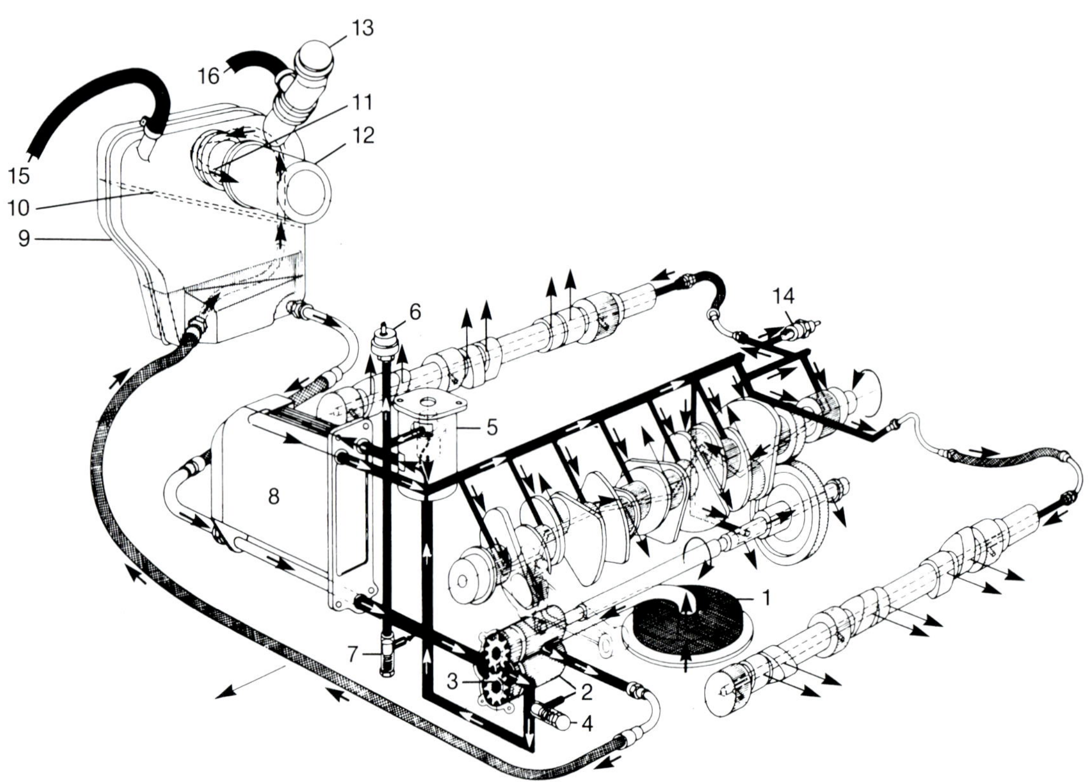

1. Ölansaugsieb
2. Rückförderpumpe
3. Druckpumpe
4. Sicherheitsventil (Öffnungsdruck 7,8 bar)
5. Thermostat (gibt Öldurchtritt durch Kühler bei ca. 80 °C frei)
6. Öldruckgeber
7. Überdruckventil (Öffnungsdruck 5,2 bar)
8. Ölkühler
9. Öltank
10. Lochplatte (zur Verhinderung von Schaumbildung)
11. Bypassventil
12. Hauptstrom-Ölfilter
13. Öleinfüllrohr
14. Geber für Öltemperaturanzeige
15. Kurbelgehäuseentlüftung in den Öltank
16. Öltankentlüftung in den Luftfilter

Schmierkreislauf der ersten 911er Modelle mit Nockenwellen-Zentralschmierung. Die Zentralschmierung wurde bei den Porsche-Rennmotoren durchweg beibehalten, da sie eine bessere Ölversorgung der Nockenwellen gewährleistet.

Alle drei Nockenlagerzapfen und die Nocken sind zur Schmierung der Nockenlaufflächen durchbohrt. Mit dem Spritzöl werden Kipphebel, Kipphebelwellen und Ventilschäfte geschmiert.

Die frühen 901/01-Motoren

Bei den ersten Serienmotoren (Typ 901/01) bestehen alle Hauptbauteile – Kurbelgehäuse, Zylinderköpfe, Nockenwellengehäuse, Kettengehäuse und Deckel sowie die Ventildeckel – aus Aluminium-Sandkokillenguss. Diese ersten Motoren wurden mit einfachen 3-in-1-Auspuffanlagen ausgerüstet, die mit Wärmetauschern ummantelt waren. Merkwürdigerweise saß an diesen frühen Ausführungen statt des neueren 130-Zähne-Zahnkranzes der 12-Volt-Anlage noch der Anlasserzahnkranz mit 109 Zähnen für die 6-Volt-Anlage, der seit Urzeiten am 356 und allen VW Käfern verwendet worden war. Als Urversion des Lüftergebläses kam – von 1964 bis 1967 – ein elfflügeliges Axialgebläse aus Sandguss mit 250 mm Durchmesser zum Einbau, das mit einer Übersetzung von 1,3:1 über eine Riemenscheibe an der Kurbelwellenvorderseite angetrieben wurde. Die Drehstromlichtmaschine des 911 sitzt koaxial hinter dem elfflügeligen Gebläserad, dessen Luftdurchsatz ca. 1390 Liter pro Sekunde bei einer Motordrehzahl von 6100/min betrug.

Nach den ersten 3069 Motoren gingen die Konstrukteure von der Zentralschmierung der Nockenwelle zur Spritzrohrschmierung über. Ab Motor-Nr. 903070 saß in jedem Nockenwellengehäuse ein Aluminiumrohr zur Schmierung des Ventiltriebs. Zur Schmierung der Nockenwellenlagerzapfen waren 3-mm-Löcher gebohrt worden, das Schmieröl gelangte über sechs zusätzliche 1-mm-Bohrungen zu den Nockenbahnen, Kipphebeln, Kipphebelwellen und Ventilschäften. Damit sollte bei niedrigen Drehzahlen der zu geringen Schmierung von Kipphebeln und Ventilschäften abgeholfen werden. Das Schmieröl für diese Spritzrohrschmierung wurde nach wie vor aus dem Hauptölstrom abgezweigt.

Alle 901/01-Motoren wurden mit sechs einzelnen Solex 40 PI Überlaufvergasern bestückt, die zu je drei auf einer Platte mit gemeinsamer Schwimmerkammer (Überlaufkammer) saßen. Eine elektrische Bendix-Pumpe versorgte über eine Verteilerleitung die Überlaufkammern, aus denen sich zwei mechanische Membranbenzinpumpen speisten und den Kraftstoff ebenfalls über je eine Verteilerleitung an die einzelnen Vergaser weiterleiteten.

Jeder der sechs Vergaser besaß ein eigenes Kraftstoffbecken mit Überlaufdamm. Der von den Membranpumpen zu viel gelieferte Sprit floss in einen Ablauf und in die jeweilige Überlaufkammer zu-

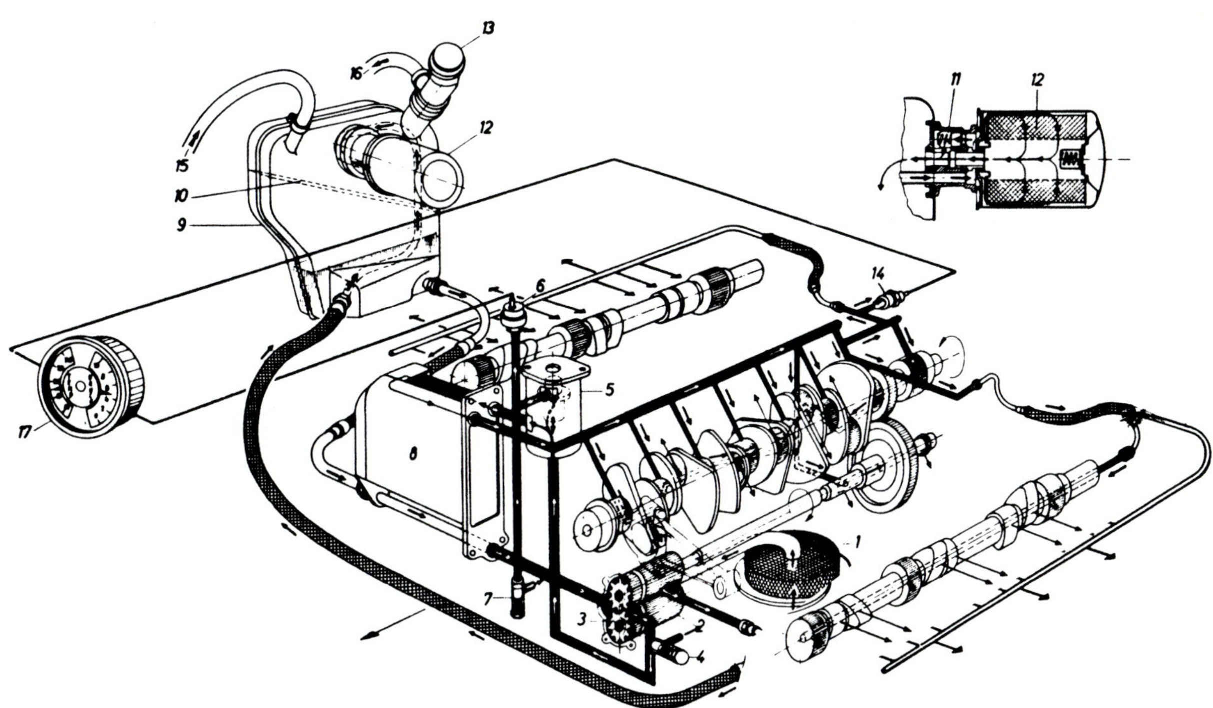

1. Ölansaugsieb
2. Rückförderpumpe
3. Druckpumpe
4. Sicherheitsventil
5. Thermostat
6. Öldruckgeber
7. Überdruckventil
8. Ölkühler
9. Öltank
10. Prallblech zur Verhinderung von Schaumbildung
11. Filter-Bypassventil
12. Hauptstrom-Ölfilter
14. Geber für Öltemperaturanzeige
15. Kurbelgehäuseentlüftung
16. Öltankentlüftung
17. Öldruck- und Öltemperaturanzeige

Schmierkreislauf der späteren 911er Motoren mit Spritzschmierung der Nockenwelle.

Die Solex 40 PI-Vergaser des Motortyps 901/01: Ebenfalls zu sehen sind die Phasenmutter für den Antrieb der Zwillings-Kraftstoffpumpen (ganz links) über die Nockenwelle und der spezielle Kettengehäusedeckel mit den Aufnahmen für die Kraftstoffpumpen.

rück. Die mechanischen Membranpumpen wurden über eine seltsam geformte Phasenmutter von der linken Nockenwelle (Zylinder 1 bis 3) angetrieben. Diese Vergaser erwiesen sich jedoch als recht heikel und litten vor allem unter einem deutlichen Loch im Übergang zwischen 2500 und 3000/min. Abhilfe hierfür fand das Werk erst, nachdem die Vergaser schon nicht mehr in der Serienfertigung montiert wurden. Dabei hatte sich ein ähnlicher Solex-Vergaser in der Flachstromversion bereits im Glas S1004 von 1962 bewährt. Dies und die engen Beziehungen zu Solex waren für Porsche ausschlaggebend bei der Entscheidung für diese Vergaser gewesen. Insbesondere US-Kunden klagten aber über Löcher im Übergang, vermutlich weil dort größere Schwankungen in der Kraftstoffqualität auftraten und sich auch Fahrgewohnheiten und -bedingungen gegenüber beispielsweise der Fahrer hierzulande deutlich unterschieden. Letztlich ließ sich das Problem durch Auswechseln der Mischrohre und geänderte Düsenbestückung recht einfach beheben. Im Februar 1966 stellte Porsche beim neuen Motortyp 901/05 dann auf Weber 40 IDA-3C-Vergaser um, die ihren Praxistest – insbesondere in den Lancia-V6-Motoren – bereits bestanden hatten. Aufgrund der kompakteren Bauweise der Weber-Gemischfabriken waren die Ansaugrohre an den Enden nun etwas stärker gekrümmt. Anfangs wurden zudem fast allen 911-Fahrern mit Solex-Vergasern Umrüstsätze auf Weber-Vergaser angeboten.

Die erste Rennversion des 901er Motors entstand in enger Anlehnung an den Serienmotor, was beiden Projekten zugutekam.

Der 901er Motor war 1965 in einem 904 erstmals im Rennein-

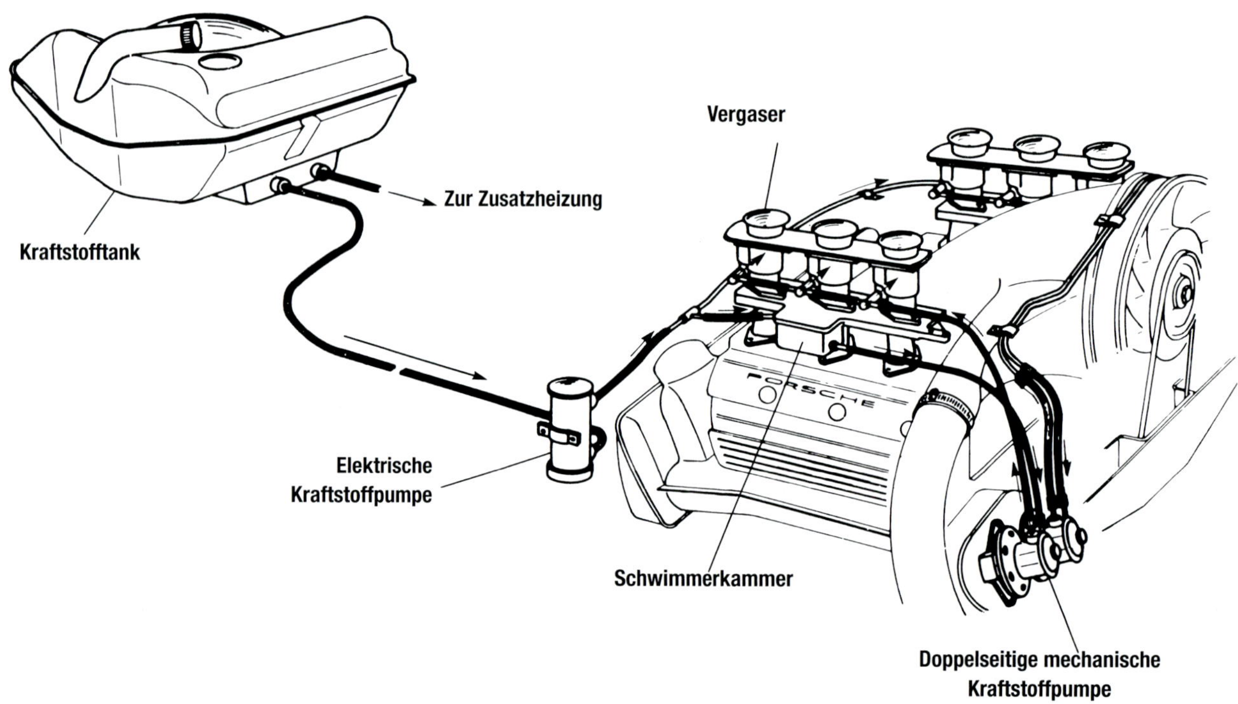

Das Schema des Kraftstoffkreislaufs bei den Solex-Vergasern zeigt die elektrische Förderpumpe, über die das Benzin aus dem Tank in ein Schwimmerkammerpaar (je drei Vergaser teilen sich eine gemeinsame Schwimmerkammer) gelangt. Zwei mechanische Kraftstoffpumpen, die über die linke Nockenwelle angetrieben werden, fördern den Kraftstoff durch die Düsen in den Überlaufvergaser. Der Kraftstoffstand (bei konventionellen Vergasern als Schwimmerstand bezeichnet) wird über einen Ablauf an jedem der sechs Vergaser eingestellt. Der überlaufende Kraftstoff gelangt so in die Schwimmerkammern zurück und von dort erneut in den Kreislauf.

Ein Weber 40 IDA-Vergaser, wie er in den 911er Motoren von Mitte 1966 bis 1969 zum Einbau kam.

Der mechanische Drehzahlmesserantrieb und Nockenwellenantrieb der frühen (auf dem Motortyp 901 basierenden) Rennmotoren, bevor Porsche auf die Verwendung elektronischer Drehzahlmesser vertraute.

Die rechte Motorseite eines Carrera 6-Motors Typ 901/20 (Zylinder 4 bis 6): Auffallend sind hier der Drehzahlmesserantrieb am hinteren Nockenwellenende und das Ölfiltergehäuse, das dort sitzt, wo bei den Serienmotoren der Ölkühler zu finden ist. Foto: Porsche AG

satz zu finden. Eigentlich handelte es sich bei diesem Motor um den Motortyp 901/20 des Carrera 6 bzw. 906, in dem bereits zahlreiche Detaillösungen verwirklicht wurden, die noch jahrelang in Porsche-Wettbewerbsmotoren zu finden waren. Das Triebwerk des Carrera 6 unterschied sich vom Serienaggregat vor allem dadurch, dass fast alle Motorgussteile aus Magnesium statt aus Aluminium gefertigt wurden. Pleuelstangen und Pleuelschrauben bestanden ihrerseits aus Titan. Die geschmiedeten hochverdichtenden Kolben (10,3:1) liefen in speziellen Chromal-Zylindern, einer Alulegierung mit hartverchromter Laufbahn. In die Lauffläche waren feinste Vertiefungen eingearbeitet, durch die der Ölfilm im Zylinder beim Auftreten von hohen Belastungen – wie sie beispielsweise unter Rennbedingungen üblich sind – stabilisiert werden sollte. Die einteiligen Kipphebel waren geschmiedet; das Ventilspiel wurde an Einstelltellern nachjustiert. Die Zylinderköpfe erhielten vergrößerte Ventile und Kanäle sowie eine Doppelzündanlage mit Marelli-Doppelverteiler. Die Gemischaufbereitung erfolgte beim Carrera 6 durch Weber 46IDA-3C-Vergaser. Das Kühlgebläse des Carrera 6 wurde auf 226 mm Durchmesser verkleinert und lief wie bei den Serienmodellen mit 1,3-facher Kurbelwellendrehzahl. Da im Renneinsatz höhere Dauerdrehzahlen als bei Serienmotoren erreicht werden, war Porsche der Auffassung, dass das normale Gebläse mehr Kühlluft als nötig lieferte. Folgerichtig schrumpfte der Durchmesser für den Straßenbetrieb von 250 auf 226 mm.

Der Motortyp 901/02

Die Erfahrungen aus dem Bau des Carrera 6 flossen auch in die Entwicklung des Serien-911 S ein, der mit dem Motortyp 901/02 Ende 1966 als Modell 1967 debütierte. Vom normalen 911er Motor hob sich das neue Aggregat durch höhere Verdichtung, größere Ventile und Kanäle sowie geänderte Steuerzeiten ab.

Die Kurbelgehäuse des 911er Motors

Das Sandguss-Aluminiumgehäuse, wie es in den Motoren ab dem Baumuster 901/01 verwendet wurde, bis 1968 auf ein neues Kurbelgehäuse umgestellt wurde.

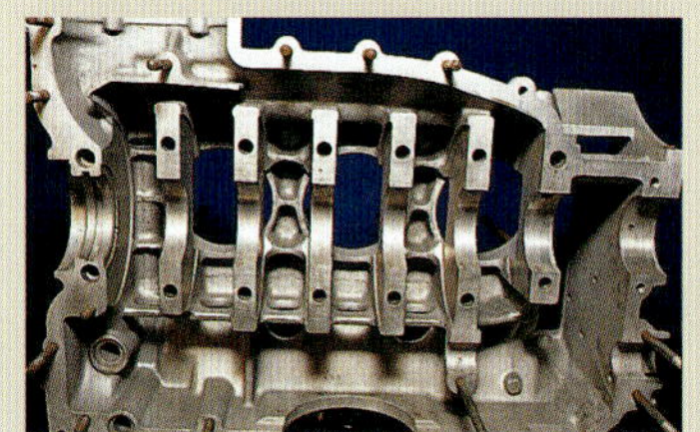

Blick ins Innere des Sandguss-Alukurbelgehäuses.

Kurbelgehäuse aus Magnesium-Sandguss waren nur in den Rennmotoren Typ 906 und 910 zu finden. Der 906 basierte als erstes Rennaggregat konstruktiv auf dem 911er Motor und erhielt eines von nur zwei je entwickelten speziellen Rennkurbelgehäusen; für alle anderen Porsche-Rennmotoren wurden Serienkurbelgehäuse angepasst.

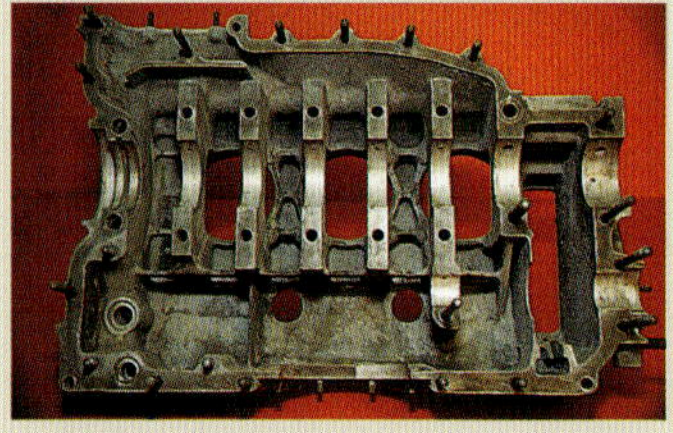

Das Innenleben des Sandguss-Magnesium-Kurbelgehäuses der Motorbaumuster 906 und 910.

Das erste einer langen Reihe von Kurbelgehäusen aus Magnesiumguss wie es im Frühjahr 1968 in Serie ging. Mit diversen Überarbeitungen wurde es bis zum 2,7-Liter-911 von 1977 verbaut.

In den frühen Magnesium-Kurbelgehäuse war noch kein hinteres Zwischenwellenlager vorgesehen; der hintere Wellenlagerzapfen läuft hier – wie beim Alugehäuse – direkt im Gehäuse.

Ab 1970 lief der hintere Zwischenwellenlagerzapfen in einem Gleitlager im Gehäuse. So beseitigte man Probleme mit der Wellenlagerung in Magnesium.

Ölspritzdüsen an den Hauptlagerstegen im Block sorgten ab 1971 für bessere Kolbenkühlung. Die Einschraublöcher für die Zylinderkopf-Stiftschrauben wurden hier durch Gewindeeinsätze verstärkt.

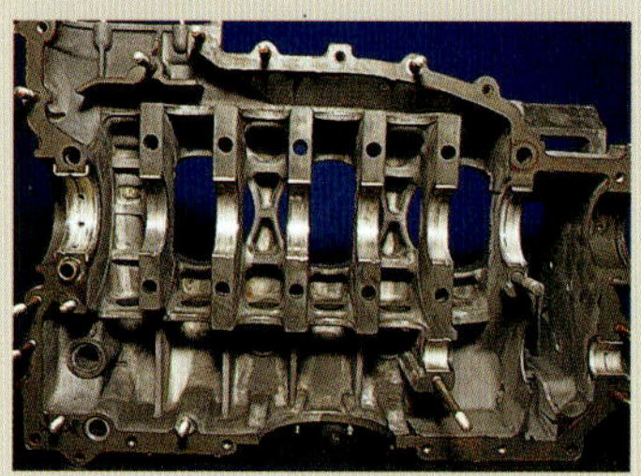

Das Optimum an Steifigkeit bieten die Magnesium-Kurbelgehäuse mit der Gussnummer 901.101.102.7R. Die Hauptlagerstellen sind hier besonders versteift. In der Abbildung sind auch die Lagereinsätze für die Zwischenwelle zu erkennen.

Innen- und Außenansicht der sehr seltenen Alu-Druckguss-version des 7R-Kurbelgehäuses. Das Magnesium-Kurbelgehäuse erwies sich für Langstreckenrennen nicht als standfest genug, daher ließ Porsche diese Sonderausführung entwickeln. Steve Weiner

Diese späteren Kurbelgehäuse 901.101.102.7R wurden sowohl mit den originalen 92-mm-Zylinderaufnahmen als auch mit den späteren 97-mm-Aufnahmen für die 2,7-Liter-Motoren produziert. Gut zu erkennen ist hier die dicke Zylinderfußfläche, die dieses Gehäuse als Kurbelgehäuse 901.101.102.7R mit 92-mm-Aufnahmen ausweist. Die robusten „7R"-Gehäuse sind die optimalen Magnesiumgehäuse für den Aufbau eines 911er Motors mit 2,0 bis 2,4 Litern.

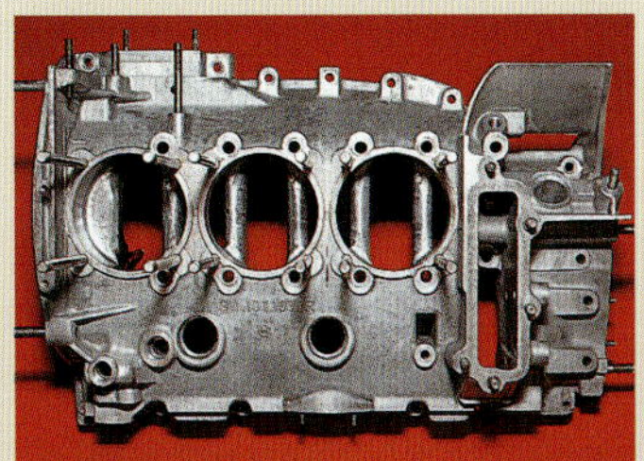

Eine Besonderheit der 3,0-Liter-RS und RSR ist das Kurbelgehäuse aus Alu-Sandguss mit 3 mm größerem Zylinderkopfschraubenabstand.

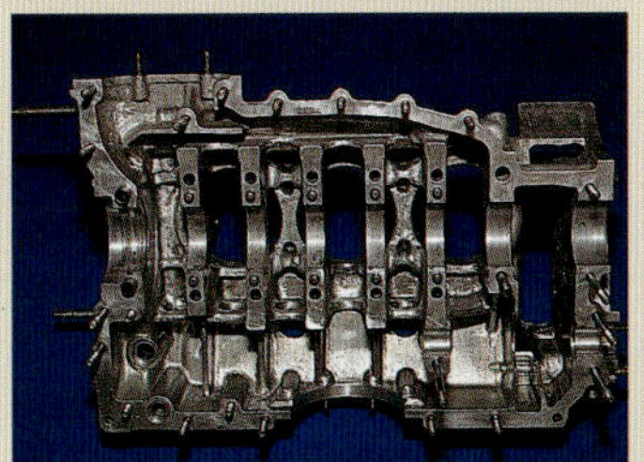

Blick ins Innere des Kurbelgehäuses des 3.0 RS und RSR.

Das 930er Kurbelgehäuse aus Aluminium-Silizium-Legierung (AlSi) wurde für den Turbo neu eingeführt; eine Variante dieses Kurbelgehäuses kam in den späteren Turbo- und Carrera-Motoren zum Einbau.

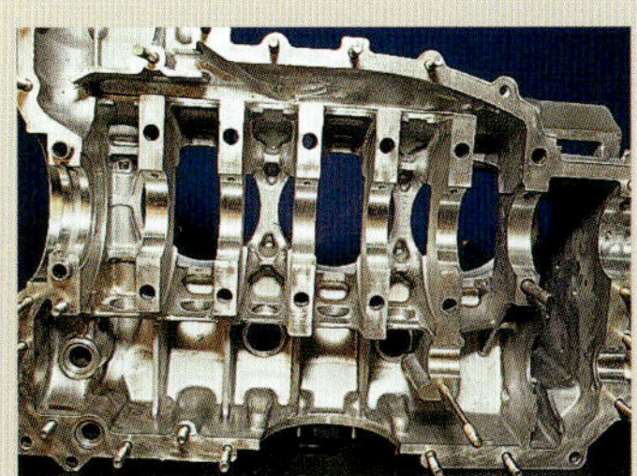

Das Kurbelgehäuse des 930 besteht nicht nur aus einer standfesteren Alulegierung, sondern erhielt auch zusätzliche Versteifungen.

Grund für die 1983 vollzogene Einführung eines geänderten Kurbelgehäuses war, dass die Fertigungswerkzeuge die Verschleißgrenze erreicht hatten. Im Zuge der ohnehin erforderlichen Erneuerung der Werkzeuge wurden alle erforderlichen Modifikationen gleich mit eingeführt.

Innenansicht des Kurbelgehäuses in der überarbeiteten Version von 1983.

Beim Kurbelgehäuse des 964 wurden verschiedene Detailänderungen integriert. Die Zylinderluftleitbleche waren jetzt verschraubt, die Zylinderaufnahmen waren breiter und der Zylinderkopfschraubenabstand wurde entsprechend vergrößert. Auch die Lüfteraufnahme hatte sich geändert.

Blick ins Kurbelgehäuseinnere des 964.

In den beibehaltenen Biral-Zylindern liefen jetzt geschmiedete statt wie im normalen 911 gegossene Kolben. Die Wärmetauscher der Auspuffanlage umschlossen jetzt zwei 3-in-1-Krümmer gleicher Länge.

Die modifizierten Weber-Vergaser 40 IDA-3C aus Aluguss waren bei diesen ersten 911 S-Motoren durch ein seitlich eingeschlagenes „S" hinter der Vergaserbezeichnung zu erkennen. Ab Motor-Nr. 960502 erhielt der 911 S unterschiedliche Vergaser: Auf der rechten Zylinderreihe saßen nun Weber 40 IDS-3C, links 40 IDS-3C1. Zur Verringerung des Massenträgheitsmoments und der Wärmeentwicklung bekam der 911 S außerdem eine Kupplungsdruckplatte aus Aluminium. Die Anpressflächen von Druckplatte und

Steuerkettengehäusedeckel

Der linke Kettengehäusedeckel (Zylinder 1 bis 3) des Motortyps 901/01 mit Aufnahmen für die mechanischen Kraftstoffförderpumpen und Anschluss der Ölleitung für die Nockenwellen-Zentralschmierung.

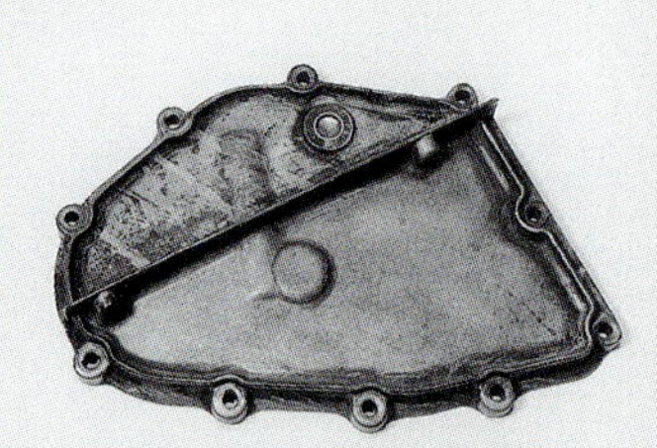

Der linke Kettengehäusedeckel aus Magnesium-Druckguss, der an den meisten Motoren von 1968 bis Ende 1977 Verwendung fand; danach ging Porsche zu Aluminium-Druckguss über.

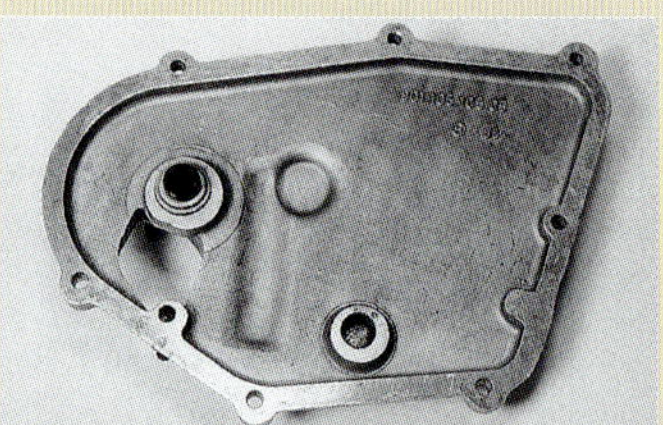

Innenseite des linken Kettengehäusedeckels für den Typ 901/01 mit Axial-Wellendichtring für die Ölzufuhr zur Nockenwellen-Zentralschmierung.

Der linke Kettengehäusedeckel aus Magnesium-Sandguss, wie er in fast allen Rennmotoren auf Basis des 911 zu finden war, die die Nockenwellen-Zentralschmierung beibehielten.

Der linke Kettengehäusedeckel für den Typ 901/05. Die inzwischen nicht mehr benötigten Aufnahmen für die Kraftstoffpumpen und die Nockenwellen-Zentralschmierleitung waren am Gussteil immer noch vorhanden.

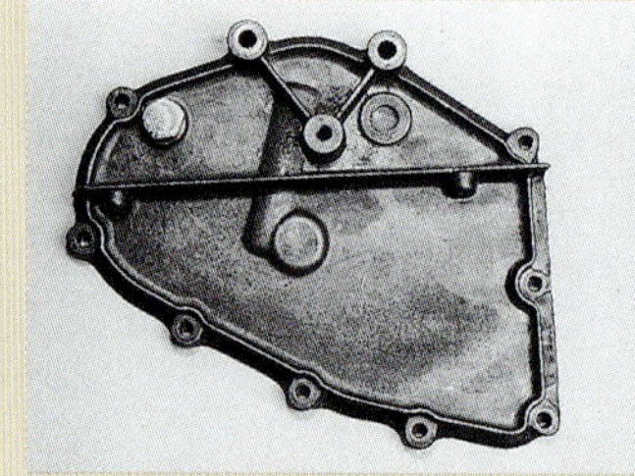

Der linke Kettengehäusedeckel aus Alu-Druckguss, der ab Ende des Produktionsjahres 1977 bis 1984 verwendet wurde, als die Deckel mit Aufnahmen für die Öldruck-Kettenspanner eingeführt wurden.

Der linke Gehäusedeckel für den Typ 901/14 mit Dichtring für die über die Nockenwelle angetriebene Luftpumpe, die ausschließlich in der US-Version 1968 zum Einbau kam.

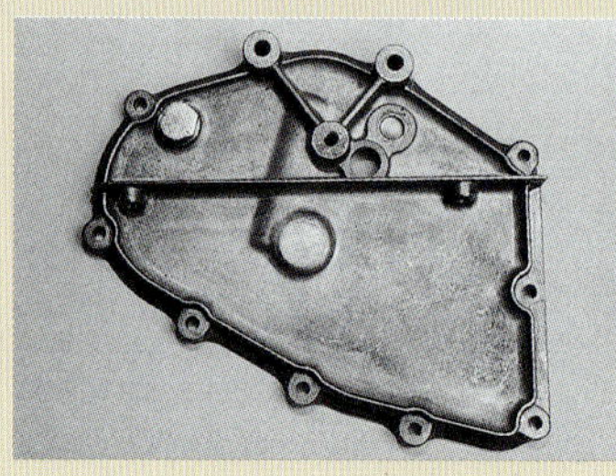

Der linke Aluminium-Kettengehäusedeckel in der seit Einführung des 1984er Carrera montierten Version, mit einer Bohrung und einem Dichtsteg für die Drucköl-Kettenspanner.

Schwungrad trugen eine dünne Bronzebeschichtung für eine optimalere Wärmeableitung und bessere Verschleißeigenschaften der Alu-Druckplatte.

Die Vorzüge der für den 911 S entwickelten Saugrohrvorwärmung konnte nun auch der normale 911 in Anspruch nehmen. Durch die geänderte Auspuffanlage stieg die Motorleistung von 130 auf 140 PS. Damit wäre der Leistungsabstand zwischen dem normalen 911 und dem 911 S aber zu gering geworden; also reduzierte Porsche die Leistung des normalen 911 wieder auf die ursprünglichen 130 PS. Anfangs wurde hierzu am Ausgang des Krümmers zum Auspuffschalldämpfer eine Drossel eingebaut. Ab November 1966 (Modelljahr 1967) wurden neue, zahmere Nockenwellen verbaut, die eine breitere, elastischere Leistungskennlinie ergaben, die Leistung aber auf dem bisherigen Niveau hielten. Die Auspuffdrossel konnte damit entfallen. Dieser neue Motor erhielt die Typenbezeichnung 901/06.

Geänderte Kipphebel zum Modelljahr 1967

Im Laufe des Modelljahres 1967 mussten die geschmiedeten Stahlkipphebel kostengünstigeren Grauguss-Kipphebeln weichen, die als Nebeneffekt bei Defekten im Ventiltrieb zugleich wie ein Scherbolzen wirkten. Falls sich bei den älteren Motoren mit geschmiedeten Kipphebeln die Steuerzeiten – aus welchem Grund auch immer – verstellten, schlugen die Ventile unweigerlich auf dem Kolbenboden auf, wobei meist nicht nur die Ventile, sondern auch die Kolben beschädigt wurden und sich mitunter sogar die Pleuel verbogen. Die Guss-Kipphebel brechen in derartigen Fällen ganz einfach, so dass sich die Schäden noch relativ in Grenzen hielten.

Diese frühen Guss-Kipphebel saßen noch nicht in Bronzebuchsen. Diese Buchsen verhindern ein Fressen, wenn zwei ähnliche Werkstoffe, z. B. Stahl und Gusseisen, aufeinander laufen.

Dieser potenziellen Schwachstelle versuchte Porsche durch spezielle Oberflächenbehandlung der Kipphebelwellen beizukommen. Unglücklicherweise war diese Laufschicht jedoch oft bereits nach relativ geringen Laufzeiten verschlissen. Die Kipphebel ohne Lagerbuchsen wurden dann 1970 durch eine dritte Ausführung ersetzt, die zwar nach wie vor aus Grauguss bestand, aber wieder eine Bronzebuchse aufwies, so dass Festfressen praktisch ausgeschlossen war. Als weitere Änderung zum Modelljahr 1967 erhielten die Nockenwellen-Schmierrohre drei weitere Bohrungen (jetzt also insgesamt 9 pro Rohr). Diese zusätzlichen Spritzbohrungen zeigten nach oben zum Einlassventildeckel und sollten für intensivere Schmierung der Einlasskipphebel sorgen.

1968: Das T-Modell feiert Premiere

1968 erschien der 911 T (T für Touring) mit dem Motortyp 901/03 auf dem europäischen Markt. Dieser neue Motor war als Sparmodell konzipiert; viele seiner Änderungen dienten daher in erster Linie zur Kostensenkung. Er unterschied sich von seinen Vorläufern durch Wegfall der Gegengewichte an der Kurbelwelle, Graugusszylinder, niedrigere Verdichtung und einfache Ventilfedern. Die Ventile waren mit denen des 911 S identisch, die Kanaldurchmesser im Kopf waren jedoch verkleinert und eine Nockenwelle mit zahmeren Steuerzeiten montiert worden, wodurch eine sehr durchzugsstarke Leistungskurve entstand. Obendrein erhielt der 911 T mit dem 40 IDT-3C eine neue Version des Weber-Vergasers.

Weitere Modifikationen hielten im Laufe des Modelljahres 1968 Einzug in die Serie: Vor allem wurden einteilige Gleitschienen aus Gummi bzw. Weichkunststoff (eine „Verbesserung" von im Nachhinein eher zweifelhaftem Wert) als Ersatz für die von 1965 bis 1967 verwendeten aluminiumbeschichteten Kunststoff-Schienen eingeführt. Alle Modelle erhielten außerdem neue geschlossene Ketten-

Versteifungen waren im rückwärtigen Schwungradbereich auf der linken Motorseite (Zyl. 1 bis 3) notwendig geworden. Bei der älteren Kurbelgehäuseausführung fehlten diese Versteifungen noch fast völlig.

Die späteren Kurbelgehäuse 901.101.101.7R waren im Schwungradbereich separat versteift.

Ein Weber-Vergaser 40 IDS mit Anreicherungsrohr für hohe Drehzahlen, das zusätzlichen Schutz für den Motor bieten sollte.

Ein Weber-Vergaser 40 IDA ohne Anreicherungsrohr für hohe Drehzahlen. Die Vergaserkonstruktion war grundsätzlich identisch, nur entfiel dieser Gemischanreicherungskreis.

spanner statt der bisherigen offenen Ausführung. Ab Motor-Nr. 4080733 besaßen die Weber-Vergaser 40 IDS-3C als zusätzliche Schutzmaßnahme für den Motor eine zusätzliche Gemischanreicherungseinrichtung für hohe Drehzahlen.

Dieses System lieferte bei hohen Drehzahlen ein überfettetes Gemisch, um schädlichem Klingeln vorzubeugen, trug darüber hinaus aber nicht zur Leistungssteigerung bei. Außerdem bestanden nun alle wichtigen Motorgussteile nicht mehr aus einer Sandguss-Aluminiumlegierung, sondern aus Magnesium-Hochdruckguss. Ab dieser Umstellung nach Beginn des Modelljahres 1968 wurden die Gussteile für Kettengehäuse, deren Deckel, Motorentlüftung und Ventildeckel aus Magnesium gefertigt. Der Lüfter – jetzt ebenfalls aus Magnesium-Druckguss – kam nun auf 245 mm Durchmesser, lief aber mit unveränderter Antriebsübersetzung von 1,3:1. In diesem Zuge wurde auch die Zahl der Haltebolzen für die unteren Ventildeckel von sechs auf elf erhöht, um die Ölundichtigkeiten in den Griff zu bekommen – leider vergeblich. Im Frühjahr 1968 wurde auch das Kurbelgehäuse auf Magnesium-Druckguss umgestellt.

Zur Abstimmung auf das neue Sportomatic-Getriebe hielten neue Motorenbaumuster Einzug – der Typ 901/13 für den 911 T, Typ 901/07 für den normalen 911 und Typ 901/08 für den 911 S. Diese neuen Triebwerke besaßen alle zusätzlichen Anbauten, Unterdruckleitungen sowie die externe Ölpumpe für das Sportomatic-Getriebe. In den USA waren 1968 lediglich zwei Versionen des normalen Porsche-Motors lieferbar – Typ 911/14 für das Schaltgetriebe und Typ 901/17 für die Sportomatic. Um die USA-Abgasvorschriften erfüllen zu können, bekamen sie zusätzliche Lufteinblaspumpen, einen Verteiler mit Unterdruckdose und ein Drosselklappen-Winkelventil und unterschieden sich darin von den Motoren für den Rest der Welt.

Das Modell 1969: Jetzt mit Einspritzanlage

Im Jahr 1969 fand sich bei den Serienmodellen in Form des 911 E und 911 S erstmals eine mechanische Einspritzanlage. Zuvor war bereits 1966 der 906 E mit einer Einspritzversion des Carrera 6-Motors (Typ 901/21) erschienen, die dank der mechanischen Bosch-Einspritzanlage eine Leistungssteigerung von 210 auf 220 DIN-PS bewirkte. 1969 kamen auch die Serienmodelle in den Genuss dieser Weiterentwicklung und setzten damit nicht nur mehr PS frei, sondern konnten dank präziserer Kraftstoffdosierung auch die 1969er US-Abgaswerte problemlos einhalten. Das Grundprinzip der Einspritzanlage stammte aus dem Motor des 906 E, die Sechsstempel-Einspritzpumpe mit drehzahlabhängig arbeitendem Raumnocken war jedoch völlig überarbeitet worden. Der Raumnocken regelt die Fördermenge in Abhängigkeit von der Gaspedalstellung und der Motordrehzahl, so dass sich die Verbrauchswerte und der Durchzug aus niedrigen Drehzahlen heraus spürbar verbessern.

Die Einlass- und Auslassventile des 911 E, der den normalen Motor des Einsteiger-911 ablöste, entsprachen denen der S- und T-Variante von 1968. Für den Weltmarkt liefen jetzt der Motortyp 901/09 für das Schaltgetriebe und der 901/11 für die Sportomatic

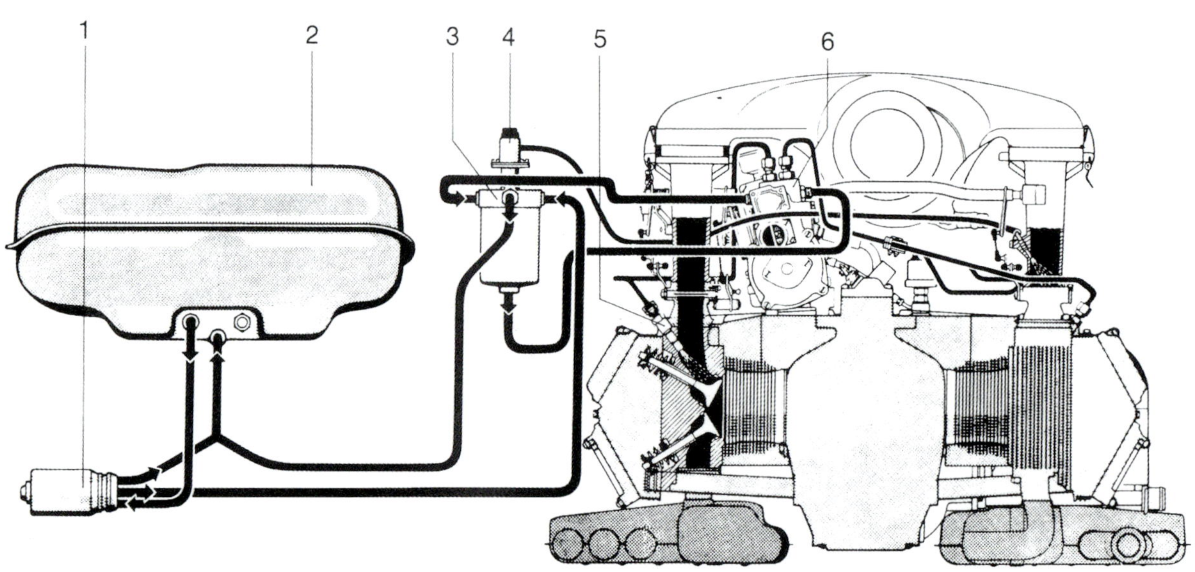

1. **Benzinpumpe**
2. **Benzintank**
3. **Benzinfilter**
4. **Kaltstart-Anreicherungsmagnet**
5. **Einspritzventil**
6. **Einspritzpumpe**

Schemazeichnung der mechanischen Einspritzanlage der Serien-911 von 1969 bis 1976 mit 2,7- Liter-Carrera-Motor („Rest der Welt"-Version): Der Kraftstoff wurde von einer elektrischen Benzinpumpe über einen druckgeregelten Bypass-Kreis zur mechanischen Einspritzpumpe gefördert. Die mechanische Pumpe versorgte dann alle sechs Zylinder mit dem exakt dosierten Gemisch. Ein zusätzlicher Kaltstartkreis spritzte Kraftstoff zur Kaltstartanreicherung in das Saugrohroberteil ein.

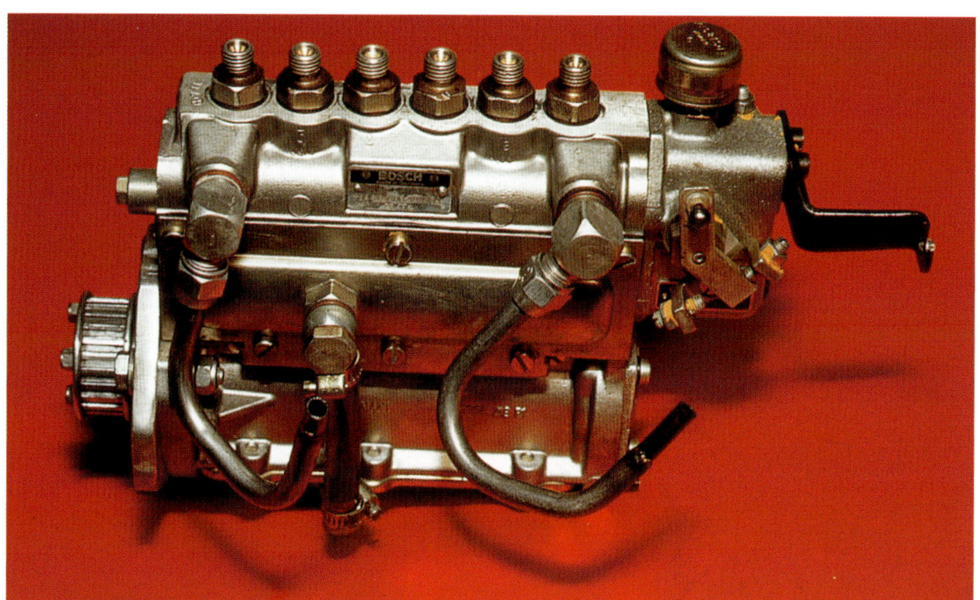

Die mechanische Bosch-Einspritzanlage des Motors 901/21 für den 906 E und 910: eine einfach aufgebaute Reiheneinspritzpumpe mit normaler Drehzahl- und Drosselklappenstellungsregelung.

Die Schieber-Ansaugkrümmer des Motorbaumusters 901/21 für den 906 E und 910.

Der Riemenantrieb der 906 E- und 910-Einspritzmotoren (Typ 901/21): Porsche entwickelte eigens für diese Version spezielle Nockenwellen mit einer Verlängerung, in der die Scheibenfedernut für das Gilmer-Antriebsrad des Einspritzpumpen-Zahnriemens saß.

als Grundmodelle vom Band. Die Steuerzeiten des 911 E entsprachen denen des normalen 911 und des 911 L. Die Nockenwellen des 911 E stammten aus dem 901/06 – zumindest die rechte; für die linke Seite war eine Neukonstruktion mit Riemenantrieb der mechanischen Einspritzanlage notwendig.

Die größeren Ventile und die Doppelreihen-Sechsstempelpumpe von Bosch brachten einen Leistungszuwachs von den 130 PS des normalen 911 auf 140 PS beim 911 E und verhalfen dem E-Modell zu wesentlich besserem Durchzug und mehr Leistung im unteren Drehzahlbereich.

Das Modell 1969 des 911 S mit Einspritzanlage erhielt abermals größere Ventile, die nun die gleichen Maße wie beim 906 (Typ 901/20) hatten. Dank der größeren Ventile und der Bosch-Sechsstempelpumpe kletterte die Leistung von 160 auf 170 DIN-PS. Die Aluminium-Kupplungsdruckplatte war jetzt eisenbeschichtet, nachdem sich die Bronzeschicht auf Druckplatte und Schwungrad des 911 S als nicht standfest genug erwiesen hatte. Auch vom Schwungrad verschwand die Bronzebeschichtung. Weltweit war nur noch ein einziges 911 S-Motorenbaumuster lieferbar: der Typ 901/10.

Für den US-Markt wurde der 911 T-Motor als Typ 901/16 für das normale Getriebe und als Typ 901/19 für die Sportomatic geliefert. Bis auf die durch die US-Abgasnormen bedingten Besonderheiten entsprachen die technischen Daten denen des 1968er 911 T-Motors für Europa (Typ 901/03).

1969 spendierte Porsche auch der T-Version statt der einzelnen endlich doppelte Ventilfedern, wie sie bereits bei allen anderen 911 zu finden waren. Der 911 E und der 911 S erhielten die leistungsfähigere Bosch-Hochspannungs-Kondensatorzündanlage, für deutlich bessere Laufeigenschaften (später auch als Umrüstsatz für den 911 T). Zündkerzenausfälle gehörten damit praktisch der Vergangenheit an.

Um mit der höheren Wärmeentwicklung im potenteren 911 S fertigzuwerden, saß nun im rechten Vorderkotflügel ein zusätzlicher Ölkühler. Dieser Ölkühler öffnete über einen Thermostat bei 83 °C. Bei späteren Modellen variierte die Thermostat-Öffnungstemperatur zwischen 83 und 87 °C.

Bei der Bosch-Doppelreihen-Einspritzpumpe des 911 E und 911 S wurde im Prinzip die Technik des Rennmodells 906 E auf die Serienmodelle übertragen, allerdings mit wesentlich verbesserter Einspritzpumpe mit motordrehzahlabhängig arbeitendem Raumnocken. Der Raumnocken regelt die Fördermenge in Abhängigkeit von der Gaspedalstellung und der Motordrehzahl, was spürbar bessere Verbrauchswerte und spritzigeren Durchzug aus niedrigen Drehzahlen ergibt. Neben der verbesserten Performance gelang es Porsche dank präziserer Kraftstoffdosierung auch die für 1969 geltenden US-Abgaswerte zuverlässig einzuhalten.

Schnittmodell der Straßenversion der Bosch-Einspritzpumpe.

Der Raumnocken der mechanischen Bosch-Doppelreihen-Einspritzpumpen.

Zur Bewältigung der stärkeren Wärmeentwicklung des leistungsgesteigerten 911 S saß ab 1969 ein Ölkühler im rechten Vorderkotflügel. Der Ölumlauf durch diesen externen Kühler wurde über einen Thermostat im Motorraum geregelt, der in der Rücklaufleitung zum Öltank saß. Kletterte die Öltemperatur über 87 °C, wurde das Öl erst nach vorne durch den Kühler und von dort zum Öltank zurückgeleitet. Diese Ausführung des vorderen externen Ölkühlers blieb von 1969 bis 1971 in Produktion.

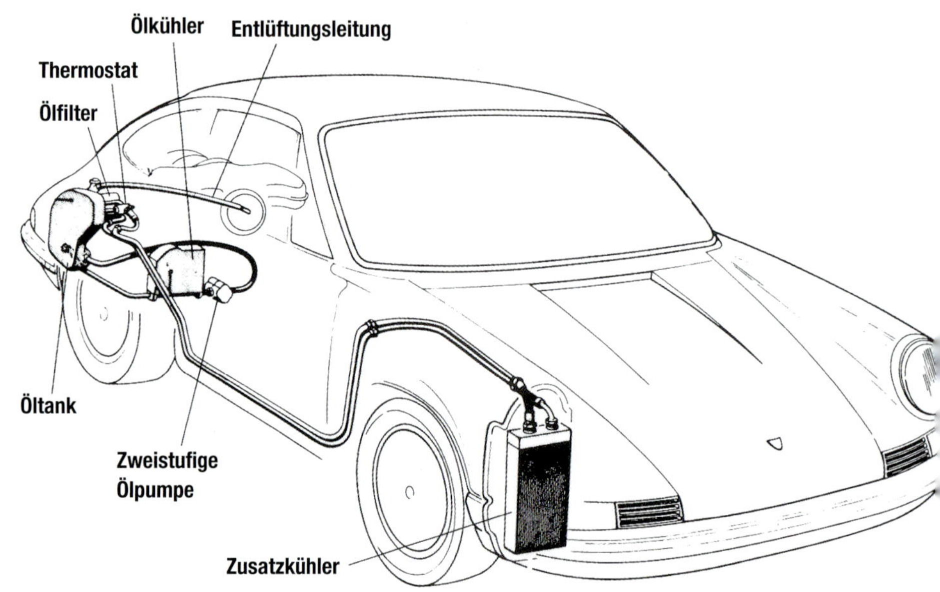

1970: Ein Jahr der Veränderungen

Das Modelljahr 1970 stand abermals im Zeichen tiefgreifender Änderungen am 911er Motor. Durch Vergrößerung der Bohrung von 80 auf 84 mm erreichte der Hubraum ein Volumen von 2,2 l (2195 ccm). Die Ventildurchmesser betrugen jetzt einheitlich bei allen Zylinderköpfen 46 mm (Einlass) bzw. 40 mm (Auslass). Lediglich durch den Kanaldurchmesser unterschieden sich die T-, E- und S-Modelle voneinander. Die fast hemisphärischen Brennräume waren nun etwas flacher und erhielten zur Anpassung an die größeren Ventile und die größere Bohrung eine kompaktere, flachere Brennraumform mit größerem Durchmesser (dadurch verschwand auch die Klingelneigung). Die Zwischenwelle bekam an ihrem vorderen Ende eine zusätzliche geteilte Lagerbuchse, da sich die Lagerung in Magnesium als weniger geeignet erwiesen hatte. Am anderen Ende lief die Zwischenwelle bereits in Lagerschalen, nachdem Porsche bei der Umstellung auf das Magnesiumgehäuse hier ein Axiallager zur Führung der Welle und Einstellung des Axialspiels vorgesehen hatte. Bei älteren Motoren musste das Axialspiel mittels Beilagscheiben eingestellt werden. Außerdem war das Zündkerzengewinde nunmehr direkt im Aluminiumkopf eingeschnitten; die Helicoil-Einsätze entfielen, da sie den tatsächlichen Wärmewert der Kerzen unkontrollierbar beeinflussten. Unter Beibehaltung der Abmaße für Schwungrad und Kupplungsglocke wurde die Kupplung von 215 auf 225 mm Durchmesser vergrößert und eine robustere Mitnehmerscheibe in gezogener Ausführung montiert.

Beim Modell 1970 tauchten außerdem erstmals die CE-Kopfdichtungen auf. Bei dieser Ringdichtungskonstruktion umschließt ein dünner C-förmiger Metallring eine Schlauchfeder. Die Dichtung liegt in einer entsprechenden Nut im oberen Zylinderflansch. Ab 1970 wurde die CE-Dichtung in allen 911er Serienmotoren und fast allen Rennmotoren bis 3 Liter Hubraum montiert. Erst ab 1978 verzichtete Porsche beim 911 Turbo ganz auf die Kopfdichtung. Auch der 1984 neu eingeführte 3,2-Liter-Carrera kam ohne Kopfdichtung aus.

1970 brachte obendrein eine Leistungssteigerung bei allen drei 911er Versionen (T, E und S): Im 911 T saß mit dem Zenith 40 TIN ein neuer Vergaser sowie die bereits 1969 beim 911 E und S eingeführte Hochspannungs-Kondensatorzündung. Alle Motorbaumuster bekamen zudem neue verstärkte Pleuel mit verstärktem Fuß und längeren Schrauben. Sämtliche Motor-Typbezeichnungen wurden von 901 auf 911 umgestellt, der 911 T für Europa wurde jetzt mit dem Typ 911/03 (Schaltgetriebe) bzw. 911/06 (Sportomatic) geliefert. Die T-Triebwerke nach US-Abgasnorm hießen 911/07 (Schaltgetriebe) bzw. 911/08 (Sportomatic). Sie verfügten zur Abgasentgiftung über eine Leerlaufgemischabmagerung und ein Schubabschaltventil. Die Motoren des 911 E und S standen nach wie vor als weltweit vertriebene Einheitsversionen im Programm. Der Motor des 911 E hieß jetzt Typ 911/01 (Schaltgetriebe) bzw. 911/04 (Sportomatic), der des 911 S nunmehr Typ 911/02.

Eine grundlegende Neuheit des Modelljahres 1970 war der 914/6 mit dem technisch identischen Motor des 911 T von 1969. Die Motoren des 914/6 hießen für Europa Typ 901/36 (Schaltge-

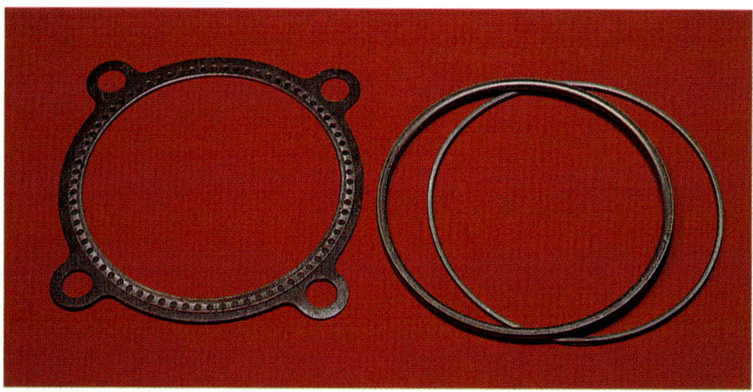

Die Zylinderkopfdichtungen der frühen Serienmodelle: Links die 2,0-Liter-Version, rechts die CE-Ringdichtung, die von 1970 bis 1984 (bis zum Debüt des Carrera 3,2) verbaut wurde.

Ein 911 SC-Zylinder mit Nut für die CE-Kopfdichtung.

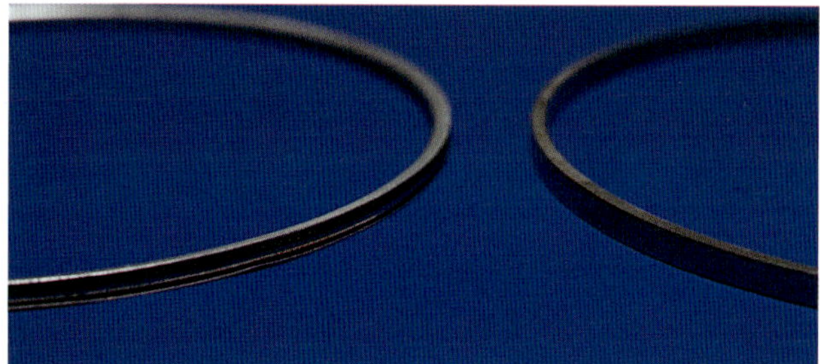

Nahaufnahme der CE-Kopfdichtung (links) und der Spezialdichtung (rechts), wie sie in diversen Rennmotoren und Turbo-Rennmotoren verwendet wurde.

Ein Zylinder eines 935 mit Ni-Resist-Ringdichtung. An Zylinder und Zylinderkopf müssen entsprechende Passflächen für den Sitz dieses Dichtrings vorhanden sein. Dies erfordert neue Zylinder ohne CE-Ringdichtung, da die CE-Ringnut größer als die für diesen Spezialdichtring benötigte Nut ist.

triebe) bzw. 901/37 (Sportomatic), für die USA Typ 901/38 (Schaltgetriebe) bzw. 901/39 (Sportomatic). Dieser Motor blieb während der gesamten Produktionszeit des 914/6 unverändert, mit einer Ausnahme: Ab Modell 1971 saßen im Kurbelgehäuse Spritzdüsen zur Kolbenkühlung. Für den 914/6 wurde außerdem eine 2,4-Liter-Version des 911 T-Motors entwickelt (Typ 911/58) – diese Version ging aber nie in Serie.

Auch die Motoren der Rennversionen des 911 profitierten 1970 von einer Hubraumerhöhung. Bis dahin gab es lediglich zwei Versionen der 2-Liter-911er im Rennbetrieb: der kleinere Rallye-Motor Typ 901/30 mit Weber 46 IDA-Vergasern und Nockenwellen des 911 S, der es auf 150 DIN-PS brachte, sowie der Typ 901/22 (auch als 911 R bezeichnet), der dem Carrera 6 ähnelte und 210 DIN-PS bei 8000/min abgab. Auch unter der Haube des Rennmodells 911 R saß der Motortyp 916. Dieser Typ basierte auf dem 911, wartete aber mit kettengetriebenen obenliegenden Doppelnockenwellen (insgesamt also vier) auf und entwickelte 230 DIN-PS bei 9000/min; für den Alltagsfahrbetrieb war er aber eindeutig zu hochgezüchtet. Daneben existierten zwei Versionen der 2,0-Liter-Rennmotoren für den 914/6: Der Typ 901/25 war eine Weiterentwicklung des Carrera 6 und kam mit seinen Weber 46 IDA-Gemischfabriken auf 210 DIN-PS bei 7800/min und ein max. Drehmoment von 206 Nm bei 6200/min. Der zweite Motor war für den Rallye-Einsatz vorgesehen und leistete 180 DIN-PS bei 5200/min und einem Drehmoment von 178 Nm bei 5200/min. Er war mit den Nockenwellen des 911 S und Weber 40 IDS-Vergasern bestückt.

Mit der 1970 vollzogenen Hubraumvergrößerung auf 2195 ccm rangierte der 911 nunmehr in der Rennwagenklasse von 2,0 bis 2,5 Litern. Bei Fahrzeugen dieser Klasse durfte der Hubraum bis zum Klassenlimit gesteigert werden, sofern dazu lediglich die Bohrung vergrößert wurde. Damit begann die Ära der großvolumigeren 911er Renntriebwerke.

Im ersten Schritt wurde die Bohrung um 1 mm auf 85 mm und damit der Hubraum auf 2247 ccm vergrößert. Die Nockenwellen stammten vom Carrera 6, der Ventildurchmesser entsprach der Serie. Diese Motoren existierten in zwei Baureihen, dem Typ 911/20 mit mechanischer Sechsstempelpumpe und dem Typ 911/22 mit Weber 46 IDA-Vergasern. Beide Motoren leisteten nach Werksangaben 230 DIN-PS. Als nächste Evolutionsstufe entstand der Typ 911/21 mit 87 mm Bohrung und 2380 ccm Hubraum, womit die Leistung schon 250 DIN-PS bei 8000/min betrug. Bis auf die größere Bohrung blieb dieser Motor gegenüber dem Typ 911/20 unverändert.

Die letzte Version dieser Sechszylinderaggregate – der Typ 911/73 – wurde übrigens erst nach Einführung und Renneinsatz der langhubigeren Motoren entwickelt und kam mit 89 mm Bohrung und 66 mm Hub auf 2466 ccm Hubraum. Die Leistung lag bei 275 DIN-PS bei 8000/min. Ermöglicht wurde die neuerliche Bohrungsvergrößerung durch Verwendung neuer dünnwandiger Nikasil-Aluminiumzylinder, die ursprünglich im Jahr 1971 für das Rennmodell 917 entwickelt worden waren. Diese verrippten Nikasil-Zylinder bestehen aus einer Schleuderguss-Alulegierung und tragen in den Bohrungen eine dünne Nickel-Siliziumkarbidbeschichtung. Vorteile: Die dünnere Beschichtung ließ größere Bohrungen

Der 210 PS starke 2,0-Liter-Rennmotor Typ 901/22 des 911 R entsprach in seinen technischen Daten weitgehend dem 906, basierte jedoch großenteils auf Serienkomponenten.

bei gleichem Zylinderkopfschraubenabstand zu, die Zylinder sind extrem verschleißbeständig, und die geringere Reibung und bessere Dichtwirkung der Kolbenringe bewirken sogar noch eine geringfügige Mehrleistung.

1971 blieben die Serienmotoren unverändert, abgesehen davon, dass Ölspritzdüsen zur besseren Kolbenkühlung nun in den Hauptlagerstegen im Kurbelgehäuse angeordnet wurden. Sie wurden von der Hauptölgalerie gespeist und spritzten Öl von unten gegen die Kolbenböden. Die Ölzufuhr zu den Spritzdüsen wurde durch ein Rückschlagventil geregelt, das erst bei einem Öldruck von 3 bis 3,8 bar öffnete. Mit diesen Spritzdüsen sank die Kolbenbodentemperatur um 50 °C.

1972: Abermals mehr Hubraum

Für die Änderung des Hubraums auf 2,4 Liter (2341 ccm) verlängerten die Konstrukteure den Hub von 66 auf 70,4 mm, indem der Kurbelwellen-Lagerzapfendurchmesser außermittig von 57 auf 52 mm reduziert und die Lagerzapfen dafür von 22 auf 24 mm verbreitert wurden, so dass die spezifischen Lagertragzahlen unverändert blieben. Aufgrund des geringeren Lagerzapfendurchmessers waren auch modifizierte Pleuel nötig. Sie wurden um die Hälfte der Hubverlängerung (2,2 mm) verkürzt, so dass die Lage des Kolbenbolzens im Kolben unverändert blieb. Die Zylinder waren mit denen des 2,2-Liter-911 baugleich, zur Senkung der Verdichtung wurde jedoch am Kolbenboden Material abgenommen, um den längeren Hub auszugleichen und durch die etwas niedrigere Verdichtung den Oktanzahlbedarf zu senken. Die Guss-Kurbelwelle ohne Gegengewichte des 911 T entfiel – in allen Motoren rotierte jetzt dieselbe geschmiedete Kurbelwelle.

Die Ventildurchmesser (Einlass 46 mm und Auslass 40 mm) wurden vom 2,2-Liter-Motor übernommen.

Der Übergang zum 2,4-Liter-Motor fiel mit der Umstellung der Kupplungsverzahnung von 13/16x24 Keilnuten, wie sie seit den

Die Kurbelwelle der 2,0- und 2,2-Liter-Motoren.

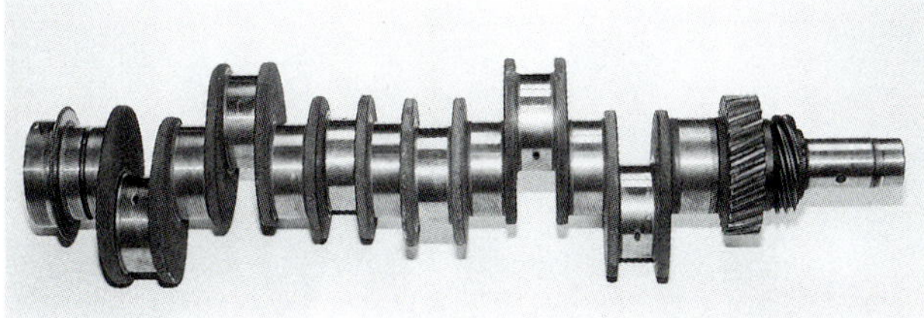

Die Kurbelwelle ohne Gegengewichte, wie sie nur in den 2,0- und 2,2-Liter-Triebwerken des 911 T zu finden war.

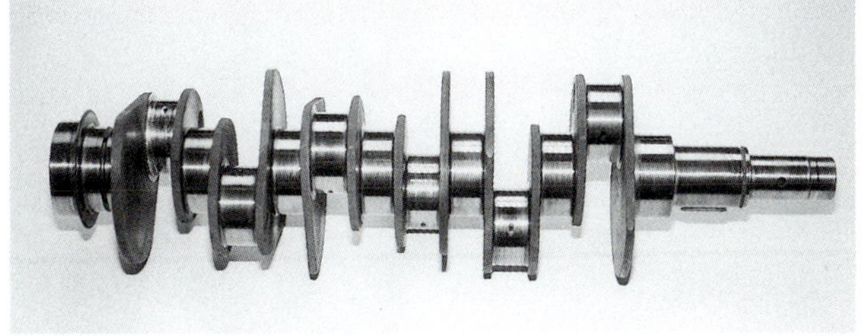

Die Kurbelwelle der Carrera-Motoren mit 2,4 bis 3,0 Litern Hubraum.

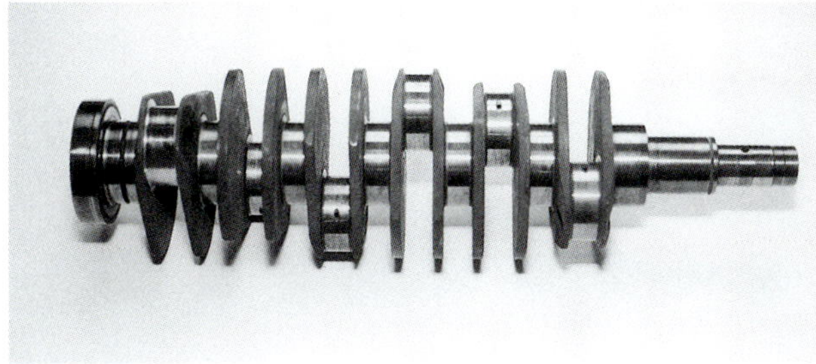

Die Kurbelwelle der 3,3-Liter-Turbo- und der 3,2-Liter-Carrera-Motoren.

Die Kurbelwellen des 964 (links) und des 993 (rechts): Beim 964 waren die Kurbelwangen zu dünn geraten, weshalb die im Betrieb auftretenden Schwingungen durch einen Schwingungsdämpfer am vorderen Wellenende gedrosselt werden mussten. Die Kurbelwelle des 993 wurde daraufhin wieder verstärkt und Gewichtseinsparungen stattdessen an anderen beweglichen Teilen des Kurbeltriebs vorgenommen. Foto: Porsche AG

frühesten VW-Tagen verwendet worden war, auf 7/8 x 20 zusammen (die bis zum 911 Carrera 1986 unverändert blieb). Das 901er Getriebe wich gleichzeitig dem robusteren Getriebe Typ 915, das ebenfalls bis zum 911 Carrera Modell 1986 beibehalten wurde.

Auch der 2,4-Liter-Motor stand in T-, E- und S-Versionen im Programm. Der 911 T-Motor für Europa behielt als Typ 911/57 (Schaltgetriebe) bzw. Typ 911/61 (Sportomatic) die Zenith 40 TIN-Vergaser. Die US-Ausführung des T erhielt zur Erfüllung der strengeren Abgasnormen eine mechanische Einspritzanlage und trug die Typenbezeichnung 911/51 (Schaltgetriebe) bzw. 911/61 (Sportomatic). Die Europa-Vergaserversion brachte es auf 130 DIN-PS, die US-Version mit Einspritzung auf 140 PS. Die Nockenwellen waren in beiden 911 T-Varianten identisch, wiesen allerdings nun etwas unterschiedliche Steuerzeiten auf. Auch die 911 E und 911 S mit 2,4 Litern Hubraum behielten die mechanische Einspritzanlage. Der Motor des E lief ebenfalls mit geänderten Steuerzeiten und leistete jetzt 165 DIN-PS (Schaltgetriebe: Typ 911/52, Sportomatic: Typ 911/62). Der 911 S-Motor erreichte als Typ 911/53 (Schaltgetriebe) bzw. 911/63 (Sportomatic) nunmehr 190 DIN-PS.

1972 verlegte Porsche den Öltank aus der altbekannten Einbaulage hinter dem rechten Hinterrad nach vorne vor das rechte Hinterrad (zwischen Rad und Türsäule). Dies ergab eine bessere Gewichtsverteilung und zusätzlichen Platzgewinn. Neu war bei dieser Konfiguration auch ein modifiziertes Ölfiltergehäuse, das nicht nur zur Filterbefestigung diente, sondern auch ein integriertes Thermostaten und ein Öl-Bypass-Ventil aufnahm. Das Gehäuse ließ sich auch an anderer Stelle im Motorraum anbauen – sehr zur Freude von Motortunern, die für Renn- und Rundstreckenfahrzeuge eigene Ölkreisläufe konstruierten. Der Öleinfüllstutzen dieser Tanks saß im rechten Heckkotflügel (direkt hinter der Tür).

Für den in Kleinstserie aufgelegten 916 entstand eine Sonderversion des 911 S-Motors.

Seine Daten entsprachen denen des 2,4-Liter-Motors im 911 S, Auspuff und Anbauteile wurden jedoch für den Mittelmotoreinbau im 916 modifiziert. Diese Motoren liefen unter der Typennummer 911/56. Die Ausführung der spezifischen Teile für dieses Modell lässt darauf schließen, dass bei Porsche wesentlich höhere Stückzahlen als die dreizehn tatsächlich gebauten 916 geplant waren.

Aus dem 2,4-Liter-Motor entstand zusätzlich eine auf 86,7 mm (was 2492 ccm entsprach) aufgebohrte Rennversion (Typ 911/70),

Mit der Neuplatzierung des Trockensumpf-Öltanks musste der Kühlkreislauf des in der Wagenfront montierten Ölkühlers 1972 umkonstruiert werden.

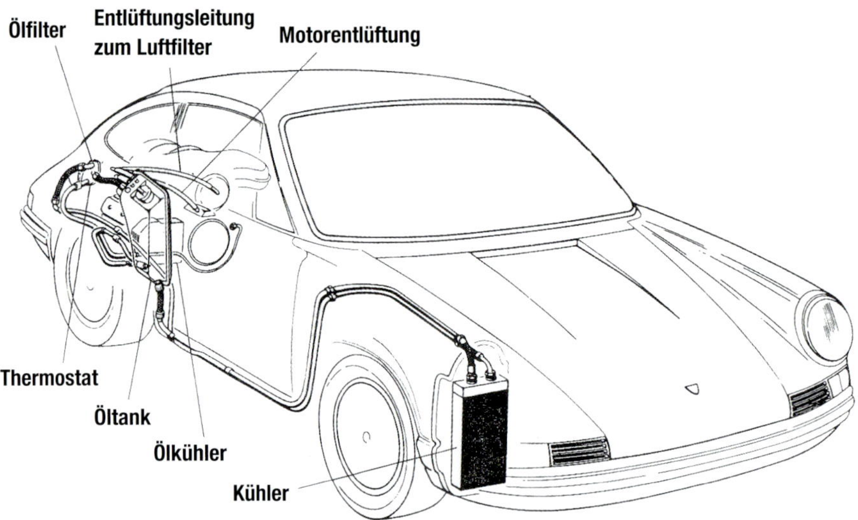

die 270 DIN-PS bei 8000/min und ein maximales Drehmoment von 260 Nm bei 5300/min abgab. Als erstes 911er Rennaggregat erreichte dieser Motor die Hubraumgrenze der 2,5-Liter-GT-Klasse.

Abgasreinigung – das große Thema des Modelljahres 1973

Zum Modelljahr 1973 traten die Motoren des 911 E und 911 S in unveränderter Form auf dem Weltmarkt an. Der 911 T blieb in Europa ebenfalls unverändert, erfuhr in den USA jedoch etliche Änderungen. Zu Beginn des Produktionsjahres 1973 war dieser Typ noch mit mechanischer Einspritzung und gegenüber dem Vorjahr unveränderten Leistungsdaten zu haben. Noch im Januar 1973 stellte Porsche dann aber den 911 T mit der Bosch K-Jetronic-Einspritzanlage vor. Die Verdichtung war nun von 7,5:1 auf 8,0:1 gestiegen, weshalb neue, wesentlich zahmere Steuerzeiten notwendig wurden, da die neue Einspritzanlage sehr empfindlich auf Pulswellen im Ansaugtrakt reagierte. Dies erforderte wiederum Nockenwellen mit minimalen bzw. ganz ohne Steuerzeiten-Überschneidungen. Der Grund für die Einführung dieses Einspritzsystems im 911 T war, dass für Porsche die Einhaltung der US-Abgaswerte immer schwieriger wurde und die rein mechanische Einspritzanlage für dieses relativ preisgünstige Modell viel zu kostenintensiv war. Der neue K-Jetronic-Motor des 911 T erhielt die Bezeichnung 911/91 (Schaltgetriebe) bzw. 911/96 (Sportomatic). Seine Leistung wurde mit 140 DIN-PS (also wie beim Vorgängermodell mit mechanischer Einspritzanlage) angegeben.

1973 wich der Ölkühler im rechten Vorderkotflügel einer Kühlrohrschlange, die, außer bei Fahrzeugen mit Klimaanlage sowie im neuen Carrera RS, jedoch nur als Sonderausstattung lieferbar war. In den neuen Schlangenölkühlern setzte die Kühlwirkung hauptsächlich in den Zu- und Ableitungen ein; die eigentliche Kühlschlange diente nur zur Umwälzung und Rückleitung des Öls zum Tank. Die seit 1969 montierten leistungsfähigeren Aluminium-Lamellenölkühler galten als zu empfindlich für den Alltags-Straßenbetrieb. Vor allem Korrosion durch Streusalz setzte ihnen hart zu.

Der 2,5-Liter-Rennmotor des 911 ST.

In der kalten Jahreszeit blieben die Motoren oft den ganzen Winter so kalt, dass der Thermostat nie den Kreislauf zum vorderen Kühler freigab. Öffnete der Thermostat dann bei wärmerem Frühlingswetter, waren oft böse Öllecks die Folge.

Diese Schwachstelle machte sich vor allem bei den Baujahren 1969 bis 1971 bemerkbar, die noch keine Öl-Bypass-Leitung im externen Kühlerkreislauf besaßen.

1973 kehrte auch der Öltank wieder an seinen ursprünglichen Platz hinter dem rechten Hinterrad zurück. Thermostat und Leitungen zum vorne sitzenden Ölkühler wurden folglich erneut geändert. Der Thermostat saß jetzt am Öltank, wo normalerweise die Ölrücklaufleitung angeschlossen wurde. Weniger erfreulich war, dass Thermostat und Anschlüsse Straßenschmutz und Witterungseinflüssen damit allzu sehr ausgesetzt waren.

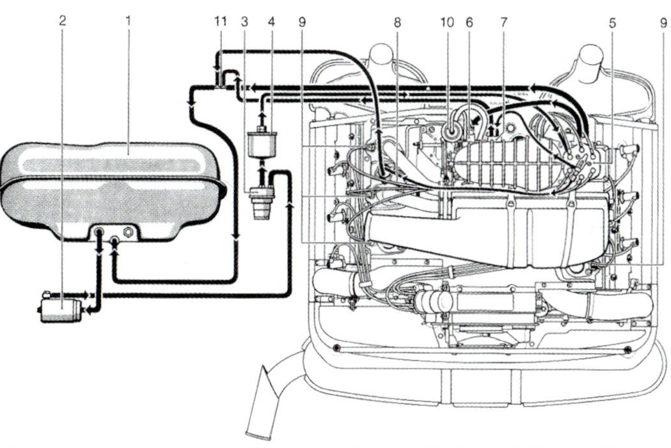

1. Benzintank
2. Benzinpumpe
3. Kraftstoff-Druckspeicher
4. Benzinfilter
5. Kraftstoff-Mengenteiler
6. Start-(Anreicherungs)-Ventil
7. Steuerdruckregler (Drosselklappenstellung)
8. Steuerdruckregler (Warmlaufkompensator)
9. Einspritzdüsen
10. Zusatzlufteinrichtung
11. Benzin-Rücklauf-leitungsanschluss

Schemazeichnung der K-Jetronic-Anlage, wie sie 1973 in der US-Version des 911 T eingeführt wurde.

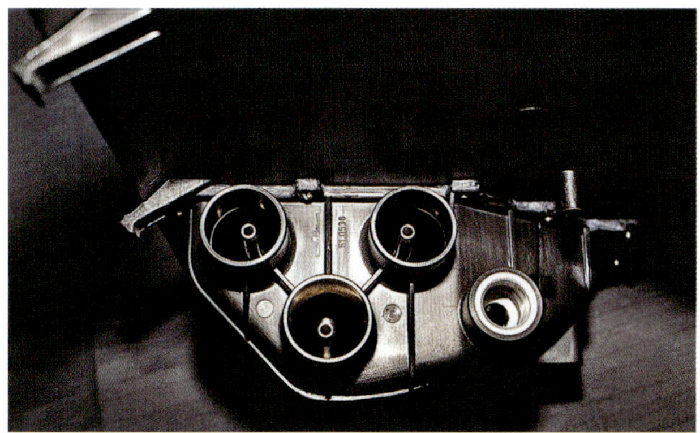

Das Luftführungsgehäuse (Luftansaugkasten) der K-Jetronic. Im Gehäuseinneren wurde zusätzlich ein Kaltstartgemischverteiler untergebracht, der für eine gleichmäßigere Verteilung des Kaltstartgemischs auf die einzelnen Zylinder sorgen sollte. In den früheren Versionen wurde der Kaltstartkraftstoff in das Luftverteilergehäuse eingespritzt.

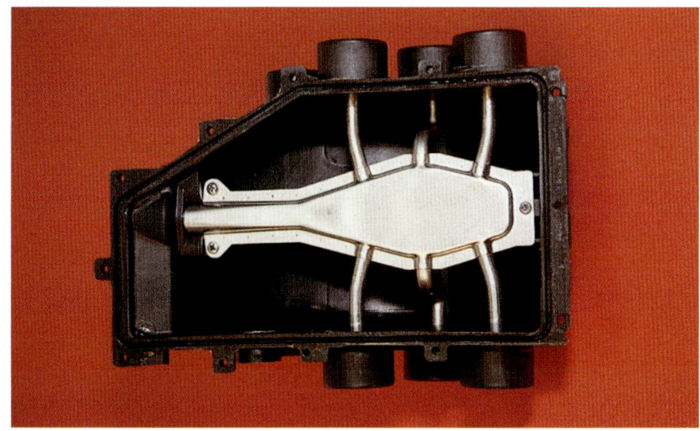

Der Kraftstoffverteiler im Luftführungsgehäuse.

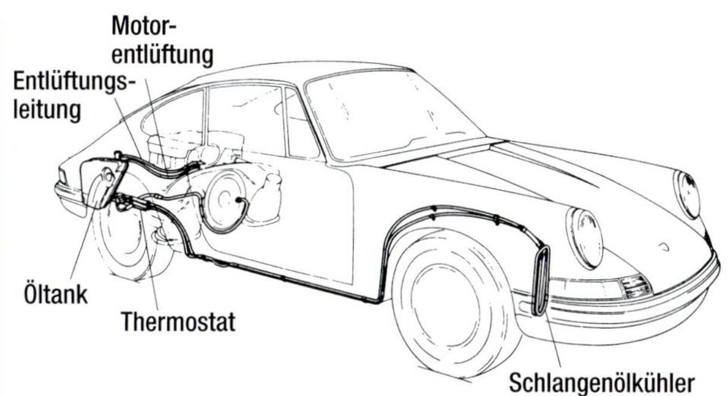

Ab 1973 saß der Öltank wieder an seinem ursprünglichen Platz im hinteren Bereich des rechten Heckkotflügels. Diese Kühler gehörten auch beim neuen Carrera RS zur Serienausstattung.

Der Schlangenölkühler kam ab 1973 im 911 S und Carrera RS zum Einbau. Foto: James D. Newton

Der Carrera RS wird in Kleinserie aufgelegt

Als große Neuerung des Modelljahres 1973 gab es nun wieder einen Carrera – in Form des Carrera RS mit 2,7-Liter-Motor, der übrigens nie in die USA gelangte. Da ohnehin nur eine begrenzte Stückzahl geplant war, versuchte Porsche gar nicht erst, die US-Abgasnormen zu erfüllen. In diesem 2687-ccm-Motor waren die Nikasil-Zylinder erstmals auch in einem Serien-Porsche zu finden. Die Hubraumvergrößerung wurde durch Aufbohren auf 90 mm bei unverändertem Hub von 70,4 mm erreicht. Zusätzlich erhielt das Innere des Kurbelgehäuses Versteifungen auf dem Grund der Hauptlagerstege und am Zylinderfuß.

Der Durchmesser der Zylinderaufnahmen wurde gleichzeitig von 92 mm (dem von den 2,0-, 2,2- und 2,4-Liter-Motoren bekannten Maß) auf 97 mm vergrößert, um die größeren Zylinder unterbringen zu können. Dieses Kurbelgehäuse existierte in zwei Versionen als letzte Ausführung des Magnesiumgehäuses; beide unter der Nummer 901.101.101.7R. Die eine Version war die hier beschriebene Ausführung für den 2,7-Liter-Motor, bei der anderen blieb der Durchmesser der Zylinderaufnahmen bei 92 mm, wodurch sich dieses Gehäuse für alle Motoren von 2,0 bis 2,4 Liter eignete. Der

2,7-Liter-Carrera RS-Motor (Typ 911/83) war mit dem Motortyp 911/53 des 911 S – bis auf die 90-mm-Bohrung und den geänderten Raumnocken der mechanischen Einspritzpumpe – identisch. Die Leistung betrug 210 DIN-PS bei 6300/min.

Als Topmodell kam 1973 außerdem der RSR hinzu, eine Rennversion des Carrera RS mit Motortyp 911/72. Die Bohrung war erneut um 2 mm auf 92 mm (und damit auf einen Hubraum von 2808 ccm) vergrößert worden. Dank der dünnwandigen Nikasil-Zylinder ließen sich bei 92 mm Bohrung zwar 2,8 Liter Hubraum erreichen, damit war beim Magnesium-Kurbelgehäuse mit 80 mm Zylinderkopf-Stehbolzenabstand und 70,4 mm Hub allerdings das Sicherheitslimit erreicht. In den RSR-Motoren kamen Serienpleuel zum Einbau, die in den besonders spannungsbelasteten Bereichen poliert sowie zur höheren Verschleißsicherheit weichnitriert wurden. Auch die Pleuel der 2,0-, 2,2- und eines Teils der 2,4-Liter-Motoren des 911 S wurden aus Gründen der Festigkeit und Zuverlässigkeit weichnitriert. Zur Verstärkung der Kurbelwelle (mit 70,4 mm Hub) für die im Rennbetrieb üblichen hohen Drehzahlen wurde der Übergang zwischen Kurbelwellenlagerzapfen und Gegengewicht bzw. Kurbelwange breit und gleichmäßig ausgerundet. Diese Randausrundungen an der RSR-Welle erforderten wiederum spezielle Pleuellager mit Aussparungen für die Ausrundungen.

Auf den RSR-Motoren mit 2,8 Liter saßen neue Zylinderköpfe mit großvolumigeren, offeneren Brennräumen und 49-mm-Einlass- und 41,5-mm-Auslassventilen. Mit dieser Brennraum- und Ventilvergrößerung verringerte sich der Ventilwinkel auf einen eingeschlossenen Winkel von 55°45‘ (Auslasswinkel 30°15‘ und Einlasswinkel 25°30‘ zur Senkrechten). Der 2,8-Liter-RSR hatte eine mechanische Einspritzanlage (in der Porsche-Szene als „High-Butterfly“-Anlage bekannt) mit eigenem Drosselklappengehäuse. Dieser Motortyp 911/72 brachte es auf 308 DIN-PS bei 8000/min.

Einige RS-Triebwerke entstanden mit 95-mm-Bohrungen (was 3,0 Liter Hubraum ergab) auf den Magnesiumgehäusen mit dem alten Zylinderkopfbolzenabstand von 80 mm. Die Standfestigkeit dieser Triebwerke ließ allerdings etwas zu wünschen übrig, da die Stege um bzw. zwischen den Zylinderaufnahmen zu dünn für die im Rennbetrieb auftretenden Belastungen geworden waren. Der neue

Die „High-Butterfly“-Saugrohre der Einspritzanlage, wie sie im RSR 2,8 Liter und im frühen RSR 3,0 Liter zu finden waren.

Der 3,0-Liter-Rennmotor der 1974er RSR für die IROC-Rennen mit High-Butterfly-Ansauganlage (6 lange Ansaugtrichter).

RSR 3-Liter-Motor (Typenbezeichnung 911/74) debütierte in den USA im September 1973 beim IROC-Rennen in Riverside. Diese neue 3-Liter-Maschine erhielt ein neues, stabileres Aluminium-Kurbelgehäuse, bei dem der Durchmesser der Zylinderaufnahmen auf 103 mm und der Zylinderkopfbolzenabstand auf 83 mm vergrößert worden war, um die voluminöseren Zylinder mit neuen Kolben und Zylinderköpfen unterbringen zu können. Die 49-mm-Einlass- und 41,5-mm-Auslassventile sowie die größeren, offenen Brennräume waren vom RSR 2,8 Liter übernommen worden, die Zylinder und Köpfe wurden jedoch an den größeren Kopfbolzenabstand angepasst. Die Steuerzeiten entsprachen denen des Carrera 6, der Nockenhub wurde bei diesen so genannten Sprint-Nockenwellen dagegen beim Einlass von 12,1 auf 12,2 mm und beim Auslass von 10,5 auf 11,6 mm vergrößert. Darüber hinaus erhielt der 3,0-Liter-RSR eine neue kontaktlose Bosch-Kondensatordoppelzündung (wie sie bereits im 917 Dienst tat). Die Motorleistung wurde mit 316 DIN-PS bei 8000/min angegeben.

Im Spätsommer 1973 wurde einem Teil der Kunden des 2,8-Liter RSR ein Umrüstsatz auf 3 Liter angeboten. Diese Umrüstsätze umfassten ein neues Kurbelgehäuse, neue 95-mm-Kolben und -Zylinder, die Zylinderköpfe für das neue Kurbelgehäuse sowie neue, schärfere Nockenwellen.

1974: Der Carrera hält in den USA Einzug

1974 präsentierte Porsche mit dem Typ 911/75 eine überarbeitete Version des 3-Liter-Motors des RSR. Von seinem Vorgänger hob sich der 911/75 durch eine geänderte Einspritzanlage mit Schieber statt der High-Butterfly-Konstruktion ab. Diese neue Version brachte es auf 330 DIN-PS bei 8000/min und ein maximales Drehmoment von 313 Nm bei 6500/min.

US-Kunden konnten sowohl den Carrera- als auch den 2,7-Liter-Motor ordern – allerdings einen Carrera mit etlichen Abweichungen gegenüber den Versionen für den „Rest der Welt“. In den USA standen 1974 nur zwei Motoren zur Wahl: der 911 und der 911 S. Der Motor des US-Carrera war mit dem des 911 S identisch. Sehr zu ihrem Leidwesen mussten die US-Porsche-Fahrer auch auf den 3-Liter-Carrera mit Motortyp 911/77 verzichten. Diese Motoren waren in Europa als Basis für den 3-Liter-RSR mit den neuen 3-Liter-Köpfen, -Kurbelgehäuse und -Zylindern mit 83 mm Kopfbolzenabstand entstanden. Sie waren 9,8:1 verdichtet, nach wie vor mit einer mechanischen Einspritzanlage ausgerüstet und erhielten die Nockenwellen des 911 S. Der europäische Carrera leistete 230 PS bei 6200/min; sein Höchstdrehmoment betrug 275 Nm bei 5000/min. Genau genommen entstand der 3,0-Liter-Carrera RS in erster Linie zur Homologation der Motor- und Fahrwerksänderungen der 3-Liter-Version für den GT-Renneinsatz – nur wenig mehr als die 100 erforderlichen Exemplare sind je gebaut worden.

1974 waren für die USA die folgenden abgasentgifteten Motoren lieferbar: Standard-911: 150 DIN-PS, Typ 911/92 (Schaltgetriebe) bzw. Typ 911/97 (Sportomatic); 911 S und US-Carrera: 175 DIN-PS, Typ 911/93 (Schaltgetriebe), Typ 911/98 (Sportomatic). Die US-Motoren wurden serienmäßig mit der K-Jetronic bestückt und liefen daher mit wesentlich zahmeren Steuerzeiten. Außerdem kamen Guss- statt der Schmiedekolben (der Carrera-RS-Europamotoren mit 2,7 bzw. 3 Litern) zum Einbau. An den US-Motoren waren sowohl Nikasil- als auch Alusil-Zylinder zu finden. Die Alusil-Zylinder bestanden aus einer speziellen eutektischen 390er Silumin-Legierung (AlSi) mit Spezialkolben mit Ferrocoating-Beschichtung. Durch ein elektrisches Verfahren entstand auf der Alu-Zylinderlaufbahn eine feine Siliziumpartikelschicht, die hervorragenden Verschleißschutz für Kolben und Ringe bot. Überhaupt erwiesen sich die Ferrocoat-Kolben als extrem langlebig und zeigten nur minimalen Einlaufverschleiß. Dieses Verfahren war bereits im 1970er Chevrolet Vega verwendet worden und fand sich in der Folgezeit bei allen 928 sowie den Motoren der 924 S/944/968.

Der im Bug montierte Ölkühler wurde 1974 abermals modifiziert (die neue Thermostat- und Leitungsanordnung hielt sich in der Folge bis Ende 1989, die Ölkühler selbst durchliefen zwischenzeitlich noch mehrere Änderungen). Der Thermostat mit integriertem Überdruck-Bypasskreis saß vor dem rechten Hinterrad, wo er vor Beschädigungen geschützt war (wenn auch nicht unbedingt vor Witterungseinflüssen).

Carrera 3.0 RSR mit Schieber-Einspritzanlage.

Nächster Leistungssprung zum Modelljahr 1974 war die Entwicklung des Carrera RSR Turbo für die Sport-Prototypenrennklasse als Vorbereitung auf die Saison 1976 und die neue Silhouetten-Formel der Gruppe 5. Da nach dem Reglement der CSI (die damalige Sportbehörde des Automobilweltverbandes FISA) für den Hubraum aufgeladener Motoren der Multiplikationsfaktor 1,4 galt, durfte der Porsche-Motor nicht größer als 2143 ccm werden, wenn er als Prototyp noch unter der 3-Liter-Grenze bleiben wollte. So entstand auf Basis des alten Magnesium-Kurbelgehäuses mit Kurbelwelle und Zylinderköpfen des 2,0-Liter-Motors eine neue Variante mit 83 mm Bohrung und 66 mm Hub, was exakt 2143 ccm entsprach. Die Steuerzeiten wurden geändert, der Nockenhub am Einlass und Auslass auf 10,5 mm verringert. Diese Motoren existierten in zwei Versionen: als Typ 911/76 im Carrera RSR Turbo sowie später als Typ 911/78 im 936.

Motorentlüftung

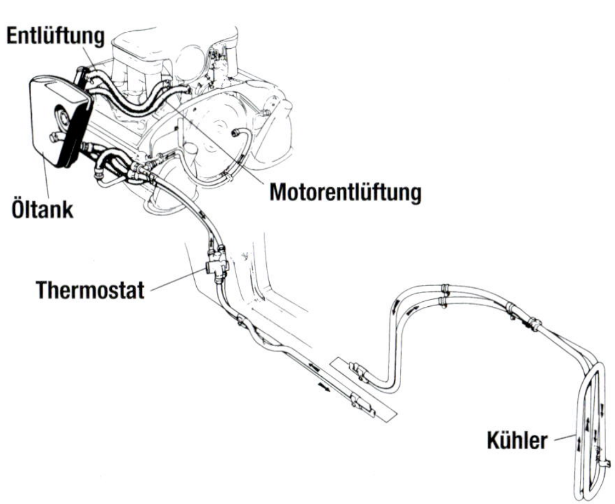

Die gelungenste Bauform der vorne montierten Ölkühler blieb nach ihrer Einführung 1974 bis zum Jahr 1989 Teil der Serie. Anfangs wurde ein Schlangenkühler montiert, 1980 erfolgte die Umstellung auf einen 21-Rohr-Messingkühler und 1985 hielt ein konventionellerer Wärmetauscherkühler Einzug.

Der Messingröhren-Ölkühler, wie er von 1980 bis Juli 1984 in den Europamodellen und von 1983 bis Juli 1984 in den US-Versionen zu finden war. Für die US-Fahrbedingungen dürfte der Messingkühler die wohl optimale Lösung gewesen sein, denn als außerordentlich wirksamer Kühlkörper war er nicht übermäßig auf den Kühlluftstrom angewiesen.

Im Mittelpunkt des Jahres 1975: Die Abgasproblematik in Kalifornien

Für 1975 waren kaum Änderungen an den Serienmodellen vorgesehen, doch erschienen in jenem Jahr erstmals die umstrittenen Thermoreaktoren und die Abgasrückführung für die Kalifornien-Modelle (Schaltgetriebe: Typ 911/44, Sportomatic: Typ 911/49). Sämtliche US-Modelle liefen in diesem Jahr als 911 S. Außer bei der Kalifornien-Version entsprach der Auspuff der anderen US-Modelle den Europa-Ausführungen mit Primärschalldämpfer. Außerdem besaßen alle US-Modelle Lufteinblaspumpen zur Abgasentgiftung. Diese „49-State"-Motoren trugen die Typbezeichnung 911/43 (Schaltgetriebe) bzw. 911/48 (Sportomatic).

Der 2,1-Liter-Motor des Carrera RSR Turbo von 1974. Diese frühe Version des RSR-Turbomotors (Typ 911/76) lief noch mit dem stehenden 226-mm-Kühlgebläse, das bis dato Standard der 911er Rennmotoren war. Das liegende Gebläse der späteren Motoren sorgte bei den heißer laufenden Turbomotoren für eine gleichmäßigere Kühlung. Foto: Porsche AG

Der Motortyp 911/78 des 936 von 1976: Dieser Motor entsprach praktisch dem 911/76 im Carrera RSR Turbo 2,1, doch waren die Anbauteile so angeordnet, dass der Motor im 936 als Mittelmotor montiert werden konnte. Foto: Porsche AG

Außerhalb der USA stand für das Modelljahr eine breite Modellpalette zur Auswahl. Der normale 911 war nach wie vor als Typ 911/41 mit 150 DIN-PS bei 5700/min lieferbar. Der 911 S (Typ 911/42) brachte es auf 175 DIN-PS bei 5800/min. Der 2,7-Liter-Carrera kam als Typ 911/83 mit mechanischer Einspritzanlage weiterhin auf 210 PS bei 6300/min. Außerdem hielt weltweit eine neue Auspuffanlage Einzug – außer bei den Kaliforniern, die eine eigene Auspuffvariante erhielten. Beim neuen „Rest-der-Welt"-Auspuff mündete das neu gestaltete Wärmetauscherpaar in ein Einzelrohr, das über einen Vorschalldämpfer zum Endschalldämpfer führte.

Die herrlichen 3-in-1-Wärmetauscher waren endgültig den US-Abgasbestimmungen und den Geräuschlimits in Europa zum Opfer gefallen. Der Kalifornien-Auspuff bestand ebenfalls aus zwei neuen Wärmetauschern, die jedoch beide von einem Thermoreaktor versorgt wurden. Aus den Wärmetauschern traten die Abgase dann in einen ähnlichen Schalldämpfer mit Doppeleinlass wie bei den 3-in-1-Anlagen ein.

Mitten im Modelljahr 1975 folgte eine weitere interessante Änderung: Die Haltenase der Hauptlager wurde auf die andere Seite des Lagersitzes verlegt. Einige Kurbelgehäuse wiesen daher zwei Nuten für die Haltenasen in den Lagersitzen auf.

Im Laufe des Modelljahres 1975 wanderte die Haltenase an den Hauptlagerschalen auf die gegenüberliegende Seite des Lagersitzes. Aufgrund dieser Änderung wiesen manche Kurbelgehäuse am Lagersitz doppelte Aussparungen für die Haltenase auf.

Manche Lagerschalenhersteller lieferten wiederum Lagerschalen mit doppelten Haltenasen für diese Lagersitzausführung.

Neu auf dem Markt war der 930 Turbo mit Motortyp 930/50. Der 930 erhielt ein neues Aluminium-Silizium-Kurbelgehäuse (AlSi-Legierung) mit 86 mm Zylinderkopfbolzenabstand und 103-mm-Zylinderaufnahmen.

Die Ventildurchmesser der neuen Köpfe entsprachen denen des 3,0 RSR (Einlass 49 mm, Auslass 41,5 mm). Die Ventile waren auch hier flacher angestellt und die Brennräume noch größer und offener gestaltet als im 2,8 und 3,0 RSR. Der Turbomotor lief weiterhin mit K-Jetronic (die mit der des Mercedes W 116 V8 baugleich war, außer dass zwei Austritte stillgelegt waren). Die Nockenwellen ruhten nun in vier Lagern. Auch eine kontaktlose Bosch-Kondensatorzündung gehörte zur Serienausstattung. Um die Mehrleistung sicher übertragen zu können, wurde die Kupplung von 225 auf 240 mm Durchmesser vergrößert und auf eine noch dickere Keilnutenverzahnung umgestellt. Zur besseren Kühlung dieses leistungsgesteigerten Aggregats lief das Gebläse statt mit 1,3-facher jetzt mit 1,67-facher Kurbelwellendrehzahl, womit der Luftdurchsatz von ca. 1390 l/s auf ca. 1500 l/s stieg. Die Riemenscheibe des neuen Tur-

Die Zylinder des 911

LINKS: **So sahen die Zylinder der allerersten Serie des 911 aus. Sie bestanden aus Biral (Graugusszylinder mit umgossenen Alukühlrippen).**
ZWEITER VON LINKS: **Chromalzylinder des 906er Rennmotors. Bei diesen Aluzylindern ist die Lauffläche hartverchromt. Auf der gesamten Hartchromfläche des Zylinders sind mikroskopisch feine Vertiefungen eingearbeitet, die den Ölfilm auf der Lauffläche stabilisieren sollen.**
DRITTER VON LINKS: **Ein Graugusszylinder des 911 T, wie er aus Kostengründen von 1968 bis 1973 verwendet wurde.**
VIERTER VON LINKS: **1973 erhielt der Carrera RS 2,7 Nikasil-Zylinder, diese bestehen aus dichtem Alu-Schleuderguss, bei dem die Laufflächen mit einer dünnen Nickel-Siliziumkarbidschicht beschichtet werden. Dieser Materialeinsatz bietet vielfältige Vorteile gegenüber allen bis dato von Porsche montierten Zylindern. Die dünnere Beschichtung ermöglicht größere Bohrungen bei gleichem Zylinderkopfschraubenabstand, die Zylinder sind außerordentlich verschleißbeständig, und die geringere Reibung und bessere Dichtwirkung der Kolbenringe bewirken sogar noch eine geringfügige Mehrleistung. Die Nikasil-Zylinder waren ursprünglich 1971 für das Rennmodell 917 entwickelt worden, als dessen Hubraum von 4900 auf 5000 ccm wuchs.**
ZWEITER VON RECHTS: **1974 kamen in einigen der 2,7-Liter-Serienmotoren Alusil-Zylinder als Alternative zum teureren Nikasil zum Einbau. In den aus einer speziellen eutektischen 390er Silumin-Legierung (AlSi) bestehenden Alusil-Zylinder liefen Spezialkolben mit Ferrocoating-Beschichtung. Durch elektrisches Anätzen entstand auf der Alu-Zylinderlaufbahn eine feine Siliziumpartikelschicht, die hervorragenden Verschleißschutz für Kolben, Kolbenringe und Zylinder bot. Die Ferrocoat-Kolben erwiesen sich als extrem langlebig und zeigten minimalen Einlaufverschleiß. Die Alusil-Zylinder bieten wie die Nikasil-Zylinder den Vorteil der dünnwandigen Konstruktion, sind nach den Praxiserfahrungen jedoch weniger standfest als die Nikasil-Zylinder.**
RECHTS: **Nikasil-Zylinder für den 3,3-Liter-Turbo mit seiner speziellen Kühlrippenkonstruktion.**

Ein Zylinder des 964:
Bei den in den Jahren 1989 (K), 1990 (L) und 1991 (M) produzierten 964ern konnte es zu Undichtigkeiten zwischen Zylinder und Zylinderkopf kommen. Im Modelljahr 1991 spendierte Porsche seinen 964er Motoren modifizierte Zylinder und Zylinderköpfe mit eigener Kopfdichtung. Bei den ursprünglichen 964er Motoren war konstruktiv auf eine Kopfdichtung verzichtet worden, allerdings traten an der Passfuge zwischen Kopf und Zylinder immer wieder Öllecks auf. Bei der Bearbeitung der originalen Köpfe und Zylinder blieb am Rand, an dem die Zylinderkopfbolzen sitzen, ein winziger Spalt. Als Ursache für die hier auftretenden Undichtigkeiten wird Verzug des Zylinderkopfes beim Anziehen der Zylinderkopfmuttern angenommen. Nur ein geringer Prozentsatz der ausgelieferten Exemplare war von derartigen Dichtungslecks betroffen. Solange die Fahrzeuge aber noch unter die Garantie fielen, rüstete Porsche systematisch alle Fahrzeuge nach, die mit Undichtigkeiten in den Werkstätten landeten. Als Undichtigkeit galten bei der Fingerprobe ölfeuchte Flächen, nicht bereits Spuren früherer Lecks. Im Zuge der Nachrüstung wurden beim Kolben-Zylinder-Satz Zylinder mit 32 mm breiteren Passflächen mit 145 mm Durchmesser montiert. Damit entfiel das Risiko verzogener Zylinderköpfe beim Anziehen der Zylinderkopfmuttern und bei den wechselnden Temperaturverhältnissen im Fahrbetrieb, bei denen sich die Köpfe dehnten und wieder zusammenzogen. Zusätzlich wurde in eine Nut um die Zylinderbohrung ein Dichtring eingelegt. Der originale Dichtring bestand aus reinem Grafit auf einem Aluminiumträger. Dank der größeren Zylinderpassflächen konnte die Umstellung von Dilavar-Zylinderkopfbolzen auf Stahlbolzen erfolgen. Bei diesen späteren Motoren mit breiterer Passfläche zwischen Kopf und Zylinder und separater Kopfdichtung treten Dichtungslecks wesentlich seltener auf.

Die spätere Ausführung der Zylinder und Zylinderköpfe des 964 wurde anders feinbearbeitet, so dass der Spalt zwischen Kopf und Zylinder im Anzugsbereich der Zylinderkopfbolzen entfällt.

bogebläses war verkleinert worden, wodurch das Gebläse dank der größeren Kurbelwellenriemenscheibe jetzt schneller drehte. Dieses 930er Aggregat entwickelte 260 DIN-PS bei 5500/min und war damit der bis dato leistungsstärkste Straßen-Porsche.

Modell 1976 mit weiteren Optimierungen

Auch 1976 war ein gutes Jahr für den 911. In den USA standen nach wie vor zwei 911 im Programm – mit dem US-Motor (als „49-State"-Version bezeichnet) bzw. mit dem Kalifornien-Motor (beide laut Werk mit 165 DIN-PS bei 5800/min). Der normale US-Motor lief mit Schaltgetriebe als Typ 911/82, die Kalifornien-Version mit Schaltgetriebe als Typ 911/84 und die Sportomatic-Version in US-„49-State"- und Kalifornien-Ausführung als Typ 911/89. Das Kühlgebläserad besaß statt elf jetzt nur noch fünf Flügel, die Antriebsübersetzung kletterte von 1,3:1 auf 1,8:1. Ziel dieser Maßnahme war, die Betriebsdrehzahl der Lichtmaschine und damit ihre Ladeleistung zu erhöhen und gleichzeitig das Gebläsegeräusch zu senken. Der Durchmesser der fünfflügeligen Gebläse (245 mm) war mit dem der bisherigen Elf-Flügel-Gebläse der 911er Straßenversionen identisch. In Europa bewährte sich dieses fünfflügelige Gebläse, denn dort arbeiteten die Motoren mit höheren Durchschnittsdrehzahlen, in den USA mit ihrem streng überwachten 55-Meilen-Tempolimit erwies es sich allerdings als unzureichend und die 2,7-Liter-Motoren liefen mit diesen Gebläsen dort in vielen Fahrsituationen chronisch zu heiß.

Der 930 Turbo existierte daneben auch in einer US-Version mit dem Motortyp 930/51, der es auf 245 DIN-PS bei 5500/min brachte. Thermoreaktoren, Luftpumpen und die geänderte Zündung zur Einhaltung der verschärften Abgasnormen kosteten also satte 15 PS! Zum Modelljahr 1976 folgte für den europäischen Markt ein neues Modell, der Carrera 3,0 Liter mit Motortyp 930/02 (Schaltgetriebe) bzw. 930/12 (Sportomatic). Kurbelgehäuse, Köpfe und Ventile dieses 911 waren vom Turbo übernommen worden, die Leistung lag bei 200 DIN-PS bei 6000/min.

Auch 1976 stand auf dem Europamarkt noch der normale 911 im Programm – in gegenüber dem 1975er 911 S unveränderter Form. Unter der Haube saßen die Motortypen 911/81 (Schaltgetriebe) bzw. 911/86 (Sportomatic). Alle 911 erhielten nun Nockenwellengehäuse mit vier Lagerstellen, bei den Motoren mit 911er Typennummern kamen aber noch die dreifach gelagerten Nockenwellen zum Einbau. Neue Kettenspanner und Hartkunststoff-Kettengleitschienen waren anfangs nur in den Turbomotoren, später nach und nach auch in den übrigen 911er Motoren zu finden. Die Ölpumpen und das Ölbypass-System wurden 1976 ebenfalls modifiziert. Die Pumpendruckstufe wurde vergrößert, die Rückförderstufe dagegen verkleinert, d. h. die Gesamtabmessungen blieben unverändert.

Die Verkleinerung der Rückförderstufe hatte Änderungen am Bypass zur Folge, aufgrund derer das im Bypass zurückgeleitete Öl direkt zum Druckpumpeneinlass statt in den Kurbelgehäusesumpf strömte. Dadurch sollte die neue, verkleinerte Rückförderpumpe leichter laufen und ein Volllaufen des Kurbelgehäuses mit Öl verhindert werden.

Gegenüberstellung der drei- bzw. vierfach gelagerten Nockenwellen. Die Umstellung erfolgte mitten im Modelljahr 1976. Die Lagerzapfendurchmesser der dreifach gelagerten Wellen betrug 47 mm, der der vierfach gelagerten Wellen 49 mm.

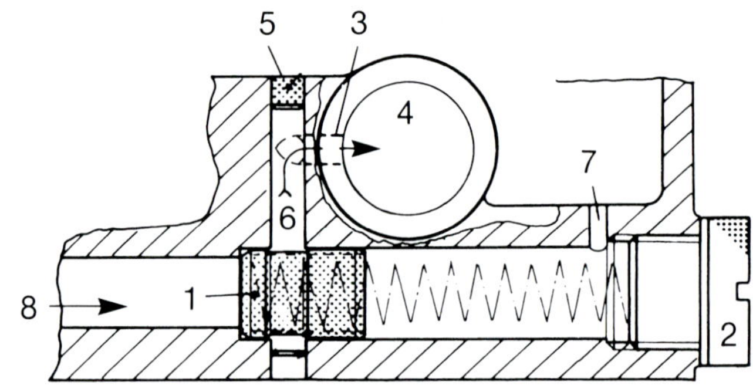

1. **Kolben (neu)**
2. **Dichtschraube (neu)**
3. **Schrägkanal (neu)**
4. **Druckölpumpen-Einlasskanal**
5. **Verschlussstück (neu)**
6. **Rücklaufkanal**
7. **Entlüftungskanal**
8. **Druckölkanal**

1976 änderte Porsche das Motoröl-Bypasssystem, um das geänderte Druck-/Rückförderverhältnis in der neuen Ölpumpe zu kompensieren. Das Bypass-Öl fließt nicht mehr im Bypass in das Kurbelgehäuse zurück, sondern direkt zur Einlassseite der Druckpumpe.

Bemerkenswert ist an den 1976er Rennmotoren, dass der 934, 935 und 936 sämtlich auf dem Motor des 911 basierten. Sie waren durchweg mit Abgasturbolader bestückt (der 934 und 935 auf Basis des 930, der 936 auf Basis des 911). Beim 934 handelte es sich um eine Rennversion des für Gruppe 4 (GT-Klasse) homologierten Serien-930. Voraussetzung für die Zulassung der Rennversion in den GT-Rennen der Gruppe 4 war eine Mindeststückzahl von 400 innerhalb von zwei Jahren produzierten Exemplaren des 930.

Der Motortyp 930/71 des 934 Modell 1976 entsprach weitestgehend dem Serienmotor des 930. Zur Leistungsoptimierung wurden die Kanäle auf 41 mm erweitert, die Steuerzeiten geändert und die K-Jetronic-Einspritzanlage mit einem Steuerkonus anstelle der üblichen Stauscheibe bestückt. Die Ladeluft passierte vor dem Eintritt in den Motor einen Luft/Wasser-Ladeluftkühler, was eine hö-

Die Kolben des Ölbypasssystems wurden im Zuge der Änderung von Ölpumpe und Ölbypasskreislauf 1976 ebenfalls überarbeitet. Der linke Kolben stammt aus dem modifizierten System. Der Kolben rechts kam von 1964 bis zur Änderung des Bypass-Kreislaufs im Jahr 1976 zum Einbau. Werden die alten Kolben versehentlich in dem ab 1976 verwendeten Bypasskreis montiert, baut der Motor keinen Öldruck auf.

here Ladedichte und somit höhere Ladedrücke ermöglichte. Der Ladeluftkühler senkte die Ladelufttemperatur von 150 auf 50 °C. Am Motor war außerdem ein flachliegendes Kühlgebläse angebaut, das die Kühlwirkung verbessern und die Kühlluft gleichmäßiger verteilen sollte. Dieses flache Kühlgebläse erreichte einen Kühlluftdurchsatz von ca. 2000 l/s bei 7000/min, verschlang allerdings stolze 35 PS – gegenüber nur 5 PS Leistungsverlust beim Gebläse der Straßenversion, die auf 1100 bis 1500 l/s Kühlluftdurchsatz kam. Die Drehzahl des liegenden Kühlgebläses betrug 13800/min bei einer Motordrehzahl von 7000/min.

Der 1976er Motor des 935 kam auf 2857 ccm Hubraum. Bei einem Handicap-Faktor von 1,4 für Turbomotoren lag er damit in der 3,5- bis 4-Liter-Klasse der Gruppe 5-Markenweltmeisterschaft bei exakt 3999 ccm. Im Motor (Typ 930/72) des 1976er 935 wurden das serienmäßige Kurbelgehäuse und die Kurbelwelle und Zylinderköpfe des 930 verbaut, allerdings in modifizierter Form und mit auf

Der Motor des 1976er 934 für die Gruppe 4: Besonderheiten sind der Luftmengenmesser für die K-Jetronic und das flachliegende Kühlgebläse, das aus dem Carrera RSR Turbo übernommen worden war. Foto: Porsche AG

Ein Kundenmotor für den 935/77 (Motorbaumuster Type 930/72) mit Luft/Wasser-Ladeluftkühler. Foto: Porsche AG

41 mm aufgeweiteten Kanälen im Kopf. Ansonsten folgte der Motor ganz der Porsche-Renntradition: Titanpleuel, Ölpumpe aus dem 908, mechanische Bosch-Sechsstempeleinspritzpumpe, geschmiedete Kipphebel mit Ventilspiel-Einstellkappen. Die geschmiedeten Kipphebel liefen ohne Buchsen; stattdessen waren die Kipphebelwellen ähnlich wie die Kurbelwellen und bestimmte Spezialpleuel nitriert worden. Dieses Verfahren erwies sich als wesentlich geeigneter als das Verfahren an den Serienmotoren mit Grauguss-Kipphebeln der späten 1960er Jahre. Spezielle Sicherungen an den Kipphebelwellen verhinderten seitliches Wandern und Lockern der Kipphebel. An beiden Enden der Kipphebelwellen saßen außerdem spezielle Dichtringe (zum Schutz gegen Öllecks) in den Dichtnuten am Wellenende. Beim Einbau der Kipphebelwelle und Festziehen der Spannschraube werden die Dichtringe zusammengedrückt und liegen an der Kipphebelwellenbohrung des Nockenwellengehäuses an. Damit ist eine zuverlässige Abdichtung gewährleistet.

Zweck der Kombination von zentralgeschmierten Rennnockenwellen und Spritzrohrschmierung war, die Schmierung zu optimieren, vor allem aber die Kühlwirkung zu intensivieren.

Die Köpfe erhielten größere Kanäle sowie Doppelzündung und spezielle verrippte Auslassventilführungen mit Zusatzschmierung. Vom liegenden Kühlgebläse erhofften sich die Konstrukteure eine intensivere und gleichmäßigere Zylinderkühlung, da mit der abrupten Luftstromumlenkung im normalen stehenden Gebläse der Straßenversion nicht ohne weiteres eine ausreichende Kühlung der vorderen Zylinder (Nr. 1 und 4) zu erreichen ist.

Beim 935 Turbo mit seiner hohen spezifischen Literleistung kamen spezielle Kurbelgehäuseschrauben zum Einsatz, die ursprünglich für den 917 entwickelt worden waren.

An beiden Enden der Schrauben sitzen spezialgeschliffene, selbstzentrierende kombinierte Scheiben, die ineinander anliegen, sowie Spezialmuttern, durch die Biegebeanspruchungen der Schraube verhindert werden sollten. Außerdem ist der Gewindeteil an Schraube und Mutter so ausgebildet, dass Kerbwirkungen am Gewinde ausgeschlossen sind. An vielen Einbaustellen genügte damit die nächstkleinere Schraubengröße, so dass sich sogar Gewicht einsparen ließ. Bei Verwendung dieser Schraubenkonstruktion als Kurbelgehäuseschrauben sind Maßnahmen gegen Bruch der Schrauben besonders wichtig, da die Schraubendurchgangsbohrungen gleichzeitig Teil der Hauptölgalerie sind. Der verbreiterte Teil der Schraubenmitte soll die Übertragung von Schwingungen, die sich in der Schraube aufbauen können, verhindern oder doch zumindest verringern.

Anfangs tat im 935 ein Luft/Luft-Ladeluftkühler Dienst, nach einer Neuauslegung der Regeln war die von Porsche gewählte Anordnung des Ladeluftkühlers jedoch nicht mehr zulässig. Das FIA-Reglement schrieb die Beibehaltung der serienmäßigen Motorhaube vor – ein mit dem Luft/Luft-Kühler nicht mehr machbares

Der Schmierkreislauf der 935er Motoren besteht aus einer Kombination von zentralgeschmierten Nockenwellen und Spritzrohrschmierung. DieÖlleitungen wurden daher so geändert, dass beide Anschlüsse mit Öl versorgt werden.

Rennnockenwelle mit Zentralschmierung.

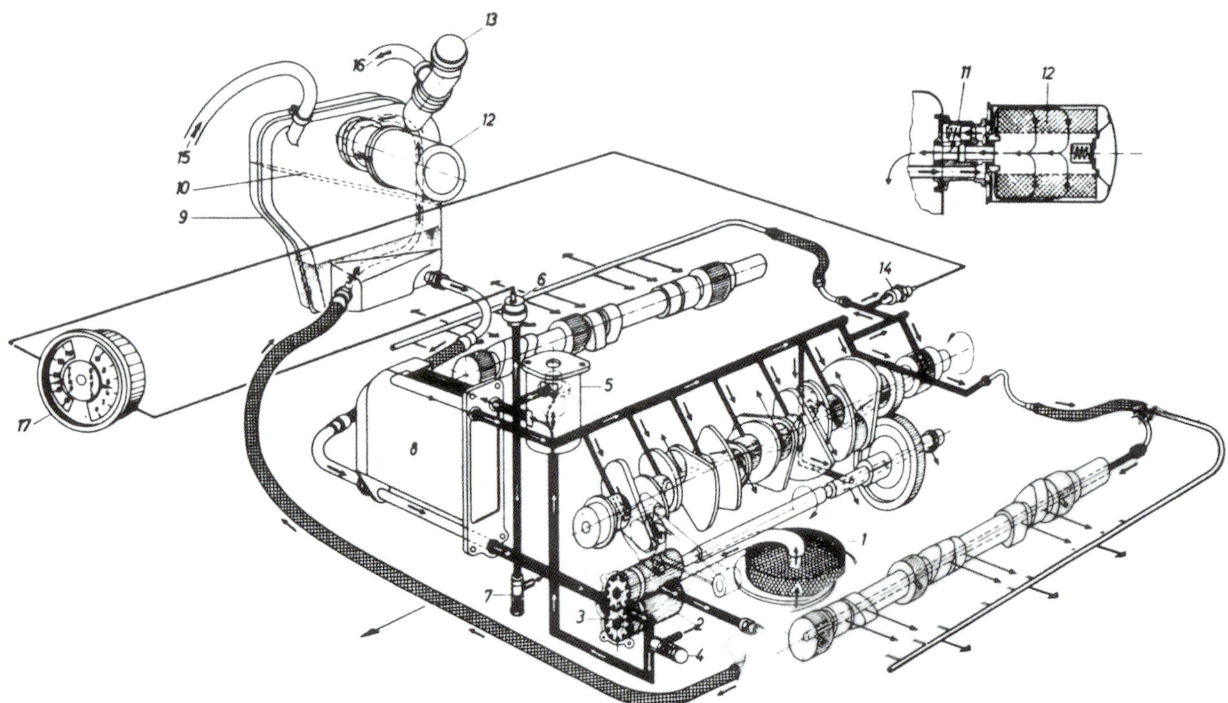

1. Ölansaugsieb
2. Rückförderpumpe
3. Druckölpumpe
4. Sicherheitsventil
5. Thermostat
6. Öldruckschalter
7. Überdruckventil
8. Ölkühler
9. Öltank
10. Prallblech (gegen Schaumbildung)
11. Filter-Bypassventil
12. Hauptstrom-Ölfilter
13. Öleinfüllrohr
14. Öltemperaturfühler
15. Kurbelgehäuseentlüftungsschlauch
16. Öltankentlüftungsschlauch
17. Öldruck- und Öltemperaturanzeige

Der Schmierkreislauf der 911 Turbo-Rennmodelle (z.B. des 935). Bei diesen Motoren wurde eine Kombination aus Zentralschmierung der Nockenwellen und Spritzrohrschmierung verwendet; die Zentralschmierung zur zuverlässigeren Nockenwellenschmierung und die Spritzrohrschmierung als zusätzliche Kühlreserve.

Unterfangen. Daher entstand in der Saisonmitte in aller Eile auch für den 935 ein Luft/Wasser-Kühler nach dem Vorbild des 934. Der Kraftstoffverbrauch dieser Motoren lag im Rennbetrieb bei etwa 54 l/100 km.

Der Motor des 936 entsprach für 1976 im Wesentlichen dem des Carrera RSR Turbo von 1974 und lief unter der Typnummer 911/78. Anbauteile und Leitungen wurden für den Einbau als Mittelmotor modifiziert, die Motordaten entsprachen jedoch dem 911/76 – bei auf 540 DIN PS gesteigerter Leistung. Im 936 konnte auch der leistungsfähigere Luft/Luft-Kühler beibehalten werden.

1977: Ein Einheitsmotor für die USA

Im Modelljahr 1977 blieb für die USA nur noch ein einziger Motor: der Typ 911/86 (Fünfgang-Schaltgetriebe) bzw. 911/90 (Sportomatic). Diese Version erhielt Thermoreaktoren, Abgasrückführung und Sekundärlufteinblasung zur Erfüllung der US-Abgasnormen. Die Leistungsdaten entsprachen denen des Kalifornien-Motors von 1976. Für die USA, Kanada und Japan kam der seit 1975 in Kalifornien verwendete Auspuff mit Thermoreaktoren zum Einsatz. Die späten Motorversionen des Modelljahres 1977 waren an der unteren Zylinderkopfbolzenreihe mit Dilavar-Bolzen bestückt, um dem beim 2,7-Liter-Motor grassierenden Problem ausgerissener Zylinderkopfbolzen Herr zu werden. Die Dilavar-Bolzen waren bereits seit Anfang der 1970er Jahre in Rennmotoren sowie im 930 Turbo verbaut worden. Die Stahllegierung Dilavar entspricht in ihrem Wärmedehnungskoeffizient etwa dem von Aluminium und Magnesium, den Werkstoffen für Kurbelgehäuse, Zylinder und Köpfe. Die Werkstoffspannungen nehmen bei unterschiedlichen Wärmedehnungen zu, so dass die überhohe Spannung der Stahlbolzen im Laufe der Zeit oft zum Ausreißen der Zylinderkopfbolzen und Verziehen des Kurbelgehäuses an der Einschraubstelle der Bolzen führte. Der Expansionskoeffizient von Stahl liegt bei 11,5 x 10-6 pro Grad Celsius, also etwa der Hälfte von Leichtmetallen (22 x 10-6 bis 24 x 10-6). Der Dehnungskoeffizient von Dilavar beträgt dagegen ca. 20 x 10-6, die Zugfestigkeit 100 bis 120 kp/mm². Die Bestandteile von Dilavar (in der von DEW, Krefeld, produzierten Form) sind:

Kohlenstoff	0,065%
Silizium	0,200%
Mangan	5,000%
Chrom	3,500%
Nickel	12,00%
V+FE	78,650%

Ein anderer, 1968 eingeführter Entwicklungstrend verkehrte sich 1977 dagegen in sein Gegenteil: Kettengehäuse, Kettendeckel und Ventildeckel bestanden jetzt wieder aus Silumin (AlSi-Druckgusslegierung).

Der Turbomotor des Modells 1977 erhielt diverse Detailänderungen an Einspritzanlage und Wastegate. Die US-Version wurde aufgrund der Abgasbestimmungen mit Abgasrückführung ausgerüstet. Der Europamotor hieß jetzt Typ 930/52, der US-Motor Typ 930/53.

1977 stand gar eine US-Version des 934er Motors im Katalog – wobei die USA den Motor diesmal sogar etwas früher als andere Märkte erhielten. Die US-Ausführung war nach den damals noch etwas lockereren GT-Regeln der IMSA entstanden. Die Fahrzeuge stellten eine Kreuzung des 934 Gruppe 4 und des 935 Gruppe 5 dar und hießen folgerichtig 934/5.

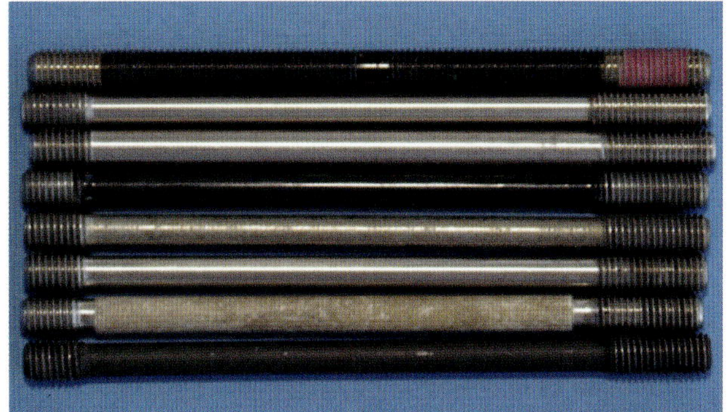

An den 911er Motoren sind Zylinderkopfbolzen in unterschiedlichen Varianten zu finden. Ganz unten der Original-Stahlbolzen, als nächstes (zweiter von unten) einer der frühen Dilavar-Bolzen aus einem Rennmotor. Die Fiberglasummantelung dieser Bolzen sollte sie auf Temperatur halten, so dass sie sich in ähnlichem Maße wie die Aluzylinder dehnen konnten. Bei späteren Motoren übernahmen die Zylinder selbst diese Mantelfunktion an den Dilavar-Bolzen. Der blanke Bolzen daneben (dritter von unten) ist einer der 1975 erstmals im Serien-930 und später an der unteren Bolzenreihe des 1977er 911 verwendeten Dilavar-Bolzen. Darüber (vierter von unten) die nächste Ausführung der Dilavar-Bolzen mit goldener Färbung und strukturierter Oberfläche. Korrosionsbedingte Brüche der Bolzen bereiteten wiederholt Probleme, daher wurde die goldbeschichtete Version eingeführt. Als nächstes (fünfter von unten) die letzte Ausführung mit schwarzer Epoxydharzbeschichtung zum Schutz gegen Rostnarben und Brüche, die an diesen Rostnarben ihren Anfang nehmen. Darüber ein Spezialbolzen, wie er in manchen Porsche-Rennmotoren verbaut wurde. Sein Durchmesser beträgt durchgehend 9 mm, während sich die anderen am Schaft auf 8 mm verjüngen. Ganz oben ein Zylinderkopfbolzen mit durchgehendem Gewinde, wie er im 993 verwendet wurde.

Die Motoren ähnelten eher dem 935 als dem 934, außer dass die Einzelzündung des 934 Gruppe 4 beibehalten wurde. Hauptunterschied gegenüber der Gruppe-4-Version war die mechanische Bosch-Doppelreihen-Einspritzpumpe des 935. Die Motoren liefen unter dem Baumuster 930/73 und leisteten 590 DIN-PS.

Für Privatfahrer lancierte Porsche 1977 eine eigene Version des 935 mit demselben Motor wie in den Werkswagen von 1976 (Motortyp 930/72). Die meisten Kunden ließen ihre Motoren durch Aufbohren auf 95 mm auf 3 Liter Hubraum vergrößern. Aufgrund des Multiplikators von 1,4 fielen diese Fahrzeuge in die Gewichtsgruppe der 4- bis 4,5-Liter-Fahrzeuge der Gruppe 5 und hatten zusätzlich ca. 55 kg Ballast mitzuführen. Die 3-Liter-Version des Motortyps 930/72 brachte es auf 630 DIN-PS bei 8000/min. Später kam im selben Jahr eine zweite Motorvariante als Typ 930/76 hinzu. Diese besaß ebenfalls 3,0 Liter Hubraum sowie den Ladeluftkühler des neuen Doppelturbos, allerdings in Kombination mit einem Einzellader. Auch die Leistung des Typ 930/76 betrug 630 DIN-PS, diesmal bei 7800/min.

Forts. auf Seite 98

Die Pleuel der 911er Motoren

Serienpleuel aus dem 2,0-Liter-911.

Das Pleuel der 2,8- und 3,0-Liter-RSR; vor dem Weichnitrieren wurden sie feingewuchtet und poliert.

2-Liter-Titanpleuel (Typ 906) aus den 2-Liter-Rennmotoren 906 und 910.

Pleuel des 2,4-Liter-911 S; wie das RSR-Pleuel wurden auch diese nitriert.

Das 2,2-Liter-Pleuel des 911 mit verstärktem Pleuelfuß und längeren Pleuelschrauben. An seiner schwarzen Färbung ist es als nitriertes Pleuel des 911 S zu erkennen. Diese Ausführung wurde in allen 911 S-Motoren vom 2-Liter-Motor 1967 bis zum 2,4-Liter montiert.

Dieses Pleuel des 3,0-Liter-911 SC kam von 1978 bis 1983 zum Einbau.

Das für den langhubigeren Motor umkonstruierte 2,4- und 2,7-Liter-Pleuel des 911 S.

Das Pleuel des 3,3-Liter-Turbo und 3,2-Liter-Carrera 964 und 993.

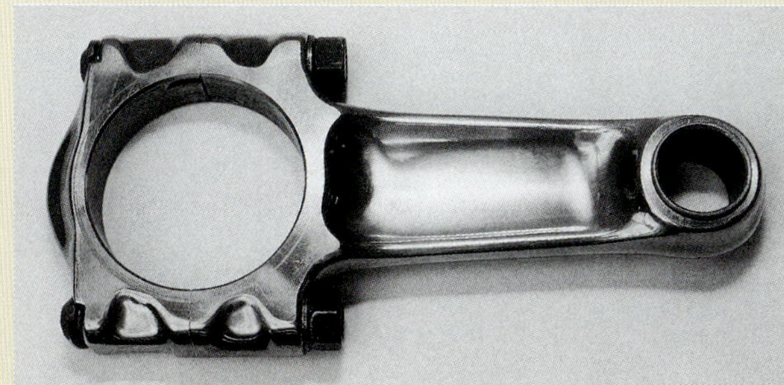

Titanpleuel des Porsche 935.

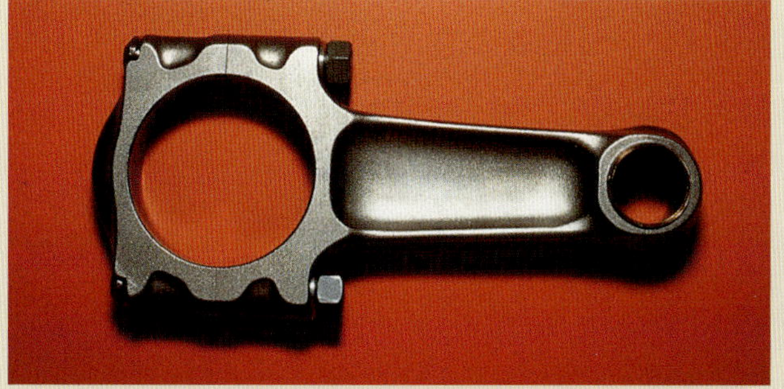

Das Titanpleuel des 956/962 wurde wie die Titanpleuel des 935 poliert und anschließend kugelgestrahlt, um die Zugfestigkeit zusätzlich zu erhöhen.

Ein modernes Titanpleuel mit Spezialbeschichtung, das Fressen auf dem Kurbelwellenzapfen verhindern soll. Bei älteren Titanpleueln müssen Pleuellager mit Axialanlaufflächen montiert werden, um Fressen auf der Kurbelwelle zu verhindern.

Der bekannte Tuner Alois Ruf von RUF GmbH entwickelte eigene geschmiedete Titanpleuel. Hier der Schmiederohling.

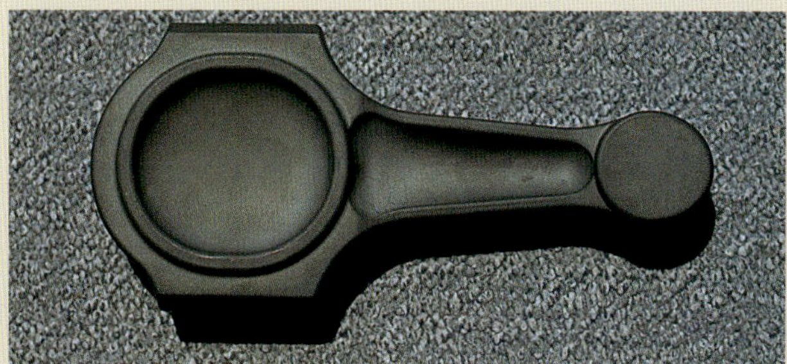

Halbzeug eines RUF-Titanpleuels.

Fertigbearbeitetes RUF-Titanpleuel.

Gegenüberstellung eines Turbo-Titanpleuels und eines Carrillo-Rennpleuels.

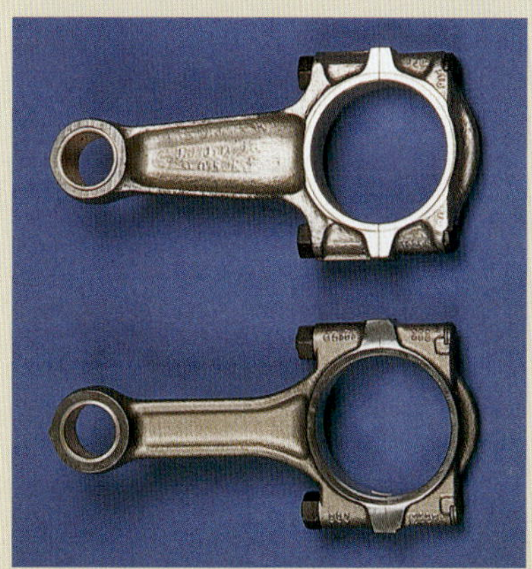

Links das Pleuel des 964, rechts das leichtere Pleuel des 993. Foto: Porsche AG

Die 1977er IMSA-Version des Typs 930/73 für den 934. Dieser Motor besaß den Ladeluftkühler des 934, zugleich aber die mechanische Einspritzpumpe des 935. Er lief nach wie vor mit Einzelzündung. Foto: Porsche AG

Der Werks-935 des Modelljahres 1977 blieb bei 2857 ccm Hubraum, bekam jedoch als Motortyp 930/77 einen Doppellader und einen neuen, leistungsfähigeren Ladeluftkühler. Die Leistung von 630 DIN-PS wurde jetzt bei 7900/min erreicht, obendrein verbesserte sich der Anzug deutlich. Zusätzlich lancierte Porsche 1977 den 935 Baby, um damit BMW in der Klasse bis 2 Liter in der nach Gruppe-5-Reglement ausgetragenen Deutschen Rennsportmeisterschaft Paroli bieten zu können. Als Antriebsaggregat kam beim Baby natürlich nur ein Turbomotor in Frage, d. h. aufgrund des Multiplikators von 1,4 musste sein Hubraum unter 1425 ccm bleiben. Dieses Modell lief unter der Bezeichnung 935-77-20 und erhielt den Motortyp 911/79. Für ein derart kleines Triebwerk waren u. a. eine neue Kurbelwelle mit 60 mm Hub und Kolben für die 71-mm-Bohrung erforderlich.

Um dieses Triebwerk zu verwenden, kehrte man in Zuffenhausen wieder zum Luft/Luft-Ladeluftkühler zurück. Die Kühlluftzirkulation der Luft/Luft-Kühler wurde durch das „Jet-System" über die Auspuffgase aktiviert. Ein derartiges Jet-Kühlsystem war bereits Anfang der 1950er Jahre von der US-Firma Fletcher Aviation für Porsche entwickelt und in einem neuen 1952er Cabrio installiert worden, das 1953 zur Untersuchung zu Porsche ging. Interessant war am Jet-System vor allem, dass sich die Leistung für den Kühlgebläseantrieb einsparen ließ. Porsche betrieb die Weiterentwicklung dieses Kühlsystems einige Jahre lang intensiv und erprobte es auch in einem der Renn-Spyder, bevor das Programm aufgrund des übermäßig hohen Auspuffgeräuschs in der Versenkung verschwand. Umso erstaunlicher, dass Porsche beim 911 wieder auf dieses Projekt zurückgriff – diesmal nicht zur Kühlung des Motors, sondern zur Optimierung der Ladeluftkühlwirkung. Die Leistung des Typ 911/79 wurde mit 370 DIN-PS bei 8000/min angegeben.

1978: Der SC gibt seinen Einstand

1978 debütierte der 911 SC mit 3-Liter-Maschine als einziger weltweit lieferbarer 911. Sein Motor basierte auf dem 930 und lief als Typ 930/03 („Rest der Welt"), 930/04 (USA außer Kalifornien) bzw. 930/06 (Kalifornien). Die Motoren differierten nur minimal, selbst die Leistungsdaten waren laut Katalog identisch. Sämtliche Motoren besaßen Sekundärlufteinblasung, die US-Version einen Katalysator, die Kalifornien-Ausführung zusätzlich eine Abgasrückführanlage – womit den landesspezifischen Abgasvorschriften Genüge getan war. Auch die Kühlgebläse wurden wieder auf das kleinere 226-mm-Elfflügelgebläse umgestellt, das aber weiter mit der höheren Übersetzung von 1,8:1 des Fünfflügelgebläses lief. Der Luftdurchsatz lag damit bei etwa 1380 l/s.

Diese kleineren Gebläse waren bereits in fast allen Rennmotoren seit dem 906 (allerdings mit Übersetzung 1,3:1) eingesetzt worden. Die vordere Ölkühlschlange wurde serienmäßig für alle 911 SC übernommen.

Im 911 SC Modell 1978 saß erstmals die Porsche-Kupplungsscheibe mit zentralem Gummidämpferelement. Diese Gummidämpfer sollten die Antriebsschwingungen minimieren, jedoch entpuppte sich das Gummielement als recht anfällig. Eine häufige Ursache von Kupplungsdefekten bestand darin, dass ein Stück Gummi wegbrach und zwischen Kupplung und Druckplatte hängenblieb. Diese Kupplungen fanden sich bei Porsche von 1978 bis 1983, wurden dann aber durch eine Kupplung mit konventioneller Federnabe abgelöst. Wer noch einen 911 mit einer Kupplung mit diesem Gummidämpferelement besitzt, sollte eine Kupplungsscheibe mit Federnabe einbauen lassen.

Der 930 Turbo erhielt für 1978 abermals umfangreichere Änderungen, von denen einige auch beim 911 SC Einzug hielten. Beide Motoren bekamen neue Kurbelwellen mit größeren Hauptla-

Rechts die Kupplungsscheibe des 911 SC mit dem Gummidämpfer, der die Antriebsschwingungen minimieren sollte, aber gerne einmal auseinanderflog. Schadhafte Gummielemente machen sich durch Vibrationen im Antriebsstrang bemerkbar. Oft löste sich ein Stück Gummi vom Dämpferelement und blieb zwischen Kupplung und Druckplatte hängen, worauf die Kupplung den Dienst einstellte. Diese Kupplungen sollten durch die Ausführungen mit Federnabe (links) ersetzt werden, die Porsche ab 1983 serienmäßig verbaute. Im 1987er Carrera mit G50-Getriebe saß ebenfalls wieder eine Kupplungsscheibe mit Gummikern, deren Material ist jedoch wesentlich stabiler und standfester.

gerzapfendurchmessern; die Lager 1 bis 7 wurden von 57 auf 60 mm Durchmesser vergrößert, Lager Nr. 8 am Turbo von 31 auf 40 mm. Als Folge dieser Modifikation mussten die Kurbelgehäusebohrungen beim 911 SC und Turbo von 62 auf 65 mm vergrößert werden. Der Lochkreisdurchmesser des Schwungrades, das jetzt von neun statt sechs Schrauben gehalten wurde, betrug 70 statt bisher 44 mm. Der Durchmesser des Schwungraddichtrings, der mit dem des 928 vereinheitlicht wurde, wurde ebenfalls vergrößert. In beiden Motoren kamen kontaktlose Bosch-Kondensatorzündanlagen mit links rotierenden Verteilern (statt wie bisher rechtsläufig, wie es Tradition beim 911 war) zum Einbau, wie sie zuvor bereits in den Renn-917 und RSR zu finden gewesen waren. Der gezahnte Signalgeber unterbricht dabei den Magnetfluss und wirkt wie ein Impulsgenerator.

Durch sechs kleine Zähne am Rotor werden bei jeder Verteilerumdrehung sechs Impulse erzeugt, die die elektronische Kondensatorentladung ansteuern. Der Drehzahlbegrenzer wurde auf Kraftstoff-Einspritzabschaltung umgestellt, die beim 911 SC auf 6850/min plus/minus 150/min eingestellt war. Auch die Kettenspanner-Gleitschienen wurden zur weiteren Senkung des Laufgeräuschs abermals modifiziert. Eine der alten (braunen) Gleitschienen wurde beibehalten, die übrigen fünf wurden durch größere Schienen (schwarz) ersetzt.

Speziell bei den Turbomotoren (Typbezeichnungen 930/61 für die USA außer Kalifornien bzw. 930/63 für die Kalifornien-Exemplare) kamen noch diverse weitere Modifikationen hinzu. Der längere Hub von 74,4 mm und die auf 97 mm vergrößerte Bohrung ergaben einen abermals größeren Hubraum. Die neuen Pleuel – die auch wegen des größeren Lagerzapfendurchmessers notwendig geworden waren – waren nun 0,7 mm kürzer. Der Kolbenbolzendurchmesser betrug jetzt 23 mm (1 mm mehr als bisher). Die Zylinderköpfe wurden erstmals beim 911 ganz ohne Kopfdichtung montiert. Um

Forts. auf Seite 102

Kettenspanner und Gleitschienen

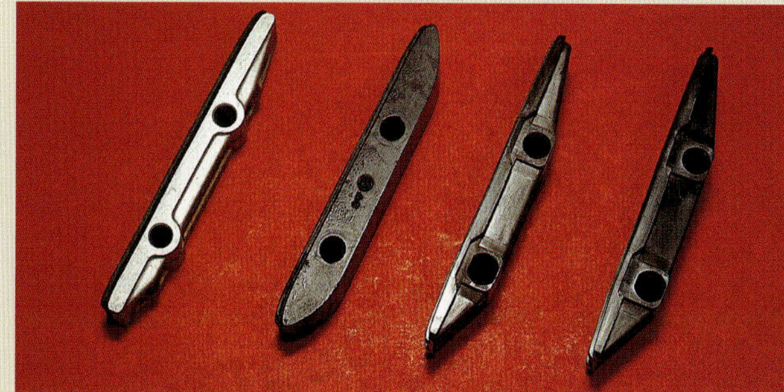

Vergleich der Kettenspanner-Gleitschienen (Kettenrampen). Von links nach rechts: Schienen aus Verbundkunststoff mit Aluminiumunterlage aus den frühen 911er Motoren; schwarze Weichkunststoffschienen der Baujahre 1968 bis 1976/77; die braunen Hartkunststoffschienen, die 1976 beim Turbo eingeführt wurden; die größeren, schwarzen Hartkunststoffschienen, von denen fünf Stück zur Geräuschminderung zusammen mit einer der älteren braunen Schienen montiert wurden.

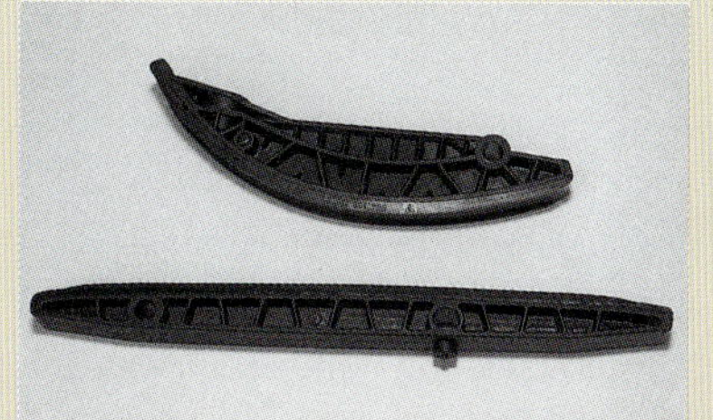

Gleitschienen aus einem 964. Foto: Joel Reiser

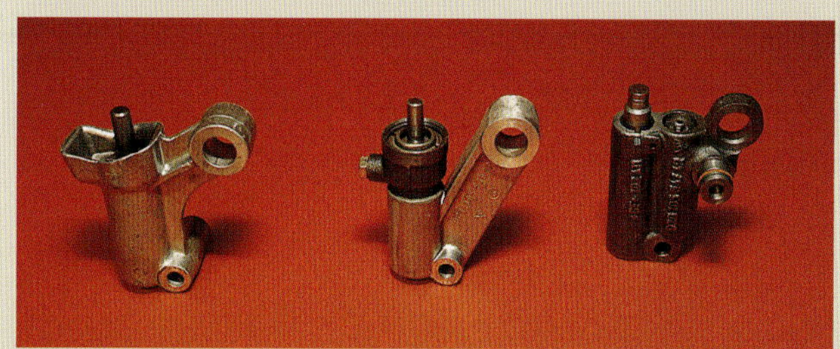

Vergleich verschiedener Kettenspannerversionen. Von links nach rechts: ein früher offener Kettenspanner, ein früher geschlossener Kettenspanner sowie der weiterentwickelte Kettenspanner des Carrera 3,2 Liter mit Druckölschmierung.

Kettenspanner des 964 mit eingebauten Gleitschienen und Ketten. Foto: Porsche AG

Die Ölpumpen der 911er Motoren

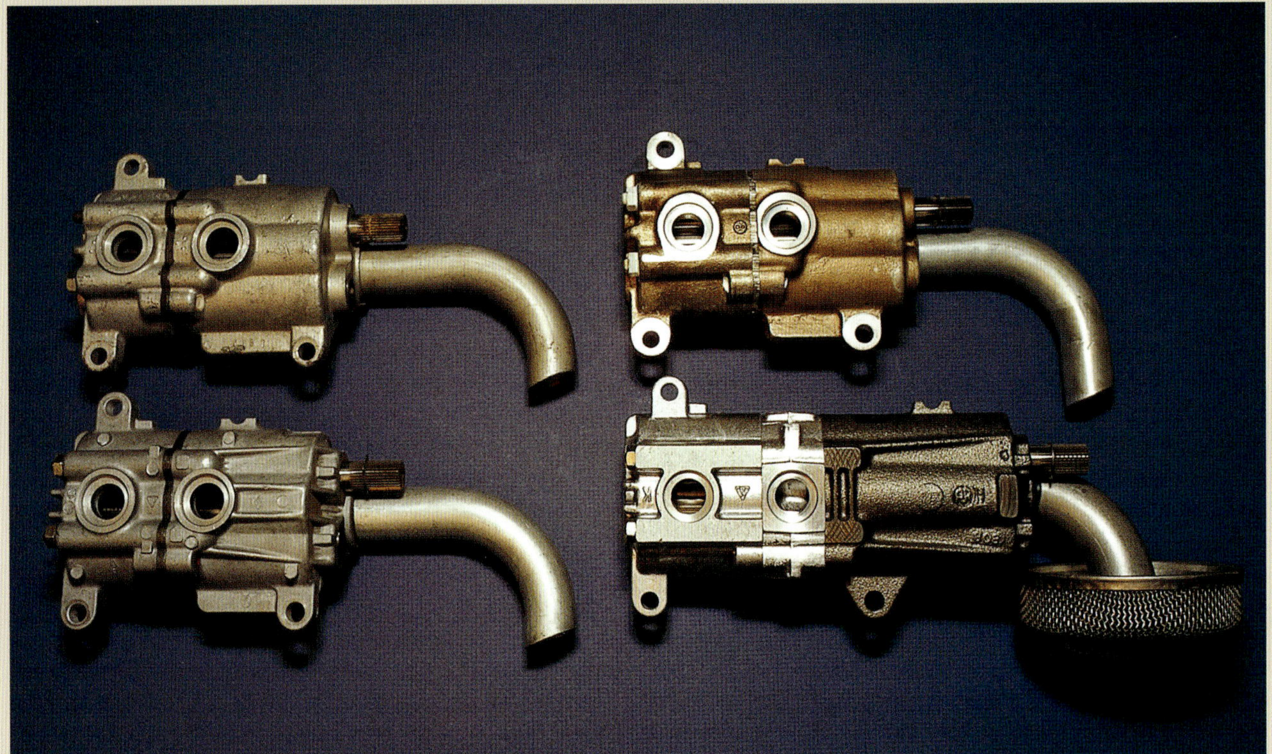

Oben links: Die Ölpumpe des originalen 911 mit Sandguss-Magnesiumgehäuse. Ende der 1960er Jahre erfolgte die Umstellung auf ein Druckguss-Magnesiumgehäuse; Pumpenabmessungen und -funktion blieben unverändert. 1976 änderte Porsche den Bypasskreis, so dass das Überdrucköl zur Ansaugseite der Ölpumpe zurückgefördert und nicht einfach in den Öltank abgeleitet wurde. Gleichzeitig wurde die Pumpenübersetzung der Druckpumpe auf die der Rückförderpumpe geändert, die Gesamtabmessungen veränderten sich jedoch nicht. Die Größenunterschiede der Pumpe oben links gegenüber der 1976er Pumpe unten links sind augenfällig.
Oben rechts: Die größere Ölpumpe des 908 fand sich in allen 911er Rennmotoren, bis 1978 die noch größere Ölpumpe des Turbo 3,3 Liter folgte. Die größere Ölmenge war notwendig geworden, nachdem das Motoröl in den Turbo-Rennmotoren immer mehr Kühlfunktionen zu übernehmen hatte.
Unten rechts: Die „große" Ölpumpe des 930 kam 1978 im 3,3-Liter-Turbo erstmals zum Einbau. Rückförder- und Druckpumpenteil waren nun wesentlich größer. Das Druckpumpengehäuse besteht aus Aluminium, das Rückförderpumpengehäuse aus Grauguss, um die Wärmedehnung und damit das Laufspiel der Pumpenräder zu verringern. Der Ansaugtrichter war mit dem Saugrohr kombiniert, das Ansaugsieb war allerdings nach wie vor ein separates Bauteil.

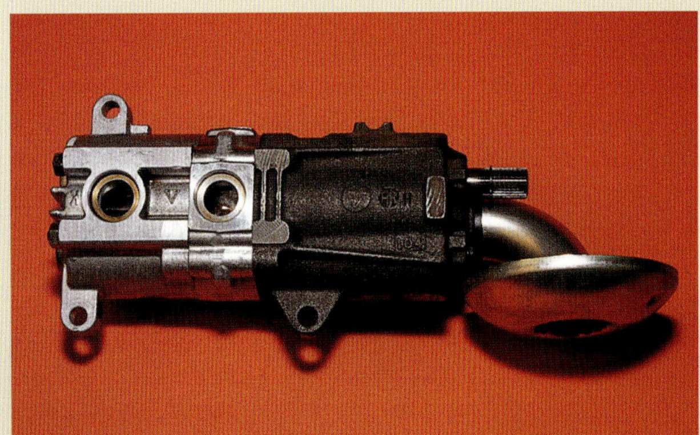

Eine der ersten Änderungen nach der Einführung des Ansaugtrichters war der Einbau des Ansaugtrichters am Ende des eigentlichen Saugrohrs. Hier die Ölpumpe des 911 Turbo mit direkt an der Pumpe angebautem Saugrohr/Saugtrichter.

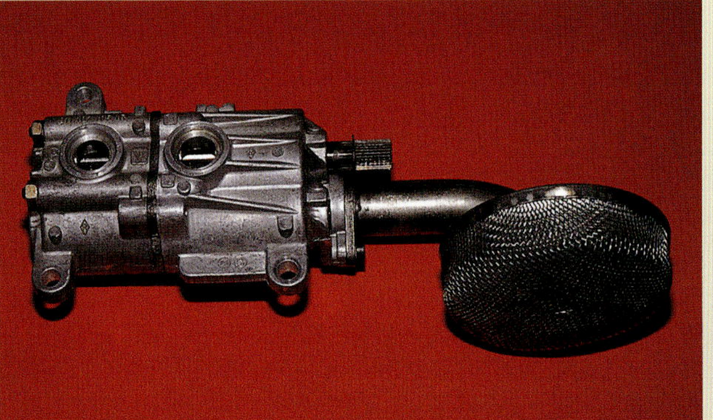

Die Ölpumpe eines Carrera 3,2 Liter, bei der Ansaugtrichter und Ansaugsieb Teil des Saugrohrs sind. Diese Modifikation war nach der Einführung eines geänderten Kurbelgehäuses erforderlich geworden, bei dem der abnehmbare Deckel an der Kurbelgehäuseunterseite entfallen war.

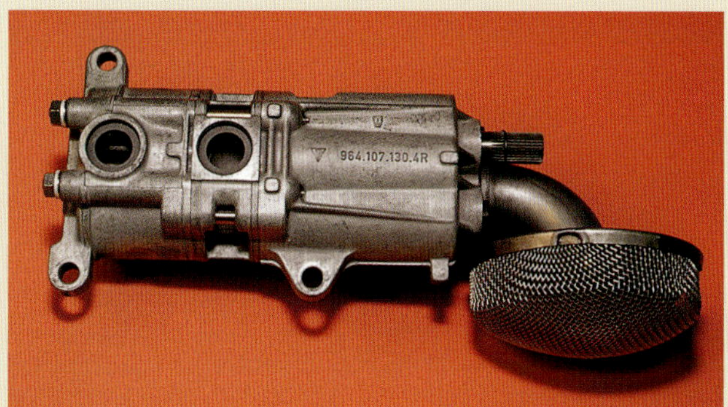

Die Ölpumpe des 964 – nach Ansicht vieler 911er Motortuner die beste aller Serienölpumpen – besteht aus einem großvolumigen Magnesium-Präzisionsgehäuse mit separaten Lagern für die Pumpenwellen. Die Fördermenge der Druckpumpe beträgt 65 l/min, wovon 17 Liter für die Spritzdüsen zur Kolbenkühlung abgezweigt werden und 35 Liter zur Schmierung der Haupt- und Pleuellager dienen. Die Ölmenge zum Nockenwellengehäuse wurde um rund 50 Prozent auf die 13 Liter reduziert, die zur Schmierung von Nockenwellenlagern, Ventilführungen und Kipphebeln tatsächlich benötigt werden. Das Fördervolumen der Rückförderpumpe beträgt das 1,84-fache der Druckpumpe, damit der Ölstand im Kurbelgehäuse jederzeit möglichst niedrig gehalten wird.

Die Ölpumpe des 1979/80 für den in Zusammenarbeit mit Interscope Racing entwickelten Indianapolis-Motor auf Basis des 911. Interscope hatte festgestellt, dass durch die Zentrifugalkräfte (besonders kritischer Faktor bei Rennen auf Oval-Kursen) das Öl in die rechte hintere Ecke des Kurbelgehäuses geschleudert wurde. Daher ordnete Porsche in diesem Bereich eine zweite Rückförderpumpe an. Auch nach dem Ausstieg aus dem Indy-Programm wurde eine gewisse Zahl dieser Ölpumpen zur Optimierung der Ölrückförderung in den 935er Motoren verbaut. Die Ausführung mit zwei Rückförderpumpen und entsprechend rascherer Ölabfuhr bietet allerlei Vorteile: Durch die raschere Ölrückförderung verringern sich luft- und reibungswiderstandsbedingte Leistungseinbußen der im Öl rotierenden Kurbelwelle. Fehlt eine wirksame Ölrückförderung, können jederzeit 1 bis 2 Liter Öl im Motor stehenbleiben, die von der Kurbelwelle aufgeschäumt werden, wodurch Luft in den Ölkreislauf eindringt. Diese Lufteinschlüsse im Schmieröl erschweren die Kühlung des rückgeförderten Öls erheblich.

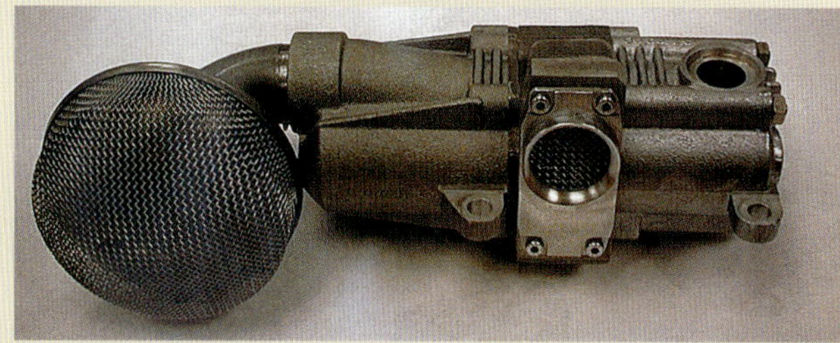

Eine spätere Ölpumpe (aus einem 996/997 Cup-Racer) mit zwei Rückfördersaugschnorcheln. Diese Pumpe lässt sich – meist zu recht erschwinglichen Preisen – auch für den Renneinsatz in älteren 911er Motoren nachrüsten.

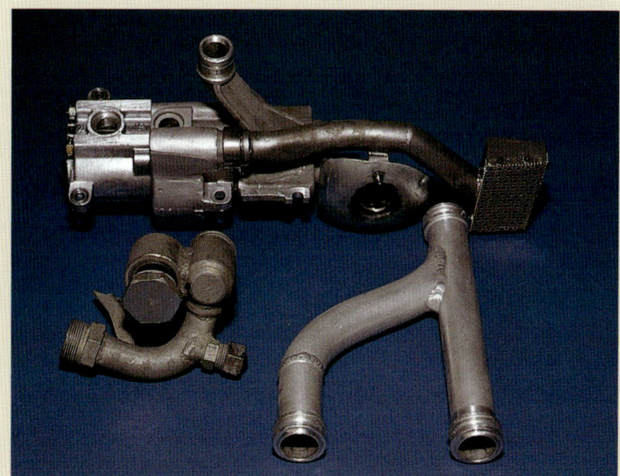

Bei den Rennpumpen des 935 waren Änderungen zur Unterbringung der Pumpe im Kurbelgehäuse erforderlich. Die Ölrücklaufleitungen wurden paarweise zusammengelegt, wodurch die Leckölbohrung der Ölrücklaufleitung im Kurbelgehäuse als zweiter Rückförderanschluss dienen konnte. Mit einem speziellen Adapter wurden die normale Rücklaufleitung und die Zusatz-Rücklaufleitung zusammengeschlossen, so dass das Öl in den Tank zurückströmen konnte.
Bei dieser Pumpenausführung mit zwei Rückförderteilen wurde der zweite Saugschnorchel in Richtung Motorvorderseite verlegt, wo sich ein größerer Teil des umgewälzten Öls sammelte. Hier eine neuere Variante dieser Pumpe – aus den 956/962C-Motoren – mit drei Rückförderpumpen und drei verschiedenen Saugschnorcheln; der dritte Saugschnorchel liegt noch weiter vorne, um das Öl an den Nockenwellenantriebsrädern schneller zurückpumpen zu können.

Die Pumpe des 959 mit drei Rückförderstufen. Diese Version gilt als beste der größeren Ölpumpen und kam ab Mitte der 1980er Jahre auch in den Porsche-Rennmotoren zum Einbau. Alle Pumpenwellen liefen im Magnesiumgehäuse dieser sehr hochwertig gefertigten Pumpe in eigenen Lagern.

Forts. von S. 99

eine möglichst gleichmäßige Kühlwirkung des Gebläses zu erreichen, wurden die Zylinderkühlrippen völlig umgestaltet. An der Zylinderoberseite (auf der dem Kühlgebläse zugewandten Seite) fielen die Kühlrippen völlig weg, die Zylinderunterseite erhielt verlängerte Rippen (vor allem im OT-Bereich). Zur Verbesserung der Ölzirkulation vergrößerten die Konstrukteure auch beide Ölpumpenstufen deutlich. Die neuen Pumpen waren größer als die 908er Pumpen im Motor des 935 (Druckpumpe: 51 mm; Rückförderpumpe 80 mm). Zur Verbesserung der Füllung saß zwischen Turbolader und Motor jetzt ein Luft/Luft-Ladeluftkühler. Alle Turbos hatten nun ab Werk eine Sekundärlufteinblasung. Der USA-Motor bekam darüber hinaus Thermoreaktoren, die Kalifornien-Version einen Verteiler mit einem Doppelunterdruckversteller, mit dem der Zündzeitpunkt bei Volllast entsprechend den Abgasvorschriften zurückgenommen wurde. Die Leistung des Europa-Turbo wurde mit 300 DIN-PS bei 5500/min angegeben, die der US-Modelle mit 265 DIN-PS bei 5500/min (eine Konzession an die leistungsmindernde Abgasentgiftung).

1978 erhielt der 935 für Privatfahrer den Motortyp 930/78, der dem in den Werkswagen 1977 eingebauten Typ 930/77 mit Doppelturboladern und weiterentwickeltem Ladeluftkühler ähnelte. Vom Zwischenwellenende aus wurde ein Turbolader-Rückförderpumpenpaar angetrieben, das das Öl aus den Ladern in den Motorölsumpf zurückförderte. Der Hubraum der Privatfahrermotoren betrug nach wie vor 3 Liter, die Leistung satte 730 DIN-PS bei 7800/min.

Als interessante Detailänderung war die CE-Kopfdichtung hier einem Massivstahlring gewichen, der in einer Nut im oberen Zylinderflansch bzw. im Zylinderkopf saß und damit für zuverlässige Abdichtung sorgte. Dieser Ring bestand anfangs aus rostfreiem Stahl, später aus Ni-Resist, einer außerordentlich temperaturbeständigen Stahllegierung mit hohem Nickelanteil. Dieser Werkstoff fand sich auch in den Turboladergehäusen.

An den Motoren der Werks-935 und -936 hielten 1978 tiefgreifende Änderungen Einzug. Sie basierten nach wie vor auf dem 911, warteten jedoch mit neuen wassergekühlten Vierventilköpfen mit je zwei zahnradgetriebenen obenliegenden Nockenwellen auf. Diese Modifikationen waren notwendig geworden, da ihre Vorläufer zwar nicht ihre Leistungsgrenze, wohl aber die Grenze der thermischen Belastbarkeit erreicht hatten.

Was passieren konnte, wenn die Grenze überschritten wurde, zeigte das 24-Stunden-Rennen von Daytona 1979, als zehn der dreizehn 935 des Starterfeldes ausfielen, davon die Mehrzahl aufgrund durchgebrannter Kolben und Zylinder, verbrannter Ventile oder einer durchblasenden Kopfdichtung.

Zur weiteren Leistungssteigerung führte kein Weg an wassergekühlten Vierventilköpfen vorbei. Die Vierventilkonstruktion ermöglichte nicht nur ein weiteres Leistungsplus, sondern verringerte auch die thermische Beanspruchung der Ventile. Diese Neukonstruktion profitierte auch von den 1970/71 gesammelten Erfahrungen mit dem wassergekühlten Vierventil-908.

Die Zylinder wurden im Elektronenstrahlverfahren mit den Zylinderköpfen verschweißt. Damit konnte auch auf die Kopfdichtung ganz verzichtet werden, die in diesem Bereich, in dem die thermischen Grenzen in Turbomotoren oft erreicht oder gar überschritten wurden, ohnehin eine Schwachstelle bedeutete. Die Vierventilköpfe wurden mit normalem dachförmigem Brennraum mit zentraler Zündkerze ausgeführt. Die Zündkerzen erhielten ihren Zündfunken über eine kontaktlose Hochspannungszündanlage, die von der

Zwei Ansichten des Typ 930/78 Baujahr 1978 aus dem 935 mit Doppelturbolader und Luft/Wasser-Ladeluftkühler.

Die Zwischenwelle der Wettbewerbsausführung: Welle und Antriebsrad waren aus einem Stück geschmiedet, alle Kettenräder (auch die Spannrolle) und die Nockenwellenantriebsräder bestanden aus Aluminium.

Die geradverzahnte Rennversion der Zwischenwelle – Geradverzahnte Räder sind geräuschintensiver, aber ein Garant für längere Lebensdauer und geringere Leistungsverluste.

Die Zwischenwelle des 964 besaß als erste Zwischenwelle der Serienmodelle ein Stahlantriebsrad.

Einlassnockenwelle der Zylinder 1 bis 3 angetrieben wurde. Der Induktionsgeber der Zündanlage wurde von der Einlassnockenwelle der Zylinder 4 bis 6 angetrieben. Der Nockenwellenantrieb erfolgte über Kegelräder statt Ketten, die Ventile wurden über Tassenstößel betätigt.

Unter der Haube der 935 und 936 saß ein Doppelturbolader. Der Biturbo-Motor des 935 war mit Luft/Wasser-Ladeluftkühlern und zwei Wastegates ausgerüstet. Der kleinere Doppelladermotor des 936 verfügte dagegen über einen Luft/Luft-Ladeluftkühler und nur ein Wastegate. Wegen des Multiplikators von 1,4 und der 3-Liter-Hubraumgrenze für die Gruppe 6 musste der Hubraum des Motortyps 935/73 im Modell 936 zwingend unter 2146 ccm bleiben. Hierzu wurde die Kurbelwelle des 935 Baby mit 60 mm Hub mit einer 87-mm-Bohrung kombiniert, was einen Hubraum von 2140 ccm ergab. Der Motortyp 935/73 des 936 leistete 580 DIN-PS bei 9000/min.

Der 935er Motor wurde seinerseits auf 3211 ccm vergrößert und lag selbst bei dem Multiplikator von 1,4 bei genau 4495 ccm und damit immer noch unter der 4,5-Liter-Grenze. Die Hubraumerweiterung wurde durch eine neue 74,4-mm-Kurbelwelle (vom 3,3-Liter-Serienturbo abgeleitet) in Verbindung mit 95,7-mm-Kolben erreicht. Der Motortyp 935/71 war für den Werksrenner Moby Dick bestimmt; seine Leistung betrug 750 DIN-PS bei 8200/min.

1979: Ein eigener 935 für die USA

Auf dem Weltmarkt blieben die Motoren des 911 SC und des 930 Turbo zum Modelljahr 1979 unverändert, allerdings gab es eine Sonderversion des 935 für die USA, abgestimmt auf den IMSA-Multiplikator für Turbofahrzeuge. Nach dem neuen Reglement galt für Wagen mit Einzellader nun der Multiplikationsfaktor 1,5, für Wagen mit zwei Ladern der Faktor 1,8. Die 3,0-Liter-Doppelladerfahrzeuge hatten außerdem rund 40 kg Zusatzgewicht im Vergleich zu den 3122-ccm-Einzelladerwagen von Porsche an Bord.

Für den Motortyp 930/79 kehrte Porsche wieder zum Einzelladerkonzept zurück, denn die Bohrungsvergrößerung auf 97 mm und die Entwicklung eines größeren, leistungsfähigeren Laders (mit dem gleichen Ladeluftkühler wie im Typ 930/78) versprachen eine genauso gute Leistungsausbeute.

So ganz wollte Porsche die Anpassung an die ISMA-Regeln indes nicht gelingen. Lediglich Peter Gregg, einer der erfolgreichsten Piloten der US-amerikanischen Sportwagenszene, brachte es mit dem Motortyp 930/79 zu Rennsiegen. Fast alle anderen Teams rüsteten wieder auf den Stand des 3,0-Liter-Motors 930/78 zurück, dem besserer Durchzug nachgesagt wurde. Die Leistung des 930/79 lag bei 715 DIN-PS bei 7800/min.

Der SC wird zum Modell 1980 abermals überarbeitet

Zum Modelljahr 1980 ging der Motor des 911 SC auf allen Märkten mit etlichen Modifikationen an den Start. In der US-Version (interne Motorbezeichnung 930/07, Verdichtung 9,3:1 und 180 DIN-PS) tauchte in diesem Jahr erstmals der später auch hierzulande allgegenwärtige Dreiwegekatalysator mit lambdasondengesteuertem Frequenzventil zur Anpassung des „Regeldrucks“ im Kraftstoffver-

Seitenansicht des Typ 930/79 (1979) mit großem Einzelturbolader aus dem 935.

teiler auf. Die Lambdaregelung liefert eine hochpräzise eingeregelte Gemischzusammensetzung, so dass die Verbrennung der für die Katalysatorwirkung kritischen Nebenprodukte optimal abläuft. Für Leistungsausbeute und Fahrverhalten abgasgereinigter Motoren bedeutete das Lambda-System entscheidende Fortschritte. Die US-Versionen besaßen zudem Verteiler mit Unterdruck-Vor- und Spätverstellung. Die Modelle für den „Rest der Welt" bzw. „RdW" (wie bei Porsche die Modelle außerhalb der USA bzw. Nordamerika heißen) wurden zur Abgasreinigung weiterhin mit Lufteinblaspumpen ausgerüstet.

Die Ölpumpe erhielt einen Saugtrichter mit zylindrischem Filtersieb. Dieser Saugtrichter sollte die bei manchen 911 SC bei hohen Dauerdrehzahlen auftretenden Rückförderprobleme beseitigen. Die unteren Ventildeckel erhielten eine zusätzliche Versteifung zur Senkung des Motorgeräuschs und besseren Ölabdichtung. Mit diesen neuen, verstärkten „Turbo"-Ventildeckeln verschwanden auch die Undichtigkeiten, die vom ersten Tag an ein neuralgischer Punkt des 911 gewesen waren. Das Kupplungsführungslager saß jetzt mit drei Schrauben auf dem Kurbelwellenende und war nicht mehr – wie bisher beim 911 – in das Schwungrad eingepresst. Das Lüftergebläse wurde wieder auf 245 mm vergrößert, die Riemenscheibenübersetzung betrug nun nur noch 1,67 (wie beim Turbo). Dank des größeren Lüfters lag der Luftdurchsatz jetzt bei ca. 1500 l/s.

Der Motor des 911 SC für die RdW-Version (Typ 930/09) brachte es bei einer Verdichtung von 8,6:1 auf 188 DIN-PS bei 5500/min. Bei allen 911er und 930er Motoren für 1980 wurden die Kettenspanner abermals geändert.

Sie arbeiteten zwar nach wie vor hydraulisch und auch ihr Innenleben blieb unverändert, das Gehäuse war an der Halterung am Kettengehäuse jedoch dünner gestaltet worden, um die neuen, breiteren Kettenradträger (Umlenkhebel) mit zwei Bronzebuchsen unterbringen zu können. Mit diesen Modifikationen sollte Abhilfe für die Schwergängigkeit und Fressneigung geschaffen werden, die als Ursache für viele der vorzeitigen Kettenspannerschäden diagnostiziert worden war. Bei den Modellen für den „Rest der Welt" (RdW) wurde die Ölkühlschlange im vorderen Kotflügel durch einen Messing-

Die Ventildeckel der 911er Motoren

Die originalen Alu-Sandguss-Ventildeckel des 911. Der Auslass-Ventildeckel wird von lediglich sechs Befestigungsstiftschrauben gehalten.

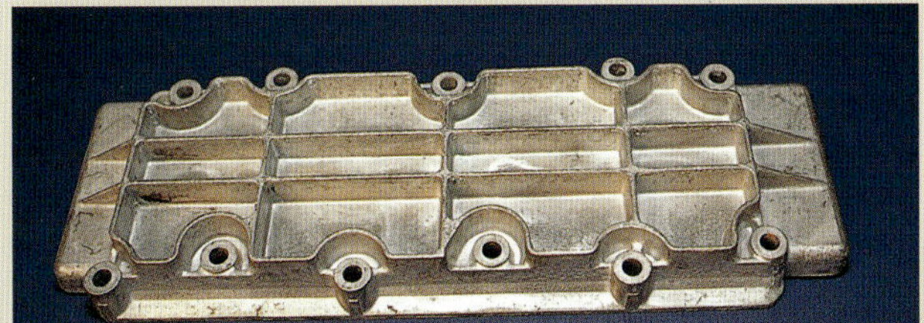

Ein Alu-Druckgussventildeckel des 911, wie er 1980 als Überarbeitung der verstärkten unteren „Turbo"-Ventildeckel eingeführt wurde.

Alu-Druckgussventildeckel des 964.

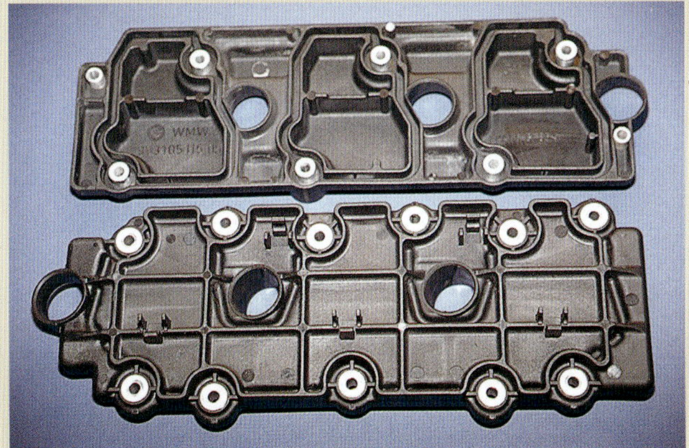

Die Ventildeckel des 993 aus glasfaserverstärktem Kunststoff werden mit einer Gummidichtung abgedichtet.

rohr-Ölkühler ersetzt, der die Kühlwirkung verbessern sollte. Für die US-Modelle wurde die Ölkühlschlange beibehalten, die seit Einführung des 911 SC Teil der Serie war. Bis Januar 1980 kam in geringer Stückzahl noch das 1979er Modell des 930 Turbo in die USA, danach verschwand der Turbo vom US- und kanadischen Markt.

Für 1980 plante Porsche zusammen mit Interscope Racing den Einstieg bei den 500 Meilen von Indianapolis. Hierfür entstand der Motortyp 935/72, eine Weiterentwicklung der 1978er Vierventilmotoren der Gruppe 5 und 6 mit 2650 ccm Hubraum. Das Engagement von Porsche in der populären Formelserie kam allerdings zum denkbar ungeeignetsten Zeitpunkt inmitten der Kontroverse zwischen der USAC (American Championship Car Racing) und CART (Championship Auto Racing Teams), als Porsche obendrein von einer Reglementänderung kalt erwischt wurde: Im Vertrauen auf die ersten offiziellen Absprachen war Porsche noch von einem zulässigen Ladedruck von 1,83 bar ausgegangen, nur wenige Wochen vor dem Rennen erklärten die Veranstalter jedoch, dass (wie bei Achtzylindermotoren) nur Drücke von 1,63 bar zugelassen seien. Porsche zog daraufhin seine Teilnahme zurück, da die Senkung des Ladedrucks eine völlige Umkonstruktion erfordert hätte, und damit die finanziellen und zeitlichen Pläne vollends aus dem Ruder gelaufen wären.

Der Motortyp 935/72 war für Methanolbetrieb ausgelegt und lief mit elektronischer Einspritzung mit Doppeleinspritzdüsen. Die Verdichtung lag bei 9:1, die Leistung variierte je nach Ladedruck: Bei 2,03 bar gab der Motor 630 DIN-PS bei 9000/min ab, bei 0,83 bar 570 DIN-PS bei 9000/min.

Der Kunden-935 für 1980 erhielt den Motortyp 930/80, eine Variante des von den Gebrüdern Kremer entwickelten Motors, der in der Saison 1979 nicht zu schlagen gewesen war. 1979 holte sich der Kremer-Porsche mit dem Bonner Klaus Ludwig am Steuer den Sieg bei elf der zwölf Rennen zur Deutschen Rennsportmeisterschaft sowie – als einziger 935, dem dies je gelang – bei den prestigeträchtigen 24 Stunden von Le Mans. Der 930/80 kam bei 95 mm Bohrung und 74,4 mm Hub auf einen Hubraum von

Gegenüberstellung der verschiedenen Kettenradträger – von rechts nach links: die Ausführung der frühen 911 mit Buchse; Träger ohne Buchse, wie er von Ende der 1960er Jahre bis 1980 verwendet wurde; neuerer Kettenradträger ab 1980 mit breiterem Distanzstück und zwei Buchsen. Diese neuere Ausführung wurde von Porsche eingeführt, nachdem die Schwergängigkeit dieser Träger auf der Haltestrebe als Ursache vieler vorzeitiger Kettenspannerdefekte ausgemacht worden war.

Der 3,2-Liter-Doppelladermotor 930/80 mit Luft/Luft-Ladeluftkühler aus dem 935 von 1980.

3163 ccm. Zusätzlich erhielt er eine Bosch-Kugelfischer-Einspritzpumpe mit elektronischer Gemischregelung und einen Luft/Luft-Ladeluftkühler. Die Kugelfischer-Einspritzung war der erste ernsthafte Versuch der Porsche-Konstrukteure, den Benzinverbrauch der 911er Turbo-Rennmotoren zu drosseln. Der 7,2:1 verdichtete Motor leistete bei 1,7 bar Ladedruck 800 DIN-PS bei 8000/min. Auch bei gemäßigten 1,4 bar brachte der Typ 930/80 es immer noch auf 740 DIN-PS bei 7800/min und bewährte sich als extrem zuverlässiges Langstrecken-Renntriebwerk. Beim Typ 930/80 wurden verschiedene Varianten der Luft/Luft-Ladeluftkühler verbaut. Diesen Luft/Luft-Tauschern gehörte jedenfalls die Zukunft: Ohne Wärmestau im Ladeluftkühler und mit kühlerer, dichterer Füllung ließen sich den Motoren höhere Leistungen über längere Zeiträume entlocken.

Die Kugelfischer-Einspritzpumpe des 935 ab 1980 und der originalen Kunden-Rennexemplare des 956 von 1983. Auch im 911 SC RS (Typ 954) von 1984 war eine Kugelfischer-Einspritzanlage zu finden.

1981: Die Einspritzanlage wird überarbeitet

1981 folgten weitere Detailänderungen am US-Modell des 911 SC – in erster Linie an der Einspritzanlage: Der Kraftstoffverteiler wurde plombiert, um den US-Abgasvorschriften Rechnung zu tragen, und am Luftführungsgehäuse wurde ein Kaltstartverteiler montiert, der für eine gleichmäßigere Gemischverteilung auf die einzelnen Zylinder sorgen sollte. Bisher war der Kaltstartkraftstoff direkt in das Luftführungsgehäuse eingespritzt worden, die Porsche-Techniker mussten allerdings feststellen, dass das zu magere Kaltstartgemisch die häufigste Ursache für Flammrückschläge und geplatzte Luftführungsgehäuse gewesen war. Alle Kraftstoff- und Einspritzleitungen am Motor bestanden nun aus Stahl. Um die Präzision der Einspritzanlage bei kaltem Motor bzw. kalter Lambdasonde zu verbessern, wurde außerdem eine Beschleunigungsanreicherung integriert. Die US- und Kanada-Versionen liefen jetzt – bei unveränderter Leistung von 180 DIN-PS – unter der Typenbezeichnung 930/16.

1981 kehrte auch der 930 Turbo mit dem RdW-Motortyp 930/60 (300 DIN-PS) wieder in die kanadischen Verkaufsräume zurück, denn nach den kanadischen Gesetzen war die Einfuhr der „Rest-der-Welt"-Versionen nach Kanada zulässig, sofern keine für die USA zugelassene Ausführung existierte. Für das Modelljahr 1981 wurde die RdW-Ausführung des 911 SC-Motors als Typ 930/10 abermals modifiziert. Die Verdichtung kletterte auf 9,8:1, die Brennraumform wurde zur Optimierung des thermischen Wirkungsgrades geändert. Damit lag die Leistung nunmehr bei 204 DIN-PS bei 5900/min.

Der Motortyp 930/81 des 935 blieb 1981 gegenüber dem 930/80 praktisch unverändert. Neu waren ein überarbeitetes Ölrückfördersystem, intensivere Kühlung und größere Einlasskanäle (43 mm). Wichtigste Neuerungen an der Kühlanlage waren ein neuer Antrieb und eine höhere Antriebsübersetzung des flachliegenden Gebläses.

Wichtiger war freilich die umkonstruierte Ölrückförderung. Die neue Wettbewerbs-Ölpumpe des 935 besaß Zwillings-Rückförderpumpen und Ölsaugschnorchel, mit denen das Öl schneller aus dem Motor abgeführt werden sollte. Durch eine schnellere und gründlichere Ölrückführung verringern sich Luft- und Reibungswiderstandsverluste der im Öl rotierenden Kurbelwelle. Fehlt eine wirksame Ölrückförderung, können sich im Motor ständig 1 bis 2 Liter Öl ansammeln. Dieser Ölüberschuss wird von der Kurbelwelle aufgeschäumt, wodurch Luft in den Ölkreislauf gelangt.

Diese Lufteinschlüsse im Schmieröl erschweren die Kühlung des rückgeförderten Öls erheblich und wirken sich auch negativ auf den zu bildenden Schmierfilm aus. Von dieser Pumpe existiert auch eine spätere Version mit drei Rückförderstufen und drei Ölansaugschnorcheln.

Dank dieser Änderungen konnten die Motoren länger mit höherem Ladedruck betrieben werden, bei gleichzeitig höherer Standfestigkeit. Der Motortyp 930/81 leistete nun 760 DIN-PS, bei Kurzstreckenrennen lief er sogar mit Ladedrücken von 1,7 bis 1,8 bar und generierte damit über 800 DIN-PS.

Hauptattraktion des Jahres 1981 war jedoch der von Peter Schutz und Porsche modifizierte Indianapolis-Rennmotor. Der Indy-Motor lief nach dem Umbau auf Rennbenzin mit einer Bosch-Kugelfi-

Dieser 3,2-Liter-Doppelladermotor Typ 930/81 mit Luft/Luft-Ladeluftkühler, Kugelfischer-Einspritzpumpe und über Kopf montiertem Getriebe saß in einem 935 von 1981.

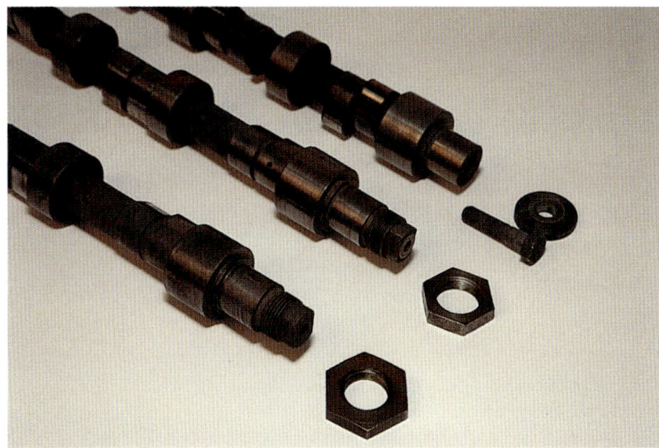

Die Nockenwellenmuttern und -schrauben: Im Vordergrund die Nockenwellenmutter des normalen Straßenmotors (Schlüsselweite 46 und 2,0 mm Steigung), in der Mitte die Rennausführung mit Schlüsselweite 41 und 1,5 mm Steigung. 1982 erfolgte die Umstellung auf eine einfachere und zuverlässigere Montage mit einer Schraube. Die SW46-Serienmutter und die SW41-Rennmutter wurden bis 1981 verwendet, danach erhielten die Motoren mit je einer obenliegenden Nockenwelle pro Zylinderbank die Ausführung mit Befestigungsschraube.

scher-Einspritzanlage und zwei Ladern als Motortyp 935/75. Im altbewährten Fahrwerk des 936 schaffte er den sechsten Porsche-Sieg in Le Mans. Die Leistung des Typs 935/75 wurde bei Umstellung auf Tankstellenbenzinbetrieb mit 600 DIN-PS bei 8200/min angegeben. Diese großen Triebwerke waren nun auch in der Gruppe 6 rennfähig, nachdem eine von der FIA im Vorjahr eiligst vollzogene Reglementänderung die Bahn für die Rennteilnahme freigemacht hatte. Für die Saison 1981 wurde die Klassengrenze auf 6,0 Liter angehoben, also konnte in der Gruppe 6 (offene Prototypen) praktisch alles an den Start gehen. Größere Motoren erhielten Gewichtsauflagen, was für Porsche freilich keine ernsthafte Herausforderung bedeutete.

1982: Porsche triumphiert erneut in Le Mans

In jenem Jahr blieb es beim 911 SC und 930 Turbo bei minimalen Änderungen. Dazu zählt die Montage der Nockenwellenräder mit einer Schraube statt wie bisher mit einer großen Mutter auf der Nockenwelle zu nennen. Die Drehstromlichtmaschine besaß jetzt einen integrierten Regler anstelle des separaten Reglers. Der 930 erhielt einen Ölabscheider in der Kurbelgehäuseentlüftung, über den die Öldämpfe abgeführt und das Öl in den Öltank zurückgeleitet wurde. Die internen Bezeichnungen blieben auch 1982 unverändert: Typ 930/10 (911 SC für den Rest der Welt (RdW)), Typ 930/16 (911 SC - USA) und Typ 930/60 (Turbo für den Rest der Welt (RdW)).

1982 wurde der Indianapolis-Motor abermals für den brandneuen 956 für die Gruppe C mobilisiert. Das Reglement der Gruppe C schrieb einen 100-Liter-Tank und einen maximalen Verbrauch von 55 l/100 km vor, der mit dem Motortyp 935/76 und Bosch-Kugelfischer-Einspritzung kaum einzuhalten war. Durch intensive Entwicklungsarbeit gelang es aber, den Verbrauch mit jedem Rennen zusehends zu drücken. Zu Saisonbeginn musste der 956 sich noch mit Geschwindigkeiten begnügen, die rund 10 Sekunden hinter den Qualifikationszeiten zurückblieben. Trotzdem schaffte Porsche auch 1982 mit diesem neuen Modell den Sieg in Le Mans, und immerhin legte der Siegeswagen sogar eine größere Renndistanz zurück als der 1981 siegreiche 936 – und das bei geringerem Verbrauch. Damit sicherte sich der 956 obendrein den Sieg in der Verbrauchsindexwertung für das Fahrzeug mit dem günstigsten Verbrauch in Relation zur zurückgelegten Fahrstrecke.

Der Turbomotor wird 1983 erneut überarbeitet

Auch 1983 hielten sich die Modifikationen am 911 SC in Grenzen. Der Beschleunigungsregler der US-Modelle wurde geändert und eine neue Lambdasonde eingeführt. Auch die Lambdasondensteuerung der Exportmodelle für Kalifornien wurde geändert – alles mit dem Ziel, die Gasannahme bei kaltem Motor zu verbessern, ohne die Einhaltung der Abgasvorschriften zu gefährden. Zudem erhielten die USA-Modelle den Röhren-Ölkühler.

Am Turbo-Motor waren die Änderungen dagegen so zahlreich, dass er als Baumuster 930/66 (RdW) eine neue Typennummer erhielt.

Die meisten Änderungen hatten das Ziel, die Laufkultur zu verbessern – bei gleichzeitiger Einhaltung der außerhalb der USA geltenden Abgasgrenzwerte. Ein neuer Warmlaufregler sollte Laufruhe und Gasannahme bei kaltem Motor verbessern. Im Kraftstoffmengenteiler wurde ein so genanntes „Aufstoßventil" montiert, das die Kraftstoffanreicherung beim abrupten Hochbeschleunigen exakter dosierte. Die Motoren bekamen außerdem einen neuen Verteiler mit Doppelunterdruckdose und temperaturgesteuerter Unterdruckverstellung zur Abgasentgiftung. Auch die Abgasanlage wurde geändert; die Abgase wurden jetzt im Bypass durch den Schalldämpfer am Wa-

Der Motortyp 935/76 des 956, Modell 1983. Foto: Porsche AG

stegate vorbeigeleitet. Diese Änderung senkte das Geräuschniveau bei unverminderter Leistung (300 DIN-PS bei 5500/min) merklich.

1983 legte Porsche eine Kleinserie von elf 956er Rennwagen für Kunden mit Rennambitionen auf. Deren Motor 935/76 war in praktisch identischer Form bereits in den Werkswagen von 1982 zu finden gewesen.

Danach lief die Entwicklung einer neuen, verbrauchsoptimierten Version des Indianapolis-Motors für die Gruppe C unter der Typenbezeichnung 935/77 an. Diese neue Version brachte es bei 1,3 bar Ladedruck auf 620 DIN-PS bei 8200/min. Zur Anpassung an das neue Reglement und zur noch exakteren Kraftstoffdosierung und -regelung erhielt der Motor eine hochpräzise, elektronische Zünd- und Motormanagementanlage, die bei Bosch im Auftrag von Porsche entwickelt worden war, ähnlich der DME (Digitale Motorelektronik). Dabei wurden sechs Eingangssignale in das Einspritz- und Zündungssteuergerät eingespeist (momentane Motordrehzahl, Mo-

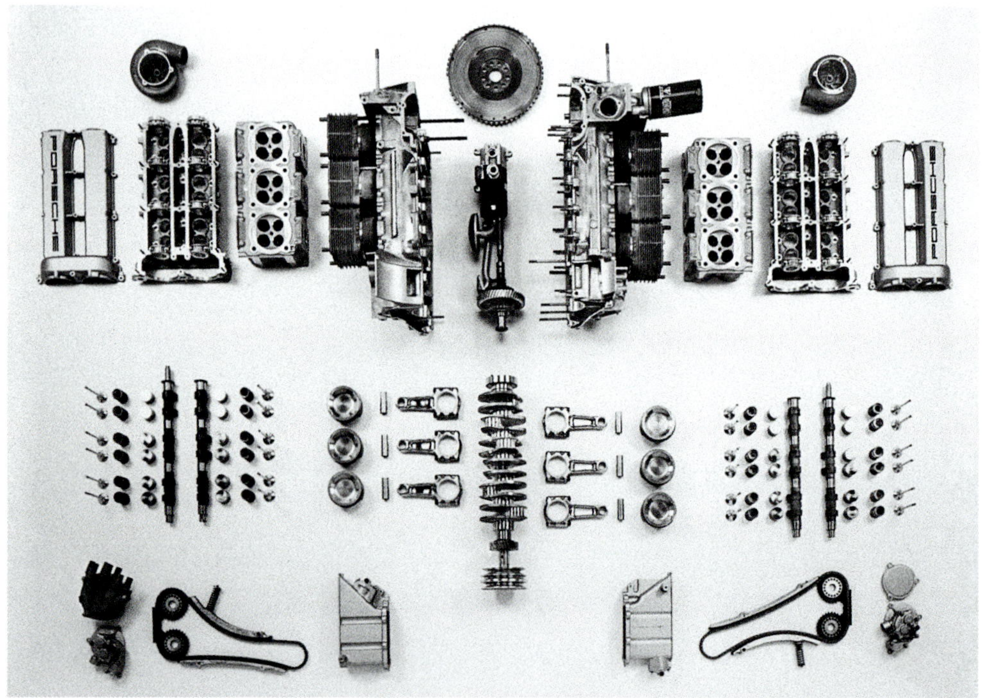

Der Motor des Porsche 959 mit sämtlichen Einzelbauteilen: Besonders markant ist die dreistufige Ölrückförderpumpe mit serienmäßigem mittigem Ansaugschnorchel, einem zusätzlichen Ansaugteil unter den Kettenrädern und einem dritten, hinten (in der Nähe des Druckteils der Pumpe) montierten Ansaugteil. Foto: Porsche AG

Der für Tankstellenbenzinbetrieb umgerüstete Indianapolis-Motor (Typ 935/76) in einem 956er Prototyp für Gruppe-C-Rennen der FIA-Sportwagen-Weltmeisterschaft. Foto: Porsche AG

tortemperatur, Batteriespannung, Leerlaufeinstellung, Ansauglufttemperatur und Ladedruck). Dieses neue Modell war 1983 abermals in Le Mans siegreich: Der Rothmans-Porsche wurde von dem Fahrertrio von Vern Schuppan (AUS)/Al Holbert (USA)/Hurley Haywood (USA) pilotiert.

Ein neuer Carrera-Motor zum Modelljahr 1984

1984 ging der 911 mit einem umfassend überarbeiteten Carrera-Motor in sein drittes Jahrzehnt. Die Hubraumvergrößerung sorgte für höhere Leistung und einen besseren Wirkungsgrad – und damit für günstigeren Verbrauch als bei den Vorläufermodellen. Die Grundmotoren blieben bis auf die Abgasreinigung und das Verdichtungsverhältnis weltweit identisch. Die hohe spezifische Literleistung war vor allem der Resonanzansauganlage und der höheren Verdichtung zu verdanken.

Die leistungsgesteigerten Carrera-Motoren boten diverse technische Verfeinerungen. Der Hubraum wuchs durch Einbau der 74,4-mm-Kurbelwelle und Pleuel aus dem 3,3-Liter-Turbomotor des 930 auf 3,2 Liter. Die 95-mm-Bohrung entsprach der des 911 SC-Motors, der Hubraum lag damit exakt bei 3164 ccm. An den Zylindern des 3,2-Liter-Carrera war die Nut für die CE-Ring-Kopfdichtung entfallen, die bei allen anderen Saugmotoren bereits seit 1970 verbaut worden war. Die Zylinderdichtfläche war stattdessen ganz leicht angeschrägt, so dass auf eine Kopfdichtung verzichtet werden konnte. Durch Änderungen am Kurbelgehäuse entfielen die demontierbare Ölwannenplatte und das Wannensieb. Das neue Kurbelgehäuse brachte insbesondere für Tuner den Vorteil höherer Steifigkeit und geringerer Leckageneigung an der unteren Dichtnaht. Diese Änderung war bei den Serienmotoren des 911 SC bereits im vorigen April (1983) eingeführt worden, nachdem bei den alten Fertigungswerkzeugen die Verschleißgrenze erreicht war. Auslöser für diese Änderungen war eine in einigen Ländern Europas geplante Gesetzesänderung, wonach das Motoröl beim Ölwechsel abgesaugt werden musste (statt einfach abgelassen zu werden), allerdings kam es nie zu einem derartigen Gesetz.

Weitere wichtige Neuerung war der Drucköl-Kettenspanner, der in etwa wie ein hydraulisch gedämpfter Federspanner funktioniert. Die Kettenspanner wurden über eine Abzweigleitung von den Hauptstrom-Ölleitungen geschmiert, die zu Nockenwelle und Ventiltrieb führen. Diese neuen Kettenspanner brachten auf einfache Weise zuverlässige Abhilfe für eine alte Schwachstelle des Motors.

Die Abgasanlage entsprach im Prinzip der des 911 SC, nur waren die Rohrquerschnitte analog zur Hubraumvergrößerung aufgeweitet worden. Zwei identische Wärmetauscher saßen am Motorende (Schwungradseite) und liefen zur linken Motorseite hin zusammen. Die Europa- und RdW-Modelle erhielten einen neuen, größeren Vorschalldämpfer, die Version für die USA und Japan statt des Vorschalldämpfers einen Dreiwegekatalysator. Bei diesen Ausführungen saß am Katalysatoreingang eine Lambdasonde, die zum schnelleren Ansprechen elektrisch vorgewärmt wurde. Die Abgase aus dem Vorschalldämpfer bzw. Kat strömten dann in den Endschalldämpfer am Heck (wie bereits bisher). Der Endschalldämpfer hatte ebenfalls ein neues „Innenleben" mit etwa 10 Prozent höherem Volumendurchsatz erhalten.

Als wichtigste Änderung am 3,2-Liter-Carrera kam 1984 jedoch die Bosch-Motronic hinzu, das von Porsche als DME (Digitale Motor Elektronik) vermarktete neue Einspritz- und Zündungs-Managementsystem. Das DME-Motormanagement kombiniert die separate Zündungs- und Kraftstoffsteuerung und – bei den US-/Japan-Versionen – zusätzliche Lambdasonden zu einem gemeinsamen Steuerungssystem. Die Steuerung erfolgt über eine Steuereinheit auf Mikroprozessorbasis. Diese Einheiten unterschieden sich aufgrund der unterschiedlichen Abgasvorschriften und Oktanzahlen je nach Lieferland. Im DME-Steuergerät sind die vollständigen Zündungs- und Einspritzkennfelder gespeichert. Durch Sen-

Das 1984 neu eingeführte Kurbelgehäuse des Carrera-Motors, bei dem Porsche auf die demontierbare Ölwannenplatte und das Wannensieb verzichtet hatte. Gleichzeitig änderte man die Abdichtung des vorderen Zwischenwellenendes im Kurbelgehäuse und versah das Kurbelgehäuse mit Aufnahmen für den Zahnradantrieb der Nockenwellen und Nebenaggregate.

soren am Motor erhält der Mikroprozessor der Steuereinheit sofort alle benötigten Informationen, damit der Motor in allen Betriebszuständen mit optimaler Kraftstoffdosierung und Zündungseinstellung laufen kann. Das DME-System bot also ideale Voraussetzungen für die Optimierung des 911er Motors hinsichtlich Leistung, Verbrauch und Abgaswerten – und dies ohne Abstriche an der Laufkultur.

Auf der Suche nach höheren Literleistungen hob Porsche die Verdichtung der RdW-Modelle auf 10,5:1, die der US-Modelle auf 9,5:1 an. Auch die effektive Brennraumform im normalen hemisphärischen Brennraum wurde durch eine einseitig eingezogene Quetschzone optimiert. Die 1976 beim Carrera 3,0 eingeführten Nockenwellen, die in allen 911 SC-Motoren zu finden waren, wurden beibehalten. Bei den Steuerzeiten der ersten Version dieser Nockenwellen im 3,0-Liter-Carrera, öffnete der Einlass 1 Grad vor OT und schloss 53 Grad nach UT, der Auslass öffnete 43 Grad vor UT und schloss 3 Grad nach OT. In den verschiedenen Folgeversionen des 911 SC verlegte Porsche die Steuerzeiten zuerst um 6 Grad vor und verschob sie dann wieder um dieselben 6 Grad in Richtung „spät". Manchmal lagen die Steuerzeiten der Europaversion des Motors früher, manchmal die der USA-Version. Die Steuerzeiten des 3,2-Liter-Carrera bildeten einen Kompromiss zwischen den beiden Extremwerten; sie wurden gegenüber dem 911 SC, den dieser Motor ablöste, um 3 Grad vorverlegt. Die Ansauganlage des Carrera war mit abgestimmten Resonanzrohren aufgebaut, um maximalen Leistungszuwachs zu erreichen. Mit 73 PS/l lag die Literleistung der RdW-Version nun höher als bei allen Saugmotoren seit dem Carrera RS von 1973, der 78,2 PS/l erreicht hatte. Die Leistung der RdW-Version betrug 231 PS, die der US-Version 207 PS.

1984 stand ein weiterer neuer Motortyp für den 911 im Programm – der Typ 930/18 für den 911 SC RS (954). Dieser Motor basierte auf dem 3-Liter-Motor des 911 SC in der Renn- bzw. Rallyeversion, wartete unverändert mit Bohrung und Hub des SC-Triebwerks (95 x 70,4 mm) auf und kam damit auf 2944 ccm Hubraum. Auch die Standard-Ventilmaße mit 49-mm-Einlass- und 41,5-mm-Auslassventilen blieben unverändert; die Kanäle wurden hingegen auf der Ansaug- und Auslassseite auf 43 mm erweitert.

Im Motorinneren saß eine neue Sportnockenwelle, die die Einlassventile bei 82° vor OT öffnete und bei 82° nach UT schloss. Die Auslassventile öffneten bei 78° vor UT und schlossen bei 58° nach OT. Der maximale Nockenhub betrug am Einlassventil 11,70 mm, am Auslassventil 10,25 mm. Für die Gemischaufbereitung sorgte auch hier die Bosch-Kugelfischer-Einspritzanlage mit „High-Butterfly"-Drosselklappengehäuse. Die Leistung des Typs 930/18 betrug 255 DIN-PS bei 7000/min, das Drehmoment 250 Nm bei 6500/min.

1986: Der Turbo kehrt in die USA zurück

1986 war der 911 Turbo nach sechsjähriger Abstinenz auch auf dem US-Markt wieder zu haben. Katalysator und Lambdasonde durften beim neuen US-Ableger (mit Motortyp 930/68) natürlich nicht fehlen. Der Motor lief mit bleifreiem Superbenzin und erfüllte bereits in der Grundversion alle US-Grenzwerte. Seine Leistung betrug 282 PS bei 5500/min, das Drehmoment 390 Nm bei 4000/min.

In den ersten Jahren seit seiner Einführung im Jahr 1984 war der 3,2-Liter-Carrera relativ unverändert geblieben. 1985 wurde der im Bug sitzende Ölkühler wieder durch einen kühlerähnlichen, verrippten Wärmetauscher abgelöst, der anstelle des alten Messingröhrenkühlers im rechten Vorderkotflügel saß. Diese Änderung war beim Turbo und Carrera bereits im Juli 1984 erfolgt. Eine Aussparung im Unterteil der vorderen Stoßstange sorgte für intensiveren Luftstrom in den neuen Kühler. Dieser Ölkühler bewährte sich insbesondere bei hohen Dauergeschwindigkeiten jenseits der 160 km/h, wie sie auf der Autobahn nicht ungewöhnlich waren. In den tempolimitierten USA brachte er dagegen keine Vorteile gegenüber der Röhrenkühlschlange, zumal bei den geringeren Geschwindigkeiten nicht genug Ansaugluft über die kleine Öffnung in der Stoßstange eintreten konnte.

Mehr PS für das Modell 1987

1987 spendierte Porsche allen Katalysatormodellen ein thermostatgeregeltes Gebläse am vorderen Ölkühler, um Abhilfe für die Kühlungsprobleme der US-Modelle zu schaffen. Der Thermostat schaltete das Gebläse bei Öltemperaturen ab 118 °C zu.

1987 durften sich die Käufer über eine abermalige Leistungssteigerung des Katalysatormodells freuen, das jetzt 217 PS abgab. Die RdW-Version hielt sich bei 231 PS. Neu waren auch zwei weitere Versionen des 3,2-Liter-Carrera-Motors, darunter eine für Australien – mit derselben Typbezeichnung wie die US-Version, aber geändertem Steuergerät, das den ROZ-Oktanbedarf um vier Punkte senkte und die Leistung auf 207 PS drosselte. Die zweite Version lief als Baumuster 930/26 und entsprach leistungsmäßig der RdW-Version, erhielt aber eine zusätzliche Motorverkleidung, mit der die ab 1987 geltende 75-dBA-Obergrenze für die Schweiz eingehalten werden sollte. An der Fahrzeugunterseite wurde ein Schallschluckblech montiert, das den Motorraum nach unten fast vollständig abschloss. Dazu kam noch der bereits 1986 eingeführte Spezialschalldämpfer.

1987 bekam der Carrera obendrein das neue Getriebemodell G50, das den seit 1972 im 911 eingebauten Typ 915 ablöste. Neu war auch die hydraulische Kupplung mit Gummidämpfer, die von 225 mm (im Getriebetyp 915) für das G50 auf 240 mm Durchmesser vergrößert wurde. Sie bewirkte eine ausreichende Dämpfung der Torsionsschwingungen bei niedrigen Drehzahlen, ohne dass Rasselgeräusche im Getriebe wahrzunehmen waren. Um den Druck auf die Gummipakete des Torsionsdämpfers bei höherer Drehmomentbelastung zu verringern, wurden mechanische Anschläge montiert, die den Torsionswinkel auf 44 bis 47 Grad begrenzten.

Die Rennmotorenentwicklung für den 956/962 C sowie des Motors für die 962-IMSA-Version ging unterdessen weiter. Für die Saison 1987 musste der IMSA-Motor des 962 von 3,2 auf 3,0 Liter verkleinert werden. Gleichzeitig wuchs die Version für die Sportwagenweltmeisterschaft auf 3,0 Liter und erhielt wassergekühlte Zylinder und Köpfe. Mit einer Vorversion dieses Motors bestritt Porsche 1986 die deutschen Supercup-Rennen. Der wassergekühlte 962er Motor wurde von der IMSA zur Saison 1988 mit Ansaugluftdrosseln zugelassen (Debüt in Columbus/Ohio).

Den ersten Erfolg sicherte sich Porsche Ende der Saison 1989 in Tampa (Florida), weitere Siege mit der wassergekühlten Variante des

Porsche stellte im Juli 1984 wieder auf einen klassischen, einem Wasserkühler ähnelnden Ölkühler um und rüstete ab 1987 zusätzlich alle Katalysatorversionen mit einem Lüfter aus, der über einen Thermostat bei 118 °C zugeschaltet wurde.

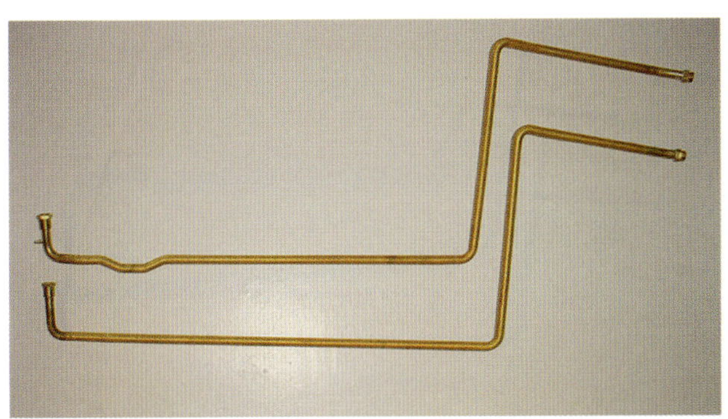

Der US-Tuningbetrieb Elephant Racing liefert nett anzusehende verrippte Ölleitungen für den Zu- und Rücklauf des im Bug montierten Zusatzölkühlers, die für noch bessere Kühlwirkung sorgen sollen. Foto: Elephant Racing

962 folgten 1991 in Daytona, 1993 auf dem Road-America-Kurs in Elkhart Lake (Wisconsin) sowie 1995 erneut in Daytona.

Der Carrera blieb in den Modelljahren 1988 und 1989 in den US- und RdW-Versionen im Wesentlichen unverändert. 1988 stand eine spezielle, gedrosselte Carrera-Version für Australien im Programm, die lediglich 207 DIN-PS bei 5900/min abgab. Auslöser für diese Sonderversion waren die Oktanzahlen der Bleifrei-Kraftstoffe in Australien, die 1988 mit 91/81 ROZ/MOZ erheblich unter den 95/85 ROZ/MOZ anderer Länder lagen. 1989 verschwand dann die Australienausführung, denn mittlerweile konnte dort bleifreier Superkraftstoff mit 96 ROZ gezapft werden.

Der luftgekühlte IMSA-Motor des 962: Anfangs wurde der 962 auf einen 3,2-Liter-Motor mit Einzelturbolader und Einzelzündung begrenzt.

Debüt des neuen 3,6-Liter-Motors

1989 lancierte Porsche eine völlig neue 3,6-Liter-Version des Sechszylindertriebwerks für den neuen 964 Carrera 4 (C4). Gegenüber dem bisherigen 3,2-Liter-Motor des Carrera belief sich der Leistungszuwachs auf annähernd 17 Prozent! 100 mm Bohrung und 76,4 mm Hub ergaben einen Hubraum von 3600 ccm. Die Höchstleistung betrug 250 PS bei 6100/min, das maximale Drehmoment 310 Nm bei 4800/min. Erstmals fand sich nun auch in einer Straßenmotorvariante des 911 eine Doppelzündanlage. So konnte die Verdichtung auf 11,3:1 angehoben werden, was nicht nur den Schadstoffausstoß senkte, sondern auch 2 bis 3 Prozent mehr Leistung bei gleichzeitiger Verbrauchssenkung um ca. 3 Prozent ergab. Leeraufeigenschaften und Teillastleistung verbesserten sich um rund 20 Prozent und bei kaltem Motor lag der Verbrauch rund 20 Prozent

Der wassergekühlte Vierventilmotor des 962

Ein vollständig montierter wassergekühlter Vierventilmotor des 962.

Der Zahnradantrieb der Vierventil-Zylinderköpfe der Motoren des 956/962.

Der Zahnradantrieb der Vierventilköpfe montiert am Kurbelgehäuse eines 956/962-Motors.

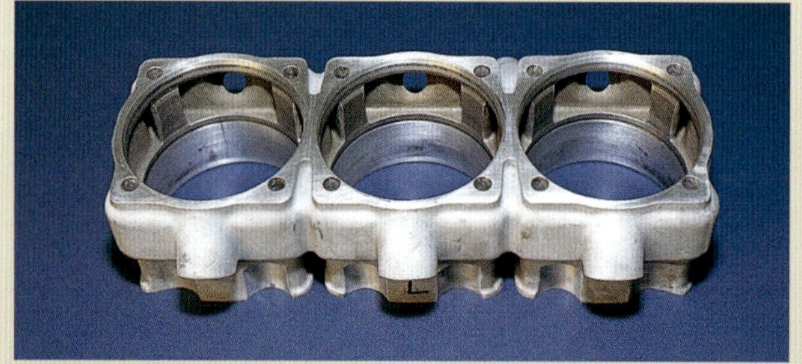

Der Kühlmantel der wassergekühlten Zylinder an den Vierventilköpfen der 962er Motoren.

Zylinderkopf und Zylinder des wassergekühlten 962er Motors. Der Zylinder wird im Elektronenstrahlverfahren mit dem Zylinderkopf verschweißt. Der Wassermantel umschließt je Motorseite drei der Zylinder-Zylinderkopf-Einheiten.

Das Nockenwellengehäuse des 962 mit dem Zahnradantrieb, der mit dem am Kurbelgehäuse montierten Gegenstück des Zahnradantriebs gepaart wird.

Der vollständig montierte wassergekühlte 962er Motor.

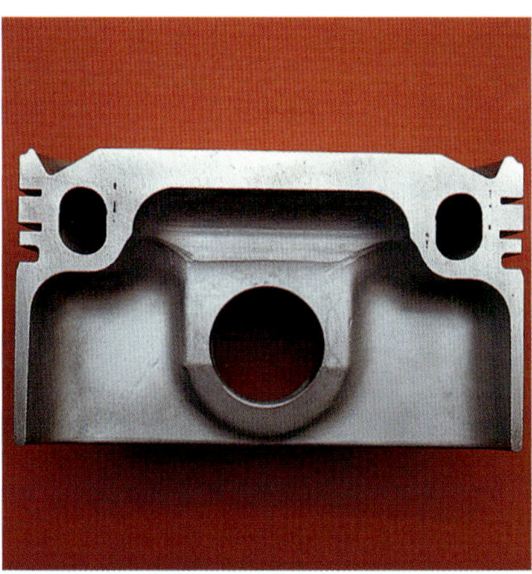

Im Laufe der Jahre wurde bei Porsche das Motoröl in immer größerem Umfang als Kühlmittel genutzt. Die Spritzdüsen zur Kolbenkühlung kamen anfangs nur bei Rennmotoren zum Einbau, ab 1971 dann auch bei allen Serienmotoren des 911. In den Turbo-Rennmotoren übernahm das Motoröl noch weitere Kühlfunktionen, u. a. durch die Ölnebelschmierung der verrippten Ventilführungen und Direktschmierung der Auslassführungen. Im 962-IMSA-Motor wurden die Kolben nicht über die Spritzdüsen gekühlt, sondern durch einen ständigen Ölstrahl auf eine Bohrung auf der Kolbenbodenunterseite, so dass ständig frisches Öl zum Ölkanal im Kolbenboden gelangte. Diese zusätzliche Kolbenkühlung entlastete den obersten Verdichtungsring von der Zusatzaufgabe, Wärme vom Kolbenboden abzuführen, so dass er seine eigentliche Aufgabe, den Kolben gegen Kompressionsverluste abzudichten, besser erfüllen konnte. Der entlastete oberste Kolbenring konnte nun noch schmaler (1 mm statt bisher 1,5 mm) gehalten werden und dichtete dadurch besser zur Zylinderwand ab, was auch die Motorleistung verbesserte. Diese Kolben bestanden aus mehreren Schmiedeteilen, die im Elektronenstrahlverfahren verschweißt wurden.

niedriger. Dank der zweiten Zündkerze verkürzten sich die Funkenwege um rund 17 Prozent und auch die Klopfanfälligkeit lag um rund einen Kompressionspunkt niedriger.

Der Trockensumpfölkreislauf des 911 erhielt eine vergrößerte, besonders leistungsstarke Ölpumpe mit Gehäuse aus Magnesiumguss und eigener Wellenlagerung. Die Druckpumpe erreichte eine Förderleistung von 65 Litern/Minute, wovon 17 Liter für die Spritzdüsen zur Kolbenkühlung abgezweigt wurden. Rund 35 l/min dienten zur Schmierung der Haupt- und Pleuellager. Die zum Nockenwellengehäuse geförderte Ölmenge wurde gegenüber den früheren Motoren um rund 50 Prozent auf die zur Schmierung der Nockenwellenlager, Ventilführungen und Kipphebel benötigten 13 Liter reduziert.

Die Rückförderpumpe erreichte die 1,84-fache Förderleistung der Druckpumpe, wodurch der Ölstand im Kurbelgehäuse jederzeit niedrig gehalten werden konnte. Der Hauptstrom-Ölfilter war weiterhin im Rückförderkreis zwischengeschaltet, saß jetzt aber vor dem rechten Hinterrad, ebenso der Trockensumpf-Öltank. Auch der Thermostat war vor dem rechten Hinterrad angeordnet und öffnete weiterhin bei ca. 87 °C, so dass das heiße Öl zum Ölkühler im Wagenbug strömen konnte. Der Lüfter am Ölkühler im Bug schaltete über einen Thermostat bei 100 °C zu, um die Ölkühlwirkung zu intensivieren. Ein direkt am Motor angeordneter Ölkühler fehlte beim 964er Motor, statt des Motorthermostats saß hier jetzt ein Deckel mit Sensoren für die Öltemperatur und die Öldruckanzeige sowie dem Geber für die Öldruckkontrollleuchte.

Der bisherige Aufnahmeflansch mit zwei Stiftschrauben für das Saugrohr wurde durch eine Ausführung mit drei Stiftschrauben abgelöst. Die Doppelzündanlage sollte für einen genauso optimierten Verbrennungsablauf wie die mittig angeordnete Einzelkerze in einem Vierventilmotor sorgen. Zusätzlich zur zweiten Kerze erhielten die Zylinderköpfe eine um 17 Prozent vergrößerte Kühlluftfläche sowie einen gegossenen Keramikeinsatz im Auslasskanal für eine verringerte Wärmeabstrahlung und verbesserte Wärmeabfuhr. Durch die Keramikeinsätze sank die Zylinderkopftemperatur in diesem Teil des Kopfes um ca. 40 °C und die direkt in den Katalysator abgeleitete Wärme sorgte für das Erreichen einer optimalen Kat-Reinigungstemperatur. Der 964er Motor wurde mit einem Katalysator mit Metallmatrix bestückt, der eine wirksamere Abgasreinigung bei deutlich optimiertem Strömungsverhalten der Abgase ermöglichte.

Dank der Doppelzündung konnten jetzt symmetrisch gestaltete Kolben mit dachförmigem Kolbenboden montiert werden, die den Verbrennungsablauf zusätzlich verbessern. Am Hochspannungszündverteiler saß ein Paar Verteilerdeckel mit je sechs Abgängen samt zugehörigen Läufern. Einer der Verteilerläufer wurde direkt von der Kurbelwelle angetrieben, der zweite über einen Zahnriemen vom ersten Läufer.

Die Zylinderbohrung war leicht konisch gehalten und zum Brennraum hin minimal enger als in Richtung Kurbelgehäuse. Dies ermöglichte ein bei Betriebstemperatur praktisch durchgehend konstantes Laufspiel über die gesamte Zylinderlänge, wobei das geringe Kolbenspiel im Zylinder von weniger als 0,04 mm ebenfalls zur Dichtwirkung der Kolben beitrug und die Laufgeräusche weiter verringerte.

Zur Optimierung der Kettenspannung wichen die bisher verwendeten sechs Gleitschienen mit Laufrolle vier langen, paarweise

Der Motor des 964. Foto: Porsche AG

auf den beiden Motorseiten angeordneten GFK-verstärkten Kunststoff-Gleitschienen. Eine der Gleitschienen je Seite ist starr montiert, die andere wird durch einen integrierten Kettenspanner gespannt, der Teil des Motorölkreislaufs ist. Diese Kettenspanner sind besonders zuverlässig und obendrein laufruhiger. Das Zwischenwellenrad bestand nun nicht mehr aus Alu, sondern aus Stahl, was eine höhere Lebensdauer erwarten ließ.

Als Tribut an das hohe Verdichtungsverhältnis des 964er Motors erhielt das Motormanagement einen Klopfsensor, der den Zündzeitpunkt in Richtung „spät" verstellte, sobald eine Klopfneigung des Motors erkannt wurde. Dieser Klopfsensor bestand aus einer Brücke an den drei Zylindern der beiden Zylinderbänke. Jede der Brücken war mit dem eigentlichen Klopfsensor an der Motorseite verbunden. Mit dem neuen adaptiven Motronic-Motormanagement ließ sich die Zündung genau in dem Zylinder in Richtung „spät" verstellen, in dem Klopfen oder Glühzündungen erkannt wurden.

Die Ansauganlage war zweistufig mit zwei Resonanzkammern (die jeweils auf drei Zylindersaugrohren auf der linken und rechten Motorseite saßen) aufgebaut. Diese Resonanzkammern waren wiederum untereinander durch ein Paar Querrohre mit unterschiedlichem Querschnitt verbunden.

Die Ansaugluft vom Drosselklappengehäuse strömte zum größeren der beiden Querrohre, während das kleinere Rohr durch ein Klappenventil zum Ansaugkreis zugeschaltet bzw. abgesperrt wurde. Dieses Klappenventil öffnete und schloss mechanisch entsprechend der Motordrehzahl. Durch die Öffnungs- und Schließbewegung des Klappenventils ließen sich die Resonanzen im Ansaugtrakt über den gesamten Drehzahlbereich so optimieren, dass die Resonanzladungen zur bestmöglichen Füllung der Zylinder im Ansaugtakt genutzt wurden.

Bei der Auspuffanlage handelte es sich um eine Variante jener Anlage, die bereits seit 1975 Teil der Serie war, nur mit ca. 15 Prozent größerem Volumen sowie zusätzlichem Endschalldämpfer.

Die Zylinderkopfschrauben wanderten abermals um 4 mm nach außen (Mittenabstand nun 90 mm). Außerdem kamen modifizierte Kurbelgehäuseschrauben mit besseren O-Dichtringen an beiden Enden zum Einbau. Die Luftführungen an den Zylindern waren jetzt als ein Paar einteiliger Magnesiumgussteile gestaltet, die an beiden Seiten des Kurbelgehäuses angeschraubt wurden. Die Kolbenspritzdüsen wurden auf 2 mm vergrößert, um eine intensivere Kühlung zu erreichen. Die ebenfalls modifizierten Zylinder wurden an ihrem unteren Ende durch einen O-Ring abgedichtet, der in einer Nut am Zylinder saß. Drehstromgenerator und Lüfter erhielten einen neuen Antrieb mit konzentrischen Wellen. Der Lüfter wurde mit einer größeren Riemenscheibe kombiniert, lief aber mit langsamerer Drehzahl als der Generator, dessen Riemenscheibendurchmesser kleiner war. Die Antriebsriemenscheiben auf der Kurbelwelle waren jetzt mit einem Schwingungsdämpfer bestückt. Die konische Gestaltung des vorderen Kurbelwellenendes ermöglichte eine bessere Montage des schwereren Dämpfers.

Die neuen Nockenwellen wiesen besonders steile Nocken und einen größeren Hub auf: Der Einlasshub betrug nun 11,9 mm, der Auslasshub 10,9 mm. Der Einlass öffnete 4° vor OT und schloss 56° nach UT, der Auslass öffnete 45° vor UT und schloss 5° nach OT.

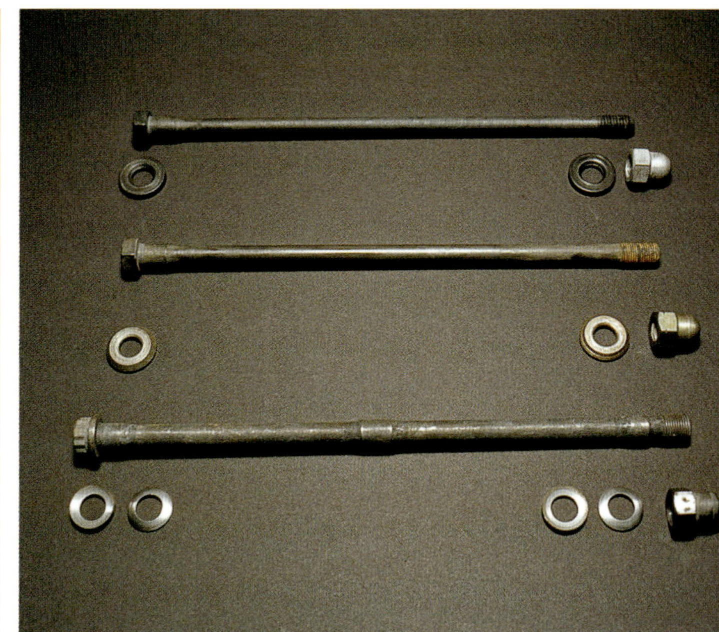

Die Kurbelgehäuseschrauben: Die oberste Schraube wurde in den frühen Straßenmodellen bis zur Einführung des 911 SC im Jahr 1978 verbaut. Die mittlere Schraube wurde bei verschiedenen 911er Rennmotoren wie den RSR und später bei allen Serienmotoren ab dem Debüt des 911 SC montiert und besitzt ein 1,25er Feingewinde, wodurch sich die Schraube feinfühliger auf Drehmoment anziehen lässt. Die untere Kurbelgehäuseschraube ist eine hochfeste Ausführung, die in diversen späteren Rennversionen des 911 zum Einsatz kam. Ursprünglich waren diese Schrauben als gewichtssparende Maßnahme für den 917 entwickelt worden. An beiden Enden sitzt ein Paar selbstzentrierender, gewölbter Scheiben, die ineinander liegen, wodurch in Kombination mit der Spezialmutter Biegebeanspruchungen der Schraube vermieden werden. Die Gewindeteile der Kurbelgehäuseschraube sowie der Mutter sind so gestaltet, dass keine Kerbwirkung am Gewindeansatz entstehen kann. An vielen Einbaustellen lässt sich damit die nächstkleinere Schrauben- und Gewindeabmessung verwenden, womit diese Schrauben in manchen Anwendungen ideale Gewichtseinsparmöglichkeiten boten. Als Zugankerschrauben für die Kurbelgehäuse sind diese Schrauben besonders geeignet, da ihre Schraublochbohrungen gleichzeitig Teil der Hauptölgalerie sind und ein Bruch der Zugankerschrauben daher unbedingt vermieden werden muss. Der verdickte Teil in der Mitte dieser Spezialschrauben dient dazu, dass Oberschwingungen, die in diesen langen Schrauben auftreten können, sich nicht oder nur noch in geringem Maße ausbreiten können.

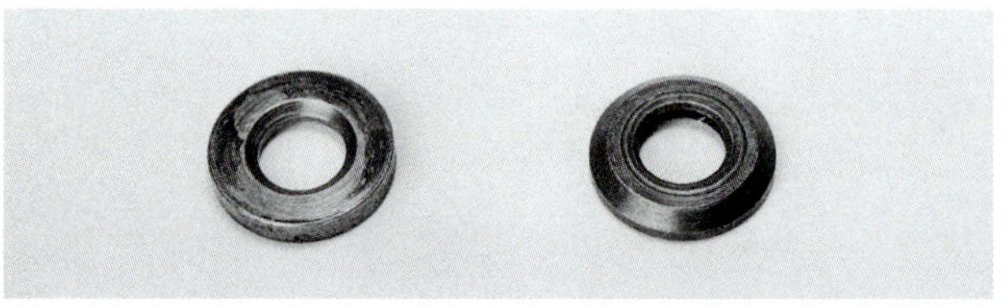

Die Unterlegscheiben für die Kurbelgehäuseschrauben der Serienmotoren: Die linke Scheibe saß in allen Serienmotoren bis zum 2,7 Liter von 1973/74. Bei Umstellung auf die größeren Zylinder mit 90-mm-Bohrung mussten die Scheiben angefast werden, damit sie nicht am Zylindersitz klemmen und den Fuß der größeren Zylinder wegdrücken und damit deren Sitz beeinträchtigen können. Die angefaste Scheibe (rechts) wird in allen 911er Motoren seit dem 2,7-Liter-Aggregat verwendet.

Das 1,3:1 übersetzte, elfflügelige Gebläserad mit 226 mm Durchmesser war bei allen frühen luftgekühlten Rennversionen zu finden. Sämtliche 934 und 935 besaßen größere, liegende Gebläse, die für höheren Kühlluftdurchsatz sorgen sollten.

Die Kühlluftgebläseräder des 911. Im Uhrzeigersinn von oben links: Das 245-mm-Gebläserad der frühen 911 mit Riemenscheibenübersetzung 1,3:1, Luftdurchsatz 1390 l/s bei 6100/min; der fünfflügelige, 1,8:1 übersetzte Lüfter der Modelle 1976/77 mit 1265 l/s Luftdurchsatz bei 6000/min; das 1,8:1 übersetzte 226-mm-Gebläserad der Modelle 1978/79 mit 1380 l/s Luftdurchsatz bei 6000/min, das 1,6:1 übersetzte Turbo-Gebläse mit 1500 l/s Luftdurchsatz bei 6000/min (der selbe Lüfter wie beim 997 Doppelturbomotor, allerdings mit 1,8:1 übersetzten Gebläseriemenscheiben und 1210 l/s Durchsatz bei 6100/min), sowie das 1,6:1 übersetzte Gebläse des 964 mit einem Durchsatz von 1010 l/s bei 6100/min.
Foto: Porsche AG

Kipphebel und Kipphebelwellen blieben unverändert. Die Ventildeckel bestanden jetzt aus Magnesium und besaßen Passnuten für die Aufnahme der O-Ring-Gummidichtungen, um Öllecks vorzubeugen. Die Stiftschraubengröße für die Ventildeckel wurde auf 6 mm verringert. Auch Kettengehäuse und -deckel bestanden jetzt aus einer Magnesiumlegierung, und deren Deckel wurden ebenfalls durch eine O-Ringdichtung abgedichtet – auch zur Verringerung der Laufgeräusche. Verkleidungen der Motorunterseite sollten die Geräuschabstrahlung des Motors reduzieren, ärgerlicherweise sorgte der dadurch gedrosselte Kühlluftstrom jedoch für einen Anstieg der Motorbetriebstemperatur.

Das neu konstruierte Kühlgebläse erreichte einen Luftdurchsatz von 1010 l/s. Dank der gewölbten Gebläseflügel sanken zugleich die Geräuschemissionen des Motors. Durch die Kombination des neuen Heckspoilers, der bei allen Carrera 2/4 zu finden war, mit dem neuen Gebläse wurde schließlich eine zufriedenstellende Kühlwirkung bei reduzierten Motorgeräuschen erreicht.

Ein neues Schwungrad zum Modelljahr 1990

Im Jahr 1990 änderte Porsche die Doppelansaugklappenanordnung so, dass die kleinere Klappe als erste öffnete, um den Motordurchzug im Übergangsbereich beim langsamen Beschleunigen mit Teilgas zu verbessern. Die größere Drosselklappe öffnete erst, wenn die kleine Klappe ca. 5° geöffnet war.

Für die Carrera 2-Version des 964 stand außerdem das Tiptronic-Viergang-Automatikgetriebe im Programm. Das Getriebe funktionierte in der linken Schaltkulisse im Vollautomatikmodus, konnte aber auch manuell geschaltet werden, indem der Schalthebel nach rechts aus der D-Stufe in die zweite Schaltkulisse bewegt wurde. Zum Hochschalten wurde der Hebel dann nach vorne bzw. zum Herunterschalten nach hinten bewegt.

Die Carrera 2 und Carrera 4 mit dem Fünfgang-Schaltgetriebe erhielten das neue Zweimassenschwungrad, um die Ursache für das lästige Rasseln im Getriebe abzustellen. Das Zweimassenschwungrad ermöglichte Torsionswinkel von bis zu 30° – geringfügig mehr als die 29° der Kupplungsscheibe des SC mit Gumminabe, allerdings weit weniger als die 44 bis 47° der wesentlich größer dimensionierten Kupplungsscheibe mit Gummikern, die beim Carrera und Turbo mit G50-Getriebe verbaut wurde. Neben dem Gummielement besaß das Zweimassenschwungrad acht Dämpfungselemente, deren Bewegungen zusätzlich durch eine Silikonfettfüllung im Inneren des Zweimassenschwungrades gedämpft wurden.

Im Laufe des Modelljahres 1990 erhielten die Kolben eine zusätzliche Nut zwischen dem obersten Kolbenring und dem zweiten Ring. Zweck dieser Änderung war, den Ölverbrauch und das Vorbeiströmen der Verbrennungsgase („Blow-by“) zu verringern.

Maßnahmen gegen Durchblasen an den Zylinderköpfen

Die Motoren der Modelle aus der Produktion der Jahre 1989 (K), 1990 (L) und 1991 (M) neigten zu Undichtigkeiten zwischen Zylinderkopf und Zylindern. Zu diesen frühen Exemplaren zählten die Fahrzeuge bis 62 M 06836, M64.01 (Schaltgetriebe) bzw. 62 M 52757, M64.02 (Tiptronic). Im Laufe des Modelljahres 1991 stellte Porsche bei den 964er Motoren auf modifizierte Zylinder und Kopfdichtungen um. Bei der Konstruktion der ursprünglichen 964er Motoren war auf eine Kopfdichtung verzichtet worden, an der Trennfuge zwischen Zylinderkopf und Zylinder traten aber immer wieder Öllecks auf.

Als Ursache wurde das Bearbeitungsverfahren der originalen Zylinderköpfe und Zylinder festgestellt. Am Rand blieb – im Bereich der Zylinderkopfbolzen – ein winziger Spalt, die Zylinderköpfe konnten sich beim Anziehen der Zylinderkopfmuttern daher nach unten ziehen und sogar verziehen. Dieser nach Anziehen der Kopf-

Die Schwungräder des Porsche 911

Das dickere Schwungrad und die Federscheibenkupplung des 911 von 1965 bis 1969.

Das flachere Schwungrad und die Druckplatte in gezogener Ausführung, die bei den 911 seit 1970 verwendet wurde.

Kupplungsführungslager: Das linke kam seit 1980 zum Einbau, das rechte wurde in den flacheren Schwungrädern von 1970 bis 1979 verbaut.

Kurbelwelle und Schwungrad mit dem ab 1980 verbauten Führungslager.

Das flache Schwungrad des Carrera 3,2 Liter mit Verzahnung für die DME.

Ein 964er Motor mit neuerem Schwungrad und den späteren Verzahnungen für die Motorsteuerung. Foto: Porsche AG

Das Zweimassenschwungrad der Motoren des 964 und 993. Auf der Rückseite sind sowohl der Anlasszahnkranz als auch der Zahnring für die Digitale Motorelektronik (DME) zu erkennen.

Die Reibflächenseite des Zweimassenschwungrads.

muttern auftretende Verzug an den Köpfen, wurde als Ursache der Undichtigkeiten angenommen.

Nur ein geringer Prozentsatz der ausgelieferten Exemplare war freilich von derartigen Dichtungslecks betroffen. Solange die Fahrzeuge aber noch unter die Garantie fielen, rüstete Porsche systematisch alle Fahrzeuge nach, die mit Undichtigkeiten in den Werkstätten landeten. Im Zuge der Nachrüstung wurden beim Kolben-Zylinder-Satz Zylinder mit einer 32 mm breiteren Passfläche mit 145 mm Durchmesser montiert. Zusätzlich wurde in eine Nut um die Zylinderbohrung ein Dichtring eingelegt. Der originale Dichtring bestand aus reinem Grafit auf einem Aluminiumträger. Dank der größeren Zylinderpassflächen konnte nun auch die Umstellung von Dilavar-Zylinderkopfbolzen auf Stahlbolzen erfolgen. Bei diesen späteren Motoren mit breiterer Passfläche zwischen Kopf und Zylinder und separater Kopfdichtung treten Dichtungslecks wesentlich seltener auf.

Auch die O-Ring-Zylinderfußdichtung wurde von der schwarzen Originalausführung in einen grünen Viton-O-Ring geändert. Das Abtriebsrad der Zwischenwelle bestand jetzt nicht mehr aus Stahl, sondern aus Grauguss, um die Laufgeräusche der Zwischenwelle zu reduzieren.

Der Alu-Ansaugkrümmer wurde ersetzt durch ein GFK-Formteil, das für bessere Leistung bei geringerem Gewicht sorgen sollte. Obendrein sollten die glatteren Innenwandungen die Strömungsverhältnisse im oberen Drehzahlbereich optimieren. Zugleich wurde der Doppeldrosselklappentrakt durch einen Alu-Drosselklappenstutzen mit einzelner Drosselklappe ersetzt. Die Drosselklappe saß auf einem Kunststoff-Verbindungsrohr, das durch Manschetten auf den beiden Ansaugkrümmerhälften fixiert wurde. Der Leerlaufdrehzahlstabilisator besaß in einer modifizierten Ausführung jetzt einen Geräuschdämpfer.

Zum Modelljahr 1991 stand auch ein 911 Turbo mit modifiziertem 3,3-Liter-Turbomotor ähnlich dem Typ 930/68 aus dem 1989er 930 Turbo im Katalog.

Die Leistung des Carrera 2 Turbo-Aggregats betrug nun 320 PS bei 5570/min, das maximale Drehmoment 450 Nm bei 4500/min. Die Gussnasen am Kurbelgehäuse waren so vergrößert worden, dass der Zylinderfuß um die Zylinderkopfbolzen vollständig abgestützt wurde. Die Kurbelgehäuseschrauben ähnelten konstruktiv den Kurbelgehäuseschrauben des 964 mit optimierten O-Dichtringen. Zur Kolbenkühlung kamen die gleichen, bei 3 bar Öldruck öffnenden 2-mm-Spritzdüsen wie am Motor des 964 zum Einbau. Zur intensiveren Kühlung besaßen die Zylinder jetzt Kühlrippen über ihren gesamten Umfang. Zur Abdichtung von Kurbelgehäuse und Zylinder wurde dieselbe O-Ring-Ausführung wie beim 964er Motor verbaut.

Die Einlassventilführungen in den Zylinderköpfen bestanden nun aus einem neuen Werkstoff namens „Aeterna“ (Sondermessing). Zwischen Zylinder und Zylinderkopf wurde an der Dichtfläche ein Edelstahlring mit Silikonbeschichtung eingelegt; der Edelstahlring sollte den Wärmeübergang vom Zylinderkopf in den Zylinder verringern.

Die linke Nockenwelle blieb unverändert, die rechte erhielt jedoch einen Antriebsmitnehmer für die Servopumpe der Lenkung. Die Steuerzeiten unterschieden sich nicht gegenüber denen der bisherigen Turboversion. Am Nockenwellengehäuse war eine zusätzliche Aufnahme für den Anbau der Servopumpe integriert. Die Nockenwellen-Kettenradträger und hydraulischen Kettenspanner wurden vom Vorgänger-Turbo übernommen.

Der Motorschmierkreislauf des Carrera 2 Turbo ähnelte dem des 964er Motors, auch hier fehlte der am Motor angebaute Ölkühler. Beim Turbomotor montierte Porsche eine Ölfilteraufnahme an der Stelle, an der bei den früheren Motoren der Ölkühler saß. Der Ölfilter war jetzt also nicht mehr Teil des Rückförderkreises, sondern als Hauptstromfilter im Druckölkreis integriert. Wie bereits beim normalen C2/C4, saß der Ölkühler auch hier vorne im rechten Vorderradkasten und war mit einem Kühllüfter kombiniert. Die ursprüngliche Bohrung für den am Motor angebauten Thermostat, wurde durch einen separaten Deckel verschlossen, der die Öldruck-

Ein 3,3-Liter-Turbomotor des Carrera 2 1991/92. Foto: Porsche AG

geber (für Manometer und Kontrollleuchte) sowie einen separaten Öltemperaturgeber für die digitale Zündsteuerung aufnahm. Die Schmierölversorgung der Nockenwellengehäuse erfolgte auf gleiche Weise wie beim vorherigen Turbomotor, nur wurde die Ölfördermenge zum Nockenwellengehäuse durch eine 2,3-mm-Bohrung im Anschluss für die Hohlschraube im Nockenwellengehäuse begrenzt.

Kühlluftgebläse und Drehstromgenerator wurden wie beim 964 von zwei separaten Riemen angetrieben. Den Lüftergebläseantrieb besorgte ein Keilriemen, zusätzlich war eine Rolle mit Kontaktschalter montiert, die zur Überwachung des Lüfterriemenantriebs diente. Generator und Klimakompressor wurden von einem Rippenkeilriemen angetrieben. Zum Nachstellen der Riemenspannung musste der Klimakompressor in seiner Einbaulage verstellt werden.

Die Auspuffanlage mit Katalysator und Endschalldämpfer auf der rechten Motorseite ähnelte der Anlage des Vorgänger-Turbo. Die beiden Endrohre traten am Endschalldämpfer bzw. am Wastegate-Schalldämpfer aus.

Auch die DME des C2-Turbomotors entsprach weitgehend der des vorherigen Turbomodells.

Neu war eine verbesserte digitale elektronische Zündanlage, die ihre Zündimpulse vom Schwungrad erhielt.

Der Carrera 2-Turbomotor brachte es dank des Katalysators mit weniger drosselnd wirkender Metallmatrix, größerem Ladeluftkühler und digitaler Kennfeldzündung mit optimierter Schließwinkel- und Zündzeitpunkteinstellung nunmehr auf 320 Pferdestärken – ein deutlicher Fortschritt gegenüber den 282 PS des bisherigen US-Motors. Das Zweimassenschwungrad des Carrera 2-Turbomotors ähnelte dem des Carrera 2/4.

Die Saugmotorversionen des 964 blieben zum Modelljahr 1992 unverändert. Die 1991 bei den US-Versionen montierte Lambdasonde wurde im 911 Turbo jetzt weltweit eingesetzt.

1992: Der 911 RS America gibt sein Debüt

Im Modelljahr 1992 gab der 911 RS America seinen Einstand, der 1992 in den USA und Kanada bereits als 1993er Modell vertrieben wurde. Während der Modelljahre 1992, 1993, und 1994 entstanden insgesamt 701 RS America: 297 im Jahr 1992, 328 im Jahr 1993 und nochmals 76 im letzten Jahr 1994.

Im RS America saß der Serienmotor des Carrera 2 (C2) sowie ein Fünfganggetriebe mit Zweimassenschwungrad. Gegen Aufpreis war auch ein Sperrdifferenzial erhältlich. Fahrfertig brachte der America 1340 kg auf die Waage (Serien-C2: 1375 kg). Der RS America entstand auf dem Werks-Fahrgestell des C2, erhielt aber einen speziellen M030-Antriebsstrang mit verstärkten Turbo-Hinterachsfedern und -Stoßdämpfern vorne und hinten.

Für den „Rest der Welt“ wartete der 1992er Carrera RS mit einem auf 260 DIN-PS optimierten Spezialmotor auf. Kolben und Zylinder waren beim Carrera RS-Motor besonders sorgfältig gepaart. Die rechte Nockenwelle unterschied sich – außer bei der Touring-Version (serienmäßige 964er Nockenwelle) – dadurch, dass der Antrieb für die Servopumpe der Lenkung entfiel. Statt der Hydro-Motoraufhängungen wurden bei der RS-Version des 964 Gummi-Motoraufhängungen verwendet.

Dieses Ölfiltergehäuse, wie es an den Rennmotoren verbaut wurde, besteht aus einem Hauptstromfilter mit Metallscheibeneinsätzen im Druckölkreislauf. Bei den Serienmotoren sitzt der Hauptstromfilter dagegen im Rückförderstrom, bis beim 1991er Turbo ein Hauptstromölfilter an der Stelle montiert wurde, an der bisher der Ölkühler saß, und beim 993 von 1994 waren gleich zwei Hauptstromölfilter vorhanden: einer im Rückförderkreis, einer im Druckölkreis. Dieses Gussteil nimmt außerdem einen einstellbaren Öldruck-Bypass auf, an dem der Betriebsöldruck eingestellt wird. Dieses Gussteil war bei sämtlichen Rennversionen des 911 vom 906 bis zu den 956er und 962er Motoren zu finden.

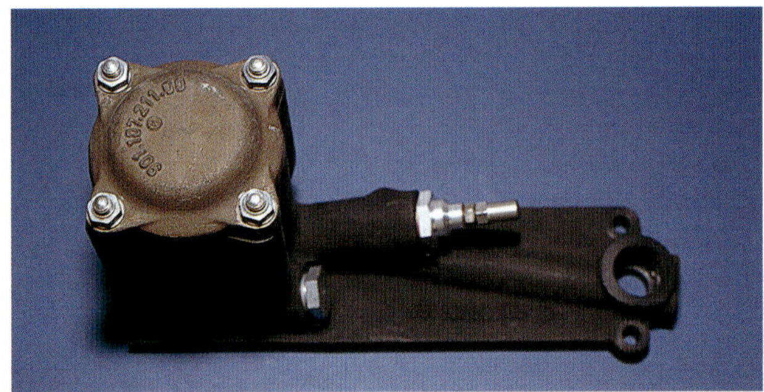

Rennölfiltergehäuse mit einstellbarem Öldruck-Bypass.

Die zur Reinigung zerlegte Ölfiltereinheit der 911er Rennmotoren. Daneben eine zusammengebaute Filtereinheit.

Die Zylinderköpfe des 911

Der Zylinderkopf des 911 von 1965 mit 39-mm-Einlassventilen und 35-mm-Auslassventilen.

Der Zylinderkopf des 911 T von 1969 mit 42-mm-Einlassventilen und 38-mm-Auslassventilen.

Der Zylinderkopf des 906 E/910 mit 45-mm-Einlassventilen und 39-mm-Auslassventilen sowie Doppelzündung.

Der Zylinderkopf des 911 S von 1969 mit 45 mm-Einlassventilen und 39-mm-Auslassventilen.

Der 2,7-Liter-Zylinderkopf des 911 mit 46-mm-Einlassventilen und 40-mm-Auslassventilen. Die Zylinderköpfe der Jahre 1970 bis 1977 waren hinsichtlich Brennräumen und Ventilabmessungen ähnlich aufgebaut. Nur die Kanäle durchliefen eine Weiterentwicklung. Das Brennraumvolumen der 2,2- bis 2,7-Liter-Motoren lag etwa bei 68 ccm.

Der 2,8-Liter-RSR-Zylinderkopf mit 49-mm-Einlassventilen und 41,5-mm-Auslassventilen. Diese Köpfe besaßen 43-mm-Kanäle und größere Brennräume mit 80 mm Kopfbolzenabstand. Durch die offenere Brennraumgestaltung vergrößerte sich das Brennraumvolumen auf 76 ccm.

Der Zylinderkopf des 3-Liter-911 SC mit 49-mm-Einlassventilen und 41,5-mm-Auslassventilen. Bei diesen konstruktiv auf dem 930 basierenden Köpfen, war das Brennraumvolumen mit 90 ccm noch größer als bei den 2,8- und 3,0-Liter-RSR-Motoren. Der Mittenabstand der Zylinderkopfbolzen wurde auf 86 mm vergrößert.

Vergleich des Kopfes des 3,2-Liter-Carrera links und des Kopfes des 964 rechts. Foto: Porsche AG

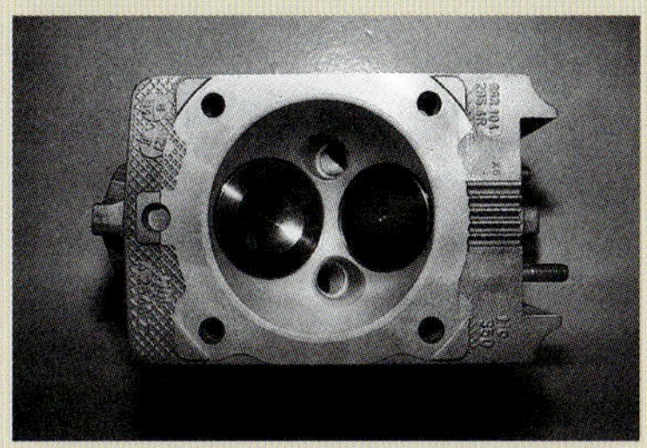

Der Zylinderkopf des 993 mit seiner vergrößerten Dichtfläche. Foto: Joe Reiser

Der Zylinderkopf des 962 mit 49-mm-Einlassventilen und 41,5-mm-Auslassventilen, Einzelzündung und speziellem Quetschkopf-Brennraum zur Verbesserung des Verbrennungsablaufs in den Ausführungen ohne zweite Kerze.

Eine Besonderheit des 935er Motors waren seine Zylinderköpfe mit ölgekühlten Ventilführungen. Links der Kopf eines Serien-911 mit seinen Ventilführungen (vor dem Kopf), rechts der Kopf des 935 und dessen Ventilführungen. Der Bohrkanal am 935er Kopf dient zur ständigen Frischölzufuhr zur Auslassventilführung auf etwa halber Höhe der Führung. Der verrippte Bereich trägt zur Kühlung der Führung eine ähnliche Bohrung. Diese zusätzliche Ölzufuhr zur Auslassventilführung ermöglicht die direkte Abfuhr der Wärme von den Auslassventilen zu den Führungen. Eine zusätzliche Kühlung der verrippten Führung wird durch den bei der Spritzrohr-Nockenwellenschmierung anfallenden Ölnebel erreicht.

Der luftgekühlte Zylinder des 962 mit wassergekühltem Zylinderkopf: Die beiden Bauteile wurden im Elektronenstrahlverfahren verschweißt, womit auch das Problem der durchblasenden Kopfdichtungen abgestellt wurde, das bei den normalen Zylindern und Zylinderköpfen des 935 öfters auftrat. Diese Köpfe besaßen je zwei 35-mm-Einlassventile und zwei 30,5-mm-Auslassventile.

Der Zylinderkopf des 959 mit je zwei 35-mm-Einlassventilen und zwei 32-mm-Auslassventilen und dachförmiger Brennraumgeometrie, wie sie in ähnlicher Form in den Rennmotoren anzutreffen war.

Der Rennzylinderkopf des 993. Foto: Porsche AG

In der Basisversion war der 964 Carrera RS mit einem leichteren Schwungrad bestückt (fast 7 kg weniger als das normale Zweimassenschwungrad); das Touring-Modell behielt dagegen das Zweimassenschwungrad. Der modifizierte Kühlgebläseantrieb erfolgte jetzt über einen einzelnen Keilriemen. Für eine höhere Endleistung wurde die DME-Steuereinheit so überarbeitet, dass die Zündung weiter in Richtung „früh“ eingestellt werden konnte.

Zum Modelljahr 1993 standen keine Änderungen am Motor an. Bereits seit August 1992 hatte Porsche bei den Ölwechselvorschriften aller Modelle die Umstellung auf synthetisches Motoröl vollzogen.

Das originale Freudenberg-Zweimassenschwungrad wurde im Mai 1992 durch die Ausführung von LuK abgelöst, bei dem Stahlfedern die Dämpfung übernahmen und der Torsionswinkel auf 50° vergrößert wurde. Diese Änderung setzte bei der Motornummer 62 N 01738 ein (N = Modelljahr 1993).

Auch 1993 legte das Werk Carrera RS 3,8- und Carrera RSR 3,8-Versionen des 964 für den Rennsport auf. Die Bohrung dieser

Ein 3,8-Liter-Motor des Carrera RS. Foto: Porsche AG

M64/04-Motoren betrug nun 102 mm, was einen Gesamthubraum von 3746 ccm ergab. Neu waren auch die Zylinderköpfe mit größeren 51,5-mm-Einlass- und 43,5-mm-Auslassventilen mit neuen Ventilfedern und Federtellern. Diese Motoren kamen in Le Mans mit den dort vorgeschriebenen Luftmengenbegrenzern auf 340 bis 350 PS. In der Straßenversion brachte es der Carrera RS 3,8 auf 300 PS.

Der Motor war mit einem neuen Motronic-Motormanagement (Bosch 2.0) bestückt, das über eine aktive Klopfregelung sowie weiter verbesserte Kennfelder zur Optimierung von Leistung und Verbrauchswerten verfügte. Für die RS und RSR 3,8 wurde eine neue Resonanzansauganlage mit sechs einzelnen Drosselklappenstutzen in Kombination mit der sequenziellen Einspritzanlage entwickelt.

Der gedrosselte 3,8-Liter-Motor des Carrera RSR: Die Drosselvorrichtung ist oben rechts am Rand des Motorhaubenausschnitts zu sehen.

Manche Rennteams kamen auf den Einfall, dass sich der vorgeschriebene Luftmengenbegrenzer auch möglichst weit weg vom Drosselklappenbereich montieren ließ, wodurch der Drosseleffekt fast völlig aufgehoben wurde.

Der Luftmengenbegrenzer (Air Restrictor) im Ansaugtrakt des Motors: Je nach Reglement mussten unterschiedlich dimensionierte Begrenzer installiert werden. Diese Drossel ist ein Porsche-Serienteil; ihre Größe lässt sich anhand der Teilenummer feststellen.

Ein anderes Rennteam umging den Luftmengenbegrenzer auf diese Weise und machte gleichzeitig deutlich, was es von den Drosselungsvorschriften hielt.

1994: Der 3,6 Liter Turbo feiert Premiere

Zum Modelljahr 1994 bot Porsche den 3,6-Liter-Turbo als Ersatz für den Carrera 2 Turbo der Jahre 1991 und 1992 an. Als Ablösung des 3,3-Liter-Turbomotors präsentierte Porsche ein Triebwerk mit zahlreichen Komponenten des 964er Saugmotors, neuen Kolben und Nockenwellen sowie der DME-Einspritzanlage – jetzt in einer für den 3,6-Liter-Turbo optimierten Weiterentwicklung. Zudem kam eine modifizierte Version des Kurbelwellendämpfers aus dem 964 zum Einbau. Die Bohrung der Nikasil-beschichteten 100-mm-Zylinder blieb gegenüber dem 964 unverändert, am Zylinderfuß saß der bereits bekannte O-Dichtring aus Viton. Die Klopfsensoraufnahme entfiel beim 3,6-Liter-Turbo. Als Kopfdichtung diente weiterhin der Edelstahlring, der in einer Aufnahme auf der Zylinderoberseite saß.

Die Zylinderköpfe des 3,6-Liter-Turbo stammten vom 964er Motor, allerdings fielen jeweils eine der Zündkerzen sowie die Keramikauskleidung des Auslasskanals weg; neu war eine zusätzliche Gewindebohrung für die Sekundärlufteinblasung. Die Einlassventile entsprachen denen des 3,3-Liter-Turbo, die Auslassventile kamen jetzt jedoch auf einen Tellerdurchmesser von 42,5 mm und bestanden aus dem Werkstoff P25 (nicht natriumgefüllt). Kipphebel und Kipphebelwellen waren ebenfalls vom 3,3-Liter-Turbo übernommen worden. Die Luftführungen der 964er Zylinder wurden für den Turbo durch Entfernen des Mittelteils modifiziert. Zusätzlich erhielt der Turbo neue Nockenwellen mit einem Nockenhub von 11,9 mm am Einlass und 10,3 mm am Auslass. Die Einlassventile öffneten 2° vor OT und schlossen 54° nach UT, die Auslassventile öffneten 43° vor UT und schlossen 3° nach OT.

An den sonst mit denen des 964 baugleichen Nockenwellengehäuse wurden die Auslassventildeckel mit M8-Stiftschrauben befestigt. Auf der Auslassseite fanden sich die verstärkten Ventildeckel, wie sie beim Turbo bereits seit 1980 verwendet wurden. Der Kettenantrieb für die Nockenwellen wurde von den 964er Saugmotoren übernommen.

Der Schmierkreislauf blieb im Prinzip gegenüber dem 3,3-Liter-Turbo des Carrera 2 unverändert; die Schmierung des Turboladers erfolgte nun über einen zusätzlichen Anschluss von der Ölversorgung des linken Kettenspanners. Keilriemen und Generator-/Klimakeilriemen stammten ebenfalls vom 3,3-Liter-Turbo. Auch die Auspuffanlage des 3,6er Turbo entsprach der 3,3-Liter-Turboversion.

Ein neuer Motor für den 993

Das wartungsfreundlichere und verbrauchsgünstigere Motorbaumuster M64/05 des 993 von 1994 differierte in etlichen Punkten vom 964er Motor und bot zudem höhere Leistung.

Für höhere Verwindungssteifigkeit erhielt die verstärkte Kurbelwelle von 7,9 mm auf 9,4 mm verbreiterte Kurbelwangen. Das Gewicht der Kurbelwelle erhöhte sich dadurch um rund 1 kg auf 15,34 kg. Da jetzt die Schwingungsneigungen der 964er Kurbelwelle der Vergangenheit angehörten, konnte beim 993 auf den Schwingungsdämpfer verzichtet werden. Dank der abgespeckten, umgestalteten Pleuel sowie der Montage einer einfachen Riemenscheibe statt des

Der 3,6-Liter-Turbomotor eines Carrera 2 von 1993. Foto: Porsche AG

964er Kurbelwellendämpfers war der neue Kurbeltrieb als Ganzes nun sogar noch 0,818 kg leichter als der Kurbeltrieb des 964.

Das Gesamtgewicht der Kolben des 993 konnte durch Verringerung der Wandstärke im Kolbenhemdbereich und einen kürzeren Kolbenbolzen reduziert werden.

Die Kipphebel des 993 verfügten über einen hydraulischen Ventilspielausgleich, wodurch auch eine weitere Emissionsreduzierung während der Warmlaufphase des Motors erreicht wurde. Die Nockenwellengehäuse der 993er Motoren waren nicht mehr mit Stiftschrauben, sondern mit Kopfschrauben an den Zylinderköpfen befestigt.

Die Kipphebelwellen wurden nun mit dem Nockenwellengehäuse verschraubt, statt wie bisher in Bohrungen im Gehäuse montiert zu werden. Die Kipphebelwellen übernahmen auch die Ölversorgung der Kipphebel mit ihrem hydraulischen Ventilspielausgleich. Das Öl gelangte über eine Umfangsnut am vorderen Nockenwellenlager zu den Kipphebelwellen und den Hydrostößeln. Die Nockenwellen waren für den 993 neu entwickelt worden und erreichten jetzt 12 mm Hub am Einlass und 11 mm am Auslass. Die Einlassventile öffneten 1° vor OT und schlossen 60° nach UT, die Auslassventile öffneten 45° vor UT und schlossen 6° nach OT.

Die Einlass- und Auslasskipphebel waren nicht baugleich. Zudem waren die Kipphebel mit integriertem hydraulischem Ventilspielausgleich leichter als die Vorgängerversionen. Der Einlasskipphebel besaß ein zusätzliches Ölreservoir, damit er auf keinen Fall trockenlief. An den Zylinderköpfen der US-Versionen saß zur intensiveren Abgasreinigung ein Zusatzluftkanal am Nockenwellengehäuse und an den Zylinderköpfen.

Der Schmierkreislauf entsprach im Wesentlichen den 964er Motoren, neu war lediglich der Hauptstromölfilter im Druckschmierkreis – ähnlich wie bereits beim Carrera 2 Turbo und 3,6-Liter-Turbo. Beim Motor des 993 behielt Porsche außerdem den Hauptstromfilter im Rückförderkreis bei. Der Zusatzfilter im Druckschmierkreis sollte nach Porsche-Lesart die Hydrostößel gegen Verunreinigungen im Öl schützen. Das empfohlene Wechselintervall beider Filter betrug 50.000 km, das Ölwechselintervall 25.000 km.

Das Motormanagement erfuhr für den 993 eine Überarbeitung.

Kipphebel und Kipphebelwellen

Verschiedene Kipphebelausführungen im Vergleich – von rechts nach links: früher geschmiedeter Kipphebel mit Buchse; erste Ausführung der Guss-Kipphebel ohne Buchse; der heutige Guss-Kipphebel mit Buchse; sowie der geschmiedete Rennkipphebel ohne Buchse und ohne Einstellschraube. Die Spieleinstellung erfolgte hier durch Ändern der Dicke der Einstellscheiben auf dem Ventilschaft zwischen Ventil und Kipphebel. Diese Rennkipphebel wurden in fast allen 911-Rennmotoren mit einzelner obenliegender Nockenwelle vom 906 bis zum 962-IMSA-Motor verbaut.

Vergleich verschiedener Kipphebelwellen – von links nach rechts: ganz links die frühe normale Stahlwelle (längere Bauform mit um 1 mm kleinerer 5-mm-Spannschraube als bei den späteren Wellen); zweite von links: normale Stahl-Kipphebelwelle; dritte von links: oberflächenbehandelte Welle für die Grauguss-Kipphebel ohne Buchsen; ganz rechts eine nitrierte Renn-Kipphebelwelle. Die oberflächenbehandelte Welle zeigt deutliche Einlaufspuren.

Die Kipphebelwellendichtringe der Rennmotoren: An beiden Enden der Kipphebelwellen sitzt ein spezieller Dichtring in den Kompressionsnuten, um Öllecks vorzubeugen. Beim Einbau der Kipphebelwelle und Anziehen der Spannschraube werden die Dichtringe zusammengedrückt und gegen die Kipphebelwellenbohrung im Nockenwellengehäuse gedrückt, wodurch eine einwandfreie Abdichtung zustande kommt. Hier sind die Dichtringe in der Stahlkipphebelwelle des Serienmodells zu sehen. Diese Dichtringe können direkt bei Porsche oder bei speziellen Tuningteilelieferanten wie Wrightwood Racing (USA) bestellt werden.

Gegenüberstellung der Kipphebelwellen: rechts die erste Ausführung mit 5-mm-Spannschraube (im Modell 1965 und 1966 zu finden). Links ein Exemplar der späteren Kipphebelwellen mit 6-mm-Spannschraube. Die ursprünglichen Spannschrauben waren zu schwach dimensioniert; nur durch zu festes Anziehen ließ sich die Welle im Nockengehäuse halten. Oft dehnten sich die dünnen Schrauben dieser frühen Wellen, wodurch sich die Wellen lockerten und sich aus den Nockenwellengehäusen losarbeiteten.

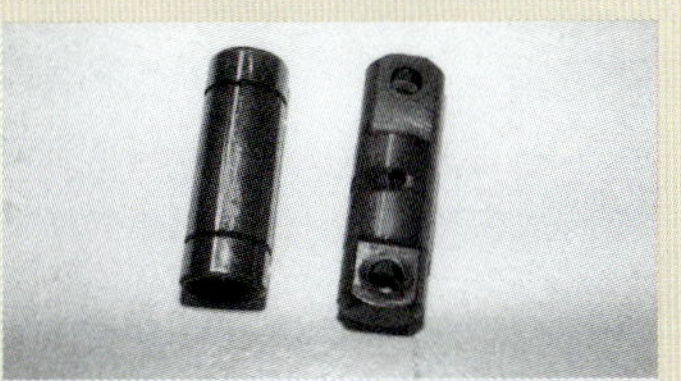

Die Kipphebelwelle des 993 (rechts) im Vergleich zur herkömmlichen Kipphebelwelle des 911 (links). Foto: Joel Reiser

Gegenüberstellung des Kipphebels eines 993 (links) und des Kipphebels eines herkömmlichen 911 (rechts). Foto: Joel Reiser

Die Kipphebelwelle des 993. Foto: Joel Reiser

Mit der Einführung des 993 für den GT2 und andere Rennmodelle änderte Porsche seine Renn-Kipphebel; allerdings erwiesen sich diese als alles andere als standfest. Schon bald kehrte man zu der bewährten einteiligen geschmiedeten Ausführung zurück.

Der Motor des 993. Foto: Porsche AG

Der Varioram-Motor des 993. Foto: Porsche AG

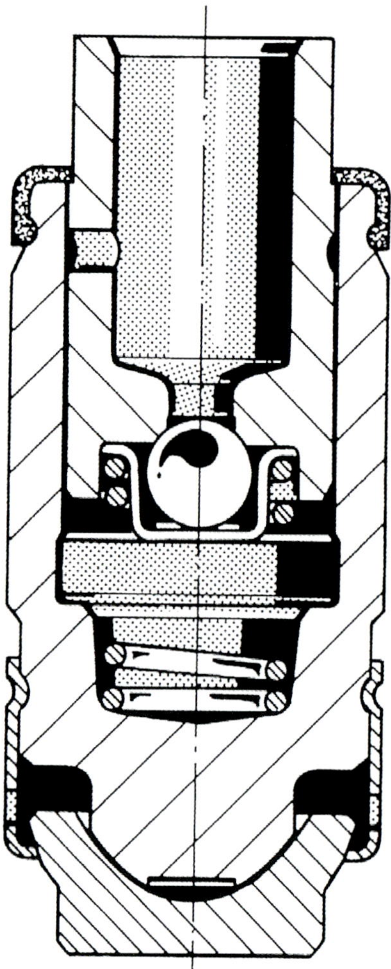
Schnittdarstellung des hydraulischen Ventilspielausgleichs beim 993. Foto: Porsche AG.

Wichtigste Neuerung war, dass das Klappenventil zur Luftmassenmessung durch einen Heißfilm-Luftmassenmesser abgelöst wurde. Die Doppelresonanzansauganlage wurde auch beim 993er Motor zur Leistungsoptimierung beibehalten.

Die Strömungsverhältnisse in der Auspuffanlage wurden erstmals seit dem Verschwinden der ursprünglichen abgestimmten Auspuffanlage (der 3-in-1-Fächerkrümmeranlage mit Wärmetauschern aus den 911 der Jahre 1967-1974) spürbar verbessert. Auch die neue Auspuffanlage besaß 3-in-1-Fächerkrümmer mit Wärmetauschern, bei denen die Abgase in eine gemeinsame Mischkammer – in der die Lambdasonde saß – eintraten und von dort zu beiden Seiten in das Katalysatorpaar und die beiden Endschalldämpfer abströmten.

Die leistungsoptimierte neue Auspuffanlage war für den Großteil des Leistungsgewinns des 993 von 22 PS gegenüber dem 964 verantwortlich. Der 993er Motor aus dem Modell 1994 kam auf 272 PS bei 6100/min und ein max. Drehmoment von 330 Nm bei 5000/min.

Leistungsbesessene europäische Porsche-Kunden durften sich sogar über einen 993er Aufrüstsatz auf 3,8 Liter freuen. Damit legte Porsche parallel zu seinem Exklusiv-Programm ein zweites Paket mit Extras für leistungsbewusste Käufer auf. Und auch mit diesem Nachrüstsatz schaffte der 993 noch die aktuellen Europa-Abgasvorschriften für das Jahr 1996.

Der Aufrüstsatz bestand aus 102-mm-Kolben und –Zylindern, modifizierten Zylinderköpfen mit größeren 51,5-mm-Einlassventilen und 43,5-mm-Auslassventilen, geänderten Nockenwellen sowie einer für dieses Teilepaket umprogrammierten Motronic-Steuereinheit, mit der das Drehzahllimit auf 6900/min angehoben werden konnte. Mit einem Leistungsplus von 10 Prozent war der Hubraum von 3746 ccm für eine Höchstleistung von 299 DIN-PS bei 6100/min und ein Drehmoment von 365 Nm bei 5250/min gut.

1995: Die Varioram als große Neuheit

Zum Modelljahr 1995 nahm Porsche einen 911 Carrera RS mit 3,8-Liter-Motor (Typ M64/20) ins Programm. Neu am RS-Motor gegenüber dem normalen Serienmotor waren die 102-mm-Kolben und -Zylinder. Die eigentliche Neuheit war jedoch die Varioram-Saugrohranlage: Sie vereinigte das Grundprinzip der Schwingrohraufladung mit der Resonanzaufladung über Resonanzkammern (Plenum). Durch die Änderung der abgestimmten Saugrohrlänge

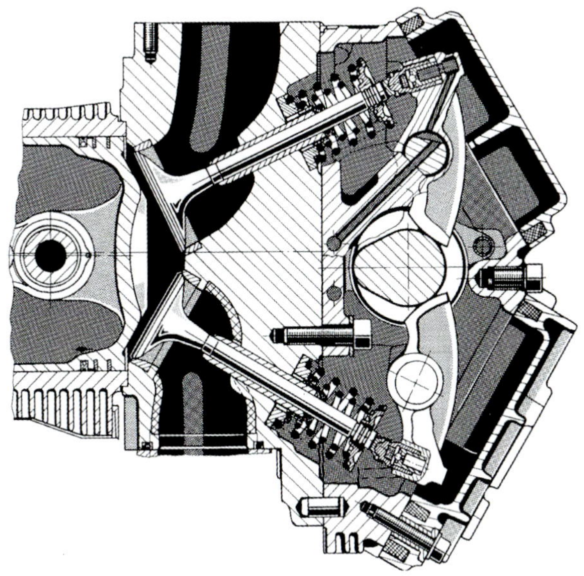

Die Kipphebelwellen des 993 in der Schnittdarstellung des hydraulischen Ventilmechanismus des 993. Foto: Porsche AG

konnte die Leistung im mittleren Drehzahlbereich angehoben werden, während die Doppel-Resonanzaufladung die Maximalleistung des Motors weiter steigerte. Die Höchstleistung dieser Motoren wurde mit 300 PS bei 6100/min angegeben, das Höchstdrehmoment mit 355 Nm bei 5400/min.

Die Schwingrohraufladung entsprach konstruktiv den älteren abgestimmten Saugrohranlagen mit schwankender Luftsäule, wie sie bei den Motoren mit Weber-Vergasern und mechanischer Einspritzanlage verwendet worden waren. Die Resonanzaufladung findet sich bei der K-Jetronic und dem Carrera 3,2 mit einstufigen Resonanzanlagen sowie im 964 und 993 mit zweistufigen Resonanzanlagen. Mit der Entwicklung dieser Ansauganlagen ließ sich der Füllungsgrad des 911er Motors über 1 hinaus steigern, d. h. das Volumen der angesaugten Luft ist größer als das Zylindervolumen.

Die Varioram-Anlage baut darauf auf, dass jeder Zylinder über ein eigenes abgestimmtes 475 mm langes Saugrohr verfügt. Jedes dieser Rohre ist zweiteilig ausgeführt. Der eine Teil ist fest mit dem Zylinderkopf verbunden, der andere ist an zwei Punkten mit dem Rest der Ansauganlage verbunden. Einer dieser Punkte befindet sich am Ende der 475-mm-Strecke und erhält die Ansaugluft über

PORSCHE

Die Ansauganlagen

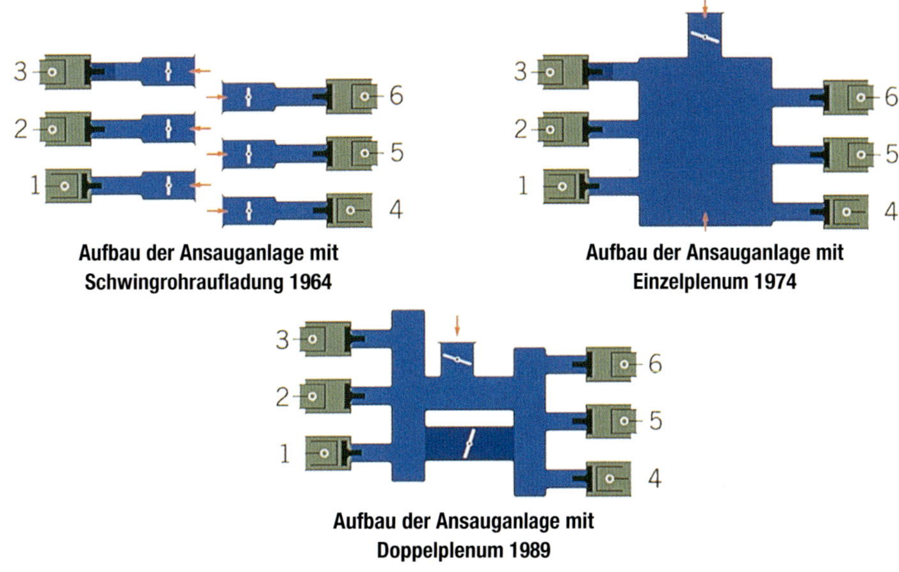

Int. Porsche Club Präsidententreffen 1995

Gegenüberstellung drei verschiedener Varianten der Ansauganlage für die Varioram-Ansauganlage: Schwingrohraufladung, Einzelplenum und Doppelplenum. Die Schwingrohraufladung entspricht den älteren Ansauganlagen mit schwankender Luftsäule im einzelnen langen Saugrohr, wie sie mit den Weber-Vergasern und mechanischen Einspritzanlagen verwendet wurde. Die Resonanzaufladung findet sich bei der K-Jetronic und dem Carrera 3.2. Die Steigerung dieser einstufigen Resonanzanlagen sind die zweistufigen Resonanzanlagen aus dem 964 und 993. Mit der Entwicklung dieser Ansauganlagen ließ sich der Füllungsgrad des 911er Motors über 1 hinaus steigern, d. h. das Volumen der angesaugten Luft ist größer als das Zylindervolumen. Foto: Porsche AG

den Ansaugtrakt und die Drosselklappe. Der andere Punkt befindet sich auf halber Länge des abgestimmten Saugrohrs; hier wird der Anschluss durch ein unterdruckgesteuertes Schiebestück geöffnet bzw. geschlossen. Das Schiebestück verbindet die beiden Hälften des abgestimmten Saugrohrs miteinander, so dass die Länge des Saugrohrs halbiert bzw. verdoppelt werden kann. Die Steuerung dieser unterdruckbetätigten Schiebestücke erfolgt durch Membranventile, die über den an Magnetventilen anliegenden Unterdruck gesteuert werden. Bei einer bestimmten Motordrehzahl (beim Carrera RS: 5160/min) öffnet das Motormanagement, solange die Drosselklappe durch das Gaspedal um mehr als 50° geöffnet wird, das unterdruckgesteuerte Schiebestück, wodurch sich die wirksame Länge auf die Hälfte (240 mm) verkürzt. In geöffnetem Zustand geben die Schiebestücke den Durchtritt in das große Resonanzansaugplenum frei, so dass der Motor seine Ansaugluft sowohl über den ursprünglichen Weg als auch über das große Resonanzansaugplenum und die Drosselklappe erhält.

Anfangs nutzt die Anlage nur das größere der beiden Resonanzrohre, bei höheren Drehzahlen wird jedoch das zweite Resonanzrohr zugeschaltet. Durch die Resonanzaufladung wird der Luftstrom zu den kurzen, ca. 240 mm langen abgestimmten Saugrohren optimiert. Ist die Drosselklappe bei 5920/min immer noch mehr als 50° geöffnet, wird auch die Resonanzklappe zwischen der großen und der kleinen Resonanzkammer geöffnet und die Ansaugluft kann über sämtliche Anschlussrohre in beide Resonanzkammern strömen. Dadurch wird sowohl ein Leistungszuwachs im mittleren Drehzahlbereich als auch eine höhere Maximalleistung erreicht.

PORSCHE

Schnittbild des 993 Varioram-Ansaugsystems
Cross-Section of the 993 Varioram Intake System

Int. Porsche Club Präsidententreffen 1995

Schnittbild der Varioram in der Schwingrohraufladungsphase. Die Varioram-Anlage baut darauf auf, dass jeder Zylinder über ein eigenes abgestimmtes Saugrohr in Form eines 475 mm langen Saugrohrkanals verfügt. Jedes dieser Rohre ist zweiteilig ausgeführt. Der eine Teil ist fest mit dem Zylinderkopf verbunden, der andere ist an zwei Punkten mit dem Rest der Ansauganlage verbunden. Einer dieser Punkte befindet sich am Ende dieser 475-mm-Strecke und erhält die Ansaugluft über den Ansaugtrakt und die Drosselklappe. Der andere Punkt befindet sich auf halber Länge des abgestimmten Saugrohrs; hier wird der Anschluss durch ein unterdruckgesteuertes Schiebestück geöffnet bzw. geschlossen. Das Schiebestück verbindet die beiden Hälften des abgestimmten Saugrohrs miteinander, so dass die Länge des abgestimmten Saugrohrs halbiert bzw. verdoppelt werden kann. Die Steuerung dieser unterdruckbetätigten Schiebestücke erfolgt durch Membranventile, die über den an Magnetventilen anliegenden Unterdruck gesteuert werden. Foto:Porsche AG

Auch der Motor des Carrera RS erhielt neue Zylinderköpfe mit größeren 51,5-mm-Einlassventilen und 43-mm-Auslassventilen. Der Ventilhub betrug nun 12,5 mm am Einlass und 11,1 mm am Auslass.

Die Einlassventile öffneten 5° vor OT und schlossen 58° nach UT, die Auslassventile öffneten 50° vor UT und schlossen 2° nach OT.

Die Kurbelgehäusebohrung war gegenüber der normalen 107-mm-Bohrung der Motoren des 964/993 nun auf 109 mm gewachsen. Zur Abdichtung des Zylinderfußes zum Kurbelgehäuse setzte Porsche beim RS auf so genannte „Profildichtringe". Bei den normalen 993er Motoren war in den Zylinderfuß an der Passfläche zum Kurbelgehäuse eine O-Ring-Dichtnut eingearbeitet, hier saß der O-Ring jedoch in einer Nut in der Kurbelgehäuseöffnung und stellte die Abdichtung zu dem in diese Öffnung eingeschobenen Zylinderteil her.

Die Clubsport-Version des Carrera RS erhielt ein leichteres Schwungrad, während in der Basisversion des Carrera RS das Zweimassenschwungrad beibehalten wurde. Die Grafal-Beschichtung der Kolben, die im Siebdruckverfahren in einer Dicke von 3 bis 4 Mikromillimetern aufgebracht wurde, sollte die Kippgeräusche minimieren, die durch die am Kolben angreifenden Druckwechsellasten hervorgerufen wurden. Die Kurbelgehäuseschrauben in den unteren Bohrungen für Lager Nr. 2, 3, 4 und 5 wurden mit großen O-Ringen bestückt, die Vibrationen unterdrücken und den Aufbau von Resonanzschwingungen verhindern sollten. An den übrigen Kurbelgehäuseschrauben war der Einbau dieser O-Ringe nicht möglich, da die Schraubenbohrungen gleichzeitig Teil der Hauptölkanäle waren.

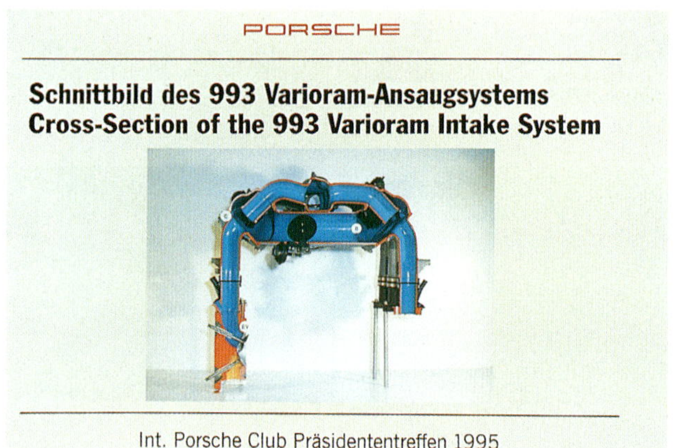

Schnittbild der Varioram bei geöffnetem Schieberventil. Bei einer bestimmten Motordrehzahl (beim Carrera RS: 5160/min) öffnet das Motormanagement, solange die Drosselklappe durch das Gaspedal um mehr als 50° geöffnet wird, das unterdruckgesteuerte Schiebestück, wodurch sich die wirksame Länge auf die Hälfte (240 mm) verkürzt. In geöffnetem Zustand geben die Schiebestücke den Durchtritt in das große Resonanzansaugplenum frei, so dass der Motor seine Ansaugluft sowohl über den ursprünglichen Weg als auch über das große Resonanzansaugplenum und die Drosselklappe erhält. Foto:Porsche AG

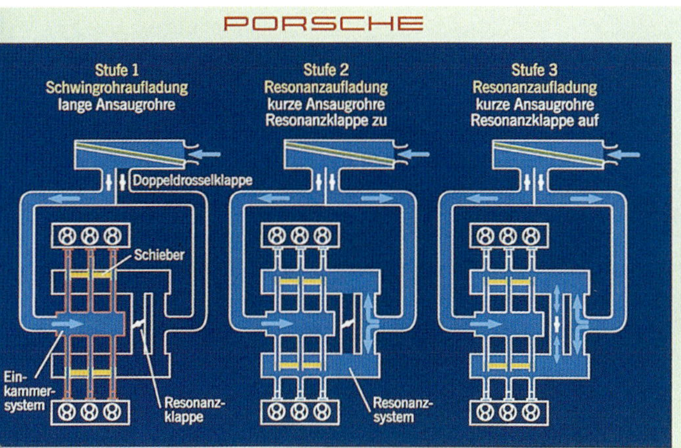

hematische Darstellung des *varioram* - Systems allen Schaltstufen

Die drei grundsätzlichen Betriebszustände der Varioram-Anlage – zuerst mit Schwingrohraufladung, dann mit Resonanzaufladung. Beim Übergang von der Schwingrohraufladung zur Resonanzaufladung können zwei unterschiedliche Ansaugvolumen genutzt werden. Foto: Porsche AG

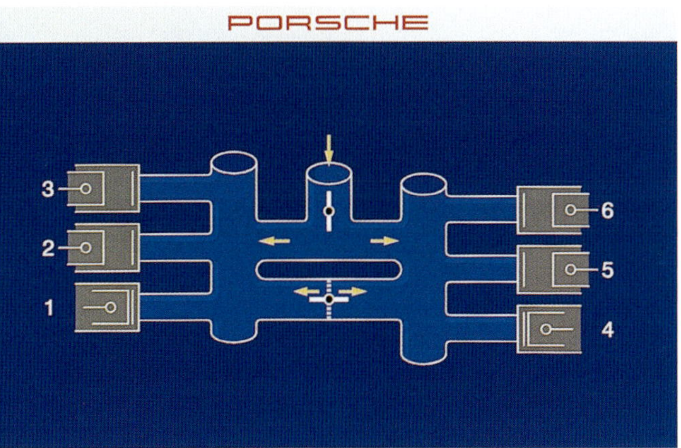

Schemadarstellung der zweistufigen Resonanzaufladung beim Carrera 3,6 Liter

Zweistufige Resonanzaufladung: Anfangs nutzt die Anlage nur das größere der beiden Resonanzrohre, bei höheren Drehzahlen wird jedoch das zweite Resonanzrohr zugeschaltet. Durch die Resonanzaufladung wird der Luftstrom zu den kurzen, ca. 240 mm langen abgestimmten Saugrohren optimiert. Ist die Drosselklappe bei 5920/min immer noch mehr als 50° geöffnet, wird auch die Resonanzklappe zwischen der großen und der kleinen Resonanzkammer geöffnet und die Ansaugluft kann über sämtliche Anschlussrohre in beide Resonanzkammern strömen. Dadurch wird sowohl ein Leistungszuwachs im mittleren Drehzahlbereich als auch eine höhere Maximalleistung erreicht. Foto: Porsche AG

Lüftergebläserad und Generator wurden wie beim Vorläufer-Carrera RS von einem gemeinsamen Antriebsriemen angetrieben, d. h. die elektrische Keilriemenüberwachung konnte entfallen. Statt der Hydro-Motoraufhängungen der Serienversion erhielt der Carrera RS Gummilager in gleicher Ausführung wie beim 964er Carrera RS.

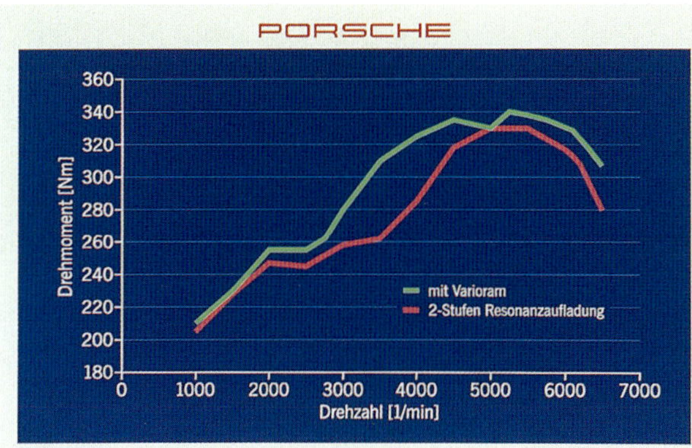

Vollast-Drehmomentkurven im Vergleich

Im Modelljahr 1996 wurde die Varioram-Anlage in sämtlichen 993 eingebaut und bewährte sich in jeder Hinsicht. Die Varioram funktionierte genau wie beim 1995er Carrera RS, lediglich die Schaltdrehzahlen wurden geändert. Bis 4840/min lief der Motor mit Schwingrohraufladung, dann öffnete der unterdruckgesteuerte Schieber, so dass der Motor mit den kurzen Saugrohren und großer Resonanzkammer lief. Bei 5840/min öffnete die Resonanzklappe zwischen großer und kleiner Resonanzkammer, so dass der Motor mit dem kurzen Saugrohr und beiden Resonanzkammern lief. Bei 6640/min schloss das Resonanzventil wieder, so dass der Motor mit den kurzen Saugrohren und der großen Resonanzkammer lief. Foto: Porsche AG

1996 – Der Doppelturbo

Beim Genfer Salon im März 1995 war erstmals der 911 mit zwei Turboladern zu sehen und kam schon bald in den USA als Modell 1996 auf den Markt. Der Motor M64/60 basierte auf dem Saugmotorbaumuster M64/05 des 993. Der komplette Kurbeltrieb des 993 wurde in Kombination mit Pleueln verbaut, die im Übergangsbereich zwischen Pleuellager und Pleuelschaft verstärkt worden waren. Außerdem kamen neue Grafal-beschichtete (feine Graphitpartikel eingebettet in eine Polymermatrix) Kolben zum Einsatz.

Zusätzliche Schmiedenuten im obersten Ringsteg sollten die Kolbenbeanspruchung durch die Verdichtungsdrücke in diesem Bereich verringern. Die Zylinderbohrung entsprach mit 100 mm der des 993, allerdings wurden statt der Gusszylinder jetzt für zusätzliche Steifigkeit – in Rennmotoren entwickelt, nun erstmals in einem Serienmotor –geschmiedete Zylinder montiert.

Die Einlasskanäle wurden auf 43 mm vergrößert, die Auslasskanäle auf 38 mm, und zusätzlich erhielten die Auslasskanäle Keramikauskleidungen, um die Zylinderkopftemperaturen zu senken. Ein Federstahlring in einer Aufnahmenut auf der Zylinderoberseite übernahm die Abdichtung zum Zylinderkopf. Der Kolbenhub reichte 5 mm weiter in den Brennraum hinein, um die thermische Belastung der Zylinder zu verringern (wenn der Kolbenhub bis in den Brennraum verlängert wird, verlagert sich der Punkt der maximalen Drücke weg von der Nahtstelle zwischen Zylinder und Zylinderkopf). Zur besseren Kühlung der Zylinderköpfe wurde der verrippte Bereich maximal verbreitert und die Kühlrippen dünner gehalten, um den Kühlluftstrom zu optimieren. Auch durch den Einbau kompakterer Zylinderkopfmuttern mit geringerem Querschnitt sollten Beeinträchtigungen des Luftstroms um den Zylinderkopf möglichst gering gehalten werden. Mit der größeren Auflagefläche der Zylinderkopfmuttern ergab sich andererseits eine gleichmäßigere Druckverteilung über einen größeren Bereich des Zylinderkopfes.

Der Ventiltrieb des Turbo entsprach dem des normalen 993, allerdings griff Porsche zur besseren Kühlung jetzt auf natriumgekühlte Auslassventile zurück. Der Nockenhub betrug nun 11,6 mm am Einlass und 10,5 mm am Auslass. Die Einlassventile öffneten 12° vor OT und schlossen 63° nach UT, die Auslassventile öffneten 56° vor UT und schlossen 5° nach OT. Kipphebel und Kipphebelwellen blieben unverändert.

Der Schmierkreislauf war wie in der Saugmotorausführung des 993 aufgebaut; die Ölversorgung der Turbolader erfolgte über Ölkanäle an den linken und rechten Kettenspannern. An der Klimaanlagenaufnahme war eine zweistufige Ölpumpe montiert, die von einem Zahnrad am hinteren Ende der Motorzwischenwelle angetrieben wurde und das Öl aus den Turboladern in den Öltank zurückförderte – ähnlich wie die Rückförderpumpen der 935er Motoren mit Doppelturbo.

Am Doppelturbomotor kam das 245-mm-Kühlgebläse mit 11 Flügeln bei einer Antriebsübersetzung von 1,8:1 auf einen Luftdurchsatz von 1210 l/s bei 6100/min.

Um die Gasannahme des Triebwerks zu verbessern, wurden zwei kleinere Turbolader montiert, die die Luft jeweils über einen separaten, groß dimensionierten Ladeluftkühler in ein gemeinsames Ansaugplenum förderten. Kraftstoffversorgung, Zündzeitpunkteinstellung und Ladedruckregelung übernahm die Motronic Version M 5.2. Die Auspuffanlage des Doppelturbo war komplett überarbeitet worden und verfügte nun für jede Motorhälfte über einen eigenen Katalysator und Schalldämpfer. Beide Turbolader waren zudem mit unterdruckgesteuerten Wastegates kombiniert. Für das neue Diagnosesystem OBD II war je eine Lambdasonde vor und nach dem Katalysator notwendig (insgesamt vier Lambdasonden).

Die elektronische Ladedruckregelung erfolgte in der Motronic über die Ansaugluftmasse. Außerdem gehörten zur Motronic sequenzielle Einspritzung, adaptive Lambdasondenregelung, adaptive Klopfregelung, adaptive Füllungsregelung sowie die Luftmassenmessung über einen Heißfilm-Luftmassenmesser.

Teil der Modellpalette 1995 war das Wettbewerbsmodell GT2 für den internationalen GT-Motorsport. Auch eine Straßenversion des GT2 ergänzte das Programm. Die Doppelturbomotoren beider Modelle lehnten sich konstruktiv an den neuen Doppelturbo-993 an, der bei der Einführung der GT2-Modelle noch nicht in Produktion gegangen war. Die Straßenversion brachte es auf 430 PS, die Rennversion auf 450 PS (nach Einbau der passenden 33,8-mm-Luftbegrenzer). Mit den größeren Luftbegrenzern nach IMSA-Reglement kamen diese originalen GT2-Triebwerke sogar auf rund 550 PS. Auch im GT2-Motor waren – wie bereits im Straßen-Turbomodell des 993 – Turbolader mit integrierten Wastegates verbaut. Das Motormanagement der Rennversion übernahm die TAGtronic 3.8.

Später kam im Modelljahr 1995 eine GT2 Evolution-Version des nach den Le Mans GT 1-Spezifikationen aufgebauten Motors hinzu. Mit K27-Turboladern von KKK, separaten Einzel-Wastegates und größeren Luftbegrenzern (2 x 40,4 mm) stieg die Leistung auf 600 PS.

Ein GT2-Motor – eigentlich eine Serienversion des Turbo Le Mans GT-Motors, die sich in Fertigung und Vertrieb letztendlich als zu teuer erwies.

Bei den GT2-Modellen waren Luftbegrenzer fester Bestandteil der Motoranbauteile, und in der Turboversion musste eine solche Drossel innerhalb von 40 mm vom Turboladereinlass sitzen.

Der 911 GT 1-Rennmotor von 1996

Für das Le Mans-Rennen 1996 und den anschließenden Verkauf an Kunden mit Motorsportambitionen legte Porsche ein neues Modell auf Basis des 911 für die GT1-Rennen auf. Im 3,2-Liter-Motor des 911 GT1 fand sich altbewährte Technik in neuem Gewand, u. a. die aus den 962er Motoren bekannte Wasserkühlung. Statt sechs einzelnen Zylinderköpfen besaß der 911 GT1-Motor jedoch zwei einteilige Dreizylinder-Gussteile, wie sie bereits am 959 verwendet wurden. Anders als die verschweißten Zylinder-Kopf-Einheiten beim 962, montierte Porsche beim 911 GT1 mit 959-Zylinderköpfen die Einzelzylinder im Wassermantel (der dem Wassermantel der 962er Motoren ähnelte).

Die Nockenwellen des GT1-Triebwerks wurden wie beim 959 über Kette angetrieben – anders als die DOHC-Konstruktion des

Ein GT2 Evo-Motor wird im Werk aufgebaut. Foto: Porsche AG

962 mit Stirnrädern. Durch einen 35,7-mm-Luftbegrenzer wurde die Motorleistung auf ca. 600 PS limitiert. Das elektronische Motormanagementsystem TAGtronic 3.8 mit sequenzieller Multipoint-Einspritzung, Lambdaregelung und zylinderselektiver Klopfregelung gehörte ebenfalls zur werksseitigen Ausstattung.

Mitte der 1990er Jahre: Abgasgeräuschwerte im Fokus

In den Modelljahren 1995 und 1996 hatte Porsche insbesondere für die USA ein Soundpaket für den 993 im Programm. Bei dieser Option 159 kamen geänderte und soundbetonende Schalldämpfer mit großen verchromten Endrohrblenden zum Einbau. Neben verchromten Ansaugstutzen wies die Ansauganlage zusätzliche Bohrungen im Luftfilterdeckel auf, die das Motorgeräusch im Fahrzeuginneren betonen sollten – alles im Interesse einer kernig-sportlicheren Klangkulisse. Leistungssteigerungen waren laut Werksangaben mit diesem Extra, das in allen 50 US-Staaten straßenzugelassen war, nicht verbunden.

Auch die 1996er Version des 993er Triebwerks verfügte über die Varioram-Ansauganlage, die bereits 1995 im Carrera RS Dienst tat. Auch die Funktionsweise der Varioram entsprach der Ausführung im 1995er Carrera RS, lediglich die Schaltdrehzahlen waren beim 993 geändert worden. Er lief bis 4840/min mit Schwingrohraufladung, dann öffnete der unterdruckgesteuerte Schieber, womit der Motor mit kurzen Saugrohren und langer Resonanzkammer lief. Bei 5840/min öffnete dann die Resonanzklappe zwischen großer und kleiner Resonanzkammer, so dass der Motor jetzt mit kurzem Saugrohr und beiden Resonanzkammern lief. Bei 6640/min schloss das Klappenventil dann wieder und der Motor lief nun mit den kurzen Saugrohren und der großen Resonanzkammer.

Die im Laufe der Jahre an dem nicht gerade leisen luftgekühlten 911er eingeführten geräuschsenkenden Maßnahmen verfehlten ihre Wirkung nicht und es gelang, das Auspuffgeräusch beim serienmäßigen 1996er 993 von 84 auf 76 dB zu senken.

Die spezifische Leistung des 993 von 1996 übertrifft sogar die des Carrera RS 2,7 Liter. Mit einer Literleistung von 79 PS stößt der 993 von 1996 wieder in die Bereiche höherer spezifischer Leistungen vor, wie sie den echten Hochleistungs-911 vorbehalten waren. Die alten 2-Liter-Maschinen des 911 S von 1969 kamen auf 86,4 PS/Liter, der 911 S mit 2,4 Litern erreichte 81,2 PS/Liter und der Carrera RS blieb mit seinen 77,8 PS/Liter sogar noch etwas hinter dem 993 zurück.

Der 911 Carrera RS mit 3,8-Liter-Varioram-Motor schnitt mit 80,08 PS/Liter noch geringfügig besser ab. Moderne Motorentechnik hat in vielerlei Hinsicht die Nase vorn; die Motoren laufen besser, verbrauchen weniger und erfüllen auch die mittlerweile erheblich verschärften Geräusch- und Abgasvorschriften.

Zum Modelljahr 1997 blieben die Motoren auf dem US-Markt unverändert, in Europa galten dagegen ab Oktober 1996 neue Lärmgrenzwerte. Zum Modelljahr 1997 verschwand das Soundpaket aus dem Zubehörangebot der RdW-Modelle, blieb in den USA aber weiterhin im Programm.

Und auch zum finalen Modelljahr 1998 präsentierten sich die Motoren der letzten Modelle in der langen Reihe der luftgekühlten 911 in unverändertem Gewand.

ÜBERSICHT ÜBER DIE MOTORTYPEN

Typ	Baujahr	Hauptdaten	Hubraum (Bohrung x Hub) in mm, ccm	Ventil-Durchmesser (Einlass, Auslass) in mm	Kanal-Durchmesser (Einlass, Auslass) in mm	Ventilsteuerzeiten (Grad)	Verdichtung und DIN-PS bei 1/min	Max. Drehmoment in Nm bei 1/min
901/01	1965	911, Solex-Vergaser	80x66, 1991	39, 35	32, 32	EÖ 29 v. OT ES 39 n. UT AÖ 39 v. UT AS 19 n. OT	9,0:1 130/6100	173/4200
901/02	1967/68	911 S, Weber-Vergaser	80x66, 1991	42, 38	36, 35	EÖ 38 v. OT ES 50 n. UT AÖ 40 v. UT AS 20 n. OT	9,8:1 160/6600	179/5200
901/03	1968/69	911 T, Weber-Vergaser, Euro-Version	80x66, 1991	42, 38	32, 32	EÖ 15 v. OT ES 29 n. UT AÖ 41 v. UT AS 5 n. OT	8,6:1 110/5800	157/4200
901/05	1966/67	911, Weber-Vergaser	80x66, 1991	39, 35	32, 32	wie 901/01	9,0:1 130/6100	173/4200
901/06	1967/68	911, geänderte Nockenwellen und Wärmetauscher	80x66, 1991	39, 35	32, 32	EÖ 20 v. OT ES 34 n. UT AÖ 40 v. UT AS 6 n. OT	9,0:1 130/6100	173/4200
901/07	1967/68	911, für Sportomatic, Daten wie 901/06						
901/08	1967/68	911 S, für Sportomatic, Daten wie 901/02						
901/09	1969	911 E, mechanische Einspritzung	80x66, 1991	42, 38	32, 32	EÖ 29 v. OT ES 39 n. UT AÖ 39 v. UT AS 19 n. OT	9,1:1 140/6500	175/4500
901/10	1969	911 S, mechanische Einspritzung	80x66, 1991	45, 39	36, 33 oder 35	wie 901/02	9,9:1 170/6500	185/5500
901/11	1969	911 E, für Sportomatic, Daten wie 901/09						
901/13	1968/69	911 T, für Sportomatic, Daten wie 901/03						
901/14	1968	911, USA, abgasgereinigt, Daten wie 901/06						
901/16	1969	911 T, USA, abgasgereinigt, Daten wie 901/03						
901/17	1968	911, USA, abgasgereinigt für Sportomatic, Daten wie 901/06						
901/19	1969	911 T, USA, abgasgereinigt für Sportomatic, Daten wie 901/03						
901/20	1965	Rennmotor 906, Weber-Vergaser 46 IDA	80x66, 1991	45, 39	38, 38	EÖ 104 v. OT ES 104 n. UT AÖ 100 v. UT AS 80 n. OT	10,3:1 210/8000	206/6200
901/21	66/67	Rennmotor 906 E, Schieberventil, mech. Einspr.	80x66, 1991	45, 39	38, 38	wie 901/20	10,3:1 220/8000	206/6200

Typ	Baujahr	Hauptdaten	Hubraum (Bohrung x Hub) in mm, ccm	Ventil-Durchmesser (Einlass, Auslass) in mm	Kanal-Durchmesser (Einlass, Auslass) in mm	Ventilsteuerzeiten (Grad)	Verdichtung und DIN-PS bei 1/min	Max. Drehmoment in Nm bei 1/min
901/22	67/68	Rennmotor 911 R, Weber-Vergaser 46 IDA	80x66, 1991	45, 39	38, 38	wie 901/20	10,3:1 220/8000	
901/23		Rennmotor 911, mech. Einspritzanlage	80x66, 1991				210	
901/24		Rennmotor 911, mech. Einspritzanlage	80x66, 1991				180	
901/25	70	Rennmotor 914/6, Weber-Vergaser 46 IDA	80x66, 1991	45, 39	38, 38	wie 901/20	10,3:1 220/8000	206/6200
901/26	70	Rallyemotor 914/6, Weber-Vergaser 40 IDS	80x66, 1991	42,38	32, 32	wie 901/02	9,9:1 180/6800	179/5200
901/30	67/68	911 Rallyemotor, Weber-Vergaser 46 IDA	80x66, 1991	39, 35	32, 32	wie 901/02	9,8:1 150	
901/36	70-72	914/6 Euro-Version,	80x66, 1991	42, 38	32, 32	wie 901/03	8,6:1 110/5800	157/4200
901/37	70-72	914/6 für Sportomatic, Daten wie 901/36						
901/38	70-72	914/6 USA-Version, abgasgereinigt	80x66, 1991	42, 38	32, 32	wie 901/03	8,6:1 110/5800	157/4200
901/39	70-72	914/6 für Sportomatic, Daten wie 901/38						
911/01	70/71	911 E 2,2 Liter, mech. Einspritzung	84x66, 2195	46, 40	32, 32	wie 901/09	9,1:1 155/6200	191/4500
911/02	70/71	911 S 2,2 Liter, mech. Einspritzung	84x66, 2195	46, 40	36, 35	wie 901/02	9,8:1 180/6500	199/5200
911/03	70/71	911 T 2,2 Liter, Europaversion, Zenith 40 TIN	84x66, 2195	46, 40	32, 32	wie 901/03	8,6:1 125/5800	176/4200
911/04	70/71	911 E 2,2 Liter, für Sportomatic, Daten wie 911/01						
911/06	70/71	911 T 2,2 Liter, für Sportomatic, Daten wie 911/03						
911/07	70/71	911 T 2,2 Liter, US-Version, Daten wie 911/03						
911/08	70/71	911 T 2,2 Liter, US-Version für Sportomatic, Daten wie 911/03						
911/20	70	911 Rennmotor Einspritzanlage	85x66, 2247	46, 40	38, 38	wie 901/20		
911/21	71/72	911 Rennmotor, Einspritzanlage	87.5x66, 2380	46, 40	38, 38	wie 901/20	10,3:1 230/7800	255/6200
911/22	71	911 Rennmotor, Weber-Vergaser 46 IDA	85x66, 2247	46, 40	38, 38	wie 901/20	10,3:1 250/7800 10,3:1 230/7800	230/6200 170/6200

Typ	Baujahr	Hauptdaten	Hubraum (Bohrung x Hub) in mm, ccm	Ventil-Durchmesser (Einlass, Auslass) in mm	Kanal-Durchmesser (Einlass, Auslass) in mm	Ventilsteuerzeiten (Grad)	Verdichtung und DIN-PS bei 1/min	Max. Drehmoment in Nm bei 1/min
911/41	75	911 2,7 Liter, K-Jetronic	90x70,4,2687	46, 40	32, 32	EÖ 1 n. OT ES 35 n. UT AÖ 20 v. UT AS 7 v. OT	8,0:1 150/5700	234/3800
911/42	75	911 S 2,7 Liter, K-Jetronic	90x70,4, 2687	46, 40	35, 35	EÖ 6 n. OT ES 50 n. UT AÖ 24 v. UT AS 2 v. OT	8,5:1 175/5800	237/4000
911/43	75	911 S 2,7 Liter, US-Version (außer Kal.), Daten wie 911/42, jedoch Leistung gedrosselt					8,5:1 165/5800	226,5/4000
911/44	75	911 S 2,7 Liter, Kalifornienversion, Daten wie 911/42, jedoch Leistung gedrosselt					8,5:1 160/5800	220/4000
911/46	75	911 für Sportomatic, Daten wie 911/41						
911/47	75	911 S für Sportomatic, Daten wie 911/42						
911/48	75	911 S 2,7 Liter für Sportomatic, US-Version (außer Kal.), Daten wie 911/43						
911/49	75	911 S 2,7 Liter für Sportomatic, für Kalifornien, Daten wie 911/44						
911/50	73	911 E 2,4 Liter, mech. Einspritzanlage	84x70,4, 2341	46, 40	36, 36	wie 901/02	8,5:1 190/6500	214/4000
911/51	72/73	911 T-E 2,4 Liter, für USA, mech. Einspritzanlage	84x70,4, 2341	46, 40	32, 32	EÖ 16 v. OT ES 30 n. UT AÖ 42 v. UT AS 4 v. OT	7,5:1 140/5600	204/4000
911/52	72/73	911 E 2,4 Liter, mech. Einspritzanlage	84x70,4, 2341	46, 40	32, 32	EÖ 18 v. OT ES 36 n. UT AÖ 38 v. UT AS 8 n. OT	8,0:1 165/6200	204/4500
911/53	72/73	911 S 2,4 Liter, mech. Einspritzanlage	84x70,4, 2341	46, 40	36, 36	wie 901/02	8,5:1 190/6500	214/4000
911/56	72	916, wie 911/53 mit anderem Auspuff und Anbauteilen für Einbau im 916						
911/57	72/73	911 T-E 2,4 Liter, Europaversion, Zenith 40 TIN	84x70,4, 2341	46, 40	30 oder 32	wie 911/51	7,5:1 130/5600	195/4000
911/58		914/6 2,4 Liter, entwickelt, aber nie eingesetzt	84x70,4, 2341	46, 40	32, 32	wie 911/51	7,5:1 130/5600	195/4000
911/61	72/73	911 T-E 2,4 Liter, USA, für Sportomatic, Daten wie 911/51						

Typ	Baujahr	Hauptdaten	Hubraum (Bohrung x Hub) in mm, ccm	Ventil-Durchmesser (Einlass, Auslass) in mm	Kanal-Durchmesser (Einlass, Auslass) in mm	Ventilsteuerzeiten (Grad)	Verdichtung und DIN-PS bei 1/min	Max. Drehmoment in Nm bei 1/min
911/62	72/73	911 E 2,4 Liter, für Sportomatic, Daten wie 911/52						
911/63	72/73	911 S 2,4 Liter, für Sportomatic, Daten wie 911/53						
911/67	72/73	911 T-V, 2,4 Liter, Europa, für Sportomatic, Daten wie 911/57						
911/70	71	Rennmotor 911, mech. Einspritzanlage	86,7x70,4, 2492	46, 40	41, 41	wie 901/20	10,3:1 270/8000	260/5300
911/72	72	Rennmotor 911 RSR, mech. Einspritzanlage	92x70,4, 2808	49, 41,5	43, 43	wie 901/20	10,3:1 308/8000	294/6200
911/73	72	Rennmotor 911, mech. Einspritzanlage	89x66, 2466	46, 40	41, 41	wie 901/20	10,3:1 275/8000	275/8000
911/74	73	Rennmotor 3,0 Liter RSR, mech. Einspritzanlage	95x70,4, 2994	49, 41,5	43, 43	wie 901/20, größerer Hub	10,3:1 315/8000	313/6500
911/75	74	Rennmotor 3,0 Liter RSR, Schieber, mech. Einspritzanlage	95x70,4, 2994	49, 41,5	43, 43	wie 911/74	10,3:1 330/8000	313/6500
911/76	74	Carrera RSR 2,1 Turbo	83x66, 2143	47, 40,5	43, 43	EÖ 80 v. OT ES 100 n. UT AÖ 105 v. UT AS 75 n. OT	6,5:1 480/8000 Ladedruck 1,4	461/5900
911/77	73/74	Carrera RS 3,0 Liter, mech. Einspritzanlage	95x70,4, 2994	49, 41,5		wie 901/02	9,8:1 230/6200	275/5000
911/78	76/77	Turbo-936 2,1 Liter	83x66, 2143	47, 40,5	43, 43	wie 911/76	6,5:1 540/8000 Ladedruck 1,4	491/6000
911/79	77	935 Baby	71x60, 1425				6,5:1 370/8000 Ladedruck 1,4	
911/81	76/77	911 2,7 Liter, RdW	90x70,4, 2687	46, 40	35, 35	wie 911/42	8,5:1 165/5800	239/4000
911/82	76	911 S 2,7 Liter USA (außer Kal.) K-Jetronic	90x70,4, 2687	46, 40	35, 35	wie 911/42	8,5:1 165/5800	239/4000
911/83	73-75	Carrera RS 2,7 Liter, mech. Einspritzanlage	90x70,4, 2687	46, 40	36, 35	wie 901/02	8,5:1 210/6300	255/5100
911/84	76	911 S 2,7 Liter, Kalifornien	90x70,4, 2687	46, 40	35, 35	wie 911/42	8,5:1 165/5800	239/4000
911/85	77	911 S 2,7 Liter USA (mit Kalifornien)	90x70,4, 2687	46, 40	35, 35	wie 911/42	8,5:1 165/5800	239/4000
911/86	76/77	911 2,7 Liter RdW, Sportomatic, Daten wie 911/81						
911/89	76	911 2,7 Liter Kalifornien, Sportomatic, Daten wie 911/84						
911/90	77	911 2,7 Liter USA, Sportomatic, Daten wie 911/85						

Typ	Baujahr	Hauptdaten	Hubraum (Bohrung x Hub) in mm, ccm	Ventil-Durchmesser (Einlass, Auslass) in mm	Kanal-Durchmesser (Einlass, Auslass) in mm	Ventilsteuerzeiten (Grad)	Verdichtung und DIN-PS bei 1/min	Max. Drehmoment in Nm bei 1/min
911/91	73	911 T-K 2,4 Liter, USA (mit Kal.) K-Jetronic	84x70,4, 2341	46, 40	30, 33	EÖ 0 in OT ES 32 n. UT AÖ 30 v. UT AS 10 n. OT	8,0:1 140/5700	201/4000
911/92	74	911 2,7 Liter, USA einschl. Kalifornien, K-Jetronic auch für RdW	90x70,4, 2687	46, 40	30/32, 32/33	wie 911/41	8,0:1 150/5700	237/3800
911/93	74	911 S und Carrera 2,7, USA (mit Kal.), K-Jetronic auch für RdW	90x70,4, 2687	46, 40	35, 35	wie 911/42	8,5:1 175/5800	226,5/4000
911/94	77	911 S 2,7 Liter, Japan	90x70,4, 2687	46, 40	35, 35	wie 911/42	8,5:1 165/5800	239/4000
911/96	73	911 T 2,4 Liter, USA (mit Kalifornien) für Sportomatic, Daten wie 911/91						
911/97	74	911 2,7 Liter, USA (mit Kalifornien), für Sportomatic, Daten wie 911/92						
911/98	74	911 S und Carrera 2,7 Liter, USA (mit Kalifornien), für Sportomatic, Daten wie 911/93						
911/99	77	911 S 2,7 Liter, Japan, für Sportomatic, Daten wie 911/94						
916	68	2,0 l DOHC-Rennmotor, mech. Einspritzung	80x66, 1991	46, 40		EÖ 104 v. OT ES 104 n. UT AÖ 105 v. UT AS 75 n. OT	10,3:1 230/9000	206/6800
930/02	76/77	Carrera 3,0, K-Jetronic für RdW	95x70,4, 2994	49, 41,5	39, 35	EÖ 1 v. OT ES 53 n. UT AÖ 43 v. UT AS 3 n. OT	8,5:1 200/6000	254/4200
930/03	78/79	911 SC 3,0, K-Jetronic für RdW	95x70,4, 2994	49, 41,5	39, 35	EÖ 7 v. OT ES 47 n. UT AÖ 49 v. UT AS 3 v. OT	8,5:1 180/5500	256/4200
930/04	78/79	911 SC 3,0, USA (außer Kalifornien)	95x70,4, 2994	49, 41,5	39, 35	wie 930/02	8,5:1 180/5500	237/4200
930/05	78/79	911 SC 3,0, Japan	95x70,4, 2994	49, 41,5	39, 35	wie 930/02	8,5:1 180/5500	237/4200
930/06	78/79	911 SC 3,0, Kalifornien	95x70,4, 2994	49, 41,5	39, 35	wie 930/02	8,5:1 180/5500	237/4200
930/07	80	911 SC 3,0, USA	95x70,4, 2994	49, 41,5	34, 35	wie 930/03	9,3:1 180/5500	237/4200
930/08	80	911 SC 3,0, Japan	95x70,4, 2994	49, 41,5	34, 35	wie 930/03	9,3:1 180/5500	237/4200
930/09	80	911 SC 3,0, RdW	95x70,4, 2994	49, 41,5	34, 35	wie 930/03	8,6:1 188/5500	237/4200
930/10	81-83	911 SC 3,0, RdW	95x70,4, 2994	49, 41,5	34, 35	wie 930/02	9,8:1 204/5900	256/4200
930/12	76/77	Carrera 3,0, RdW für Sportomatic, Daten wie 930/02						

Typ	Baujahr	Hauptdaten	Hubraum (Bohrung x Hub) in mm, ccm	Ventil-Durchmesser (Einlass, Auslass) in mm	Kanal-Durchmesser (Einlass, Auslass) in mm	Ventilsteuerzeiten (Grad)	Verdichtung und DIN-PS bei 1/min	Max. Drehmoment in Nm bei 1/min
930/13	78/79	911 SC 3,0, RdW für Sportomatic, Daten wie 930/03						
930/14	78	911 SC 3,0, USA für Sportomatic, Daten wie 930/04						
930/15	78/79	911 SC 3,0, Japan für Sportomatic, Daten wie 930/05						
930/16	81-83	911 SC 3,0, USA	95x70,4, 2994	49, 41,5	34, 35	wie 930/02	9,3:1 180/5500	237/4200
930/17	81-83	911 SC 3,0, Japan	95x70,4, 2994	49, 41,5	34, 35	wie 930/03	9,3:1 180/5500	237/4200
930/18	83	911 SC RS 3,0, mech. Kugelfischer-Einspr.	95x70,4, 2994	49, 41,5	43, 43	EÖ 82 v. OT ES 82 n. UT AÖ 78 v. UT AS 58 n. OT	10,3:1 255/7000	249/6500
930/19	80	911 SC 3,0, RdW für Sportomatic, Daten wie 930/09						
930/20	84-86	911 Carrera 3,2 RdW	95x74,4, 3164	49, 41,5	40, 38	EÖ 4 v. OT ES 50 n. UT AÖ 46 v. UT AS 0 in OT	10,3:1 231/5900	283/4800
930/21	84-86	911 Carrera 3,2, USA	95x74,4, 3164	49, 41,5	40, 38	wie 930/20	9,5:1 207/5900	260/4800
930/25	87-89	911 Carrera 3,2, USA	95x74,4, 3164	49, 41,5	40, 38	wie 930/20	9,5:1 217/5900	265/4800
930/26	87-89	911 3,2, Schweden	95x74,4, 3164	49, 41,5	40, 38	wie 930/20	9,5:1 231/5900	283/4800
930/50	75/76	Turbo 3,0, RdW	95x70,4, 2994	49, 41,5	32, 36	EÖ 3 n. OT ES 27 n. UT AÖ 29 v. UT AS 3 v. OT	6,5:1 260/5900	343/4000
930/51	76	Turbo 3,0, USA	95x70,4, 2994	49, 41,5	32, 36	wie 930/50	6,5:1 245/5500	343/4000
930/52	77	Turbo 3,0, RdW	95x70,4, 2994	49, 41,5	32, 36	wie 930/50	6,5:1 260/5500	343/4000
930/53	77	Turbo 3,0, USA	95x70,4, 2994	49, 41,5	32, 36	wie 930/50	6,5:1 245/5500	343/4000
930/54	77	Turbo 3,0, Japan	95x70,4, 2994	49, 41,5	32, 36	wie 930/50	6,5:1 245/5500	343/4000
930/60	78-82	Turbo 3,3, RdW	97x74,4, 3299	49, 41,5	32, 34	wie 930/50	7,0:1 300/5500	412/4000
930/61	78/79	Turbo 3,3, USA (ohne Kalifornien)	97x74,4, 3299	49, 41,5	32, 34	wie 930/50	7,0:1 265/5500	394/4000
930/62	78/79	Turbo 3,3, Japan	97x74,4, 3299	49, 41,5	32, 34	wie 930/50	7,0:1 265/5500	394/4000
930/63	78/79	Turbo 3,3, Kalifornien	97x74,4, 3299	49, 41,5	32, 34	wie 930/50	7,0:1 265/5500	394/4000
930/64	80-82	Turbo 3,3, USA	97x74,4, 3299	49, 41,5	32, 34	wie 930/50	7,0:1 265/5500	394/4000
930/65	80-82	Turbo 3,3, Japan	97x74,4, 3299	49, 41,5	32, 34	wie 930/50	7,0:1 265/5500	394/4000
930/66	83-86	Turbo 3,3, RdW	97x74,4, 3299	49, 41,5	32, 34	wie 930/50	7,0:1 300/5500	435/4000
930/68	83-89	Turbo 3,3, USA	97x74,4, 3299	49, 41,5	32, 34	wie 930/50	7,0:1 282/5500	389/4000
930/71	76	934 Turbo 3,0 K-Jetronic	95x70,4, 2994	49, 41,5	41, 41	EÖ 54 v. OT ES 90 n. UT AÖ 95 v. UT AS 49 n. OT	6,5:1 530/7000 Ladedruck 1,35 bar	588/5400
930/72	76/77	935 Turbo 2,8, Werksversion 935	92,8x70,4, 2856	49, 41,5	41, 41	wie 911/76	6,5:1 590/7900	594/5400
930/72	77	935 Turbo 3,0, Kunden-Version 935	95x70,4, 2994	49, 41,5	41, 41	wie 911/76	6,5:1 630/8000 Ladedruck 1,45 bar	

Typ	Baujahr	Hauptdaten	Hubraum (Bohrung x Hub) in mm, ccm	Ventil-Durchmesser (Einlass, Auslass) in mm	Kanal-Durchmesser (Einlass, Auslass) in mm	Ventilsteuerzeiten (Grad)	Verdichtung und DIN-PS bei 1/min	Max. Drehmoment in Nm bei 1/min
930/73	77	934/5 Turbo 3,0 mech. Einspritzanlage	95x70,4, 2994	49, 41,5	41, 41	wie 911/76	6,5:1 590/7500 Ladedruck 1,45 bar	
930/76	77	935 Turbo 3,0	95x70,4, 2994	49, 41,5	41, 41	wie 911/76	6,5:1 Ladedruck 1,45 bar 630/7900	
930/77	77	935 Turbo 2,8	92,8x70,4, 2875	49, 41,5	41, 41	wie 911/76	6,5:1 Ladedruck 1,4 bar 590/7900	
930/78	78/79	935 Turbo 3,0	95x70,4, 2994	49, 41,5	41, 41	wie 911/76	6,5:1 Ladedruck 1,4 bar 720/7800	
930/79	79	935 IMSA 3,12	97x70,4, 3121	49, 41,5	41, 41	wie 911/76	6,5:1 Ladedruck 1,4 bar 715/7800	
930/80	80	935 Turbo 3,2	95x74,4, 3164	49, 41,5	41, 41	wie 911/76	7,2:1 Ladedruck 1,4 bar 740/7800	
930/81	81	935 Turbo 3,2	95x74,4, 3164	49, 41,5	43, 41	wie 911/76	7,2:1 Ladedruck 1,4 bar 760/7800	
935/71	78	935/78 Turbo 3,2	95,7x74,4, 3211	2x35, 30,5	43, 41	wie 911/76	7,0:1 Ladedruck 1,4 bar 750/8200	
935/72	80	Indy-Turbo, elektron. Einspritzanlage	92,3x66, 2650	2x35, 30,5	43, 41	wie 911/76	7,0:1 Ladedruck 1,03 bar 630/9000	
935/73	78/79	936 Turbo 2,1 mech. Einspritzanlage	87x60, 2140	2x35, 29	43, 41	wie 911/76	7,0:1 Ladedruck 1,4 bar 580/9000	
935/75	81	936 Turbo 2,7 mech. Einspritzanlage	92,3x66, 2650	2x35, 30,5	43, 41	wie 911/76	7,0:1 Ladedruck 1,4 bar 600/8200	
935/76	82	956 Turbo 2,7 mech. Einspritzanlage	92,3x66, 2650	2x35, 30,5	43, 41	wie 911/76	7,5:1 Ladedruck 1,3 bar 620/8200	
935/77	83	956 Turbo 2,7 D-Motronic	92,3x66, 2650	2x35, 30,5	43, 41	wie 911/76	7,5:1 620/8200	
959/	86	959 Gruppe B D-Motronic	95x67, 2849	2x35, 32	43, 41	wie 911/76	8,0:1 450/6500	500/5500
962/70	84	962 2,8 Liter	93x70,4, 2869	49, 41,5	43, 41	wie 911/76	7,5:1 650/7800	
962/71	85	962 3,2 Liter	95x74,4, 3164	49, 41,5	43, 41	wie 911/76	7,5:1	700/7800
M64/01	89-	Carrera USA/RdW Schaltgetriebe	100x76,4, 3600	49, 42,5	41,5, 38	EÖ 4 v. OT ES 56 n. UT AÖ 45 v. UT AS 5 n. OT	11,3:1 250/6100	309/4800
M64/02	89-	Carrera USA/RdW Tiptronic	100x76,4, 3600	49, 42,5	41,5, 38	wie M64/01	11,3:1 250/6100	309/4800
M64/03	91-92	911 Carrera RS	100x76,4, 3600	49, 42,5	41,5, 38	wie M64/01	11,3:1 260/6100	460/4800
M64/05	94-95	Carrera RdW (993) Schaltgetriebe	100x76,4, 3600	49, 42,5	43, 39	EÖ 1 v. OT ES 60 n. UT AÖ 45 v. UT AS 5 n. OT	11,3:1 272/6100	330/5000
M64/	93-	Carrera RS 3,8	102x76,4, 3746				11,0:1 300/6500	359/5250
M64/04	93-	Carrera RSR 3,8	102x76,4, 3746	51,5, 43,5			11,3:1 350/6900	385/5500
M64/06	95-	Carrera USA (993) Schaltgetriebe	100x76,4, 3600	49, 42,5	43, 39	wie M64/05	11,3:1 272/6100	330/5000
M64/07	94-95	Carrera RdW (993) Tiptronic	100x76,4, 3600	49, 42,5	43, 39	wie M64/05	11,3:1 272/6100	330/5000
M64/08	95-	Carrera USA (993) Tiptronic	100x76,4, 3600	49, 42,5	43, 39	wie M64/05	11,3:1 272/6100	330/5000

Typ	Baujahr	Hauptdaten	Hubraum (Bohrung x Hub) in mm, ccm	Ventil-Durchmesser (Einlass, Auslass) in mm	Kanal-Durchmesser (Einlass, Auslass) in mm	Ventilsteuerzeiten (Grad)	Verdichtung und DIN-PS bei 1/min	Max. Drehmoment in Nm bei 1/min
M64/20	96-	911 Carrera RS	102x76,4, 3746	51,5, 43,5		EÖ 5 v. OT ES 58 n. UT AÖ 50 v. UT AS 2 n. OT	11,3:1 300/6500	354/5400
M64/21	96-	Carrera RdW (993) Schaltgetriebe	100x76,4, 3600	50, 43,5	43, 39	EÖ 0 in OT ES 59 n. UT AÖ 47 v. UT AS 5 n. OT	11,3:1 285/6100	339/5250
M64/22	96-	Carrera RdW (993) leistungsgesteigert, für Schaltgetriebe	100x76,4, 3600	50, 43,5	43, 39	wie M64/20	11,3:1 300/6500	355/5400
M64/23	96-	Carrera USA (993) Schaltgetriebe	100x76,4, 3600	49, 42,5	43, 39	wie M64/21	11,3:1 285/6100	339/5250
M64/24	96-	Carrera USA (993) Tiptronic	100x76,4, 3600	49, 42,5	43, 39	wie M64/21	11,3:1 285/6100	339/5250
M30/69	91-92	3,3 Turbo C2	97x74,4, 3299	49, 41,5	32, 36	EÖ 3 n. OT ES 37 n. UT AÖ 27 v. UT AS 5 v. OT	7:1 320/5750	450/4500
M64/50	94-	3,6 Turbo C2	100x76,4, 3600	49, 42,5	38, 32	EÖ 2 n. OT ES 54 n. UT AÖ 47 v. UT AS 3 v. OT	7,5:1 360/5500	519/4500
M64/60	95-	Turbo (993)	100x76,4, 3600	49, 42,5	43, 38	EÖ 12 v. OT ES 63 n. UT AÖ 56 v. UT AS 5 n. OT	8,0:1 408/5700	542/4500
M64/81	95-	911 GT2	100x76,4, 3600	49, 42,5			8,0:1 450/5000	649/5000
M64/83	95-	911 GT2 Evo	100x76,4, 3600				600/7000	649/5000

KAPITEL 4
GRUNDLAGEN DER MOTORÜBERHOLUNG

Wenn bei einem 911er Motor größere Revisionsarbeiten anstehen, stellt sich in der Regel die Frage, ob nur die Zylinderköpfe und Zylinder oder aber das komplette Triebwerk überholt werden soll.

Die Entscheidung ist bei keinem Motor einfach, beim 911 erst recht nicht. Dieser Sechszylinder hat im Laufe seiner Entwicklung alle Stadien von der 1. Generation des extrem langlebigen und zuverlässigen 2,0-Liter bis zu der eher weniger dauerhaft standfesten 2,7-Liter-Version durchlaufen, bevor mit den äußerst zuverlässigen Evolutionen des 3,0-Liter-911 SC und den folgenden Motorgenerationen wieder die Robustheit früherer Zeiten erreicht war.

Daher unterschieden sich zwangsläufig auch die Ratschläge für Überholungsarbeiten an den verschiedenen Baureihen teilweise erheblich voneinander. Zu den 2,0-, 2,2- und 2,4-Liter-Varianten wäre beispielsweise gänzlich anderes als zum 2,7-Liter-Motor zu sagen. Bei den Hubräumen bis 2,4 Liter ist es sicher kein Luxus, wenn nach ca. 100.000 bis 120.000 km Zylinder und Zylinderkopf überholt werden, da dann meist die Auslassventilführungen fällig sind. Nach der Instandsetzung dieser oberen Motorbereiche müsste für weitere ca. 80.000 km Ruhe sein. Die realistische Lebenserwartung dürfte bei diesen Motoren bei rund 180.000 bis 200.000 km liegen.

Ein komplizierterer Fall sind allerdings die 2,7-Liter-Triebwerke, bei denen die zweckmäßigste Vorgehensweise sich nicht immer vorab festlegen lässt. Hinsichtlich der Leistung ging Porsche bei diesem Motor schon sehr weit an die Grenzen des technisch Machbaren.

Die Zylinderkopfbolzen verdienen besondere Beachtung

Magnesium hatte sich als hervorragender Werkstoff jahrelang in den 911er Kurbelgehäusen bei den Motoren mit 2,0 bis 2,4 Litern Hubraum bewährt. Mit der Hubraumvergrößerung und Leistungssteigerung nahm allerdings auch die Wärmeentwicklung zu. Magnesium bietet zwar sehr gute Festigkeit in Relation zum Gewicht, doch die beim 2,7-Liter-Motor eingeführten Nikasil- und Alusil-Zylinder trieben das Magnesium-Kurbelgehäuse an seine Grenzen. Die Wärmedehnung der Zylinder und Zylinderköpfe bedeutete für die Stahl-Zylinderkopfbolzen eine extreme Beanspruchung. Porsche versuchte, durch die Einführung von Kopfbolzen aus Dilavar – einer Stahllegierung mit ähnlicher Wärmedehnung wie Aluminium- und Magnesiumlegierungen – für die auspuffseitige Bolzenreihe Abhilfe zu schaffen. Leider erfolgte diese Änderung erst 1977. Bei den 2,7-Liter-Varianten mit Stahlbolzen passierte es gar nicht selten, dass einer oder mehrere dieser Bolzen ausrissen und dabei das Gewinde regelrecht aus dem Magnesium-Kurbelgehäuse mit herauszogen.

Oben: Unbrauchbarer Zylinderkopf, durch ausgerissene Kopfbolzen ruiniert: Bei einigen der 1968 bis 1977 produzierten Magnesium-Kurbelgehäuse rissen die Zylinderkopfbolzen besonders häufig aus, vor allem an den 2,7-Liter-Motoren von 1974 bis 1977.

Unten: Ein durch ausgerissene Zylinderkopfbolzen beschädigter Zylinder.

Ein weiter Problembereich: Die Ventilführungen

Bei den 2,0-Liter-Aggregaten waren ausgeschlagene Auslassventilführungen keine Seltenheit. In der Regel hatten die Motoren dann allerdings bereits mindestens 160.000 km hinter sich.

Mit der Hubraumvergrößerung auf 2,2 und schließlich auf 2,4 Liter war die Verschleißgrenze der Ventilführungen oft bereits nach deutlich geringeren Laufleistungen erreicht. Bei den 2,7-Liter-

Das Endstadium: Abgerissenes Ventil als Folge verschlissener Ventilführungen. Die Ventilführung war soweit ausgeschlagen, dass das Ventil nicht mehr ausreichend gekühlt wurde und irgendwann abriss.

Das auf dem Kolbenboden liegende Ventil war aufgrund verschlissener Ventilführungen abgerissen. Die Kohleablagerungen am Schaft des abgerissenen Ventils und mehrerer anderer Auslassventile aus demselben Motor sprechen Bände. Eine Komplettüberholung wurde damit unumgänglich, nachdem auch ein Zylinderkopf samt Kolben und Zylinder unbrauchbar geworden war.

Motoren waren ausgeschlagene Ventilführungen bereits nach 80.000 bis 100.000 km keine Seltenheit. Im Fall der abgasentgifteten Versionen mit Thermoreaktor (1975/76 nur für Kalifornien, ab 1977 bei allen US-Modellen) konnte es durchaus bereits nach knapp 50.000 zu Problemen kommen.

Hauptursache waren die weichen Kupferwerkstoffe der Ventilführungen, die sich der thermischen Belastung als nicht gewachsen zeigten. Verschlissene Ventilführungen sind also der Hauptgrund für eine Zylinder- und Zylinderkopfüberholung beim 911. Was ist unter einer solchen Überholung genau zu verstehen? Als Minimum sollten bei einer fachmännischen Zylinder- und Zylinderkopfüberholung alle Kolben, Ventile und zugehörigen Zylinder sowie – soweit möglich – auch die übrigen Teile des Ventiltriebs geprüft und im Zweifelsfall instandgesetzt werden. Im Gegensatz zu den bei Reihenmotoren gängigen reinen Zylinderkopfüberholungen ist hier von Zylinder- und Zylinderkopfüberholungen die Rede, denn bei der Teilrevision des Boxer-Sechszylinders ist es ratsam, die einzeln demontierbaren Zylinder gleich mit vom Kurbelgehäuse abzubauen und zu inspizieren, auch wenn eigentlich nur an den Zylinderköpfen gearbeitet werden soll.

Bei Defekten wie z. B. durchgebrannten Ventilen, gebrochenen Kolbenringen oder ausgerissenen Zylinderkopfbolzen ist eigentlich gleich eine Instandsetzung des kompletten Motors zu empfehlen. Nach Expertenmeinung ist die alleinige Überholung der Zylinder bzw. Zylinderköpfe bei bestimmten Motorschäden jedoch eine durchaus vertretbare Einzelmaßnahme. Der Block/Kurbeltrieb des 911 müsste bedenkenlos für Laufleistungen von ca. 160.000 bis 200.000 km oder mehr gut sein. Bei 911er Triebwerken, die weniger als 100.000 bis 120.000 km „auf der Uhr" haben und bei denen der Zylinder- bzw. Zylinderkopfbereich erkennbar schwächelt, genügt die Überholung der Zylinder bzw. Köpfe meist vollauf. Jenseits dieser Kilometerstände ist eine derartige Teilinstandsetzung allerdings wenig ratsam, da in Kürze ohnehin eine Generalüberholung ansteht.

Die Ventilführungen – ein nicht zu unterschätzender Problembereich

Die Folgen verschlissener Ventilführungen können gerade bei den luftgekühlten 911er Motoren schwerwiegend sein. Alle 911er bis zum 964 besitzen natriumgekühlte Auslassventile. Natrium trägt jedoch nur insofern zur Kühlung bei, als es die Wärmeabfuhr vom Ventilteller über den Ventilschaft zur Ventilführung in den Zylinderkopf und damit in den Luftstrom um die Kühlrippen erleichtert. Diese Wärmeabfuhr funktioniert allerdings nur, wenn zwischen Ventilschaft und Führung kein übermäßiges Spiel vorhanden ist und die Wärme über den Ölfilm zwischen der Führung und dem sich auf- und abwärtsbewegenden Ventil abfließen kann. Bei verschlissener Führung bildet sich ein Luftspalt, der wie eine Art Vakuum wirkt und die Wärme im Ventilschaft unmittelbar hinter dem Ventilteller zurückhält.

Dadurch überhitzen die Ventile, es kommt zu Materialermüdung, im Endstadium kann der Ventilteller vom Schaft abreißen und richtet dann im Brennraum verheerende Schäden an. Leider

Kompressionsverluste sind oft auf durchgebrannte Ventile zurückzuführen. Meist brennen die Ventilteller – wie hier – kerbenförmig ein. Erstes Anzeichen ist ein im Leerlauf und im unteren Drehzahlbereich unrunder Lauf, der sich erst bei steigender Drehzahl bessert. Beim 911 sind verbrannte Ventile meist die Folge falsch eingestellten Ventilspiels.

Eine sorgfältige Ventilüberholung ist unverzichtbarer Teil jeder Kopf- oder Motorinstandsetzung. Die Ventile und Ventilführungen werden vermessen und bei Bedarf erneuert und dann die drei Ventilsitzwinkel an den Ventilsitzen nachgefräst. Der eigentliche Ventilsitz wird mit 45° gefräst, anschließend werden die Ventilsitze im 75°- bzw. 30°-Winkel freigefräst und dabei die korrekte Ventilsitzbreite hergestellt.

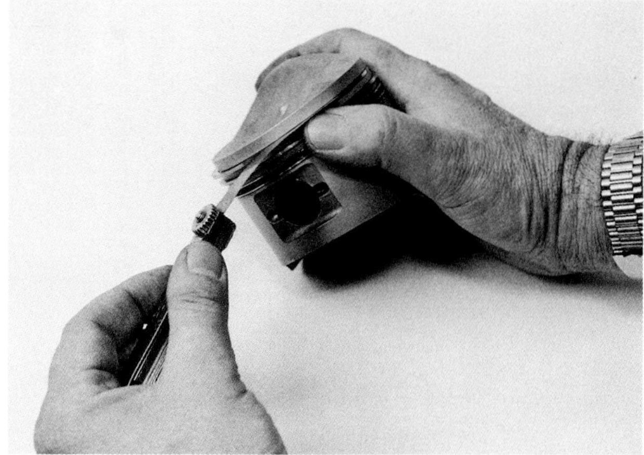

Hier wird das Flankenspiel am obersten Verdichtungsring kontrolliert. Dies ist wohl die wichtigste Messung am Kolben. Das Flanken- bzw. Höhenspiel sollte maximal 0,1 mm betragen. Übermäßiges Höhenspiel des obersten Verdichtungsrings hat unweigerlich vorzeitigen Ringbruch zur Folge.

hat ein loser Ventilteller wenig Platz im Brennraum, wenn der Kolben im oberen Totpunkt steht. Meist geht dann das gesamte Zylinderinnenleben zu Bruch! Wer – wie der Verfasser – innerhalb eines einzigen Monats gleich zwei derart ruinierte Motoren auf die Werkbank bekommt, gerät ins Grübeln. Wird Verschleiß an den Ventilführungen zu lange ignoriert, können die Führungen auf bis zu 2 mm Übermaß ausschlagen! In Extremfällen ziehen sich die Ölkohleablagerungen den gesamten Ventilschaft hinauf, und sogar die Ventilkeile und Federn sind durch Ölkohle rußgeschwärzt.

Nachlassende Kompression auf allen Zylindern und hoher Ölverbrauch sind häufig auf gebrochene Verdichtungsringe zurückzuführen. Eine häufige Ursache für Ringbrüche besteht bereits im Aufziehen neuer Ringe auf gebrauchte Kolben. Wird ein neuer Ring in der bereits ausgeschlagenen obersten Ringnut montiert, federt der neue Ring, der strammer als der alte in der Zylinderbohrung sitzt, in der Nut auf und ab und hämmert die Nut noch weiter aus, bis er irgendwann verkantet und bricht.

Weitere Probleme rund um Zylinder und Zylinderköpfe

Gleichermaßen „reif“ für die Werkstatt sind Zylinder oder Kopf bei Kompressionsverlusten, übermäßigem Ölverbrauch und – bei bestimmten Magnesium-Kurbelgehäusen (1968-1977) – bei ausgerissenen Zylinderkopfbolzen. Kompressionsverluste oder durchblasende Zylinder sind meist auf verbrannte Ventile, Kolbenringbrüche oder schadhafte Kolben bzw. Zylinder zurückzuführen. Hoher Ölverbrauch ist in aller Regel ein untrügliches Indiz für verschlissene, gebrochene, „festgebackene“ Kolbenringe oder ausgelaufene Bohrungen.

Bei ungleichmäßiger Kühlung kann es passieren, dass ein oder zwei Zylinder vorzeitig den Dienst einstellen. Dokumentiert ist der Fall eines 930 Turbo, bei dem schon nach geringer Laufleistung die Zylinder überholungsreif waren: Ratten hatten sich ein Nest auf der einen Zylinderreihe eingerichtet, wodurch die Zylinder überhitzten und sich derart verzogen, dass die Kolbenringe ihre Spannung verloren und drastischer Leistungsabfall und abnormaler Ölverbrauch die Folge waren. Angesichts des niedrigen Kilometerstands gab die Fehlerdiagnose Rätsel auf, bis man die toten Ratten fand. Sie mussten durch den Heizluftaustritt unter dem Wagen bis zur Unterseite der Kühlleitbleche vorgedrungen sein. Die Heizung leitet je nach Stellung der Heizklappe die Warmluft zur Beheizung in das Wageninnere oder führt sie an der Wagenunterseite ins Freie ab. Steht die Heizung auf „Aus“, ist also für Mäuse, Ratten und andere Nagetiere der Weg in den Motorkühltrakt frei.

Manche Schrauber begnügen sich mit der Reparatur des unmittelbaren Schadens. Dann wird nur das eine, durchgebrannte Ventil erneuert und der Rest ohne weitere Verschleißkontrolle wieder zusammengebaut. Dabei ist beim Boxermotor des 911 die Inspektion der Motoreinzelteile bei abgenommenem Zylinder und Zylinderkopf denkbar unkompliziert. Die Zylinder können hier einzeln abgebaut und Kolben und Zylinderlaufbahn kontrolliert werden. Auch Ausbau des Pleuels und Verschleißkontrolle der Pleuellager bereiten keine Probleme. Eine eingehende Kontrolle aller Bestandteile rund um Zylinder und Zylinderkopf sollte also stets Pflicht sein, sobald die Zylinderköpfe demontiert wurden.

Bei der Demontage von Zylinder und Zylinderkopf sind alle Einzelteile genau zu untersuchen. Einschlägige Erfahrung bei der Prüfung der Verschleißbilder (unter Berücksichtigung von Kilometerstand und Betriebsbedingungen des Fahrzeugs) ist dabei unabdingbar. Wie gesagt – der Kurbeltrieb eines normalen 911er Motors müsste durchaus 160.000 bis 200.000 km halten, ein hochdrehendes Renntriebwerk wird dagegen bereits nach wenigen Betriebsstunden reif für eine Generalrevision sein.

Die Lebensdauer von Zylinder und Kopf unterliegt noch weiteren Einflussfaktoren, z. B. bei Fahrzeugen, die immer wieder längere Zeit stehen. Lange Zeit unbenutzte Motoren „verrotten" regelrecht durch Feuchtigkeit und Säurebildung in ihrem Inneren. Einzige Abhilfe ist, den Wagen regelmäßig zu bewegen, bis der Motor seine normale Betriebstemperatur erreicht und alle Feuchtigkeit wegtrocknen kann. Auch häufigere Ölwechsel sind bei „Wenigläufern" kein Fehler. Regelmäßiger Fahrbetrieb beugt zugleich Festbacken der Kolbenringe und Ölrückstandsbildung an Kolben und Brennraum vor. In lange stehenden Motoren löst die Feuchtigkeit oft die Ölkohleablagerungen an, die sich dann zwischen Ventil und Ventilsitz festsetzen und dort zum vorzeitigen Durchbrennen des Ventils führen können.

Nach dem Ausbau der Pleuelstange prüfen wir das Pleuellager auf Verschleiß. Bei diesen Lagerschalen hält sich der Verschleiß noch in Grenzen.

Diese Lager zeigen schon erhebliche Verschleißspuren; beim rechten Lager schimmert bereits die Kupferschicht durch. Sehr viel länger hätte dieser Motor nicht mehr durchgehalten.

Vorzeitige Lagerschäden an Rennmotoren kommen leider immer wieder vor. Eine der Ursachen dürfte im Wechsel des Herstellungsverfahrens durch den Zulieferer von Porsche zu suchen sein. Um hier Abhilfe zu schaffen, wurden vom US-Anbieter SmartRacing Speziallagerschalen mit Calico-Beschichtung aufgelegt. Links im Bild eine serienmäßige Porsche-Lagerschale nach rund 10 Betriebsstunden im Renneinsatz. Das mittlere Lager ist ein nagelneues SmartRacing-Lager, rechts sehen wir ein SmartRacing-Lager aus einem Rennmotor, der bereits 20 Stunden gelaufen war.

Ein besonders extremer Fall ist in diesem Zusammenhang von einem Motor überliefert, in dem die Ölkohle wundersamerweise vom Kolbenboden und Brennraum abgebröckelt war und sich auf dem Zylinderboden (im liegenden Zylinder des Boxermotors) zu einem derartigen Haufen gesammelt hatte, dass der Motor nicht mehr drehte – als ob ein mechanisches Hindernis den Motor blockierte! In Reihenmotoren kann dies nicht passieren, wohl aber in Boxermotoren wie beim 911. Der Wagen wurde daraufhin in die Werkstatt geschleppt, da der Motor partout nicht drehte. Rückwärts ließ er sich durchdrehen, bis er in entgegengesetzter Richtung wieder am „Hindernis" anlief. Die Werkstatt vermutete ein abgerissenes Ventil. Nach der Demontage der Zylinderköpfe kam dann die Ölkohleablagerung als „Sündenbock" zum Vorschein.

Wie bei allen Arbeiten am 911, ist auch bei der Sanierung der Zylinder und Zylinderköpfe präzises Arbeiten oberstes Gebot. Bei Gebrauchtwagen sollten wir unbedingt anhand der Rechnungen prüfen, ob diese Arbeiten von einer zuverlässigen Fachwerkstatt ausgeführt wurden. Eventuell bringt auch eine Rückfrage bei der betreffenden Werkstatt Aufschluss über den genauen Umfang der Arbeiten.

Wer Zylinder und Zylinderkopf nicht selbst instand setzen möchte, sollte grundsätzlich einen vertrauenswürdigen Fachbetrieb mit den Arbeiten beauftragen. Derartige Arbeiten sind bei Porsche-Motoren nicht ganz billig, daher gehören diese Arbeiten in die Hand von Spezialisten mit entsprechender Erfahrung und Routine. Auch viele kleinere Porsche-Reparaturbetriebe leisten erstklassige Arbeit, letzten Endes liegt es aber an jedem selbst, sich zu überzeugen, ob der Betrieb unserer Wahl den Erwartungen (und denen unseres 911!) entspricht. Und wer sich selbst an die Überholung heranwagt, sollte sich beizeiten die nötigen Fachkenntnisse aneignen.

Und wenn eine Komplettüberholung ansteht ...

Wenn es nun aber mit einer Zylinder- und Kopfüberholung nicht getan ist und an einer Generalüberholung kein Weg vorbei führt, ist die Wahl des richtigen Fachbetriebs fast noch wichtiger.

Wer sich selbst an eine Komplettüberholung machen möchte, sollte sich gründlich in die Materie einarbeiten. Das Porsche-Werkstatthandbuch und die Datenblätter für Ihr 911er Modell sind den meisten anderen Reparaturanleitungen weit überlegen. Diese Handbücher haben sich – wie der 911 selbst – seit 1965 beständig weiterentwickelt und umfassen heute fünf Teile für die luftgekühlten 911er. Der erste zweibändige Reparaturleitfaden (Porsche-

Teilenummer WKD 480 510) behandelt die Jahrgänge 1965 bis 1971. Das zweite Reparaturhandbuch (WKD 481 010) umfasst weitere vier Bände für die Modelle 1972 bis 1983. Es ist als Ergänzung zum ersten Handbuch gedacht, bestimmte Grundlagen müssen also im ersten Teil nachgeschlagen werden. Mit Einführung des Carrera im Jahr 1984 veröffentlichte Porsche einen weiteren fünfbändigen Leitfaden (WKD 482 010), der als eigenständiger Band die Carreras von 1984 bis 1989 abdeckt. Der vierte Reparaturleitfaden (WKD 482 510) umfasst sieben Bände und behandelt den 964 von 1989 bis 1994. Der fünfte Reparaturleitfaden (WKD 483 120 bzw. 483 210 für die Turbo-Modelle) umfasst den Typ 993. Für die Turbomodelle der übrigen Generationen des 911 sind ebenfalls eigene Reparaturleitfäden erschienen. Manche der in Autobuchverlagen veröffentlichten Reparaturanleitungen sind leichter verständlich und eine wertvolle Ergänzung für Hobby-Schrauber, die umfassenden und detaillierten original Werkstatthandbücher sollten aber zur Grundausstattung einer jeden Werkstatt gehören.

Bevor wir uns aber in die Arbeit stürzen, machen wir uns in aller Ruhe mit Gliederung und Inhalt des Motorenkapitels im Werkstatthandbuch vertraut. Etwaige Unklarheiten notieren wir bereits jetzt und klären sie noch vor Arbeitsbeginn.

Eine vernünftige Zeitplanung ist für den Hobby-Schrauber unverzichtbar: Erstellen Sie eine Liste aller anstehenden Arbeiten, die Sie selbst ausführen bzw. von Fachbetrieben erledigen lassen müssen, sowie aller benötigten Teile.

Wir überholen unseren Motor selbst

Am Anfang stehen Ausbau und Zerlegen des Motors. Der Zustand vieler Teile wird bereits beim Zerlegen ersichtlich, also prüfen wir gleich jetzt alle Teile eingehend und notieren das Ergebnis. Dies spart beim Zusammenbau viel Zeit. Auch auf gebrochene bzw. beschädigte Schrauben, Stehbolzen usw. sollte man jetzt achten. Beim Ausbau der Kipphebelwellen werden die Bohrungen der Wellen im Nockenwellengehäuse kontrolliert. Die Schrauben und Kegelstücke nehmen wir von beiden Wellenenden ganz ab, bevor wir versuchen, die Wellen zu demontieren. Drückt man auf die Wellen, solange die Kegelstücke noch eingesetzt sind, neigen die Wellenenden zum Klemmen und lassen sich dann nur noch schwer ausbauen, ohne dass das Nockenwellengehäuse Schaden nimmt.

Außerdem sollten die Kipphebel und Kipphebelwellen nur ausgebaut werden, wenn der Kipphebel auf dem Nockenrücken (Nockengrund) aufgelaufen ist. Beim Ausbau der Kipphebel drehen wir die Kurbelwelle also immer ein Stück weiter, bis der Kipphebel, den wir demontieren wollen, auf dem Nockengrund steht. Beschädigungen der Kipphebelwellenbohrungen im Nockenwellengehäuse sollten unbedingt vermieden werden, sonst sind Öllecks nach dem Zusammenbau die unweigerliche Folge.

Auch Motoren mit (nicht übermäßig) ausgelaufenen Kipphebelwellenbohrungen lassen sich noch retten und zwar mit speziellen Dichtringen von den 911er Renntriebwerken (Teile-Nr. 911.099.103.52). Anschließend werden alle Teile gründlich gereinigt, auf Verschleiß/Zustand kontrolliert und vermessen. Die Messergebnisse vergleichen wir mit den Werksangaben. Zylinderköpfe und Kurbelgehäuse reinigen wir am besten in einem nur für Aluteile verwendeten Teilebad (Motoreninstandsetzungsbetriebe verfügen meist über Großspülmaschinen) und Ultraschall-Reinigungsbad. Um die Ölkohle auf den Zylinderköpfen zu entfernen, bietet sich ein feinkörniges Strahlgerät mit Nussschalen oder Glasperlen als Strahlmedium an. Achtung: Abfall fachgerecht entsorgen!

Empfohlene Werkzeuge

- **Gabelschlüssel in folgenden Schlüsselweiten (SW): SW 6 mm, 8 mm, 9 mm, 10 mm, 11 mm, 12 mm, 13 mm, 14 mm, 15 mm, 17 mm, 19 mm und 22 mm**
- **Steckschlüsseleinsätze SW 8 mm, 10 mm, 13 mm, 14 mm und 15 mm**
- **Sicherungsringzange, 90° abgewinkelt, für Kolbenbolzensicherungen**
- **Schraubendreher in diversen Größen**
- **Innensechskantschlüssel (Inbus) SW 5 mm und 8 mm, für die Kipphebelwellen**
- **Innensechskantschlüssel lang, SW 8 mm, Auspuffmuttern**
- **Innensechskantschlüssel lang, SW 10 mm, Zylinderkopfmuttern**
- **Innenzwölfkant-Vielzahnschlüssel kurz, SW 12 mm, Schwungrad**
- **Kunststoffhammer**
- **Stahlhammer**
- **Tiefenlehre, Mindestlänge 150 mm**
- **Schieblehre**
- **Richtlineal, Mindestlänge 50 cm**
- **3/8-Zoll- oder 1/2-Zoll-Knarre**
- **3/8-Zoll- oder 1/2-Zoll-Verlängerung**
- **3/8-Zoll-Steckschlüssel SW 12 mm, 13 mm und 14 mm**
- **Passstiftauszieher für Nockenwellenrad (Zündkerze eignet sich als Behelfswerkzeug)**
- **Motorständer**
- **Nockenwellenhalteschlüssel P202**
- **Nockenwellenmutternschlüssel P203**
- **Messuhrhalter P207**
- **Pleuelhalter P221**
- **Steuerkettenhalter P222**
- **Messuhr für Anzeige des oberen Totpunkts**
- **Messuhr**
- **Keilriemenscheibenhalter**
- **Drehmomentschlüssel**
- **Fühlerlehre 0,10 mm zur Ventilspieleinstellung**
- **Kettenspannerhalter (zum Zusammenhalten des Spanners)**
- **Massiver Spanner (zum Spannen der Kette beim Einstellen der rechten Nockenwelle, Zyl. 4-6)**
- **Stabile Schraubzwinge (zum Spannen der Kette beim Einstellen der linken Nockenwelle, Zyl. 1-3)**
- **Auspuffkrümmerschlüssel**
- **Kolbenringzange**
- **Kolbenringspannband**
- **Ventilfederprüfer**
- **Ventilfederlehre (zur Messung der Einbaulänge)**
- **Kolbenbolzendorn (zum Einbau der Kolbenbolzen)**
- **Messbecher mit Skala in ccm (zum Auslitern von Brennraum und Kolbenboden)**
- **Kupplungszentrierdorn**

Zeitkalkulation für Arbeiten an 911er Motoren

Die nachstehende Liste gibt eine Übersicht über den Zeitaufwand erfahrener Mechaniker für die Durchführung üblicher Instandsetzungsarbeiten. Die Zeitangaben sollten Hobby-Schrauber auf jeden Fall als Minimumaufwand für die eigene Arbeit einkalkulieren. Bei extern vergebenen Arbeiten empfiehlt es sich, mit einer Fachwerkstatt im Vorhinein klare Absprachen über den Arbeitsumfang zu treffen und einen Kostenvoranschlag einzuholen. Vorsicht vor Pauschalangeboten!

ARBEIT	ZEITAUFWAND IN STD. (CA.)
Motor-Komplettüberholung und Aus- und Einbau	40-50
Kurbelwelle auf Risse prüfen (Magnetpulver) und polieren (extern)	
Pleuel auf Risse prüfen (Magnetpulver) und überholen (extern)	
Nockenwellen nachschleifen (extern)	
Kipphebel nacharbeiten und überholen (extern)	
Kipphebelwellen polieren bzw. erneuern	1,0
Blechteile entlacken und neu lackieren/pulverbeschichten (extern)	
Zylinderkopfbolzen instand setzen	6,0
Zylinderkopfbolzen ausbauen und ersetzen	2,25
Kolbenspritzdüsen nachrüsten	5,8
Ölbypass bei Nachrüstung der Ölpumpe modifizieren	1,5
Kurbelgehäuse für Zwischenwellenlager ändern	2,6
Ventilführungen einbauen	2,5
Ventile einschleifen	5,0
Zylinderköpfe planen	2,4
Schwungrad plandrehen	1,0
Vergaser überholen	6,0
Drosselklappengehäuse (Vergaser) erneuern (extern)	
Einspritzpumpe überholen (extern)	
Einspritz-Klappenstutzen erneuern (extern)	
Kurbelgehäuse und Ölkanäle reinigen	
Nockenwellen-Spritzdüsen aus- und einbauen und reinigen	
Ölkühler abdrücken	
Ölthermostat prüfen	

Mit diesen Strahlgeräten lässt sich auch ideal Ölkohle von den Brennraumflächen der Zylinderköpfe entfernen, allerdings dürfen Kurbelgehäuse damit nicht bearbeitet werden, da unbemerkt zurückbleibende Strahlgutreste die Ölkanäle verschmutzen könnten. Nussschalen als Strahlmedium sind auch hier die beste Wahl, da die Aluflächen der Zylinderköpfe damit ohne Oberflächenveränderung gereinigt werden können.

Nachdem alle Einzelteile gereinigt und vermessen wurden, können wir eine Liste der erforderlichen Arbeiten und benötigten Teile zusammenstellen. Anhand der Arbeitszeitenliste (S. 143) können wir unseren eigenen Zeitbedarf kalkulieren und bei den extern vergebenen Arbeiten die anfallenden Kosten kalkulieren. Vor allem aber lässt sich anhand derartiger Listen die Abfolge der notwendigen Arbeiten koordinieren, damit sich die Motorüberholung nicht un-

Checkliste der benötigten Ersatzteile

- Motoröl
- Benzin
- Lack
- Dichtmittel
- div. Klein- und Normteile
- Dichtungssatz, Vollsatz oder Teildichtsätze (Kopfsatz und Rumpfsatz)
- div. Einzeldichtungen
- Hauptlager
- Hauptlager Nr. 8
- Pleuellager
- Zwischenwellenlager
- Zwischenwellen-Axiallager
- Ventilführungen
- Einlassventile
- Auslassventile
- Ventilfedern
- Ventilfederteller
- Ventilfederkeile
- Ventilfeder-Unterlagscheiben
- Kipphebel
- Kipphebelwellen
- Ventileinstellscheiben
- obere Ventildeckel
- untere Ventildeckel
- Nockenwellen-Steuerketten
- schwarze Kettenspanner-Gleitschienen (5)
- braune Kettenspanner-Gleitschienen (1)
- Kettenspanner (ältere Ausführungen nicht empfehlenswert)
- Kettenspanner (Ausführung 1980) oder linker und rechter Kettenspanner (Ausführung 1984)
- Kettenführungen
- linker Kettenradträger (ab 1980)
- rechter Kettenradträger (ab 1980)
- Ölleitung für linkes Nockenwellengehäuse
- Ölleitung für rechtes Nockenwellengehäuse
- Ölrückförderleitung
- Öl-Zulaufleitung
- linke Nockenwelle (Zylinder 1-3)
- rechte Nockenwelle (Zylinder 4-6)
- Zwischenwelle, vollst.
- Zwischenwellenräder, Stahl
- Zwischenwellenrad, Aluminium
- Kolben und Zylinder
- Zylinderköpfe
- Dilavar-Zylinderkopfbolzen
- Pleuelschrauben
- Pleuelmuttern
- Schwungradschrauben
- Ölpumpe
- Ölkühler
- Ölthermostat
- Öldruckschalter
- Geber für Öldruckanzeige
- Sicherungsbleche für Ölpumpe/Zwischenwelle
- Ölrücklaufleitungen
- Ölüberdruckkolben
- Kolben für Öldruck-Sicherheitsventil
- Keilriemen
- Keilriemen für Klimaanlage
- Keilriemen für Luftpumpe
- Vergaser
- Vergaser-Überholsätze
- Einspritzpumpen-Antriebsriemen
- obere Einspritzpumpen-Riemenscheibe
- untere Einspritzpumpen-Riemenscheibe
- Einspritzpumpen-Vorwärmschlauch, Gummi
- Einspritzpumpen-Vorwärmschlauch, Auslauf
- Eispritzpumpen-Vorwärmschlauch, Zulauf
- Einspritzdüsen
- Drehstromlichtmaschine
- Kohlebürsten für Drehstromlichtmaschine
- Zündkerzen
- Verteiler
- Verteilerkappe
- Verteilerläufer
- Unterbrecherkontakte
- Kondensator
- Zündspule
- Zündkerzenkabel
- Zündkerzenstecker
- Luftfilter
- Ölfilter
- Luftpumpenfilter
- Benzinfilter
- diverse Einzeldichtungen
- Kupplungsdruckplatte
- Mitnehmerscheibe
- Ausrücklager
- Führungslager für Getriebeeingangswelle
- Heizungsschläuche (Frischluft)
- Heizungsschläuche, orange
- … und was sonst noch an Teilen fällig ist

nötig in die Länge zieht. Die Materialliste gibt einen Überblick über die benötigten Ersatzteile, die wir dann beizeiten bestellen können (Lieferzeiten bedenken!).

Prüfung der Kurbelwelle

Die Kurbelwelle und Pleuel werden in einem Motorenfachbetrieb mit dem Magnetpulververfahren auf Risse geprüft. Sofern die Teile in Ordnung sind, lassen wir die Kurbelwelle mikrofeinpolieren und die Pleuel aufarbeiten. Das Nachschleifen der 911er Kurbelwellen ist nicht unbedingt ratsam. Ist die Kurbelwelle z. B. aufgrund übermäßiger Laufspuren unbrauchbar, sollte sie unbedingt ausgetauscht werden.

Wer aber partout keine gebrauchte Kurbelwelle in gutem Zustand auftreiben kann und um das Nachschleifen der Welle nicht herumkommt, sollte sich die Zeit nehmen, eine wirklich qualifizierte, erfahrene Kurbelwellenschleiferei ausfindig zu machen, wo man die Kurbelwelle fachgerecht instand setzt, schleift und härtet. Heute werden Kurbelwellen im Allgemeinen durch Gasnitrieren bei niedrigen Temperaturen nachgehärtet. Das originale Tenifer-Verfahren (wie auch das in den USA gebräuchliche Tufftriding-Verfahren) findet kaum noch Anwendung, zum einen aus Umweltschutzgründen (das Härten erfolgte in einem Bad aus geschmolzenen Cyansalzen), zum anderen, weil auch die Tenifer- und Tufftriding-Verfahren mitunter keine ausreichende Härtung der Welle erzielten.

An einer geschliffenen Kurbelwelle müssen grundsätzlich sämtliche Verschlussstopfen der Ölkanäle entfernt und die Kanäle gründlichst gereinigt werden. Beim Nitrieren nehmen obendrein die Alu-Verschlusstopfen Schaden und könnten sogar über kurz oder lang herausfallen, nachdem der Motor zusammengebaut wurde. Im Anschluss an die absolut penible Reinigung der Welle müssen von der Fachwerkstatt neue Verschlussstopfen montiert werden.

Hat die Kurbelwelle die Magnetpulverprüfung bestanden und sind die Lagerzapfen mikrofeinpoliert worden, muss die Kurbelwelle sehr sorgfältig gereinigt und Schmutzpartikel oder Polierrückstände vollständig entfernt werden. Die Verschlussstopfen in der Kurbelwelle sollten dazu nicht rausgenommen werden. Es sind schon schwerere Schäden aufgrund unsachgemäß eingesetzter Ölkanal-Verschlussstopfen als infolge verschmutzter Kurbelwellen passiert.

Am zuverlässigsten lassen sich die Ölkanäle mit Vergaserreinigerspray (mit langem Plastik-Vorsatzröhrchen) reinigen. Jeder Kanal wird gut durchgesprüht und anschließend mit Druckluft durchgeblasen. Die Bohrungen in der Kurbelwelle beginnen an den Wellenenden (Lagerzapfen 1 und 8) und verlaufen zur Mitte hin. Dabei verzweigen sie jeweils in eine Ölbohrung zu den einzelnen Pleuellagerzapfen.

Pleuelstangen, Zylinderköpfe und weitere Einzelteile

Zur Überholung der Pleuellager gehören stets auch die Nacharbeitung der Pleuelfußbohrungen, der Einbau neuer Kolbenbolzenbuchsen, das Abdrehen der Buchsen auf die richtige Breite und Ausreiben bzw. Honen auf das richtige Laufspiel. Alle Sollmaße (siehe Werksangaben) sind peinlich genau einzuhalten. Sollte ein Pleuel ersetzt werden müssen: Porsche schreibt als maximalen Gewichtsunterschied der Einzelpleuel eines Pleuelsatzes 9 Gramm vor.

Beim 911 lassen sich die Pleuel normalerweise relativ einfach anhand des Gewichts zu drei Paaren zusammenstellen. Das schwerste Paar kommt in Zylinder 3 und 6 (einander gegenüberliegend hinten links bzw. rechts im Motor). Das nächstleichtere Paar kommt in Zyl. 2 und 5, das leichteste Paar in Zyl. 1 und 4. Wurde der Pleuelsatz ab Werk ausgewuchtet, garantiert diese Zuordnung eine fast perfekte Auswuchtung.

Das Einschleifen der Ventile in den Zylinderköpfen ist in der Regel ebenfalls Werkstattarbeit. Bei der Gelegenheit werden meist auch alle Ventilführungen erneuert.

Bei Motoren mit hoher Laufleistung sind meist auch die Einlassventilführungen erneuerungsbedürftig, aber in der Regel nicht in gleichem Maße wie die Auslassführungen (und wenn doch, stimmt im Motor an anderer Stelle etwas nicht). Der beauftragte Fachbetrieb muss auf den richtigen Außendurchmesser der Führungen achten: Sitzen sie nicht fest genug, könnten sie sich lösen, zu stramm sitzende Führungen könnten dagegen die Zylinderköpfe „sprengen".

Beim Überholen der Zylinderköpfe müssen auch Mindestdurchmesser und Konizität der Ventilschäfte vermessen werden. Die Konizität darf über die gesamte Ventilschaftlänge nicht mehr als 0,013 mm betragen. Die Schäfte der Einlassventile sind weicher als die der Auslassventile und daher meist auch stärker verschlissen. Im Zweifelsfall immer neue Ventile einbauen. Meist muss auch die Passfläche des Kopfes zum Zylinder nachgeplant werden, damit eine optimale Abdichtung gewährleistet ist.

Die Überholung der Köpfe und des Ventiltriebs ist damit aber noch nicht abgeschlossen. Nockenwellen mit Laufspuren oder Pit-

Das Plandrehen der Zylinderköpfe ist beim 911 wegen der Ansenkung im Zylinderkopf (zur Aufnahme der Zylinder) besonders kompliziert. Die Zylinderköpfe können daher nicht auf herkömmliche Weise bearbeitet werden. Das Plandrehen muss unbedingt winkelrichtig zur Passfläche des Nockenwellengehäuses erfolgen; alle sechs Köpfe müssen um denselben Betrag nachgeplant werden, sonst bauen sich Biegespannungen an der Nockenwelle auf. Am besten werden die Zylinderköpfe satzweise auf einer Drehbank mit spezieller Aufspannvorrichtung bearbeitet.

Auch sämtliche Ventilfedern prüfen wir vor dem Wiedereinbau. Als Erstes wird die Federspannung bei einer auf der Skala angezeigten Länge von 30,5 bis 31,0 mm (was dem Federzustand bei geöffnetem Ventil entspricht) geprüft: Es muss ein Druck von 80 kp erreicht werden. Dann wird die Federspannung bei 42,0 bis 42,5 mm Länge geprüft (dies entspricht dem Federauflagedruck bei geschlossenem Ventil). Hier muss ein Druck von 20 kp anliegen. Die Ventilfedern des 911 bestehen aus hochwertigem Stahl und überleben meist den Motor. Bis auf wenige Ausnahmen sind die im freien Zubehörhandel angebotenen Federn längst nicht so gut wie die Originalfedern. Ende 1977 bis Mitte 1978 wurde in der Fertigung allerdings offenbar eine Charge weniger hochwertiger Ventilfedern montiert, denn aus dieser Bauzeit sind etliche Motoren mit gebrochenen Einlassventilfedern dokumentiert. Zur Kontrolle auf Ventilfederbruch drücken wir beim Einstellen der Ventile auf die Einlasskipphebel. Lassen sich die Kipphebel von Hand bewegen, ist mit Sicherheit die Ventilfeder gebrochen. Die Federn können auch bei eingebautem Motor gewechselt werden, indem der Zylinder mit Druckluft beaufschlagt wird und die Ventilfedern mit dem Ventileinstellwerkzeug des 906 zusammengedrückt werden.

ting (Anfressspuren) müssen durch neue oder besser erhaltene gebrauchte Exemplare ersetzt werden. Auch die Kipphebel kontrollieren wir jetzt genau. Bei Motoren mit hoher Kilometerleistung sind meist die Kipphebellagerbuchsen ausgelaufen. Sinnvoll ist auch hier die Verwendung neuer Kipphebel. Die Einstellteller müssen auf übermäßiges Spiel kontrolliert und ggf. erneuert werden. Abschließend wird die Federspannung der Ventilfedern mit einem Spezialprüfgerät geprüft. Verzogene oder allzu sehr erlahmte Federn werden erneuert.

Als nächster Schritt folgt die Verschleißkontrolle aller Kettenräder und Kettenradträger. Übermäßig abgenutzte Kettenräder werden erneuert. Besondere Kontrolle verdient der Zustand des Zwischenwellenrades aus Alu. Diese Zahnräder sowie die Kettenräder sind für die spätere Zwischenwelle (ab 1968) einzeln als Ersatzteil erhältlich. Separate Aluzahnräder für die alte Zwischenwelle der Original-Alukurbelgehäuse sind allerdings nicht lieferbar. Bevor wir Zwischenwelle und Kurbelwelle von der Kurbelgehäusehälfte abbauen, kontrollieren wir das Flankenspiel des Aluminiumrades auf der Zwischenwelle. Bei einer vollständigen Revision werden auch neue Steuerketten verbaut.

Alle Kettenspanner erneuern

Bei einem Motor der Baujahre 1964 bis 1983 sollten die Kettenspanner grundsätzlich erneuert werden. Es empfiehlt sich, auf jeden Fall die neuere Ausführung einzubauen (Modell ab 1980 mit neuen Radträgern, oder die Druckölausführung des 911 Carrera ab 1984). Der Drucköl-Kettenspanner dürfte praktisch unbegrenzt halten und ist wartungsfrei. Der gekapselte Kettenspanner (1968-1983) sollte dagegen vorbeugend nach rund 70.000 km erneuert werden.

Beim Neuaufbau eines 911er Triebwerks mit Magnesiumgehäuse (1968 bis 1977) empfiehlt es sich, Gewindeeinsätze für die Zylinderkopfbolzen zu montieren. Unbedingt ratsam ist auch, am Kurbelgehäuse alle bei den 2,7-Liter-Motoren vollzogenen Änderungen zu übernehmen.

Änderungen an den Kurbelgehäusen sollten einem Spezialbetrieb mit einschlägiger Erfahrung und entsprechendem Maschinenpark übertragen werden. Bewährt hat sich beispielsweise, bei den Magnesium-Kurbelgehäusen der 2,7-Liter-Motoren sämtliche Montageflächen nachzuarbeiten. Dabei werden auch die Passflächen nachgeplant und die Kurbelwellenlagerbohrungen sowie die Zwischenwellenbohrungen fluchtendgebohrt. Die Gewinde für die Zylinderkopfbolzen, Zwischenwellenbolzen und alle weiteren Schrauben, die aus dem Kurbelgehäuse ausreißen könnten, werden dabei grundsätzlich mit Gewindeeinsätzen versehen.

Früher wurden gerne Dilavar-Zylinderkopfbolzen empfohlen, allerdings rücken nach Häufung von Berichten über Defekte mit diesen Bolzen selbst Insider mittlerweile von dieser Empfehlung ab. Statt der Dilavar-Bolzen eignen sich besonders die verstärkten Bolzen des US-Anbieters RaceWare (auch erhältlich bei deutschen Porsche-Teilespezialisten). Diese Spezialbolzen bestehen aus in der Luft-

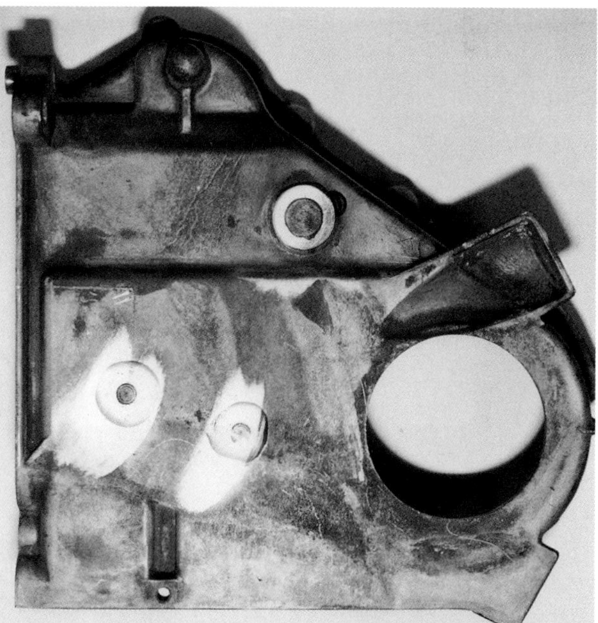

Beim Reinigen des Kettengehäuses platzt in der Regel die Epoxidharzabdichtung der Stifte ab, mit denen die Ketten-Gleitschienen und Kettenspanner im Kettengehäuse befestigt sind. Am besten entfernt man alle alten Dichtungsreste und trägt eine neue Epoxidharzschicht auf.

Eine modernisierte Kettenspannerversion für Motoren, die sich nicht so leicht modernisieren lassen. Dieser 1968er 911 ist mit einem Luftpumpenantrieb am linken Kettengehäusedeckel bestückt. Um eine neuere Kettenspannerversion einbauen zu können, musste eine eigene Aufnahme für den Anschluss angefertigt werden. Dazu wurde der Deckel in dem Bereich, in dem die Aufnahme sitzen soll, durch Auftragsschweißen verstärkt und anschließend überdreht und mit einem Aufnahmegewinde für den Anschluss versehen.

und Raumfahrttechnik erprobten Legierungen und bringen durch ihre Werkstoffeigenschaften bei allen Betriebsbedingungen die richtige Haltekraft für den 911er Motor auf. Auch die ARP-Zylinderkopfbolzen oder die serienmäßigen Porsche-Stahlvarianten haben sich bewährt.

Solange der Motor demontiert ist, sollten die Hauptlagerbohrungen ebenfalls vermessen werden. Zu stramme Kurbelgehäusebohrungen müssen auf das Sollmaß ausgerieben oder gehont werden. Zu weite Bohrungen werden auf das nächste Lagerübermaß ausgerieben oder fluchtendgebohrt. Im Falle weiterer Schäden sollte das gesamte Gehäuse getauscht werden. Als Nächstes werden auch die Kurbelgehäuse-Passflächen auf Druckstellen, Kratzer und sonstige Schäden untersucht. Alle Schadstellen sind vorsichtig mit einer Spezialfeile oder einem Ölstein zu beseitigen.

Alle Ölbohrungen im Gehäuse werden mit Reinigungsmittel und Druckluft gesäubert. Beim Durchblasen der Kanäle prüfen wir, ob die Druckluft wirklich frei und ungedrosselt durch alle Kanäle durchtritt. Auch die Bohrungen der Kurbelgehäuseschrauben sind Teil des Hauptölkreislaufs; die Hauptlager werden durch Abzweigbohrungen von diesen Bohrungen aus mit Öl versorgt. Vor der Reinigung des Kurbelgehäuses bauen wir noch das Ölüberdruckventil und das Öldruck-Sicherheitsventil aus.

Anschließend prüfen wir auch die Bypass-Kolben und deren Bohrungen auf Schäden. Schadhafte Kolben werden durch dieselbe Ausführung wie die alten Kolben ersetzt. Wird eine nicht dem Original entsprechende Bypass-Kolbenvariante eingebaut, sind scheinbar unerklärliche Öldruckprobleme die Folge. Schadhafte Bohrungen lassen sich meist retten, indem Fressstellen mit feinem Schmirgelleinen wegpoliert werden.

Als nächstes wenden wir uns der Ölpumpe zu. Bei Verschleiß oder Beschädigung ist auch hier Ersatz fällig.

Bevor es an den Zusammenbau geht, kontrollieren wir, ob

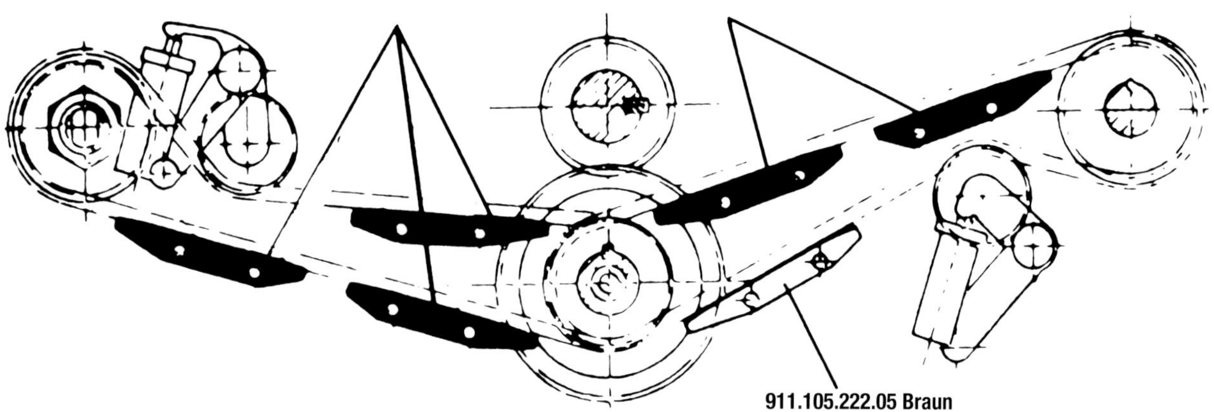

Schaubild für die Identifikation und den Einbau der Kettenspanner-Gleitschienen. In den 911er Motoren kommen fünf schwarze Gleitschienen (Teile-Nr. 911.105.222.06) und eine braune Gleitschiene (Teile-Nr. 911.105.222.05) zum Einbau. Die braune Gleitschiene sitzt unten rechts im Motor. Das längere Ende der Gleitschienen muss jeweils zum nächstgelegenen Kettenrad zeigen. Die vier an den Kurbelgehäusehälften montierten Gleitschienen zeigen zu den Kettenrädern auf der Zwischenwelle, die übrigen beiden zeigen zu den Nockenwellenrädern.

Kleinteile wie Beilagscheiben, Zahnscheiben, Muttern, Stiftschrauben usw. erneuerungsbedürftig sind, und ersetzen sie entsprechend. Selbstsichernde Muttern, Alu-Anlaufscheiben und Dichtringe werden grundsätzlich erneuert. Die Alu-Anlaufscheiben bestehen eigentlich aus einer Silizium-Magnesium-Legierung, nicht einfach aus Weich-Alu. Wie bei vielen anderen Teilen kommt es auch hier darauf an, dass man die richtigen Teile und keine billigen Nachbauteile beschafft. Bei den Alu-Anlaufscheiben lässt sich dies mit einer Schraube mit Mutter leicht nachprüfen: Wir fädeln ein paar dieser Scheiben auf einer Schraube auf, drehen eine Mutter auf und ziehen die Mutter mit dem Drehmomentschlüssel auf 20 Nm fest. Die Scheiben müssen ihre Form halten – werden sie weggequetscht, taugen sie nichts.

Auf dem Teilemarkt für Sammlerfahrzeuge sind allerlei – meist leider minderwertige – Nachbauteile im Umlauf. Leider lässt sich die Qualität nicht immer so einfach wie bei den Anlaufscheiben kontrollieren. Im Zweifelsfall sollte man auf den eigenen Instinkt vertrauen und Vorsicht walten lassen.

Detailansicht einer Kipphebelwelle. Die Kipphebelwellen müssen beim Einbau unbedingt in den Kipphebeln zentriert werden. Einfacher als nach dem im Werkstatthandbuch beschriebenen Verfahren (und ebenso genau) funktioniert es, wenn man sich daran orientiert, wo die Welle beim Einbau in Relation zum einen bzw. anderen Ende der Bohrung im Nockenwellengehäuse stehen soll. Die Wellen müssen nach dem Festziehen absolut fest im Gehäuse sitzen, sonst können sie sich wieder losarbeiten. Dazu setzen wir auf der 5-mm-Schraubenseite einen Drehmomentschlüssel an und halten die 8-mm-Mutternseite soweit fest, dass der Anziehvorgang im Gehäuse gerade eben beginnt. Dann ziehen wir das 5-mm-Schraubenende mit 20 Nm fest. Zieht sich diese Seite im Gehäuse fest, ohne dass an der 8-mm-Seite gekontert werden muss, bevor das Drehmoment von 20 Nm erreicht ist, dürfte sie ausreichend stramm sitzen. Drehen sich die Wellen jedoch im Gehäuse, kann es passieren, dass sie sich hinterher aus dem Gehäuse herausarbeiten.

Zusammenbau des Motors

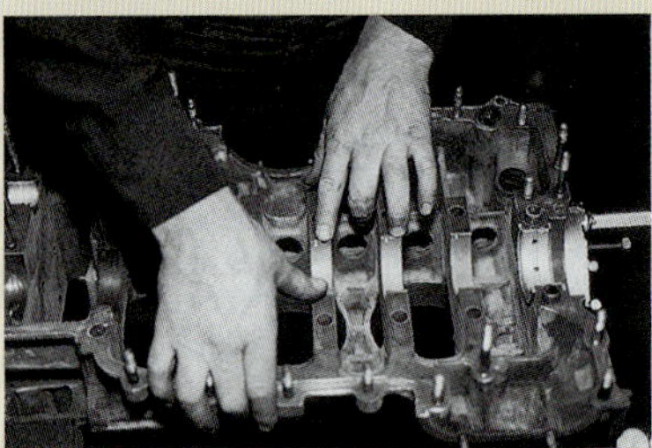

1. Die Hauptlagerschalen in das gründlich gereinigte und für die Montage vorbereitete Kurbelgehäuse einlegen. Die Lagerflächen vor dem Einbau dünn mit frischem Motoröl bestreichen.

2. Die ebenfalls dünn mit Motoröl eingestrichenen Pleuellagerschalen in ihren Sitz in Pleuel und Pleueldeckel einlegen und die Pleuel auf die Kurbelwelle (deren Lagerzapfen ebenfalls dünn eingeölt wurden) aufsetzen.

3. Die Pleuelschrauben mit dem Drehmomentschlüssel gleichmäßig anziehen. Vor dem Zusammenbau die Pleuelschrauben mit Motoröl und Moly-Paste bestreichen, damit sie gleichmäßig leichtgängig sind. Die alten Pleuelschrauben dürfen keinesfalls wiederverwendet werden, da sie sich beim Anziehen dehnen. Die Gefahr, dass eine wiederverwendete oder unbedacht nachgezogene Schraube später abreißt, ist einfach zu groß.

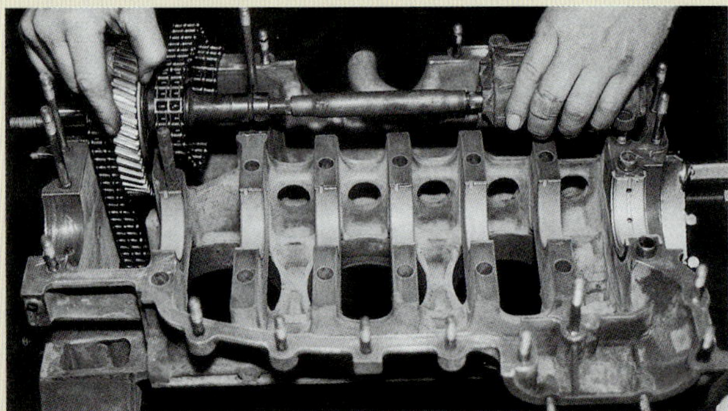

4. Anschließend Ölpumpe und Zwischenwelle mit den Ketten in die Kurbelgehäusehälfte einsetzen.

5. Die mit den Pleueln fertig bestückte Kurbelwelle in die Kurbelgehäusehälfte einsetzen.

6. Das Laufspiel der Zwischenwelle messen.

7. Gehäusedichtmasse auf den Passflächen der Kurbelgehäusehälften und Nockenwellengehäuse durchgehend in einer gleichmäßig dünnen Dichtmassenraupe auftragen. Empfehlenswert: Dow Corning RTV 730 Fluorsilikon-Dichtmasse – ein Einkomponenten-Silikonkautschuk-Dichtmittel, das bei Raumtemperatur durch Reaktion mit der Luftfeuchtigkeit abbindet.

8. Steuerkette und Pleuel mit den werksseitig verwendeten Haltern provisorisch in ihrer Lage fixieren und die zweite Kurbelgehäusehälfte aufsetzen.

9. Die Kurbelgehäuseschrauben in ihre Aufnahmen einbauen. Viele dieser Schraubenbohrungen sind gleichzeitig Teil der Hauptölgalerie für die Schmierung der Kurbelwelle, daher müssen beide Schraubenenden einwandfrei abgedichtet werden. Die Abdichtung erfolgt mit einer Kombination aus den innen angefasten Spezialdichtscheiben, den O-Ringen an beiden Schraubenenden und der Hutmutter auf dem Gewindeende der Schraube. Der Einbau dieser Kleinteile muss mit besonderer Sorgfalt erfolgen, vor allem müssen die O-Ringe an beiden Enden der Schraube richtig sitzen. Die O-Ringe werden mit Montagepaste oder Silikonpaste bestrichen, damit sie richtig in ihren Sitz gleiten und die Gehäuseschrauben an beiden Enden abdichten.

10. Die Kurbelgehäuseschrauben mit dem Drehmomentschlüssel auf das vorgeschriebene Drehmoment anziehen.

11. Bei allen Magnesium-Kurbelgehäusen empfiehlt sich die Nachrüstung von Gewindeeinsätzen, wenn der Motor ohnehin zerlegt wird. Anhaltspunkt für den richtigen Sitz der eingeschraubten Zylinderkopfbolzen ist das Bezugsmaß von 133-134 mm, gemessen von der Zylinderfuß-Passfläche auf dem Kurbelgehäuse bis zur Bolzenspitze. Die Bolzen mit flüssiger Loctite-Schraubensicherung (rot, hochfest) eindrehen.

12. Zum Aus- und Einbau der Zylinderkopfbolzen verwenden wir entweder eines der Spezial-Ausbauwerkzeuge oder einen handelsüblichen Stehbolzenausdreher. Damit wird eine Beschädigung der Stehbolzen beim Aus- bzw. Einbau verhindert.

13. Jetzt setzen wir die Kolben auf die Pleuel auf. Die Original-Kolbenbolzen saßen mit leichtem Haftsitz in den Kolben, die vor der Bolzenmontage etwas angewärmt werden mussten. Die heutigen Kolbenbolzen haben jedoch minimales Spiel und können mit dem Finger in ihre Bohrung gedrückt werden. Es empfiehlt sich, alle Kolben, Zylinder, Kolbenbolzen und Sicherungsringe vor dem Zusammenbau geordnet auf der Werkbank auszulegen, damit wir nichts vergessen. Ungesicherte Kolbenbolzen können im Zylinder verheerende Schäden anrichten.

14. Die Kolbenringe leicht einölen und auch das Kolbenhemd dünn mit Öl bestreichen. Die Kolbenringe werden mit einer speziellen Zange montiert und so ausgerichtet, dass der Stoß des Ölabstreifrings genau nach oben zeigt und die Stöße der beiden Verdichtungsringe hierzu jeweils um 120° versetzt sind. Dann die Kolben mit einem passenden Spannband für den Einbau in den Zylinder vorbereiten.

15. Den Zylinder mit leichten Schlägen über den Kolben (und die mit dem Spannband im Nutengrund fixierten Kolbenringe) schieben. Vorsicht: Zylinder und Kolben nicht verkanten!

16. Die Zylinder sitzen jetzt auf dem Motor. An jedem Zylinder wird an je einem Kopfbolzen eine Montagebuchse aufgedreht. Diese sind später noch sehr nützlich, da der Motor beim Montieren der sechs Kolben immer ein Stück weitergedreht werden muss. Ohne diese Haltebuchsen würden die noch nicht festgeschraubten Zylinder mit den Kolben auf- und abwandern.

17. Vor dem Aufsetzen der Zylinderköpfe legen wir die CE-Kopfdichtungen auf.

18. Vor dem Einbau der Ölrücklaufrohre bestreichen wir die O-Ringe mit säurefreiem Fett oder Silikonschmierpaste. Silikonpaste bzw. -fett – empfehlenswert: Molycote Silikonpaste – ist extrem temperaturbeständig. Die O-Ringe müssen mit Paste bestrichen werden, damit sie wieder von selbst abdichten, nachdem sie durch die Wärmedehnung des Motors vorübergehend aus ihrem Sitz weggewandert sind. Silikondichtmittel darf hier allerdings nicht verwendet werden, denn die O-Ringe müssen sich konstruktionsbedingt bewegen können, um ihre Funktion einwandfrei erfüllen zu können.

19. Alle Dichtflächen, die gegen Öldurchtritt von den Kipphebeln abgedichtet werden müssen, bestreichen wir mit einer dünnen Dichtraupe Molycote Fluorsilikondichtmittel.

20. Jetzt die Nockenwellengehäusemuttern aufdrehen und mit dem vorgeschriebenen Drehmoment festziehen. Das Nockenwellengehäuse sitzt mit 18 Muttern (6 pro Kopf) auf den Zylinderköpfen. Die drei runden Inbusschrauben sitzen an den Stellen, an denen zum Ansetzen eines normalen Steckschlüssels zu wenig Platz bleibt.

21. Die Zylinderköpfe auf die Zylinder aufsetzen und die 12 Kopfmuttern auf das Solldrehmoment anziehen. Die Stahlbolzen erhalten 35 Nm. (Anzugsreihenfolge beachten!)

22. Hier werden die Nockenwellen in ihr zugehöriges Gehäuse eingeführt. Es muss unbedingt auf die seitenrichtige Montage geachtet werden, da die Nockenwellengehäuse identisch sind – die Wellen würden also beliebig in beide Gehäuse passen.

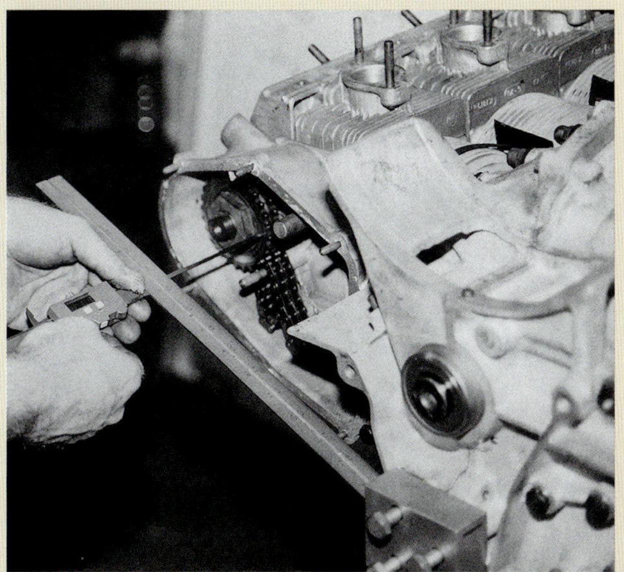

23. Die Messung der Fluchtung des linken Kettenrades (Zyl. 1-3) ist etwas schwieriger, da die Position des treibenden Zwischenwellenrades auf dieser Zylinderseite nicht ohne weiteres gemessen werden kann. Seine Stellung muss also anhand des im Tabellenbuch angegebenen Versatzes berechnet werden. Nach Kontrolle und Einstellung des Versatzes drehen wir beide Nockenwellen weiter, bis die Körnermarken auf ihren Stirnflächen genau nach oben zeigen. Dies ergibt eine Grobeinstellung, anhand derer sich bestimmen lässt, wann Kolben 1 und wann Kolben 4 im OT stehen. Bei einigen Nockenwellen fehlt diese Körnermarke allerdings; in diesen Fällen bestimmen wir anhand der Scheibenfedernut die Ausrichtung der Nockenwellen: Die Nut muss nach oben zeigen. Dann suchen wir die Bohrung im Nockenwellenrad, die sich mit der Bohrung im Passflansch des Nockenwellenrades deckt, und setzen den Fixierstift durch die miteinander fluchtenden Bohrungen ein. Der Fixierstift muss mit dem Gewindeteil nach außen eingesetzt werden, damit er danach wieder ausgebaut werden kann. Zum Ausziehen des Stifts existiert ein Spezialwerkzeug, mit dem Gewinde einer alten Zündkerze geht es jedoch genauso gut. Anschließend setzen wir die Scheiben und Muttern auf den Nockenwellen auf und ziehen sie auf das Solldrehmoment fest.

24. Einstellung der Nockenwellensteuerzeiten für Zylinder 4 bis 6: Die Muttern müssen auf das vorgeschriebene Drehmoment angezogen und Kette und Kettenradträger eingebaut werden. Beim Anziehen der Muttern sollten die Ketten möglichst nicht mit den Kettenspannern gespannt gehalten werden. Der linke Kettenspanner ist dabei auf jeden Fall im Weg, wir verwenden daher für die rechte Seite eine mechanische Spannvorrichtung, für die linke Seite eine Schraubzwinge. Mit dem Bügel der Schraubzwinge greifen wir über die Oberseite des Kettenkastens, so dass der Kettenradträger gegen die Kette gespannt werden kann. Mit der mechanischen Spannvorrichtung wird die Kette auf der rechten Seite gespannt. Zur Einstellung der Steuerzeiten sollten die Ketten etwas strammer als normal gespannt werden, damit die Einstellung möglichst exakt ausfällt. Jetzt Kipphebel des Einlassventils Nr. 1 einbauen und das Ventilspiel auf 0,10 mm einstellen. Zur Messung des Ventilhubs verwenden wir eine Messuhr mit Taststift. Mit einem Schraubenschlüssel drehen wir den Motor um 360° weiter, bis die Marke „Z1" mit der Trennfuge am Kurbelgehäuse fluchtet. Die Messuhr müsste jetzt den vorgeschriebenen Einlassventilhub der gerade eingestellten Nockenwelle anzeigen. Stimmt der Anzeigewert nicht, stellen wir die Nockenwelle nochmals ein und wiederholen die Messung. Stimmt die Nockenwelleneinstellung nun für Einlassventil Nr. 1, können wir den Kipphebel für Einlassventil Nr. 4 montieren und die zugehörige Nockenwelle auf dieselbe Weise einstellen.

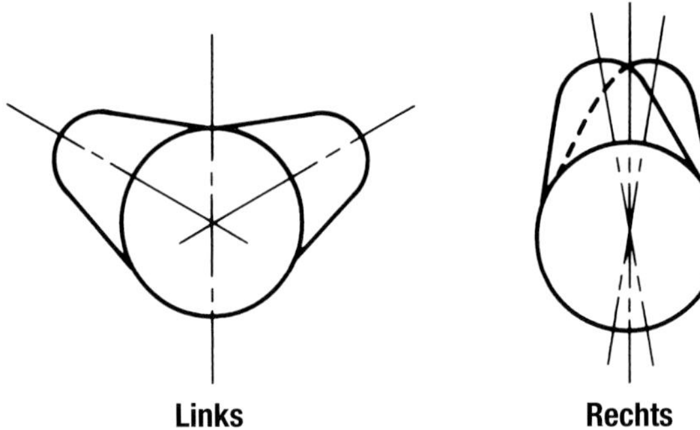

Unterscheidungsmerkmale der Nockenwellen: Die linke und rechte Nockenwelle lassen sich ganz einfach auseinanderhalten: Wenn wir von der Mutternseite (Stirnseite) her auf die Nockenwelle blicken, stehen an der linken Nockenwelle die ersten beiden Nocken in Form eines breiten V" oder „L" ab (wir merken uns also: „L" für „linke" Nockenwelle). Betrachtet man die rechte Nockenwelle von vorne, stehen die beiden Nocken viel enger (in einem schmalen „V") beieinander. Wenn also keine L-förmig abstehenden Nocken vorne auf der Welle sitzen, ist dies die rechte Welle. Dieser Unterschied ist beim Einbau unbedingt zu beachten, denn die Wellen lassen sich beliebig auf beiden Motorseiten einbauen.

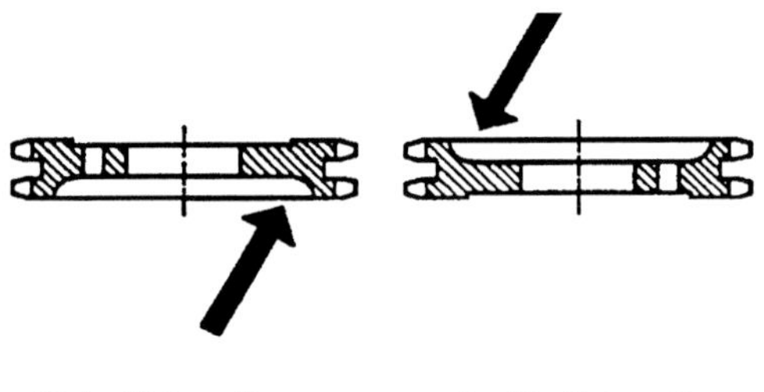

Die Nockenwellen-Kettenräder: Im ersten Schritt legen wir eine Anlaufscheibe und dieselbe Zahl Ausgleichsscheiben ein, wie sie bei der Demontage ausgebaut worden waren. Dann den Halbmondkeil (Scheibenfeder) in seine Nut in der Nockenwelle einlegen und den Kettenradflansch einbauen. Der Kettenradflansch ist auf beiden Motorseiten baugleich. Anschließend auf beiden Nockenwellen das Kettenrad aufsetzen. Die Kettenräder sind baugleich, gegeneinander austauschbar und weisen eine Vertiefung auf. Beim linken Kettenrad zeigt die Vertiefung beim Einbau zum Monteur, beim rechten Kettenrad zeigt die Vertiefung vom Monteur weg.

Zur Einstellung der Steuerzeiten muss der Ventilhub in Relation zur Kurbelwellendrehung gemessen werden. Dazu orientieren wir uns an der Kurbelwellenriemenscheibe, auf der die Markierungen für den oberen Totpunkt (OT) sowie für je 120° Drehwinkel angebracht sind. In der Abbildung zeigt die Z-Marke (für OT) an der Kurbelwellenriemenscheibe auf die Trennfuge am Kurbelgehäuse. Die OT-Stellung ist erreicht, sobald die Z-Marke genau auf die Trennfuge zeigt. Die Hubzapfen der Kurbelwellen sind jeweils um 120° versetzt. Die Zündfolge lautet 1-6-2-4-3-5. In der Abbildung wurde die Riemenscheibe bei Z1 mit „1" und „4", in 120° Versatz hierzu mit „3" und „6" und nach weiteren 120° mit „2" und „5" gekennzeichnet. An der OT-Marke und jeweils nach 120° stehen je zwei Kolben im oberen Totpunkt. Vor Einbau und Einstellung der Nockenwellen ist es egal, welcher OT zu Zylinder 1 bzw. Zylinder 4 gehört. Dies ergibt sich automatisch aus den Steuerzeiten.

Kontrolle der Fluchtung der Kettenräder

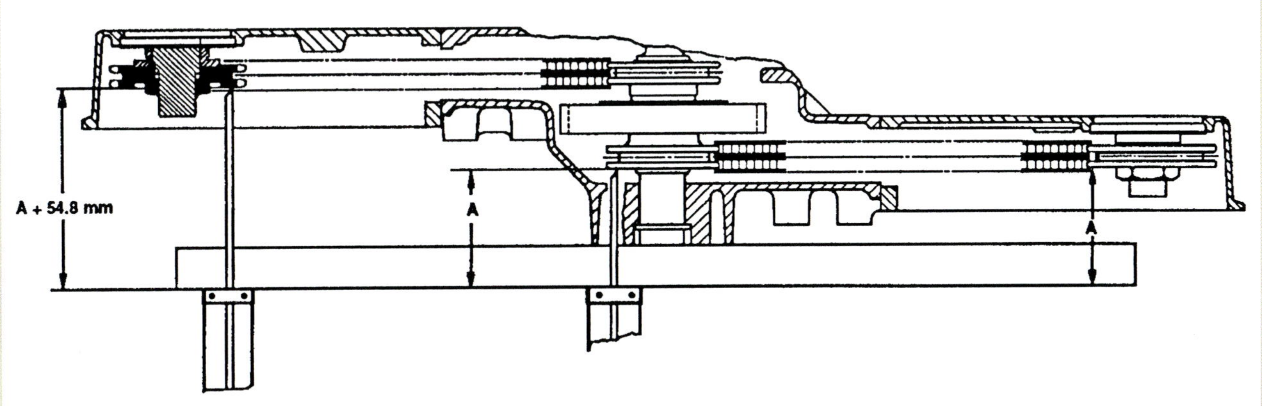

Mit dem hier beschriebenen Verfahren können die Fluchtung der beiden Kettenräder nachgemessen und etwaige Fluchtungsfehler korrigiert werden. Wird diese Vorgehensweise genau eingehalten, sind Montagefehler beim Einbau der Kettenräder ausgeschlossen. Der Parallelversatz zwischen dem Antriebsrad auf der Zwischenwelle und dem Nockenwellenrad darf nicht mehr als 0,25 mm betragen. Vor der Messung schieben wir die Zwischenwelle und die Nockenwelle in Richtung Schwungrad, bis sie am Ende ihres Längswegs angekommen sind. Zur Einstellung der Kettenräder werden Ausgleichsscheiben (Porsche-Teile-Nr. 901.105.561-00) beigelegt bzw. weggenommen. Die Dicke der Ausgleichsscheiben beträgt 0,5 mm. Normalerweise sind unter dem linken Kettenrad (Zyl. 1-3) drei Ausgleichsscheiben erforderlich, unter dem rechten Kettenrad (Zyl. 4-6) vier. Zunächst messen wir den Abstand „A" zur Vorderkante des Antriebsrads auf der Zwischenwelle. Dieses Maß gibt den unveränderlichen Versatz zum vorderen Kettenrad auf der Zwischenwelle an. Dann wird der Abstand „A" zur Vorderkante des Kettenrads der rechten Nockenwelle (Zyl. 4-6) gemessen.

Beispiel: gemessener unveränderlicher Versatz - Maß „A" = 78,7 mm.

Gemessener Abstand vom Richtlineal zur Anlagefläche an der Vorderkante des Kettenrades der rechten Nockenwelle (Zyl. 4-6). Weicht dieses Maß um mehr als 0,25 mm nach oben oder unten ab, muss es durch Hinzufügen oder Wegnehmen von Ausgleichsscheiben korrigiert werden.

Die Messung am linken Kettenrad (Zylinder 1-4) ist komplizierter, da hier ein Versatz von 54,8 mm zu dem gemessenen unveränderlichen Versatz „A" hinzugerechnet werden muss. Der Grund hierfür ist, dass das eigentliche Abstandsmaß, um das das Zahnrad gegenüber der Motorvorderseite zurückversetzt montiert ist, nicht direkt gemessen werden kann, da das von der Zwischenwelle angetriebene Rad im Weg ist. Daher setzen wir den vom Werk angegebenen Versatzwert an.

Beispiel: Das gemessene unveränderliche Versatzmaß „A" = 78,7 mm plus 54,8 mm ergibt einen Wert von 133,5 mm. Wenn wir vom Richtlineal bis zur Stirnfläche der Vorderkante des linken Kettenrades (Zylinder 1-3) messen, muss die Messung diesen Wert von 133,5 mm ergeben; ist dies nicht der Fall, und weicht dieses Maß um mehr als 0,25 mm nach oben oder unten ab, muss das Maß durch Hinzufügen oder Herausnehmen von Ausgleichsscheiben korrigiert werden.

Mitte 1983 wurde dieser Messvorgang noch komplizierter, als das Kurbelgehäuse geändert wurde. Nach Einführung dieser Änderung war es nicht mehr möglich, an das vordere Kettenrad heranzukommen und das bisherige Maß „A" zu messen, sondern es musste ein neuer Versatz bzw. „konstruktiver" Wert angesetzt werden, der von Porsche auch für dieses Maß vorgegeben wurde. Das neue Maß „A" bezeichnete jetzt den Abstand zwischen dem Richtlineal und der Stirnfläche am Ende der Zwischenwelle. Es gelten folgende neue „konstruktive" Maße für die Versatzwerte von „A":

- Das „konstruktive Maß" von der Stirnfläche der Zwischenwelle bis zur Stirnfläche des vorderen Zwischenwellenrades (Zylinder 4-6) beträgt 43,27 mm.
- Das „konstruktive Maß" von der Stirnfläche der Zwischenwelle bis zur Stirnfläche des hinteren Zwischenwellenrades (Zylinder 1-3) beträgt 98,07 mm.

Beispiel für das rechte Kettenrad: Das gemessene Maß „A" bis zur Stirnfläche der Zwischenwelle beträgt 35,5 mm und das „konstruktive Maß" für das rechte Antriebskettenrad (Zylinder 4-6) ist mit 43,27 mm vorgegeben, was einem Gesamtmaß von 78,77 mm entspricht. Wenn wir das Maß bis zur Stirnfläche des rechten Nockenwellenkettenrades (Zylinder 4-6) messen, sollte sich ein Maß von 78,77 mm ergeben. Ist dies nicht der Fall und weicht dieses Maß um mehr als 0,25 mm nach oben oder unten ab, muss das Maß durch Hinzufügen oder Herausnehmen von Ausgleichsscheiben korrigiert werden.

Beispiel für das linke Kettenrad: Das gemessene Maß „A" bis zur Stirnfläche der Zwischenwelle beträgt 35,5 mm und das „konstruktive Maß" für das linke Antriebskettenrad (Zylinder 1-3) ist mit 98,07 mm vorgegeben, was einem Gesamtmaß von 133,57 mm entspricht. Weicht das Maß um mehr als 0,25 mm nach oben oder unten ab, muss durch Hinzufügen oder Herausnehmen von Ausgleichsscheiben korrigiert werden.

Der fertig montierte Motor mit Drucköl-Kettenspannern.

Dichtungen, Dichtmittel und O-Ringe

Beim Zusammenbau des überholten Triebwerks montieren wir stets grafitierte Dichtungen oder Flachdichtungen aus den heute gängigen, modernen Dichtungsmaterialien und tragen ein geeignetes Dichtmittel wie z. B. Loctite 574 (orange) oder Molycote auf. Diese Dichtmittel kommen nur auf die Passflächen der Kurbelgehäusehälften und zwischen Zylinderköpfe und Nockenwellengehäuse. An allen anderen Dichtstellen werden grafitierte oder beschichtete Flachdichtungen auf der sauberen, trockenen und dichtmittelfreien Passfläche aufgelegt. Durch Dichtmittel könnten die spezialbeschichteten Dichtungen verrutschen und undicht werden. Diese beschichteten Dichtungen sind von verschiedenen renommierten Herstellern lieferbar. Auch Zubehörfabrikate abseits der Erstausrüstermarken bieten zuverlässige Qualität.

Am Motor des 911 sitzen an verschiedenen Stellen O-Ringe. Die O-Ringe an den Ölrücklaufrohren, an der Nockenwelle, am Thermostat und am Hauptlager Nr. 8 werden mit Silikonpaste bzw. Silikonfett (z. B. Molykote; hohe Temperaturbeständigkeit und Fließfestigkeit) bestrichen, damit sie besser abdichten. Die Schmiermittelschicht verhilft den O-Ringen zu optimaler Dichtwirkung, selbst wenn sie durch die Wärmedehnung der Motorteile aus ihrer normalen Lage verschoben wurden. Auf keinen Fall Silikondichtmassen oder Ähnliches verwenden. Die O-Ringe müssen (konstruktionsbedingt) beweglich bleiben, um ihre Dichtfunktion erfüllen zu können.

Für den Zusammenbau mischen wir aus Motoröl und Molybdändisulfidpaste (kein Moly-Fett) eine Montagepaste an. Molybdändisulfid (MoS_2) ist als Reinstoff ein weiches, schwarzes Schmiermittel mit interessanten Verwendungseigenschaften. Uns interessiert hier jedoch nur seine Fähigkeit, eine zuverlässige Schmierschicht bei Extrembedingungen aufzubauen. Als Schmiermittel zeigt MoS_2 extrem hohe Temperatur- und Druckbeständigkeit – was für die beim Kaltstart besonders hoch belasteten Nockenwellen und Kipphebel außerordentlich willkommen ist. Eine stabile Schmierschicht in der Phase nach dem Kaltstart trägt bei jedem Motor beträchtlich zur Verlängerung der Lebensdauer bei.

Unsere Montagepaste tragen wir auf die Nockenwellenlaufflächen und Nockenwellen-Anlaufscheiben auf. Pleuellager, Hauptlager und Zylinder werden mit Motoröl eingeölt, Kolbenringe und Kolben nur dünn einölen, ansonsten sitzen die Ringe nicht richtig in ihren Nuten. Die Paste kommt außerdem auf die Pleuelschrauben und alle anderen Schrauben bzw. Stehbolzen, bei denen das Anzugsdrehmoment genau eingehalten werden muss. Ausnahmen gelten nur für die Stiftschrauben mit selbstsichernden Muttern (diese werden trocken montiert) und für die Schwungradschrauben, die am besten mit roter Loctite-Gewindesicherung eingesetzt werden.

Einstellung der Nockenwellensteuerzeiten

Der Motor des 911 ist ein Viertaktmotor. Sein Arbeitszyklus besteht aus den folgenden vier Arbeitstakten:

1. ANSAUGEN: Bei der Abwärtsbewegung des Kolbens bei der ersten Umdrehung saugt der Motor das frische Kraftstoff-Luft-Gemisch an.
2. VERDICHTEN: Bei der Aufwärtsbewegung wird das Kraftstoff-Luft-Gemisch verdichtet.
3. ARBEITSTAKT: Durch das Überspringen des Zündfunkens wird der Verbrennungs- bzw. Arbeitstakt eingeleitet und mit der Abwärtsbewegung des Kolbens beginnt die zweite Umdrehung.
4. AUSSTOSSEN: Beim Aufwärtshub werden die Altgase durch die geöffneten Ventile ausgestoßen.

Die Einstellung der Steuerzeiten wird in Grad Kurbelwellenwinkel (KW) angegeben. Jeder Hub umfasst 180° KW, die vier Takte erstrecken sich also über 720 Grad. Die Nockenwellen sind zur Kurbelwelle mit 1:2 übersetzt; die Nockenwelle läuft also mit halber Kurbelwellendrehzahl.

Durch die Einstellung der Steuerzeiten werden die Nockenwellen auf die Kurbelwellendrehbewegung abgestimmt („synchronisiert"). Die Zeichnung zeigt den Auslass- und Einlassventilhub des Zylinders Nr. 1 während zwei vollen Kurbelwellenumdrehungen. Da die Nockenwelle mit halber Kurbelwellendrehzahl läuft, ist sie erst nach 2 Kurbelwellenumdrehungen einmal umgelaufen. Das Auslassnockenprofil ist zur Vervollständigung der Abläufe bei öffnendem und schließendem Ventil dargestellt. Für die Steuerzeiten ist aber nur das Einlassprofil relevant. Die Darstellung des Einlass- und Auslassprofils verdeutlicht jedoch, wieso dieser Einstellpunkt als „Ventilüberschneidung" („Überschneidungs-OT") bezeichnet wird. Das Auslassventil ist an diesem Punkt noch geöffnet, während das Einlassventil bereits zu öffnen beginnt.

Wird die Kurbelwelle um 360° von 0° OT bis zum Erreichen der Ventilüberschneidung gedreht, ist irgendwann ein Punkt erreicht, an dem die Nockenwelle gerade eben das Einlassventil anzuheben beginnt. Dieser Punkt heißt „Einstellpunkt". An diesem Einstellpunkt müsste der Ventilhub gleich dem „Einlassventilhub bei Ventilüberschneidung und 0,1 mm Ventilspiel" der betreffenden Nockenwelle sein. Bei den Werksnockenwellen steht dieser Kontrollwert in den Datenhandbüchern. Bei Spezialnockenwellen müsste der Hersteller die Ventilhubdaten für die Ventilüberschneidung angeben können.

Bei zu großem Ablesewert läuft die Nockenwelle vor, bei zu kleinem Wert läuft sie nach. Normalerweise gilt für diese Kontrolle ein gewisser Toleranzbereich. Beim abgebildeten Motor des 911 SC beträgt dieser Bereich 0,9 bis 1,1 mm. Diese Einstellwerte sind jedoch nur eine von drei Steuerzeitenvarianten, die bei diesen Nockenwellen seit der Einführung als 3,0-Liter-Carrera-Nockenwellen 1976 zum Einsatz kamen.

Ursprünglich waren diese Nockenwellen beim 3,0-Liter-Carrera von 1976/77 auf 0,9 bis 1,1 mm eingestellt. 1978 verlegte Porsche beim neuen 911 SC (RdW-Version) die Steuerzeiten um 6 Grad vor. Die Einstelltoleranz vergrößerte sich auf 1,4 bis 1,7 mm. Die Nockenwellensteuerzeiten der 1978er USA-Version entsprachen dagegen denen des 3,0-Liter-Carrera (RdW) von 1976/77. 1980 wurden die Steuerzeiten des US-911 SC an die seit 1978 bei der RdW-Version verwendeten Werte angepasst. 1981 wurden die Steuerzeiten des 911 SC (RdW) wieder auf die ursprünglichen Werte des 3,0-Liter-Carrera von 1976/77 zurückverlegt. Mit Einführung des 3,2-Liter-Carrera-Motors 1984 änderten sich die Steuerzeiten abermals: Sie lagen jetzt genau zwischen den beiden zuvor gültigen Steuerzeiten, d. h. drei Grad früher als beim 3,0-Liter-Carrera von 1976/77 (mit einem Toleranzbereich von 1,1 bis 1,4 mm).

Die Theorie, dass eine vorlaufende Nockenwelle mehr Leistung im unteren Drehzahlbereich, eine nachlaufende Nockenwelle ein Leistungsplus im oberen Drehzahlbereich bewirkt, konnte sich in verschiedenen Versuchen des Autors nicht bestätigen.

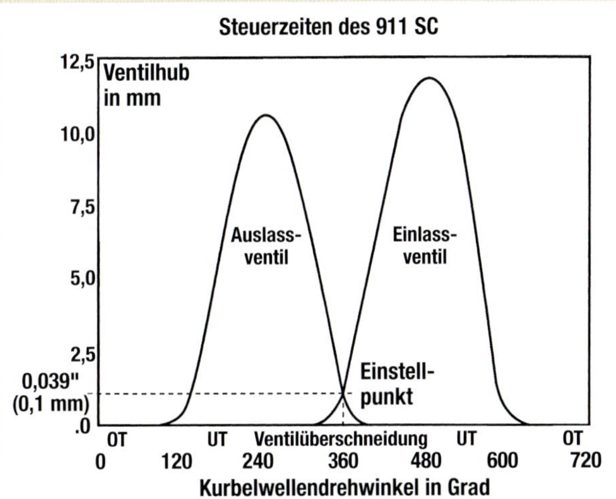

Der Motor des 911 ist ein Viertaktmotor. Jeder Hub umfasst 180° KW, die vier Takte erstrecken sich also über 720 Grad. Die Nockenwellen sind zur Kurbelwelle mit 1:2 übersetzt; die Nockenwelle läuft also mit halber Kurbelwellendrehzahl. Durch die Einstellung der Steuerzeiten werden die Nockenwellen auf die Kurbelwellendrehbewegung abgestimmt. Die obige Zeichnung zeigt den Auslass- und Einlassventilhub des Zylinders Nr. 1 während zwei vollen Kurbelwellenumdrehungen. Da die Nockenwelle mit halber Kurbelwellendrehzahl läuft, ist sie erst nach 2 Kurbelwellenumdrehungen einmal umgelaufen. Das Auslassnockenprofil ist zur Vervollständigung der Abläufe bei öffnendem und schließendem Ventil dargestellt. Für die Steuerzeiten ist aber nur das Einlassprofil relevant. Die Darstellung des Einlass- und Auslassprofils verdeutlicht jedoch, wieso dieser Einstellpunkt als „Ventilüberschneidung" bezeichnet wird: Das Auslassventil ist an diesem Punkt noch geöffnet, während das Einlassventil bereits zu öffnen beginnt. Wird die Kurbelwelle um 360° von 0° OT bis zum Erreichen der Ventilüberschneidung gedreht, ist irgendwann ein Punkt erreicht, an dem die Nockenwelle gerade eben das Einlassventil anzuheben beginnt. Dieser Punkt heißt „Einstellpunkt". An diesem Einstellpunkt müsste der Ventilhub gleich dem „Einlassventilhub bei Ventilüberschneidung und 0,1 mm Ventilspiel" der betreffenden Nockenwelle sein. Bei den Werksnockenwellen steht dieser Kontrollwert in den Datenhandbüchern. Bei Spezialnockenwellen müsste der Hersteller die Ventilhubdaten für die Ventilüberschneidung angeben können. Bei zu großem Ablesewert läuft die Nockenwelle vor, bei zu kleinem Wert läuft sie nach.

Empfohlene Anzugsdrehmomente

BAUTEIL	ANZUGSMOMENT (NM)
Kurbelgehäuse und Nockenwellengehäuse, M8	25
Pleuelschrauben	50-55
Muttern für Kurbelgehäuseschrauben und Stehbolzen, M10	35
Muttern für Ölsiebdeckel	10
Zylinderkopfmuttern (Stahl)	35
Zylinderkopfmuttern (Dilavar)	40
Kipphebelwellen-Inbus-Klemmschrauben	18
Mutter für Gebläse und Riemenscheibe	40
Schwungradschrauben (6)	150
Schwungradschrauben (9)	90
Führungslager ab 1980	10
Mutter für Nockenwellenantriebsrad	150
Schrauben für Nockenwellenantriebsrad	120
Nockenwellengehäusedeckel	8
Kurbelwellenriemenscheibe	80
Kurbelwellenriemenscheibe, Doppelriemen-Klimaanlage	170
Verschlussschrauben für Überdruckventil und Bypassventilkolben	62
Ölablassschrauben	43
Lufteinblasdüsen im Zylinderkopf	15
Auspuff am Zylinderkopf	20-23
Zündkerzen	25-28

Korrekt eingestellte Steuerzeiten sind wichtig

Die Nockenwellensteuerzeiten bereiten beim Zusammenbau eines 911er Motors oft erhebliches Kopfzerbrechen. Generell sollte man sich dem Zusammenbau des Triebwerks mit sehr viel Aufmerksamkeit widmen, denn eigentlich ist in allen Bereichen genaues Arbeiten oberstes Gebot. Die Einstellung der Steuerzeiten ist an sich relativ einfach und wird im Werkstatthandbuch genau erläutert. Die genauen Steuerzeitenüberschneidungen der einzelnen Motoren sind den Porsche-Datenbüchern zu entnehmen.

Der richtige Einbau von Kipphebeln und Kipphebelwellen ist aus zwei Gründen wichtig: Die Wellen tragen nicht nur die Kipphebel, sondern dichten gleichzeitig das Nockenwellengehäuse gegen Ölverluste ab. Die Kipphebelwellen müssen in den Kipphebeln zentriert sitzen, damit die entsprechenden Lagerbuchsen und Nockenwellengehäuse nicht beschädigt werden und eine einwandfreie Abdichtung im Nockenwellengehäuse gewährleistet ist. Am einen Ende der Kipphebelwelle sitzt ein Konus-Gewindestück, am anderen ein Konusstück, durch das die Schraube durchgesteckt wird. Beim Festziehen der Inbus-Klemmschraube dehnen sich die Wellenenden in diesen Konusstücken, so dass die Kipphebelwelle im Gehäuse abgedichtet wird und fest sitzt. Bei außermittig sitzenden Kipphebelwellen verkeilt sich nicht die Welle, sondern die Kipphebelbuchse, wodurch sich die Kipphebelwellen losarbeiten und die Buchse ruinieren können. Die Kipphebelwellen müssen außerdem so eingebaut werden, dass sie später bei Wartungsarbeiten wieder demontiert werden können.

Wichtig ist außerdem, jederzeit die linke und rechte Nockenwelle auseinanderzuhalten. Eindeutig lassen sie sich von der Stirnseite her anhand der Stellung der ersten beiden Nocken unterscheiden. Dabei hilft ein kleiner Trick: An der linken Nockenwelle stehen die ersten beiden Nocken in L-Form voneinander ab („L" also gleich „linke Welle"). Die andere Nockenwelle (bei der die Nocken enger beieinanderstehen) gehört folglich nach rechts. Der richtige Einbau der Nockenwellen ist deswegen so wichtig, weil Fehler während der Einstellung der Steuerzeiten und des Ventilspiels sehr leicht übersehen werden können. Lässt man dann aber den Motor an, läuft er rückwärts an.

Öfters werden auch die Kettenräder falsch eingebaut. Die Nockenwellenräder sind identisch und gegeneinander austauschbar. Die Kettenlaufmitte ist jedoch zum Aufnahmeflansch versetzt; beim linken Rad weist die Vertiefung zum Betrachter hin. Beim rechten Rad weist die Vertiefung vom Betrachter weg. In den Reparaturleitfäden werden die Arbeitsschritte beschrieben, mit denen die Parallelität der beiden Räder gemessen und Fluchtungsfehler korrigiert werden können. Wenn wir uns genau an diese Anleitung halten, ist falscher Einbau der Kettenräder unmöglich. Bei den Kettenrädern kann noch ein anderer unverzeihlicher Fehler passieren: Es ist bereits vorgekommen, dass nach Montage der Kette nur die eine Reihe der Duplexkette auf dem Zwischenwellenrad saß, die zweite Reihe aber daneben lose mitlief!

Auch die Bedeutung der O-Ringe auf den Kurbelgehäuseschrauben wird oft unterschätzt. Da die Schraubenbohrungen im Kurbelgehäuse als Teil des Hauptölkreislaufs das Öl von der Hauptölgalerie zu den Hauptlagern fördern, müssen die Kurbelgehäuse-Durchgangsschrauben unbedingt zuverlässig abgedichtet werden. Beim Einsetzen der Kurbelgehäuseschrauben müssen die O-Ringe und die Kegelscheibe an beiden Schraubenenden richtig montiert werden, damit eine einwandfreie Abdichtung gewährleistet ist. Bei den späteren 911 mit großvolumigeren Zylindern weisen diese Scheiben eine äußere Anfasung auf, die den nötigen Freiraum für die größeren Zylinder schafft. Die O-Ringe werden mit Montagepaste oder Silikonpaste bestrichen, damit sie einwandfrei sitzen und ihre Dichtfunktion an beiden Enden der Kurbelgehäuseschrauben zuverlässig erfüllen.

Die Pleuelschrauben sind eine weitere häufig übersehene Schwachstelle. Die Werks-Pleuelschrauben des 911 sind in gewissen Grenzen plastisch verformbar. Beim Festziehen auf das Solldrehmoment dehnen sie sich also geringfügig, beim erneuten Anziehen ist das richtige Anzugsmoment dann nicht mehr gewährleistet. Daher dürfen sie nicht wiederverwendet werden, sondern sind grundsätzlich zu erneuern. Müssen die Pleuel überholt werden, schicken wir sie grundsätzlich mit den alten Schrauben ein. Vor dem Einbau der Pleuel bestreichen wir die Gewinde der neuen Schrauben mit einem Gemisch aus Öl und Moly-Paste, damit das Anzugsmoment wirklich genau stimmt.

Auch die neuen Pleuelschrauben und -muttern sollten durch eine Magnetpulverprüfung auf Risse geprüft werden. Vorsicht: Bei Pleuelschrauben auf die Qualität der Drittanbieter achten! Bei manchen Nachbau-Pleuelschrauben stimmt schon der Sitzdurchmesser nicht. Also Augen auf beim Teilekauf! Andererseits liefern manche After-

Checkliste für die Motorüberholung

Kunde: ____________________

Montagedatum: ____________________

Motortyp: ____________________

Typ-Nr.: ____________________

Motornummer: ____________________

Einsatzzweck des Motors: ____________________

Anmerkungen: ____________________

1. Folgende Bauteile demontieren/zerlegen und kontrollieren:

___ Zustand von Kupplung und Schwungrad; ggf. überholen oder erneuern

___ Zustand des Ansaugtraktes

___ Zustand der Ventildeckel; ältere Ausführung der unteren Deckel sollte auf neuere Ausführung nachgerüstet werden

___ Zustand von Steuerkettengehäuse, Kettenradträgern und Kettenrädern; Träger auf Ausführung ab 1980 umrüsten

___ Zustand von Kipphebeln, Kipphebelwellen und Einstellstücken

___ Nockenwelle auf Verschleiß prüfen

___ Bohrungen der Nockenwellengehäuse und Kipphebelwellenbohrungen auf Verschleiß, Anlaufspuren und Riefen prüfen

___ Zylinderköpfe auf Risse oder sonstige Schäden prüfen

___ Zustand der Kolben und Zylinder prüfen

___ Zustand der Kurbelwelle prüfen

___ Zustand der Pleuel prüfen

___ Zustand der Ölpumpe prüfen

___ Zustand der Zwischenwelle prüfen

___ Flankenspiel der Zwischenwelle im Kurbelgehäuse

___ Zustand des Kurbelgehäuses prüfen

___ Zustand der Bypass- und Überdruckkolben im Kurbelgehäuse und der Kurbelgehäusebohrungen prüfen

___ Alle Kolbenspritzdüsen mit Druckluft und Lösungsmittel reinigen

2. Alle Motorteile reinigen.

3. Folgende Teile durch Magnetpulververfahren prüfen.

- Kurbelwelle
- Pleuel
- Neue Pleuelschrauben und -muttern
- Kolben
- Kolbenbolzen
- Nockenwellen
- Kipphebel

4. Kurbelgehäusebohrungen messen

2,0 bis 2,7 Liter: 62,000 - 62,019 mm

3,0 bis 3,6 Liter: 65,000 - 65,019 mm

Lager Nr.: 8___7___6___5___4___3___2___1

5. Kurbelwellen-Hauptlagerzapfen messen.

2,0 bis 2,7 Liter: 56,971 - 56,990 mm

Verschleißgrenze 56,960 mm

3,0 bis 3,6 Liter: 59,971 - 59,990 mm

Verschleißgrenze 59,960 mm

Lagerzapfen Nr. 8___7___6___5___4___3___2___1

6. Kurbelwellen-Pleuellagerzapfen messen.

2,0 bis 2,2 Liter: 56,971 - 56,990 mm

Verschleißgrenze 56,960 mm

2,4 bis 2,7 Liter: 51,971 - 51,990 mm

Verschleißgrenze 51,960 mm

3,0 Liter: 52,971 - 52,990 mm

Verschleißgrenze 52,960 mm

3,2 bis 3,6 Liter: 54,971 - 54,990 mm

Verschleißgrenze 54,960 mm

Lagerzapfen Nr. 6___5___4___3___2___1

7. Pleuelfußdurchmesser messen.

2,0 bis 2,2 Liter: 61,000 - 61,019 mm

2,4 bis 3,0 Liter: 56,000 - 56,019 mm

3,2 bis 3,6 Liter: 58,000 - 58,019 mm

Pleuel Nr. 6___5___4___3___2___1

8. Durchmesser des Pleuelauges messen.

2,0 bis 3,0 Liter: 22,020 - 22,033 mm

Max. Verschleiß 0,055 mm

3,2 bis 3,6 Liter: 23,020 - 23,033 mm

Max. Verschleiß 0,055 mm

Pleuel Nr. 6___5___4___3___2___1

9. Flankenspiel der Zwischenwelle mit Messuhr messen.

Zwischenwellen-Flankenspiel: 0,016 bis 0,049 mm

10. Ventilführungen vermessen.

Innendurchmesser Einlass- und Auslassventil: 9,000 bis 9,015 mm.

Mit Führungsdorn als Gut-/Ausschusslehre messen.

Nr. 1E___A___2E___A___3E___A___4E___A___

5E___A___6E___A

11. Ventilschaftdurchmesser messen.

Einlassventilschaft: 8,97 (- 0,012 mm)

Auslassventilschaft: 8,95 (- 0,012 mm)

Konizität und Unrundheit des Ventilschafts: 0,01 mm

Nr. 1E___A___2E___A___3E___A___4E___A___

5E___A___6E___A

12. Ventilfedern ausmessen.

Federdruck bei 30,5 - 31,0 mm Länge = 80 kp

Federdruck bei 42,0 - 42,5 mm Länge = 20 kp

Nr. 1E___A___2E___A___3E___A___4E___A___

5E___A___6E___A

13. Verdichtungsverhältnis berechnen:
Hubvolumen, 1 Zylinder = V1
Zylinderhöhe (Kolbenunterstand) = V 2
Volumen des Zylinderkopfes = V3
Kolbendomvolumen = V4
(V1 + V2 + V3 - V4) : (V2 + V3 - V4) = Verdichtungsverhältnis

14. Einspritzleitung (Spritzrohr) am Nockenwellengehäuse aus- undeinbauen.
Verschlussstück entfernen, Zentrierschrauben losdrehen und Spritzrohr herausschieben.
Spritzrohr einbauen; auf richtige Lage der Bohrungen achten.
Die separaten Bohrungen müssen nach oben zu den Einlassventildeckeln zeigen, die Doppelbohrungen zur Nockenbahn.
Neues Verschlussstück mit Epoxidharzkleber ca. 0,3 mm unterhalb der Dichtfläche einsetzen.

15. Kolben und Zylinder vermessen.

- Höhenspiel der Kolbenringe in den Ringnuten mit Fühlerlehre messen. Erfahrungsgemäß ist das Spiel am obersten Ring am kritischsten; übermäßiges Spiel führt zu vorzeitigem Ringbruch.
- Verdichtungsringe I und II: Verschleißgrenze 0,115 mm
- Ölabstreifring, Nr. III: Verschleißgrenze 0,1 mm
- Nut des obersten Verdichtungsrings: Zylinder
  1____2____3____4____5____6____
- Nut des zweiten Verdichtungsrings: Zylinder
  1____2____3____4____5____6____
- Nut des Ölabstreifrings unten: Zylinder
  1____2____3____4____5____6____
- Bei nicht übermäßig verschlissenen Ringnuten übrige Messungen an Kolben und Zylinder anhand der Sollwerte für den Motortyp durchführen (siehe Datenhandbücher).
- Kolbendurchmesser, Kolben
  1____2____3____4____5____6____
- Zylinderdurchmesser, Zylinder
  1____2____3____4____5____6____
- Kolbenlaufspiel im Zylinder, Zylinder
  1____2____3____4____5____6____

16. Stoßspiel des Kolbenrings messen.
Verdichtungsring I: 0,1 - 0,2 mm; Verschleißgrenze 0,8 mm
Verdichtungsring II: 0,1 - 0,2 mm; Verschleißgrenze 0,8 mm
Ölabstreifring III: 0,15 - 0,3 mm; Verschleißgrenze 1,0 mm

17. Kurbelwelle montieren.
   a. Zahnräder auf Kurbelwelle aufziehen.
   b. Pleuel an Kurbelwelle montieren.

18. Kurbelgehäuse zusammenbauen.
   a. Rechtes Kurbelgehäuse (Zyl. 4-6) auf Motorständer befestigen.
   b. Dichtring in Nut im Ölansaugtrakt in rechtem Kurbelgehäuseteil einsetzen.
   c. Ölpumpe und Zwischenwelle in rechtem Kurbelgehäuse einbauen, Ölpumpe montieren und Sicherungsbleche umbiegen.
   d. Kurbelwelle in Kurbelgehäuse einbauen.
   e. Pleuel und Steuerkettenhalter montieren.
   f. Dichtringe zwischen Ölpumpe und linker Kurbelgehäusehälfte einbauen und Dichtring des Verbindungskanals zwischen linker und rechter Kurbelgehäusehälfte einsetzen.
   g. Außenpassflächen des Kurbelgehäuses mit Dichtmasse einstreichen.
   h. Schwungrad-Dichtring bündig mit Außenrand in die rechte Kurbelgehäusehälfte einsetzen.
   i. Linkes Kurbelgehäuse auf das rechte Kurbelgehäuse aufsetzen.
   j. Kurbelgehäuseschrauben vormontieren. Zuerst die doppelt angefaste Scheibe auf die Schraube aufsetzen, dann den O-Ring aufschieben. Die Schrauben einbauen und die O-Ringe und angefasten Scheiben auf die Mutternseite der Schrauben aufschieben und die Hutmuttern von Hand festziehen. Diese O-Ringe müssen exakt sitzen, da viele der Schraubenbohrungen zugleich als Ölkanäle dienen.
   k. Zusätzlich zu den 13 Durchgangsschrauben sitzen am Kurbelgehäuse drei M10-Stiftschrauben für denselben Zweck. Die beiden Schrauben unter dem Ölkühler werden ebenfalls mit O-Ring und Hutmutter montiert. Die dritte Schraube sitzt im Kettengehäuse auf der linken Kurbelgehäuseseite.
   l. Die Kurbelgehäuseschrauben über Kreuz gleichmäßig mit 35 Nm festziehen.
   m. Die M8-Magnesium-Anlaufscheiben auf alle Kurbelgehäusehaltebolzen und -schrauben aufschieben. Muttern aufdrehen und mit 25 Nm festziehen.

19. Kolben und Zylinder montieren.

20. Luftleitbleche einbauen (ältere Luftleitbleche durch neuere Ausführung ersetzen).

21. Zylinderköpfe montieren.

22. Nockenwellengehäuse mit Dichtmasse bestreichen.

23. Ölrücklaufleitungen einbauen.

24. Nockenwellengehäuse montieren.

25. Nockenwellengehäusemuttern in mehreren Durchgängen über Kreuz mit 25 Nm festziehen.

26. Nockenwellen in Nockenwellengehäuse einbauen.

27. Zylinderköpfe mit 32 Nm anziehen. Die Nockenwellen beim Festziehen immer wieder auf schwergängige Stellen kontrollieren.

28. Steuerketten, Kettenräder und Kettenradträger einbauen.

29. Parallelität der Kettenantriebsräder mit Richtlineal messen.
Messung an der Zwischenwelle (Antriebsrad für Kette von Zyl. 4-6): Mit Richtlineal und Tiefenlehre das Maß vom Lineal zur Stirnseite des vorderen Zwischenwellenrades (= Maß A) messen. Maß A notieren: ______
Das Maß vom Richtlineal bis zum Nockenwellenrad für Zylinder 4-6 messen. Maß notieren: _____. Dieses Maß muss gleich Maß A sein. Hinweis: max. zulässige Abweichung = +/- 0,25 mm.
Das Maß vom Richtlineal bis zum Nockenwellenrad der Zylinder 1-4 messen. Maß notieren: _____
Hinweis: Der Versatz zwischen vorderem Zwischenwellenrad (Zyl. 4-6) und hinterem Zwischenwellenrad (Zyl. 1-3) ist unveränderlich und beträgt 54,8 mm. Das Messergebnis muss also gleich A + 54,8 mm sein. Hinweis: max. zulässige Abweichung = +/- 0,25 mm.

30. Verteiler einbauen, Verteilerläufer auf 45°-Winkel zum Lufteintritt am Gebläsegehäuse stellen (Zylinder 1 steht dabei im OT).

31. Kipphebel des Einlassventils Nr. 1 einbauen.

32. Nockenwellen-Steuerzeiten der Zylinder 1-3 einstellen (Steuerzeiten siehe Datenhandbücher). Einlass Nr. 1 in Überschneidungs-OT: _____

33. Kipphebel für Einlassventil Nr. 4 montieren.

34. Nockenwellensteuerzeiten für Zylinder 4-6 einstellen. Einlass Nr. 4 in Überschneidungs-OT: _____

35. Übrige Kipphebel montieren und Ventile einstellen.

36. Kettengehäuse und Ventildeckel einbauen.

37. Drehstromlichtmaschine, Gebläse und Motorverkleidung einbauen.

38. Ansauganlage einbauen. Ausführung der Ansauganlage: ______________________________

39. Auspuff anbauen. Ausführung der Auspuffanlage: ______________________________

40. Motor einfahren.

market-Firmen (z. B. RaceWare und ARP) Pleuelschrauben, die gegenüber den Werksoriginalteilen sogar noch verbessert wurden.

Anfängerfehler vermeiden!

Unerfahrenen Hobby-Schraubern unterlaufen am 911 mitunter noch andere Fehler, z. B. verkehrt herum montierte Kolben, bei denen die Einlassventile auf die Ventiltaschen für die Auslassventile zielen. Die Einlassventile schlagen dann auf dem Kolben auf, worauf Kolben und Ventile Schrott sind. Auch falsch montierte Zylinder, bei denen die längeren Kühlrippen nach oben statt nach unten zeigten, sind bereits vorgekommen (Folge: Kolbenklemmer aufgrund ungleichmäßiger Kühlung). Sogar die Luftleitbleche sind schon seitenverkehrt montiert worden. Die Luft wurde dann nicht unter den Zylindern vorbeigeführt, sondern von den Zylindern weggelenkt. Auch hier ließen Überhitzungsschäden an Kolben und Zylindern nicht lange auf sich warten.

Vor dem Anbau des Motors am Getriebe erhält auch das Führungslager eine Schicht Schmiermittel, sonst sorgt Schmiermangel für ein vorzeitiges Ende. Am besten eignet sich hierzu Molybdänfett, z. B. SWEPCO 101. Defekte Führungslager machen sich durch eine unsauber trennende Kupplung bemerkbar. Die Reste des Führungslagers schleifen dann auf der Getriebeeingangswelle, wobei die Eingangswelle durch Reibschweißung eine ungewollte Verbindung mit der Kurbelwelle eingehen könnte.

KAPITEL 5
LEISTUNGSSTEIGERNDE MASSNAHMEN AM MOTOR

Für leistungssteigernde Maßnahmen an Porsche-Motoren gelten andere Grenzen als bei sonstigen Automarken. Die in Zuffenhausen verbauten Komponenten und Werkstoffe stellen in aller Regel bereits das qualitative Optimum dar, und entsprechend eng sind die Spielräume für wirkliche Verbesserungen. Bei der Modifikation von serienmäßigen Motoren für Rennzwecke oder beim Aufbau der in den USA so beliebten Hot Rods taucht oft der Begriff „Blueprinting" auf. Er bezeichnet die Überarbeitung von Motoren mit dem Ziel, gegenüber den Vorgaben für die Serienfertigung (bei denen man abweichend von der ursprünglichen Konstruktionszeichnung meist gewisse Kompromisse eingeht) eine weitere Optimierung zu erreichen. Beim „Blueprinting" wird der Motor so aufgebaut, wie er am Reißbrett des Konstrukteurs (in den „Blaupausen") ursprünglich konzipiert worden war, ehe aus fertigungstechnischen Gründen daran Abstriche vorgenommen wurden. Die Toleranzen und Qualitätssicherungsmaßnahmen sind bei Porsche-Triebwerken aber bereits derart präzise, dass „Blueprinting" nur noch minimale Verbesserungen ermöglicht.

Bei der Modifikation oder beim Austausch von Serienteilen in Porsche-Motoren ist besondere Vorsicht angebracht. Vor allen Umbauten vergewissern wir uns eingehend, ob diese auch die gewünschten Verbesserungen bringen. Fremdteile reichen oft nicht an das Qualitätsniveau von Porsche heran.

Der sicherste Weg zur Leistungssteigerung von Porsche-Motoren – ohne Abstriche an der Zuverlässigkeit – liegt in der Hubraumvergrößerung: Die 2,0-Liter-Motoren können auf 2,2 Liter vergrößert werden, die 2,2-Liter-Motoren auf 2,4 Liter, aus 2,4 Litern lassen sich 2,7 Liter holen, die 3,0-Liter-Triebwerke können auf 3,2 Liter, die 3,2-Liter-Motoren auf 3,4 bzw. 3,5 Liter und die 3,6-Liter-Aggregate auf 3,8 Liter gebracht werden.

Bei den im Folgenden beschriebenen Umbauten ist grundsätzlich zu beachten, dass z. B. Hubraumvergrößerungen, geänderte Auspuffanlagen usw. stets eintragungspflichtig sind. Jeder Fahrzeughalter ist dafür verantwortlich, dass der eigene Wagen der Straßenverkehrszulassungsverordnung (StVZO) entspricht, sonst erlischt die Betriebserlaubnis – mit allen Konsequenzen, die dies nach sich ziehen kann ...

Umbauten am 2,0-Liter-911

Alle 2,0-Liter-Triebwerke können bei der normalen Revision relativ einfach auf 2,2 Liter vergrößert werden. Dabei ist es egal, ob eine der frühen Ausführungen mit Sandguss-Alukurbelgehäuse oder eine der späteren 2,0-Liter-Maschinen mit Magnesiumgehäuse als Basis dient. Die Montage der 84-mm-Kolben und Zylinder des 2,2 Liter von 1970/71 – und die daraus resultierende dezente Hubraumvergrößerung – ist problemlos möglich.

Die Zylinderköpfe müssen für die größere Bohrung und zur Aufnahme der anders gestalteten Kopfdichtung der 2,2-Liter-Version ausgedreht werden. Die Kolben können vom 911 T, E oder S übernommen werden. Unproblematisch ist die Verdichtung, denn der Brennraum der 2,0-Liter-Motoren ist sogar noch etwas größer, d. h. das Verdichtungsverhältnis ist nach der Umrüstung um vier Zehntel niedriger.

Die frühen Kurbelgehäuse von 1968/69 können für die Aufnahme von Lagerschalen für die Zwischenwelle modifiziert werden, indem das Gehäuse mit einer Reibahle und einer Aufnahme, mit der die Reibahle in einer Senkrechtfräsmaschine aufgespannt wird, nachgearbeitet wird.

Eines der älteren Magnesium-Kurbelgehäuse, das zur Nachrüstung von Lagerschalen überarbeitet wurde.

Änderung am Öl-Bypasskreislauf: Porsche vollzog diese Überarbeitung 1976 in der Serie, um die Rückförderpumpe kleiner ausführen zu können, und vergrößerte gleichzeitig das Volumen der Druckpumpe. Diese Änderung empfiehlt sich bei sämtlichen im Motorsport bewegten Fahrzeugen, damit die Ölpumpe leichter läuft und Reibungsverluste möglichst vermieden werden. Bei dieser Änderung wird die originale Bypassbohrung mit einer ¼-Zoll-Verschlussschraube verschlossen und eine neue Bypassbohrung am Einlasskanal für die Druckpumpe angebracht.

Etwas diffiziler ist die Umrüstung des 911 E oder S von 1969 auf 2,2 Liter, denn hier kommt die mechanische Einspritzpumpe ins Spiel.

Die Pumpe muss auf die Ausführung für 2,2 Liter umgebaut werden, selbst dann ist aber wegen der etwas anderen Brennraumform und des geringfügig abweichenden Verbrennungsablaufs immer noch keine perfekte Anpassung erreicht.

Bei der Überholung eines 2,0-Liter-Motors mit Magnesium-Kurbelgehäuse empfiehlt es sich auch unabhängig von einer etwaigen Leistungssteigerung, das Kurbelgehäuse an den Bohrungen der Zylinderkopfbolzen durch Gewindeeinsätze zu verstärken. Bei den Magnesium-Kurbelgehäusen der Modelle 1968 oder 1969, bei denen die Zwischenwelle direkt im Magnesium des Gehäuses lief, muss das Kurbelgehäuse zur Aufnahme von Lagerschalen geändert werden.

Muss die Ölpumpe ohnehin erneuert werden, bauen wir gleich eine Pumpe mit größerer Druckpumpenstufe der Baujahre ab 1976 ein. Dabei müssen auch der Öl-Bypasskreislauf modifiziert und die neuen Öl-Bypasskolben montiert werden (siehe Seite 93). Die Änderung des Bypass empfiehlt sich auch, wenn die Pumpe nicht erneuert wird: Die Rückförderpumpe arbeitet dann leichter, so dass der Ölstand im Kurbelgehäuse niedriger ist und die Reibungsverluste an der Kurbelwelle sinken.

Vor einigen Jahren änderte der Porsche Club of America (PCA) sein Reglement für die Club Racing-Läufe für Turbofahrzeuge und legte für Turbos einen Hubraummultiplikator von 1,3 fest.

Oben: Das auf einem frühen Sandguss-Alukurbelgehäuse aufgebaute 2,1-Liter-Doppelturbotriebwerk des US-Rennmotorenbauers Pat Williams. Nur das mittlere Hauptlager wurde verstiftet; Hauptlagerprobleme sind bei diesem Motor nie aufgetreten. Dieses Aggregat wurde während der Saison 2003 für das damals geltende Reglement des Porsche Club of America aufgebaut, als der 2159-ccm-Motor dank des geltenden Multiplikators von 1,3 in der 2,8-Liter-GT-Klasse starten durfte. Aus den 2159 ccm entwickelte diese Rennversion gut 420 PS an den Hinterrädern sowie ein max. Drehmoment von 454 Nm. In dieser Konfiguration lief der Wagen bis 2008, als das Reglement abermals geändert wurde.

Mitte: Der 2,1-Liter-Doppelturbomotor von Pat Williams mit riesigem Ladeluft-Spezialkühler.

Unten: Blick auf die Unterseite dieses 2,1-Liter-Doppelturbo. Die maßgeschneiderten Auspuffrohre und Turbolader sind gut zu erkennen. Foto: Pat Williams Racing

Änderungen am Kurbelgehäuse

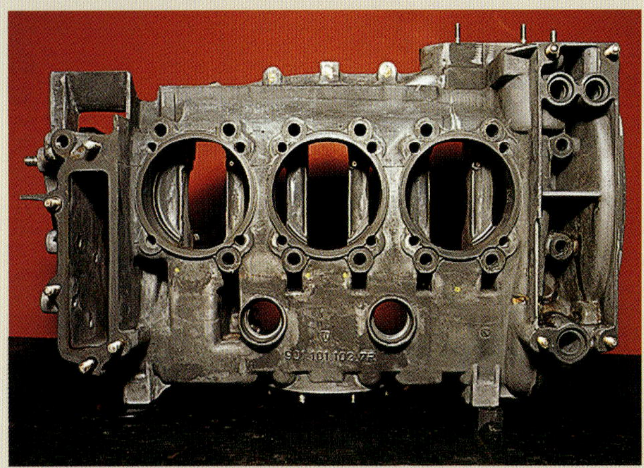

Für den Aufbau von Hubräumen bis 2,7 Liter – in Extremfällen sogar bis 2,8 Liter – ist das Magnesium-Kurbelgehäuse 901.101.102.7R erste Wahl. Es war verwindungssteifer und stabiler als alle anderen Ausführungen mit Ausnahme der allerersten Sandguss-Alugehäuse und erhielt auch alle im Rahmen der Modellpflege vorgenommenen Verbesserungen. Das Kurbelgehäuse 901.101.102.7R existiert in zwei Ausführungen: mit 92-mm-Zylinderaufnahmen für die Motoren mit 2,0, 2,2 und 2,4 Liter sowie mit 97-mm-Zylinderaufnahmen für die 2,7-Liter-Motoren.

Das Magnesium-Kurbelgehäuse 901.101.102.7R mit 92-mm-Zylinderaufnahmen wurde mitten während der Bauzeit für die 2,4-Liter-Motoren eingeführt. Es empfiehlt sich wegen seiner höheren Steifigkeit für alle kleineren Motoren mit 2,0, 2,2 und 2,4 Liter Hubraum. Die Zylinderaufnahmen besitzen eine derart breite Einfassung, dass sie sich für die aufgebohrten 2,7-Liter-Versionen problemlos auf 97 mm erweitern lassen.

Das Magnesium-Kurbelgehäuse 901.101.102.7R mit den 97-mm-Zylinderaufnahmen des Carrera RS 2,7 Liter von 1973. Durch die Kombination größerer Aufnahmen im Kurbelgehäuse mit den Nikasil-Zylindern brachte Porsche den originalen 2,0-Liter-Motor nach und nach auf 2,7 Liter. Hier wurden die Bohrungen der Zylinderkopfbolzen durch Gewindeeinsätze verstärkt.

Bei der Vergrößerung der Kurbelgehäuse mit 92-mm-Zylinderaufnahmen auf 97 mm Durchmesser muss auch das Spiel des Kolbenhemds beim Eintauchen in das Kurbelgehäuse geprüft werden. Die Stufe unten an den Zylinderaufnahmen soll mit ihrem Außendurchmesser den nötigen Freiraum für den Zylinder und mit ihrem Innendurchmesser genügend Spiel für das Kolbenhemd gewährleisten.

Wir messen, wie weit das Kolbenhemd im unteren Totpunkt den Zylinder verlässt, und kontrollieren, ob das Kolbenhemd im UT ausreichend Spiel im Zylinder hat. Dazu schieben wir den Kolben über die gesamte Hublänge im Zylinder abwärts – und dann noch 2 mm weiter, damit auf jeden Fall genügend Spiel bleibt. In dieser Stellung wird der Zylinder mit dem unten überstehenden Kolben probeweise in den einzelnen Zylinderöffnungen im Kurbelgehäuse montiert und geprüft, ob überall genug Freiraum bleibt.

Bei Motorsporttriebwerken mit anvisierten Leistungen von über 250 PS lässt sich die Neigung der beiden Magnesium-Kurbelgehäusehälften, zueinander „zu arbeiten“, durch den Einbau von Passstiften wesentlich verringern und die Lebensdauer von Gehäuse und Kurbelwelle verlängern. Bei dieser Änderung werden insgesamt zehn Passstifte jeweils beidseitig der Hauptlager eingesetzt.

Dadurch konnten 2,1-Liter-Turbos in der GT4R-Klasse bis 2,8 Liter starten – eine Reglementänderung, die Turbos einen erheblichen Vorteil bescherte. Pat Williams Racing aus Memphis (Tennessee/USA) baute daraufhin einen 2,1-Liter-Turbomotor für PCA-Clubrennfahrer Ronnie Randall auf. Als Basis diente ein frühes Sandguss-Aluminiumkurbelgehäuse mit der frühen Zwischenwellenausführung. Diverse Bauteile wurden bei Pat Williams Racing neu angefertigt, aus Standfestigkeitsgründen und zur Kostenbegrenzung wurde aber so weit wie möglich auf Serienbauteile zurückgegriffen. Die Doppelzündanlage lehnt sich an die des 964 an, die Ölpumpe stammt aus einem 996 GT3, ein Carrera der Baureihe 1984-1989 stiftete den Ansaugkrümmer und die elektronische Ladedruckregelung wurde aus dem Doppelturbo-993 entlehnt. Bei den Turboladern handelt es sich um serienmäßige Garrett GT25R mit integrierten Wastegates.

Um auf 2,1 Liter Hubraum zu kommen, wurde der Kurbelwellenhub von 66 mm auf 64,95 mm verkürzt, was in Verbindung mit 84 mm Bohrung einen Hubraum von genau 2159 ccm ergab. Die Höchstleistung von 482 PS bei 7600/min wurde bei einem Ladedruck von 1 bar erreicht. Für den Start in anderen Klassen entstanden bei Pat Williams weitere Varianten mit 2340 ccm (84 mm Bohrung und 70,4 mm Hub) sowie 2612 ccm (92 mm Bohrung und 65,5 mm Hub).

Modifikationen am 2,2-Liter-Motor (auch für 2,0-Liter-Motoren gültig)

Nennenswerte Leistungssteigerungen sind beim 2,2-Liter-Motor kaum ohne größere Kosten möglich. Der 911 T lässt sich zur Verdichtungserhöhung mit den Kolben des 2,2-Liter-911 S bestücken. Bei weiteren Hubraumänderungen müssen jedoch Kurbelwelle und Pleuel ausgetauscht werden, was mit erheblichem Aufwand verbunden ist. Auf den ersten Blick sehr lohnend mutet die Montage der 90-mm-Kolben und Zylinder des 2,7-Liter-Carrera RS in einem Rumpfmotor mit 2,2 (oder auch 2,0) Litern an. Die Kombination von 90 mm Bohrung und 66 mm Hub ergibt 2519 ccm Hubraum.

Im originalen 2,7-Liter-Motor mit 70,4 mm Kurbelwellenhub ergeben die Kolben allerdings nur eine Verdichtung von 8,5:1. Bei nur 66 mm Hub sinkt die Verdichtung auf knapp unter 7,0:1. Durch Abnehmen von max. 1 mm Material an der Zylinderkopf-Passfläche lässt die Verdichtung sich wenigstens wieder auf ca. 7,5:1 steigern. Die Zylinderköpfe müssen ohnehin abgedreht werden, damit sie mit den 2,7-Liter-Zylindern und der CE-Zylinderkopf-Ringdichtung verwendet werden können. Außerdem müssen die Köpfe zur Aufnahme der größeren Kolben schräg angedreht werden. Bei diesen Zylinderkopfmodifikationen müssen die Kettengehäuse an der Passfläche zum Kurbelgehäuse um genau denselben Betrag nachgesetzt werden. Andernfalls läuft die Nockenwelle im Gehäuse außermittig und der O-Dichtring zwischen Nockenwelle und Gehäuse gibt schnell den Geist auf.

Wenn die Zylinderköpfe etwas weiter in Richtung Kurbelwellenmittelachse rücken, wird aber auch die Steuerkette etwas zu lang. Mit geringfügigen Überlängen können wir noch leben. Beim Zusammenbau des Motors montieren wir daher unbedingt neue Ketten, um diese Schwachstelle möglichst auszuschalten. Aus diesem Grund darf auch max. 1 mm Material vom Zylinderkopf abgenommen werden – die Kettenlängung muss unbedingt in Grenzen gehalten werden. Und selbst bei um nur 1 mm geplanten Köpfen kann es auf der linken Motorseite (Zylinder 1-3) nach höheren Laufleistungen (130.000 bis 160.000 km) zu Defekten kommen, da die Ketten sich längen oder durch Verschleiß in den Kettengliedern „wachsen". Der Träger läuft dann zu hoch und kann sogar am Kettengehäuse anlaufen.

Aufgrund der niedrigen Verdichtung dieses Umbaus ist der Einbau der Nockenwelle des 911 T ratsam. Ein direkter Vergleich der bei derartigen Umbauten montierten Wellen des 911 E und 911 T ergab, dass die „E-Wellen" erwartungsgemäß für höhere Spitzenleistungen gut sind. Dafür sorgen die T-Nockenwellen für eine wesentlich fülligere Drehmomentkurve – für den normalen Fahrbetrieb spricht also alles für diese Nockenwelle. Daher wären auch die kleineren 32-mm-Kanäle des 911 T zu empfehlen.

Für die Weber-Vergaser bietet sich folgende Einstellung an:

- Lufttrichter 32 mm
- Große Vorzerstäuber (Sekundärlufttrichter) aus dem Weber 46IDA
- Hauptdüse: 120-125
- Luftkorrekturdüse: 180
- Leerlaufdüse: 60-65
- Mischrohr: F3
- Einspritzmenge: serienmäßig, 0,5 ccm je Hub

Das Leerlaufsystem der Weber-Vergaser ist bei diesem Umbau nicht ganz optimal, daher muss der Leerlauf relativ fett eingestellt werden, um „Sägen" (Hochdrehen) des Motors bei niedrigen Drehzahlen zu vermeiden. Die Leerlaufdüse sollte auf 60-65 vergrößert werden, damit der Teillast-Drehzahlanstieg bei niedrigen Drehzahlen verschwindet, der im Leerlaufsystem dieser Vergaser öfters Schwierigkeiten bereitet. Zur Feinabstimmung der Bedüsung fahren wir bei Teillaststellung mit ca. 2000 bis 3000/min und montieren nach jedem Probelauf schrittweise größere Düsen, bis in diesem Drehzahlbereich kein „Sägen" mehr festzustellen ist. Das Leerlaufsystem sollte gerade so fett eingestellt sein, dass das durch mageres Gemisch verursachte Hochdrehen verschwindet, sollte aber auch so mager wie möglich sein, damit der Verbrauch in vernünftigem Rahmen bleibt.

Auf der Straße läuft der 911 auch mit den Weber-Vergasern meist im Teillastbereich, bei dem das Leerlaufsystem noch arbeitet. Ca. 85 Prozent der Straßenkilometer eines Pkw entfallen auf Drittellast, bei der der Leerlaufbereich noch wirksam ist. Aufgrund der niedrigen Verdichtung und der unvermeidlich relativ fetten Leerlaufeinstellung sind allerdings keine berauschend günstigen Verbrauchszahlen zu erwarten.

Bei einer anderen Umbauvariante machen wir uns die geringere Verdichtung zunutze, die sich aus der Kombination der für 70,4 mm Hub ausgelegten Kolben in einem Motor mit 66 mm Hub ergibt.

Wenn wir die 92-mm-Kolben und -Zylinder des RSR 2,8 Liter mit einem 2,0- oder 2,2-Liter-Motorblock kombinieren, sinkt die Verdichtung beim 2,2 Liter um etwa einen Punkt, beim 2,0 um

Modifikationen der Schwimmerkammer der Weber-Vergaser

Modifikation der Weber-Schwimmerkammer: Die von Weber gefertigten Vergaser besitzen einen kleinen Vorsprung um den Hauptdüsensitz im Boden der Schwimmerkammer. Dieser Vorsprung soll verhindern, dass Schmutz vom Schwimmerkammerboden in das Hauptdüsensystem eindringt. Bei zügiger Kurvenfahrt und entsprechender Kurvenneigung setzte dann allerdings ab und zu die Benzinzufuhr zur Hauptdüse aus, da das Benzin nicht mehr ins Hauptdüsensystem nachströmen konnte.

Um dieser Unterbrechung der Benzinzufuhr entgegenzuwirken, wird der Vorsprung mit einem Stirnfräser abgetragen oder mit einem Feilen-Vorsatzwerkzeug im Dremel soweit abgeschliffen, dass das Benzin durchgehend direkt vom Schwimmerkammerboden angesaugt werden kann.

Letzter Schritt bei der Änderung des Hauptdüsenzulaufs: Wir fertigen uns ein kleines Schild aus Alublech und setzen es so in die Schwimmerkammer ein. Der Schild wird dann mit Epoxidharz festgeklebt. Mit dieser Art Prallblech soll der Kraftstoff um den Hauptdüsenzulauf gesammelt werden, so dass plötzliche Unterbrechungen der Kraftstoffzufuhr ausgeschlossen sind.

Zusatzentlüftung der Schwimmerkammer beim Weber-Vergaser: Ein Phänomen, das Fahrern in den USA bereits in den 1980er Jahren zu schaffen machte, ist mittlerweile auch hierzulande gewisse Tüfteleien wert. In den USA lag der Benzindruck lange Jahre bis 1983 bei ca. 62 bis 65 kPa Dampfdruck nach Reid (RVP), stieg aber seit 1983 auf über 79 kPa (Industrienorm). Der höhere Dampfdruck bewirkte eine zunehmend schnellere Verdunstung des Kraftstoffs und damit Dampfblasenbildung und Aufschäumen, erschwerten Warmstart, ungleichmäßigen Lauf bei niedrigen Drehzahlen und Siedeerscheinungen in den Vergasern. In den Schwimmerkammern der Weber-Vergaser neigte der leichtflüchtige Kraftstoff zum Schäumen und konnte in den Sekundärlufttrichter gelangen. Dabei kann der gesamte Schwimmerkammerinhalt sogar in die Drosselklappenbohrung und den Ansaugtrakt überlaufen. Beim Wiederanlassen des Motors besteht dann die Gefahr von Vergaserbränden. Zusätzliche Entlüftungsbohrungen können im Vergaserdeckel mit der abgebildeten Führung angebracht werden, die den Bohrer genau in Richtung der Entlüftungskammer für die Leerlaufluftkorrekturdüse ausrichtet. Damit erhält diese Kammer über die kleinen quadratischen Langlöcher, die hier zu sehen sind, eine Entlüftung in den Lufttrichter. Dies dürfte die Störungen durch sich verflüchtigenden Kraftstoff weitgehend beheben.

1 ½ Punkte. Die Verdichtung liegt dann so niedrig, dass der Motor auch mit Normalbenzin läuft.

Die 92-mm-Kolben ergeben bei 66 mm Hub einen Hubraum von 2634,15 ccm. Bei Einbau dieser größeren Kolben und Zylinder müssen der Zylinderfußausschnitt von 92 auf 97 mm erweitert und der Fuß der Kurbelgehäuse-Hauptlagerstege nachgearbeitet werden, damit Platz für die breiteren Kolbenschäfte bleibt.

Wenn die 2,0-Liter- oder die 1970er 2,2-Liter-Motoren für den Einbau der 90-mm-Kolben und Zylinder des 2,7-Liter-Carrera RS oder der 92-mm-Kolben und Zylinder des 2,8-Liter-Carrera RSR umgerüstet werden, empfiehlt es sich, im Kurbelgehäuse einen Satz Ölspritzdüsen zur Kolbenkühlung zu montieren. 1971 führte Porsche serienmäßig sechs Spritzdüsen ein, die von der Hauptölgalerie versorgt werden und das Öl in die Kolbenunterseite einspritzen. Diese Düsen senken die Betriebstemperaturen am Kolbenboden um 50 °C.

Diese Spritzdüsen passen auch in alle älteren Motorgehäuse und sind bei zu erwartenden hohen Dauerbelastungen sehr zu empfehlen. Werden Nikasil- oder Alusil-Zylinder mit einem der älteren Motorgehäuse kombiniert, ist die Montage dieser Düsen unabdingbar, da das Laufspiel der Kolben im Zylinder auf die Funktion dieser Öldüsen abgestimmt ist.

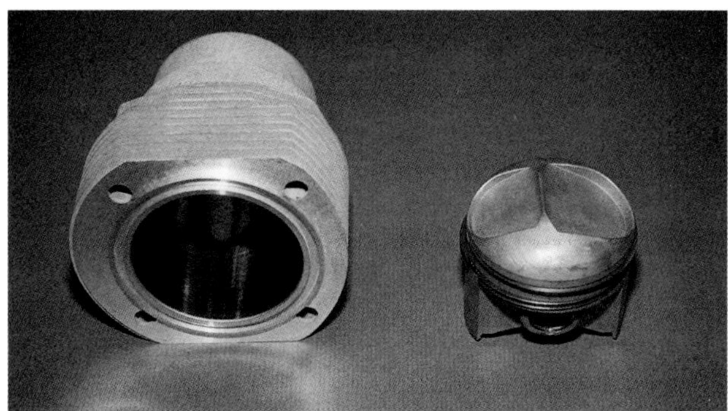

Oben: Die modernisierten Kolben und Zylinder der Rennmotoren des 906 oder 910. Im höheren Kolbendom sind breite Ventiltaschen eingearbeitet. Zwischen Nikasil-Zylinder und Zylinderkopf sitzt eine CE-Ringdichtung.
Unten links: Der Kolben des 911 S 2,0 Liter. Diese Kolben waren geschmiedet und ermöglichten durch den stark gewölbten Kolbendom eine Verdichtung von 9,8:1.
Unten rechts: Der Kolben des 2,4-Liter-911 T mit K-Jetronic. Bei den Kolben für die Jetronic ist der Kolbendom asymmetrisch gestaltet, wodurch ein geänderter, verbrennungstechnisch günstigerer Brennraum entsteht. Diese Kolben sind für Umbauten nicht ideal, da beim Einbau schärferer Nockenwellen der Kolbenfreigang zu den Ventilen zu gering wird.

Porsche-Rennkolben für den Motor des 911 SC. Der Kolbendurchmesser beträgt 95 mm, der Hubraum bleibt also bei 3 Litern. Die Verdichtung liegt bei 10,3:1. Der keilförmig überhöhte Kolbendom ähnelt der Kolbenausführung von Max Moritz. Foto: Porsche AG

Da der Motor für die Montage der 2,7- oder 2,8-Liter-Zylinder modifiziert werden soll, behandeln wir das Kurbelgehäuse, als handle es sich um eine 2,7-Liter-Version. Für die Zylinderkopfbolzen werden Gewindeeinsätze montiert und auch die unterschiedliche Wärmedehnung der serienmäßigen Stahl-Zylinderkopfbolzen und der Aluzylinder ist zu beachten.

Eine 2,5-Liter-Rennversion dieses Kurzhubers existierte ebenfalls. Für den Motorsporteinsatz in Klassen bis 2500 ccm wäre dieser Motor sehr zu empfehlen. Bei einem Hub von 66 mm kommt er mit 89-mm-Mahle-Kolben und -Zylindern auf 2463,57 ccm Hubraum. In der amerikanischen IMSA-GTU-Klasse mit ihrem Klassenlimit von 2,5 Litern waren diese Motoren sehr beliebt. Die 2,5-Liter-Maschinen liefen sehr schön, zogen sauber durch und boten einen außerordentlich günstigen Drehmomentverlauf.

2,0- oder 2,2-Liter-Motoren lassen sich auch mit der Kurbelwelle mit 70,4 mm Hub und passenden Pleueln eines 2,4- oder 2,7-Liter-Motors auf 2,7 Liter Hubraum bringen. Angesichts der Kosten dürfte es aber sinnvoller sein, gleich einen 2,4- oder 2,7-Liter-Motor einzubauen.

Modifikationen an den 2,4-Liter-Motoren

Da im 2,4-Liter-Motor die Kurbelwelle und Pleuel mit 70,4 mm Hub sitzen, ist der Umbau auf 2,7 Liter kein größeres Problem. Die Kurbelgehäuseaufnahmen müssen von 92 auf 97 mm vergrößert werden, um die dickeren 2,7-Liter-Zylinder montieren zu können. Die Zylinderköpfe erhalten zur Aufnahme der größeren Kolben eine fasenförmige Ausdrehung. Beim Einbau größerer Zylinder und Kolben muss oft auch das Kurbelgehäuse ausgedreht werden, damit der Kolben mit seinem dickeren Schaft im Bereich des UT nicht „aneckt“.

In gewisser Weise sind wir mit dem 911er Motor ziemlich verwöhnt. Viele Motorausführungen lassen sich quasi nach dem Baukastenprinzip fast beliebig kombinieren und laufen sofort einwandfrei. Nur wenige Kombinationen funktionieren nicht. Vor der Endmontage sollten dennoch immer alle Teile zuerst probeweise montiert und bei allen Teilekombinationen, mit denen wir nicht völlig vertraut sind, alle Laufspiele und Toleranzen genau kontrolliert werden. Andernfalls kann eine unterlassene Kontrolle womöglich einen kapitalen Triebwerkschaden nach sich ziehen. Beim Neuaufbau eines Motors empfiehlt es sich grundsätzlich, den Abstand (Freigang) des Kolbens zum Zylinderkopf und der Ventile zum Kolben zu kontrollieren. Die Kolben müssen entweder Ventiltaschen erhalten oder die vorhandenen Taschen müssen vertieft werden, damit die Ventile nicht mit dem Kolben kollidieren. Der Mindestfreigang des Kolbens zum Zylinderkopf beträgt 0,89 mm. Das Werk gab offenbar nur im Reparaturleitfaden des originalen 911 einen Sollwert für den Kolbenfreigang an: Im Zusammenhang mit den allerersten 2,0-Liter-Motoren wird ein Freigang von mindestens 0,8 mm zwischen Ventilteller und Kolben vorgeschrieben.

Dieser Wert ist nach Ansicht der Praktiker allerdings etwas knapp. Aus Sicherheitsgründen sind mindestens 1,5 mm ratsam. Ist das gemessene tatsächliche Spiel zu gering, lassen wir die Ventiltaschen im Kolbenboden entsprechend nacharbeiten – dabei darf allerdings keinesfalls der Kolbenboden zu dünn werden! Dessen Mindestdicke beträgt nach Angaben von Mahle mindestens 5 mm.

Zur Kontrolle des Abstands des Ventiltellers legen wir einen mindestens 5 mm dicken Streifen Knetmasse auf dem Kolbenboden (über die Ventiltaschen) in den teilmontierten Motor ein. Es genügt, den Abstand in einem einzigen Zylinder zu kontrollieren. Dann montiert man den Zylinderkopf, zieht ihn auf das richtige Drehmoment an, stellt die Steuerzeiten ein und baut Einlass- und Auslasskipphebel ein. Das Ventilspiel stellen wir auf Null ein. Anschließend drehen wir die Kurbelwelle zwei volle Umdrehungen weiter. Das Ventilspiel ist nicht genau im oberen Totpunkt (OT) am geringsten, sondern irgendwo vor dem OT (je nach den Steuerzeiten der montierten Nockenwelle). Während dieser zwei Kurbelwellenumdrehungen öffnen und schließen sowohl Einlass- als auch Auslassventile einmal. Danach wird der Zylinderkopf vorsichtig abgenommen. Falls die Ventile einen Abdruck hinterlassen haben, schneiden wir den Knet mit einem scharfen Bastelmesser durch und messen seine Dicke an der dünnsten Stelle mit einer Schieblehre.

Statt Knetmasse können wir zur Kontrolle auch Lötdraht mit einem ungequetschten Durchmesser von 2,5 mm einlegen. Der Freigang zwischen Ventilen und Kolbenboden lässt sich außerdem kontrollieren, indem wir die Ventileinstellschrauben um leicht feststellbare Beträge einwärts schrauben. Die Gewindesteigung der Ventileinstellschrauben beträgt 1 mm; eine halbe Umdrehung entspricht 0,50 mm, eine Vierteldrehung 0,25 mm. Mit einem dieser Verfahren können wir den Freigang zwischen Ventil und Kolben mit einer für unsere Zwecke absolut ausreichenden Genauigkeit ermitteln.

Zum Erhöhen der Verdichtung der 2,4-Liter-Motoren sind die Kolben oft gegen die des 2,2-Liter-Motors ausgetauscht worden. Dieser Umbau ist vor allem beim 911 S 2,4 Liter gängige Praxis, da nach bestimmten Motorsport-Reglements auch höher verdichtete Fahrzeuge in der Klasse der Serienmodelle startberechtigt sind. Bei der Einführung der längerhubigen 2,4-Liter-Motoren senkte Porsche bei allen Modellen die Verdichtung, damit die Motoren mit Normalbenzin auskamen. Der 911 S 2,2 Liter war 9,8:1 verdichtet, der 911 S 2,4 Liter nur noch 8,5:1. Die höher verdichtenden Kolben aus dem kurzhubigeren 911 S mit 2,2-Liter-Motor bringen daher im 2,4-Liter-Triebwerk einen deutlichen Leistungszuwachs. Das Verdichtungsverhältnis steigt durch den längeren Hub um ca. 0,55 Punkte über den Wert der kurzhubigeren Variante, liegt dabei aber laut Messungen und Berechnungen trotzdem nur bei 9,66:1 und nicht bei den eigentlich zu erwartenden 10,35:1. Und der Motor läuft damit immer noch extrem sauber.

Wichtig ist auch hier, beim Zusammenbau alle Toleranzen genau zu kontrollieren. Von verschiedener Seite sind Schwierigkeiten mit der Zylinderhöhe berichtet worden. Auch kam es vor, dass die Kolbenunterkante an den Hauptlagerstegen im Kurbelgehäuse anlief. Aus Motorsportkreisen ist der Fall eines werksneu erworbenen 935er Motors mit 3,2 Litern überliefert, der genau an dieser Stelle Schwierigkeiten bereitete, womit der vermutete kleine, aber unfaire Vorteil gegenüber der Konkurrenz dahin war. Die Ursache fiel erst bei der Qualifikation auf, als der Motor wegen Kolbenschaden ausfiel und im Rennen ein 3,0-Liter-Motor herhalten musste.

Modifikationen am 2,7-Liter-Motor

Modifikationen am 2,7-Liter-Motor erfreuen sich seit jeher besonderer Beliebtheit. Anfangs war vor allem der Einbau der 92-mm-Kolben und -Zylinder aus dem 2,8-Liter-RSR gängige Praxis. Allerdings zieht dies unabsehbare Komplikationen in puncto Verdichtung nach

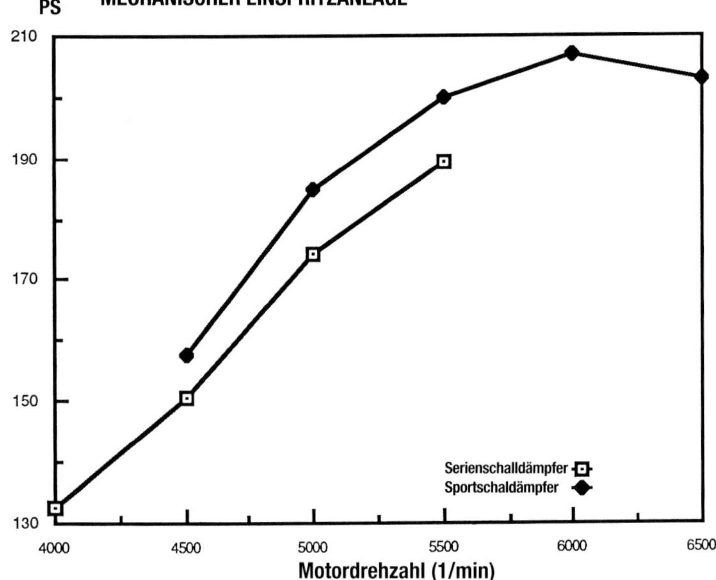

Leistungsvergleich der Schalldämpfer am 2,4-Liter-Motor eines 911 S mit mechanischer Einspritzanlage. Hier wurden der Serienschalldämpfer und ein Doppelrohr-Sportschalldämpfer verglichen; der Sportschalldämpfer ergab vor allem im oberen Drehzahlbereich ein deutliches Leistungsplus. Leistungsdaten von Paul Schenk.

sich. Die einzigen wirklich hochwertigen Kolben und Zylinder für die Umrüstung stammten von Mahle und waren eigentlich für den Motor des 2,8 RSR gedacht. Dessen spezielle Zylinderköpfe wiesen den kleineren Zylinderkopfbolzenabstand (beim 2,0- bis 2,8 Liter: 80 mm) und zugleich die breiteren, offeneren Brennräume auf, die wegen der größeren 49-mm-Einlass- und 41,5-mm-Auslassventile notwendig waren. Durch die größeren Ventile verringerte sich der eingeschlossene Ventilwinkel auf 55°45‘ und betrug am Auslass 30°15‘ zur Senkrechten und am Einlass 25°30‘ zur Senkrechten.

Dies ergab einen deutlich größeren Brennraum als bei allen anderen älteren Motoren (mit 2,0 bis 2,7 l).

Die 92-mm-Kolben von Mahle wurden an diesen größeren Brennraum angepasst und ergaben trotzdem noch eine Verdichtung von rund 10,3:1 – ein normaler Wert für fast alle Porsche-Saugmotoren für den Motorsporteinsatz. Das Brennraumvolumen des RSR-Kopfes beträgt 76 ccm, das Volumen des 2,7-Liter-Serienmotors 68,1 ccm (die bei anderen 2,7-Liter-Serienmotoren gemessenen Werte lagen zwischen 66 und 70 ccm). Wie sich diese Brennraumvolumen beim Einbau von 92-mm-Mahlekolben auf das Verdichtungsverhältnis auswirken, geht aus dem Zylinderkopf-Vergleichsdiagramm unten hervor.

Die Zylinderhöhe (Abstand von der Kolbenoberkante bis zur Zylinderkopf-Passfläche auf dem Zylinder – auch als Kolbenunterstand oder Zylinderüberstand bezeichnet) beträgt bei den 911er Motoren normalerweise 0,7 bis 1 mm. Wie aus dem Diagramm hervorgeht, könnten mit Zylinderhöhen in dieser Größenordnung beim RSR-Kopf Verdichtungen zwischen 9,8:1 und 10,1:1 erreicht werden, beim serienmäßigen 2,7-Liter-Zylinderkopf sogar satte 11,3 bis

Vergleich der Brennräume der 2,7- und 2,8-Liter-Motoren. Die Zylinderköpfe des 2,8 RSR sind insofern ein Sonderfall, als nur bei ihnen der kleine Zylinderkopfbolzenabstand (80 mm bei den 2,0- bis 2,8-Liter-Aggregaten) mit den größeren, offeneren Brennräumen kombiniert wurde. Das Brennraumvolumen des RSR-Kopfes beträgt 76 ccm, das Volumen des 2,7-Liter-Serienmotors lediglich 68,1 ccm.

11,75:1. Die Verdichtung des 2,8 RSR liegt im Endeffekt jedoch unter den erwarteten 10,3:1. In unserem Beispiel ist der Kolbendom etwas zu klein für eine solche Verdichtung. Bei einem noch voluminöseren Kolbendom wäre die Verdichtung mit dem serienmäßigen 2,7-Liter-Kopf dagegen in unbeherrschbare Höhen entrückt. Eine theoretische Alternative wäre, den 2,7-Liter-Motor durch Übernahme von Kolben, Zylindern und Zylinderköpfen des RSR 2,8 auf 2,8 Liter zu bringen. Problematisch ist daran allerdings, dass die 43-mm-Kanaldurchmesser der Köpfe des RSR 2,8 viel zu groß für straßentaugliche Motoren dieses Hubraums sind. Obendrein sind die Köpfe des 2,8 RSR nicht leicht aufzutreiben.

Von einer Änderung der Zylinderhöhe zur Erhöhung der Verdichtung ist bei den 911er Motoren eher abzuraten, da sonst Köpfe bzw. Zylinder sowie Kettengehäuse und Kettengehäusedeckel alle um exakt denselben Betrag abgedreht werden müssen, damit die Fluchtung der Kettengehäuse mit den Nockenwellen erhalten bleibt. Eine geänderte Zylinderhöhe kann aber auch den Kettenspanner aus seinem Betriebstoleranzbereich bringen oder bestenfalls seine Zuverlässigkeit entscheidend beeinträchtigen. Kettenräder sind mit unterschiedlichem Durchmesser lieferbar, wodurch ungewöhnliche Zylinderhöhen kompensiert werden können, wie sie sich durch eigenwilligere Teilekombinationen einstellen könnten.

In der Praxis lässt sich die Zylinderhöhe beim 911 maximal um ca. 1 mm ändern. Wie aus dem Diagramm hervorgeht, liegt die Kompression auch bei 1 mm größerem Kolbenunterstand beim serienmäßigen 2,7-Liter-Kopf noch bei 10,2:1. Ob das übliche Tankstellenbenzin dafür ausreicht, ist allerdings fraglich (sofern man nicht auf Doppelzündung umrüstet). Der Umbau von Straßenmotoren auf 2,8 Liter ist daher nicht wirklich empfehlenswert.

Bei Verwendung spezieller Zylinder passten die Kolben des 3,0-Liter-Motors des RSR auch auf das 2,7-Liter-Kurbelgehäuse des 911. Mit diesen 95-mm-Kolben und -Zylindern traten die Schwachpunkte des 2,8-Liter-Umbaus allerdings noch deutlicher zutage. Das Kurbelgehäuse musste beim 3,0-Liter-Umbau noch weiter ausgebohrt werden, wodurch das Material im Bereich der Zylinderaufnahmen noch mehr geschwächt wurde. Die dadurch entstehenden größeren Kurbelgehäuseöffnungen schwächten außerdem das stehengebliebene Material für die Zylinderkopfbolzen. Zudem geriet die Zylinderpassfläche zu dünn für eine zuverlässige Montage der CE-Zylinderkopfdichtung – obwohl diese serienmäßig vorgesehen war. Da der Brennraum des RSR 3,0 außerdem fast genau dem des RSR 2,8 entsprach, stellten sich auch hier wieder die Probleme der hohen Verdichtung ein.

VERGLEICH DER 2808-CCM-ZYLINDERKÖPFE (92,0 X 70,4 MM)

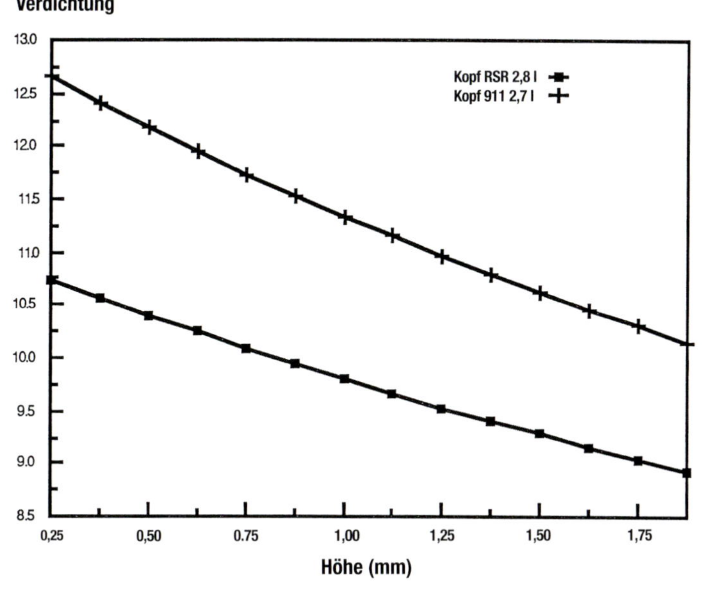

Vergleich der Brennräume der 2,7- und 2,8-Liter-Motoren: Der größere Brennraum des 2,8-Liter-RSR war aufgrund der größeren Ventilteller (Einlass: 49 mm; Auslass: 41,5 mm) notwendig geworden. Durch die größeren Ventile verringerte sich der eingeschlossene Ventilwinkel auf 55°45', davon am Auslass 30°15' zur Senkrechten und am Einlass 25°30' zur Senkrechten. Dies ergab einen deutlich größeren Brennraum als bei den älteren Triebwerken (mit 2,0 bis 2,7 l). Die 92-mm-Kolben von Mahle wurden an diesen größeren Brennraum angepasst, um die Nennverdichtung der Porsche-Saugmotoren in Rennausführung bei 10,3:1 zu halten. Eine Vergleichsmessung der Brennraumvolumen des 2,8 RSR und des 2,7-Serienkopfes ergab beim RSR-Kopf ein Volumen von 76 ccm, beim Kopf des 2,7-Liter-Serienmotors 68,1 ccm. Wie sich diese Brennraumvolumen beim Einbau von 92-mm-Mahle-Kolben auf das Verdichtungsverhältnis auswirken, geht aus dem Diagramm hervor. Die Zylinderhöhe beträgt beim 911 normalerweise 0,7 bis 1 mm. Wie das Diagramm zeigt, lassen sich mit Zylinderhöhen in dieser Größenordnung beim RSR-Kopf Verdichtungen zwischen 9,8:1 und 10,1:1 erreichen, beim serienmäßigen 2,7-Liter-Zylinderkopf sogar satte 11,3 bis 11,75:1. Die Verdichtung des 2,8 RSR liegt im Endeffekt jedoch unter den erwarteten 10,3:1. In unserem Beispiel ist der Kolbendom etwas zu klein für eine Verdichtung von 10,3:1.

Von ANDIAL wurde ein modernerer 2,9- und 3,0-Liter-Umbau für die 2,7-Liter-Triebwerke unter Verwendung von Mahle-Komponenten entwickelt, mit dem diese Schwachstellen eliminiert wurden. ANDIAL hat zwei Ausführungen dieses Umbaus im Programm, eine für K-Jetronic sowie eine für Vergaser und mechanische Einspritzanlagen. In der 3,0-Liter-K-Jetronic-Version von ANDIAL kommen spezielle, auf die K-Jetronic abgestimmte Mahle-Kolben zum Einbau. Im 3,0-Liter-Umbau für Vergaser oder mechanische Einspritzung sitzen ebenfalls Spezialkolben von Mahle. Ihre Gestaltung sorgt auch in Kombination mit den Nockenwellen des 911 S für ausreichenden Freigang der Ventile zum Kolben. Teil des ANDIAL-Umbaus sind außerdem spezielle Dilavar-Zylinderkopfbolzen mit längerem unteren Gewindeteil, die auch ohne Gewindeeinsätze die erforderliche Festigkeit erreichen. Die Verdichtung wurde bei der Jetronic-Version auf 9,5:1 und bei der Vergaser- bzw. Stempelpumpenversion auf 9,8:1 zurückgenommen. Die Zylinderköpfe werden wie beim Carrera 3,2 ohne Kopfdichtung montiert.

Eine empfehlenswerte Kombination für alle, die einen Umbau des 2,7-Liter-Motors für den normalen Straßenbetrieb planen, umfasst 95-mm-Kolben und -Zylinder des Carrera RS, Nockenwellen des 911 E, einen Satz Weber 40 IDA-Vergaser und die ältere Auspuffanlage (bis 1974) mit Sportschalldämpfer. 2,7-Liter-Motoren von 1974 besitzen noch den älteren Auspuff, zur Umrüstung muss die K-Jetronic jedoch durch Vergaser ersetzt werden, um noch das letzte Quäntchen Leistung herauszuholen. Für die Montage von Vergasern statt K-Jetronic-Einspritzanlagen spricht unter Leistungsaspekten zweierlei: Erstens war die Einführung der K-Jetronic der Einhaltung der bereits recht strengen USA-Abgasnormen der 1970er Jahre geschuldet. Bei Porsche entstand überhaupt nur ein einziges Rennwagenmodell mit K-Jetronic – der 934 für die Gruppe 4. Zweitens verträgt der Luftmengenmesser in der K-Jetronic keine pulsierenden Schwankungen auf der Saugseite; deshalb muss die Jetronic mit relativ zahmen Nockenwellen kombiniert werden, um unruhigen Lauf im unteren Drehzahlbereich zu vermeiden.

Wer einen wirklich „scharfen" 2,7-Liter-Motor aufbauen möchte, muss also von der K-Jetronic auf Weber-Vergaser, mechanische Einspritzanlage oder eine der neueren vollelektronischen Nachrüst-Einspritzanlagen umsteigen. Heute empfehlen sich für derartige Umbauten die elektronischen Nachrüst-Einspritzanlagen. Mit ihnen lassen sich wesentlich präzisere Gemischkennfelder als bei Vergasern oder mechanischen Einspritzanlagen einprogrammieren, womit der Motor besser, leistungsfreudiger und obendrein sparsamer läuft.

Handelt es sich bei dem Umrüstkandidaten um ein 2,7-Liter-Modell der Baujahre 1975-1977 mit einer der beiden neueren Auspuffanlagen, muss wieder die alte Auspuffanlage (bis 1974) montiert werden (Achtung: Umbauten an der Auspuffanlage sind in Deutschland eintragungspflichtig!). Im hier getesteten Fall wurde der Motor mit einem Doppelrohr-Sportauspuff kombiniert. Der Rest des Umbaus ist relativ unkompliziert. Außer Vergasern und Auspuff benötigen wir zur Umrüstung noch einen Satz Kolben und Zylinder vom Carrera RS und die Nockenwellen des 911 E. Die Kanäle in den Zylinderköpfen werden auf 36 mm Durchmesser aufgeweitet. Besonders wichtig ist diese Querschnittsvergrößerung beim

VERGLEICH 2,7-LITER-UMBAU UND 2,7 CARRERA RS

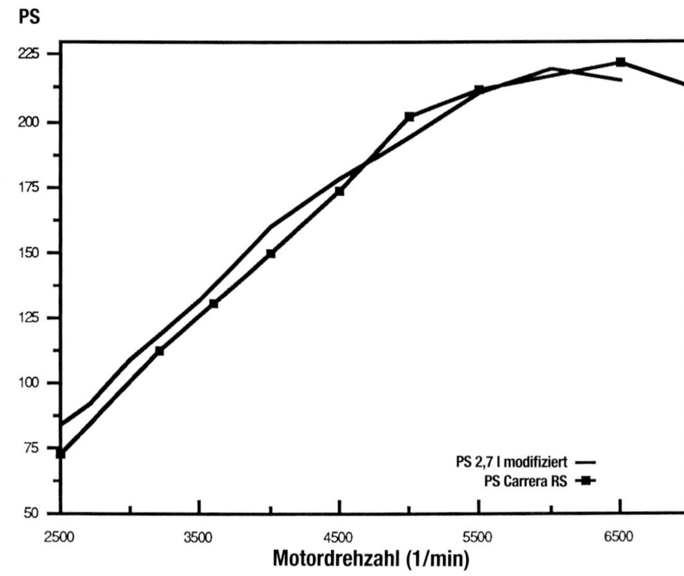

Leistungsvergleich des Carrera RS 2,7 Liter und des 2,7-Liter-Motors mit Kolben und Zylindern des Carrera RS 2,7 l, Nockenwellen des 911 E und Weber-Vergasern. Leistungsdaten von Jerry Woods

MODIFIZIERTER 2,7 LITER-MOTOR

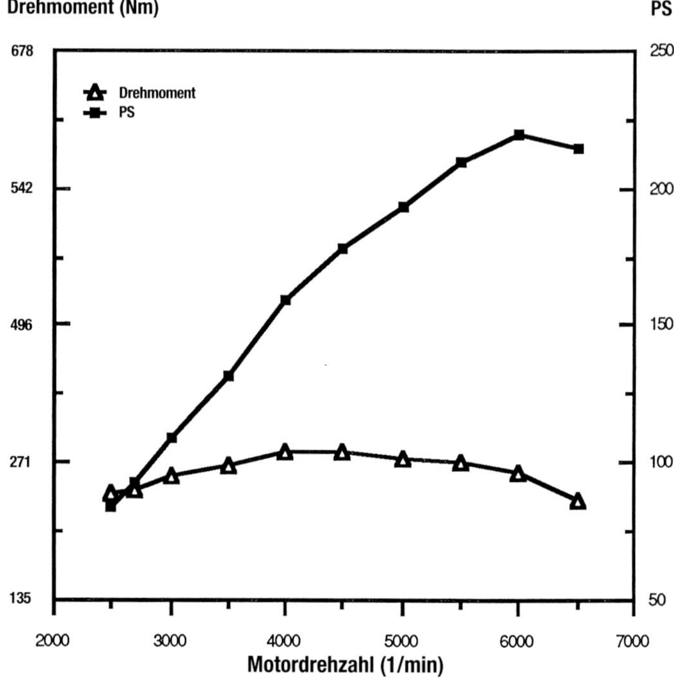

Leistungsdiagramm eines gelungenen Umbaus des 2,7-Liter-Motors für einen US-911 mit Straßenzulassung. In diesem Motor sitzen 95-mm-Kolben und Zylinder des Carrera RS, Nockenwellen des 911 E, ein Satz Weber 40 IDA-Vergaser sowie die ältere Auspuffanlage (bis 1974) mit Sportschalldämpfer.
Leistungsdaten von Jerry Woods

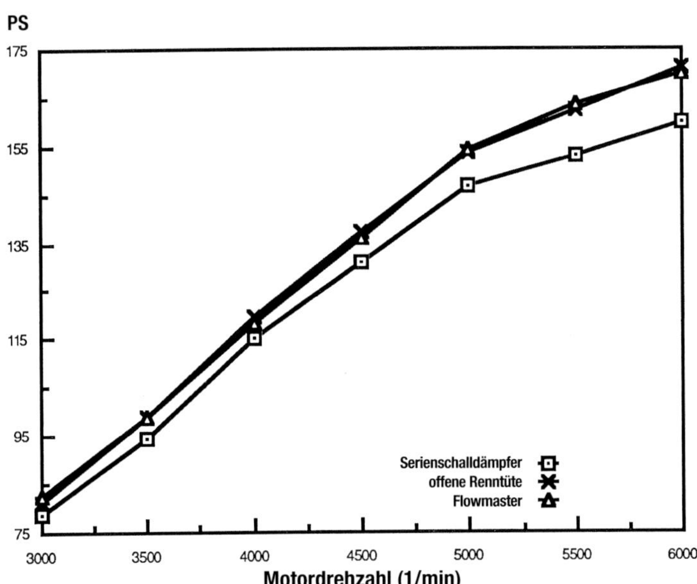

Vergleichstest der Schalldämpfer des 2,7-Liter-Motors. Dieses Aggregat lief bei Rundstreckenrennen, für die Geräuschbeschränkungen gelten. Bei diesem Vergleichstest sollte der Schalldämpfer ermittelt werden, der auch bei Einhaltung der Geräuschwerte noch ein Leistungsplus brachte. Die Ergebnisse belegen den Erfolg dieser Versuche. Der Flow Master-Rennschalldämpfer kam der Leistung der offenen „Renntüten" schon sehr nahe. Leistungsdiagramm von Paul Schenk.

normalen 911er Motor mit 32er Kanälen, nicht ganz so entscheidend dagegen bei den Ausführungen des 911 S oder Carrera mit 35-mm-Kanälen.

Als Gemischfabrik für diesen modifizierten 2,7-Liter-Motor dient ein Satz Weber-Vergaser 40 IDA-3C mit folgender Bestückung: Lufttrichter 34, Mischrohre F3, Hauptdüsen 135, Luftkorrekturdüsen 145. Nach Probeläufen mit dem serienmäßigen Luftfilter sowie mit größeren oder kleineren Lufttrichtern ergibt der 34er Lufttrichter allem Anschein nach den besten Kompromiss.

Der einzige Nachteil dieses Umbaus liegt im höheren Benzinverbrauch gegenüber der K-Jetronic. Der Verbrauch der Vergaserversion beträgt ca. 12,3 bis 14,7 l/100 km, mit K-Jetronic dagegen ca. 9,4 bis 10,6 l/100 km.

Als Alternative zum 2,7-Liter-Motor mit Vergaser und Nockenwellen des 911 E wäre auch eine Replika des 2,7-RS-Triebwerks nicht zu verachten – sofern sich die erforderlichen Teile für die Einspritzanlage beschaffen lassen. Ebenfalls benötigt werden die Nockenwellen des 911 S, die zur Abstimmung auf die mechanische Einspritzanlage montiert werden. Der Carrera RS-Motor bringt etwas höhere Leistung, besseren Durchzug aus dem unteren Drehzahlbereich und geringeren Verbrauch. Speziell mit dem heute an sich empfehlenswerten Einbau einer modernen vollelektronischen Einspritzanlage lassen sich zudem vielleicht sogar Eintragungsprobleme mit dem doch allzu augenfälligen Umbau auf Vergaser umschiffen.

Leistungssteigerung am 3,0-Liter-Motor des 911 SC

Hier bieten sich verschiedene einfache, aber wirkungsvolle Möglichkeiten an. Oft wurde mit geänderten Nockenwellensteuerzeiten experimentiert, entweder durch Vorverlegung (bessere Leistung im unteren Bereich) oder durch Späterstellung der Steuerzeiten (höhere Spitzenleistung). Wer ehrlich ist, wird jedoch zugeben müssen, dass die Unterschiede kaum wahrnehmbar sind. Dies erklärt auch, wieso Porsche bei der weiteren Modellpflege beim Carrera 3,2 l letztendlich die Steuerzeiten in die Mitte zwischen den beiden Extremeinstellungen legte. Die Nockenwellen des 3,2 Liter tauchten erstmals 1976 im Carrera 3,0 auf. Danach wurden die Steuerzeiten mehrmals vor- und zurückverlegt, mit Einführung des Carrera 3,2 im Jahr 1984 aber auf den erwähnten Mittelwert festgelegt.

Ebenfalls großen Anklang fand in den umbaufreudigen USA der Austausch der Auspuffanlage gegen die ältere Ausführung der Modelle bis 1974. Die ältere Anlage (Hersteller: SSI) kann an allen 911 SC-Motoren installiert werden und bringt etwa 17 bis 22 PS Mehrleistung (je nach Baujahr und Prüfstandsmessung). Auch an dieser Stelle der Hinweis: Eintragung der geänderten Auspuffanlage nicht vergessen!

Zum Vergleich: Bei einem Carrera 3,2-Liter-Motor wurden mit Wärmetauschern von SSI und Doppelendrohr-Auspuff 13 zusätzliche Pferdestärken freigesetzt. Für diese Modifikationen werden ein Satz SSI-Wärmetauscher, Schalldämpfer, diverse Rücklauf- und Ölleitungen sowie diverse Teile zum Umbau der Heizung benötigt.

Beim US-Nachrüster Bodymotion Inc. (www.bodymotion.com) wurde das Querrohr des serienmäßigen 911 Carrera 1984-1989 für die Kombination mit den SSI-Wärmetauschern modifiziert. Mit diesem Umbau können auch die SSI-Tauscher montiert werden, ohne auf die höhere Leistung der Heizungsanlage im Winter verzichten zu müssen.

Als nächster Schritt wird die K-Jetronic durch einen Satz Weber 40 IDA-3C-Vergaser ersetzt. Die Rückrüstung auf Vergaser dürfte etwa 10 PS Mehrleistung bringen; zusammen mit der geänderten Auspuffanlage sind also rund 20 bis 30 zusätzliche PS möglich. Als Grundeinstellung der Vergaser empfiehlt sich ein 34er Lufttrichter, ferner Mischrohre F3, Hauptdüsen 160 und Luftkorrekturdüsen

Carrera 3,0-3,6 Liter (1976-1998)

MODELL	VENTILSTEUERZEITEN	KONTROLLMASS IM ÜBERSCHNEIDUNGS-OT
Carrera 3,0 1976/77	EÖ 1° v. OT ES 53° n. UT AÖ 43° v. UT AS 3° n. OT	0,9 bis 1,1 mm
911 SC (RdW) 1978-80	EÖ 7° v. OT ES 47° n. UT AÖ 49° v. UT AS 3° n. OT	1,4 bis 1,7 mm
911 SC (USA) 1978-79	wie Carrera 3,0 1976/77	0,9 bis 1,1 mm
911 SC (USA) 1980-83	wie 911 SC (RdW) 1978-80	1,4 bis 1,7 mm
911 SC (RdW) 1981-83	wie Carrera 3,0 1976-77	0,9 bis 1,1 mm
Carrera 3,2 1984-89	EÖ 4° v. OT ES 50° n. UT AÖ 46° v. UT AS 0° in OT	1,1 bis 1,4 mm
Carrera 3,6 (964) 1989-94	EÖ 4° v. OT ES 65° n. UT AÖ 44° v. UT AS 4° n. OT	1,26 ± 0,1 mm
Carrera 3,6 (993) 1994-98	EÖ 1° v. OT ES 60° n. UT AÖ 45° v. UT AS 5° n. OT	0,9 bis 1,1 mm

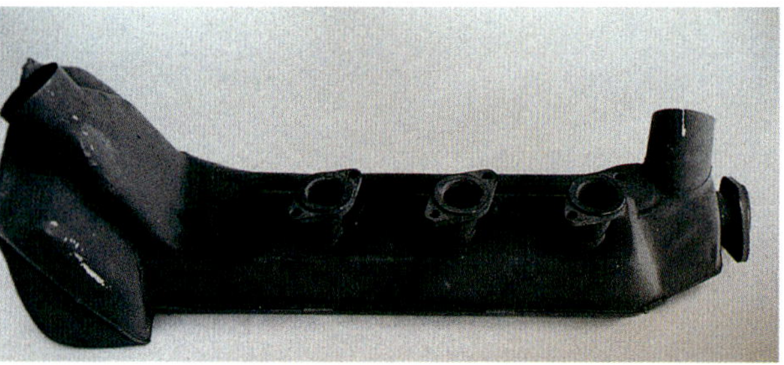

Der originale Schalldämpfer des 911 bestand aus einer einfachen 3-in-1-Anlage ungleicher Länge in einem Wärmetauscher.

Die originalen Auspuffrohre im Heizungswärmetauscher; die Schweißnähte lagen unsichtbar im Inneren der Wärmetauscher – keine sehr sichere Konstruktion. Sie wurden aus Sicherheitsgründen bei den frühen 911ern nachträglich getauscht.

VERGLEICHSTEST: SSI-ANLAGE UND SERIENAUSPUFFANLAGE

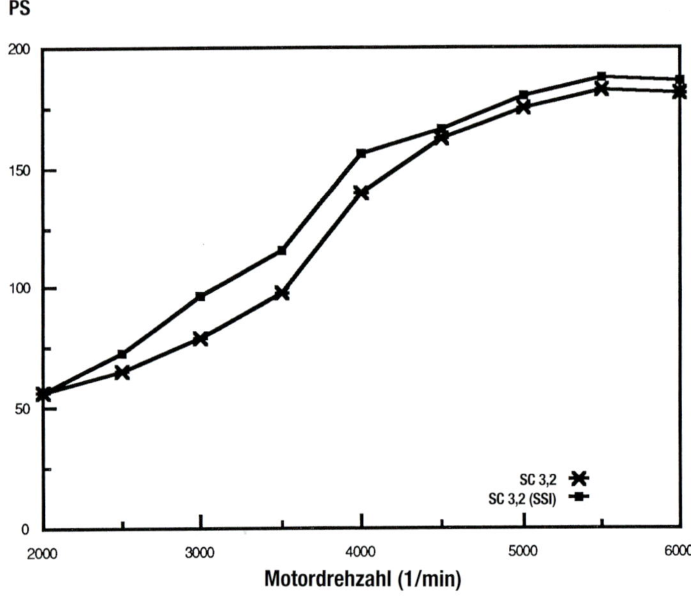

Vergleichsdiagramm der Serienauspuffanlage des 911 SC und der SSI-Wärmetauscher sowie eines serienmäßigen frühen Schalldämpfers. Als Versuchsmotor diente ein 911 SC mit 98-mm-Zylinderumbau auf 3,2 Liter. Leistungsdaten von SSI.

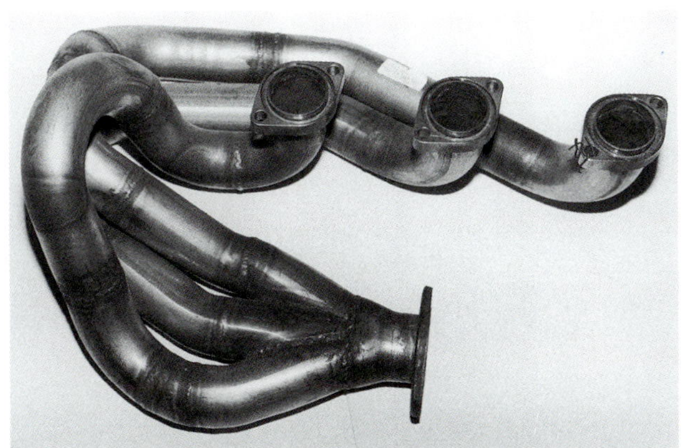

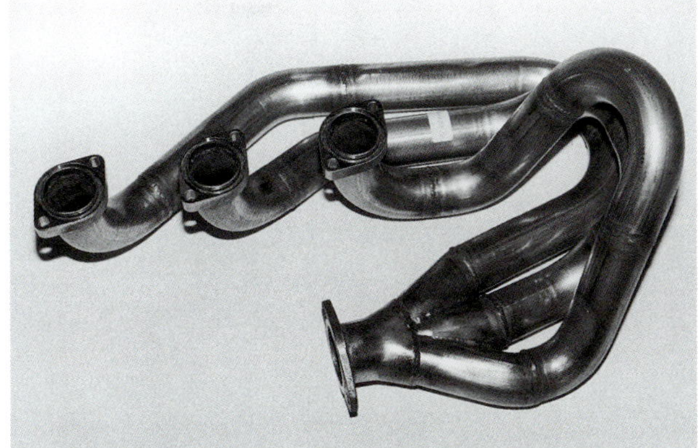

Die Drei-in-eins-Werksrennkrümmer mit Rohrlängenabgleich für den 911 SC 3,0 Liter.
Links: Teile-Nr. 911.111.049.00 für den 911 SC RS (Typ 954). Rohrinnendurchmesser 42 mm.
Rechts: Die rechte Seite mit Teile-Nr. 911.111.050.00 für den 911 SC RS (Typ 954). Rohrinnendurchmesser 42 mm. Werksfoto Porsche AG

Der SSI-Edelstahlwärmetauscher, der in seinem Aufbau den Auspuffanlagen von 1967-74 ähnelt.

175. Zur Optimierung der Vergasereinstellung sind Prüfstandsversuche ratsam. Die optimalen Leerlaufdüsen ermittelt man dagegen im Fahrversuch. Vermutlich landen wir dabei bei 60er, 65er oder noch größeren Leerlaufdüsen, damit das Gemisch jederzeit zumindest so fett ist, dass das durch zu mageren Leerlauf verursachte „Sägen" im Teilgasbereich vermieden wird. Andererseits sollte die Einstellung im Interesse des Benzinverbrauchs aber so mager wie noch möglich bleiben.

Der Verteiler der Motoren von 1978 und 1979 ist durchaus für die Vergaserversion geeignet, wird aber der Unterdruckversteller weggelassen, ist die Fliehkraftverstellkennlinie der US-Verteiler des 911 SC ab 1980 zu kurz für die Vergaserversion. Bei der Europa-Ausführung dieser Verteiler stellt sich dieses Problem nicht, wer einen US-Reimport dieser späteren Motorenbaujahre hat, kann den Verteiler des 911 SC 1978/79 montieren, die Verteilerkennlinie von einem Fachbetrieb ändern lassen oder gleich auf den Europa-Verteiler umbauen.

Bei Bodymotion, Inc. werden die serienmäßigen Querrohre des 911 Carrera (1984-1989) für die Montage mit den SSI-Wärmetauschern modifiziert. Mit diesem modifizierten Querrohr lassen sich auch die SSI-Wärmetauscher einbauen, so dass die Insassen in den Genuss der Vorteile der weiterentwickelten Fahrzeugheizung kommen. Hier das serienmäßige Querrohr (hinten) und das modifizierte Querrohr (vorne). Foto: Bodymotion Inc.

Eine weitere elegante Umbaumöglichkeit des 3,0-Liter-Motors des 911 SC ist die Hubraumvergrößerung auf 3,2 Liter (3186 ccm) unter Verwendung von 98-mm-Kolben und -Zylindern.

Dem Verfasser begegnete dieser Umbau erstmals 1979, als viele deutsche Kunden ihre neuen 911 SC gleich im Werk I (Kundenreparaturzentrum) oder von einem der unabhängigen Tuning-Betriebe (z. B. bei Kremer oder Max Moritz) umbauen ließen. Dabei mussten lediglich Kolben und Zylinder getauscht und die Kraftstoffanlage neu eingestellt werden. Bereits diese Eingriffe versprachen satte 220 PS.

Die Kolben für diese Umbauten kamen von Mahle. Die von Mahle produzierte Kolbenversion für Max Moritz besaß einen keilförmig überhöhten Kolbendom, der den Verbrennungswirkungsgrad verbesserte.

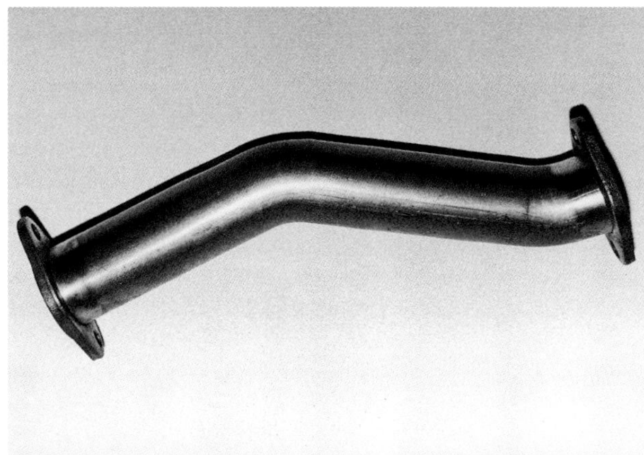

Adapter für den Anbau eines Serien- oder Sportschalldämpfers an Werks-Renn-krümmern (Teile-Nr.: linke Seite 911.111.053.00, rechte Seite 911.111. 054.00). Foto: Porsche AG

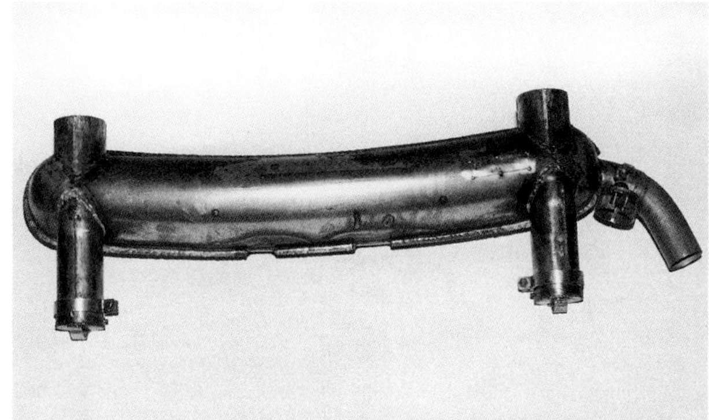

Rallye-Schalldämpfer (vorbereitet für die Montage der „Rennmegaphone"), Teile-Nr. 911.111.010.00. Mit angeschlossenen offenen Endrohren (Bild unten) wird der 911 heutzutage mit Sicherheit für die meisten Motorsportveranstaltungen zu laut sein. Foto: Porsche AG

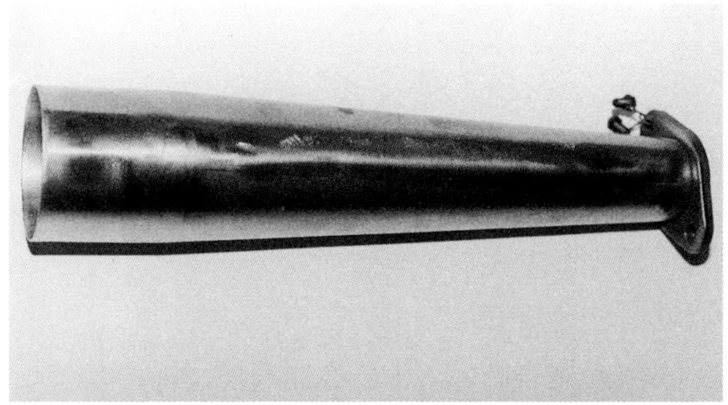

Original Rennmegaphon bzw. Diffusor mit der Teile-Nummer 911.111.043.75. Foto: Porsche AG

911 SC 3,0 LITER MIT VERGASERANLAGE

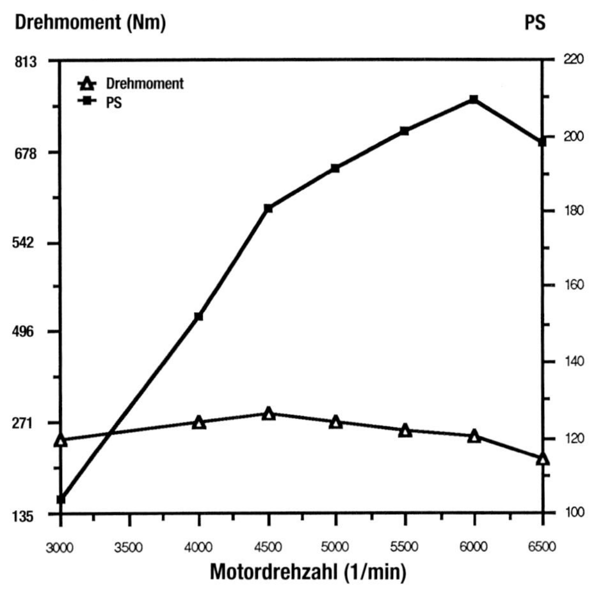

Der 3,0-Liter-Motor des 911 SC mit Weber-Vergasern: Dieser Motor wurde mit einem Satz 40 IDA-3C-Vergasern und einer frühen Auspuffanlage mit Serienschall-dämpfer bestückt.

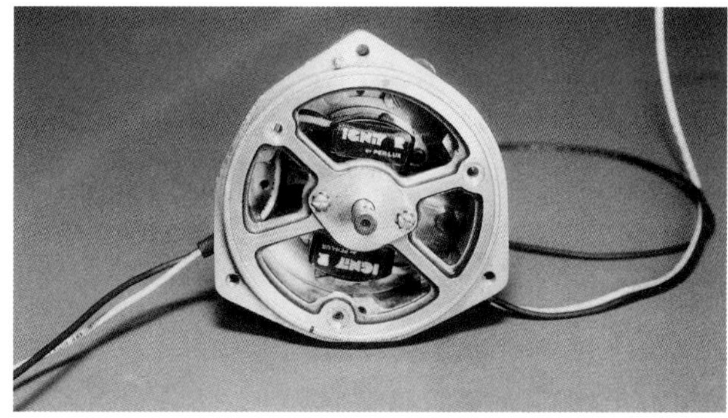

Im Marelli-Verteiler für Doppelzündung sitzt statt der üblichen vier Unterbrecherpaa-re ein Ignitor-Zündgeberpaar. Die gekapselten Zündgeber besitzen einen Induktiv-geber sowie Transistoren als Schalter. Mit Einführung dieser Ignitor-Zündgeber war auch das bei Marelli-Doppelzündverteilern früher öfters beobachtete „Kontaktflat-tern" bei höheren Drehzahlen kein Thema mehr.

Die Kolben und Zylinder vom Reutlinger Porsche-Spezialist und Rennteameigner Max Moritz fanden sogar in den USA weite Verbreitung, da bei dieser Umbauvariante die Abgasreinigungsanlage unverändert blieb und die spürbare Mehrleistung ohne Verstoß gegen die Abgasnormen erreicht wurde.

Derartige Hubraumänderungen boten sich beim 2,7-Liter-911 SC vor allem deshalb an, weil bei den meisten dieser Motoren bei Erreichen der 150.000-km-Grenze ohnehin größere Überholungen anstanden.

So gesehen ist es fast tragisch für alle Tuning-Fans unter den 911 SC-Fahrern, dass der 3-Liter-Motor schon beinahe zu zuverlässig

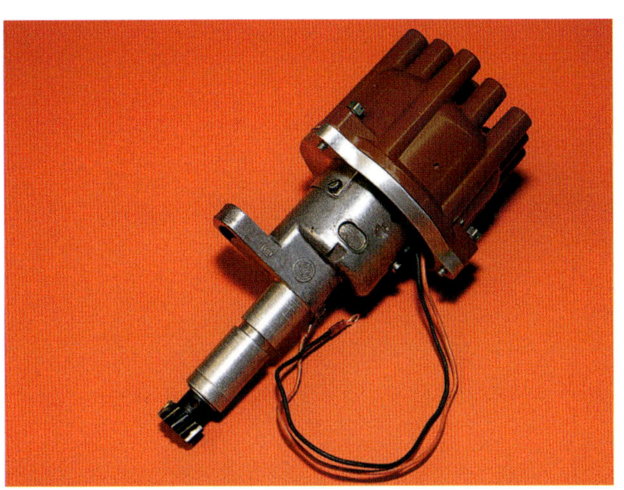

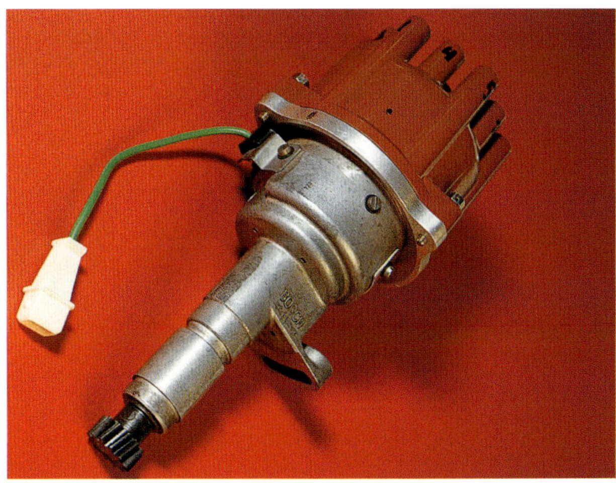

Oben links: Ein konventioneller kontaktgesteuerter Bosch-Verteiler, der vom US-Tuningspezialisten Jerry Woods auf kontaktlose Zündung mit Hallgeber, Ignitor-Zündmodul und Verteilerkappe und -läufer für Doppelzündung umgebaut wurde. Diese Umrüstungen wurden bei Woods auch an den späteren Verteilern der SC- und Turbo-Modelle vorgenommen.

Oben rechts: Ein kontaktloser Bosch-Verteiler des 911 SC, der von Jerry Woods mit Verteilerkappe und -läufer für Doppelzündung bestückt wurde.

Unten: Der Doppelzündverteiler wie er im 964 und 993 eingebaut wurde. Der Antrieb des zweiten Verteilers erfolgte über Riemen, so dass die Zündkabel in ausreichendem Abstand angeordnet und Interferenzen zwischen den Zündkabeln vermieden werden konnten. Porsche AG

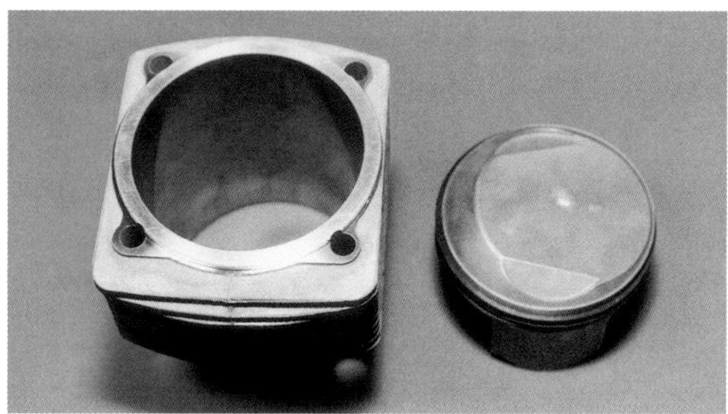

Der 3,2-Liter-Umbausatz von Max Moritz für den 911 SC-Motor. Diese Teile sind wie geschaffen für den 3,0-Liter-Motor des 911 SC. Neben der Hubraumvergrößerung ergibt der keilförmige Kolbendom eine sehr günstige Brennraumform.

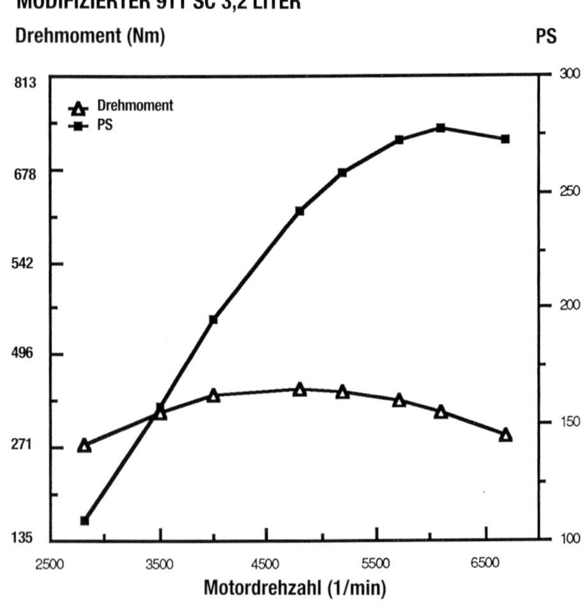

Ein modifizierter 3,2-Liter-Motor für den 911 SC: Der ursprüngliche 3,0-Liter-Motor wurde mit 98-mm-Kolben und -Zylindern, speziellen Hochleistungsnockenwellen, Weber-Vergasern 40 IDA-3C und einer SSI-Auspuffanlage nachgerüstet.

läuft und scheinbar ewig hält. Oft wird man also nicht umhin kommen, zur Leistungssteigerung ein an sich völlig gesundes Aggregat zu zerlegen. Laufleistungen von 320.000 km und in einem Extremfall sogar von 640.000 km ohne Eingriffe sind in Porsche-Kreisen verbürgt.

Sogar noch mehr Leistung bringen die Kolben von Max Moritz in Verbindung mit dem Umbau auf Vergaser, Montage des älteren Auspuffs und einer zahmeren Nockenwelle (z. B. die GE40 oder die Welle des 911 S). Aufgrund der größeren Ventilüberschneidung und Öffnungszeiten der 911 S-Nockenwelle muss dabei das Ventilspiel etwas vergrößert werden. Auch für diesen Umbau sind die Weber 40IDA-3C erste Wahl. Zur Ermittlung der passenden Vergasergröße legen wir folgende Formel zugrunde:

RENNMOTOR AUF BASIS DES 911 SC 3.2 LITER

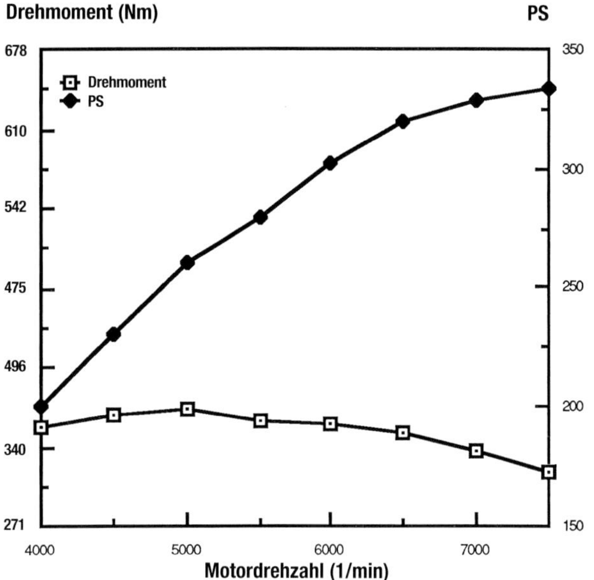

Ein Rennmotor auf Basis des 911 SC 3,2 Liter: Dieses tiefgreifend modifizierte Aggregat erhielt größere Kanäle, GE80-Nockenwellen von Jerry Woods Enterprises, Rennkrümmer vom Carrera RSR sowie einen Satz Weber 46 IDA-Vergaser.

Der Motor des Carrera 3,2 leistet 231 PS bei 5900/min, also setzen wir 5900 als die Drehzahl an. Der Hubraum pro Zylinder beträgt 527 ccm.

$$\text{Lufttrichterdurchmesser in mm} = 20\sqrt{\frac{527}{1000} \times \frac{5900}{1000}}$$

$$\text{Lufttrichterdurchmesser in mm} = 35{,}26\ (35)\ \text{mm}$$

Der rechnerisch ermittelte Lufttrichterdurchmesser erhöht sich also von 34 auf 35 mm. Nach den Weber-Empfehlungen (wonach die Drosselklappenbohrung 10 bis 25 Prozent größer als der Lufttrichter sein sollte) liegt die Drosselklappenbohrung zwischen 38,5 und 43,75 mm. Selbst beim 3,2-Liter-Umbau dürfte der Weber 40IDA-3C also immer noch den besten Kompromiss darstellen.

Für diese Motoren lassen sich auch Rennkolben für die noch schärferen Rennnockenwellen auftreiben. Mahle produzierte den 10,3:1 verdichteten 3-Liter-Kolben für den Porsche 954. Für diese Motoren sind außerdem Kolben-/Zylinder-Sätze für 3,2 Liter Hubraum lieferbar, die eine Verdichtung von 9,0:1 ergeben. Diese Kolben besitzen den normalen gewölbten Kolbendom, der auch beim Einbau von Rennnockenwellen immer noch einen ausreichenden Abstand der Kolben zu den Ventilen gewährleistet.

Mit den Max-Moritz-Kolben für die K-Jetronic-Versionen kletterte die Verdichtung auf 9,8:1, doch wurde beim Einbau von Rennnockenwellen der Abstand zu den Ventilen zu gering.

Beim Aufbau von Rennmotoren auf Basis des 911 SC ist zu beachten, dass es zwar 3,0- und 3,2-Liter-Kolben vom RSR gibt, die in den Zylindern des 911 SC 3,0 montiert werden können, allerdings

VERGLEICH UNTERSCHIEDLICHER LUFTTRICHTERGRÖSSEN

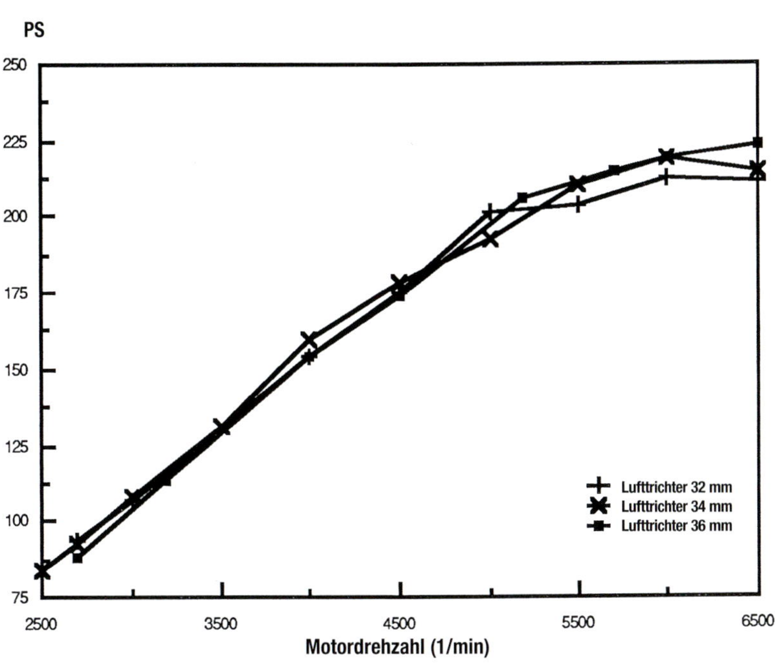

Vergleichsdiagramm als Orientierungshilfe bei der Wahl der Lufttrichter. Bei Versuchen mit 32-, 34- und 36-mm-Lufttrichtern erwies sich der 34er Lufttrichter als bester Kompromiss. Der Leistungsunterschied zwischen den 32- und 36-mm-Größen war zudem derart gering, dass er bei Fahrversuchen kaum wahrnehmbar gewesen wäre.
Leistungsdaten von Jerry Woods

3,2-Liter-Kolben und -Zylinder von Max Moritz für den 911 SC.

unterscheiden sich die Kolben in wichtigen Punkten: Die Brennräume des RSR waren wesentlich kleiner als die des 911 SC. Das Volumen der RSR-Brennräume betrug ca. 76 bis 77 ccm, das der SC-Brennräume dagegen rund 90 ccm. Mit den RSR-Kolben lässt sich also in den auf dem 911 SC basierenden Triebwerken kaum ein vernünftiges Verdichtungsverhältnis erreichen.

Modifikationen am Motor des Carrera 3,2 Liter

Grundwissen zur Bosch Motronic (DME)

Der neu ins Modellprogramm aufgenommene Carrera 3,2 Liter wartete mit der Bosch Motronic (DME – Digitale Motorelektronik) auf. Damit schien die Zeit der Motorumbauten erst einmal vorbei zu sein, denn erforderliche Eingriffe an der Zusammensetzung des

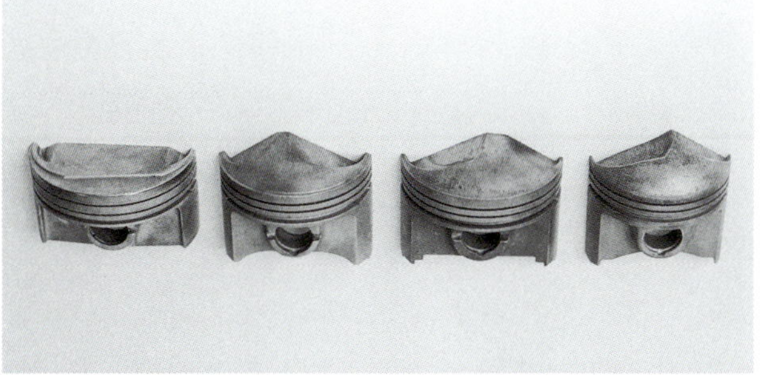

Oben: Eine Reihe von Kolben-Schnittmodellen, die den Kolbenaufbau zeigen. Links ein 95-mm-Rennkolben eines 962, daneben ein 89-mm-Kolben aus einem 2,5-Liter-Kurzhubmotor. Zweiter von rechts: ein 82-mm-Kolben aus dem RSR 2,8 Liter, ganz rechts ein Kolben aus dem 2,0-Liter-Motor des 906.
Unten: Die Innenseite derselben Kolben. Die Schnittmodelle lassen die Form der Ventiltaschen sehr anschaulich erkennen.

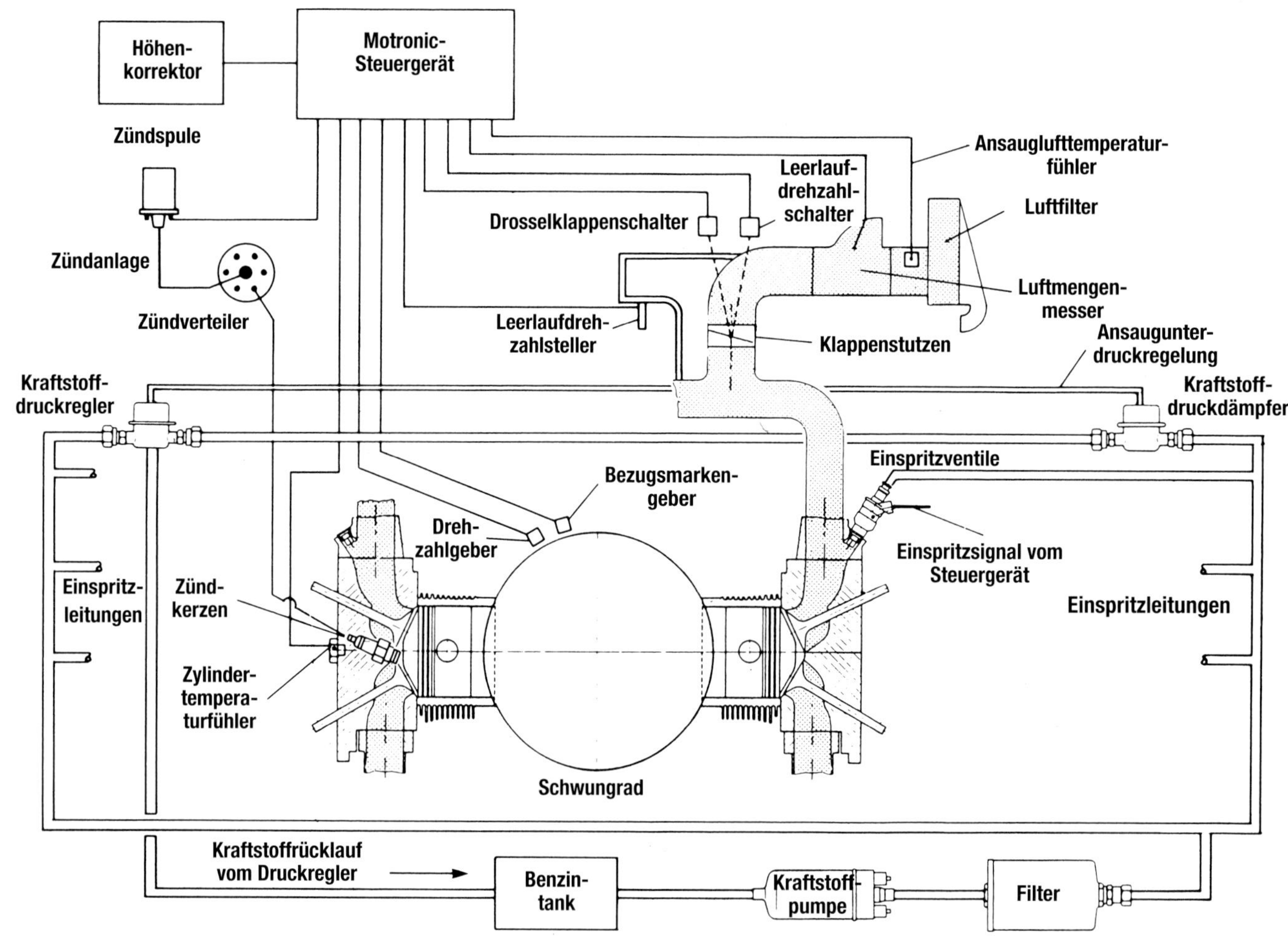

Mit dem Debüt des 3,2-Liter-Carrera-Motors 1984 wurde beim 911 die Bosch-Motronic eingeführt. In der Motronic sind Zünd- und Kraftstoffanlage – sowie bei den US- und Japanversionen die Lambdaregelung – in einer einzigen mikroprozessorgestützten Motorsteuerung zusammengefasst. Die Programmierung variiert je nach Bestimmungsland aufgrund der unterschiedlichen Abgasvorschriften und Kraftstoffqualitäten. Leistungskennfelder für Zündung und elektronische Einspritzanlage sind im Motronic-Steuergerät gespeichert. Die Sensoren und Geber am Motor liefern die Echtzeitinformationen für das Steuergerät und ermöglichen bei allen Betriebszuständen des Motors eine ideale Kraftstoffdosierung und Zündzeitpunkteinstellung. Mit der Motronic können Leistung, Verbrauch und Abgaswerte des Motors jederzeit optimal einreguliert werden.

Kraftstoff-Luftgemisches oder an den Zündverstellkennlinien muteten nun als Ding der Unmöglichkeit an.

Die neue Motorelektronik ersetzte die Vergaser bzw. die einfacheren Einspritzanlagen, aber auch die bisherigen Zündverteiler. Chiptuning – heutzutage gängige Praxis – war für die meisten Automechaniker und Tuner noch unbekanntes Neuland. Aber die Zeiten, da sich die Gemischzusammensetzung oder der Zündzeitpunkt mit einem Schraubendreher verändern ließen, gehörten nun der Geschichte an.

In der Motronic sind die Funktionen der Zündung und Einspritzung in einem einzigen computergesteuerten Motormanagementsystem zusammengefasst. Auch weitere Funktionen wie Lambdaregelung, Klopfregelung und Ladedruckregelung lassen sich in das Motormanagement integrieren. Motorsensoren übermitteln die Signale zum Steuergerät, das seinerseits Kraftstoffzufuhr und Zündzeitpunkteinstellung je nach Erfordernis des Motors steuert und dazu Motordrehzahl, Lastzustand, Kurbellwellenstellung relativ zu Z1 sowie die Motortemperatur erfasst. Anhand dieser Steuersignale werden die Kennfelder für die Zusammensetzung des Kraftstoff-Luftgemisches und Zündzeitpunkt aus dem PROM bzw. E-PROM (programmierbarer Festspeicher bzw. lösch- und programmierbarer Festspeicher) des Steuergeräts abgerufen.

Es dauerte nach Einführung der Motronic freilich nicht lange, bis findige Programmierer am PROM zu tüfteln begannen und die Kennfelder und die Verarbeitung der Kennfelddaten durch die Motorsteuerung so veränderten, dass Zündzeitpunkt, Gemischzusammensetzung und Drehzahlbegrenzung eben doch modifiziert werden konnten. Viele dieser Computerspezialisten der ersten Ge-

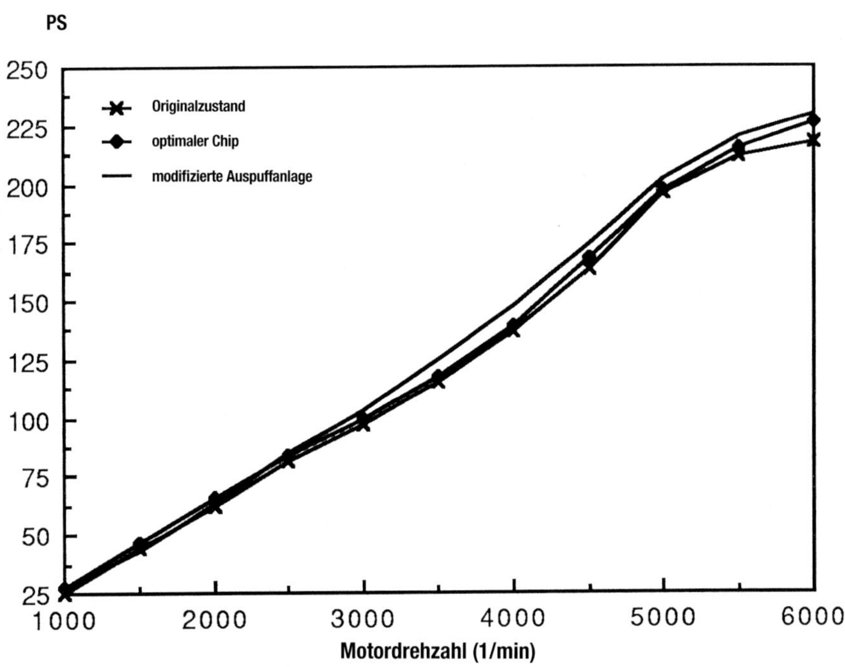

Vergleich der Leistungskennlinien bei Verwendung unterschiedlicher Aftermarket-Motorchips und geänderter Auspuffanlagen.

neration waren zwar Programmiergenies, hatten allerdings nicht viel Ahnung von den Ansprüchen eines Motors, und entsprechend krude fielen diese ersten Nachrüst-Chips auch aus. Andererseits hatten viele der besten Motorentwickler Wissensdefizite bei der Softwareprogrammierung, so dass deren frühe Chips auch kaum besser gerieten. Im Laufe der Jahre entschlüsselten jedoch findige Experten die Programmierlogik des Bosch-Systems, so dass sich sowohl die Leistung der Serienmotoren steigern als auch die Software an die Erfordernisse modifizierter Motoren anpassen ließ.

Ziel der ersten Tests modifizierter Chips war vor allem Aufschluss darüber zu bekommen, welche Verbesserung damit tatsächlich erreichbar waren, denn in Fahrerkreisen kursierten mancherlei Mythen und Berichte von geradezu unglaublichen Leistungszuwächsen.

Vor der Einführung moderner Motormanagementsysteme dosierten Vergaser das Kraftstoff-Luft-Gemisch und die Zündverstellkennlinie im Verteiler legte den Zündzeitpunkt fest. Drastische Leistungssteigerungen durch bloßes Auswechseln von Vergaserdüsen oder durch die Änderung der Zündkennlinie erwartete bei Serienmotoren kaum jemand. Sowohl der ideale Zündzeitpunkt als auch die optimale Gemischzusammensetzung ließen sich nur für einen bestimmten Betriebszustand festlegen.

Der eigentliche Vorteil der Motronic liegt darin, dass sich die Gemischzusammensetzung und die Zündkennlinien für sämtliche Einzelpunkte des Motorbetriebs über ein wesentlich breiteres Spektrum von Betriebszuständen allein durch Eingriffe in die Software optimieren lassen.

In der Anfangsphase der Entwicklung der Motronic hielten sich Porsche und andere Hersteller bei der Programmierung durchaus zurück und gingen stets von den ungünstigsten Betriebsbedingungen mit den minderwertigsten Kraftstoffen aus.

Wer sich über Jahre mit der Leistungssteigerung von Porsche-Motoren befasst hat, wird keine gewaltigen Leistungssprünge allein durch eine geänderte Zündungseinstellung und Gemischzusammensetzung erwarten. Ein Verbrennungsmotor ist im Prinzip lediglich eine Luftpumpe mit Wärmeabfuhrkapazität, und mehr Leistung lässt sich nur erzielen, indem wir eine wirksamere Luftpumpe konstruieren. Unter diesem Gesichtspunkt wird deutlich, dass sich durch Eingriffe an der Gemischzusammensetzung oder am Zündzeitpunkt kaum ein deutlich besserer Wirkungsgrad der Luftpumpe erreichen lässt.

Wer also mehr Leistung aus einem Porsche-Triebwerk generieren will, muss die Voraussetzungen schaffen, damit die Luft besser in den Motor hinein- und wieder herausgelangt, und dazu Einlass- und Auslassseite optimieren. Die in den Motor geförderte Luftmenge lässt sich zudem durch Steigerung des Hubvolumens erhöhen.

Aus Turbomotoren werden bessere Luftpumpen, indem wir den Ladedruck erhöhen und der Pumpe mehr Luft zuführen. Aus einem Motor wird auch dann eine wirksamere Luftpumpe, wenn wir seinen thermischen Wirkungsgrad erhöhen und er so bei geringerer Energiezufuhr mehr Leistung abgeben kann. Bei derartigen Eingriffen müssen konsequenterweise auch die Verstellkennlinien für Gemischzusammensetzung und Zündzeitpunkt entsprechend angepasst werden, um echte Verbesserungen zu erzielen.

Manchmal ist ein überfettetes Gemisch bei Volllast und niedriger Drehzahl notwendig. Damit ist auch der Weg frei für höhere Verdichtungen, was über den gesamten Drehzahlbereich eindeutige Vorteile bringt. Aus dem gleichen Grund ist es manchmal auch vorteilhaft, bei hoher Verdichtung den Zündzeitpunkt bei Vollgas in Richtung „spät“ zu verstellen. Dies senkt den Verbrauch im Teillastbereich, in dem der Motor ohnehin die meiste Zeit läuft. Gewisse Leistungsverbesserungen wären auch durch veränderte Einstellkompromisse möglich, z. B. mit mehr Frühzündung und fetterer Gemischeinstellung.

Natürlich müssen die Zündkerzen in jedem Betriebszustand stets im richtigen Augenblick zünden. Die optimale Zündungseinstellung bei Teillast und geringer Motorlast – z. B. bei gemütlichen Autobahnfahrten – ist aber völlig anders als bei Volllast im gleichen Drehzahlbereich, beispielsweise beim zügigen Hochbeschleunigen. Außerdem benötigt jeder Motor bei höheren Drehzahlen eine andere Zündzeitpunkteinstellung als bei niedrigeren Drehzahlen. Ein Motor läuft mit größerer Frühzündung im Teillastbereich besser, als er es bei Vollgas und Volllast verkraften würde. Deshalb besitzen herkömmliche Verteiler eine Unterdruckverstelldose. Bei der Motronic können die Motorkonstrukteure die Zündverstellkennlinie exakt auf diese unterschiedlichen Betriebszustände des Motors abstimmen.

Der Motor benötigt außerdem je nach Motordrehzahl, Drosselklappenöffnung und Motorlast unterschiedliche Zusammensetzungen des Kraftstoff-Luftgemisches. In kaltem Zustand muss das Gemisch fetter sein, bei normalem Betriebszustand dagegen wieder anders. Theoretisch besteht das ideale Gemisch für eine vollständige Verbrennung des Kraftstoffs aus 14 Teilen Luft und 1 Teil Kraftstoff (14:1). Dieses so genannte stöchiometrische Gemisch entspricht dem Lambdawert 1. Die Bandbreite der benötigten Gemischzusammensetzungen erstreckt sich jedoch von einem um 10 Prozent oder noch mehr abgemagerten Gemisch (16:1), das einen möglichst günstigen Verbrauch ergibt, bis zu einem um 10 Prozent oder noch mehr angereicherten (fetten) Gemisch (12:1) für maximales Drehmoment. Als die Hersteller sich noch nicht in dem heute üblichen Maß mit den zulässigen Abgasgrenzwerten beschäftigen mussten, war ein Gemisch von 14:1 rundum brauchbar; heute ist eine wesentlich präzisere Regelung jedoch unabdingbar.

Einer der unstrittigen Vorzüge des Motronic-Motormanagements ist, dass die Gemischzusammensetzung präzise einreguliert und sofort an geänderte Anforderungen des Motors angepasst werden kann. Bei Porsche und Bosch wurden die Kennfelder so programmiert, dass sich die bestmögliche Gesamtleistung des Motors bei allen Betriebsbedingungen ergibt. Selbstverständlich steht dahinter immer ein Kompromiss aus gegensätzlichen Zielvorgaben wie Abgaswerten, Verbrauch, Leistung und Fahrverhalten. Durch Änderung dieser Kompromisse lässt sich naheliegenderweise auch Einfluss auf die Motorleistung nehmen.

Tuning der Motronic

Was ist unter Motortuning im Kern zu verstehen? Zunächst wird der Motor so eingestellt, dass er einwandfrei läuft, dann wird er darüber hinaus „getunt“, damit er mehr Leistung entfaltet. Durch Eingriffe am Motormanagement soll der Motor seinerseits so getunt werden, dass er bei unterschiedlichsten Betriebsbedingungen noch besser läuft.

Die Abgasgrenzwerte sind für die Hersteller nur unter normalen Fahrbedingungen verbindlich – das gilt aber nicht für den Vollgasbereich. Entsprechend konzentrieren die Chiphersteller und Tuner ihre Eingriffe auf diesen Lastzustand. Manchmal werden die Teillastkennfelder im Interesse des Fahrverhaltens verändert, die tatsächlichen Leistungsgewinne, mit denen sich werben lässt, sind jedoch im Vollgasbereich zu erzielen.

Der Verfasser hat mit Kollegen vor einigen Jahren Steuergerätechips der Marken Autothority, Hypertech, Z Industries, Keno und Knightech eingehend getestet. Damals bot jeder der getesteten Chips in bestimmten Drehzahlbereichen Verbesserungen gegenüber den Serien-Chips. Der größte gemessene Leistungszuwachs betrug 9 Prozent, das größte Plus bei der Höchstleistung lag bei 4 Prozent, was einem Anstieg von 217 auf 226 DIN-PS entsprach. Das durchschnittliche Leistungsplus der allerbesten Chips, d. h. der optimalen Leistungswerte des besten Chip aus den einzelnen Drehzahlbereichen der Testläufe, lag bei 3,4 Prozent. Parallel hierzu wurden auch verschiedene Auspuffanlagen getestet, und als Fazit zeigte sich, dass sich mit Änderungen an der Auspuffanlage alles in allem die insgesamt spürbarsten Verbesserungen erreichen lassen. Mit der geänderten Auspuffanlage (mit SSI-Wärmetauschern und Doppelrohr-Sportschalldämpfer) ergab sich eine um 13 PS höhere Spitzenleistung (gegenüber 9 Mehr-PS mit dem besten Chip). Als Schalldämpfer wurde dabei ein Serienteil mit zusätzlichem zweiten Endrohr auf der rechten Seite montiert (ähnlich dem Schalldämpfer des US-Nachrüsters Performance Products).

Den besten Ruf bei Fans der luftgekühlten 911er genießen derzeit – zumindest in den USA – die Chips von GIAC (www.giacusa.com/software.php?make=porsche) und Steve Wong (SWChips; www.911chips.com/index2.html).

Mehr Hubraum

Für den Carrera 3,2 stehen diverse interessante Möglichkeiten zur Hubraumvergrößerung zur Wahl. Schon vor Einführung des Carrera 3,2 entstand eine 3,5-Liter-Saugversion. Diese exotische Konstruktion bestand aus der Kurbelwelle des 935 3,2 Liter (mit 74,4 mm Hub) sowie Titanpleueln des 935 oder Pleueln des 911 SC und 100-mm-Kolben und Zylindern von Mahle.

Die angesprochenen 100-mm-Kolben stehen zusammen mit 22-mm-Kolbenbolzen in den einschlägigen Lieferkatalogen. Wer sich anfangs an einem 3,5-Liter-Aggregat versuchte, stand wegen der „merkwürdigen“ Kolben der ursprünglichen Konfiguration vor erheblichen Schwierigkeiten. Bei diesen Kolben passte nicht nur der Kolbenbolzendurchmesser nicht, sondern der Bolzen saß obendrein an der falschen Stelle im Kolben, da er für die 0,8 mm längeren Titanpleuel bzw. 911 SC-Pleuel gedacht war. Somit wich selbst mit Kolbenbolzen, deren Durchmesser passend gemacht worden war, die Zylinderhöhe immer noch um 0,8 mm vom ursprünglich angestrebten Wert ab.

Aufgrund des gewaltigen Interesses an den großvolumigeren 3,5-Liter-Motoren sind mittlerweile die Kolben mit den passenden 23-mm-Bolzen lieferbar, so dass der Aufbau eines solchen Aggregats nicht mehr allzu kompliziert ist. Zuletzt müssen für die 3,5-Liter-Version auch die Zylinderaufnahmen im Kurbelgehäuse von 103 auf 105 mm vergrößert werden, damit die größeren Zylinder eingepasst werden können.

Nicht minder beliebt ist der Umbau der 3,2-Liter-Motoren des Carrera auf 3,4 Liter Hubraum unter Verwendung der 98-mm-Kolben und -Zylinder. Hiervon existiert sowohl eine Rennversion als auch (von RUF) eine „zivile“ Version. Beim Umbau auf 3,4 Liter sind keinerlei Modifikationen an Kurbelgehäuse oder Zylinder nötig, alle Teile sind direkt austauschbar.

Auch für diesen 3,4-Liter-Motor setzen wir wieder unsere Formel für die Bestimmung der Vergasergröße an. Bei 250 PS bei 5900/min und einem Hubraum von 561 ccm pro Zylinder gilt:

$$\text{Lufttrichterdurchmesser in mm} = 20 \sqrt{\frac{561}{1000} \times \frac{5900}{1000}}$$

$$\text{Lufttrichterdurchmesser in mm} = 36{,}38\ (36)\ \text{mm}$$

Der rechnerisch ermittelte Lufttrichterdurchmesser erhöhte sich von den 34 mm des 911 SC 3,0 auf 35 mm beim 3,2-Liter-Motor des Carrera und schließlich auf 36 mm bei der 3,4-Liter-Version des Carrera. Nach den Empfehlungen von Weber (Drosselklappenbohrung 10 bis 25 Prozent größer als der Lufttrichter) ergäbe sich eine Drosselklappenbohrung mit 39,6 bis 45 mm Durchmesser. Für den 3,4-Liter-Umbau dürfte also der Weber 46 IDA am geeignetsten sein.

Ein paar Praxisbeispiele

Aufschlussreiche Ergebnisse lieferten die Versuche von Exclusive Motorcars (USA) mit einem 3,2-Liter-Carrera-Motor. In ersten Prüfstandsläufen kam die Werks-Serienversion auf 213 PS. Anschließend wurden SSI-Wärmetauscher mit der frühen Schalldämpferversion und ein auf die Auspuffanlage abgestimmter Chip montiert. Das Ergebnis: 226 PS. Als nächstes wurde ein Luftmengenmesser von Autothority A.P.E. nachgerüstet und in Kombination mit den SSI-Wärmetauschern und Serienschalldämpfern erprobt. Ergebnis: 236 PS. In der letzten Phase kam die von Jerry Woods und Peter Weber entwickelte W&W-Auspuffanlage zum Einbau, mit der die Höchstleistung auf 240,7 PS kletterte – insgesamt ist hier also eine Leistungssteigerung um 27,7 PS gelungen.

Diese Eingriffe beeinflussen die Motorlebensdauer in keiner Weise und tragen oft zu deutlich besseren Fahreigenschaften der umgerüsteten Fahrzeuge bei.

Eine Optimierung des Wirkungsgrads des Motors in seiner Grundfunktion als Luftpumpe lässt sich auch durch eine Hubraumvergrößerung erreichen. Wer lediglich den Hubraum vergrößert, auf wirkungsgradoptimierende Eingriffe an der Ansaug- und Auspuffseite aber verzichtet, kann allenfalls auf einen Leistungszuwachs proportional zur Hubraumvergrößerung hoffen; die Leistungscharakteristik ähnelt aber weiterhin der des Serienmotors. Die US-Version des Carrera 3,2 gibt 217 PS ab, bei einer Vergrößerung des Hubraums auf 3,5 Liter, was einem Plus von 10,8 Prozent entspricht, dürfte sich die Leistung bei unveränderter Verdichtung also um einen ähnlichen Prozentwert auf 240,5 PS steigern lassen. Die höher verdichtete Europaversion dieses Triebwerks brachte es – auch dank einer geänderten Motronic – auf 231 PS; wird der Hubraum hier ebenfalls auf 3,5 Liter gesteigert, ergeben sich bei unveränderter Verdichtung 256 PS.

Interessante Ergebnisse erbrachte ein Test eines US-Carrera 3,2-Motors, dessen Serienhubraum von 3164,1 ccm durch Ein-

UMBAUTEN AN LUFTMENGENMESSER UND AUSPUFFANLAGE EINES CARRERA 3,2 LITER

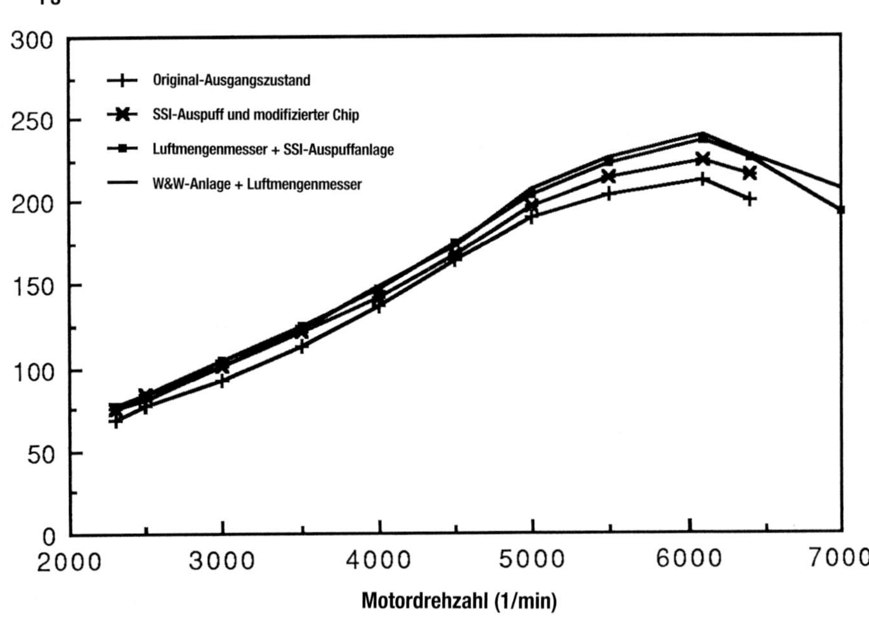

Kennlinien zum Umbau eines 3,2-Liter-Carrera-Motors durch Jerry Woods Enterprises mit Tausch der Auspuff- und Ansauganlagen, Einbau von Rennkrümmern und einem Satz Weber 46 IDA-Vergaser

bau eines Kolben- und Zylindersatzes mit 100 mm Bohrung auf 3506 ccm vergrößert worden war. Der Motor war außerdem mit Doppelzündung bestückt worden, allerdings ergaben die Kolben nicht das höhere Verdichtungsverhältnis der Europaversion. Folglich war auch nicht die theoretische Höchstleistung von 265 PS zu erreichen, sondern es wurden nur 252,1 PS gemessen – ein Wert, der zwar nicht über dem Maximum der Europaversion lag, aber immerhin deutlich über den mit der US-Verdichtung möglichen 240,5 PS.

Die getestete 3,5-Liter-Version besaß eine Doppelzündung, einen modifizierten Steuerchip und eine umgestaltete Doppelendrohr-Auspuffanlage. Die Doppelzündung erforderte eine Neuprogrammierung des Zündkennfeldes, dessen Zündzeitpunkt um 5 bis 8 Grad in Richtung „spät" wanderte. Anmerkung: Beim Zweiventilmotor des serienmäßigen 911 liegt die Zündkerze aufgrund der großen Ventile extrem seitlich, was den Verbrennungsablauf nicht gerade positiv beeinflusst. Teilweise Abhilfe schaffen die Porsche-Vierventilköpfe, die eine optimale, mittige Kerzenanordnung ermöglichen. Bei den Zweiventilköpfen der Carrera 2/4-Motoren wurde das Problem durch die Doppelzündung abgemildert. Die Doppelzündung beschleunigt den Verbrennungsablauf derart spürbar, dass der Motor zum Frühzündungsklingeln neigt, wenn die Zündverstellkennlinie nicht in Richtung „spät" verschoben wird.

Die zweite Kerze sorgt für eine günstigere, schnellere Ausbreitung der Flammenfront, da die Verbrennung an zwei Stellen eingeleitet wird. Durch den günstigeren Verbrennungsverlauf verringert sich auch der Oktanzahlbedarf des Motors, d. h. die Verdichtung kann in der Regel problemlos um einen Punkt höher gewählt werden. Auch Ansprechverhalten und Laufruhe des Motors verbessern sich dank der Doppelzündung.

Die Tabelle unten zeigt den Leistungszuwachs des 3,5-Liter-Carrera-Motors mit Doppelzündung im Vergleich zur US-Serienversion des Carrera 3,2 Liter:

Motordrehzahl (1/min)	Leistungszuwachs (in %) des modifizierten 3,5-Liter Carrera
1000	6,30
1500	21,59
2000	19,90
2500	19,90
3000	22,21
3500	21,60
4000	25,82
4500	23,09
5000	18,41
5500	18,06
6000	16,18

Die Hubraumvergrößerung von 3,2 auf 3,5 Liter entsprach einem Zuwachs von 10,8 Prozent, d. h. der getestete Motor erreichte dank der Doppelzündung einen deutlich über dieses rechnerische Plus hinausgehenden Leistungsgewinn.

Da das getestete 3,5-Liter-Aggregat mit Doppelzündung, einem modifizierten Steuerchip und einer umgestalteten Doppelendrohr-Auspuffanlage aufwartete, war ein direkter Vergleich nicht möglich, das Potenzial für derartige Eingriffe wird aber deutlich.

Gegenüberstellung eines Kolbens des Serien-Carrera 3,2 Liter (links) und eines Kolbens des 3,5-Liter-Umbaus.

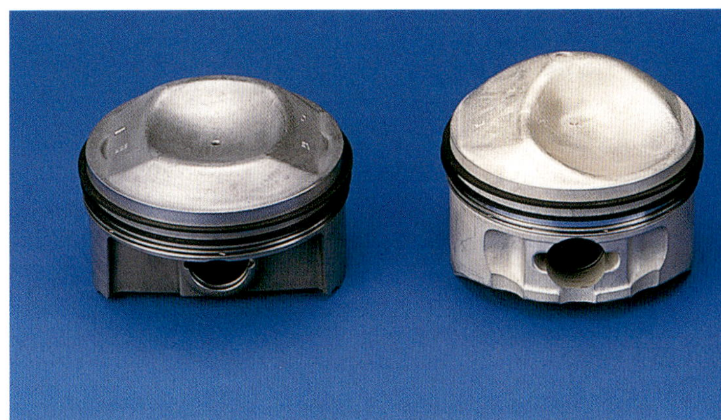

Gegenüberstellung eines 3,2-Liter-Kolbens des Carrera 2 (links) und eines Kolbens aus einem 964er Triebwerk. Der geschmiedete 964er Kolben besitzt einen symmetrischen Kolbendom, da der Motor von Haus aus mit Doppelzündung ausgerüstet war und einen günstigeren Verbrennungsverlauf bot.

Als weiterer Versuchskandidat diente ein 3,2-Liter-Carrera-Motor, der durch Eingriffe an Ansaug- und Auspuffanlage optimiert wurde. Dieses Triebwerk war eigentlich für den Motorsporteinsatz bestimmt, allerdings ohne den entsprechenden Kosten- und Zeitaufwand für den Aufbau eines reinrassigen Rennmotors. Sämtliche Eingriffe beschränkten sich daher auf die Motoranbauteile.

So wich die Ansauganlage einem Satz Weber 46 IDA-Vergaser, die Auspuffanlage erhielt abgestimmte Rennkrümmer. Die Motronic wurde beibehalten, allerdings nur für den Zündungsteil des Motormanagements. Die Zündverstellkennlinie wurde entsprechend den an Auspuff- und Ansauganlage vorgenommenen Eingriffen optimiert.

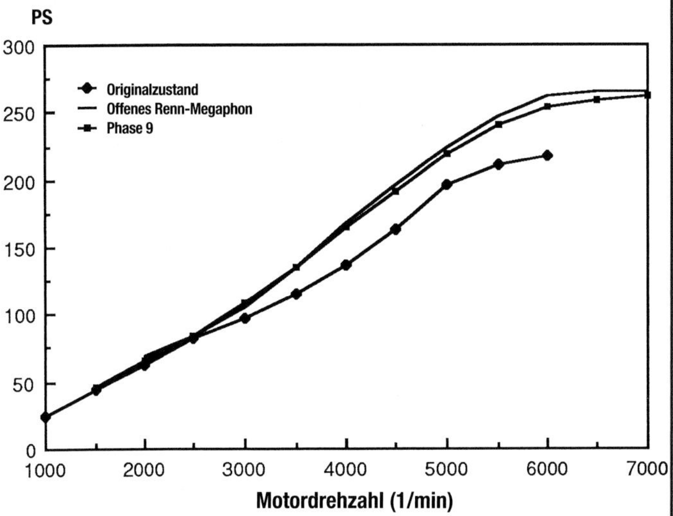

Dieses Diagramm zeigt die Ergebnisse von Vergleichsläufen bei der Firma RUF mit verschiedenen Luftmengenmessern und Auspuffmodifikationen an einem Carrera 3,2 Liter.

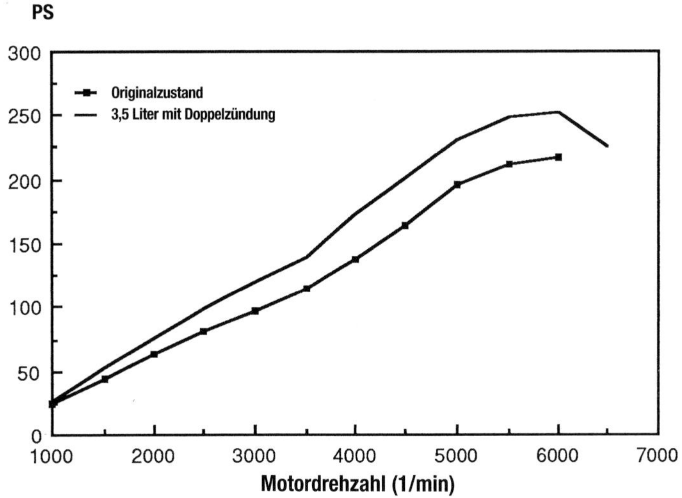

Versuchsdaten aus Tests von Jerry Woods Enterprises an einem kennfeldoptimierten Carrera 3,5 Liter mit Doppelzündung.

Der Motor lief in Tests mit den Rennfächerkrümmern und offenen Endrohren sowie einem Satz Phase-9-Schalldämpfern und lieferte so eine 22 prozentige Leistungssteigerung von den serienmäßigen 217 PS bei 6000/min auf 265,5 PS bei 7000/min.

So ist also festzuhalten, dass weitreichende Eingriffe am Motor, die einen deutlich besseren Wirkungsgrad ergeben, durchaus möglich sind, solange die Steuerchips der Motronic entsprechend abgestimmt werden.

Modifikationen an den 3,6-Liter-Carrera-Motoren

Schon bald nach ihrem Debüt erfreuten sich die 3,6-Liter-Carrera-Motoren großer Beliebtheit bei den Tunern. Porsche nahm zahlreiche Rennteile für diese Motoren ins Programm auf, u. a. alles, was ambitionierte Motorenbauer für den Aufbau eines Carrera RSR 3,8-Liter-Triebwerks benötigen. Zu den Besonderheiten des RSR zählen spezielle Kolben, Zylinder und Zylinderköpfe sowie eine

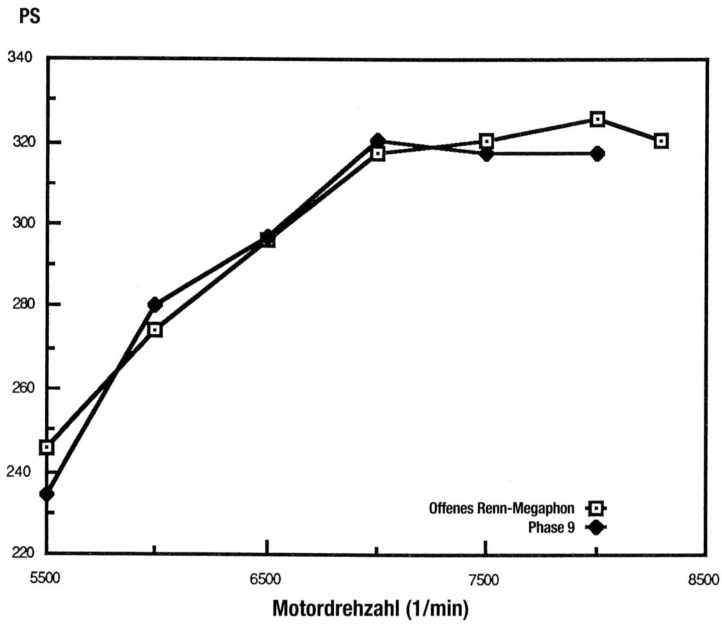

Ergebnisse der Tests mit 3,0-Liter-RSR-Rennschalldämpfern: Dieser Test brachte noch deutlichere Erkenntnisse als der Schalldämpfervergleichstest am 2,7-Liter-Motor. Damals ging es um Leistungssteigerung, diesmal sollte jedoch ein Rennmotor soweit geräuschgedämpft werden, dass er auf Rennkursen, auf denen Geräuschlimits gelten, bei minimalen Leistungseinbußen antreten konnte. Auspuffgeräuschgrenzwerte wurden vor allem in den USA auf immer mehr Rennstrecken eingeführt. Bei einem GTO-Rennen in Oregon ließ die IMSA sogar einen Wagen aus führender Position aus dem Rennen ziehen und wegen Überschreitung der zulässigen Geräuschwerte auf den Transportanhänger verbannen. Mit einem Serienschalldämpfer des 911 würde ein 3,0-Liter-RSR-Motor allerdings schauderhaft laufen, da die Nockenwellensteuerzeiten überhaupt nicht mit der Anlage harmonieren. Hier hilft nur die Montage eines Schalldämpfers, der die erforderliche Geräuschdämpfung auch ohne gravierende Leistungseinbußen erreicht. Mit den Phase-9-Rennschalldämpfern blieb der RSR-Motor immerhin unter dem auf vielen Rennpisten geltenden Grenzwert von 105 dB, und wie die Diagramme zeigen, verlor das Aggregat dabei nur unwesentlich Leistung. Leistungsdaten von Jerry Woods maßgeschneiderte Ansauganlage mit abgestimmtem Resonanzeinlasstrakt und sechs Einzelklappenstutzen.

Verschiedene US-Tuningbetriebe – u. a. Alex Job Racing, Jack Lewis, Perfect Power, Jerry Woods Enterprises, Larry Schumacher Racing usw. – entwickelten Triebwerke auf Basis der 3,6-Liter-Aggregate des 964/993, die Ende der 1990er Jahre in den IMSA-Klassen starten sollten. Die meisten dieser Motoren hatten 3,6 Liter Hubraum, wie er nach IMSA-Reglement für Fahrzeuge mit modifiziertem Chassis oder Rohrrahmen vorgeschrieben war.

In den Motoren von Jack Lewis kamen Cosworth-Kolben in Mahle-Zylindern sowie eigenentwickelte Nockenwellen und mechanische Einspritzanlagen zum Einsatz. Unter den privaten Tuningbetrieben ist die vermutlich breiteste Palette an Kombinationen bei Alex Job – sein Team fuhr lange in der American Le Mans Series – zu finden. Bei einer Ausführung wurde die serienmäßige Ansauganlage des RSR verbaut, in einer anderen kam eine Schieberkonstruktion zum Einbau. Beide Motoren wurden mit Motec-Einspritzanlage bestückt. Außerdem wurden von JE nach einer Job-Eigenkonstruktion produzierte Kolben und Nockenwellen von Dema Elgin montiert. Saul Sneiderman griff bei Perfect Power auf die Werks-Rennzylinderköpfe mit größeren Ventilen und geänderten Ventilfedern zurück und montierte ebenfalls eine eigene Einspritzanlage. Jerry Woods verwendete allerlei unterschiedliche Einspritzsaugrohre, GE 100-Nockenwellen mit eigenem Nockenprofil sowie eine Motec-Einspritzanlage.

Werksseitig wurden für den RSR-Motor mit den vorgeschriebenen Luftmengenbegrenzern 350 PS angegeben – die meisten privaten Tuner sprechen bei den 3,6-Liter-Aggregaten allerdings von rund 400 PS in jenen Einsatzbereichen ohne Airrestriktoren.

Diese Zahlen verdeutlichen, dass den 964er Motoren konsequente Verbesserungen an Ansaug- und Auspuffanlage gut bekommen. Der grundlegende Unterschied zwischen dem 285 PS starken 993 und dem 964 mit seinen 250 PS liegt eben in den Ansaug- und Auspuffanlagen. Bereits die erste Version des 993 von 1994/95 wartete mit dem optimierten 3-in-1-Krümmer auf, die Leistung kletterte damit prompt um 22 PS von 250 auf 272 PS. Ansonsten änderte sich zwischen dem 964 und 993 nur wenig – abgesehen vom Luftmengenmesser.

1996 wurde dann allerdings die Ansaugeinrichtung auf die Varioram-Anlage umgestellt, bei der die Abstimmung von Ansaug- und Auspuffanlage als Ganzes verfeinert und weitere 13 PS auf eine Gesamtausbeute von 285 PS freigesetzt wurden. Allein durch Eingriffe an Ansaug- und Auspufftrakt lag der werksseitige Leistungszuwachs bei 35 PS.

In einer Motorsportvariante des 3,6-Liter-964er Triebwerks, die bei Jerry Woods entstand, wurden die Ansauganlage durch Weber 46 IDA-Vergaser ersetzt, Rennfächerkrümmer eingebaut und eine weniger scharfe Nockenwelle montiert, die bei den Serienkolben noch einen ausreichenden Freigang zwischen Ventilen und Kolben wahrte. Als weitere Zutat kam eine Perma-Tune-Zündanlage mit programmierbarem Zündmodul aus eigener Entwicklung hinzu.

Mit diesen bescheidenen Eingriffen trieb Woods die Leistung um 69 PS von den 250-Serien-PS auf 319,3 Pferdestärken hoch – ein Zuwachs von sehr beachtlichen 27 Prozent.

911 SC 3,0 LITER MIT VERGASERANLAGE

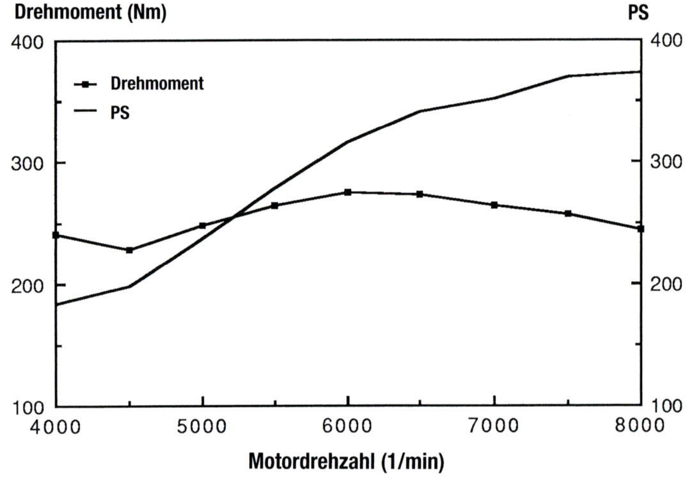

Testkennlinien eines 3,6-Liter-Rennmotors mit GE 100-Nockenwellen, Rennauspuffanlage und Motec-Motormanagement

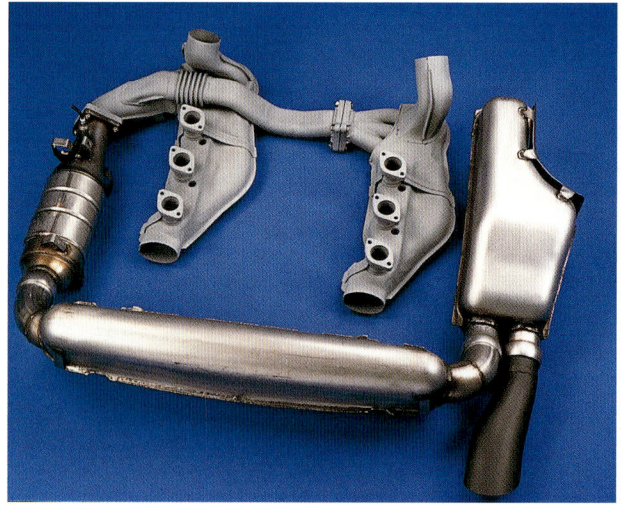

Von 1975 bis während der Bauzeit des 964 kamen verschiedene Auspuffanlagen zum Einbau, die in ihrem Grundaufbau dieser 964er Anlage ähneln.

Wahl der Vergaser

Jahrelang kamen für den 911 nur zwei Vergasergrößen in Frage, mit dem Aufkommen der PMO-Vergaser sind es mittlerweile immerhin drei: Zum 40er und 46er Weber kommt noch ein 50er hinzu. Bei nur drei Größen scheint die Wahl des Vergasers einfach, doch ist dem keineswegs so. Letzten Endes geht es stets um einen Kompromiss aus etwas höherer Spitzenleistung und besseren Laufeigenschaften des Motors. Dank gewisser Optimierungsmaßnahmen des Vergaserherstellers sind die PMO-Modelle gegenüber den Weber-Gemischfabriken heute allem Anschein nach im Vorteil.

Größere Vergaser ergeben zwar auf dem Prüfstand eine höhere Leistung, sind dafür aber im Alltagsfahrbetrieb durchaus mit Nach-

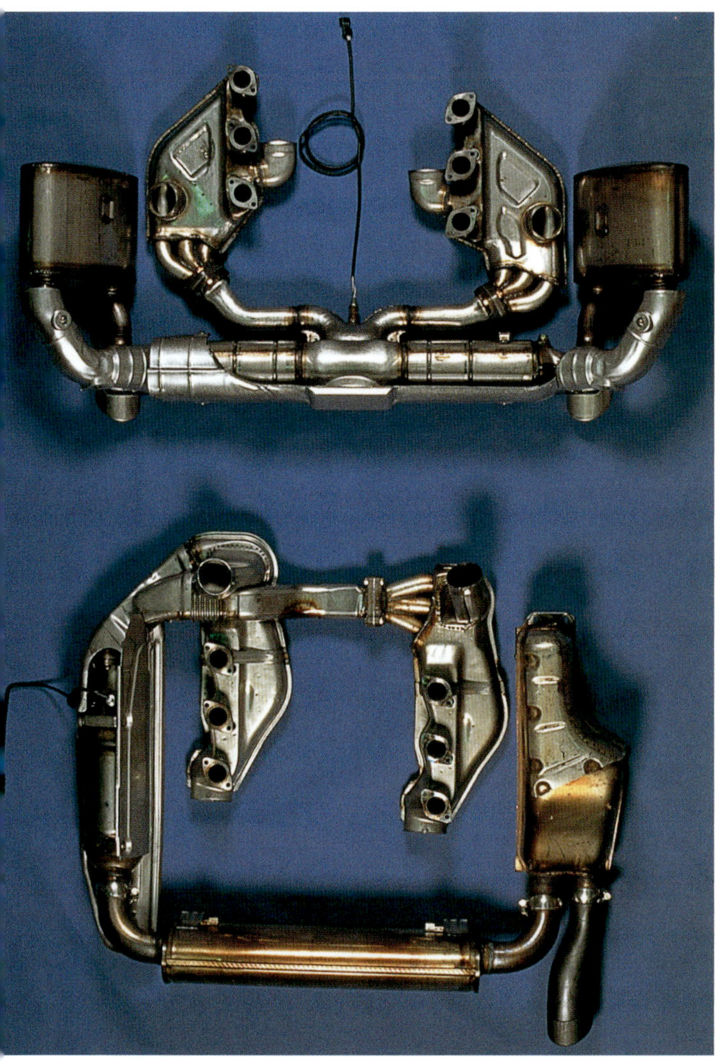

Porsche-Vergleichsfoto der 3-in-1-Auspuffanlage des 993 (oben) und der weniger strömungsgünstigen Anlage des 964.

Woods & Weber-Rennauspuffanlage mit den zugehörigen Schalldämpfern.

Die Auspuffanlage des 964 RSR 3,8 Liter (oben) ähnelt der späteren Version, die für den 993 entwickelt wurde (unten).

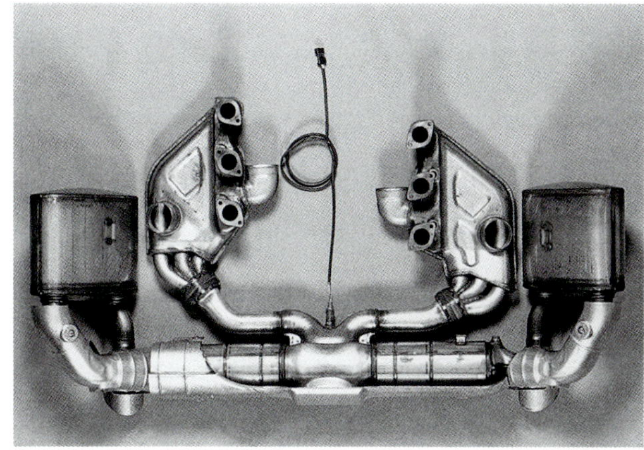

teilen behaftet. Zu kleine Vergaser fallen oft durch Leistungseinbußen auf, zu große Vergaser ruinieren dagegen das Drehmoment und die Gasannahme im unteren Drehzahlbereich. Die Vergaserwahl ist also stets eine Suche nach dem besten Kompromiss. Im normalen Straßenbetrieb laufen die Motoren rund 85 Prozent ihrer Zeit ungefähr mit Drittellast (zumindest in den USA) – in einem Bereich, in dem das Leerlaufsystem noch voll wirksam ist. Für den normalen Fahrbetrieb ist ein auf den Motor und die persönlichen Fahrgewohnheiten abgestimmtes Leerlaufsystem also eminent wichtig.

Bei der Suche nach dem richtigen Vergaser sollten wir unsere Fahrweise und Fahrambitionen realistisch einschätzen. Für den 911 SC-Motor mit 3,0 Litern dürfte der Weber 40 IDA-3C der beste Kompromiss sein.

Bei der Wahl der Vergaser spielt die Lufttrichtergröße die entscheidende Rolle bei der Kraftstoffdosierung im Hauptdüsensystem, die Drosselklappenbohrung ist dagegen für die Kraftstoffdosierung im Leerlaufsystem wichtig. Wer auf rundum angenehmes Fahrverhalten Wert legt, entscheidet sich für den Straßenbetrieb stets für die kleinere Drosselklappenbohrung.

Zur Berechnung des Vergaser-Lufttrichterdurchmessers legen wir die in *The Sports Car Engine* von Colin Campbell angegebene Formel sowie die Werksempfehlungen des Vergaserherstellers Weber zum Zusammenhang zwischen Lufttrichterdurchmesser und Drosselklappenbohrung zugrunde. Die Formel für die Berechnung der Lufttrichtergröße lautet:

MIT WEBER-VERGASER GETUNTER 3,2-LITER-MOTOR AUS EINEM 964

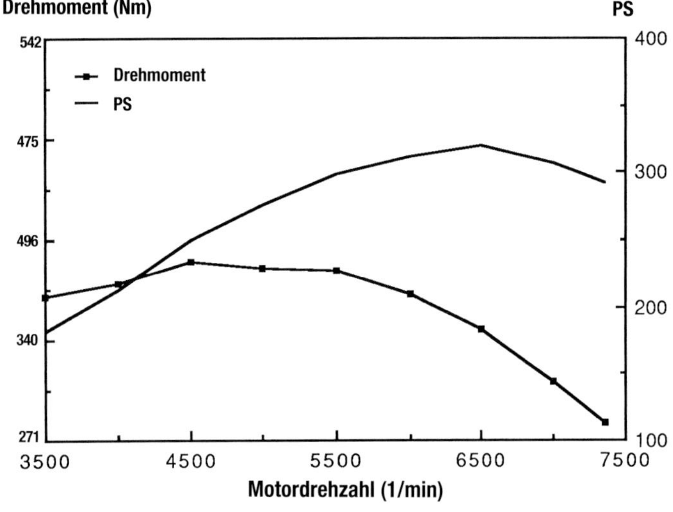

Bei Jerry Woods Enterprises entstand auf Basis eines Carrera 3,6 ein einfach konzipierter Rennmotor. Kolben und Zylinder entsprachen der Serie, spezielle Nockenwellen sorgten aber für mehr Leistung, ohne das Ventilspiel vergrößern zu müssen. Zusätzlich wurden ein Satz Weber 46 IDA-Vergaser sowie eine Woods & Weber-Auspuffanlage montiert.

$$\text{Lufttrichtergröße in mm} = 20\sqrt{\frac{V}{1000} \times \frac{N}{1000}}$$

Dabei bedeuten:
V = Zylindervolumen pro Zylinder in ccm
N = Drehzahl (1/min), bei der die Höchstleistung erreicht wird

Nach Empfehlung von Weber sollte die Drosselklappenbohrung des Vergasers etwa 10 bis 25 Prozent größer als der Lufttrichterdurchmesser ausfallen. Die stärkste Version des 911 SC 3,0 (Motorbaumuster 930/10) erreicht mit Seriennockenwellen eine maximale Leistung von 204 PS bei 5900/min. Der Hubraum pro Zylinder beträgt 499 ccm, aus der Gleichung ergibt sich also folgender Lufttrichter- und Drosselklappenbohrungsdurchmesser:

$$\text{Lufttrichterdurchmesser in mm} = 20\sqrt{\frac{499}{1000} \times \frac{5900}{1000}}$$

Lufttrichterdurchmesser in mm = 34,31 (34 mm)

Nach den Weber-Empfehlungen zum Verhältnis von Drosselklappenbohrungs- zu Lufttrichterdurchmesser müsste die Drosselklappenbohrung zwischen 37,4 und 42,5 mm liegen. Damit wären die Weber 40 IDA-3C also der optimale Kompromiss für den 911 SC 3,0.

Wollen wir den größeren Weber 46 IDA anstelle des 40 IDA für den 3,0 SC verwenden, ist mit Schwierigkeiten zu rechnen. Durch die größeren Drosselklappenbohrungen des 46 IDA wird der Dosierimpuls für den Leerlauf- und Übergangsbereich schwächer. Der verfügbare Impuls geht als vierte Potenz des Durchmessers ein, beim Umbau vom 40 IDA auf den 46 IDA schwächt sich der Dosierimpuls also um 75 Prozent ab. Im unteren Fahrdrehzahlbereich wird die Gemischabstimmung somit ungenauer und die Löcher im Übergang ausgeprägter.

Frühe Ausführungen des 46 IDA besaßen außerdem Leerlaufprogressions- bzw. Übergangskanäle, die ganz und gar nicht auf die 911er Straßenmotoren abgestimmt waren. Durch Maßnahmen der Weber-Importeure konnten diese Probleme allerdings weitgehend behoben werden. Die Leerlaufprogressionsbohrungen in der späteren Ausführung des 46 IDA wurden umfassend geändert, und im Ergebnis passen die Gemischfabriken viel besser zu den Erfordernissen des Straßen-911. Bei den PMO-Vergasern ist das Leerlaufsystem gegenüber den Weber-Modellen erheblich verbessert worden.

Tuning mit Turbolader und Modifikationen der Turbo-911er

Manche Leistungssteigerungen sind beim Turbo relativ einfach zu bewerkstelligen, dazu zählt in erste Linie die Erhöhung des Ladedrucks.

Der Ladedruck ist bei allen Turbo-Porsche fest auf einen Wert eingestellt, der nach Abwägung des Herstellers sowohl ordentliche Leistung als auch die notwendige Zuverlässigkeit gewährleistet. Der typische straßenzugelassene 911 Turbo verträgt eine leichte Anhebung des Ladedrucks und entsprechende Mehrleistung, ohne dass der Motor Schaden nimmt, da die Fahrzeuge immer nur kurzzeitig mit vollem Ladedruck laufen. Der Ladedruck sollte bei Fahrzeugen, die sich in allen anderen technischen Details im Serienzustand befinden, jedoch nie über 1 bar liegen. Ladedrücke über 1 bar bringen die Serienmotoren rasch in bedenkliche Nähe ihrer thermischen Grenzen. Auch die präzise Gemischaufbereitung der Einspritzanlage ist dann überfordert, wodurch es zu Selbstzündungen und womöglich zu kostspieligen Motorschäden kommen kann.

Zur technisch korrekten Anhebung des werksseitig eingestellten Ladedrucks wird ein Druckregler an der Membran des Wastegate montiert. Alternativ eignet sich ein elektronischer Regler, wie er von HKS vertrieben wird. Manuelle Regler sollten als verstellbare Ausführung mit vorjustierter Grundeinstellung am Wastegate montiert werden – und nicht etwa im Innenraum, wo unsachgemäßes Bedienen während der Fahrt eher Nachteile zur Folge habe kann. Außerdem muss der ladedruckabhängig arbeitende Benzinpumpen-Abstellschalter auf einen Schaltdruck von 1,35 bis 1,4 bar eingestellt werden. Der Sinn dieser Modifikation hat etwas damit zu tun, dass der Turbo beim erstmaligen Zuschalten – systembedingt – den Ladedruck-Einstellwert kurzzeitig überschreitet. Ein auf normalen Ladedruck eingestellter Abstellschalter würde dann sofort die Benzinzufuhr an der Pumpe sperren. Ebenso wie die Stilllegung des Benzinpumpen-Abstellschalters, so ist auch die Veränderung der Wastegate-Einstellung durch Beilagscheiben nicht ratsam. Noch bevor der gewünschte Ladedruck erreicht ist, wäre die Schraubenfeder unter Umständen soweit komprimiert, dass sie „klemmt" – was weder für Fahrer noch Motor gut ist. Warnhinweis: Bevor wir auch nur daran denken, den Ladedruck zu ändern, sollte eine absolut genau anzeigende Ladedruckanzeige eingebaut werden.

Die serienmäßige K-Jetronic-Einspritzanlage ermöglicht eine ausreichende Kraftstoffversorgung (mit der höchstmöglichen Ok-

Motormanagement ist noch der einfachere Teil; Saugstutzen und Kabelstränge sind kniffliger. Sogar Schieberkonstruktionen im Saugstutzen und noch andere Saugstutzenkonstruktionen sind prinzipiell geeignet. Hier ein Satz Schieber-Ansaugstutzen mit Woods-Luftfiltern.

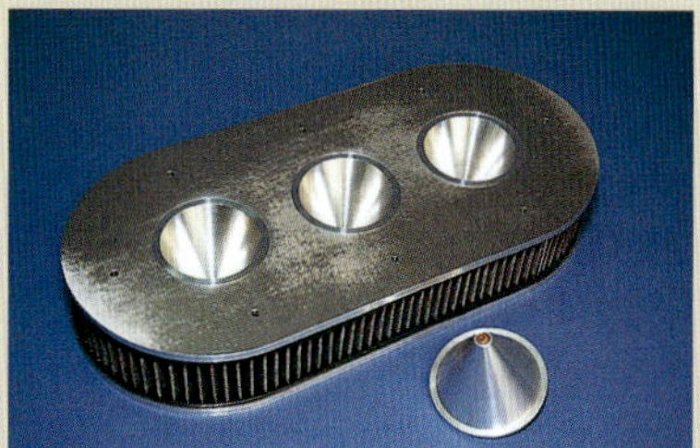

Eine Eigenkonstruktion von Jerry Woods Enterprises für den Einbau von Einspritzdüsen im Luftfiltergehäuse.

Len Cummings von Autosports Engineering, Inc. fertigt eigene Adapter für die Klappenstutzen der mechanischen Einspritzanlagen für den Anbau an den 964er und 993er Motoren.

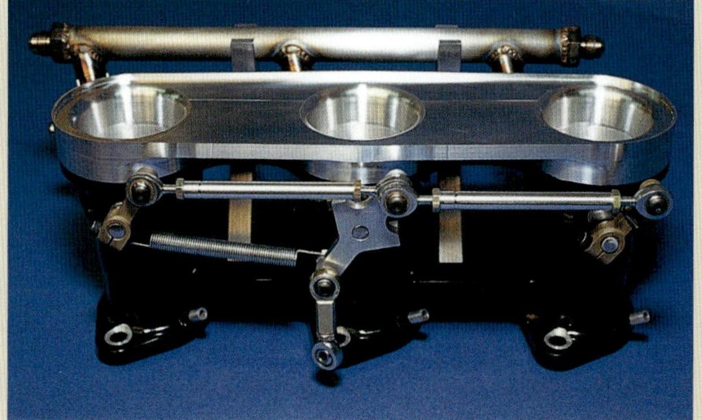

Klappenstutzen von Motorsport Designs, wie sie für Saug- und Turbomotoren gleichermaßen geeignet sind.

Bei TWM Induction stehen verschiedene Ansaugstutzenvarianten im Programm. Eine Ausführung wird mit Weber-Krümmern kombiniert und verfügt über Einbaustellen für Düse und Drosselklappenschalter.

Schieber-Ansaugstutzen, die in England als Nachrüstteil für den 911 entwickelt wurden.

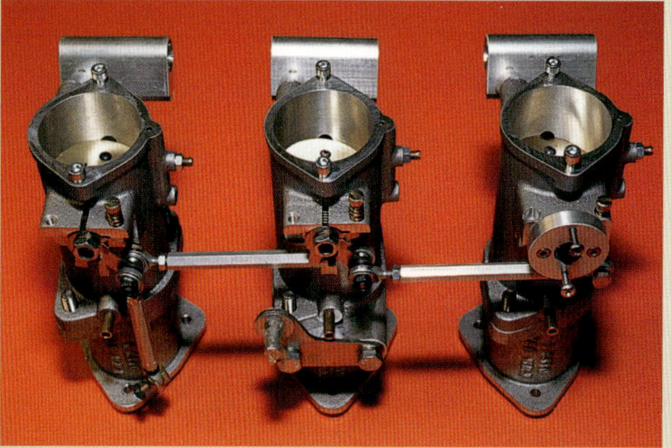

Daneben produziert TWM Induction separate Ansaugstutzen, die direkt an den Zylinderköpfen des 964 bzw. 993 angeschraubt werden können. Bei diesen Stutzen sind die Kraftstoffsammelrohre und Doppeleinspritzdüsenaufnahmen bereits integriert.

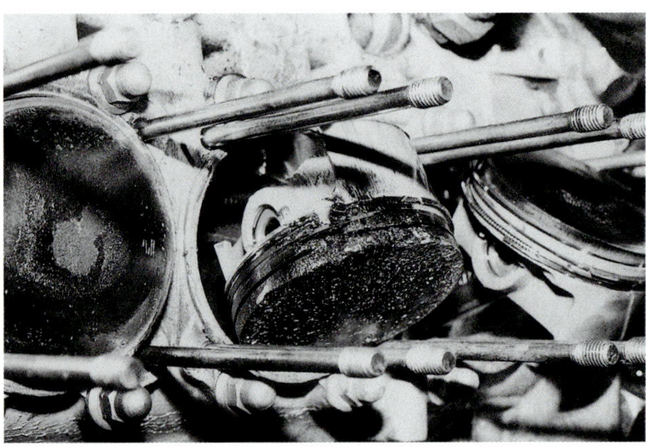

Turboladerbetrieb hat seine Tücken. Zu hoher Ladedruck, zu hohe Verdichtung oder zu niedrige Oktanzahl produzieren Selbstzündungen und können zu schweren Motorschäden führen.

Links: Dieser 3,3-Liter-Turbo aus einem Straßen-911 lief mit sehr hohem Ladedruck, aber ohne die dafür nötigen begleitenden Modifikationen. Ein Kolben „verabschiedete sich" vorzeitig, ...

Rechts: ... und auch der entsprechende Zylinder wies schwere Beschädigungen auf. Selbst die Passfläche zum Zylinderkopf hat sich verzogen und ließ Verbrennungsgase durchtreten. Hier – an der Passfläche zwischen Zylinderkopf und Zylinder – geben hochgezüchtete Rennmotoren meist zuerst auf.

tanzahl) bis ca. 400 PS. Besitzer eines 911 Turbo der Baujahre vor 1978 (930) sollten als erste Maßnahme den Einbau eines leistungsfähigen Ladeluftkühlers ins Auge fassen, bevor der Ladedruck nennenswert über die Werkseinstellung hinaus angehoben wird.

Für den 911 Turbo sind verschiedene Ladeluftkühler-Nachrüstsätze erhältlich: Je kühler die Ladeluft, desto höher die Motorleistung bei gleichem Ladedruck.

Für den Motorsporteinsatz des 911 Turbo bieten sich mehrere Wege zur Leistungssteigerung an. Die nachstehend beschriebenen Änderungen sind allerdings nur für den 911 Turbo (930) mit serienmäßigem Ladeluftkühler ab Modell 1978 oder ältere 911 Turbo (930) mit nachträglich eingebautem Ladeluftkühler zu empfehlen.

Falls wir einen US-Turbo vor uns haben (angesichts der Zahl der Reimporte ein nicht ganz seltener Fall), wird zuerst die Auspuffanlage der RdW-Version montiert. Anmerkung: Ab 1986 waren die Anlagen weltweit identisch, dann müssen nur noch Katalysator und Schalldämpfer getauscht werden. Bei den US-Modellen von 1976 bis 1980 muss dagegen die Auspuffanlage komplett geändert werden, damit die übrigen Änderungen den gewünschten Erfolg bringen.

Werden zusätzlich die Nockenwellen des 911 SC nachgerüstet und bleibt die Auspuffanlage unverändert, leidet die Leistung bei niedrigen Drehzahlen.

Als nächste Maßnahme erhöhen wir die Verdichtung auf 7,5:1 und nehmen dazu etwa 1,0 mm an den Zylinderköpfen ab. Ansaugkanäle und Ansaugtrakt werden von 32 auf 36 mm Durchmesser aufgeweitet und poliert.

Durch den Einbau der Nockenwellen des 964 Gruppe B oder eines der Aftermarket-Sportnockenwellen-Kits lässt sich die Leis-

Ein Intercooler-Nachrüstsatz von Fred Garretson für den 911 Turbo 3,0 Liter von 1975-1977. Mit diesem Kit und dem Heckflügel späterer Bauart lässt sich ein Ladeluftkühler auch in diese älteren, noch nicht für Ladeluftkühlung ausgelegten Modelle einbauen. Dieser größere Kühler bringt eine noch höhere Kühlleistung als der Werks-Ladeluftkühler des 911 Turbo.

Die Auspuffanlage eines US-911 Turbo, wie sie von 1976 bis 1980 verbaut wurde. Zusätzlich zur Einstellung eines etwas höheren Ladedrucks und dem Einbau eines großen Ladeluftkühlers muss die US-Auspuffanlage durch die Europaversion ersetzt werden, bevor weitere Änderungen folgen. Beim abgebildeten Motor wurden die Thermoreaktoren gegen „Sammelrohre" (so die Bezeichnung bei manchen Händlern) ausgetauscht, die aber eigentlich keine Sammelrohre sind, sondern die Thermoreaktoren ersetzen. Diese Ersatz-Reaktoren regulieren den Wärmehaushalt des Motors, bringen aber keine Mehrleistung.

tung des 911 Turbo spürbar anheben. Wer sich für das Nockenprofil des 964 entscheidet, sollte sich dazu am besten einen Satz 964er Wellen besorgen. Ein Nachschleifen der eigenen Wellen ist die technisch weniger empfehlenswerte Variante. Nach dem Standardverfahren für die Einstellung des Einlass-Nockenhubs des 911 bei der Kontrolle der Nockenhöhe im Überschneidungs-OT muss bei den 964er Nockenwellen ein Überschneidungsspiel von 1,16 bis 1,36 mm eingestellt werden, bei den Nockenwellen des Turbo

LEISTUNGSVERGLEICH DER LADELUFTKÜHLER DES PORSCHE 930

Temperatur °C

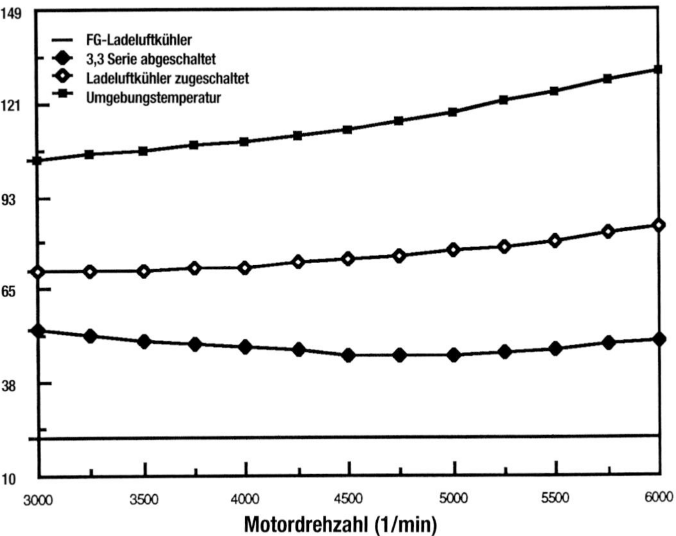

Leistungsvergleich der Ladeluftkühler des Porsche 930. Das Diagramm verdeutlicht den Leistungsvorsprung des Garretson-Ladeluftkühlers gegenüber dem Serienkühler. Leistungsdaten von Fred Garretson

Gruppe B ein Überschneidungsspiel von 1,8 bis 1,9 mm. Siehe hierzu die Hinweise zur Einstellung der Nockenwellensteuerzeiten in Kapitel 4. Wer neue 964er Nockenwellen montiert, darf keinesfalls den Mitnehmer an der linken Nockenwelle für den Antrieb der Luftpumpe und der Turbolader-Ölrückförderpumpe vergessen.

Dieser Antrieb (aus dem Rennteilesortiment) hat die Teile-Nr. 911.105.171.02. Die linke Nockenwelle muss außerdem zur Aufnahme dieses Antriebsadapters modifiziert werden. Anmerkung: Wer ein frühes Modell sein eigen nennt, baut den Antrieb für die Lenkservopumpe von der rechten Nockenwelle ab, damit dieser nicht dem am Motor angebauten Ölkühler in die Quere kommt.

Der Nockenhub der Welle des 964 ist größer als bei der Originalwelle, bei der Gruppe-B-Welle dagegen am Einlass und Auslass annähernd identisch mit der serienmäßigen Turbowelle. Werden die Nockenwellen vom 911 SC oder 964 eingebaut, müssen die Ventilfedern am Einlass und Auslass eine Länge von 34,5 mm aufweisen. Wer 964er Wellen montiert, stellt die Einlassventilfedern auf 34,5 mm, die Auslassventilfedern auf 33,5 mm ein. Wenn die 964er Nockenwellen montiert werden, sollten aus Gründen der Standfestigkeit die Ventilfedern samt Federtellern durch verstärkte Ausführungen ersetzt werden. In Deutschland führen Porsche-Spezialisten wie Bienert oder dbilas diese Spezialfedern.

Die Motorkühlung ist beim Turbo ein kritischer Faktor, daher wäre auch eine geänderte Gebläseübersetzung anzuraten. Die Übersetzung kann von den serienmäßigen 1:1,68 auf 1:1,8 gebracht werden, indem die größere Kurbelwellen-Riemenscheibe des 2,7 Liter von 1976/77 oder das Gebläse des 911 SC von 1978/79 montiert wird.

Auspuffumbau am Turbo: Bei diesem 911 Turbo wurde die Auspuffanlage des älteren Saugmotors angebaut, um dessen abgestimmte Rohrlängen nutzen zu können. Idealerweise sollten zwei Primäranlagen (mit Längenabgleich) mit kurzen Sekundärrohren kombiniert werden, die direkt in den Lader führen. Bei diesem Wagen reicht der Platz im Heck leider nicht für die Montage der idealen Auspuffanlage und aller anderen Anbauten aus. Tom Hanna

Doppelzündung bietet bei Turbomotoren dieselben Vorteile wie bei Saugmotoren, vor allem sinkt der Oktanzahlbedarf. Obendrein verkraften Turbomotoren damit höhere Ladedrücke. Das Problem liegt nur in der Beschaffung eines geeigneten Verteilers. Der Verteiler muss unbedingt eine für diese Motorumbauten geeignete Verstellkennlinie aufweisen. Der Bosch-Rennverteiler mit starrer Frühverstellung ist also nicht unbedingt ideal.

Beim Serienverteiler wird der Zündzeitpunkt auf 25° bei 4000/min eingestellt (bei abgezogenem Unterdruckschlauch zum Verteiler).

Beliebt ist beim 911 Turbo der Umbau des Turboladers auf einen der K27-Turbolader. Der K27 ist eine fortschrittlichere Konstruktion als der werksseitige K26 des 911 Turbo und erreicht bei höherem Ladedruck einen besseren Wirkungsgrad. Die Zahl K27 bezieht sich auf die Laderausführung bzw. den Ladermittelteil aus der Fertigung von KKK. Der K27-Lader sitzt auch in diversen Audi Diesel, Porsche 935 und 924 Turbo. Für den 911 Turbo stehen unterschiedliche Ausführungen des K27-Laders zur Wahl. Der K27-16 bringt mehr Leistung im oberen Drehzahlbereich, der K27-13 verbessert die Leistung bei mittleren Drehzahlen und der K27-11/11 den Durchzug im unteren Drehzahlbereich. Daneben hat der 911er Fahrer die Qual der Wahl zwischen weiteren Spezialversionen von KKK sowie Turbos anderer Hersteller.

Zum Einbau in den 911 Turbo sind sowohl am K27-Lader als auch am Ladeluftkühler Modifikationen erforderlich. An der Laderanbaufläche zum Auspuffflansch müssen ca. 10 mm abgenommen werden, damit der Lader besser passt. Das Eintrittsrohr des Ladeluftkühlers muss für den Anschluss am Verdichterauslass des K27-Laders geändert werden. Am K26-Lader war dieses Ladeluftkühlerrohr werksseitig mit einem O-Ring abgedichtet. Da am K27 aber keine Aussparung für den O-Ring vorhanden ist, wird das Rohr mit einem Kühlerschlauchstück und Schlauchschellen befestigt.

Die Europa-Auspuffanlage an einem US-911 Turbo: Ein solcher Umbau der Auspuffanlage macht den Weg frei für alle anderen Turbo-Umbauten und wird insbesondere für die US-Modelle von 1976-1980 empfohlen, andernfalls bringt der modifizierte Motor unterhalb 3000/min keine vernünftige Leistung mehr – vor allem nach dem Einbau anderer Nockenwellen. Mit dieser Anlage wurden unterschiedliche Schalldämpfer erprobt; sie funktionieren alle, manche bringen mehr Leistung, manche weniger. In den US-Turbos von 1986/87 ist diese Europaanlage bereits vorhanden, allerdings mit anderen Schalldämpfern und Katalysator. Diese Bauteile müssen im Interesse optimaler Leistungsausbeute also ebenfalls getauscht werden. In Deutschland spricht bei derartigen Umbauten jedoch der TÜV noch ein gewichtiges Wörtchen mit.

Die Turbo-Nockenwellen

Nockenwellenausführung	Steuerzeiten	Kontrollmaß im Überschneidungs-OT
911 Turbo 1975-87	EÖ 3° v. OT ES 37° n. UT AÖ 29° v. UT AS 3° v. OT	0,65 bis 0,80 mm
Carrera 1976/77 911 SC 1978-83 Carrera 1984-89	EÖ 7° v. OT ES 47° n. UT AÖ 49° v. UT AS 3° v. OT	1,4 bis 1,7 mm
Porsche Gruppe B Turbo-Nockenwelle	EÖ 11° v. OT ES 46° n. UT AÖ 32° v. UT AS 8° n. OT	1,8 bis 1,9 mm
Carrera 964 1989-94 Nockenwelle	EÖ 4° v. OT ES 56° n. UT AÖ 46° v. UT AS 5° n. OT	1,16 bis 1,36 mm

Beispiel einer Ventilfeder mit Federteller von Jerry Woods Enterprises.

Der K27-11/11 ist der verbreitetste Nachrüst-Turbolader für den 911 Turbo.

Ladeluftkühlung bringt beim 911 Turbo klare Vorteile. Die ersten Experimente mit Ladeluftkühlern liefen bei Porsche in der Rennabteilung, erstmals am Motor des 917. Beim 934, 935 und 936 wurden durchweg Ladeluftkühler verbaut, um die hohe spezifische Leistung zuverlässig aufrechterhalten zu können. In Rennwagen sind sowohl Luft/Luft- als auch Wasser/Luft-Ladeluftkühler anzutreffen. Ab 1978 wurde bei straßenzugelassenen 911 Turbos ein Luft/Luft-Kühler verwendet (Umgebungsluft als Kühlmedium). Durch die Verdichtung im Lader heizt sich die Ansaugluft auf (jeder Druckanstieg ist von einem entsprechenden Temperaturanstieg begleitet).

Dieser Temperaturanstieg macht die durch den höheren Ladedruck erzielten Vorteile jedoch wieder teilweise zunichte, da höhere Temperaturen die Dichte der Ladeluft verringern und für weniger Sauerstoffaufnahme sorgen. Durch die Erwärmung steigt auch die Betriebstemperatur des Motors, der nun eher zu Glühzündungen und zu Überhitzungserscheinungen an Kolben, Ventilen und Zylinderköpfen neigt. Eine um 10 °C heißere Ladeluft ergibt eine um 10 °C höhere Auspufftemperatur. Wem es also gelingt, die Ladelufttemperatur zu senken, der kann höhere Leistungen bei niedrigeren Ladedrücken freisetzen.

Womit wir bei den Ladeluftkühlern angekommen wären. Der Ladeluftkühler liefert ständig Energie quasi fast zum Nulltarif, allerdings letzten Endes um den Preis, dass nur ein geringerer Teil des Ladedrucks im Motor ankommt. Lediglich die wärmebedingte Glühzündungsneigung setzt der Erhöhung des Ladedrucks Grenzen. Geringere Ladelufttemperaturen machen den Weg frei für einen höheren Ladedruck. Neben der bei der Verdichtung der Ladeluft entwickelten Wärme, ist die Verbrennungswärme auch vom Verdichtungsverhältnis und der Zündeinstellung abhängig. Leistungsfähigere Ladeluftkühler und höheroktanige Kraftstoffe ermög-

Der RUF-Ladeluftkühler ist eine Entwicklung von Längerer & Reich, die auch die Serien-Ladeluftkühler für Porsche liefern. Die Kühlfläche wurde gegenüber der Serienversion um 66 Prozent vergrößert. Durchdacht konzipierte Ladeluftkühler wie die von RUF liefern eine kühle, dichte Frischluftfüllung und sind für rund 30 PS Mehrleistung gut. Foto: Ruf GmbH

Der besonders groß dimensionierte Ladeluftkühler von Protomotive Engineering (PE). Laut Herstellerangaben erreicht dieser einen Wirkungsgrad von 98 Prozent, der serienmäßige Ladeluftkühler – wie PE betont – dagegen nur einen Wirkungsgrad von 17 Prozent.

Links: Ein Ladeluftkühler-Kit von Kremer. Die Kühler der Kölner Porsche-Spezialisten sind besonders voluminös und erfordern einen größeren Heckflügel. Bei dem abgebildeten Wagen wurde der Kühler bereits montiert und die Karosserie entsprechend modifiziert, die Umrüstungsteile sind vor dem fertigen Fahrzeug zur Veranschaulichung ausgelegt. Rechts: Der Blick unter die Motorhaube zeigt den Größenunterschied des Kremer-Ladeluftkühlers gegenüber der Werks-Serienversion.

lichen ihrerseits höheren Ladedruck, höhere Verdichtung und mehr Vorzündung und damit zusätzliche PS. Zwischen diesen drei Faktoren gilt es, einen ausgewogenen Kompromiss zu finden, da sie alle stets auch die Brennraumtemperaturen und damit die Klingelneigung in die Höhe treiben. Ziel muss eine möglichst weitgehende Leistungssteigerung ohne Beschädigung des Motors sein.

Für die älteren 911 Turbo (930) ohne serienmäßigen Ladeluftkühler sind verschiedene Kühlernachrüstsätze lieferbar, für die späteren Turbos mit Ladeluftkühler gibt es größere, leistungsfähigere Aggregate. Ladeluftkühler werden nach zwei Kriterien beurteilt: Maßgeblich sind die Wirksamkeit, mit der die Ladeluft gekühlt wird, und die Drosselung der durchströmenden Luftmassen. Beim Durchtritt der verdichteten Luft durch einen Kühler oder Wärmetauscher sinkt der Druck allerdings unweigerlich etwas ab.

Ein in diesem Sinne modifizierter 911 Turbo erreicht bei rund 5500/min und 0,9 bar Ladedruck eine Motorleistung von 350 bis 400 PS. Bei Betrieb mit offener Auspuffanlage anstelle des Schalldämpfers lassen sich noch weitere 10 PS mobilisieren (der Turbo wirkt dabei bereits als Schalldämpfer, da er im Abgasstrom liegt). Ladedrücke über 0,9 bar senken die Lebensdauer eines ansonsten serienmäßigen Motors des 911 Turbo (930) im Motorsporteinsatz jedoch rapide. Beispiel: Ein bei den 24 Stunden von Le Mans oder Daytona eingesetzter 935er Motor ist bereits nach einem Rennwochenende komplett überholungsreif. Die Kolben und Zylinder sind ausgelaufen, auch die Zylinderköpfe dürften meist erneuerungsbedürftig sein. Selbst bei Spezialmotoren für Langstreckenrennen und maximale Ladedrücke von 1,2 bis 1,25 bar ist mit derart begrenzten Standzeiten zu rechnen. Und dabei besaß der 935 einen Ölkühler, Ladeluftkühler und eine Luftkühlanlage, die den Möglichkeiten eines normalen 911 Turbo mit Serienkarosserie weit überlegen waren.

RUF setzte beim Tuning der älteren 3,3-Liter-Turbos in der Regel auf Hubraumvergrößerung auf 3,4 Liter (3367 ccm gegenüber den serienmäßigen 3298,8 ccm). Dazu wichen die Serienkolben und -zylinder 98-mm-Kolben und -Zylindern. Ausschlaggebend hierfür war, dass RUF von der Kühlrippengestaltung der 3,3-Liter-Turbo-Serienzylinder nicht überzeugt war und ihre Verrippung für Hochleistungs-Turbos als unzureichend empfand. Auch Hubräume jenseits der 3,4 Liter wären machbar gewesen, doch hätten dazu die Zylinderaufnahmen in den Kurbelgehäusen aufgebohrt werden müssen – ein Schritt, der bewusst vermieden wurde.

Für diese Motoren waren 100-mm-Zylindersätze lieferbar, die 3,5 Liter Hubraum ergaben, doch musste dazu das Kurbelgehäuse von den serienmäßigen 103 mm auf 105 mm ausgedreht werden, um die dickeren Zylinder montieren zu können. Der Durchmesser am oberen Zylinderende konnte beim Zusammenbau mit den Zylinderköpfen dagegen unverändert bleiben.

Der Durchmesser betrug bei allen vergrößerten Versionen nach wie vor 113 mm – wie bereits seit 1975, als das Druckguss-Alukurbelgehäuse beim Turbo Einzug gehalten hatte.

Als weitere Änderung erhielten diese Turbomotoren einen zusätzlichen O-Ring am Zylinderfuß in der Zylinderaufnahme des Kurbelgehäuses. Dieser Dichtring ähnelt den Ausführungen an verschiedenen 911er Rennmotoren sowie den späteren 993 3,8 RS. Porsche bezeichnete diesen Dichtring als „Profildichtring" – im Prinzip ein O-Ring in einer Nut in der Zylinderaufnahmebohrung im Kurbelgehäuse, um den Zylinderfuß zum Kurbelgehäuse hin abzudichten.

Die Serien-993er besaßen am unteren Zylinderende eine Nut für den O-Ring an der Passfläche zum Kurbelgehäuse; hier sitzt der O-Ring jedoch in einer Nut in der Zylinderaufnahme des Kurbelgehäuses und übernimmt die Abdichtung zu dem Zylinderteil, der in der Aufnahmebohrung sitzt.

Ein 934 für die amerikanische IMSA GTO-Serie: Zwei 3-in-1-Krümmer – mit eigenem Wastegate und vollständig voneinander getrennt – führen in einen groß dimensionierten Turbolader mit 2 Eingängen. Die Unterdruck-/Ladedruckregler der Wastegates waren parallelgeschaltet (wie beim 935 mit Doppellader). Der Motor erreichte annähernd die Leistung des Doppellader-935. 1983 errang Wayne Baker mit diesem 934 die GTO-Meisterschaft der IMSA und wurde auf Anhieb sowohl Klassensieger als auch Gesamtsieger in Sebring.

Die RUF-Turbos

Zahlreiche Tuningspezialisten bieten heute Nachrüst-Turbolader eigener Konstruktion an; zu den bekanntesten dürfte Alois Ruf aus dem bayerischen Pfaffenhausen zählen. Legendär ist der *Yellow Bird,* die 1987 entstandene RUF-Kreation, die in zeitgenössischen US-Fahrtests alles, was in der Kategorie Hochleistungssportwagen weltweit Rang und Namen hatte, hinter sich ließ, sogar den Porsche 959 S. Auf der VW-Teststrecke brachte es der *Yellow Bird* bei einem dieser Tests auf 211,5 mph (340,4 km/h) – ein Wert, der anschließend auf der Nardo-Rennstrecke mit 212,5 mph (342 km/h) sogar noch getoppt wurde. Obendrein sprintete der *Yellow Bird* in genau 4 Sekunden von 0 auf 60 mph (96 km/h) und spulte die Vierteilmeile in 11,7 Sekunden mit 133,5 mph (214,8 km/h) ab.

Ein Turbo-Nachrüstsatz von RUF für den 964 und 993.

Der *Yellow Bird* entstand als abgespeckter 911 mit 469 PS starkem 3,4-Liter-Doppelturbotriebwerk. Für den CTR (Gruppe C Turbo RUF) griff RUF auf einen Ansaugstutzen eigener Konstruktion zurück, der dem Carrera-Stutzen ähnelte, aber mehr Volumen bot. Dazu kam eine spezielle Motronic-Einspritz- und Zündanlage, die ursprünglich für die 962er Rennmodelle entwickelt worden war. Statt – wie bei den üblichen elektronischen Motormanagementsystemen – die Luftmenge zu erfassen, wurde hier der Druck über die von speziellen Drosselklappen-, Drehzahl-, Motortemperatur- und Saugrohrdrucksensoren gelieferten Eingangssignale erfasst.

Der *Yellow Bird* kann als der erste der reinrassigen 911er Hochleistungs-Turbomotoren gelten, die wirklich richtig spurteten und Leistung im Überfluss freisetzten. Seit dem Debüt dieser Kreation sind zahlreiche Aftermarket-Tuningfirmen mit elektronischen Motormanagementsystemen auf den Plan getreten und trieben die Leistungsausbeute der Turbomotoren in beachtliche Höhen.

Seit 1981 gilt die RUF Automobile GmbH (www.ruf-automobile.de) offiziell als eigener Autohersteller. 1987 erhielt die Firma aus dem oberschwäbischen Landkreis Unterallgäu auch in den USA (durch die NHTSA und EPA) die Zulassung als Hersteller von Sicherheits- und Abgasreinigungsanlagen.

DER 930ER DOPPELTURBOMOTOR DES RUF *„YELLOW BIRD“*

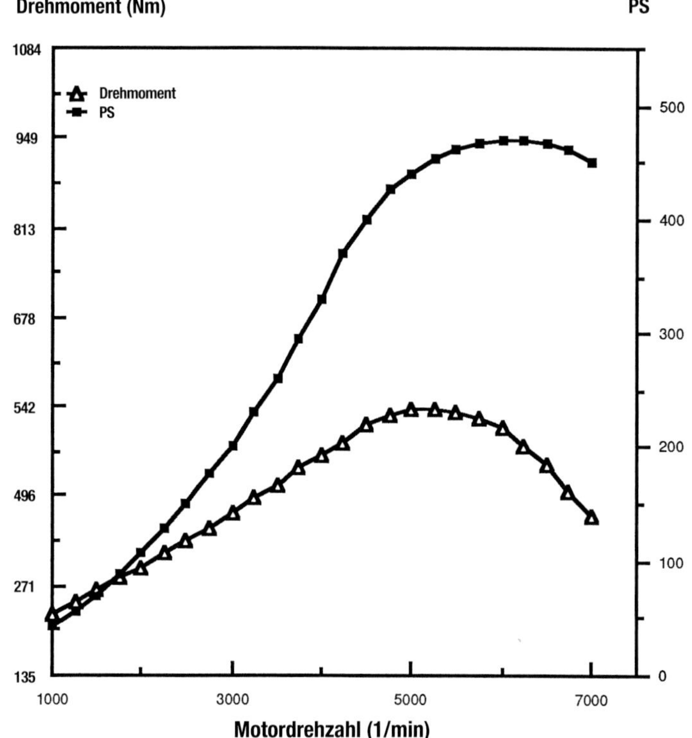

Leistungskennlinien des 930er Biturbo-Motors des *Yellow Bird*. Der *Yellow Bird* erreichte beim Vergleichstest der „schnellsten Autos der Welt“ von *Road & Track* eine Spitze von 340 km/h, kam in 4 Sekunden von 0 auf 60 mph und lief die Viertelmeile mit 214,8 km/h in 11,7 Sekunden. Der Motor basiert, wie die übrigen RUF-Umbauten des 911 Turbo, auf einem umgebauten 3,4-Liter-Triebwerk, in diesem Fall allerdings mit einer Spezialversion der Motronic für die Kraftstoff- und Zündsteuerung, die in Verbindung mit dem Doppelturbolader noch mehr Leistung freisetzt. Leistungsdaten von RUF GmbH

RUF produzierte insgesamt 28 CTR auf der Basis neuer Fahrgestelle ohne Fahrgestellnummern, die von Porsche bezogen wurden, sowie nochmals eine ähnliche Anzahl CTR als Umrüstung existierender Carrera 3,2 Liter. Die auf neuen Fahrgestellen aufgebauten CTR erhielten eigene RUF-Fahrgestellnummern, die umgebauten Exemplare behielten ihre Porsche-Fahrgestellnummer bei. Zahlreiche Besitzer eines RUF CTR setzten ihren Turbo ausgiebig bei Rundstreckenrennen in aller Welt ein.

RUF arbeitete jahrelang eng mit Bosch zusammen und verfeinerte die Bosch-Motronic für die RUF-Turbotriebwerke stetig weiter, bis das Optimum an Leistung und Laufeigenschaften erreicht war. Die Entwicklungsvorgabe lautete, das System so weiterzuentwickeln, dass es mit den potenten, strömungsoptimierten und mit Katalysator bestückten RUF-Turbos perfekt harmonierte. Das gemeinsame Ziel von RUF und Bosch war mit der Überarbeitung der Bosch-Motronic erreicht, die auch in den 964 und 993 saß. Bei einigen Exemplaren kamen Porsche-Saugrohre zum Einbau, bei anderen Eigenkonstruktionen. Als Porsche noch Klappenventile zur Luftmengenmessung nutzte, setzte RUF bereits Heißfilm-Luftmengenmesser ein.

RUF verbaut KKK-Turbolader, die speziell für die RUF-eigenen Motoren entwickelt wurden. Außerdem greift der Automobilhersteller im Interesse von Standfestigkeit und Leistungsausbeute auf die größten Ladeluftkühler aus dem Porsche-Programm zurück. Die von RUF für die eigenen Motoren entwickelten Nockenwellen liefern hervorragende Leistung über den gesamten Drehzahlbereich. Daneben rüstet RUF die 993er Aggregate auf die älteren mechanischen Porsche-Kipphebel in Kombination mit den RUF-Nockenwellen zurück. Die RUF-Kolben ergeben in den Turboversionen eine auf 8,0:1 reduzierte Verdichtung. Zur Optimierung der Ölkühlung werden sowohl der 964 als auch der 993 mit einem zweiten Ölkühler, links vorne auf derselben Seite wie der Klimakondensator, bestückt. Die Nennleistung der RUF-Motoren beträgt ca. 400 PS, diese Angaben sind allerdings eher zurückhaltend angesetzt – man lässt am liebsten die Leistung seiner Motoren für sich sprechen.

RUF produziert sowohl Fahrzeuge mit Einzelturbo als auch Biturboversionen und bietet diese als Allrad-, aber auch als konventionelle Heckantriebsausführungen an. Bei aller Leistungsfülle halten die RUF-Kreationen auch die geltenden Abgasgrenzwerte zuverlässig ein. Leistungsentfaltung und Beschleunigungsentfaltung sind quasi mit denen normaler Saugmotorversionen vergleichbar – ein einmaliger Fahreindruck, den man selbst erlebt haben muss.

Die ANDIAL-Turbos

Auch die überaus aktive Porsche-Szene in den USA brachte etliche Porsche-Tuningschmieden hervor, die sich gegenüber den legendären Umbauten des Veredlers RUF nicht zu verstecken brauchen. Zu den renommierteren Spezialbetrieben zählte ANDIAL Road and Racing in Fountain Valley (Kalifornien). ANDIAL ist freilich nicht zu den typischen amerikanischen Tuning-Bastlerwerkstätten zu rechnen – immerhin war das Unternehmen Jahrzehnte lang im

Der Motor des RUF *Yellow Bird* bzw. CTR. Die 1987 produzierte Erstlingsversion triumphierte mit einer Spitze von 340 km/h beim *Road & Track*-Vergleichstest der schnellsten Sportwagen der Welt. Die Motorleistung wurde mit 469 PS beziffert – eine wahrscheinlich eher zurückhaltende Angabe.

Geschäft und hatte sich mit Eigenentwicklungen für Porsche über die Jahre einen exzellenten Ruf erworben. Im Jahr 2013 hat Porsche Motorsport North America das Unternehmen gekauft, in wie weit der Name ANDIAL weiterleben wird, ist nicht bekannt. Das Firmenanagramm leitet sich von den Namen der Inhaber ab: Arnold Wagner (AN), Dieter Inzenhofer (DI) und Alwin Springer (AL). Wagner und Inzenhofer wanderten 1960 aus Deutschland nach Kanada aus und begegneten sich dort während ihrer Tätigkeit bei einem VW-Vertragshändler in Toronto – Inzenhofer als Mechaniker, Wagner als Lagerist im Ersatzteillager.

Aus Kanada siedelten die beiden später nach Hermosa Beach (Kalifornien) um, wo sie für Vasek Polak Porsche arbeiteten.

Bei Vasek Polak trafen sie 1969 Alwin Springer, den damaligen Rennmechaniker von Polak. Die drei wirkten fünf Jahre lang an verschiedenen Rennprojekten von Polak mit, bevor sie 1975 in Costa Mesa (Kalifornien) den Schritt in die Selbstständigkeit wagten. Anfangs wurden in den noch recht kleinen Betriebsstätten hauptsächlich Kunden mit Straßenfahrzeugen betreut, dazu kam ein kleines Klientel aus dem Motorsport. Fast vom ersten Tag an profilierte sich ANDIAL in den USA jedoch auch als einer der führenden Rennmotorenbauer.

Manchen Fahrern kann die Leistung gar nicht hoch genug sein. Bis zum Debüt des *Yellow Bird* aus dem Hause RUF lag die machbare Obergrenze beim Tuning der 911er Turbos aufgrund der Grenzen der Ansauganlage bei rund 400 bis 410 PS. Mehr Leistung bot nur ein „abgerüsteter" 935er Motor, wie er auf dem Bild zu sehen ist.

:R 964/962C-MOTOR VON ANDIAL

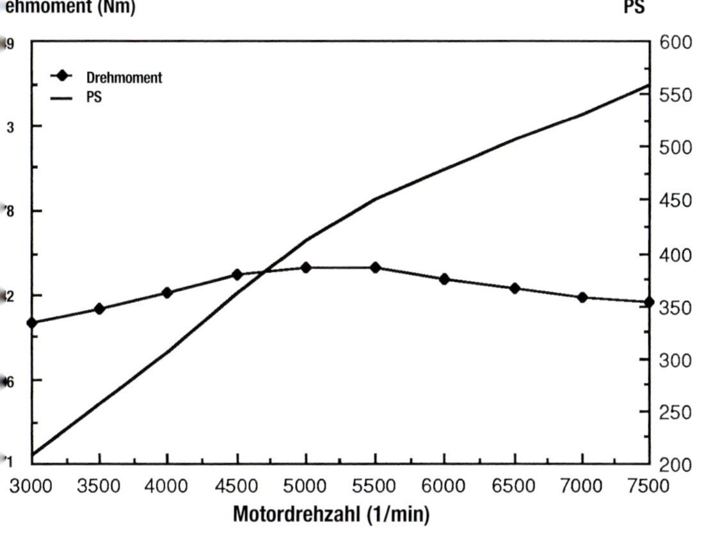

Prüfstands-Leistungsdiagramm eines 962er Motors von ANDIAL in einem Carrera 4. Zum Schutz von Getriebe und Antriebsstrang wurde die Leistung bewusst gedrosselt.

Vor einigen Jahren implantierte ANDIAL ein wassergekühltes 3,0-Liter-Aggregat in einen Carrera 4. Dieses 962er Kraftpaket erreichte bei internen Versuchsläufen 740 PS bei 1,4 bar Ladedruck. Im Interesse der Betriebssicherheit entschied man sich dann allerdings doch dafür, die Leistung auf 520 PS bei 0,8 bar Ladedruck zu begrenzen. Ausschlaggebend für diese scheinbar grundlose Leistungsdrosselung war nach Aussagen von Dieter Inzenhofer die Tatsache, dass die Serienversion auf 250 PS kam und Porsche normalerweise eine konstruktive Sicherheitsmarge von 100% einkalkulierte. 520 PS muteten daher noch als sicherer Wert für Getriebe und Antriebsstrang des Carrera 4 an. Dem Fahrer stand es bei entsprechendem Verlangen natürlich frei, per Knopfdruck den Ladedruck auf 1,4 bar zu erhöhen und damit die Gesamtleistung von 740 PS abzurufen.

Um das wassergekühlte Aggregat an den für die luftgekühlte Version konzipierten Rahmen des 964 anzupassen, montierte ANDIAL den Kühler eines 944 im Fahrzeugbug. Einziges äußeres Indiz dafür waren die Kühllufthutzen in der Fronthaube. Der Kühler war mit einem Paar elektrischer Kühllüfter kombiniert, die in den Luftführungen vom Kühler saßen und die Kühlwirkung intensivieren sollten. Die Kühlmittelzu- und -ableitungen waren geschickt von außen unsichtbar in der Karosserie verlegt.

Eine originelle Lösung ließ sich ANDIAL für das Problem der Innenraumheizung einfallen. Auf dem Motor saßen zwei Was-

Der 964 Carrera 4 von ANDIAL: Der modifizierte Motor stammt aus einem wassergekühlten 962er Rennwagen. Bei Versuchsläufen mit 1,4 bar Ladedruck entlockte ANDIAL dem Motor 740 PS.

ser-Luft-Wärmetauscher, das Kühlmittel strömte auf dem Weg zurück zum im Bug untergebrachten Kühler durch diese Wärmetauscher. Zur Beheizung des Innenraums musste lediglich das Heizgebläse zugeschaltet werden, das die Warmluft aus den Wärmetauschern in den Innenraum dirigierte. Dieser ANDIAL-Porsche dürfte der erste 911 mit einer wirklich vollwertigen Heizung gewesen sein.

Äußerlich wirkte der Wagen bis auf die beiden für den Kühler erforderlichen Hutzen in der Fronthaube und den zusätzlichen Turbo-Heckspoiler völlig serienmäßig. Auf Kundenwunsch wurde sogar eine Klimaanlage mitgeliefert.

Der Motor des ANDIAL Carrera 4 erwies sich, dank der (für einen Turbomotor) relativ hohen Verdichtung von 9,13:1, als ausgesprochen elastisch. Als weiteres Elastizitätsplus erwiesen sich die von ANDIAL modifizierten Steuerzeiten der Einlass- und Auslassseiten der (vom 962 übernommenen) Seriennockenwellen. Bei Probefahrten zog der Wagen selbst mit Vollgas aus einer Drehzahl von nur 1200/min elastisch und ruckfrei durch – wie man es von einem zivilisierten Wagen für die Straße erwartet. Dass der Motor freilich nicht ganz dem normalen Serientrimm entsprach, wurde am Lärm der geradverzahnten Nockenwellenantriebsräder unüberhörbar deutlich.

Die Turbos von Protomotive

Unter dem Dach von Protomotive (www.protomotive.com) fanden sich verschiedene Tuner zusammen, denen in Kooperation mit US-Tuner Todd Knighton im Laufe der Jahre zahlreiche Turbo-Umrüstungen zu verdanken waren. Protomotive produzierte entsprechend der Philosophie des Hauses sämtliche Anbauteile für den Turbo-Umbau selbst, hielt jedoch am Motormanagement durch die Bosch-Motronic fest, wenn auch mit modifizierten, auf den Turbo-Umbau abgestimmten Kraftstoff- und Zündkennfeldern. Auf dieses Konzept setzt auch Alois Ruf bereits seit langem.

Die Protomotive-Fahrzeuge begnügten sich zwar nicht ganz mit so zurückhaltenden Leistungsangaben wie die RUF-Umbauten und hatten auch keine ganz so ausgiebigen Autobahnerprobungen hinter sich, sind aber unstrittig extrem schnell.

Protomotive bot eine Vielzahl unterschiedlicher Turbo-Motorumrüstungen an, die von der mit 375 PS angegebenen Stufe I bis zu der 832 PS starken sequenziellen Biturboversion reichten.

Für den wassergekühlten 962er Motor musste der 964 mit einem eigenen Kühler im Bug bestückt werden.

Prototech fertigte für seine Biturbo-Umbauten in Kooperation mit Protomotive aus dem US-Bundesstaat Arkansas eigene Auspufffächerkrümmer sowie eigene Schalldämpfer mit Katalysator. Die abgebildete Anlage ist an einem 700 PS starken Aggregat mit sequenziellem Biturbo montiert.

Die Umbauten überzeugten durch einwandfreies handwerkliches Finish und die Turboeinbauten wirkten zweifellos beeindruckend. Manche der anderen hier präsentierten Tuningkreationen basieren auf Rennmotoren des Porsche-Werks, die für den Einbau im 911 modifiziert wurden, Protomotive nahm dagegen einen serienmäßigen 3,2-Liter-Carrera, 964 oder 993 und, rüstete die Saugmotorversion um.

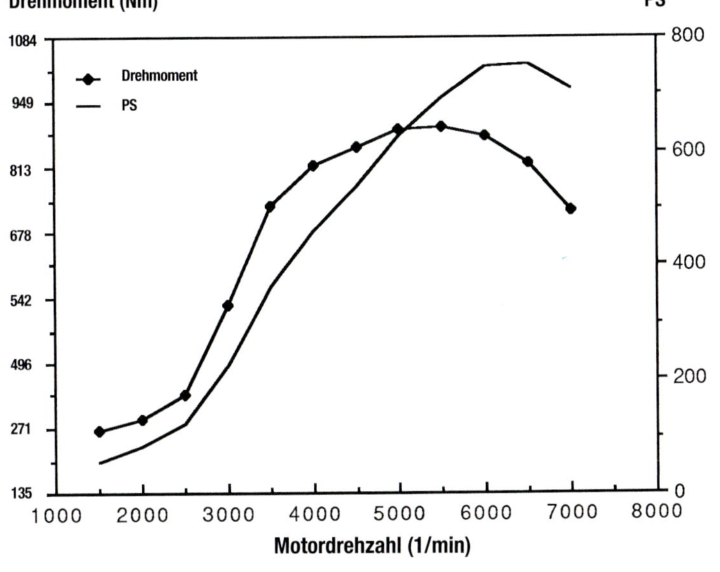

Die Prüfstandskennlinien von Protomotive Engineering für den 3,8-Liter 993er Motor mit Doppelturbo.

Vor einigen Jahren zog Protomotive von Kalifornien nach Arkansas um. Spiritus Rector Todd Knighton kooperierte lange mit Prototech in Florida (www.prototechonline.com) sowie mit Protosport in New Jersey, S-CAR-GO in Kalifornien (www.scargoracing.com) und Hergesheimer Motorsports, ebenfalls in Kalifornien (www.hergesheimer.com).

Protomotive widmete sich mit immensem Aufwand der Optimierung des Wirkungsgrades der verschiedenen Turbomotorkonstruktionen. Dazu entwickelte Protomotive eine eigene, wesentlich standfestere Billet-Kurbelwelle mit optimiertem Schmierkreislauf, die obendrein leichter als die Serienwelle ist. Bei Prototech entstand bereits 1984 ein größerer Ladeluftkühler mit besonders hohem Wirkungsgrad (beeindruckende 98 Prozent, Werks-Ladeluftkühler angeblich nur 17 Prozent).

Prototech verbaute in den hauseigenen Hochleistungstriebwerken Carrillo-Pleuel, ferner die Ölpumpen des 964/993, die eine bessere Motorschmierung ermöglichen sollten, sowie die größeren 2,0-mm-Kolbenspritzöldüsen zur optimierten Kolbenkühlung. In den Prototech-Motoren wurden die serienmäßigen 3,3-Liter-Zylinder mit Kolben eigener Konstruktion kombiniert, für deren Fertigung JE verantwortlich zeichnet. Die Prototech-Kolben waren mit hochfesten Verdichtungsringen von Childs & Albert mit Z-Ringstoß sowie den serienmäßigen Werks-Ölabstreifringen bestückt, die auf die Mahle-Nikasil-Laufflächen der Zylinder abgestimmt waren. Die Zylinderköpfe wurden ebenfalls modifiziert und erhielten statt der 49-mm-Serienventile auf 52 mm vergrößerte Einlassventile, die mit auf 41 mm erweiterten Kanaldurchmessern kombiniert wurden. Die Spezial-Ventilführungen bestanden aus Phosphorbronze.

Die Protomotive-Version der Nockenwellen wurde gezielt für gute Leistung im unteren Drehzahlbereich – ohne Abstriche an der Leistung bei höheren Drehzahlen – optimiert. Dazu wurden die Nockenwellensteuerzeiten in Richtung „früh“ verschoben und die Nocken umprofiliert. Prototech verbaut eigene längenabgestimmte Auspuffkrümmer und Schalldämpfer aus Edelstahl, wobei die Dimensionen der Primärschalldämpfer in Relation zu den Sekundärschalldämpfern so geändert wurden, dass die Leistung weiter optimiert werden konnte. Die Doppelturbomodelle von Prototech waren mit zwei 964er Katalysatoren bestückt.

Die Alukrümmer des Carrera wurden bei Prototech zur Optimierung der Strömungscharakteristik nachgearbeitet. Für die Stufe-5-Motoren kam ein Kunststoffsaugrohr zum Einbau, das gegenüber dem Alusaugrohr einen um 12 Prozent höheren Wirkungsgrad versprach. Der ebenfalls von Prototech eigenentwickelte ladedruckgesteuerte Kraftstoffdruckregler bewirkte eine Anhebung des Kraftstoffdrucks von 2 auf fast 7 bar. Die Bosch-Motronic wurde bei Protomotive so umprogrammiert, dass sie mit sämtlichen Turbo-Hochleistungsmotoren harmonierte. Protomotive und Prototech boten seinerzeit Motoren in fünf unterschiedlichen Leistungsstufen an, die mit jedem Schritt mit noch mehr Leistung und Finesse – zu entsprechend höherem Preis – aufwarteten. Ihr 3,8-Liter-Motor aus dem 993 entwickelte 751,3 PS bei 6500/min und 897 Nm bei einer Verdichtung von 8,5:1 und einem Ladedruck von 1,21 bar und kam mit 98-oktanigem Benzin (ROZ) aus.

Ein für den Betrieb auf der Straße umgerüsteter 962er Motor für einen 911 Speedster, Baujahr 1989. Zum Umbau gehören Doppelturbo und ein für den Straßeneinsatz umprogrammiertes Haltech-Motormanagementsystem.

Der Jerry Woods Turbo

Zu den weiteren renommierten US-Tuningschmieden zählt Jerry Woods Enterprises in Campbell (Kalifornien). Vor einigen Jahren bestückte Jerry Woods für US-Rennsportlegende und Händler für automobile Klassiker Bruce Canepa einen 1989er Speedster mit einem luftgekühlten 962er IMSA-Triebwerk. Im Gegensatz zu den 956er und 962er Versionen für die Sportwagen-Weltmeisterschaft, die anfangs wassergekühlte Köpfe erhielten und später auf Wasserkühlung umgestellt wurden, handelte es sich bei der IMSA-Variante dieses Triebwerks um eine luftgekühlte Weiterentwicklung des 935er Motors. Nach Plänen von Canepa war der 962er IMSA-Motor mit dem liegenden Kühlgebläse als Basis für ein straßentaugliches Fahrzeug mit mehr als 500 PS vorgesehen.

Die Triebwerkskonzeption sah vor: Drehmoment im Überfluss, reichlich Dampf aus dem unteren Drehzahlbereich und ein möglichst kaum spürbares Turboloch. Der Wagen sollte einerseits im Stadtverkehr fahrbar sein, andererseits auf den Highways so viel Dampf wie ein Rennwagen entwickeln. Endergebnis war ein 600 PS starkes Kraftpaket (genau genommen 581,5 PS bei 1,1 bar Ladedruck), das lediglich bis zu 6500/min zu drehen brauchte. Die Reifen bringt dieser Turbo im ersten, zweiten und dritten Gang zum Durchdrehen – und dies trotz 13-Zoll breiter, griffiger Walzen von Goodyear.

962ER MOTOR IM SPEEDSTER

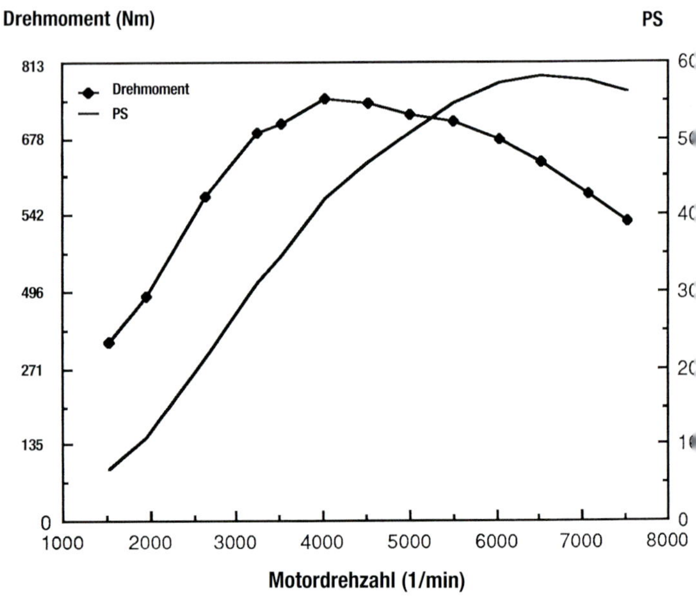

Leistungs- und Drehmomentkennlinien für den luftgekühlten 962er Motor unter der Haube des Speedster Baujahr 1989.

Der 1989er Speedster mit einem über 600 PS starken 962er Kraftpaket unter der Haube.

Ein 935er Motor in einem straßenzugelassenen US-911 Turbo: Die Umrüstung beschränkte sich auf ein Paar individuell angepasste Schalldämpfer.

Auf offener Strecke soll er ab 2000/min wie ein 7,4-Liter-V8 durchbeschleunigt haben – bei der Drehmomentkennlinie kaum anders zu erwarten. Bei 2000/min lagen bereits fast 500 Nm Drehmoment an, von 2500 bis 7500/min lieferte der Motor durchgehend über 550 Nm und bei 4000/min erreichte er sein Maximum von rund 750 Nm (wobei diese Werte mit allen Anbauteilen einschließlich Schalldämpfer gemessen wurden). Der Motor wurde auch mit höheren Ladedrücken getestet und kam dabei auf über 600 PS, die 1,1 bar Ladedruck erwiesen sich aber aufgrund der verfügbaren Kraftstoffqualität als realistische Obergrenze für den Fahrbetrieb auf der Straße.

Mit Doppelturbos und modernem Motormanagementsystem war das Turboloch quasi vernachlässigbar und der Wagen fuhr sich in allen Fahrsituationen außerordentlich angenehm. Als Grundlage für die Umrüstung des 962er Motors auf 3,3 Liter dienten 100-mm-Kolben und -Zylinder sowie die Kurbelwelle mit 70,4 mm Hub.

Das Steuermodul für das Motec-Motormanagementsystem.

Die Nockenwellen waren eine Eigenentwicklung von Jerry Woods; die elektronische HKS-Wastegatesteuerung mit zwei voreingestellten Stellungen und einer veränderlichen Stellung trat an die Stelle der sonst bei Umbauten üblichen manuellen Variante. Auch die programmierbare Doppelzündanlage war von Woods ersonnen worden und arbeitete mit dem Prototyp eines neuen Motormanagementsystems. Das Motormanagement wurde mit den vorhandenen Saugrohren des 962 kombiniert, die mit versetzt zuschaltenden Doppeleinspritzventilen bestückt waren. Im normalen Saugmodus arbeitete der eine Einspritzventilsatz, bei anliegendem Ladedruck schaltete der zweite Ventilsatz zu.

Ein weiteres interessantes Umbauprojekt von Jerry Woods war die Umrüstung eines 2857-ccm-Motors aus einem 962 mit wassergekühlten Zylinderköpfen auf Motec-Einspritzanlage. Am Motormanagementsystem waren ohnehin Modifikationen notwendig geworden, und angesichts der fehlenden Unterstützung für die inzwischen veraltete Bosch-Rennsportanlage war dies ein logischer Schritt.

2,8-LITER-962ER MOTOR MIT MOTEC-EINSPRITZANLAGE

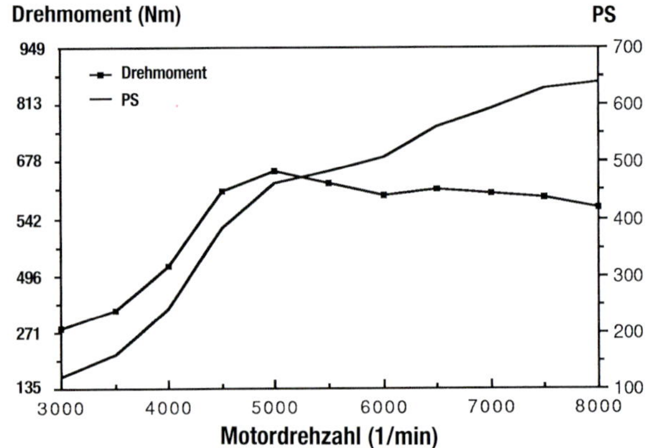

Leistungs- und Drehmomentkennlinien eines 2,8-Liter-Motors aus dem 962 mit Motec-Motormanagementsystem.

So wurde bei Jerry Woods das Problem der Einspritzdüsenanordnung bei der Motec-Anlage gelöst: Diese Anordnung sorgt für eine nachweisbar bessere Kraftstoffzerstäubung und mehr Leistung.

Oben: Knoxville-Umbau eines 3,2-Liter-Carrera mit Paxton-Kompressor, mit dem die Leistung auf 345 PS bei 6200/min klettert.

Unten: Knoxville-Nachrüstung eines 3,2-Liter-Carrera mit Whipple-Kompressor. Damit kam der 3,2 Liter auf 435 PS bei 5000/min.

Die von Woods eingesetzte Motec-Anlage bietet gegenüber gewissen anderen Systemen den Vorteil der Doppelprozessoren und der damit höheren Prozessorleistung. Die Motec ist über eine extreme Bandbreite programmierbar und verfügt über hohe Datenspeicherkapazitäten – ein Plus bei der Abstimmung der Anlage auf unterschiedliche Motorkonfigurationen.

Porsche mit Kompressor

Gemeinhin erhalten Turbolader bei der Entwicklung von aufgeladenen Motoren heute den Vorzug gegenüber Kompressoren (mechanischen Ladern), da ihnen im Vergleich zu Kompressoren höhere Wirkungsgrade attestiert werden. Dafür bieten Kompressoren den Vorteil des sofort und ohne Turboloch anliegenden Ladedrucks.

Für den 911 sind im Laufe der Jahre von verschiedenen Firmen Kompressor-Nachrüstsätze entwickelt worden. Die in den USA relativ bekannten Anlagen von Supercharging aus Knoxville (Tennessee) sind inzwischen vom Markt verschwunden. Ein weiterer Umrüster ist Mike Levitas von TPC Racing (Turbo Performance Center; www.tpcracing.us). Dort werden Nachrüstsätze für den 964 und 993 sowie für neuere Modelle angeboten.

3,6-LITER-MOTOR MIT KOMPRESSORAUFLADUNG

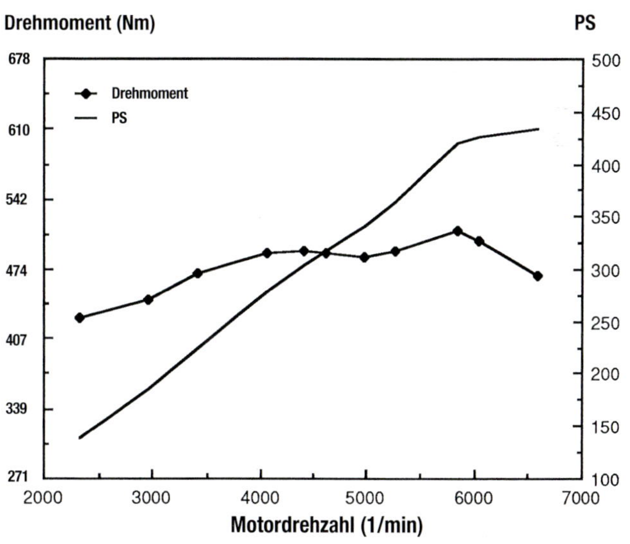

Leistungskennlinie eines Knoxville-Umbaus eines 3,6-Liter-Carrera mit Whipple-Kompressor.

Links: Der Kompressorumbau von Techart für den Motor des 993 läuft unter dem Kürzel 911 CT3. Der CT3-Kompressor wird über einen Keilrippenriemen vom vorderen Kurbelwellenende aus angetrieben. Bei einem gemäßigten Ladedruck von 0,8 bar werden eine Höchstleistung von 462 PS bei 6000/min und ein maximales Drehmoment von 550 Nm bei 5500/min erreicht.

Kolben und Zylinder

Besonders ausländische Motorenbauer und -tuner verbauten seinerzeit aus Kostengründen bei den luftgekühlten 911ern anstelle der ohnehin nicht gerade billigen Mahle-Kolben und -Zylinder verschiedentlich Kolben von Aftermarket-Herstellern wie JE, Cosworth oder Wiseco. Das Problem war nur, dass jahrelang kein Drittanbieter Zylinder liefern konnte, die qualitativ mit den originalen Nikasil-Zylindern von Mahle mitzuhalten vermochten. Daher ließen manche Motorenspezialisten ihre Kolben an die Mahle-Zylinder anpassen, während wieder andere Mahle- und Kolbenschmidt-Zylinder mit Laufbuchsen für ihre Aftermarket-Kolben versehen lassen. In den USA liefert mittlerweile Charles Navarro von LN Engineering eine breite Palette an passenden Zylindern unter dem Markennamen „Nickies".

Einer der Vorteile der Mahle-Kolben und -Zylinder mit Nikasil-beschichteten Aluzylindern ist das sehr enge Laufspiel der Kolben in den Zylindern (im Bereich zwischen knapp 0,025 und ca. 0,06 mm). Beträgt das Laufspiel der Kolben in ihren Zylindern mehr als 0,1 mm, gilt die Bohrung nach Werksmaßstäben bereits als ausgelaufen und Kolben und Zylinder sollten erneuert werden. Problematisch: Bestimmte Nachbaukolben weisen aufgrund ihrer Konstruktion und ihres Wärmedehnverhaltens von Haus aus ein relativ großes Laufspiel auf. Beträgt das Laufspiel in diesen Fällen bereits mehr als 0,1 mm, sind Kolben und Zylinder quasi bereits im Neuzustand „verschlissen". Bei übergroßem Laufspiel von Kolben und Zylindern „kippeln" die Kolben in ihren Bohrungen, so dass die Ringe nicht richtig abdichten können und oft bereits verschlissen sind, noch bevor der Motor richtig eingefahren ist.

In der folgenden Tabelle sind einige der Renn- bzw. Spezialkolben und -zylinder von Mahle zusammengestellt, die für Motoren des 911 auf dem Markt waren bzw. sind.

Die Motronic

Das Einspritz- und Zündungsmanagementsystem Motronic (die Digitale Motor Elektronik von Bosch) kam erstmals 1984 beim 911 zum Einbau und erwies sich über die Jahre als außerordentlich zuverlässig. Defekte Steuergeräte sind die absolute Ausnahme: Störungen treten in der Regel an den Gebern und Sensoren auf, die das Steuergerät mit den benötigten Informationen versorgen.

Der Vorteil des Motronic-Motormanagementsystems besteht darin, dass es die Gemischzusammensetzung mit höchster Präzision regelt und auf Änderungen der Motoranforderungen sofort durch Anpassung der Gemischzusammensetzung und Zündzeitpunkteinstellung reagieren kann. Mit der Motronic lassen sich die Kraftstoff- und Zündkennfelder bei der Konstruktion des Motors über alle Betriebszustände hinweg unter Berücksichtigung aller Faktoren wie Abgasemissionen, Verbrauch, Leistung und Fahrverhalten leistungsoptimiert gestalten.

Bei der Motronic sind ähnliche Einschränkungen wie bei der K-Jetronic zu beachten. Aufgrund des Konzepts des Luftmengenmessers bei der Ermittlung des Kraftstoffbedarfs ist die Anlage relativ empfindlich gegenüber pulsierenden Veränderungen des Ansaugluftstroms und benötigt daher vergleichsweise zahme Nockenwellensteuerzeiten. So musste man bei der Motorenentwicklung besondere Lösungen suchen, um auf die hohen spezifischen Motorleistungen zu kommen, die bei Serienmotoren in den 1960ern und 1970ern zu erreichen gewesen waren. Porsche ist dies später mit dem Motor des 993 und dessen abgestimmter Auspuff- und Varioram-Ansauganlage gelungen.

Kraftstoffe

Die Oktanzahl beschreibt die Fähigkeit von Ottokraftstoffen, ohne Klingelneigung den hohen Drücken und Temperaturen im Motorbrennraum standzuhalten. Bereits 1926 wurde ein spezieller Motor mit veränderlicher Verdichtung entwickelt, der mit Verdichtungsdrücken bis 15:1 betrieben werden konnte. Die Forschungsarbeiten an verschiedenen Kohlenwasserstoffen mündeten in der Verwendung von n-Heptan und Isooktan als Bezugskraftstoffe für die Messung der Klopffestigkeitseigenschaften.

Je höher die Oktanzahl, desto höher kann die Verbrennungstemperatur ansteigen, bevor der Motor zu klingeln beginnt. Für den Autofahrer bedeutet dies, dass höheroktanige Kraftstoffe von den Kolben höher verdichtet werden können, bevor das Klopfen oder Klingeln im Motor einsetzt. Grundsätzlich bedeutet höhere Verdichtung mehr Leistung und günstigeren Verbrauch. Bei Hochleistungsmotoren ist man also bestrebt, den Kraftstoff bei der höchsten ohne Klingeln erreichbaren Verdichtung zu verbrennen. Verdichtungsverhältnis und Oktanzahlbedarf stehen allerdings nicht in linearem Verhältnis zueinander. Je nach Motorkonzeption variiert der thermische Wirkungsgrad erheblich.

Charles Kettering – Entwickler des ersten elektrischen Autoanlassers und der elektrischen Zündung – entdeckte die Fähigkeit von Bleitetraethyl, als Benzinzusatz die Klopfneigung zu unterdrücken. Zuvor war das Klopfphänomen ein entscheidendes Hindernis bei der Entwicklung leistungsstärkerer Motoren gewesen, denn der als Kraftstoff und Kraftstoffzusatz eingesetzte Ethylalkohol hatte sich als zu teuer erwiesen. Das preiswertere, aber giftige Bleitetraethyl war als Antiklopfmittel wesentlich wirksamer, da nur 3 Gramm pro Gallone (ca. 4 Liter) genügten, wogegen 15 Prozent Ethylalkoholzusatz notwendig waren, um denselben Effekt zu erzielen.

Für Porsche-Fahrer ist die Frage der Oktanzahlen weitgehend unbedenklich, denn die heute gängigen bleifreien Kraftstoffe decken den Oktanzahlbedarf ihres Motors ohne Weiteres.

In Europa ist für die Festlegung der Oktanzahl die ROZ-Zahl (Research-Oktanzahl) maßgebend. Gängige Tankstellenkraftstoffsorten liegen heute bei 95 bis 98 ROZ, bei einzelnen Marken bis 102 ROZ.

Beispiel: Der Motor des 911 S/Turbo/Carrera von 1977 benötigt laut Bedienungsanleitung eine Oktanzahl von 91 ROZ. Für Motorsporteinsätze oder längere Volllastfahrten schreibt dieselbe Anleitung für den Turbo/Carrera 96 ROZ vor.

Das ROZ-Verfahren beschreibt das Klopfverhalten bei geringer Motorlast und niedrigen Drehzahlen. Das MOZ-Verfahren (Motor-Oktanzahl) hingegen sagt etwas über die Klopffestigkeit des Kraftstoffs bei hoher Motorlast und hohen thermischen Belastungen aus. In den USA wird dagegen oft die CLC-Oktanzahl angegeben, die sich als Mittelwert aus ROZ und MOZ errechnet: CLC = (ROZ + MOZ)/2.

Mahle-Kolben und -Zylinder für die 911er Motoren

Bohrung (mm)	Hub (mm)	Hubraum
80	66	2,0 l (1991 ccm)
81	66	2,1 l (2041 ccm)
85	66	2,3 l (2247 ccm)
86,7	70,4	2,5 l (2494 ccm) Langhubversion
87,5	66	2,4 l (2381 ccm)
89	66	2,5 l (2464 ccm) Kurzhubversion
90	70,4	2,7 l (2687 ccm) Carrera RS, Verdichtung 8.5:1
90	70,4	2,7 l (2687 ccm) Verdichtung 10,3:1 für Rennsport
91	70,4	2,75 l (2747 ccm)
92	70,4	2,8 l (2808 ccm)
92.8	70,4	2,8 l (2857 ccm) 935 Turbo
93	70,4	2,9 l (2869 ccm) Verdichtung 9,8:1 für K-Jetronic
93	70,4	2,9 l (2869 ccm) Verdichtung 10,5:1 für Rennsport
95	70,4	3,0 l (2994 ccm) Verdichtung 10,3:1 für Rennsport
95	70,4	3,0 l (2994 ccm) Verdichtung 10,5:1 für Rennsport
95	70,4	3,0 l (2994 ccm) K-Jetronic, Verdichtung 8,5:1
95	70,4	3,0 l (2994 ccm) K-Jetronic, Verdichtung 9,8:1
95	70,4	3,0 l (2994 ccm) 935 Turbo, Verdichtung 6,5:1
95	76,4	3,2 l (3164 ccm) 935 Turbo, Verdichtung 7,2:1
97	70,4	3,12 l (3122 ccm) 935 Turbo, Verdichtung 6,5:1
98	70,4	3,2 l (3186 ccm) Verdichtung 10,3:1 für RSR
98	70,4	3,2-l-Turbo aus dem 3,0 l, Verdichtung 7,1:1
98	70,4	3,2 l (3186 ccm) Verdichtung 9,3:1 für 911 SC
98	70,4	3,2 l (3186 ccm) Max Moritz-Kolben mit Keildom, ursprünglich für K-Jetronic, Verdichtung, 9,3:1
98	74,4	3,4 l (3367 ccm) Rennkolben, 23-mm-Kolbenbolzen
98	74,4	3,4 l (3367 ccm) RUF 3,4 Carrera-Umbau, 23-mm-Kolbenbolzen
98	74,4	3,4 l (3367 ccm) Turbo, 23-mm-Kolbenbolzen
98	74,4	3,4 l aus 3,2 Carrera (Motronic), 23-mm-Kolbenbolzen, Verdichtung 9,8:1
98	74,4	3,4 l aus 3,2 mit mech. Einspritzung, 23-mm-Kolbenbolzen, Verdichtung 10,4:1
98	74,4	Umbau 3,2 auf 3,4 l für Turbo, 23-mm-Kolbenbolzen, Verdichtung 7,1:1
100	70,4	3,3 l aus 3,0 l, Verdichtung 10,5:1, mech. Einspritzung, 22-mm-Kolbenbolzen
100	74,4	3,5 l aus 3,2 l, Verdichtung 9,8:1, Motronic, 23-mm-Kolbenbolzen
100	74,4	3,5 l (3506 ccm), 22-mm-Kolbenbolzen, Rennmotor (Saugversion), Kurbelwelle des 935
100	74,4	3,2 - 3,5 l (3506 ccm), 23-mm-Kolbenbolzen, Rennmotor (Saugversion), Verdichtung 10,5:1
100	74,4	3,3 - 3,5 l (3506 ccm), 23-mm-Kolbenbolzen, Turbo, Verdichtung 7,1:1
100	74,4	3,3 - 3,5 l (3506 ccm), 23-mm-Kolbenbolzen, Turbo, Verdichtung 7,5:1
100	76,4	3,6 l aus 3,0/3,2 l K-Jetronic/Motronic, Verdichtung 9,8:1, 23-mm-Kolbenbolzen
100	76,4	3,6 l aus 3,0/3,2 l K-Jetronic, Motronic, Verdichtung 10,5:1, 23-mm-Kolbenbolzen
102	76,4	3,8-l-Rennmotor, 964, Verdichtung 11,3:1, 23-mm-Kolbenbolzen
102	76,4	3,8-l-Rennmotor, 993, Verdichtung 12,0:1, 23-mm-Kolbenbolzen
102	76,4	3,8-l 964 Turbo, Verdichtung 8,0:1, 23-mm-Kolbenbolzen
102	76,4	3,8-l 993 Turbo, Verdichtung 9,0:1, 23-mm-Kolbenbolzen
102	76,4	3,8 l aus 3,0/3,2, Verdichtung 9,8:1, Motronic, 23-mm-Kolbenbolzen
102	76,4	3,8-l-Rennmotor mit verstärkten Zylindern, 109-mm-Bohrung in Kurbelgehäuse, Verdichtung 11,3:1, 23-mm-Kolbenbolzen

Hinweis: Die meisten Rennkolben für den 911er Motor waren für eine Verdichtung von 10,3:1 ausgelegt. Eine genaue Kontrolle ist allerdings unabdingbar! Kolbenbolzendurchmesser 22 mm, soweit nicht anders angegeben. Einige dieser Kolben-Zylinder-Kombinationen sind nach wie vor über Mahle bzw. autorisierte Fachhändler lieferbar.

REAKTION VON BLEIFREIEM BENZIN (98 ROZ) AUF ANILINZUSATZ

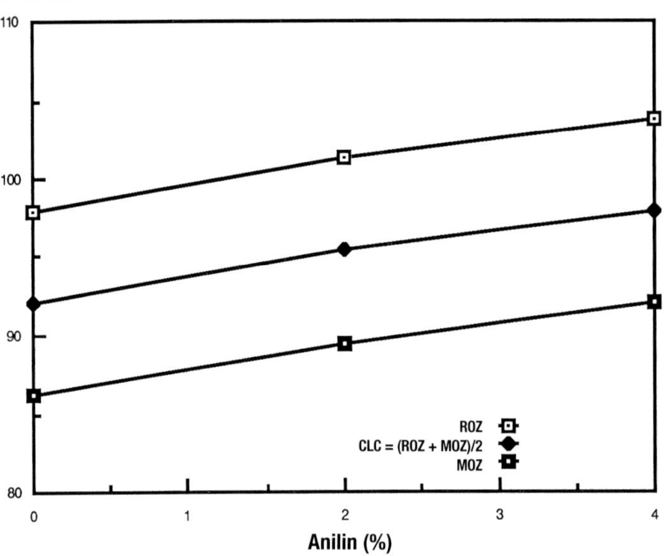

Grafische Darstellung der Reaktion von bleifreiem Ottokraftstoff (98 ROZ) auf Anilinzusatz.

REAKTION VON BLEIFREIEM BENZIN (95 ROZ) AUF ANILINZUSATZ

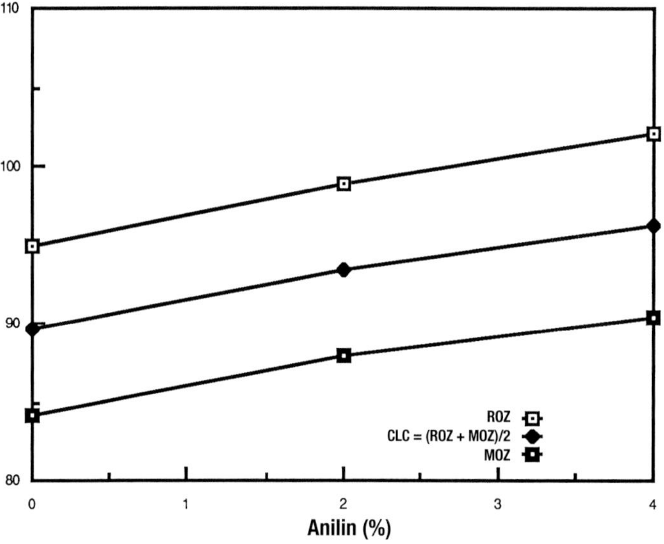

Grafische Darstellung der Reaktion von bleifreiem Ottokraftstoff (95 ROZ) auf Anilinzusatz.

Kraftstoffzusätze

Für weit über den Werkszustand hinaus getunte 911er, die in Deutschland auf den Straßen unterwegs sind, stellt sich irgendwann unweigerlich die Frage nach den geeigneten Tankstellenkraftstoffen und der Notwendigkeit von oktanzahlsteigernden Additiven. In der Regel genügt Fahrzeugen im Serienzustand herkömmliches Tank-

REAKTION VON BLEIFREIEM BENZIN (93 ROZ) AUF ANILINZUSATZ

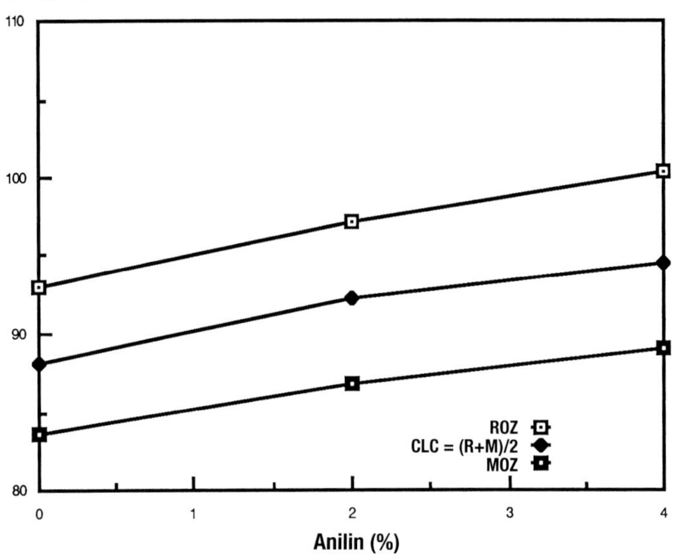

Grafische Darstellung der Reaktion von bleifreiem Ottokraftstoff (93 ROZ) auf Anilinzusatz.

WIRKUNG DER BEIMISCHUNG VON FLUGBENZIN ZU BLEIFREIEM SUPERBENZIN

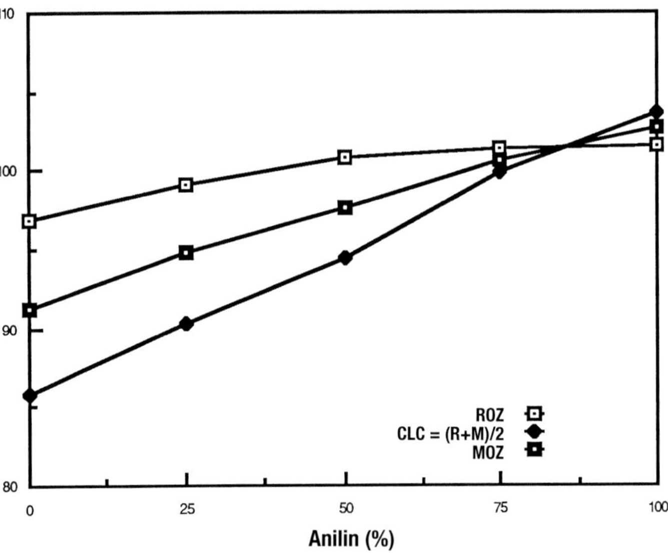

Grafische Darstellung der Wirkung der Beimischung von Flugbenzin zu bleifreiem Superbenzin.

stellenbenzin, solange die Oktanzahl mindestens 95 ROZ beträgt. Wer seinem 911 etwas Gutes tun möchte, kann auf die Premiumsorten diverser Hersteller vertrauen, die für etwas mehr Geld Kraftstoffe mit einer Oktanzahl (ROZ) von mindestens 102 anbieten.

Diese Sorten sind auch für jene Modelle interessant, die in Sachen Motortuning etwas aus dem Rahmen fallen. Hilft der höher-

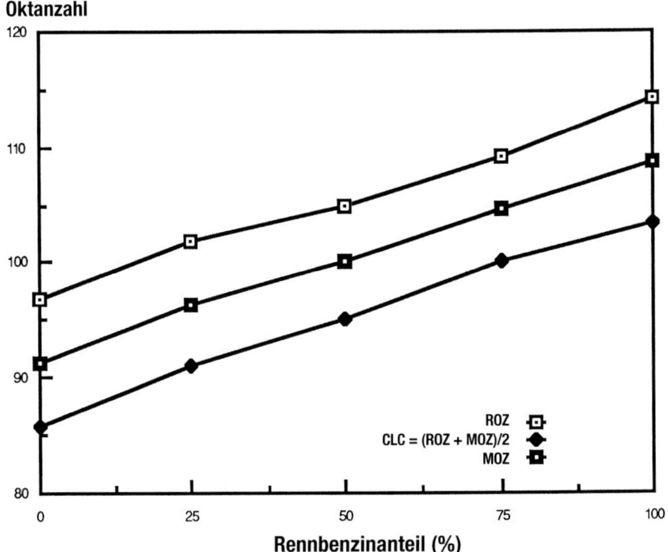

Grafische Darstellung der Auswirkungen der Mischung von Rennbenzin mit bleifreiem Superbenzin

wertige Kraftstoff nicht dabei, das Problem in den Griff zu bekommen, bleibt immer noch der Einsatz diverser Additive namhafter Hersteller wie Liqui Moly. Die Kombination bestimmter leistungssteigernder Maßnahmen erfordert nun mal höhere Klopffestigkeit, als sie mit „normalem" Tankstellenbenzin zu erreichen ist – so beispielsweise bei den Zylindern und Kolben des 2,8 RSR auf dem Rumpf des 2,7-Liter-Motors, die eine Verdichtung im Bereich von 11:1 erreichen. Grundsätzlich begnügen sich jedoch alle 911, die unter 10:1 verdichtet sind, mit bleifreiem Super-Benzin von mindestens 96 Oktan (ROZ).

Die Verbreitung von Ethanolbeimischungen im Kraftstoff ist heute aktueller denn je, die alten luftgekühlten Porsche waren mit Alkoholkraftstoffen allerdings nie recht glücklich. Auf verschiedenen Märkten wird sogar E85 angeboten, eine Tankstellenbenzinsorte aus 85 Prozent Ethanol und 15 Prozent Benzin, allerdings verträgt der 911 diese Sorte nicht ohne gewisse Umbauten. Bereits die Freigabe von E10 sollte je nach Modellvariante des 911 genau geprüft werden.

Früher lautete die Devise bei Porsche, dass bei unrundem Motorlauf, überhöhtem Verbrauch, Neigung zum Absterben oder Dampfblasenbildung bzw. Heißstartschwierigkeiten, die nach dem Tanken von alkoholhaltigen Spritsorten auftreten, wieder auf Benzin ohne Alkoholzusatz umzustellen ist. Mittlerweile rät das Werk, bei derartigen Problemen zunächst versuchsweise die Benzinmarke oder Stammtankstelle zu wechseln, denn inzwischen sind gewisse Ethanolanteile im Sprit ja quasi nicht mehr zu vermeiden.

Benzin, Alkohol und Wasser mischen sich nur äußerst ungern. Wasser und Benzin mischen sich nicht, sondern entmischen sich sofort wieder. Gelangt Feuchtigkeit in einen mit Benzin gefüllten Tank, setzt sich die Feuchtigkeit über kurz oder lang unten im Tank ab. Wird aber Benzin mit einem gewissen Alkoholanteil getankt, bindet der Alkohol Wasser in gewissem Umfang und trägt dazu bei, dass sich Schmutz, abblätternder Lack oder Rostpartikel usw. lösen, die über kurz oder lang in die Einspritzdüsen oder Vergaser wandern. Die Kraftstoffanlage ist dann nachhaltig verunreinigt. Ab einem gewissen Feuchtigkeitsanteil im Tank kommt es zur so genannten „Phasentrennung", bei der sich der Alkohol mit dem Wassergehalt des Tankinhalts verbindet und auf dem Tankboden absetzt. Infolge dieser Phasentrennung läuft der Motor möglicherweise plötzlich sehr unrund, wenn ein größerer Anteil dieses Wasser-Alkoholgemischs schlagartig in die Einspritzanlage oder den Vergaser gelangt.

Porsche versucht diesem Problem bei Neuwagen durch einen Hinweis in der Betriebsanleitung entgegenzuwirken, wonach der Tank nie komplett leer gefahren werden sollte. Außerdem sollten allzu hohe Kurvengeschwindigkeiten vermieden werden, sobald die Reserveleuchte aufleuchtet, da sonst das Wasser-Alkoholgemisch doch noch vom Tankboden angesaugt werden könnte.

Höher (Ausnahme: per Reglement vorgeschriebene Spritsorte oktanige Kraftstoffe werden vor allem im Renneinsatz zum Muss. Der im normalen Straßenbetrieb voll ausreichende Kraftstoff ist bei Rundstreckenrennen, bei denen die Wagen lange Zeit unter Volllast laufen, möglicherweise unzureichend. Zum Schutz gegen Klingeln und die dabei drohenden Schäden benötigt der Motor hier unbedingt höheroktanigen Kraftstoff. Einige Spezialisten hatten früher den Tipp parat, Flugbenzin zu tanken: Die Dichte von Flugbenzin ist geringer, d. h. die Ansauganlage muss zum Ausgleich eine Anreicherung erhalten. Ein anderer Tipp bestand darin, anilinhaltige Kraftstoffzusätze dem Tankstellenbenzin beizumischen, damit die Oktanzahl auf einen klingelunschädlichen Wert angehoben wird. Anilin hat sich als Oktanzahlverbesserer bewährt, ist allerdings – genau wie Blei – hochgradig toxisch und daher nicht mehr frei erhältlich, d. h. die hier beschriebene Wirkung ist mittlerweile eher theoretischer Natur und für die Zukunft ist die Suche nach Ersatzstoffen für Anilin unumgänglich.

Generell gilt: Der Hauptnachteil von Oktanzahlverbesserern liegt in ihrem Preis.

Die ewige Suche nach dem perfekten Verbrennungsablauf

Die vier Takte des Viertaktmotors sind allgemein bekannt: (1) Ansaugen – der Abwärtshub der ersten Kurbelwellenumdrehung, bei dem frisches Kraftstoff-Luftgemisch in den Zylinder angesaugt wird, (2) Verdichten – der Aufwärtshub, bei dem das Kraftstoff-Luftgemisch verdichtet wird, (3) Arbeitstakt – der Zündfunke leitet den Verbrennungsvorgang ein und der Kolben bewegt sich während der zweiten Kurbelwellenumdrehung abwärts, sowie (4) Ausstoßen – die Abgase werden während der Aufwärtsbewegung bei der zweiten Kurbelwellenumdrehung aus dem Zylinder abgeführt.

Bei Maßnahmen gegen das Klopf- bzw. Klingelphänomen steht der Arbeits- bzw. Verbrennungstakt im Mittelpunkt. Ein sauber verwirbeltes Kraftstoff-Luftgemisch braucht von der Entzündung durch die Zündkerze bis zur vollständigen Verbrennung nur Bruchteile einer Sekunde. Dabei wandelt der Motor chemische Energie (durch die Verbrennung von Benzin) in mechanische Energie um.

Reaktion der Oktanzahl von Ottokraftstoff auf den Zusatz von Anilin

Benzin und Anilinanteil (%)	ROZ	MOZ	(ROZ + MOZ)/2	(ROZ + MOZ)/2 ANSTIEG	(ROZ + MOZ)/2 ANSTIEG BEI 1% ANILIN
98 Oktan bleifrei	97,9	86,3	92,1	--	--
98 Oktan bleifrei + 2	101,4	89,5	95,4	3,3	1,6
98 Oktan bleifrei + 4	103,8	92,1	98,0	5,9	1,5
95 Oktan bleifrei	94,9	84,2	89,6	--	--
95 Oktan bleifrei + 2	98,8	87,9	93,4	3,8	1,9
95 Oktan bleifrei + 4	102,0	90,3	96,2	6,6	1,6
93 Oktan verbleit	93,0	83,5	88,2	--	--
93 Oktan verbleit + 2	97,2	86,8	92	3,8	1,9
93 Oktan verbleit + 4	100,3	89,0	94,6	6,4	1,6

Das im Motor verbrannte Kraftstoff-Luftgemisch entwickelt ungefähr gleich viel Energie wie beim Verbrennen im Freien. Der Motor kann also dahingehend optimiert werden, dass er mehr Arbeit aus der freigesetzten Energie entwickelt, indem das Gemisch im richtigen Augenblick gezündet und der Verbrennungsverlauf genau geregelt wird. Eine wichtige Rolle spielt dabei das Verdichtungsverhältnis des Motors. Der Kolben saugt während seines Abwärtshubs das Kraftstoff-Luftgemisch an und verdichtet es bei seinem Aufwärtshub, an dessen Ende es von der Zündkerze gezündet wird. Angenommen, der Zylinder hat bei ganz unten stehendem Kolben neun Raumeinheiten Freiraum, bei am Hubende ganz oben stehendem Kolben aber nur Platz für eine Raumeinheit, so entspricht dies einer Verdichtung von 9:1. Bei höherer Verdichtung erreicht der Motor einen höheren thermodynamischen Wirkungsgrad, die im Kraftstoff steckende Arbeitsenergie wird also besser verwertet.

Im Idealfall verläuft die Verbrennung absolut gleichmäßig und vollständig – und setzt aus dem verbrannten Kraftstoff ein Maximum an Energie frei. Das für die ideale Verbrennung erforderliche Mischungsverhältnis besteht aus vierzehn Teilen Luft und einem Teil Kraftstoff. Im Vergasermotor erfolgt die Gemischaufbereitung großenteils im Vergaser selbst. Im Einspritzmotor wird der Kraftstoff in den Ansaugluftstrom eingespritzt. In beiden Fällen wird das Kraftstoff-Luftgemisch in den Zylinder angesaugt, verwirbelt und auf dem Weg in den Zylinder weiter durchmischt. Ab dem Beginn des Verdichtungshubs beschleunigt sich dieser Mischprozess, da Luft und Kraftstoff auf immer engerem Raum zusammengedrückt (d. h. verdichtet) werden. Im Augenblick der Zündung sind Kraftstoff und Luft annähernd ideal durchgemischt. Problematisch ist hierbei lediglich, dass die „ideale Verbrennung" in der Praxis nicht immer möglich ist – aus mehrerlei Gründen.

Der Verbrennungsvorgang wird durch den Zündfunken an der Zündkerze eingeleitet; die Verbrennung breitet sich hinter der Flammenfront (Ausbreitungsgeschwindigkeit: etwa 20 m/s) durch den gesamten Brennraum aus. Mit steigenden Temperaturen dehnen sich die verbrannten Gase aus und verdichten die unverbrannten Gase noch weiter. Steigt die Temperatur des brennfähigen Gemischs weit genug an, entzündet sich dieses Gemisch irgendwann von selbst. Diese Selbstzündung ist an dem typischen metallischen Geräusch zu erkennen, das umgangssprachlich als „Klopfen" oder „Klingeln" bezeichnet wird. Dieses Geräusch kann alle Formen von einem leichten, hellen Klingeln bei relativ niedrigen Drehzahlen und annähernder Vollgasstellung bis hin zu abrupter Selbstzündung annehmen, die eine echte Fehlzündung im Motor auslöst. Klopfen ist mehr als nur ein Schönheitsfehler, denn es kann in schweren Fällen sogar zu unkontrollierter Frühzündung führen – mit der Folge, dass im Extremfall der Kolbenboden durchbrennt und andere Begleitschäden eintreten können. Der Punkt, an dem diese unkontrollierte Selbstzündung auftritt, ist von verschiedenen Faktoren wie Verdichtungsverhältnis, Brennraumform, Zündzeitpunkteinstellung, Luftdruck und Oktanzahl des Kraftstoffs abhängig.

In manchen Motoren begünstigt eine höhere Verdichtung sogar das Fortschreiten der Flammenfront und den Verbrennungsverlauf. Außerdem lässt sich durch Verkleinern des Brennraums auch die Klingelneigung verringern. Allerdings gilt dies nicht immer: Der 2-Liter-Motor des 911 war eine solche Ausnahme. Er besitzt einen sehr kleinen, relativ hohen, halbkugelförmigen Brennraum, in den die beiden großen Ventile ragen. Aufgrund der Lage der Ventile musste die Zündkerze abseits der Idealposition seitlich angeordnet werden. Bei Erhöhung der Verdichtung ragt der Kolbendom bei diesem Motorbaumuster weiter in den Brennraum hinein, die Flammenfront muss also über und um den Kolben herumwandern, bis die Zylinderfüllung vollständig verbrannt ist. Je höher die Verdichtung, desto ausgeprägter das Problem. Deshalb griff Porsche für den 906, der dieselbe Brennraumform aufwies, auf Doppelzündung zurück.

In den Motoren der späteren 911er Modelle wurden die beim Fortschreiten der Flammenfront auftretenden Probleme durch zwei Änderungen praktisch völlig beseitigt: Alle Motoren ab 1970 wiesen einen flacheren, offeneren Brennraum auf. Außerdem war es aufgrund des größeren Hubraums nicht mehr unbedingt notwendig, die Verdichtung durch Überfrachten des Brennraums hochzuhalten. Wir erinnern uns, dass das Verdichtungsverhältnis dem Volumen des Zylinders beim Kolben im unteren Totpunkt in Relation zum Volumen bei im oberen Totpunkt stehenden Kolben entspricht. Mit zunehmend größerer Bohrung und Hub wuchs analog

Wirkung des Zusatzes von Flug- oder Rennbenzin zu bleifreiem Superbenzin

Als Zusatz verwendetes Benzin	Gemisch	ROZ	MOZ	(ROZ + MOZ)/2	Spez. Gewicht	Ungef. Bleigehalt (g/Liter)
100/130 Flug-benzin (Avgas) („Green")	Super Bleifrei (SB)	96,8	85,8	91,3	0,7579	0
	75 % SB/25 % Avgas	99,2	90,3	94,8	0,7416	3,8
	50 % SB/50 % Avgas	100,9	94,4	97,6	0,7256	7,6
	25 % SB/75 % Avgas	101,3	99,8	100,6	0,7093	11,4
	100 % Avgas	101,5	103,7	102,6	0,6926	15,2
	Super bleifrei (SB)	96,8	85,8	91,3	0,7579	0
Rennbenzin	75 % SB/25 % Rennbenzin	101,8	91,1	96,4	0,7547	3,8
	50 % SB/50 % Rennbenzin	104,9	95,1	100,0	0,7491	7,6
	25 % SB/75 % Rennbenzin	109,2	100,1	104,6	0,7440	11,4
	100 % Rennbenzin	114,2	103,5	108,8	0,7408	15,2

auch das Zylindervolumen, während das relative Brennraumvolumen immer kleiner wurde (obwohl seine Größe im Laufe der Jahre ebenfalls etwas zunahm). Ein ausgeprägter Kolbendom war da keine Grundvoraussetzung mehr, um auf die gewünschte Verdichtung zu kommen. Dieser Trend wird auch am Unterschied der Kolbendomformen beim Vergleich der verschiedenen Rennkolben des 911 deutlich. Porsche behielt die nominelle Verdichtung von 10,3:1 bei allen Saug-Rennmotoren bei. Bei den größervolumigen Motoren besaß der Kolbenboden einen sanft geformten „Höcker", der Kolben des 2,0-Liter-Motors ist dagegen bei gleicher Verdichtung relativ steil gewölbt. Die größeren, flacheren Kolben ragen kürzer in den Brennraum hinein und behindern die Flammenausbreitung im Brennraum weniger, so dass auch die Klingelneigung nachlässt.

Die Wahl des Kraftstoffs beeinflusst die Klingelneigung logischerweise erheblich. Die heutigen bleifreien Superkraftstoffe ermöglichen in der Regel hohe Verdichtung bei einwandfrei beherrschbarem Verbrennungsprozess.

Hochverdichtete Motoren entwickeln mitunter eine gewisse Klingelneigung, ohne dass jedoch die Symptome der Selbstzündung auftreten. Dieses Klingeln kann sich beispielsweise bei hohen Drehzahlen bemerkbar machen, wird dort aber mitunter von den übrigen Motor- und Fahrgeräuschen überlagert. Derartige Phänomene sind von einigen der frühen 2-Liter-Motoren des 911 und 911 S bekannt, die sehr enge Brennräume aufwiesen. Bei diesen frühen Modellen sollte man im Zweifelsfall also höheroktaniges Benzin tanken. Verschwindet das Klingeln auch dann nicht, sollte die Verdichtung durch Einbau anderer Kolben evtl. etwas reduziert werden.

Das Verdichtungsverhältnis

Das Verdichtungsverhältnis des Motors gibt das Verhältnis zwischen dem Gesamthubvolumen des Motors (Zylindervolumen bei im UT stehendem Kolben, einschließlich Zylinderkopfvolumen usw.) und dem nicht vom Kolbenhub erfassten Volumen (dem Zylindervolumen bei im OT stehendem Kolben) an.

Die Formel zur Bestimmung des Verdichtungsverhältnisses lautet:

$$\frac{V1+V2+V3-V4}{V2+V3-V4}$$

Dabei bedeuten:
V1 = Hubvolumen
V2 = Zylinderhöhe
V3 = Zylinderkopfvolumen
V4 = Kolbendomvolumen

Zur Veranschaulichung dieser Formel berechnen wir das Verdichtungsverhältnis eines Zweiliter-Rennmotors mit Kolben mit 1 mm Übermaß. Die Bohrung beträgt also 81 mm, der Hub 66 mm; dies ergibt einen Hubraum von 2040,6 ccm.

Berechnung von V1 (Hubvolumen)

Die Berechnung anhand von Bohrung und Hub ist der einfachste Weg.

Hubvolumen (V1) = Bohrung^2 x Hub x 0,7854
(Bohrung und Hub in cm)

Zunächst müssen die Werte für Bohrung und Hub in Zentimeter umgerechnet werden, bevor sie in die Formel eingesetzt werden:

Hubvolumen (V1) = 8,1^2 x 6,6 x 0,7854 = 340,09 ccm

Berechnung von V2 (Zylinderhöhe)

Dazu müssen Kolbendomhöhe und Zylinderhöhe (Abstand von der Kolbenoberkante bis zur Zylinderkopf-Passfläche am Zylinderblock, auch Kolbenunterstand bzw. Zylinderüberstand genannt) in zwei Schritten gemessen werden: Die erste Messung führen wir an einem Kolben mit Zylinder in ausgebautem Zustand durch. Wir stellen den Anfangspunkt des Kolbendoms fest und messen mit einer Höhenlehre die Distanz von diesem Anfangspunkt bis zur Kolbendomspitze. Wir erhalten dann z. B. das Maß 1,71 cm (Messwert direkt in Zentimeter umgerechnet). Dann wird die Höhe des Kolbendoms mit einem Tiefenmaß am eingebauten Kolben und Zylinder in OT-Stellung des Kolbens gemessen. Da der Dom über den Zylinder hinausragt, muss das Tiefenmaß zur Messung auf Abstand gebracht werden; in unserem Beispiel mittels spezieller Distanzblöcke mit 1,77 cm. Bei im OT stehendem Kolben messen wir den Abstand bis zur Kolbenoberfläche. Dieses Maß gilt als Tiefe 1, die hier 0,113 cm beträgt. Da Tiefe 1 nun bekannt ist, kann mit Hilfe der Domhöhe und der Höhe der Distanzblöcke die Zylinderhöhe berechnet werden.

Zylinderhöhe = Domhöhe + Tiefe 1 – Distanzblockhöhe
Zylinderhöhe = 1,71 cm + 0,113 cm – 1,77 cm = 0,053 cm

Das Volumen des Zylinderüberstands kann nun mit der Formel für das Hubvolumen berechnet werden, dabei wird der Hub ersetzt durch die Zylinderhöhe (in cm):

Hubvolumen (durch Zylinderhöhe definiertes Volumen V2) = Bohrung^2 x Hub (Zylinderhöhe) x 0,7854
Volumen V2 = 8,1^2 x 0,053 x 0,7854 = 2,73 ccm

Ermittlung der Höhe des Kolbendoms: Dazu messen wir von dem Punkt, der als Anfangsebene des Kolbendoms ermittelt wurde, bis zur Spitze des Kolbendoms.

Berechnung von V3 (Brennraumvolumen)

Da der Brennraum eine sehr unregelmäßige Form aufweist, muss er zur Messung mit Flüssigkeit gefüllt und der Rauminhalt anhand der benötigten Flüssigkeitsmenge gemessen werden. Am besten verwenden wir hierfür eine Chemiebürette mit Strichteilung und eine Plexiglasscheibe, mit der der Brennraum verschlossen wird.

Selbst wenn wir gar nicht das Verdichtungsverhältnis ermitteln wollen, lohnt es sich, das Volumen aller Brennräume auszumessen, um zu prüfen, ob alle Brennräume auf 1 ccm genau dasselbe Volumen aufweisen. Diese Vergleichsmessung wird als „Auslitern" bezeichnet. Porsche-Köpfe sind recht genau gearbeitet; die minimalen Abweichungen, die dabei vorkommen können, lassen sich meist durch etwas tieferen Sitz der Ventile in den „zu klein" geratenen Brennräumen ausgleichen. Natürlich müssen die Ventile dazu neu eingeschliffen werden.

Vor dem Auslitern werden Zündkerzen, Ventile und Ventilfedern montiert. Den Einbau der Ventilfedern können wir uns meist sparen, indem wir etwas Abschmierfett auf den Ventilsitz streichen. Dann stellen wir den Kopf mit nach oben zeigendem Brennraum auf einen ebenen Untergrund. Hierfür macht sich eine Aufspann-

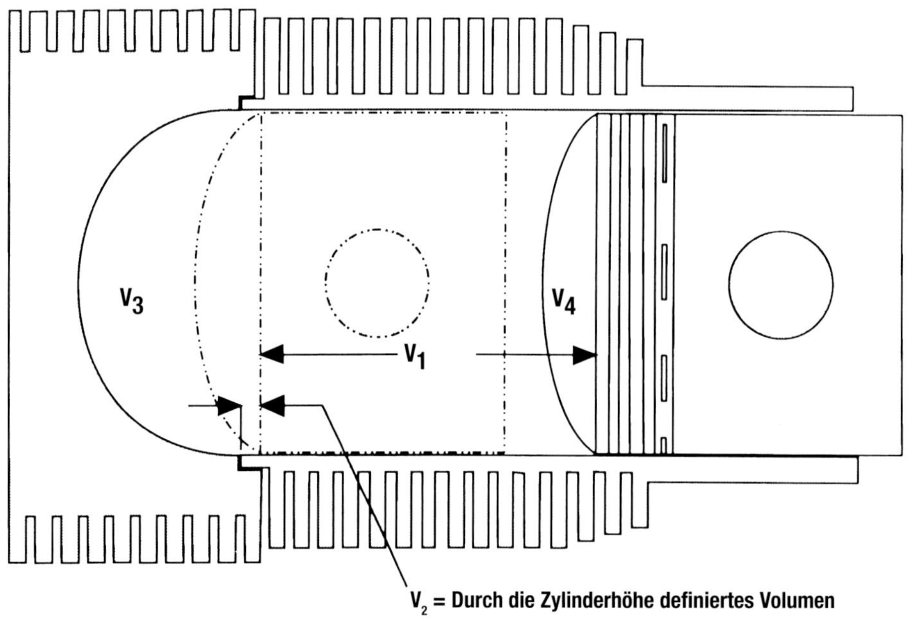

Ermittlung des Anfangspunkts des Kolbendoms: Wir stellen uns den Kolben als Flachkolben vor und messen ab dem Punkt, an dem der Kolbendom seinen Anfang nimmt.

Messung der Domhöhe am Zylinder (Tiefe 1): Einer der Kolben und Zylinder wird eingebaut und der Kolben in den OT gestellt. Mit Präzisionsmessblöcken wird die Tiefenmesslehre so eingestellt, dass Tiefe 1 gemessen werden kann. Dann messen wir die Domhöhe oberhalb des Zylinders. Bei im OT stehendem Kolben wird das Maß bis zur Kolbenschaftoberkante gemessen; dieses Maß entspricht der Tiefe 1. Damit können wir auch die Zylinderhöhe messen: Domhöhe und Tiefe 1 addieren und die Höhe der Messblöcke abziehen.

Auslitern des Brennraums: Der Zylinderkopf muss dazu zusammengebaut und die Zündkerze eingeschraubt sein. Den Rand der Plexiglasscheibe fetten wir mit Abschmierfett ein, damit sie zur Zylinderpassfläche hin abdichtet. Bei voller Bürette steht die Flüssigkeit bis zur Nullmarke. Beim Füllen des kompletten Brennraums unter der Glasplatte sinkt der Flüssigkeitsstand in der Bürette. Wenn der Brennraum voll ist, entspricht der Ablesewert an der Bürette dem Brennraumvolumen in ccm.

vorrichtung bezahlt, mit der der Kopf exakt fixiert werden kann. Nun schneiden wir eine transparente Plexiglasscheibe so zurecht, dass sie exakt zur Passfläche des Kopfes hin abdichtet.

Die Plexiglasscheibe muss dick genug sein, dass sie sich nicht durchbiegen und das Messergebnis verfälschen kann. In die Mitte der Scheibe bohren wir ein kleines Loch, durch das die Bürettenspitze gerade durchpasst. Die Dichtfläche des Zylinderkopfes bestreichen wir dünn mit Abschmierfett und drücken die Plexiglasscheibe fest auf den Kopf auf.

Jetzt mischen wir etwas ATF-Getriebeöl mit sauberem Lösungsmittel und füllen die Bürette bis zur Nullmarkierung. Anhand der Verfärbung der ATF-Flüssigkeit können wir den Einfüllvorgang besser mitverfolgen. Die seitlichen Skalenwerte an der Bürette zeigen direkt die Füllmenge an. Dann die Bürettenspitze an der Bohrung im Plexiglasdeckel ansetzen und den Brennraum füllen, bis keine Luftblasen zurückbleiben. Der Ablesewert an der Bürette entspricht dem Brennraumvolumen in ccm. Bei Zweiliter-Zylinderköpfen liegt das Volumen bei 70 bis 75 ccm. Der genaue Wert richtet sich u.a. nach der Ventilgröße. In unserem Beispiel ergibt der Brennrauminhalt V3 einen Wert von 71 ccm.

Berechnung von V4 (Kolbendomvolumen)

Für die Ermittlung des letzten Wertes für die Berechnung der Verdichtung setzen wir den Kolben wieder in den Zylinder ein (der aber nicht am Motor montiert ist). Dann den Zylinder knapp unterhalb seiner Oberkante mit einer dünnen Fettschicht bestreichen. Jetzt drücken wir den Kolben im Zylinder nach oben, bis der oberste Kolbenring im Fett eingebettet liegt und der Kolbendom noch unterhalb der Zylinderoberkante liegt. Nun messen wir mit einer Tiefenmesslehre den Abstand von der Zylinderoberfläche bis zur Oberkante des Kolbendoms. Dieses Maß ergibt die Tiefe 2, anhand derer das rechnerische theoretische Volumen nach der Formel für das Hubvolumen berechnet werden kann. Dabei muss jedoch statt des Hubs die Tiefe 2 plus der Domhöhe (in cm) eingesetzt werden.

Höhe des berechneten theoretischen Volumens = Tiefe 2 + Domhöhe

0,36 + 1,72 = 2,08 cm

Diesen Wert setzen wir nun in die Formel für das Hubvolumen ein:

Hubvolumen =
Bohrung^2 x Hub x 0,7854
8,1^2 x 2,080 x 0,7854 = 107,18 ccm

Diese 107,18 ccm entsprechen dem rechnerischen theoretischen Zylindervolumen, wobei der Kolbendom nicht berücksichtigt ist.

Anschließend wird das theoretische Zylindervolumen „ausgelitert", um daraus das Volumen des Kolbendoms abzuleiten. Der Rand der Plexiglasplatte wird mit Fett bestrichen und fest auf den Zylinder aufgedrückt, so dass die Zylinderpassfläche abgedichtet wird. Die Bürette füllen wir bis zur Nullmarke mit unserer Mischung aus Lösungsmittel und ATF-Flüssigkeit und füllen damit den Zylinder. Der Ablesewert an der Bürette gibt das gemessene theoretische Zylindervolumen in ccm an. In unserem Beispiel: 70,6 ccm. Zur Berechnung des Volumens des Kolbendoms müssen wir nun das gemessene Volumen vom berechneten „theoretischen Zylindervolumen" subtrahieren.

Domvolumen = berechnetes theoretisches Volumen – gemessenes Volumen

Domvolumen = 107,18 – 70,6 = 36,58 ccm

Damit liegen uns alle Zahlenwerte für die Berechnung des Verdichtungsverhältnisses vor (nachstehend der Einfachheit halber geringfügig gerundet):

Zylinder = 6
Bohrung = 81 mm
Hub = 66 mm
Kolbenunterstand = 0,533 mm
V1 Hubvolumen = 340,0 ccm
V2 durch Zylinderhöhe definiertes Volumen = 2,73 ccm
V3 Zylinderkopfvolumen = 71 ccm
V4 Kolbendomvolumen = 37 ccm

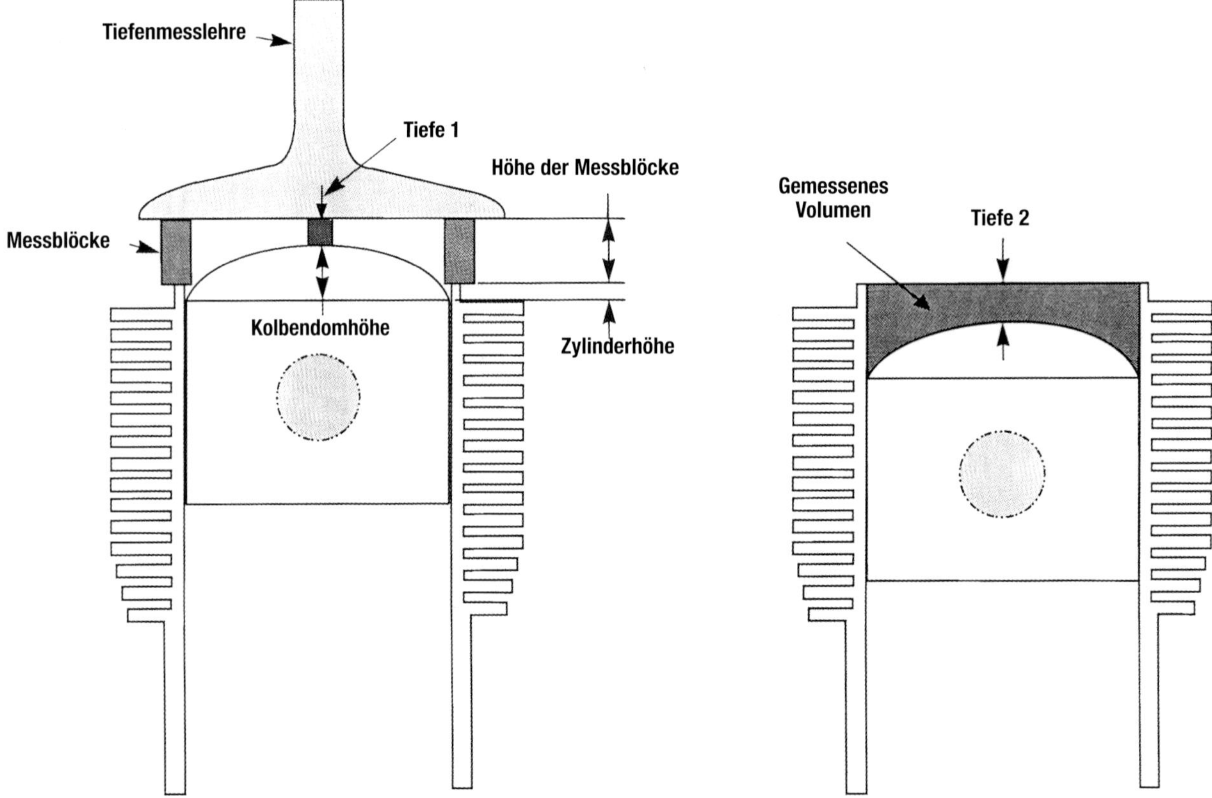

Die Maße „Tiefe 1" und „Tiefe 2" bei der Messung des Kolbendomvolumens: Zuerst einen Kolben in einen Zylinder einsetzen, dann streichen wir den Zylinderrand dünn mit Fett ein, so dass die Kolbenringe zuverlässig zum Zylinder hin abdichten. Nun drücken wir den Kolben nach oben, aber nicht ganz bis zum OT. Von dieser obersten Stellung des Kolbens aus messen wir das Maß von der Kolbenoberkante bis zur Zylinderoberkante. Dieses Maß ist die Tiefe 2. Anhand dieses Tiefenmaßes kann das theoretische Volumen berechnet werden.

Auslitern des theoretischen Zylindervolumens zur Berechnung des Kolbendomvolumens: Den Rand der Plexiglasscheibe bestreichen wir mit Abschmierfett, damit sie zur Zylinderpassfläche hin dicht ist. Bei voller Bürette steht die Flüssigkeit bis zur Nullmarke. Wenn der Zylinder voll ist, entspricht der Ablesewert an der Bürette dem Messvolumen in ccm. Das rechnerische Volumen des Kolbendoms entspricht dem berechneten theoretischen Volumen minus dem gemessenen Volumen.

Diese ermittelten Einzelwerte setzen wir in die Formel für das Verdichtungsverhältnis ein:

$$\frac{V1 + V2 + V3 - V4}{V2 + V3 - V4} = \text{Verdichtung}$$

$$\frac{340{,}0 + 2{,}73 + 70{,}6 - 36{,}6}{2{,}73 + 70{,}6 - 36{,}6} = 10{,}26$$

Die Verdichtung unseres Motors liegt mit 10,26:1 für einen 911er Rennmotor in der Saugversion genau richtig.

Wird eine der Größen Bohrung, Hub, Brennraumgröße, Zylinderhöhe oder Kolbendomgröße geändert, ändert sich auch das Verdichtungsverhältnis. Größere Bohrung oder längerer Hub erhöhen die Verdichtung, wenn dies nicht durch Änderungen am Kolbendom ausgeglichen wird. Bei Porsche wurden diese Faktoren bereits ab Werk berücksichtigt, daher ist bei der Kombination von Kolben und Zylindern unterschiedlicher Hubräume besondere Vorsicht geboten. Wer z. B. die 84-mm-Kolben und -Zylinder des 2,2-Liter-Motors statt der 84er des 2,4-Liter-Motors einbaut, landet wegen des längeren Hubs bei einer höheren Verdichtung. Um dies auszugleichen, war bei den Kolben des größeren 2,4-Liter-Motors der Kolbendom verkleinert worden.

Einige Motorversionen des 911 besitzen Flachkolben ohne Dom. Bei diesen Motoren ist die Ermittlung der Verdichtung einfacher, da V4 (Domvolumen) entfällt. Auch die Zylinderhöhe kann bei Flachkolbenmotoren leichter gemessen werden: Es genügt, mit einem Tiefenmaß den Abstand von der Zylinderoberkante zur Kolbenoberkante zu messen.

Kontrolle der Toleranzen zwischen Ventil und Kolben und zwischen Kolben und Zylinderkopf

Beim Zusammenbau des Motors sollte die Zylinderhöhe auf jeden Fall gemessen werden (egal ob wir auch die Verdichtung ermitteln wollen). Beim 911 sollte der Mindestabstand zwischen Kolben und Zylinderkopf ca. 0,890 mm betragen. Je nach Form von Kolbendom und Brennraum sind Zylinderhöhe und der Abstand zwischen Kolben und Zylinderkopf nicht immer gleich; daher muss der Mindestabstand des Kolbens zum Zylinder nachgemessen werden, um Motorschäden vorzubeugen. Beim Einbau von Kolben, die nicht von Mahle oder KS stammen, oder bei Änderung der Verdichtung oder Ventilgröße muss sowohl der Abstand (Freigang) zwischen Kolben und Kopf als auch zwischen Ventil und Kolben gemessen werden.

Zur Kontrolle der Toleranzen legen wir im teilmontierten Motor einen Streifen Knetmasse – mindestens 4,5 bis 5 mm dick – auf den Kolben im Bereich der Einlass- und Auslassventiltaschen sowie auf jenen Bereich des Kolbenrands auf, der zuerst mit dem Brennraum in Kontakt kommen könnte. Dann den Zylinderkopf aufsetzen und mit 30 Nm festziehen. Ohne den Motor weiter zusammenzubauen, können wir den Abstand des Kolbens zum Kopf jetzt kontrollieren, indem wir die Kurbelwelle zwei Mal (von Hand) durchdrehen. Soll auch der Freigang der Ventile zum Kolben gemessen werden, müssen die Steuerzeiten eingestellt und das Ventilspiel am zu prüfenden Zylinder eingestellt werden. Dann muss die Kurbelwelle zwei volle Umdrehungen durchdrehen, damit sich die Einlass- und Auslassventile vollständig öffnen und schließen. Danach den Zylinderkopf vorsichtig demontieren. Falls die Ventile einen Eindruck hinterlassen haben, schneiden wir die Knetmasse mit einem scharfen Messer vorsichtig durch und messen die Dicke am dünnsten Punkt mit einer Schieblehre.

Statt Knetmasse eignet sich auch Lötzinn mit ca. 2,5 mm Durchmesser. Zwischen den Ventilen und Kolben sollten mindestens 1,5 mm Freigang bleiben. Ist der Freigang zwischen Kolben und Zylinderkopf zu gering, müssen zusätzliche Zylinderfußdichtungen untergelegt werden. Stimmt zwar der Freigang zwischen Kolben und Zylinderkopf, aber nicht zwischen Ventilen und Kolben, müssen die Ventiltaschen im Kolbenboden vertieft werden. Dies ist eine heikle Arbeit, die größte Sorgfalt erfordert, denn der Kolbenboden darf auf keinen Fall dünner als 5 mm werden (Gefahr von mangelnder Stabilität und Kolbenschäden).

Links: Dieser Ausblick bietet sich dem Kolben im Serienmotor auf dem Weg zum unteren Totpunkt.

Rechts: Die Modifikationen an diesem Kurbelgehäuse verbessern den Luftstrom im Kurbelgehäuse und reduzieren etwaige Leistungsverluste. Beim laufenden Motor muss die vom abwärtsgehenden Kolben verdrängte Luft zur Unterseite des aufwärtsgehenden Kolbens strömen können. Das Werk empfahl diese Modifikation, die rund 10 zusätzliche PS freisetzen sollte, für alle 2,0-Liter-Renntriebwerke.

Für eine bessere Luftzirkulation im Kurbelgehäuse müssen auch die Zylinder modifiziert werden: Der linke Zylinder entspricht dem Serienzustand, der rechte wurde für ein besseres Strömungsverhalten der Luft geändert.

Zylinderkopfbolzen und Gewindeeinsätze

1978 besaßen alle auf Basis des 911 entwickelten Motoren das neue Druckguss-Aluminiumkurbelgehäuse, das für den 911 Turbo entwickelt und im Turbo des Modelljahres 1975 eingeführt worden war; all diese Kurbelgehäuse sind an einer Turbo-Ersatzteilnummer zu erkennen. Unglücklicherweise wurden die Zylinderkopfbolzen bei dieser Weiterentwicklung der Kurbelgehäuse übersehen.

Porsche war bei den Rennmotoren bereits Anfang der 1970er Jahre auf die Probleme mit den Zylinderkopfbolzen aufmerksam geworden: Eine Ursache war die annähernd identische Wärmedehnung von Aluminium und Magnesium (den Werkstoffen von Kurbelgehäuse, Zylinder und Zylinderkopf), die etwa doppelt so hoch wie die der Stahl-Zylinderkopfbolzen war. Dies führte dazu, dass im Laufe der Zeit viele Zylinderkopfbolzen aus dem Kurbelgehäuse ausrissen und sich oft auch das Gehäuse an der Einschraubstelle verzog. Manchmal scherten die Zylinderkopfbolzen unter den auftretenden Spannungen auch glattweg ab.

Abhilfe für den Renneinsatz brachten Kopfbolzen aus Dilavar, einer Stahllegierung, deren Wärmedehnung etwa der von Aluminium und Magnesium entspricht – womit das Problem bei den Rennmotoren im Prinzip behoben war.

Auch in den Serienversionen kamen Dilavar-Bolzen zum Einbau. Serienmäßig sind die Dilavar-Bolzen in allen 911 Turbo, allen 911 SC und 911 Carrera und einigen der 2,7-Liter-Motoren von Ende 1977 zu finden. Beim 911 Turbo bestanden alle 24 Kopfbolzen aus Dilavar, bei den Saugmotoren nur die 12 Bolzen der unteren, auslassseitigen Bolzenreihe.

Die Schwierigkeiten mit den Zylinderkopfbolzen waren damit allerdings noch keineswegs überstanden. Erst bei den späteren Motoren des 964 und 993 vollzog auch Porsche die Abkehr von den Dilavar-Bolzen und stellte wieder auf klassische Stahlbolzen um.

Der Verfasser empfahl selbst lange Jahre, bei der Motorüberholung auf Dilavar-Bolzen umzurüsten, allerdings ist heute der Einbau verstärkter Zylinderkopfbolzen, wie sie z. B. von RaceWare angeboten werden, in Verbindung mit Time-Serts oder vergleichbaren Gewindeeinsätzen anderer Hersteller die bessere Entscheidung.

Ausbau und Reparatur ausgerissener oder abgescherter Stiftschrauben

Abgebrochene und ausgerissene Schrauben sind immer eine Herausforderung: Bei den Modellen mit Thermoreaktoren brechen die Schrauben am Thermoreaktor gelegentlich in der Mitte, da sie sich werksseitig hier auf einen geringeren Durchmesser verjüngen. Dies soll eine gewisse Wärmedehnung ermöglichen und die Hauptbeanspruchung vom Gewindebereich wegverlagern. Manchmal bekommt man den steckengebliebenen Rest noch mit einer Gripzange zu fassen und kann ihn losdrehen. Am aussichtsreichsten ist der Demontageversuch aber, wenn wir eine Mutter auf den Bolzenrest aufschweißen, den Montagebereich mit dem Brenner vorsichtig erwärmen und den Bolzenrest wie eine normale Schraube herausdrehen. Auch bei festgebackenen Auspuffschrauben hilft vor dem Ausbau Erwärmen bis auf leichte Rotglut. Bei der Montage von Auspuffteilen lohnt es sich immer, die Einzelteile mit Anti-Festbrennpaste einzustreichen. Beim nächsten Mal geht das Zerlegen dann wesentlich einfacher.

Normale Stiftschrauben brechen meist bündig mit der Werkstückoberfläche oder sogar knapp unterhalb, da hier am Gewindeansatz die größte Spannung auftritt. Ein verbreiteter Fehler ist, den Stiftschraubenrest mit einem Stehbolzenausdreher demontieren zu wollen. (Dabei wird ein Führungsloch in den Stehbolzen gebohrt, der Ausdreher eingesetzt und entgegen der Einschraubrichtung herausgedreht). Festgefressene Schrauben, die beim Löseversuch glatt abgerissen sind, werden allerdings auch dem Stehbolzenausdreher widerstehen. Schlimmstenfalls bricht der Ausdreher auch noch ab – und dann ist guter Rat teuer! Stehbolzenausdreher werden normalerweise nur bei reinem Scherbruch verwendet. Aus anderen Gründen gebrochene Stehbolzen sollten ausgebohrt werden. Mit dem Ausbohren des Schraubenrests alleine ist es freilich nicht getan. Die Chancen, dass das Bohrloch wirklich exakt mittig im Bolzenrest sitzt, sind eher gering, d. h. beim Ausbohren wird das Aufnahmegewinde erst recht beschädigt. Am besten werden derartige Ausbohrarbeiten auf einer Ständerbohrmaschine oder besser noch mit einem Fräsbohrer erledigt. Geht es nur mit Freihandbohren, sollte eine Stahlführung oder -aufnahme zwischengespannt werden, die eine genaue Zentrierung ermöglicht.

Einfacher geht es möglicherweise mit einem Linksgewindebohrer. Beim Ausbohren wird der Schraubenrest von Anfang an in Löserichtung beansprucht und lockert sich unter den einwirkenden Kräften womöglich sogar. Oft dreht sich der Schraubenrest bereits wieder, kaum dass man mit dem Bohren begonnen hat. Falls nicht, bohren wir eben weiter aus (wie es auch beim vollständigen Ausbohren notwendig gewesen wäre) und schneiden ein neues Gewinde für einen Gewindeeinsatz ein, z. B. Helicoil oder Time-Sert. Linksgewindebohrer gibt es bei gut sortierten Werkzeuganbietern.

Die Helicoil-Einsätze bestehen aus einem spiralförmig gewundenen Draht mit rautenförmigem Querschnitt. Das Innengewinde weist dieselbe Steigung wie das instandgesetzte Gewinde auf, das Außengewinde hat einen größeren Durchmesser, aber dieselbe Steigung. Die Helicoil-Einsätze haben sich vielfach bewährt, vollbringen aber auch keine Wunderdinge – unter anderem deswegen, weil sie nur aus einer Drahtspirale bestehen. Schon bei kleineren Graten oder schief eingedrehtem Gegengewinde kann es passieren, dass sich die Spirale aus ihrem Sitz löst. Außerdem erhalten die Helicoils ihren festen Sitz vor allem durch die Federwirkung der Spirale. Beschädigte Einsätze sind also nur schwer zu demontieren. Auch ihr Einbau ist recht kompliziert: Da sie wie eine Feder gewunden sind, müssen sie mit einem Spezialwerkzeug vorgewickelt werden. Problematisch ist der Einbau an Absätzen im Werkstück oder in versenkte Sacklöcher, wo das Werkzeug etwas vom Werkstück weggehalten werden muss. Manchmal kommt der Helicoil-Einsatz bereits vom Werkzeug frei, noch ehe sein Gewinde im Werkstück richtig fasst. Ensat-Gewindebuchsen oder Time-Sert-Gewindeeinsätze sind dagegen eine modernere Form der Gewindereparatur. Time-Serts bestehen aus einer Stahlhülse mit am Innen- und Außendurchmesser aufeinander abgestimmten Gewinden. Dadurch sind diese Gewindeeinsätze sehr kompakt und bieten aufgrund des größeren Querschnitts höhere Festigkeit als Helicoils. Sie werden mit einem Gewinderollwerkzeug (nicht zu verwechseln mit einem Gewindeschneider) eingesetzt, welches das Material aus den Gewindetälern in die Gewindespitzen „hochdrückt“ und damit ein sehr festes Gewinde formt.

Bei den Time-Sert-Einsätzen bleiben die letzten paar Gewindegänge unvollendet (auf Kerndurchmesser). Sie werden erst beim Eindrehen des Einsatzes mit dem Werkzeug geformt und der Einsatz gleichzeitig gesichert. Die Montage von stabileren Time-Serts ist zeitaufwändiger: Nur mit Time-Serts und vergleichbaren einteiligen Gewindeeinsätzen (z. B. Ensat) ist eine einwandfreie Reparatur von ausgerissenen Zylinderkopfbolzengewinden in Magnesium-Kurbelgehäusen möglich.

Weitgehend aussichtslos sind Reparaturversuche an schadhaften Außengewinden. Sie können mit einem Gewindeschneider oder einer Gewindefeile behelfsmäßig nachgearbeitet werden, auf die Dauer ist Erneuern jedoch die einzige zuverlässige Abhilfe.

Zylinder-Luftleitbleche

Im März 1977 änderte Porsche seine Kühlluftleitbleche. Die beiden mittleren Luftleitbleche beidseits des Motors wurden zum Zylinderkopf hin um 25 mm schmaler gestaltet. Geänderte Kühlrippenformen sollten eine gleichmäßigere Kühltemperatur an den Zylindern, Zylinderköpfen und am Kurbelgehäuse bewirken. Beim Überholen eines älteren Motors montieren wir zweckmäßigerweise die schmaleren Leitbleche oder schneiden die Bleche mit einer Blechschere auf die schmalere Form nach. Diese Änderung ist für eine Temperatursenkung von 9 bis 12 °C gut. Durch die gleichmäßigere Kühlung sinkt auch das Risiko ausgerissener Zylinderkopfbolzen.

Kurbelwellen

Vom Wiedereinbau schadhafter Kurbelwellen in einem Hochleistungsmotor ist dringend abzuraten. Geht der Kurbelwellen-Reparaturversuch schief, muss der Motor nochmals zerlegt und die Welle von Grund auf richtig überholt werden.

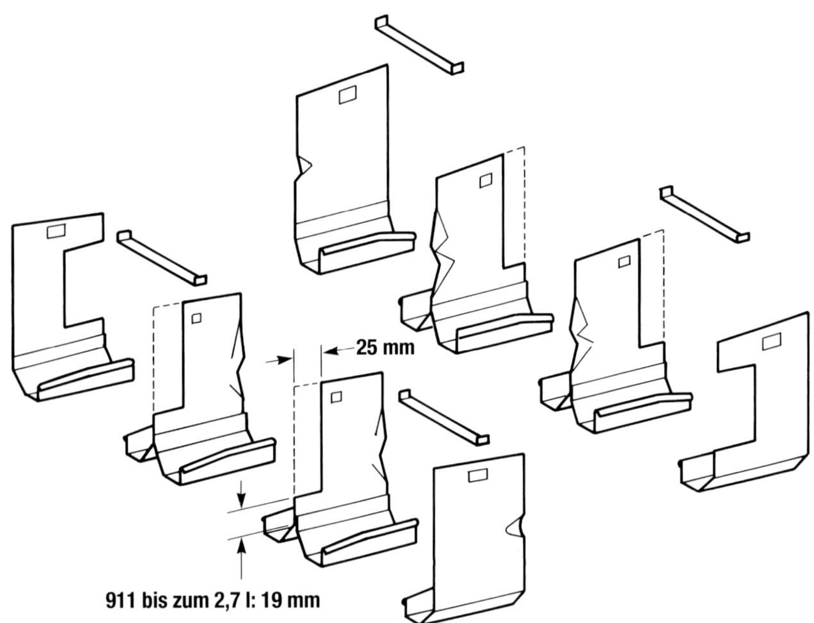

1977 änderte Porsche die mittleren Luftleitbleche unter den Zylindern. Sie waren jetzt ca. 25 mm schmaler als die älteren Versionen. Dadurch verteilte sich die Kühlluft gleichmäßiger auf alle Zylinder und Zylinderköpfe. Die alten Leitbleche können mit einer scharfen Blechschere entsprechend der nebenstehenden Zeichnung nachgeschnitten werden. Diese Änderung betraf alle 911 und 930 ab März 1977 und empfiehlt sich anlässlich einer Demontage auch bei allen älteren 911. Die Betriebstemperaturen sollen dank dieser Änderung um 9 bis 12 °C sinken, was beim 2,7-Liter-Motor auch zur Minimierung der Gefahr ausgerissener Zylinderkopfbolzen nur willkommen sein dürfte.

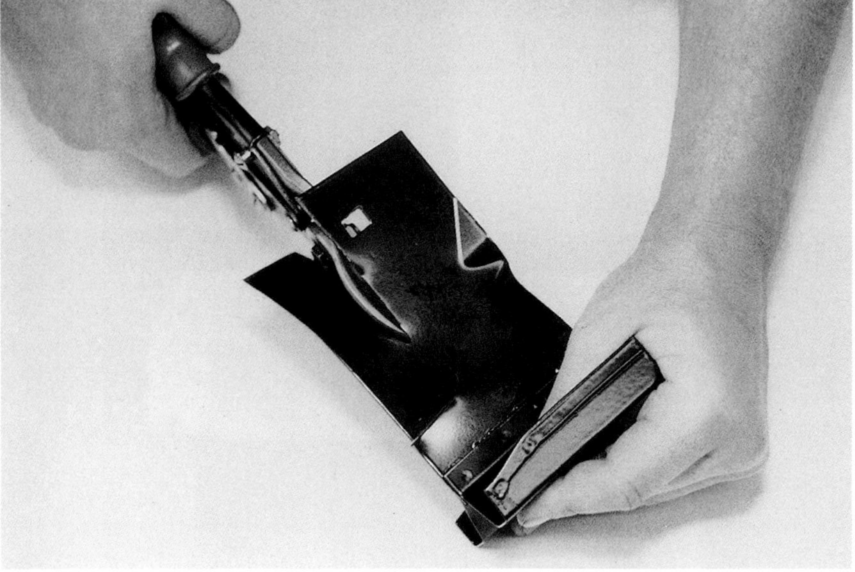

Hier wird ein Luftleitblech zugeschnitten.

Dass es allerdings auch Ausnahmen von dieser Regel gibt, sei am Beispiel des US-Fachbetriebs C.C.R. (Custom Crankshaft Repair) geschildert. Dort werden Porsche-Kurbelwellen nicht nur gewissenhaft instandgesetzt, sondern durch allerlei Tricks wahre Wunder an diesen Wellen vollbracht. Innerhalb vernünftiger Grenzen lassen sich die Wellen hier auf fast jeden gewünschten Hub schleifen und für die kleineren Durchmesser der „NASCAR"-Lager und speziellen Pleuel vorbereiten.

Diese Lager sind in ihrer Grundform leicht exzentrisch, durch die bei hohen Drehzahlen auftretenden Verformungen nehmen sie also eine runde Form an, statt sich – wie die Serienlager – dann erst recht unrund zu verformen. C.C.R. bietet außerdem Pleuel mit Sonderabmessungen für die kleineren Hubzapfendurchmesser an. Bei Verwendung der NASCAR-Lagerschalen von Clevite kann an den Kurbelwellen eine 3 mm breite Ausrundung an den Kurbelwangen angeschliffen werden (ähnlich den RSR-Kurbelwellen), um Kurbelwellendefekten bei hohen Drehzahlen vorzubeugen.

Die Lagerlebensdauer ist in Rennmotoren unmittelbar vom Lagerzapfendurchmesser und der Motordrehzahl abhängig. Die Motoren mit 66 und 70,4 mm Hub drehten bis über 8200/min und waren nach 40 Betriebsstunden überholungsreif. Der Pleuelzapfendurchmesser der Pleuel für die 66-mm-Hubversion betrug 61 mm, der Durchmesser der Pleuel bei 70,4 mm Hub betrug 56 mm. Der Unterschied wird am Beispiel der Pleuel für den Porsche-V8 für Indianapolis deutlich, dessen Pleuelzapfendurchmesser 49 mm betrug.

Die Kurbelwellen mit 66 mm Hub aus den 2,0- und 2,2-Liter-Motoren gelten im Renneinsatz als fast unverwüstlich. Bei den späteren, langhubigeren Kurbelwellen der größeren Triebwerke kam es gelegentlich zu Kurbelwellenbrüchen bei hohen Drehzahlen. Ursache dürften die infolge des längeren Hubs auftretenden höheren Massenmomente gewesen sein.

Für den Motorsport legte Porsche spezielle Ausführungen der 70,4- und 74,4-mm-Kurbelwellen auf. Diese Rennkurbelwellen wiesen eine breite, gleichmäßige Ausrundung am Übergang vom Pleuelzapfen zum Gegengewicht der Kurbelwelle auf. Wegen dieser breiteren Hohlkehlen sind für diese Kurbelwellen Speziallager mit Aussparungen für die Ausrundungen notwendig.

Porsche empfiehlt die Rennkurbelwellen, wenn Dauerdrehzahlen über 7000/min verlangt werden. Die 70,4-mm-Kurbelwelle der 2,4- bis 3,0-Liter-Motoren hat sich nach Insidererfahrungen als recht standfest erwiesen, wenn die Kurbelgehäusehälften mit Passstiften zum Schutz gegen Verzug fixiert und die Höchstdrehzahlen auf 7500 bis 7800/min begrenzt werden.

Pleuel

Bei einer Motorrevision sollten auch die Pleuel anhand der Werksdaten vermessen werden. Nicht maßhaltige Pleuel sind zu erneuern oder instandzusetzen. Die Instandsetzung der Pleuel umfasst das Nachsetzen der Pleuelfußbohrungen, Einbau neuer Kolbenbolzenbuchsen, Abdrehen der Buchse auf das richtige Längenmaß und Ausreiben der Kolbenbolzenbuchsen. Diese anspruchsvollen Arbeiten sind daher ein Fall für die Fachwerkstatt.

Die Werksausführungen sind in aller Regel die besten Pleuel für den 911er Motor. Ausnahmen: Die Pleuel des 2,2-Liter-Motors hielten den Strapazen des Rennbetriebs oft nicht stand, und bei den Pleueln der 3,2-, 3,3- und 3,6-Liter-Versionen muss die Festigkeit der Pleuelschrauben als grenzwertig bezeichnet werden. Bei der Hubraumvergrößerung dieser Triebwerke reduzierte Porsche den üblichen Pleuelschraubendurchmesser um 1 mm auf 9 mm. Wer also derartige Pleuel in einem Rennmotor montiert, sollte die Pleuelschrauben durch verstärkte Ausführungen ersetzen, wie sie von Drittanbietern wie RaceWare und Automotive Racing Products (ARP) angeboten werden.

Bei den Aggregaten mit 2,0 bis 3,0 l Hubraum genügen die serienmäßigen Pleuel des 911 für den Renneinsatz bei Drehzahlen bis ca. 7800/min. Jenseits dieser Drehzahlen empfiehlt sich der Einbau von Porsche-Titanpleueln. Auch hierfür sind die Pleuelschrauben von RaceWare lohnenswert.

Auswuchten

Der Sechszylinder-Boxermotor des 911 mit seinen um 120° versetzten Hubzapfen bereitet beim Auswuchten weit weniger Probleme als Reihenmotoren oder V8-Maschinen. Das Feinwuchten aller beweglichen Motorteile macht sich auf jeden Fall bezahlt, nur sind die Verbesserungen hinterher nicht so augenfällig wie bei anderen Motorbauarten.

Beim Auswuchten werden alle Bauteile zuerst statisch ausgewuchtet. Durch Abnahme von Metall an den zu schweren Exemplaren werden jeweils alle Kolben, Kolbenbolzen und Pleuel auf dasselbe Gewicht gebracht. Auch die Pleuel müssen komplett durchgewuchtet werden. Diese Arbeit ist ebenfalls dem renommierten Fachbetrieb vorbehalten, denn das Wuchten von Motorteilen ist Präzisionsarbeit.

Muss ein Pleuel ersetzt werden, darf nur ein Pleuel aus der entsprechenden Gewichtsklasse montiert werden. Nach Porsche-Vorgaben dürfen die Gewichte der Pleuel ein und desselben Motors nicht mehr als 6 Gramm auseinanderliegen.

Die Pleuel im 911er Motor lassen sich nach ihrem Gewicht sehr gut in drei Paare zusammenstellen: Die beiden schwersten Pleuel werden dann in Zylinder 3 und 6 (in gegenüberliegenden Zylindern am hinteren Motorende) montiert, das nächste Paar in Zylinder 2 und 5 und das letzte Paar in Zylinder 1 und 4. Wurde der komplette Pleuelsatz ursprünglich nach Werksvorschrift gewuchtet, ergibt diese zusätzliche gruppenweise Paarung einen nahezu perfekt ausgewuchteten Kurbeltrieb.

Kugelstrahlen

Beim Kugelstrahlen wird die Oberfläche des Bauteils mit runden Stahlkügelchen beschossen, so dass eine kaltverfestigte Oberflächenschicht entsteht. Diese Materialverdichtung soll der Ausbreitung von Rissen entgegenwirken. Eine angeraute, verdichtete Fläche ist weniger bruchanfällig als eine glatte, unter Spannung stehende Fläche. Im Laufe der Jahre versuchte Porsche, durch lokales Polieren, Weichnitrieren und Kugelstrahlen Defekten infolge fortschreitender

Abmessungen der 911er Pleuel

Motorhubraum Serienmodelle	Länge	Pleuelfußdurchmesser (Mitte-Mitte)	Pleuelfußbreite (am Hubzapfen)	Kolbenbolzen
2,2-2,2	130 mm	61,0 mm	21,8 mm[1]	22 mm
2,4, 2,7, 3,0	127,8 mm	56 mm	23,8 mm[1]	22 mm
3,0 SC	127,8 mm	56 mm	21,8 mm[1]	22 mm
3,3-3,8	127,0 mm*	58 mm	21,8 mm[1]	23 mm

*** Hinweis: 0,8 mm kürzer als die Pleuel des 911 SC.**
[1] Lagerbreite: 22 mm

Rissbildung entgegenzuwirken. Kugelgestrahlte Flächen erreichten bei richtiger Behandlung dabei die beste Haltbarkeit.

Verstiften der Kurbelgehäusehälften

In Rennmotoren mit zu erwartenden Leistungen von über 250 PS sollten die Magnesium-Kurbelgehäusehälften durch Passstifte miteinander verstiftet werden, damit die Gehäusehälften weniger gegeneinander „arbeiten" können. Kurbelgehäuse und Kurbelwelle neigen dann wesentlich weniger zu Verwindungen und wandern kaum, was ihre Lebenserwartung erheblich steigert. Bei dieser Änderung werden insgesamt zehn Passstifte (jeweils zu beiden Seiten des Hauptlagersitzes) eingesetzt. Wer sich an Höchstdrehzahlen von 7500 bis 7800/min hält und allenfalls kurzzeitig einmal auf über 8000/min geht, erhält auch mit der Serienkurbelwelle einen fast unzerstörbaren Motor. Bei Alu-Kurbelgehäusen ist diese Modifikation nicht erforderlich.

Zylinderköpfe

Fast alle Serienköpfe bieten noch gewaltige Verbesserungsmöglichkeiten. Das Geheimnis von auf solche Arbeiten spezialisierten PS-Schmieden liegt im Auftragsschweißen und Neuprofilieren von Saugkanälen, Einbau von Ventilsitzringen und größeren Ventilen, Neugestaltung der Brennräume, Einfräsen und Schleifen der Ventile und Ventilsitzringe sowie in Strömungstests an den fertigbearbeiteten Köpfen.

Die Kanäle in den Motoren des 911 sind schon von Haus aus wesentlich leistungsfreundlicher gestaltet als bei anderen Triebwerken. Wenn man also nicht gerade mit Starts im Motorsport liebäugelt, lohnt sich der Aufwand für Kanalerweiterung und strömungstechnische Optimierung der Zylinderköpfe kaum. Die Modifikation von Zylinderköpfen ist eine arbeitsintensive und damit kostspielige Angelegenheit. Bei Nacharbeiten an Straßenmotoren dürfen die Kanäle nicht zu groß geraten, sonst leidet der an sich recht elastische Drehmomentverlauf sehr schnell.

Bei der Optimierung der Köpfe des 911 kommt es grundsätzlich darauf an, den Fachmann zu finden, dessen Tuningkonzept optimal zu der Nutzungsweise passt, die dem Kunden für sein eigenes Fahrzeug vorschwebt. Falls dort die Zylinderköpfe nicht selbst bearbeitet werden, kann der Betrieb sicher die Adresse eines Fachbetriebs nennen, der auch das Vertrauen dieses Tuningprofis genießt.

Fachwerkstätten arbeiten oft mit speziellen Strömungsprüfständen für die Optimierung der Kanäle und Zylinderköpfe. Ein Patentrezept für die Verbesserung der Kanäle gibt es freilich nicht – nur viel mühevolle Handarbeit. Ob diese Maßnahmen eine echte Verbesserung bringen, lässt sich nur auf dem Strömungsprüfstand, anschließend auf dem Leistungsprüfstand und zum Schluss im Fahrversuch feststellen. Solange die Kanäle nicht gerade zu groß für den gewünschten Fahrzweck geraten, richten die Umbauarbeiten zumindest auch keinen Schaden an.

Nockenwellen

Die Wahl des Nockenprofils ist eine heikle Sache. In Motoren für Straßenfahrzeuge sollte die Nockenwelle keinesfalls zu „scharf" ausfallen.

Im täglichen Fahrbetrieb ergibt ein gleichmäßiger, fülliger Leistungs- und Drehmomentverlauf mit breitem nutzbaren Bereich unterhalb der Kurvenlinie wesentlich angenehmere Fahreigenschaften als eine ausgesprochen scharfe Leistungsspitze. Im Rennbetrieb zählt natürlich allein der Leistungsaspekt.

Wie die Praxis im Umgang mit getunten Motoren für den Straßenbetrieb zeigt, die mit Vergasern und abgestimmten Aus-

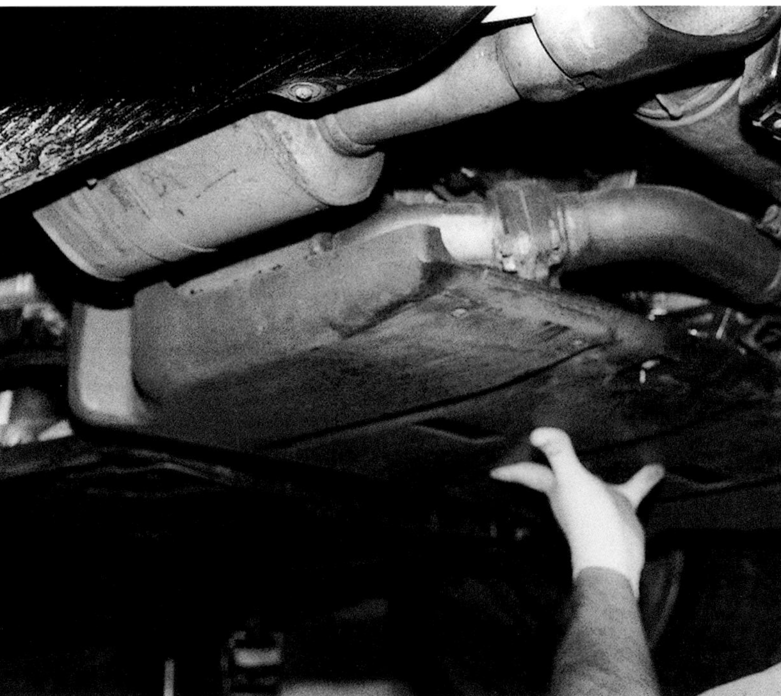

Beim 993 empfiehlt es sich, die Schallschutzwannen unter dem Motor zu entfernen, sie drosseln zwar nicht so sehr wie beim 964, dürften aber mit eine Ursache für etwaige Überhitzungsprobleme sein.

Übersicht über die Nockenwellencharakteristik

NOCKENWELLE	Einlass Dauer (Grad)	Hub (mm)	Auslass Dauer (Grad)	Hub (mm)	Nocken-mitte (Grad)
Werksnockenwellen					
Turbo 930/53	209	9,60	200	8,71	108
911 T	216	9,83	207	8,76	105
911 SC	229	11,56	220	10,21	113
911 E	229	10,36	223	9,98	102
964	240	11,79	230	10,80	k.A.
Turbo Gruppe B	237	9,50	220	8,61	k.A.
BTR	230	9,32	220	8,66	107/104
CTR	245	11,40	255	11,40	107,5/105
911 L	244	11,15	234	10,31	97
66 911	244	11,15	234	10,31	97
934	250	10,36	251	10,31	102,5
935	261	11,33	274	11,33	104
911 S	267	11,66	235	10,06	97
3,0 RSR	278	11,79	267	11,43	101
906	281	11,73	251	10,24	95
Aftermarket-Nockenwellen					
GE 20	248	11,56	230	10,80	98
GE 40	256	11,94	238	11,18	102
GE 60	266	12,45	248	11,56	102
GE 80	274	12,70	256	11,94	100
GE 100	284	13,21	266	12,45	100

NOCKENWELLE	Einlass Dauer (Grad)	Hub (mm)	Auslass Dauer (Grad)	Hub (mm)	Nocken-mitte (Grad)
Gegenüberstellung verschiedener Straßenmotor-Nockenwellen und Aftermarket-Nockenwellen					
911 SC	229	11,56	220	10,21	113
911 T	216	9,83	207	8,76	105
911 E	229	10,36	223	9,98	102
911 S	267	11,66	235	10,06	97
GE 20	248	11,56	230	10,80	98
GE 40	256	11,94	238	11,18	102
Werkstattdaten für gängige Rennnockenwellen					
GE 20			4,0 bis 4,3 mm		
GE 40			4,2 bis 4,5 mm		
GE 60			4,8 bis 5,2 mm		
GE 80			6,0 bis 6,3 mm		
GE 100			6,5 bis 6,8 mm		
Carrera 6-Motor			6,8 ± 0,1 mm		
RSR-Sprintnocken-wellen			6,1 bis 6,3 mm		
BTR*			1,90 mm		
CTR*			3,0 mm		
***CTR-Ventilfedern 34,5 mm**					
***BTR-Ventilfedern 33,5 mm**					

puff-Wärmetauschern bestückt sind, lässt sich mit der Nockenwelle des 911 von 1966 (Solex-Version) oder des 911 E ein rundum straßentauglicher Motor mit breitem nutzbaren Drehmomentbereich ohne Leistungseinbußen aufbauen. Bei der 911 E-Nockenwelle ist der Drehmomentverlauf noch etwas fülliger, dafür liegt die Spitzenleistung mit der Nockenwelle des 911 von 1966 geringfügig höher. Diese Wellen bieten sich für alle Straßenmodelle mit 2,0 bis 2,7 Liter Hubraum an.

Bei den größeren Straßenversionen mit 3,0 bis 3,5 Liter Hubraum, Vergasern und abgestimmtem Auspuff ist allerdings eine etwas schärfere Nockenwelle vonnöten, um auf dasselbe Leistungsniveau wie bei den kleineren Motoren mit den Nockenwellen des 1966er 911 oder des 911 E zu kommen. Für die 3,0- und 3,2-Liter-Motoren wären die Welle des 911 S oder die GE-40-Nockenwelle von Jerry Woods Enterprises (USA) zu empfehlen. Bei den 3,4- und 3,5-Liter-Motoren sind die Rennnockenwelle des alten 906 oder die GE-70-Nockenwelle von Jerry Woods erste Wahl, die an Versuchsmotoren dieser Hubraumgröße erprobt wurde.

Für die kleineren 2,0- bis 2,5-Liter-Rennmotoren kommen in erster Linie die Nockenwelle des 906 oder die GE-80 von Garretson Enterprises in Betracht. Für die 2,7- bis 3,0-Liter-Rennmotoren können die RSR-Sprintnockenwelle oder die GE-80 von Jerry Woods als Favorit gelten. In den ganz großen 3,2- bis 3,8-Liter-Rennmotoren des 911 wäre die GE-100-Welle von Jerry Woods erste Wahl.

Die Pleuellagerzapfen der Serienmotoren des 911 bis 1977 (2,0 bis 2,7 Liter) sind mit 47 mm Durchmesser relativ klein gehalten. Die späteren 3,0- bis 3,3-Liter-Turbomotoren weisen einen Zapfendurchmesser von 49 mm auf. Bei Rennmotoren oder umgebauten Spezialtriebwerken sind noch weitere Varianten anzutreffen.

Die obenstehende Tabelle enthält Detailangaben zu verschiedenen Nockenwellenausführungen für die 911er Saug- und Turbomotoren.

Der Ölkreislauf der Porsche-Motoren

Der Porsche-Trockensumpfschmierkreislauf arbeitet mit einer Tandemölpumpe, die aus einem Pumpenteil für die Rückförderung des Öls aus dem Motor in den Öltank sowie aus einem Druckpumpenteil besteht, der das Öl unter Druck aus dem Tank zu den Schmierstellen im Motor pumpt. Alle Porsche-Rennmotoren auf Basis des 911 nutzen den Ölrückförderkreis zur Kühlung des Motoröls.

Ob man bei Trockensumpfschmierung die Ölkühlung in die Rückförderseite oder in die Druck- bzw. Saugseite des Ölkreislaufs legen sollte, ist eine Glaubensfrage. Porsche kühlt das Motoröl bei den 911er Serienmotoren auf beiden Seiten des Kreislaufs. Die am Motor angebauten Ölkühler kühlen das Öl auf der Druckseite, die im Wagenbug montierten, externen Ölkühler kühlen das Öl auf der Rückförderseite. Bei beiden Anordnungen wird das Öl jedoch von einer der beiden Pumpen durch den Ölkühler gepumpt.

Porsche nutzt die Rückförderstufe für den externen Ölkühler, weil die Ölleitungen zwangsläufig derart lang sind, dass der Motor an Ölmangel einzugehen droht, falls das Motoröl in der Druckstufe gekühlt würde. Findige Bastler haben allerdings bei einem Renn-911 auch bereits mit einem kompakten, externen Ölkühler (aus einem Hubschrauber) anstelle des am Motor angebauten Ölkühlers experimentiert und berichten von einer erstaunlich verbesserten Ölkühlwirkung in der Druckstufe.

Ein Hauptstrom-Ölfilteranschluss für den Renneinsatz: Der Carrera 2 Turbo wartete als erster 911 mit einem Hauptstromfilter im Druckölkreis auf. Möglich wurde dies, weil der Carrera 2 Turbo über keinen Ölkühler verfügt. Dieser Einbau funktioniert auch bei Rennmotoren, die ohne Ölkühler am Motor betrieben werden.

Die Porsche-Motoren bis einschließlich der Baureihe 993 sind sowohl luft- als auch ölgekühlt. Dank der Spritzdüsen zur Kolbenkühlung und anderer Maßnahmen kommt der Ölkühlung immer größere Bedeutung zu. Das Motoröl bietet als Kühlmedium den Vorteil, dass das im Motor zirkulierende Öl in direktem Kontakt mit den wärmeabgebenden Flächen steht und die Motorwärme somit direkt in den Schmierstoff abgeführt werden kann. Nachteilig ist allerdings die im Vergleich zu anderen Kühlflüssigkeiten eher mäßige Wärmeleitfähigkeit des Motoröls. Außerdem wird das im Wärmetauscher abkühlende Öl zähflüssiger, fließt also langsamer.

Für alle großvolumigeren, leistungsstärkeren Saug- und Turboausführungen ist für Einsätze im Motorsport der Umbau auf einen der größeren Lamellenölkühler ratsam, entweder das werksseitig angebotene Exemplar oder ein Lamellenölkühler mit ausreichendem Öldurchsatz aus dem Zubehörhandel. Der Querschnitt der Anschlüsse und Verbindungsleitungen sollte so groß gewählt werden, dass es keinesfalls zu einer Drosselung des Ölstroms zum Kühler und zurück zum Öltank kommt.

Ein Rennfilter an der Hauptstrom-Ölfilteraufnahme eines Turbo. Diese Filteraufnahmen waren an den Carrera 2 3,3 und 3,6 Liter Turbo sowie an den 993 Turbo- und den Saugmotoren zu finden.

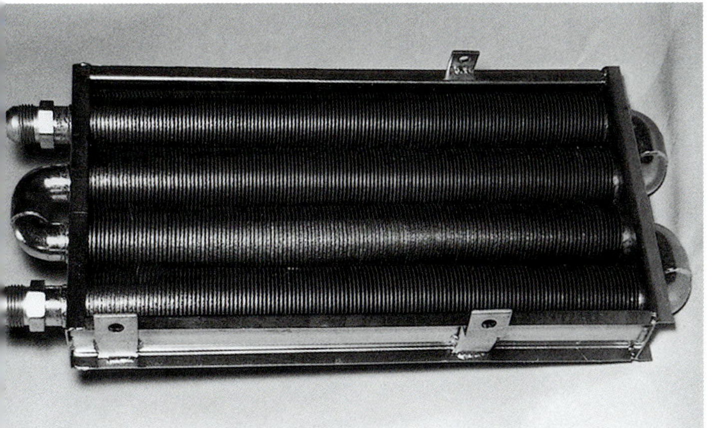

Der im Kotflügel montierte Turbatrol-Zusatzölkühler. Er erreicht eine bessere Kühlwirkung als alle anderen in dieser Anordnung verwendeten Ölkühler. Lemke Design

Ölkühler

1969 tauchte der außenliegende Ölkühler im 911 S erstmals in der Serie auf. Die Leistung des 911 S lag bei 170 PS, also können diese 170 PS als Untergrenze gelten, ab der der Anbau eines externen Ölkühlers ratsam ist. Ohne externen Kühler steigt die Motoröltemperatur je 5 °C höherer Außentemperatur gleich um rund 10 °C an. Die Betriebstemperatur des Motoröls sollte rund 93 °C betragen. Der normale Betriebstemperaturbereich des 911er Motors bewegt sich zwischen 82 °C und 104 °C. Eine Öltemperatur von 110 °C kann als „gut warm“ gelten, 115 °C sind definitiv heiß, und 120 °C sind ein klarer Fall von Hitzewallungen!

Bei hohen Öltemperaturen braucht man sich bei Landstraßenfahrten noch keine allzu großen Gedanken zu machen, im dichten Alltagsverkehr oder bei einem reinen Rennfahrzeug wird es da aber definitiv kritisch!

Die Thermostate für die am Motor bzw. extern im Fahrzeugbug angebauten Ölkühler funktionieren im Prinzip auf die gleiche Weise. Die Öffnungstemperaturen variierten bei den im Laufe der Jahre verbauten Thermostatvarianten zwischen 82 und 87 °C.

Mit zunehmender Leistungsstärke der 911er Motoren sollte sich der gewissenhafte Porsche-Fahrer Gedanken über eine bessere Ölkühlung machen. Wer Motorsport mit einem der großvolumigeren Triebwerke betreiben will, benötigt absehbar einen im Fahrzeugbug montierten Lamellenölkühler und der Frontspoiler sollte mit einer Öffnung für ungehinderten Luftdurchtritt zum Ölkühler versehen werden.

Manche von Fremdherstellern angebotenen Ölkühler-Umrüstsätze behindern die Flüssigkeitszirkulation aufgrund zu enger Rohrleitungen oder Anschlüsse. Drosselt der Ölkühler den Ölrücklauf aus der Rückförderstufe der Pumpe, kann dies zu übermäßigem Verschleiß und evtl. zum Totalausfall der Ölpumpe führen. Dem Verfasser sind bereits zweimal Motorschäden begegnet, die eindeutig auf einen Ölkühler mit zu starker Drosselwirkung bzw. Leitungen mit zu geringem Querschnitt zurückzuführen waren. Durch die Drosselwirkung in der Ölpumpe liefen die Lagerflächen der Pumpe aus, worauf die Pumpenräder festgingen und die Verbindungswelle zur Ölpumpe abscherte.

Motoröle

Im August 1992 stellte Porsche auf synthetische Motoröle um und lieferte sämtliche Neufahrzeuge mit synthetischem SAE 5W40 als Erstbefüllung aus. In der Betriebsanleitung ist eine detaillierte Tabelle mit den verschiedenen (sowohl mineralischen als auch synthetischen) Ölen zu finden, die je nach Betriebsbedingungen verwendet werden dürfen. Für die üblichen klimatischen Bedingungen in westlichen Breitengraden sind üblicherweise mineralische Öle der Viskosität SAE 15W40 oder SAE 20W50 oder die synthetischen Ölsorten SAE 10W40, SAE 15W40 oder SAE 15W50 zu empfehlen. Die Ölmarke ist letzten Endes Ansichts- und Vertrauenssache, sofern die auf den Kanistern angegebenen Freigaben sich mit den Angaben in der Betriebsanleitung decken.

In Abhängigkeit von der Außentemperatur empfohlene Motoröl-Viskositäten

UMGEBUNGSTEMPERATUR	SAE-VISKOSITÄTSBEREICH (MINERALISCHE MOTORÖLE)
Überwiegend über -25 °C	10W40, 5W40, 5W50
Überwiegend unter -25 °C	10W40

Es sind ausschließlich von Porsche freigegebene Motoröle zu verwenden. Im Zweifelsfall erteilen die Porsche-Vertragshändler Auskunft über die vom Werk erprobten und freigegebenen Ganzjahresöle.

Motoröle gerieten in jüngster Zeit im Zuge der Begrenzung des Gehalts des Antiverschleißadditivs Zink-Dialkyldithiophosphat (ZDP) in die Kritik. Bei der Festlegung der API SM-Klassifikation durch das American Petroleum Institute (API) wurde der Anteil von Zn und P auf 0,06 bis 0,08 Prozent begrenzt, um die Katalysatoren und Lambdasonden am Motor zu schützen. Am stärksten verschleißgefährdet ist in älteren Motoren der Bereich zwischen den Nocken der Nockenwellen und den Kipp- bzw. Schlepphebeln. ZDP soll durch Aufbau eines Schutzfilms insbesondere den direkten Kontakt von Metall auf Metall zwischen den Kipphebeln und den Nockenwellen verhindern. Für ältere Motoren sollten Öle verwendet werden, die einen höheren ZDP-Gehalt als nach der API SM-Klassifikation aufweisen. Vor allem die Anbieter so genannter „Klassiker-Öle“ kommen hierfür in Betracht. Porsche bietet hier werksseitig auch eine eigene Produktlinie an.

Noch ein paar weitere leistungssteigernde Zubehörteile

Wer einen Motor mit ganz individuellem Hubraum möchte, wird bei Jerry Woods Enterprises in den USA fündig. Dort werden Zylinder mit maßgeschneiderten Laufbuchsen und Kolben eigener Konstruktion versehen, mit denen sich fast jede denkbare Motorenkombination aufbauen lässt.

Direkter Vergleich zwischen dem originalen Kettenrad und dem Miniatur-Kettenrad „Made in China“. Bei SmartRacing Products stehen unterschiedliche Größen (sowohl größer als auch kleiner als die Serienversion) im Katalog.

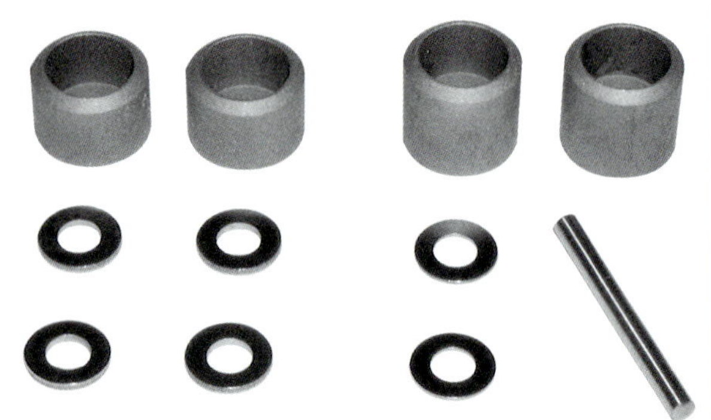

Kettenspannerhülsen für Drucköl-Kettenspanner können einem Totalausfall der Kettenspanner und kostspieligen Motorschäden vorbeugen. Dieser Satz enthält die Nachrüstteile für beide Seiten. Foto: SmartRacing

Das modifizierte Triebwerk baut zu breit und die Ketten sind zu kurz? Kein Problem – bei German Precision (USA) ersann man eine Konstruktion mit Miniatur-Kettenrädern. Und falls die Kette zu lang ist, sind hier sicher auch übergroße Kettenräder im Programm zu finden.

Ein von Motorsport Design aufgebauter Motor mit den hauseigenen Auspuffkrümmern und Saugrohren.

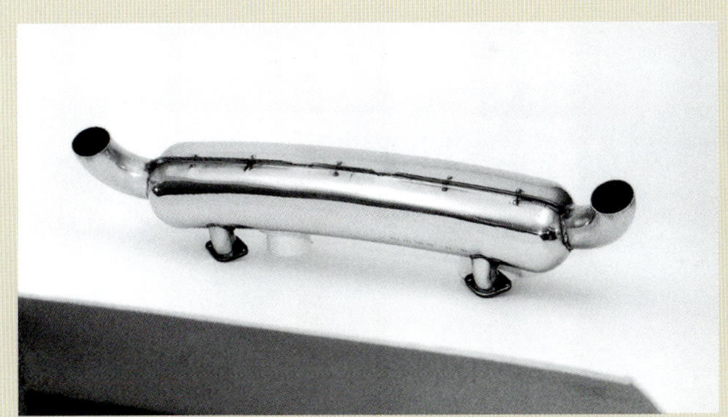

Ein dem Original nachempfundener Nachrüst-Schalldämpfer mit zwei Ausgängen wie er von der Firma Performance Products in einer Sonderserie angeboten wurde. Foto: Performance Products

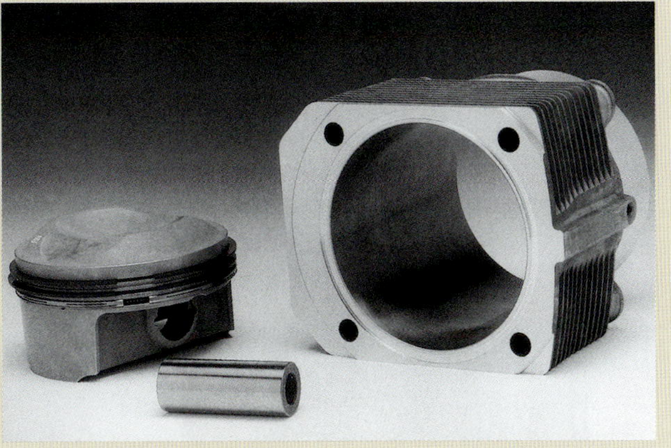

Kolben und Zylinder von Performance Products für den 3,8-Liter-Motor. Foto: Performance Products

Am 4. Januar 1996 gab Porsche die Partnerschaft mit Mobil 1 sowohl in Forschung und Entwicklung als auch im Rennsport bekannt.

Alle paar Jahre veröffentlicht Porsche eine Übersicht über die freigegebenen Motoröle, die Angaben für die verschiedenen Regionen der Welt enthalten, in denen Porsche vertreten ist.

Nach dem neueren Stand in diesen Übersichten umfasst die Porsche-Freigabe für die Modelle ab 1984 (außer Cayenne V6) ausschließlich durch Hydrocracking gewonnene oder synthetische Öle der Viskositätsklassen SAE 0W40, SAE 5W40 oder SAE 5W50.

Der Öldruck wird bei betriebswarmem Motor (Öltemperatur 80 °C) und einer Drehzahl von 5000/min geprüft. Beim Carrera 3,2 l sollte der Öldruck über 4,0 bar, aber nicht über 7,0 bis 9,0 bar liegen. Die älteren Motoren waren mit einem niedriger eingestellten Sicherheits-Bypassventil als die späteren Motoren ausgerüstet. Für etliche der älteren Modelle wurde ein Öldruck von 4,0 bar bei 5000/min empfohlen, beim 993 liegt der Soll-Öldruck bei 6,5 bar, also müsste ein intakter 911 nach dieser Prüfmethode einen Wert zwischen 4,0 und 6,5 bar liefern. Als Faustregel gilt, dass der Öldruck bei betriebswarmem Motor ca. 0,7 bis 1 bar je 1000/min Motordrehzahl erreichen sollte.

Die Ölstandsanzeige zeigt den Füllstand im Öltank an. Allerdings ist die Anzeige allenfalls ein ungefährer Hinweis auf den Ölstand. Bei einigen älteren Modellen war sie in Litern kalibriert, Mitte der 1970er Jahre ging Porsche jedoch zu einer weniger exakten Skala über. Grundsätzlich sollte der Ölstand stets zwischen den beiden Marken am Ölmessstab stehen.

Zur Kontrolle des Ölstands muss der Wagen im Leerlauf laufen und auf ebenem Untergrund stehen. Der Motor muss warmlaufen, bis er seine Betriebstemperatur (80 °C) erreicht hat. Die Anzeige darf bei warmem Motor nicht zu weit abfallen. Ein gewisses Absinken der Anzeige ist jedoch normal, wenn die Motordrehzahl steigt und das Öl durch den Schmierölkreislauf gepumpt wird.

KAPITEL 6
FAHRWERK, BREMSEN, RÄDER UND REIFEN

Konstruktion und Abstimmung des Fahrwerks laufen bei jedem Pkw auf einen Kompromiss hinaus, ganz besonders bei Sport- und GT-Modellen. Auch Porsche entschied sich beim 911 für einen Mittelweg zwischen optimalem Handling und perfektem Fahrkomfort. Wer überdurchschnittlich gutes Handling will, erkauft dies zwangsläufig mit Abstrichen am Komfort – angefangen bei Bodenwellen, die besonders deutlich zu spüren sind. Wirklich überragender Fahrkomfort wäre andererseits mit Reifen mit höherem Querschnitt, schmaleren Felgen mit geringerem Durchmesser, Wegfall der Querstabilisatoren, weicheren Federraten und leicht ansprechenden Stoßdämpfern zu erreichen. Diese Konzeption war auch der Grundgedanke der „Komfort-Ausstattung", die Porsche Ende der 1960er/Anfang der 1970er Jahre serienmäßig im 911 E und auf Wunsch in den anderen Modellen anbot. Sie bedeutet allerdings so ziemlich das genaue Gegenteil dessen, was sich ambitionierte 911er Piloten zur Verbesserung des Handling wünschen. Die vom Werk für den Renneinsatz modifizierten Serienmodelle hingegen waren deutlich konsequenter in Richtung Motorsport modifiziert. Nur geht dies unweigerlich auf Kosten des Fahrkomforts, und deshalb dürfte die von Porsche für das Serienfahrwerk gewählte Kompromisslösung für den überwiegenden Teil der normalen Käuferschaft des Hauses das Optimum darstellen.

Stoßdämpfer

Bei zahlreichen anderen Fabrikaten lässt sich die Fahrwerksabstimmung durch Montage höherwertiger Stoßdämpfer bereits spürbar verbessern. Wer einen frühen 911 modifizieren will, sollte angesichts der von Haus aus hohen Qualität der Porsche-Serienkomponenten bedenken, dass manche Angebote aus dem Zubehörhandel gegenüber der Serienversion eher einen Rückschritt bedeuten. Sehr gut waren auch die Boge-Sportstoßdämpfer des 964, allerdings kommt es nicht selten vor, dass man bei dieser 911-Generation auf verschlissene Dämpfer trifft. Erst bei den 993 und 996 mit ihren „kostenoptimierten" und vergleichsweise weich abgestimmten Großserien-Stoßdämpfern bewirkt bereits der Dämpfertausch spürbare Fortschritte: Die Seriendämpfer verschleißen recht schnell, oft innerhalb von ca. 30.000 km.

Beim „Stoßdämpfer" werden genau genommen die Schwingungen in der Radaufhängung gedämpft. Reifen und Federn absorbieren die von Fahrbahnunebenheiten hervorgerufenen Stöße und speichern diese als Energie. Die Stoßdämpfer dämpfen nun im Zusammenspiel mit den Federn (beim 911 bis 1989 also mit den Drehstabfedern) die Fahrwerksbewegungen. Je mehr Dämpfungskraft die Stoßdämpfer aufbringen, desto schneller werden die Schwingungen weggedämpft. Beim Überfahren einer Bodenwelle verwinden sich die Fahrwerkskomponenten und die Feder wird auf Druck beansprucht; dabei werden größere Energiemengen in der Feder gespeichert. Nach Passieren der Bodenwelle setzt die Feder die Energie frei, indem sie das Rad herunter- und die Karosserie hochdrückt. Wird dieser Vorgang nicht gedämpft, gerät die Radaufhängung in unkontrollierte Schwingungen, die sich in die Karosserie übertragen, welche erst nach und nach wieder von selbst zur Ruhe kommt. Dies ergäbe katastrophale Fahreigenschaften, da der Wagen permanent auf- und niederfedern würde. Auch das Handling ließe sehr zu wünschen übrig, da auch Räder und Reifen ähnliche „Bocksprünge" vollführen würden und das Fahrzeug die meiste Zeit gar nicht in der Lage wäre, durch sein Eigengewicht über die Reifenaufstandsflächen den Kontakt mit der Fahrbahn aufrechtzuerhalten.

Stoßdämpfer dämpfen nur dann optimal, wenn sie auf die Federrate des Fahrwerks abgestimmt sind. Da im Rennsport zusätzliche Abstimmmöglichkeiten unverzichtbar sind, greift man dort meist auf nachstellbare hydraulische Doppelrohrstoßdämpfer zurück. Diese können nachjustiert werden, bis die optimale Abstimmung auf Federraten, Fahrzeug- und Fahrwerksgewicht und die Fahrbahnoberfläche erreicht ist. Die Einrohr-Hochdruck-Gasdämpfer ergeben dagegen bessere Dämpfungseigenschaften über ein breiteres Spektrum unterschiedlicher Fahrbedingungen und bieten auch bei sehr kurzwelligen Unebenheiten besseren Fahrkomfort als Doppelrohr-Hydraulikdämpfer.

Rennteams, die mit diesen nicht einstellbaren Einrohr-Gasdruckdämpfern operierten, mussten also stets eine Auswahl unterschiedlicher Dämpfer mitführen, um für jede Federrate die Dämpfer mit den richtigen Dämpfungseigenschaften zur Hand zu haben. Bei den Werksrennwagen auf Basis des 993, 996 und 997 sind die Stoßdämpfer jedoch grundsätzlich einstellbar.

Als Faustregel sollte vorne und hinten dieselbe Dämpferkonstruktion desselben Herstellers montiert werden, um eine möglichst homogene Gesamtcharakteristik der Vorder- und Hinterraddämpfer zu erreichen. Ausnahmen bestätigen natürlich auch hier die Regel, falls ein Hersteller beispielsweise beide Dämpfertypen fertigt und sich die Mühe macht, Hydraulik- und Gasdruckdämpfer so aufeinander abzustimmen, so dass sie in einem Satz kombiniert werden können. In anderen Ausnahmefällen stimmt der Hersteller die Dämpfer zweier verschiedener Hersteller aufeinander ab.

Bisher standen Besitzer eines 911 stets vor der Entscheidung zwischen „Fahrkomfort" oder „Handling" bzw. zwischen Doppelrohr-Hydraulikdämpfern oder Einrohr-Gasdruckdämpfern. Dann kam jedoch Boge mit Niederdruck-Doppelrohr-Gasdruckdämpfern

Einstellbare Uniball-Stoßdämpferaufnahmen für die Vorderachse aus dem Programm des US-Tuners Racers Group. Die Löcher bieten zusätzliche Sturzeinstellmöglichkeiten.

für den 911 auf den Markt. Sie wurden von Porsche erstmals 1985 als Sonderausstattung angeboten und bewährten sich derart gut, dass sie 1986 und 1987 im 911 Carrera und 911 Carrera „Turbo-Look“ serienmäßig montiert wurden. Koni führte seinerseits einstellbare Niederdruck-Doppelrohr-Stoßdämpfer für die Vorderachse im Programm, die sich mit deren einstellbaren Hochdruck-Einrohr-Gasdruckdämpfern für die Hinterachse des 911 kombinieren ließen. Diese Niederdruck-Gasdruckdämpfer vereinigten das Optimum beider Bauarten, vor allem in der einstellbaren Koni-Version. Im 911 Turbo von 1987 waren die Hochdruck-Einrohrdämpfer von Bilstein noch serienmäßig und bei den anderen 911er Modellen dieses Jahrgangs als Sonderausstattung zu finden.

Im Laufe seiner Bauzeit wurde der 911 mit unterschiedlichsten Stoßdämpferausführungen ausgeliefert, bei den frühen Baujahren teilweise auch mit Koni-Dämpfern. Die Erneuerung von Koni-Dämpfern ist unkompliziert. Eine Umrüstung von Boge- oder Woodhead-Federbeinen auf Koni ist dank passender Einsätze (für Boge und Woodhead in baugleicher Ausführung) problemlos möglich. Woodhead-Dämpfer sind eine englische Lizenzfertigung der Boge-Dämpfer, daher passen die Boge-Einsätze einwandfrei. Koni produzierte jahrelang Einsätze für die Bilstein-Vorderachsfederbeine, hat die Fertigung aber eingestellt. Diese Einsätze (Teile-Nr. 282R1863) passten nur in die alten Bilstein-Federbeine. In 911ern nach 1980 mit Bilstein-Stoßdämpfern ließen sich die Koni-Einsätze dagegen nicht mehr montieren, da Bilstein in jenem Jahr die Federbeinkonstruktion änderte. Wer auf Konis umrüsten möchte und in seinem 911 Bilstein-Stoßdämpfer hat, muss das komplette Vorderachs-Federbein auswechseln. Für den 911 Bj. 1985-1987 mit Boge-Gasdruckdämpfern sind Koni-Einsätze lieferbar, doch ist für den Einbau ein zusätzlicher Adapter nötig.

Die RSR- und GT2-Werksrennwagen der späten 1990er Jahre wurden mit einstellbaren Bilstein-Dämpfern bestückt. JRZ (ein Abkömmling von Koni) setzte nach seinem Markteinstieg in jenen Jahren Maßstäbe für einstellbare Porsche-Renndämpfer. Bei den späteren Cup-Fahrzeugen waren einstellbare Sachs-Stoßdämpfer Teil der Serie und lösten die nicht verstellbaren Bilstein-Typen der frühen GT3 Cup-Fahrzeuge ab.

Ein Doppelfeder-Nachrüstsatz von European Tuners mit Bilstein-Stoßdämpfern in einem RS America. Foto: Warren Gardner

Die Federn

Zur Einstimmung etwas Grundwissen zu Federn und Drehstäben: Nehmen wir als Beispiel eine 50 cm hohe Schraubenfeder, deren Federkraft 100 N beträgt. Wenn man diese Feder halbiert, so entstehen dabei zwei nur 25 cm hohe Federn, deren Federkraft jetzt aber 200 N beträgt. Nun könnte man auf die – eher unprofessionelle – Idee kommen, die Schraubenfedern einfach um eine oder zwei Windungen zu kürzen, um den Wagen tieferzulegen. Dabei ist allerdings zu bedenken, dass die Federn dadurch steifer werden: Sägt man von einer Feder mit zehn Windungen eine Windung ab, um das Fahrzeug tieferzulegen, ist die verkürzte Feder rund 10 Prozent steifer als die Originalfeder. Im Prinzip ist übrigens Feder immer gleich Feder – egal ob Drehstäbe, Schraubenfedern und Blattfedern, entscheidend sind konstruktive Gründe:

Ausschlaggebend für die Verwendung von McPherson-Federbeinen mit Drehstäben an der Vorderachse aller 911 war beispielsweise, dass damit im Kofferraum viel mehr Platz als bei anderen Federkonstruktionen blieb. In fast allen Rennmodellen setzt Porsche dagegen eine Kombination aus Drehstäben und Schraubenfedern oder eine reine Schraubenfederkonstruktion zur Fahrwerksabstimmung ein.

Bei Schraubenfedern und Drehstäben ergibt ein dickerer Federwindungs- bzw. Drehstabdurchmesser eine um die vierte Potenz härtere Feder. Wird der Durchmesser des Drehstabs verdoppelt, bedeutet dies, dass die Feder um das Sechzehnfache steifer wird – eine geringfügige Änderung des Federwindungs- bzw. Drehstabdurchmessers verändert die Federrate also erheblich.

Wer mit einem 3,0- und 3,2-Liter-911 von 1978-1989 an die äußerste Leistungsgrenze gehen möchte, sollte vorne 22-mm- und hinten 28-mm-Drehstäbe montieren. Bei den früheren, leichteren 911 von 1969 bis 1977 sind vorne 21-mm- und hinten 26- oder 27-mm-Drehstäbe zu empfehlen. Die dickeren Drehstäbe sor-

Eine Verstelleinrichtung zur Einstellung von Schraubenfedern an Rennfahrzeugen: Wird der massive Einsatz weiter in die Schraubenfeder hineingedreht, verringert sich die wirksame Länge der Feder und die Feder wird steifer.

gen für ein berechenbareres und trotzdem sportliches Fahrverhalten, ohne dass der Federkomfort so stark leidet, wie es bei den steiferen Querstabilisatoren zu erwarten wäre. Steifere Stabilisatoren bewirken auf Schlaglöchern u. ä. Fahrbahnoberflächen ein stakkatoähnliches Ansprechen der Federung, während steifere Drehstäbe lediglich eine straffere, aber nicht übermäßig harte Straßenlage ergeben.

Nachrüst-Querstabilisatoren von SmartRacing.

Wer noch das letzte Bisschen aus dem Handling seines 911 herauskitzeln möchte, kann einstellbare 20er oder 23er Stabilisatoren vorne und hinten montieren (siehe auch: www.smartracing-products.com). Das Fahrverhalten lässt sich damit noch genauer an individuelle Wünsche oder Erfordernisse anpassen.

Auch AJ-U.S., Inc. (Alan Johnson Racing, Inc.) und Automotion (Markenname: Weltmeister) haben sich als Bezugsquelle von Stabilisatoren und Drehstäben eigener Konstruktion einen Namen gemacht. In Deutschland liefert u. a. KW Automotive maßgeschneiderte Gewindefahrwerke für die Fahrwerksoptimierung am 911.

Der Durchmesser der 911er Drehstäbe wurde im Laufe der Bauzeit wiederholt geändert. Jahrelang blieben die Abmessungen vorne bei 18 mm und hinten bei 24,1 mm. Als Ausgleich für das zunehmend höhere Wagengewicht wurden 1986 die hinteren Drehstäbe auf 25 mm Durchmesser verstärkt. Da der 930/911 Turbo im Heckteil wesentlich schwerer als der 911 mit Saugmotor ist, hatte er von Anfang an einen 26-mm-Stab erhalten.

Mit dem Debüt des 964 C4 (Carrera 4) im Jahr 1989 stellte Porsche von der Drehstab- auf eine komplett neue, reine Schraubenfederung um, die vorne mit McPherson-Federbeinen mit unteren Alu-Querlenkern aufwartete. Die überarbeitete Hinterradaufhängung erhielt Schräglenker aus Alulegierung. Alle vier Räder werden durch Schraubenfeder-Dämpferkombinationen anstelle der bekannten Drehstäbe gefedert.

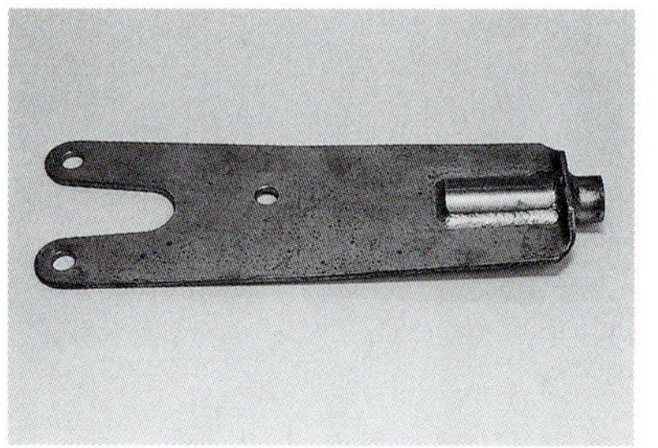

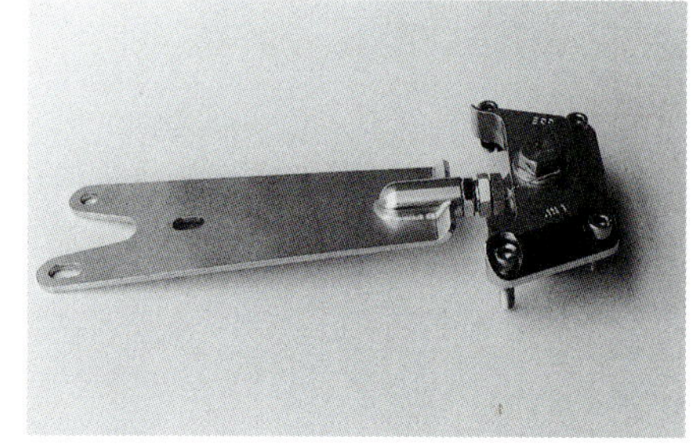

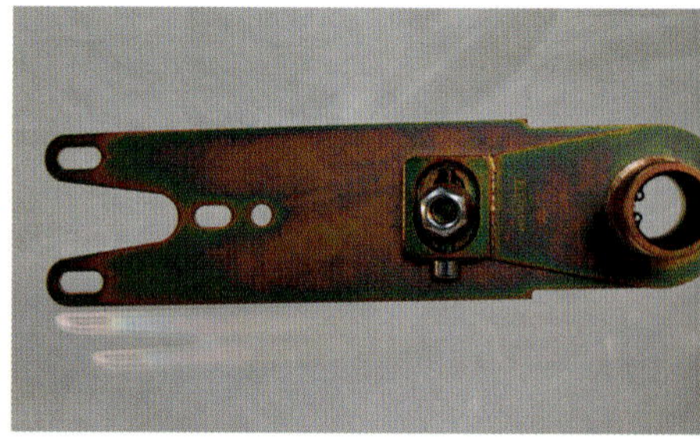

Links: Die Hinterachs-Federplatte des 935.

Mitte: Eine Aftermarket-Hinterachs-Federplatte von ERP (Eisenlohr Racing).

Rechts: QuickChange-Federplatte. In Kombination mit den QuickChange-Drehstäben von Elephant Racing ist der Tausch der Drehstäbe und die Neuabstimmung des Fahrwerks damit pro Fahrzeugseite in nur fünf Minuten erledigt. Foto: Elephant Racing

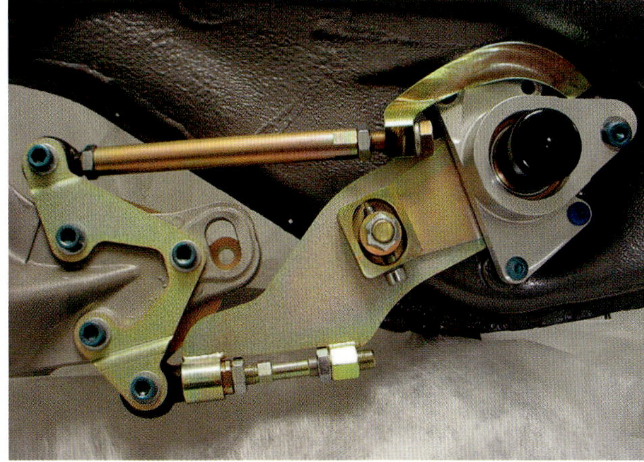

Links: QuickChange-Drehstabfedern mit Innengewinde zur schnellen Demontage und Montage. In Verbindung mit den QuickChange-Federplatten ist die Federeinstellung pro Seite in gerade einmal fünf Minuten erledigt.
Rechts: Mit der einstellbaren Federplatte können die Einfederbewegungen der Hinterachsfederung so korrigiert werden, dass eine optimale Reifenaufstandsfläche erhalten bleibt. Auch die Kombination mit den QuickChange-Naben für schnellen Drehstabwechsel und Gewinde-Höhenverstellung ist möglich. Foto: Elephant Racing

1990 löste der C2 (Carrera 2) den bisherigen 911 als Hecktriebler-911 ab. Das Fahrwerk des C2 war mit dem des C4 identisch. Als 1994 der 993 seinen Einstand gab, hatten die Ingenieure zur Optimierung der Fahrstabilität die Vorderachsgeometrie überarbeitet. An der Hinterachse kam eine völlig neue Mehrlenkerkonstruktion mit fünf Einzel-Lenkern je Fahrzeugseite zum Einbau, die bei Porsche unter der Bezeichnung „LSA“ (Leichtbau, Stabilität, Agilität) lief. Der fünfte Lenker übernimmt dabei die Vorspurkorrektur (ähnlich wie bei der Weissach-Achse des 928), wodurch eine bessere Kurvenstabilität erreicht wird. Diese Lenkerkonstruktion sitzt auf einem eigenen Hilfsrahmen, der über Gummilager mit der Karosserie verbunden ist.

Querstabilisatoren

Der Querstabilisator soll die Wankneigung der Karosserie bei Kurvenfahrt verringern und zu einer besseren Achslastverteilung beitragen. Die Stabilisatoren sorgen in Verbindung mit den Federn bzw. Drehstäben dafür, dass die Steifigkeit von Vorder- und Hinterachsaufhängung in Relation zueinander konstant gehalten wird, so dass sich ein neutrales Fahrverhalten einstellt. Eine zu steife Vorderradaufhängung führt zu Untersteuern und „Nachschieben“ des Hecks, eine zu steife Hinterradaufhängung zu Übersteuern und unpräzisem Fahrverhalten des Hecks. Der Unterschied zwischen den beiden Extremen besteht darin, dass ein untersteuernder Wagen mit dem Bug am Baum landet, ein übersteuernder Wagen sich aber um die eigene Achse dreht und mit dem Heck am Baum endet. Allgemein wird eine leichte Untersteuerungstendenz und entsprechendes „Schieben“ des Fahrzeugs beim schnellen Durchfahren scharfer Kurven als angenehmer empfunden, weil der Wagen dann weniger schnell zum Ausbrechen neigt; leicht übersteuernde Wagen sind dagegen in langsameren Kurven schneller, weil sie sich besser in die Kurve „einlenken“ lassen. Wie so oft, ist auch hier der goldene Mittelweg zu empfehlen.

SmartRacing liefert zwei Ausführungen der verstellbaren Hinterachslenkeraufnahmen, die die von Porsche für die Turbos und Rennmodelle verwendeten Konstruktionen weiter verfeinern. Die Aufnahmen sind für die längeren Lenker des 911 und die kürzeren Lenker des 930 lieferbar. Beide bieten die gleichen Einstellmöglichkeiten der Serien-Schräglenker. Sturz und Wankzentrum lassen sich damit problemlos verstellen und die Hinterachsgeometrie spürbar optimieren, um Anfahrnickneigungen zu unterdrücken. Selbst sehr geringe Bodenfreiheiten sind damit möglich, und bei tiefergelegten Exemplaren lässt sich das Hinterachs-Eigenlenkverhalten beeinflussen. Der Einbau erfordert fortgeschrittene Schweißkenntnisse und gewisse Fähigkeiten in der Blechfertigungstechnik sowie zusätzlichen Freiraum im Bereich der hinteren Notsitze.

Die Hinterachs-Schräglenker

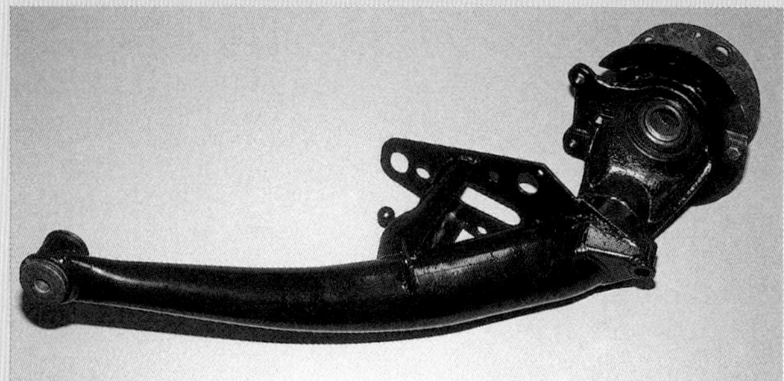

Der Hinterachs-Schräglenker des 911: Diese Ausführung wurde in der Serie ab der Radstandsverlängerung 1969 bis zur Einführung der Aluminium-Gusslenker zum Modelljahr 1974 eingebaut.

Turbo-Schräglenker: Bei der Einführung des 911 Turbo (930) im Jahr 1975 wurden mit der Umstellung auf die neuen Alugusslenker ähnliche Fahrwerksänderungen vorgenommen. Die Lenker des Turbo wurden verkürzt und die Anlenkpunkte zusammen mit den Drehpunkten der Radaufhängung ähnlich wie beim RSR versetzt. Die Aufnahmepunkte wurden um 22 bis 25 mm von der Mitte weg und um 47,5 mm nach hinten verlegt, um die kürzere Lenkerbauform auszugleichen; außerdem wanderten sie 10 mm nach oben, um der Hinterradaufhängung einen ausgeprägteren Anfahrnickausgleich zu verleihen. Beim 930 führte Porsche der Einfachheit halber ein neues Hinterachs-Drehstabrohr (Querrohr) ein, das bereits die geänderten Aufnahmepunkte besaß.

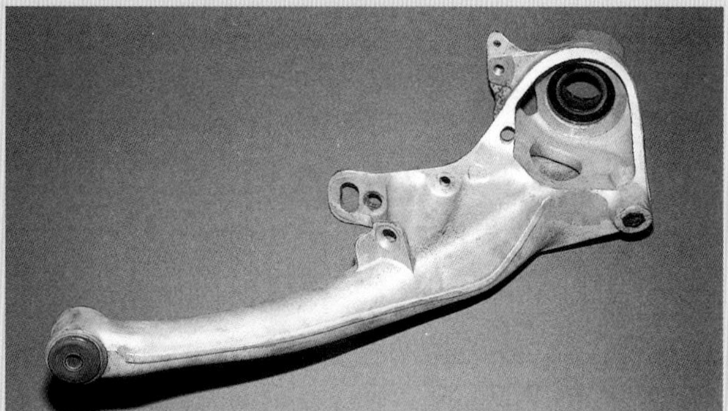

Der Aluguss-Schräglenker der Serien-911 ab 1974: Das Teil behielt die Geometrie des Pressstahl-Vorläufers bei, war aber stabiler, leichter und in der Fertigung kostengünstiger.

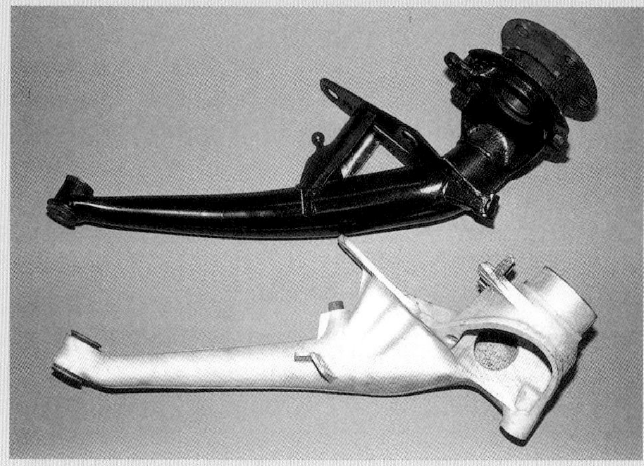

Vergleich des Pressstahllenkers und der Nachfolgeversion aus Aluguss.

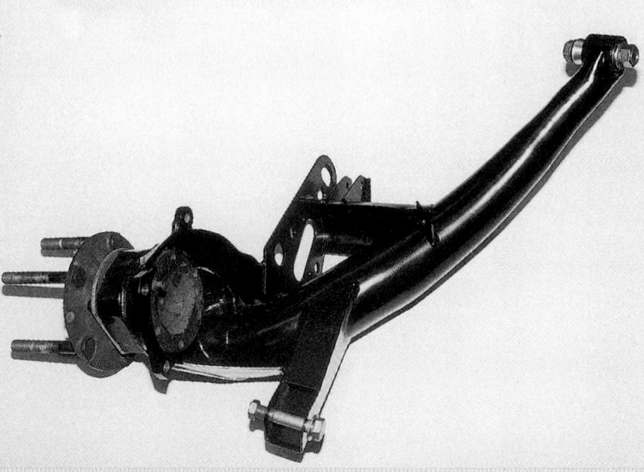

Ein verkürzter Spezial-Schräglenker für den RSR, der für die geänderten Anlenkpunkte am Fahrwerk entwickelt wurde.

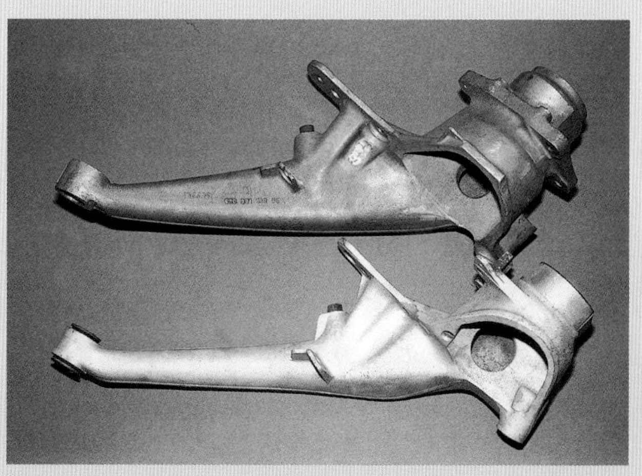

Rechts: Vergleich des Aluguss-Schräglenkers des Turbo (oben) und des Aluguss-Lenkers des normalen 911. Am Turbo-Lenker saß die Bremssattelhalterung hinten, am 911er Lenker vorne. Außerdem ist gut zu erkennen, dass der Radlagerträger wegen der breiteren Spur des Turbo weiter nach außen verlegt wurde.

Mehrlenker-Hinterachse an einem SuperCup-Werkswagen mit einstellbarer Feder. Dieser Wagen ist mit Uniball-Fahrwerksgelenken sowie einstellbaren Stabilisatoren vorne und hinten bestückt.

Spuränderung beim Einfedern

Unter der so genannten Spuränderung – auch als Eigenlenkverhalten des Rades bezeichnet – versteht man die Änderung der Spur an Vorder- und Hinterachse beim Aus- und Einfedern des Fahrzeugs. Erstrebenswert wäre, wenn sich die Spur beim Aus- und Einfedervorgang überhaupt nicht ändert, da das bei dieser Spuränderung eintretende Eigenlenkverhalten letztendlich für den Unterschied zwischen passabler und erstklassiger Straßenlage verantwortlich ist.

Die Spuränderung an der Hinterachse ließ sich bei der ursprünglichen Konstruktion des 911 nicht nennenswert beeinflussen – außer dass man die Spur hinten so einstellt, dass dieser Effekt minimiert wird. Für die Vorderachse sind Distanzscheibensätze für die Zahnstangenlenkung des 911 und 914 lieferbar, mit denen die Lenkung beim Tieferlegen des Fahrwerks wieder um einen entsprechenden Betrag höhergesetzt werden kann. Die Spurstangen stehen dann wieder fast waagerecht und die negativen Begleiterscheinungen dieser Spuränderung verschwinden fast völlig.

Die Wirkung der Spuränderung an der Vorderachse nach Änderung der Fahrwerkshöhe sollte exakt ermittelt und die entsprechenden Einstellungen vorgenommen werden. Die fachgerechte Ausführung dieser Einstellarbeiten ist mit erheblichem Aufwand verbunden, wer aber das Optimum aus einem modifizierten Porsche herausholen will, kommt daran nicht vorbei.

Mit der Einführung des 993 wurde auch eine Einstellmöglichkeit für die Spuränderung an der Hinterachse geschaffen. Die Spuränderung veränderte sich konstruktionsbedingt entsprechend dem Federweg des Rades, so dass eine annähernd passive Lenkcharakteristik entstand. Diese „Kinematik" wurde kaum mehr mit dem ursprünglichen Phänomen der Spuränderung beim Einfedern assoziiert, technisch gesehen war sie aber im Prinzip nichts anderes. Beim 996 wurde die Kinematik überarbeitet und diese Einstellmöglichkeit entfiel, ERP und andere Anbieter brachten aber schon bald Zubehör-Hinterachslenker heraus, die sich wieder einstellen ließen.

Radlastabstimmung

Ziel hierbei ist, die Radlasten ausgewogen auf alle vier Räder zu verteilen. Bei einer Gewichtsverteilung des 911 von 40:60 auf die Vorder-/Hinterachse des 911 müssten also 40 Prozent des links wirkenden Gewichts auf das linke Vorderrad und 60 Prozent auf das linke Hinterrad wirken (analog auf der rechten Seite). Diese Verteilung muss vor allem bei wieder aufgebauten Unfall-Porsche oder bei Fahrzeugen, die bei Rundstreckenrennen eingesetzt werden sol-

Der einstellbare Hinterachsstabilisator des 993; die Radaufhängung ist um die Anlenkpunkte, an denen beim Serien-911 der Drehstab angreift, mittels Kugelkopf drehbar gelagert.

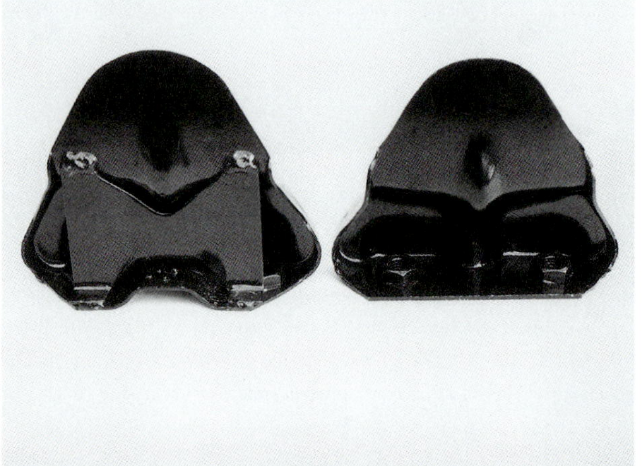

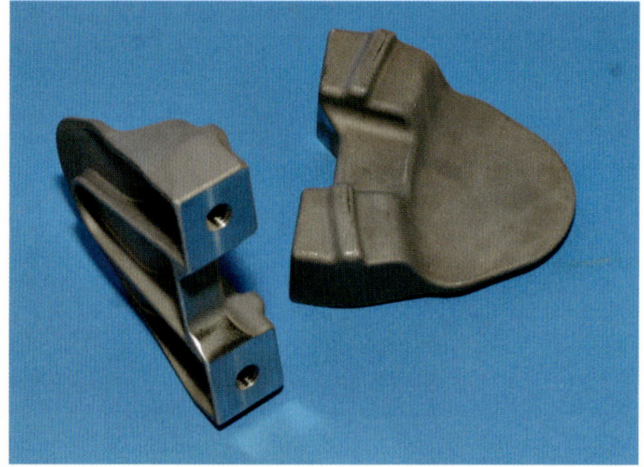

Brüche an den Hinterachsstabilisatoraufnahmen können durchaus vorkommen. Da bei überarbeiteten 911 häufig dickere Stabilisatoren als in der Serie montiert werden (was das Problem noch verschlimmert), schweißten viele Schrauber kurzerhand Versteifungsstreben an den vorhandenen Stabilisatoraufnahmen an. Porsche modifizierte diese Bauteile erst, nachdem die Fahrzeuge, in denen sie verbaut wurden, schon längst nicht mehr produziert wurden. Das linke Bild zeigt einen Vergleich der verbesserten Stabilisatoraufnahme von Automotion (links) mit dem Porsche-Serienteil (rechts). Die überarbeitete Version ist etwas größer als das Original und weist auf der einen Seite eine schmetterlingsförmige Versteifung auf. Verschiedene andere Hersteller haben eigene Modifikationen entwickelt, mit Abstand am gelungensten sind die Gussaufnahmen von WEVO (rechtes Bild). Diese Stahlteile dürften selbst dort halten, wo alle anderen schwächeln. Die überdimensionierten Stabilisatoren beanspruchen die Original- und sogar die verstärkten Aufnahmen bis jenseits der Ermüdungsgrenzen, diese Gussausführung ist dagegen „unkaputtbar". Am sinnvollsten ist also, sich ein paar dieser Aufnahmen zu beschaffen, die alten Aufnahmen abzuschleifen und die neuen anzuschweißen. Dies ist allerdings eine Arbeit für die Fachwerkstatt.

Der vom Cockpit aus verstellbare Vorderachsstabilisator des 935: Zur Einstellung werden die beiden als Federstahlblätter ausgebildeten Längsarme verdreht. In der Abbildung steht der einstellbare Arm in waagerechter Stellung („weich"). Die Längsarme bestehen aus Titan und können über Bowdenzüge mit einem Hebel hinten rechts neben dem Schalthebel um 90° gedreht werden. Stehen die Arme senkrecht, ist der Stabilisator sehr „hart" eingestellt; stehen sie waagerecht, ist er „weicher" eingestellt. Der Einstellbereich von „weich" bis „hart" beträgt 1:8. Damit ließ sich die Gewichtsänderung ausgleichen, die beim Leerfahren des 120-Liter-Tanks eintrat. Diese Gewichtsänderung betrug bei leerem Tank fast 100 kg, was das Fahrverhalten merklich beeinflusste.

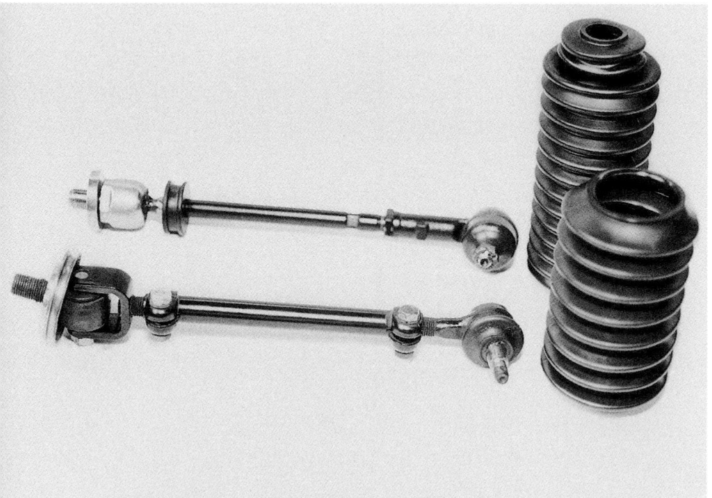

Die vordere Spurstange und Lenkmanschette stammen aus einem normalen 911; dahinter die Spurstange und Manschette des 911 Turbo. Bei der Spurstange des 911 war ein Gummigelenk an der Lenkzahnstangenseite vorgesehen. Statt dieses Gummigelenks saß an der Spurstange des 911 Turbo ein Uniball-Kugelgelenk. Der Umbau auf die Turbo-Version ist unter leistungsorientierten 911er Fahrern sehr beliebt.

len, überprüft werden. Ruht das Fahrzeuggewicht nicht gleichmäßig verteilt auf den Rädern, ist das Fahrverhalten des 911 beeinträchtigt und schnelle Rundenzeiten nicht möglich.

Bei Unfallwagen kann die Radlastverteilung nach einer unsachgemäßen Reparatur verschoben sein. Auch wenn der Wagen richtig auf seinen Rädern steht und die Rahmengeometrie stimmt, fällt er möglicherweise durch eigenartiges Fahrverhalten auf und zeigt hohen ungleichmäßigen Reifenverschleiß. Idealerweise sollte der Gewichtsunterschied unter 10 bis 15 kg betragen, bei Unterschieden über rund 25 kg pro Rad muss die Radaufhängung aber auf eine gleichmäßigere Radlastabstimmung eingestellt werden, sonst macht sich dieses Ungleichgewicht im Fahr- und Lenkverhalten bemerkbar. Nach Werksangaben darf der Gewichtsunterschied von links nach rechts beim 911 nicht über 20 kg und beim 911 Turbo nicht über 10 kg betragen. Auch der Höhenunterschied links und rechts darf an der Hinterachse nicht über 8 mm, an der Vorderachse nicht über 5 mm betragen. Bei einem „verzogenen" Wagen müssen diese Grenzwerte allerdings ggf. überschritten werden, damit die Radlastverteilung wieder stimmt.

Ändert man die Höhe auf der einen Seite, ändert sich auch die Radlast. Durch die Änderung der Radlast an diesem einen Rad ändert sich wiederum die Radlast an den anderen Rädern. Eine Erhöhung der Federspannung auf der einen Fahrzeugseite bewirkt eine Höherlegung des Wagens und damit eine Erhöhung der Radlast am betreffenden Rad. Wird die ursprüngliche Einstellung bzw. die Federspannung verringert, reduziert sich auch die Radlast an dem betreffenden Rad.

Die Laständerung an einem Rad wirkt sich immer auf das diagonal gegenüberliegende Rad aus. Wird die Radlast an einem Rad erhöht bzw. verringert, tritt derselbe Effekt auch am diagonal gegenüberliegenden Rad ein.

Einstellung der Fahrwerksgeometrie

Zunächst eine kurze Definition der Fachbegriffe rund um die Fahrwerksgeometrie: Sturz, Nachlauf und Spur. Der Sturz bezeichnet den Winkel des Rades bzw. Reifens gegenüber der Senkrechten. Ist der Sturz gleich Null, steht der Reifen lotrecht auf der Fahrbahn auf. Sind die Reifen oben nach außen geneigt, spricht man von positivem Sturz, sind sie nach innen geneigt, ist der Sturz negativ.

Die Spur bezeichnet den Maßunterschied zwischen der Vorder- und Hinterkante eines Reifenpaares derselben Achse (Vorder- oder Hinterachse). Bei Spur Null stehen die Reifen genau parallel. Bei Vorspur stehen die Reifenvorderkanten dichter zusammen als die Hinterkanten. Bei Nachspur stehen die Reifenvorderkanten weiter auseinander als die Reifenhinterkanten.

Der Nachlauf bezeichnet den Neigungswinkel des Achsschenkels und ist für die Richtungsstabilität wichtig. Dies lässt sich am Beispiel einer Fahrradgabel verdeutlichen: Der Nachlauf bestimmt, wie weit die Reifen beim Einlenken in eine Kurve schrägstehen. Der 911 hat positiven Nachlauf, d. h. die Reifen legen sich beim Lenken in die Kurve. Der positive Nachlauf bewirkt auch die Selbstrückstellung der Lenkung in die Geradeausstellung. Die Einstelldaten werden in Grad und Minuten angegeben. In der 360-Grad-Teilung des Vollkreises ist jedes Grad in 60 Minuten (dargestellt durch das Symbol ') unterteilt.

Sturzeinstellmöglichkeit an der Vorderachse eines in den USA aufgebauten 935.

Einschweißplatten für die Sturz-/Nachlaufeinstellung (aus dem Lieferprogramm der Racers Group).

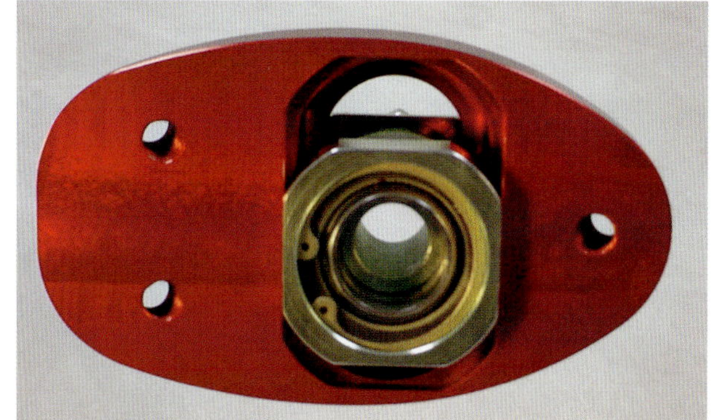

Schnellwechselplatten von Elephant Racing von oben (links) und unten (rechts): Diese Platten ermöglichen eine einfache Sturzeinstellung unabhängig vom Nachlauf. Anhand einer Skala kann der Sturz auch ohne Sturzlehre eingestellt werden. Damit lässt sich der Sturz je nach Reifentemperatur direkt an der Rennpiste nachjustieren. Foto: Elephant Racing

Benötigt Ihr 911 noch größeren Sturz? Die sturzkorrigierten Kugelgelenke ermöglichen um bis zu 0,75° mehr negativen Sturz je Seite. Die Spur wird um bis zu 40 mm verbreitert. Foto: Elephant Racing

Im Werkstatthandbuch ist die Achs- und Fahrwerkseinstellung des 911 sehr anschaulich beschrieben, ebenso die Höheneinstellung und Kontrolle der Gewichtsverteilung des Fahrwerks mit Digitalmessinstrumenten.

Die Serien-Fahrwerksgeometrie ist immer ein guter Kompromiss – beim 911 soll damit eine gute Balance zwischen ordentlichem Fahrkomfort, guter Straßenlage und langer Reifenlebensdauer erreicht werden.

Bodenfreiheit

Die US-Exportmodelle der Baujahre von 1975 bis Anfang der 1980er Jahre wurden geringfügig höhergelegt, um die US-Vorschriften über die Gestaltung der Stoßstangen mit Aufprallschutz bis 5 mph (8 km/h) zu erfüllen – mit Konsequenzen für den ausgeklügelten Kompromiss bei der Fahrwerksabstimmung und für das Fahrverhalten. Die Karosserie saß bei diesen Fahrzeugen vorne 9 bis 15 mm und hinten 21 bis 25 mm höher über den Rädern. Der Vorderachssturz war positiv, der Hinterachssturz betrug Null Grad.

In den 1990er Jahren und nach dem Jahr 2000 erforderten die US-Vorschriften nach wie vor diese größere Bodenfreiheit. Bei den

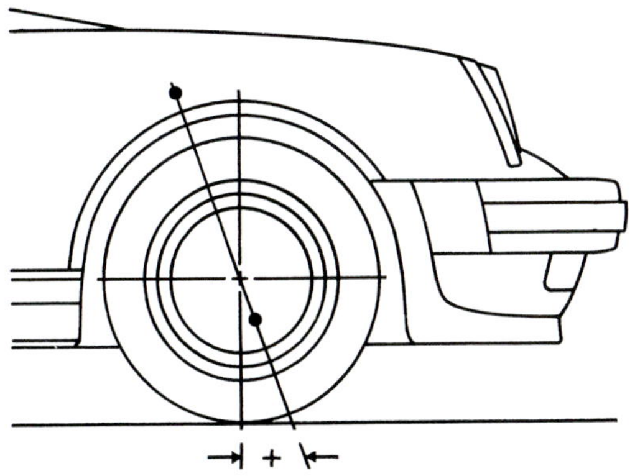

Prinzipdarstellung des Nachlaufs. Der Nachlaufwinkel bezeichnet den Winkel, in dem der Achsschenkel der Lenkung schräg steht. Positiver Nachlauf verbessert die Stabilität beim Geradeauslauf. Der Nachlauf bestimmt, wie stark sich die Räder bei der Kurvenfahrt schrägstellen. Alle 911er besitzen positiven Nachlauf, d. h. die Räder legen sich beim Lenken in die Kurve. Die dabei einsetzende Rückstellwirkung bringt die Lenkung nach dem Lenkeinschlag wieder in Geradeausrichtung. Foto: Uniroyal Goodrich Tire Company

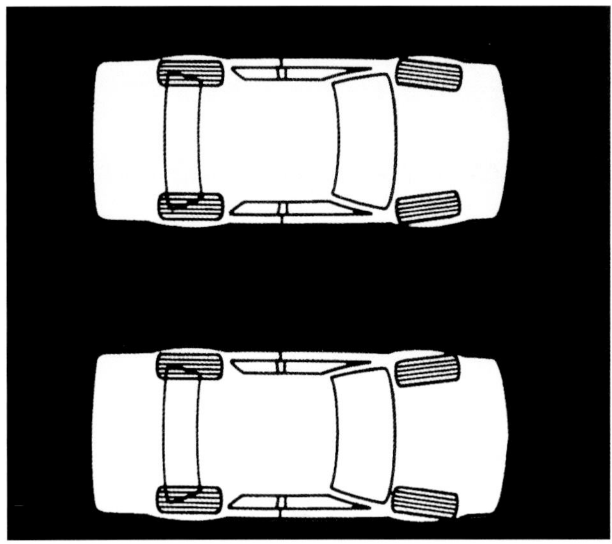

Prinzip der Radspur: oben ein Wagen mit Vorspur, unten ein Wagen mit Nachspur. Foto: Uniroyal Goodrich Tire Company

neueren Modellen bringt eine Tieferlegung – genau wie bei älteren Baujahren – noch immer Vorteile und das Grundprinzip bleibt dasselbe, nur haben sich die Arbeitsabläufe und Einstelldetails geändert. Statt die Vorspannung der Drehstäbe zu ändern bzw. die Stäbe in die nächste Stellung der Keilverzahnung zu versetzen, werden entweder die Federträger auf den Federbeinen heruntergedreht oder die Federn durch kürzere Federn ersetzt. Diese kürzeren Federn sind meistens Bestandteile spezieller Tieferlegungspakete.

Die an US-Exemplaren vorgenommene Umstellung auf die „Euro"-Fahrwerkshöhe entspricht eigentlich einem im Vergleich zu echten Europamodellen tiefergelegten Fahrwerk. Bei richtig eingestellter Bodenfreiheit ergibt sich ein Maß von ca. 650 mm vom Boden bis zur Unterkante der Heckkotflügel. Der 911 ist in unbeladenem Zustand ganz leicht „buglastig" (ca. 1° Gefälle), d. h. an der Vorderkotflügelkante ist das Maß um ca. 15 mm niedriger als hinten (ca. 635 mm). Im Werkstatthandbuch findet sich eine genauere Anleitung, wie die Bodenfreiheit anhand der Mittellinie der vorderen und hinteren Drehstäbe in Relation zur Mittellinie der betreffenden Achse eingestellt wird.

Diese Zeichnung des 911 zeigt den Einfluss der Wankneigung der Karosserie auf den Radsturz. Ein 911 mit steiferen Drehstäben, tiefergelegtem Fahrwerk und steiferem Stabilisator zeigt geringere Wankneigung. Dies bedeutet eine geringere Sturzänderung bei Kurvenfahrt und damit ein besseres Handling. Foto: Uniroyal Goodrich Tire Company

Bis zur Einführung des 964 wurde die Bodenfreiheit vom Boden bis zur Achsmittellinie und vom Boden bis zur Mittellinie des Drehstabs gemessen. An der Vorder- bzw. Hinterachse ergeben sich folgende Unterschiede:

- Vorne = 108 mm ± 5 mm (Mittellinie des Rades über der Mittelinie des Drehstabs) (maximale Links-/Rechts-Differenz = 5 mm).
- Hinten = 12 mm ± 5 mm (Mittellinie des Drehstabs über der Mittellinie des Rades) (maximale Links-/Rechts-Differenz 8 mm). Bei tiefergelegten Fahrzeugen kann die Mittellinie des Drehstabs bis zu ca. 38 mm unter der Mittellinie der Achse liegen; bei einem Wert von 32 mm ist die Fahrwerksabstimmung durchaus noch in Ordnung. Wird allerdings der Wert von 38 mm überschritten, kommen wir in Extrembereiche, bei denen die Fahrwerksgeometrie nicht mehr stimmt.

Noch ein Hinweis zum Tieferlegen des 911: Wer einen der US-911 besitzt, die wegen der „5-mph-Stoßstangengesetze" höhergelegt wurden, findet auf dem Stoßdämpfer eine große Distanzscheibe (60 mm Außendurchmesser, 18 mm Innendurchmesser, 10 mm dick) vor, mit der der Dämpfer in seinen ursprünglichen Arbeitsbereich zurückverlegt wird. Beim Tieferlegen entfernt man diese Distanzscheibe, sonst könnten die Vorderachs-Stoßdämpfer „durchschlagen". Ein gewisser Mindestfreiraum sollte auf jeden Fall erhalten bleiben, da der Stoßdämpfer sich bei den normalen Fahrwerksbewegungen auf einem Kreisbogen bewegt. Das obere Stoßdämpferende kann aufgrund ungenügenden Freiraums Schaden nehmen.

Fahrwerkseinstelldaten für 911 S mit Drehstabfederung

Vorderachse

- Sturz: 0° ± 10' (maximaler Unterschied links/rechts: 10')
- Nachlauf: 6° 5' ± 15' links/rechts (maximaler Nachlaufunterschied links/rechts: 30')
- Vorspur: +15' ± 5' (unbelastet)
- Vorspur: 0° (Räder mit Druckhebel an Reifenvorderseite belastet)

Hinterachse

- Sturz: -1° ± 10' (maximaler Unterschied links/rechts: 20')
- Vorspur: +10' ± 10' (maximaler Unterschied links/rechts: 20')

Als Kompromiss zwischen Straßen- und Rennsporteinstellung sollte der negative Sturz vorne und hinten um 1 bis 1,5° vergrößert werden. Ein größerer Sturz bedeutet größere Fahrstabilität in Kurven, allerdings auf Kosten erhöhten Reifenverschleißes. Die günstigste Sturzeinstellung variiert je nach Reifenaufbau.

Für den 911 Turbo (930) gelten dieselben Werte wie für den 911 – bis auf den Hinterachssturz, der beim 911 Turbo -30' ± 10' beträgt. Dieser geringere Sturz ist durch die geänderte Hinterachsgeometrie bedingt. Wird der 911 Turbo mit noch breiteren Felgen als den serienmäßigen 8"- oder 9"-Rädern bestückt, wird die Hinterachsgeometrie noch kritischer. Bei 10"- oder 11"-Hinterrädern sollte der Hinterachssturz im Interesse größerer Stabilität an den Hinterrädern auf Null zurückgenommen werden.

Bei einer Änderung der Federstrebenneigung um 1° ändert sich die Fahrzeughöhe um ca. 7 bis 9 mm.

Einstellung der Hinterachs-Drehstabfedern

Alte Version mit 44/40 Zähnen

- Wird der Drehstab um einen Innenzahn nach oben und der Lenker um einen Zahn nach unten verdreht, ergibt dies eine Lenkerverstellung um ca. 50' und eine Änderung der Fahrzeughöhe um ca. 6,5 mm.
- Wird der Drehstab um einen Innenzahn verdreht, entspricht dies einem Einstellbetrag von 9°.
- Wird die Federstrebe um einen Zahn verstellt, entspricht dies einem Einstellbetrag von 8° 10'.

Neue Version mit 47/46 Zähnen

(Modell 1987-89 und Turbo 1989)

- Wird der Drehstab um einen Innenzahn nach oben und der Lenker um einen Zahn nach unten verdreht, ergibt dies eine Lenkerverstellung um ca. 10' und eine Änderung der Fahrzeughöhe um ca. 1,4 mm.
- Wird der Drehstab um einen Innenzahn verdreht, entspricht dies einem Einstellbetrag von 7° 50'.
- Wird die Federstrebe um einen Zahn verstellt, entspricht dies einem Einstellbetrag von 7° 14'.

Wer steifere Drehstabfedern montiert, kann den 911 ohne Bedenken hinsichtlich des Federwegs um ca. 25 mm tieferlegen, allerdings müssen die Einstell-Langlöcher ggf. nachgearbeitet werden, um den Einstellweg noch nutzen zu können. Vorsicht beim Überfahren von Bodenwellen und Bordsteinen. Durch die Tieferlegung nimmt die Wankneigung ab und der Schwerpunkt verlagert sich nach unten; damit wird der 911 noch kurvenstabiler und fahrsicherer in den Kurven.

Versionen mit Federbeinen, 964/993/996

Bei allen von Porsche verbauten Stoßdämpfern beträgt die Gewindesteigung 1,5 mm. Soll der Wagen um einen bestimmten Betrag tiefergelegt werden, muss lediglich die gewünschte Höhenänderung in mm durch 1,5 dividiert werden. Das Ergebnis entspricht der Zahl der erforderlichen Umdrehungen. Soll der Wagen z. B. 12 mm tiefergelegt werden, werden die Federn an jedem Rad um 8 Umdrehungen tiefergelegt. Dies bewirkt eine Sturzvergrößerung, und die Spureinstellung stimmt aufgrund der Tieferlegung nicht mehr.

Sonderfälle

Für Motorsporteinsätze könnte die Achsgeometrie eventuell in Richtung negativerem Sturz geändert werden. Wird der 911 den Rest der Woche im Alltagsbetrieb bewegt, ist allzu großer negativer Sturz allerdings nicht ratsam, sonst verbraucht der Wagen seine Reifen im Rekordtempo.

Soll der 911 dagegen vorwiegend auf der Rundstrecke laufen, ist größerer negativer Sturz empfehlenswert. Der exakte Wert hängt vom Grad der Tieferlegung, von der Härte der Drehstäbe und Stabilisatoren sowie von der Bereifung ab.

Die PolyBronze-Fahrwerksbuchse läuft besonders reibungsarm auf einem Stahlring, so dass bei den Federbewegungen des Fahrwerks nicht erst die bei anderen Buchsenbauarten unvermeidlichen Reibungskräfte überwunden werden müssen. Der äußere Polyurethanmantel gleicht etwaige Unregelmäßigkeiten des Lagersitzes aus, ohne dass sich dies auf die Lagerfunktion auswirkt. Die Schmierung erfolgt über die Schmiernippel. Foto: Elephant Racing

Im Idealfall ist der Reifensturz gleich Null; das Fahrzeug neigt sich nicht in die Kurve, so dass der Sturz unverändert bleibt. Ein derartiges Verhalten ist allerdings nicht realistisch. Ein sorgfältig abgestimmtes Fahrwerk bewirkt nur minimale Sturzänderung, es genügt also geringerer negativer Sturz, um den Reifen mit seiner Aufstandsfläche voll auf der Fahrbahn zu halten. In der Kurve sollte der kurvenäußere (belastete) Reifen möglichst flach aufstehen; zu viel negativer Sturz ist hier fast so schlimm wie zu wenig.

Fahrwerksänderungen

Die Aufnahmepunkte der Hinterradaufhängung wurden 1973 bei der zweiten Serie des 2,7 Liter und beim Carrera RS 3,0 ab Werk geändert. Wenn sich das Fahrzeug in die Kurve neigte, blieb bei richtig abgestimmtem Fahrwerk das äußere, belastete Rad annähernd senkrecht. Diese Änderung wurde nicht bei den anderen Serien-911ern vorgenommen. Der Carrera RS wurde aus Homologationsgründen modifiziert, um die Änderung auch für das RSR-Rennmodell übernehmen zu können. Beim Serien-911 war die Änderung der Hinterradaufhängung entbehrlich, zumal sie auch die Stabilität beim Geradeauslauf etwas beeinträchtigte. In der geänderten Ausführung war der hintere Schräglenker verkürzt und die Anlenkpunkte um 22 bis 25 mm von der Mitte weg und um 47,5 mm nach hinten verlegt worden.

Die Sturzänderung bei der Einfederbewegung wurde durch diese Änderung sogar noch größer.

Für den Carrera RS war als Extra eine höhergelegte Lenkspindel lieferbar, die somit auch in den RSR-Rennmodellen verwendet werden konnte. Die Spindeln wurden an den vorderen Federbeinen um 18 mm auf 126 mm über dem normalen Kugelgelenkmittelpunkt (gegenüber 108 mm bei der Serienversion) höhergelegt. Diese Änderung sollte ein Tieferlegen des Wagenbugs um diese 18 mm ermöglichen, ohne dass der Momentanpol übermäßig nach unten wanderte. Bei dieser Modifikation bleibt die übrige Fahrwerksgeometrie unverändert und es kann bei den 15-Zoll-Rädern des RSR der gesamte Federweg bis zum Anschlag am Federpuffer genutzt werden. Bei einer Höherlegung um mehr als 18 mm wäre das Kugelgelenk mit der Felge kollidiert. Bei größeren Felgen könnte die Spindel natürlich um einen größeren Betrag versetzt werden, ohne dass Kugelgelenk und Rad sich gegenseitig im Weg sind.

Der 1975 neu eingeführte 911 Turbo (930) erhielt am Heck mit den neuen Aluguss-Schräglenkern ähnliche Fahrwerksänderungen. Diese Schräglenker waren kürzer und die Anlenk- und Drehpunkte des Fahrwerks wurden in ähnlicher Weise wie beim RSR versetzt. Zum Ausgleich für die kürzeren Lenker wurden die Anlenkpunkte nicht nur um 22 bis 25 mm aus der Mitte weg und um

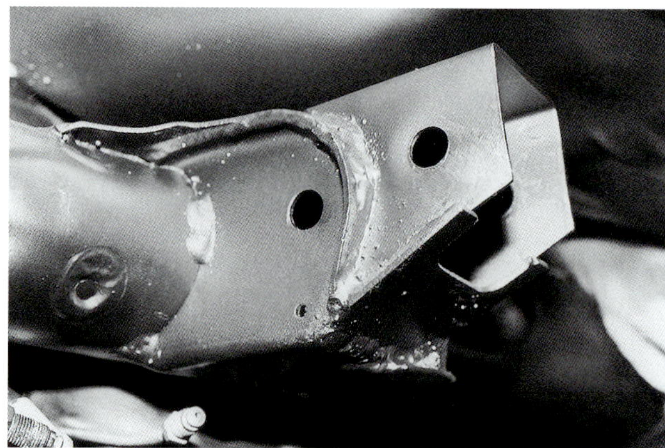

Die Aufnahmepunkte der Hinterradaufhängung wurden beim Carrera RSR geändert: Der hintere Schräglenker war nun kürzer und die Anlenkpunkte wanderten um 22 bis 25 mm von der Mitte weg und um 47,55 mm nach hinten (als Ausgleich für die kürzeren Lenker). So nahm die durch das Einfedern der Radaufhängung hervorgerufene Sturzänderung zu; Sturzänderung und Karosseriewanken hoben sich nun gegenseitig nahezu auf. Dies funktioniert in Rennwagen aufgrund der von Haus aus steifen Federn; Straßenfahrzeuge wirken mit einer derartigen Fahrwerksabstimmung allerdings instabiler.

Die hintere Stoßdämpferaufnahme des RSR. Aufnahme und Eckbereich des Motorraums wurden durch Einschweißbleche verstärkt.

47,5 mm nach hinten, sondern auch 10 mm nach oben verlegt, um den Anfahrnickausgleich der Hinterachse zu verbessern. Um diese Änderung problemlos in den 930 übernehmen zu können, montierte Porsche ein neues Drehstabrohr (Hinterachs-Querrohr), bei dem die geänderten Anlenkpunkte Teil des Rohres bildeten.

Auch die Modelle mit Turbo-Look kamen in den Genuss dieser Geometrieänderung. Bei der Einführung des Getriebetyps G-50 musste 1987 ein spezielles Drehstabrohr für die Turbo-Look-Version entwickelt werden, das diese geänderten Anlenkpunkte beibehielt und zugleich mehr Platz für das größere Getriebe bot. Das Hinterachs-Drehstabrohr besaß einen abgewinkelten Mittelteil, durch den zusätzlicher Freiraum für das Getriebe entstand, der für die größere Kupplungsscheibe mit Gummidämpfer notwendig wurde. Dieser neue Mittelteil für den Carrera in Normalversion und Turbo-Look bestand aus Grauguss – eine fertigungstechnisch kostengünstigere Lösung, mit der sich außerdem eine exaktere Lage der Aufnahmepunkte der Radaufhängung und der Getriebelagerung einhalten ließ.

1974 wurden auch die Schräglenker des normalen 911 auf Aluguss umgestellt, allerdings konnten diese unter Beibehaltung der ursprünglichen Fahrwerksgeometrie direkt gegen die bisherigen Pressstahllenker ausgetauscht werden.

Die Vorderachsgeometrie des 930 erhielt ebenfalls diverse Änderungen, um dem Bremstauchen entgegenzuwirken. Das Bodenblech hinter der Vorderradaufhängung wurde so geändert, dass der vordere Querträger 13 mm höhergelegt werden konnte. Damit wanderte der gesamte hintere Bereich der Radaufhängung um rund 13 mm nach oben.

Vorne wurde die Aufnahme mit 6 mm dicken Stahl-Distanzringen tiefergelegt, wodurch der vordere Aufnahmepunkt um 6 mm nach unten wanderte. Diese Verlagerung der Radaufhängung, die nun hinten rund 13 mm höher und vorne 6 mm tiefer lag, ergab insgesamt eine Änderung um rund 18 mm.

Am 911 Turbo (930) wurde die Vorder- und Hinterradaufhängung modifiziert, um die Voraussetzungen für eine Homologation des Rennmodells 935 zu schaffen.

Tieferlegung und Fahrwerkseinstellung beim C2/C4

Für den Carrera 2/4 hält der Zubehörhandel unzählige Tieferlegungs- und Federumrüstsätze bereit. Bei US-Versionen hat sich eine Tieferlegung auf die ungefähre Höhe des europäischen Carrera RS (inkl. entsprechender Fahrwerkseinstellung) bewährt. Die Fahr-

Im Zuge der Umstellung auf das neue und längere G-50-Getriebe, musste der Zugang zu den Drehstäben an der Karosserie geändert werden. Da der mittlere Teil des Drehstabs abgewinkelt ist, können die Drehstäbe nicht mehr in der Wagenmitte direkt aneinander anschließen. Für den Drehstabausbau wurde daher eine Karosserieänderung erforderlich. Zugleich wurden Aufnahmepunkte für das Anheben mit einer Hebebühne integriert.

werkshöhe des RS ist 23 mm geringer als die der RdW-Version des Carrera 2/4; die US-Ausführungen liegen rund 10 mm höher als die RdW-Modelle. Somit ist die Fahrwerkshöhe des RS ca. 33 mm geringer als die der US-C2/C4. In Kombination mit einem Federnsatz von H&R sind dann rund 38 mm Tieferlegung möglich.

Eine Tieferlegung kann auf unterschiedliche Weise erfolgen:

- mit den originalen Tieferlegungsfedern (der Europaversion) des Werks (in den Sport-, Normal-, Turbo-Versionen usw.)
- mit den Federn und Stoßdämpfern des europäischen RS
- mit Tieferlegungsfedern von Drittanbietern aus dem Zubehörhandel
- mit einem Doppelfederfahrwerk (neue Stoßdämpfer plus Federpaare und -teller)

Am einfachsten ist die Tieferlegung eines 964 in der Regel, wenn die passenden Tieferlegungsfedern für das betreffende Modell montiert werden und alle anderen Teile unverändert bleiben, auch die Stoßdämpfer. Zu den Teilekosten (Achtung: Preise verschiedener Anbieter gründlich vergleichen!) sind die Montagekosten hinzuzurechnen.

Soll der Wagen wechselweise auf der Straße und im Motorsport bewegt werden, empfiehlt sich, bei den Fahrwerkseinstelldaten der Europaversion des RS zu bleiben.

Technische Daten für den Carrera RS

Für den Carrera RS gelten folgende Fahrwerkseinstelldaten:

Vorne:

Spur: +25' +5' (gesamt)
Sturz: -1° ± 10' (maximaler Unterschied links/rechts: 10')
Nachlauf: 4° 25' ± 15' (maximaler Unterschied links/rechts: 15')
Spurdifferenzwinkel bei 20° Lenkeinschlag: 1° 50'± 30'

Hinten:

Spur: +15' + 5' (pro Rad)
Sturz: -1° 15' ± 10'

Diese Einstellwerte bewirken eine spürbare Verbesserung des Fahrverhaltens, ohne dass die Reifenlebensdauer nennenswert leidet. Bei Fahrzeugen, die vorwiegend auf der Straße bewegt werden, bleiben die Stoßdämpfer der Straßenversion drin; alternativ: Koni oder Bilstein.

Tieferlegung und Fahrwerkseinstellung beim 993

Die serienmäßige Europaversion des 993 liegt vorne 20 mm und hinten 10 mm tiefer als die US-Serienversion. Mit dem Sportfahrwerk liegt die Europaversion 30 mm tiefer als die US-Version mit Serien- oder Sportfahrwerk (bei denen die Fahrwerkshöhe identisch ist). Der Carrera RS liegt 50 mm tiefer als die US-Versionen.

Die Tieferlegung ist beim 993 grundsätzlich auf dieselbe Weise wie beim 964 möglich:

- mit den originalen Tieferlegungsfedern (der Europaversion) des Werks (in den Sport-, Normal-, Turbo-Versionen usw.)
- mit den Federn und Stoßdämpfern des europäischen RS
- mit Tieferlegungsfedern von Drittanbietern aus dem Zubehörhandel
- mit einem Doppelfederfahrwerk (neue Stoßdämpfer plus Federpaare und -teller)

Auch beim 993 kann mit Federn von H&R schon eine deutliche Verbesserung des Fahrverhaltens erzielt werden. Bei dieser 911-Baureihe sind bereits werksseitig gewisse Einstellmöglichkeiten an Vorder- und Hinterachse vorgesehen, um die Fahrwerkshöhe und die Radlastabstimmung aufeinander abstimmen zu können. Eine Änderung der Fahrwerkshöhe erfordert einen Tausch der Federn. An der Vorderachse sind die Stoßdämpfer mit einstellbaren Federträgern ausgerüstet, (maximale Tieferlegung ca. 13 mm). Die Federträger an den hinteren Stoßdämpfern sind nur mittels in drei Stärken lieferbaren Distanzringen auf verschiedene Federhöhen einstellbar.

Die Federn sind für die verschiedenen Modelle des 993 (C4, Turbo usw.) in unterschiedlichen Höhen und Federraten lieferbar. Bei der Bestellung werden die gewünschte Federhöhe und -rate angegeben, ebenso der Einsatzzweck (Motorsport oder Straße) sowie die Gewichtsklasse.

Bei der Änderung der Federraten müssen auch die Stoßdämpfer entsprechend abgestimmt werden. Bei steiferen Federn passt die Charakteristik der Serienstoßdämpfer nicht zu den Federraten und das Fahrwerk neigt zu Bocksprüngen. Zu steiferen Federn gehören also auch entsprechend geänderte Stoßdämpfer.

Die meisten Hochleistungsstoßdämpfer für den 993 besitzen ein Gewinde am Dämpfergehäuse sowie einstellbare Federträger. Beim Tausch der Federn und Dämpfer kann also die Fahrwerkshöhe eingestellt und individuell feinabgestimmt werden. Beim Einbau dieser Sportdämpfer ist auf die richtige Auswahl und Einbaulage der Dämpferaufnahmen und Beilagscheiben zu achten. Außerdem sollte nach dem Einbau dieser Dämpfer an allen vier Rädern eine genaue Radlastenabstimmung erfolgen, damit nicht versehentlich ein Ungleichgewicht mit in das Fahrwerk „eingebaut“ wird.

Einstelldaten für die Europaversion des RS

Die Fahrwerkseinstelldaten der Europaversion des RS sind erste Wahl für Fahrzeuge, die sowohl auf der Straße als auch der Rennstrecke laufen sollen:

Vorne:

Spur: +5' ± 5' (gesamt)
Sturz: -1° ± 10'.
Nachlauf: 5° 20' + 15' bis 30'

Hinten:

Spur: + 15' + 5' bis 0' (pro Rad)
Sturz: -1° 20' ± 10'

Mit diesen Einstellwerten lässt sich das Fahrverhalten – bei akzeptablem Reifenverschleiß – spürbar verbessern. Je nach Bereifung muss der negative Sturz ggf. etwas vergrößert oder reduziert werden; für das optimale Handling sind Testfahrten unverzichtbar. Bei allen anderen Einstellgrößen bleiben wir bei den Serienwerten.

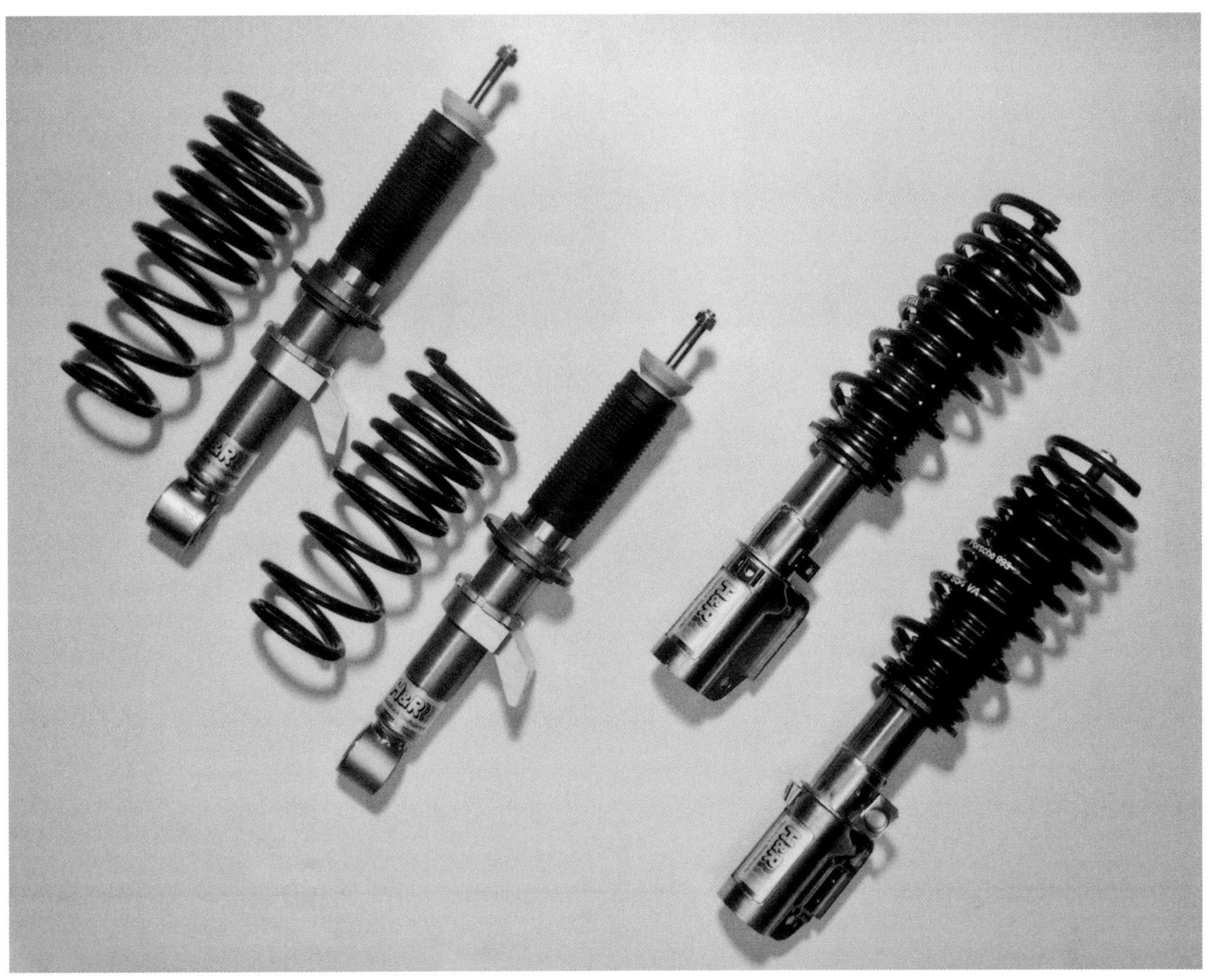

Die H&R-Sportfedern für den 993 sind in drei Abstimmungen lieferbar: für die Straße, für den Motorsport und für besonders harte Rennanforderungen. Das Straßenpaket des 993 (Federn für eine Tieferlegung um 25 bis 35 mm) ist für rund 400 EUR zu haben. Diese progressiv wirkenden Schraubenfedern sorgen für besseres Handling ohne nennenswerte Beeinträchtigung des Fahrkomforts. Das Super Street Performance-Paket, das H&R-Stoßdämpfer mit Einstellgewinde sowie Federn mit variabler Federrate umfasst, ergibt ein erheblich verbessertes Handling ohne die beinharte Federcharakteristik eines Rennwagens, schlägt jedoch bereits mit rund 3000 EUR zu Buche. Die Fahrwerkshöhe kann zwischen 25 und 50 mm tiefer als die Serienhöhe eingestellt werden. Beim 993er Rennpaket für reinrassigen Renneinsatz werden die Stoßdämpfer durch steifere Dämpfer mit oberen Monoball-Alu-Federbeinlagern und Doppelfedern ersetzt. Der Preis dieser ultimativen H&R-Federn liegt nochmals rund 50 Prozent über dem des Performance-Pakets. Die Fahrwerkshöhe kann gegenüber dem Serienfahrwerk um ca. 25 bis 70 mm verringert werden. Für den Motorsporteinsatz verwenden viele Fahrer ähnliche Doppelfedern und verstellbare Stoßdämpfer, oft mit Eibach-Federn in Kombination mit Bilstein-Dämpfern und -Federbeinen. Diese sind ebenfalls mit unterschiedlichen Federraten erhältlich. Ähnliche Umrüstsätze werden auch für den 964 vertrieben. Foto: Performance Products

Porsche-Kundendienstberater Olaf Lang empfiehlt für 993er, die im Rennsport eingesetzt werden, die nachstehenden Einstellwerte (die bei Testläufen auf dem Hockenheimring ermittelt wurden):

Vorne:

Spur: +5' (gesamt)
Sturz: -2° 10'
Nachlauf: 5° 20' + 15'/-0

Hinten:

Spur: + 10' + 5'/-0 (pro Rad)
Sturz: -2° 10'

Hinweis: Bei dieser Einstellung ist gegenüber der Serieneinstellung mit erhöhtem Reifenverschleiß zu rechnen.

Bei allen Werksrennwagen auf Basis des 964 und 993 wurden doppelte Federn – eine weiche und eine harte – verbaut. Die Radlastabstimmung ist bei Verwendung doppelter Tieferlegungsfedern unverzichtbar, sonst kann es leicht passieren, dass das Gewicht ungleichmäßig diagonal über den Wagenkörper verteilt ist. Da die Fahrwerkshöhe an jedem Rad stufenlos verstellt werden kann, fehlt ein fester Bezugspunkt für die Höheneinstellung der Federträger. Hier hilft nur präzises Messen, Abzählen der freiliegenden Gewindegänge an den Stoßdämpfergehäusen und Vergleich von linker und rechter Seite. Zur Kontrolle sollten abschließend die Radlasten an allen 4 Rädern auf einer entsprechenden Waage gemessen und feinjustiert werden. Manchmal erfolgt die Einstellung der Fahrwerkshöhe (und damit die Radlastverteilung) mit dem Fahrer oder einem entsprechenden Gewicht auf dem Fahrersitz und bei vollem oder zumindest halbvollem Tank. Andere nehmen diese Einstellung dagegen am leeren Fahrzeug ohne Ausgleich für das Fahrergewicht vor – wie Porsche auch bei seinen Straßenmodellen.

Kontrollmessungen ergaben für den Carrera RS an allen vier Ecken der Karosserie ein Maß von 622 bis 625,5 mm vom Boden bis zu den Kotflügelkanten. Beim Einbau der Tieferlegungsfedern kommen wir auf einen Wert von ca. 635 mm an allen vier Rädern.

Felgen und Reifen

Die Räder sind ein wichtiger und oft übersehener Aspekt des Fahrzeugtunings. Früher war im Motorsport die Rolle der Räder und Reifen noch längst nicht so wichtig wie heute, da extrem schnelle Rennstrecken und auf Höchstleistung getrimmte Porsche die Norm sind.

Die geschmiedeten Fuchs-Leichtmetallfelgen – sowohl das Original bzw. die Neuauflage von Otto Fuchs (www.fuchsfelge.de) als auch diverse Nachbauten – gelten nach wie vor als beste Allround-Felgen überhaupt für ältere 911er. Geschmiedete Felgen bestehen aus Alu-Vollmaterial, das unter hohem Druck in die endgültige Form geschmiedet wird (ähnlich wie z. B. Rennkolben). Schmiedeteile sind dichter und stabiler als Gussteile, deren Dichte oft einer gewissen Streuung unterliegt und die oft poröser sind. Hochwertige Schmiederäder vereinigen die Festigkeit und Standfestigkeit, die für den Straßenbetrieb vorausgesetzt wird, mit dem geringen Gewicht von Rennfelgen.

Bei der Einführung des 911 im Jahr 1963 waren noch Stahlscheibenfelgen die Norm (anfangs in der Größe 4 1/2 J15). Erst ab dem Modelljahr 1967 waren die geschmiedeten Leichtmetallräder zu haben, allerdings immer noch als 4 1/2x15-Zöller. Die Stahlfelgen blieben aber weiterhin Teil der Basisausstattung und wurden sogar bis 1974 noch serienmäßig geliefert. Ab 1975 gehörten zunächst die ATS-„Keksausstecher“ und ab 1984 die „Wählscheiben“-Räder zur Serienausstattung. 1987 wurden die US-Modelle serienmäßig mit geschmiedeten 15-Zoll-Leichtmetallrädern bestückt (vorn 7 Zoll, hinten 8 Zoll breit). Diese blieben noch bis 1989 lieferbar, dann verschwanden die Fuchs-Felgen aus dem Programm.

In Porsche-Kreisen dürften die BBS- und Speedline-Räder zu den bekanntesten der von Fremdfirmen angebotenen Räder zählen. Beide Unternehmen sind bereits seit Jahren im Geschäft und ihre Produkte wurden von Porsche auch auf diversen Rennmodellen montiert.

Im Zubehörhandel sind verschiedene qualitativ hochwertige einteilige Alugussräder namhafter Hersteller zu finden. Daneben existieren auch allerlei Leichtmetallräder, die optisch an die mehrteiligen BBS-Räder mit Guss-Mittelteil und Alublech-Felgenkränzen erinnern. Beim Kauf muss man auf die TÜV-Freigabe achten, andernfalls droht Ärger bei einer Verkehrskontrolle oder Hauptuntersuchung, falls die Räder nicht in den Fahrzeugpapieren eingetragen sind. Gussräder von Rennwagen sollten mindestens einmal pro Jahr sowie nach jedem Randstein- oder sonstigen Kontakt durch zerstörungsfreie Prüfverfahren auf Risse untersucht werden.

Der Zubehörhandel bietet ein breites Angebot von Felgen und Reifen: Wer seinen Porsche optisch aufwerten will, sollte allerdings auf Qualität und die Allgemeine Betriebserlaubnis achten. Die hier gezeigte Billigfelge, war eine Gussrad-Imitation der geschmiedeten Fuchs-Leichtmetallfelgen. Dieser Nachbau erwies sich allerdings als nicht annähernd so stabil wie das Original; an der hier gezeigten Felge brach einfach das Mittelteil raus. Echte Fuchs-Schmiederäder brechen nie; selbst bei Unfällen bekommen sie höchstens einen Schlag. Schon in eigenem Interesse sollte man auf die Betriebserlaubnis des Rädersatztes achten.

Pflege der Felgen

Moderne Leichtmetallfelgen sind nicht gerade billig und verdienen deshalb gewissenhafte Pflege. Für die vom Werk montierten Fuchs-Felgen gelten noch ein paar Besonderheiten. Regelmäßiges Säubern mit einem möglichst pH-neutralen Reiniger ist hier die erste Wahl. Übermäßig alkalische (pH-Wert über 7) oder säurehaltige Mittel (pH-Wert unter 7) hinterlassen auf den Fuchs-Felgen Flecken oder gar Oberflächenschäden. Als Produkte eigenen sich hier z. B.

Fortsetzung auf Seite 241

Fuchs-Leichtmetallräder und das platzsparende Reserve-Faltrad. Bei der Einführung unterschiedlicher Reifengrößen an der Vorder- und Hinterachse und Umstellung auf immer breitere Bereifungen und größere Benzintanks musste für das Reserverad eine neue Lösung gefunden werden: Das Faltrad löste mehrere Probleme auf einmal. Foto: Porsche AG

Die Räder des Porsche 911

Die Porsche-Stahlscheibenräder: Bei der Vorstellung 1963 lief der 901 auf 4-½x15-Felgen. 1968 erhielt der 911 T 5-½-Zoll-Felgen, 1969 bekam der 911 E 6-Zoll-Räder. 1974 waren die Stahlfelgen des 911 letztmals serienmäßig lieferbar, da inzwischen die meisten Kunden die Alu-Variante bestellten.

1969 bis 1971 zählten die Fuchs-Leichtmetallfelgen in der 5,5 Zoll breiten 14-Zoll-Version zur „Komfort"-Ausstattung. 1969 waren die 14-Zoll-Räder fester Bestandteil jenes Komfort-Pakets, das in Verbindung mit der Sportomatic geliefert wurde. 1970 und 1971 waren sie gegen Aufpreis lieferbar. 1977 tauchten die 14-Zöller als Teil eines anderen Komfort-Pakets erneut auf.

Die geschmiedeten Fuchs-Leichtmetallfelgen hielten 1967 beim 911 S Einzug. Anfangs betrug die Breite der 15-Zöller noch 4 ½ Zoll, 1968 stieg die Breite schon auf 5 ½ Zoll und 1969 auf 6 Zoll. Beim Carrera RS 1973 waren erstmals vorne und hinten unterschiedliche Felgengrößen zu finden (vorne 6 Zoll, hinten 7 Zoll). Die RSR-Exemplare für die IROC-Serie erhielten vorne 9-Zoll- und hinten 11-Zoll-Räder.

Das Mahle-Magnesium-Gussrad von 1969 war mit 4,5 kg Gewicht das leichteste je am 911 montierte Rad. Leider war es ausschließlich als 5,5-Zoll-Rad zu haben und daher nur begrenzt einsetzbar. Am 911 E und 911 S saßen bereits 6 Zoll breite geschmiedete Leichtmetallräder, die 5,5-Zoll-Ausführung ließ sich daher nur auf dem 911 T und 914/6 montieren.

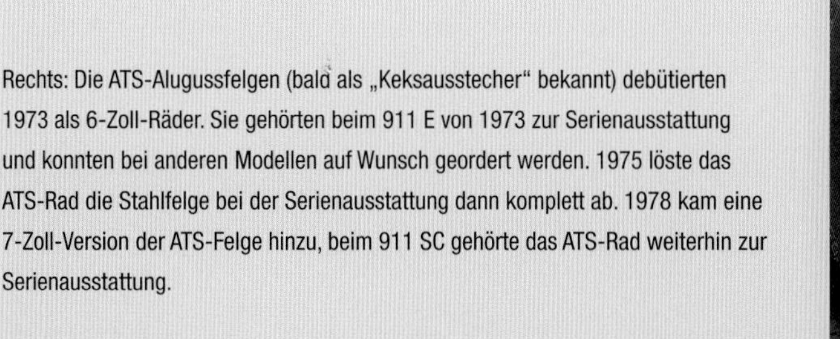

Rechts: Die ATS-Alugussfelgen (bald als „Keksausstecher" bekannt) debütierten 1973 als 6-Zoll-Räder. Sie gehörten beim 911 E von 1973 zur Serienausstattung und konnten bei anderen Modellen auf Wunsch geordert werden. 1975 löste das ATS-Rad die Stahlfelge bei der Serienausstattung dann komplett ab. 1978 kam eine 7-Zoll-Version der ATS-Felge hinzu, beim 911 SC gehörte das ATS-Rad weiterhin zur Serienausstattung.

Mit Einführung des Carrera 3,2 im Jahre 1984 erhielt der 911 serienmäßig die „Wählscheiben"-Räder anstelle der „Keksausstecher".

Eine dreiteilige BBS-Rennfelge mit Zentralverschluss.

Mehrteilige 16-Zoll-Rennfelge von BBS mit Zentralverschluss und aerodynamischer Bremsbelüftung.

RUF lässt seine Felgen – wie auch diese 17-Zoll-Aluräder – von Speedline in Italien fertigen, bei denen bereits Felgen für verschiedene Formel-1-Teams und für den 962 C sowie den Porsche Indy-Rennwagen vom Band liefen. Foto: RUF GmbH, Inc.

Die 18-Zoll-Räder von RUF können das Radhaus gut ausfüllen.

Die Räder des 993 muten vergleichsweise dezent an, was für Enttäuschungen bei manchen 911er Fans sorgte. Porsche bot aber eine reichhaltige Palette an Zubehörrädern an. Die Marktlage ist also heute wesentlich vielfältiger als zu den Zeiten der Fuchs-Schmiederäder. Foto: Porsche AG

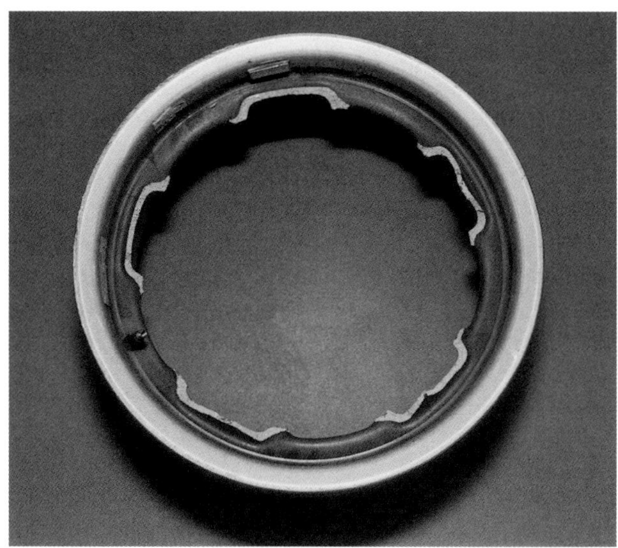

Porsche-Besitzer, die das Besondere suchen, haben in puncto Felgen die Qual der Wahl. Die Räder von Fuchs, BBS, Ruf, Speedline, Oz, sowie etliche andere hochwertige Fabrikate können durchweg mit der TÜV-Freigabe aufwarten. Damit steht dann auch einer Eintragung in die Fahrzeug-Zulassungspapiere nichts im Weg.
Von Rädern ohne ABE, die beispielsweise gerne mal an Importfahrzeugen montiert sind, sollte man tunlichst die Finger lassen, egal wie exklusiv sie erscheinen mögen. Zum einen erlischt bei nicht eingetragenen Anbauten die Betriebserlaubnis, zum anderen bedeuten Felgen mit zweifelhafter Festigkeit ein nicht zu vertretendes Sicherheitsrisiko.

Fortsetzung von Seite 238

von Tuga der grüne „Felgenreiniger Alu-Teufel Spezial" oder von Dr. Wack der bekannte „P21S-Felgenreiniger" und die Spezial-Leichtmetallfelgenreiniger aus dem Porsche-Zubehörshop. Alle Reiniger sind pH-neutral und generell für Leichtmetallräder zu empfehlen.

Der Grund für die Sonderbehandlung der Fuchs-Räder liegt darin, dass sie nicht – wie die meisten anderen Leichtmetallräder – lackiert sind, sondern eine eloxierte Aluminiumdeckschicht tragen. Diese bildet die oberste von mehreren Eloxalschichten, die auf elektrolytischem Weg als Oxidschicht auf die Metalloberfläche aufgetragen werden. Diese poröse Oxidschicht bekommt bei unsachgemäßer Behandlung schnell Flecken.

Porsche empfiehlt in der Bedienungsanleitung außerdem, die eloxierten Fuchs-Felgen alle drei Monate im Anschluss an eine gründliche Reinigung mit Vaseline einzureiben, die als dünner Film mit einem sauberen Tuch aufgetragen wird. Felgen, die noch nicht allzu fleckig sind, erhalten dadurch zusätzlichen Schutz. Wer einen besseren Schutz sucht, der wird bei SWISSVAX fündig: Das „AUTOBAHN Felgenwachs" mit Antihaft-PTFE ist zwar nicht ganz billig, aber sehr ergiebig und hat eine lange Standzeit.

Porsche rät dringend davon ab, eloxierten Felgen mit Polierschleifmitteln oder Metallpolituren zu Leibe zu rücken. Eine Aufarbeitung beschädigter Oberflächenschichten ist nur durch Spezialbetriebe bzw. beim Hersteller (www.fuchsfelge.de) möglich, die die alte Eloxierschicht abtragen, die Oberfläche aufbereiten und sie neu eloxieren. Selbst bei noch so gelungener Aufarbeitung reicht das Endergebnis jedoch nicht an das ursprüngliche Aussehen heran.

Alle anderen Porsche-Felgen sind lackiert bzw. mit einer Klarlack-Schutzschicht überzogen. Die Lackierung dieser Felgen – wie auch der geschmiedeten Fuchs-Räder – ist genauso empfindlich wie eine Karosserielackierung und sollte mit entsprechender Sorgfalt behandelt werden. Auch hier bieten sich Felgenversiegelungen an, um das Rad vor Schmutz und Bremsstaub zu schützen.

Reifen

Beliebte Reifen für Motorsportzwecke waren in den USA Anfang der 1990er Jahre u.a. der Yokohama A008R, der Bridgestone Potenza RE71R und der BF Goodrich R1. Goodyear war vermutlich der erste Hersteller, der bestimmte technische Schlupflöcher in den DOT-Vorschriften erkannte und konsequent nutzte. Sein GS-CS-Reifen wies eine Reihe schmaler Regenrillen nahe der Laufflächeninnenkante auf, so dass ein „Profil" mit vorschriftsmäßiger „Profiltiefe" entstand. Tatsächlich reichte das Profil aber nirgends bis in diese Tiefe – im Prinzip handelte es sich um einen Renn-Slick mit „Profilaufdruck". Sobald diese Reifen eingelaufen sind, sind sie nichts anderes als ein Satz Rennslicks, die die DOT-Vorschriften erfüllen und sogar leichten Regen verkraften. Der Hoosier R3S02 war im Prinzip nach dem gleichen Prinzip aufgebaut und ist dank seiner Glasfaser-Gürtellagen besonders leicht. Der Hoosier R3 durchlief mehrere Entwicklungsstadien und heißt mittlerweile R6. Das Profil der aktuellen Version soll höhere Laufleistungen erreichen als die früheren Versionen.

Nachdem Michelin Herr im Hause BF Goodrich wurde, verschwanden die R1-Reifen und der Michelin Pilot Sport Cup etablierte sich als dominierender Reifen für offene Rundstrecken.

In seiner Charakteristik ist er in vielerlei Hinsicht mit den Goodrich-Vorgängern vergleichbar und hat viel mehr von einem echten Rennreifen, als es viele Porsche-Fahrer zuvor gewohnt gewesen waren. Später wurde der R1 wieder neu aufgelegt.

Die hohe Reifenverschleißzahl (Tread Wear Rating) gilt seit jeher beim Kauf von Pkw-Reifen als Kriterium für die Reifenwahl und dient zur Beurteilung von Reifen:

Je höher die Reifenverschleißzahl, desto länger hält der Reifen. Er bietet zwar keine maximale Griffigkeit, doch ist dies für normale Fahrbedingungen eher zweitrangig. Bei Rennreifen ist mehr Grip aber ein entscheidendes Plus, also ist eine niedrigere, „schlechtere" Reifenverschleißzahl ein erstes Indiz für einen wirklich griffigen Reifen. Dem wirken in gewissen Grenzen die neuen Silikatmischungen in Reifen – Verbindung aus Sand (Silizium) und Soda (Natriumkarbonat) – wie dem P-Zero und dem Bridgestone S-02 entgegen, doch kann diese Kennzahl nach wie vor als anschaulichster Anhaltspunkt gelten – von den Ergebnissen echter Härtemessungen oder Fahrversuchen auf der Piste einmal abgesehen.

Ein typischer Straßenreifen, der ausreichende Laufleistungen erreichen soll, liegt in einem Wertebereich von 180 bis 200 und höher. „Ultra-High-Performance"-Reifen für die Straße, wie sie von Porsche in der Erstausrüstung verwendet werden, liegen ungefähr in diesem Bereich. Gute Rennreifen liegen üblicherweise unter 100.

Der R1 und der A032R liegen im Bereich zwischen 60 und 80, und der Hoosier liegt bei 0 (richtig gelesen: Null!)

Um sich über den aktuellen Stand in Sachen Rennreifen zu informieren, ist es nach wie vor am sinnvollsten, in den Fahrerlagern mit Besitzern ähnlicher Fahrzeuge bzw. Fahrzeuge mit ähnlicher Bereifung zu sprechen. Auch das Internet liefert umfangreiche Informationen, z. B. auf den Websites der Hersteller oder führender Reifenhändler. Die Reifenlieferanten können oft eigene Reifenempfehlungen geben, und diese Informationen dürften auf jeden Fall für eine Vorauswahl genügen.

Überlegungen zur Kombination der idealen Felgen- und Reifengrößen

Um den eigenen 911 mit hochwertigen Hochleistungsreifen für die Straße zu bestücken, empfiehlt sich vor der Kaufentscheidung die Lektüre der einschlägigen Vergleichstests. Bei der Wahl der Felgengrößen kommt es entscheidend darauf an, ob die gewünschten Reifen für die entsprechenden Felgengrößen lieferbar sind. Den Rahmen bilden dabei stets die zulässigen, in den Fahrzeugpapieren eingetragenen und zulassungsfähigen Reifen- und Felgengrößen. Dieses Spektrum lässt sich zwar mit einigem Einsatz erweitern, allerdings ist dies mit entsprechendem Anpassungs-, Recherche- und Argumentationsaufwand bei den Prüfern verbunden.

Der 964 kam 1989 serienmäßig auf 6x16-Zoll-Rädern vorne und 8x16 Zoll hinten daher, und in der Folge wurden auf Wunsch auch 7x17-Zöller vorne und 8x17 Zoll hinten angeboten. Grundsätzlich (Eintragungspflicht beachten!) passen vorne auch 7,5, 8 oder sogar 8,5 Zoll breite Felgen und hinten – sofern der Felgenversatz (Felgen-Offset) stimmt, der Wagen ein tiefergelegtes Fahrwerk erhält und ein ausreichend negativer Sturz eingestellt wird – kann die Breite der Felge 8,5 oder 9 Zoll und sogar 9,5 oder 10 Zoll betragen. Die sichere Grenze dürfte beim 964 bei 7,5- bzw. 9-Zoll-Rädern liegen.

Beim 993 begann Porsche mit 7x16 Zoll vorne und 9x16 Zoll hinten, dann folgten 7 bzw. 9x17 Zoll. Wer vorne ein 8,5-Zoll-Rad unterbringt, muss schon sehr gut sein. Realistische Breitenlimits für die Räder des 993 sind 8 bzw. 10 Zoll. An diesen Grenzen orientieren sich auch die straßenzugelassenen RS-Modelle von Porsche.

Bei den Reifen sind sowohl beim 964 als auch beim 993 235er vorne und 275er hinten erste Wahl. Vorne passen die 245er aufgrund des zu großen Durchmessers nicht. Der 275er von BF Goodrich passt nur knapp, und die Felgenoffsets müssen sehr exakt gewählt werden, sonst scheuern die Reifen innen oder außen (aber immerhin nicht auf beiden Seiten).

Bei den älteren Modellen von 1978 bis 1989 kann es zu Problemen beim Freigang der vorderen Reifen kommen. Die 7x16-Zoll-Räder des 911 wurden vorne schon seit längerer Zeit mit der 205/55 VR16-Serienbereifung montiert. Bei einem tiefergelegten Fahrzeug kommt es meistens zum Scheuern, bei nicht tiefergelegten Exemplaren ist es Glückssache, ob sich dies vermeiden lässt. Meist scheuert die linke Seite, allerdings nicht immer. Dies liegt an Toleranzen bei der Karosseriefertigung. Übrigens besteht das Problem bei Porsche bereits seit den Zeiten des 356, nur scheuerte damals der Reifen am rechten Heckkotflügel. Umgangen werden kann die Problematik, die eigentlich erst auftritt, wenn die Reifen die Radkästen sehr eng ausfüllen, durch eine betont negative Sturzeinstellung; so wandert die Reifenoberkante von der Kotflügelkante weg. Bei reinem Motorsporteinsatz ist dies vertretbar, im Straßenbetrieb wäre allerdings exzessiver Reifenverschleiß die Folge. Zusätzlicher Freiraum zum Schutz der Reifen lässt sich erreichen, indem die Ränder der Vorderkotflügel umgebördelt werden.

Problematisch ist, dass bei den Fuchs-Felgen des 911 mit 10,6 mm Felgenversatz (Offset) der Reifen zu dicht an den Kotflügel heranrückt. Als einzige Fuchs-Felgen passen vorne die 7x15-Zöller des 911 R. Ihr Offset von 49 mm war andererseits ebenfalls extrem. Ambitionierte Tuner bewerkstlligten es, unter den Vorderkotflügeln dieser Modelle auch die 8x16-Zoll-Fuchs-Felgen unterzubringen, die eigentlich für die Hinterachse des 944 Turbo gedacht gewesen waren. Mit ihrem Offset von 23,3 mm rücken Rad und Reifen das entscheidende Stück weiter vom Kotflügelausschnitt weg. Unbedingt auf die Verwendung der richtigen Radmuttern achten! Da diese Räder für den 944 Turbo gedacht waren, bieten sie auch genug Platz für größere Bremssättel. Beim 944er werden meist Reifen mit den Dimensionen 225/50x16 oder 225/45x16 montiert.

Häufig werden 8-Zoll-Räder vorne mit den 9x16-Zöllern des 911 Turbo an der Hinterachse und den Reifengrößen 245/50x16 oder 245/45x16 kombiniert Diese Räder waren 1986 beim Turbo eingeführt worden. Sie entsprechen optisch den Rädern des 944 Turbo und bieten ebenfalls zusätzlichen Einbauplatz für größere Bremssättel. In manchen Kombinationen wäre auch das 7x16-Zoll-Rad des 944 Turbo interessant. Sein Offset entspricht mit 23 mm dem der 7x16-Zoll-Räder des 911; auch hier gegebenfalls auf die Montage der typspezifischen Radmuttern achten.

Bei einigen der empfohlenen breiteren Reifen muss also auf jeden Fall der Felgenversatz beachtet werden. Die verwendeten Reifen und Felgen müssen in jeder Fahrsituation im Radkasten ausreichend Platz finden. Dies gilt vor allem bei Fahrzeugen der Baujahre 1969 bis 1977 mit den schmaleren Heckkotflügeln. Die 7-Zoll-Räder mit 205/60x15-Bereifung passen hier nicht immer.

Sinnvollerweiser kontrollieren Sie den Freiraum am besten, bevor Sie mit den frisch montierten Reifen losfahren. Zwei kräftige Helfer bringen dazu das Wagenheck stark zum Einfedern und gleichzeitig beobachten wir den Abstand zwischen Reifen und Kotflügel. Anhand des Kreisbogens, den das Rad beim Einfedern beschreibt, ist zu erkennen, ob es mit dem Platz im Kotflügel knapp wird. Dieses Detail sollte jeder selbst genau prüfen; andernfalls drohen Lackschäden an den Heckkotflügeln oder auch Beschädigungen am Reifen. Die engste Stelle liegt etwa 4 cm über dem Heckkotflügelausschnitt. Diese Stelle beobachten wir, während die Helfer den Wagen „schaukeln“ lassen. Sicherheitshalber sollte so viel Platz bleiben, dass wir bei ruhig stehendem Wagen mit dem Finger zwischen Reifen und Kotflügel kommen. Prüfen Sie dies aber bitte nicht, wenn die Helfer gerade das Heck tanzen lassen! Da sich beim Einfedern der negative Sturz vergrößert, kommt der Reifen oben weiter vom Kotflügel weg. Mit größerem negativem Sturz gewinnt man also mehr Freiraum, allerdings wie bereits erwähnt auf Kosten der Reifenlebensdauer.

Natürlich sind Varianten der geschmiedeten Fuchs-Räder mit unterschiedlichem Finish auf dem Markt zu finden, manche mit silberfarbenen Speichen, manche mit schwarzen Speichen usw. Weitere Alternativen sind die 5,5x15-Zoll-Gussräder aus Magnesiumlegierung von Mahle, die „Keksausstecher"-Räder von ATS als 6x15-Zöller sowie die neueren „Wählscheiben"-Räder, die an die Räder des 928 erinnern, in unterschiedlichen Größen.

Reifendrücke

Die Reifendrücke wurden werkseitig als Kompromiss zwischen Handling und Reifenlebensdauer gewählt; da aber je nach Land sehr unterschiedliche Fahrbedingungen vorherrschen, ist dies keine einfache Aufgabe.

Moderne Niederquerschnittsreifen, die bei hohen Geschwindigkeiten mit zu geringem Luftdruck laufen, nutzen sich in der Regel im Mittelbereich zu schnell ab. Dies widerspricht zwar den Erfahrungen mit herkömmlichen Reifen, die sich bei zu niedrigem Luftdruck am Profilrand stärker abnutzen, die stärkere Abnutzung der Niederquerschnittsreifen in der Profilmitte ist jedoch auf die enormen Zentrifugalkräfte zurückzuführen, die bei der Verformung („Walken") der Karkasse auftreten. Bei rund 110 km/h beträgt die Zentrifugalkraft ca. 250 g, bei rund 190 km/h bereits 1025 g. Bei Autobahnfahrten treten diese Zentrifugalkräfte also viel eher auf als z. B. in den USA mit den dort geltenden strengen Geschwindigkeitsbegrenzungen.

Oben: Freigang der Vorderräder an einem 911 SC mit 8x16-Zoll-Rädern mit Reifengröße 225/50x16. Die Kante des Kotflügelausschnitts wurde umgebördelt und durch 1,5° negativen Sturz zusätzlicher Platz geschaffen.
Oben rechts: Freigang der Hinterräder an einem 911 SC mit 9x16-Zoll-Rädern mit Bereifung 245/45x16. Foto: Joel Reiser
Rechts: Freigang der Vorderräder mit 8x16-Zoll-Rädern in Kombination mit 225/16-Reifen.

Felgen-/Reifenkombinationen

Modelljahre	Standard-Felgen und Reifen	Empfohlene Alternativfelgen und -reifen
1965-1967	4,5x15 - 165-15	5,5x15 - 185/70-15 oder 5,5x15 - 195/65-15
1968	5,5x15 - 165-15	5,5x15 - 185/70-15 oder 5,5x15 - 195/65-15
1969-1974	5,5x15 - 165-15	7x15 - 205/60-15
1969-1972	5,5x14 - 185-14	5,5x14 - 205/60-14
1969-1977	6x15 - 185/70-15	7x15 - 205/60-15
1974-1975 Carrera	vorne 6x15 - 185/70-15 hinten 7x15 - 215/60-15	7x15 - 205/60-15 8x15 - 215/60-15 oder vorne 7x16 - 205/55-16 oder hinten 8x16 - 225/50-16
1976-1977 Carrera	vorne 6x15 - 185/70-15 hinten 7x15 - 215/60-15 oder vorne 7x15 - 205/50-15 oder hinten 8x15 - 225/50-15 oder vorne 5,5x14 - 185-14 oder hinten 5,5x14 - 185-14	7x15 - 205/60-15 8x15 - 215/60-15 oder vorne 7x16 - 205/55-16 oder hinten 8x16 - 225/50-16 oder vorne 5,5x14 - 205/60-14 oder hinten 5,5x14 - 205/60-14
1975-1977 911 Turbo (930)	vorne 6x15 - 185/70-15 hinten 7x15 - 215/60-15 oder vorne 7x15 - 205/50-15 oder hinten 8x15 - 225/50-15	9x15 - 225/50-15 11x15 - 285/40-15 oder vorne 7x16 - 205/50-16 oder hinten 9x16 - 245/45-16 oder vorne 9x17 - 235/40-17 oder hinten 10x17 - 255/40-17
1978-1985 911 Turbo (930)	vorne 7x16 - 205/55-16 hinten 8x16 - 255/50-16	9x15 - 225/50-15 11x15 - 285/40-15 oder vorne 9x16 - 225/50-16 oder hinten 10x16 - 245/45-16 oder vorne 9x17 - 235/40-17 oder hinten 10x17 - 255/40-17
1986-1989 911 Turbo (930)	vorne 7x16 - 205/55-16 hinten 9x16 - 245/45-16	9x15 - 225/50-15 11x15 - 285/40-15 oder vorne 7x16 - 205/50-16 oder hinten 9x16 - 245/45-16 oder vorne 9x17 - 235/40-17 oder hinten 10x17 - 255/40-17
1978-1983 911 SC	vorne 6x15 - 185/70-15 hinten 7x15 - 215/60-15 oder vorne 6x16 - 205/55-16 oder hinten 7x16 - 225/55-16 oder vorne 7x15 - 185/70-15 oder hinten 8x15 - 215/60-15 oder vorne 8x16 - 225/50-16	vorne 7x15 - 205/60-15 hinten 8x15 - 215/60-15 oder vorne 7x16 - 205/55-15 oder hinten 8x16 - 225/50-15 oder vorne 7,5x16 - 205/55-16 oder hinten 8,5x16 - 225/50-16 oder hinten 9x16 - 245/45-16 oder vorne 8x17 - 215/40
1984-1989 3,2 911 Carrera	vorne 6x15 - 185/70-15 hinten 7x15 - 215/60-15 oder vorne 6x16 - 205/55-16 oder hinten 7x16 - 225/50-16 oder vorne 7x15 - 185/70-15 oder hinten 8x15 - 215/60-15 oder hinten 8x16 - 225/50-16	vorne 7x15 - 205/60-15 hinten 8x15 - 215/60-15 oder vorne 7x16 - 205/55-16 oder hinten 8x16 - 225/50-16 oder vorne 7,5x16 - 205/55-16 oder hinten 8,5x16 - 225/50-16 oder hinten 9x16 - 245/45-16

Modelljahre	Standard-Felgen und Reifen	Empfohlene Alternativfelgen und -reifen
1989-1994 C2/4	vorne 6x16 - 205/55-16 hinten 8x16 - 225/50-16 oder hinten 8x16 - 225/50-16 oder vorne 7,5x17 - 205/50-17 oder vorne 7x17 - 205/50-17 oder hinten 8x17 - 255/40-17	vorne 8x16 - 225/50-16 oder vorne 8,5x17 - 235/45-17 oder vorne 8,5x18 - 225/40-18 hinten 8,5x16 - 255/50-16 oder hinten 9,5x17 - 275/40-17 oder hinten 9,5x18 - 265/35-18
C2 Turbo	vorne 7x17 - 205/55-17 hinten 9x17 - 255/40-17	vorne 8x18 - 225/40-18 hinten 10x18 - 265/35-18
3,6 Turbo	vorne 8x18 - 255/40-18 hinten 10x18 - 265/35-18	vorne 8,5x18 - 225/40-18 hinten 10x18 - 285/30-18
1994-1998 993	vorne 7x16 - 205/55-16 hinten 9x16 - 245/45-16 oder vorne 7x17 - 205/50-17 oder hinten 9x17 - 255/40-17 oder vorne 8x18 - 225/40-18 oder hinten 10x18 - 265/35-18	vorne 8x16 - 225/50-16 hinten 8,5x16 - 225/50-16 oder vorne 8,5x17 - 235/45-17 oder vorne 8,5x18 - 245/40-18 oder hinten 9,5x17 - 275/40-17 vorne 8,5x17 - 245/45-17 hinten 10x17 - 275/40-17 oder hinten 9,5x18 - 265/35-18 oder hinten 10x18 - 275/35-18 oder hinten 10x18 - 285/35-18
1996-1998 Turbo	vorne 8x18 - 225/40-18 hinten 10x18 - 285/30-18	

Die Werksempfehlungen für die Reifendrücke der verschiedenen Reifen-Felgenkombinationen sind in der Betriebsanleitung zu finden. Auf Basis der Werksempfehlungen sollten wir den Reifenverschleiß beobachten und daraus die eigenen Reifendrücke ableiten. Dazu wäre auch die Anschaffung eines Profiltiefenmessers ratsam, mit dem man etwa alle 1500 km die Profiltiefe über die gesamte Breite von Vorder- und Hinterreifen misst.

Wer bei einem neueren 911 mit 16-, 17-, 18- oder 19-Zoll-Rädern mit erhöhtem Verschleiß in der Profilmitte zu kämpfen hat, obwohl er nie schneller als ca. 120 km/h fährt, kann mit dem Luftdruck ein oder zwei Zehntel zurückgehen. Allerdings dürften derart bedächtige Porsche-Fahrer hierzulande wirklich selten sein. Weitere Anhaltspunkte für eine evtl. ratsame Anpassung der Reifendrücke liefern auch die Empfehlungen der Reifenhersteller. Mitunter stehen dort niedrigere Reifendrücke; beispielsweise wurden für den 265/35ZR18 des Carrera 4S 2,5 bar anstelle der von Porsche empfohlenen 3,0 bar angegeben.

Ähnliche Empfehlungen finden sich bei Porsche für den 996 GT3, für den an der Vorderachse 2,2 bar und an der Hinterachse 2,7 bar angegeben wurden. Diese Richtwerte bieten sich ggf. auch für andere Modelle an, u. a. den normalen 996 Carrera – solange Fahrzeug und Reifen nicht überladen werden.

Der richtige Reifendruck

Bereits bei normalen Alltagsfahrzeugen ist der richtige Reifendruck ein wichtiger Faktor, der allerdings sehr gerne von den Fahrern vernachlässigt wird. Verschleiß, Verbrauch und Fahrverhalten (somit auch das Bremsverhalten) können mit der richtigen Luftfüllung positiv beeinflusst werden. Bei Hochleistungssportwagen wie dem 911 ist dieses Themenfeld umso wichtiger, denn ein sicheres Handling des Fahrzeugs ist unverzichtbar.

Zu viel oder zu wenig Reifendruck

Sowohl zu viel als auch zu wenig Luftdruck im Reifen führt zu Problemen. Bei zu hohem Reifendruck werden die Fahrbahnstöße weniger gut absorbiert, so dass die Fahrwerkskomponenten stärker beansprucht werden. Da bei höherem Reifendruck auch die Profilschultern keinen Kontakt zur Fahrbahn haben, leidet die Traktion entsprechend. Bei zu niedrigem Luftdruck reagieren die Reifen dagegen zäh bzw. schwammig.

Die typischen Allround-Reifen sind so aufgebaut, dass sie bei richtigem Reifendruck ausgewogene Eigenschaften hinsichtlich Rollwiderstand, Kurvenlage und Aquaplaningverhalten bieten.

Welcher Reifendruck ist also für welches Fahrzeug richtig? Für den Alltagsbetrieb stehen die richtigen Reifendrücke am Fahrzeug und in der Bedienungsanleitung. Die Herstellervorschriften sollten auf keinen Fall unterschritten und die auf der Reifenflanke angegebenen Höchstwerte nicht überschritten werden.

Reifendrücke für Rennreifen

Unter Rennbedingungen gelten für den Reifendruck völlig andere Gesetze. Im Rallye-Einsatz werden die Reifen vorzugsweise mit

Fuchs-Originalfelgen (Fünfspeichen-Leichtmetallfelgen)

Größe	Felgenversatz (Offset)	Teile-Nr.
6x16 Zoll	36 mm	911 632 113 00
7x16 Zoll	23,3 mm	911 362 115 00
7x16 Zoll	23,3 mm (mehr Freiraum für Bremssättel)	951 362 115 00
8x16 Zoll	10,6 mm Versatz beim 911	911 362 117 00
8x16 Zoll	23,3 mm Versatz beim 944	951 362 117 00
9x16 Zoll	15 mm	911 362 119 00
4,5x15 Zoll	42 mm	901 361 012 01
5,5x15 Zoll	42 mm	901 361 012 04
6x15 Zoll	36 mm (ältere Version)	901 361 012 06
6x15 Zoll	36 mm (neuere Version)	911 361 020 10
7x15 Zoll	49 mm Versatz beim 911 R	901 361 012 05
7x15 Zoll	23,3 mm	911 361 020 41
8x15 Zoll	10,6 mm	911 361 020 42
9x15 Zoll	3,0 mm	911 361 020 03
11x15 Zoll		911 361 020 05
5,5x14 Zoll	46 mm	911 361 016 10

Ein Reifenpyrometer zur Kontrolle des Reifendrucks.

niedrigeren Drücken gefahren, die bessere Dämpfung, höhere Abriebfestigkeit und dank der vergrößerten Reifenaufstandsfläche auch bessere Traktion bieten. Oft werden im Motorsport durch Änderung des Reifendrucks auch Über- oder Untersteuerungstendenzen kompensiert: Niedrigerer Druck an den Vorderrädern und höherer Druck an den Hinterrädern verstärkt die Untersteuerungsneigung, höherer Druck vorne und niedrigerer Druck hinten bewirkt stärkeres Übersteuern.

Die Kreide bringt's an den Tag

Zur Bestimmung des richtigen Reifendrucks für die Abstimmung von Rennwagen, Rennstrecke und Reifensorte dient häufig die Kreideprüfung. Der Reifenschulterbereich wird außen an zwei oder drei Stellen am Reifenumfang mit Kreide eingestrichen. Nach dem Renn- oder Testlauf kontrollieren wir, wie viel Kreide wegradiert wurde. Idealerweise sollte die Kreide bis auf etwa 5 bis 6 mm Abstand vom Übergang des Schulterbereichs zur Seitenwand verschwunden sein. Ist die Kreide am Profil bzw. Schulterbereich noch zu sehen, ist der Reifendruck zu hoch oder der negative Sturz zu groß. Ist die Kreide völlig verschwunden, läuft der Reifen auf den Seitenwänden und mit zu niedrigem Druck oder zu großem positivem Sturz. In beiden Fällen erhöhen bzw. senken wir den Reifendruck in Schritten von ca. 0,2 bar oder ändern die Sturzeinstellung. Die Kreideprüfung wird wiederholt, bis das Abriebbild stimmt und damit anzeigt, dass der richtige Reifendruck erreicht ist.

Das Kreideverfahren ist für Schätzungen ausreichend genau, wesentlich exakter lässt sich der Reifendruck jedoch mit einem Pyrometer (einer Art Reifenthermometer) einstellen. Nach einem Trainings- oder Rennlauf wird ein nadelähnliches Gerät in der Profilmitte und an beiden Reifenschultern angesetzt und die Temperatur abgelesen. Bei zu hohem Reifendruck läuft der Reifen mehr auf der Reifenmitte als auf der Schulter, die Mitte ist also wärmer. Bei zu niedrigem Druck läuft er mehr auf den Schultern, d. h. die Schultern sind wärmer als die Reifenmitte.

Die Bremsanlage

Die steigenden Höchstgeschwindigkeiten des 911 und seiner Abkömmlinge erforderten eine stetige Weiterentwicklung der Bremsanlage. Als erstes wurde zum Modelljahr 1967 der neue 911 S ringsum mit innenbelüfteten Bremsscheiben ausgerüstet. Die nächste wesentliche Änderung erfolgte zum Modelljahr 1968, als alle Modelle eine Zweikreis-Bremsanlage erhielten. Im Modelljahr 1969 wurden die vorderen Bremssättel verstärkt und der 911 S mit Alusätteln ausgerüstet.

1969 bekamen außerdem alle Modelle an der Hinterachse die größeren M-Sättel (M = mittlere Ausführung), die schon zuvor an der Vorderachse aller 911er Modelle saßen. An der Hinterachse wurden die M-Bremssättel mit kleineren 38-mm-Kolben bestückt, die Bremsbelaggröße war am 911 E und T vorne und hinten identisch. Der 911 T besaß noch Bremsscheiben aus Vollmaterial, die 911 E und S dagegen innenbelüftete Scheiben. Die größeren Alubremssättel an der Vorderachse der S-Modelle wurden mit größeren Bremsklötzen ausgerüstet. 1970 erhielt auch der 911 T 2,2 Liter innenbelüftete Bremsscheiben.

Im 1973 vorgestellten Carrera RS 2,7 tat die Bremsanlage des 911 S Dienst. Der in Kleinserie aufgelegte Carrera RS 3,0 von 1974 besaß dagegen die Bremsanlage des Rennmodells 917 und damit als erster Serien-911 eine Bremsanlage mit Vierkolbensätteln.

1975 präsentierte sich der 911 Turbo (930) mit der erstmals im Jahre 1969 am 911 S 2,0 Liter verwendeten Bremsenkombination. 1976 erhielten der 911 S und der Carrera den neuen A-Bremssattel, während der 911 Turbo die Aluminium-S-Sättel behielt. Der neue Bremssattel vom Typ A war aus einer ATE-Entwicklung für Alfa Romeo abgeleitet worden. Er entsprach in der Größe dem Aluminium-S-Sattel und besaß auch Bremsbeläge mit derselben Reibfläche, war allerdings etwas schmaler und kam – im Gegensatz zu den S-Sätteln mit 13-mm-Belägen – mit 10 mm starken Belägen aus.

Links oben: Prüfung des Reifendrucks mithilfe der Kreideprüfung – bei diesem Abriebbild ist der Reifendruck richtig. Links Mitte: Prüfung des Reifendrucks – zu hoher Reifendruck. Links unten: Prüfung des Reifendrucks – zu niedriger Reifendruck. Foto: Uniroyal Goodrich Tire Company

1977 erhielten der 911 und der 911 Turbo (930) eine Unterdruck-Servobremsanlage, deren Bremskraftverstärker mit 7 Zoll Durchmesser direkt auf den Hauptbremszylinder wirkte. Beim 911 S betrug der Servofaktor 2,2, beim 911 Turbo 1,8.

Der 934 der Gruppe 4 und der 935 der Gruppe 5 liefen 1976 mit der im 917 bewährten Bremsanlage, die der 935 und die IMSA-Version des 934 auch 1977 beibehielten. Mit der Einführung des 3,3-Liter-Turbo im Jahr 1978 erhielt der 911 Turbo eine Serienversion der Bremsanlage des 917. 1978 wuchs der Bremskraftverstärker des Turbo von 7 auf 8 Zoll und der Servofaktor stieg von 1,8 auf 2,25. Diese Bremsen fanden sich auch in den nächsten 10 Jahren – bis zur Produktionseinstellung 1989 – im 3,3-Liter-Turbo sowie von 1984 bis 1989 in den neueren Modellen mit Turbo-Look-Option. Im Modelljahr 1984 wurde der Servofaktor abermals erhöht, diesmal von 2,25 auf 3,0.

Für den 935/78 Moby Dick entschied sich das Werk für neue, noch größere Bremsen, die diesem leistungsstarken Ableger des 935 die nötige Verzögerung bescheren sollten. 1979 war diese vergrößerte Bremsanlage auch für die Kundenversion des 935 lieferbar.

1978 wurden in einigen frühen 911 SC vorne die Alumini-

Die S-Aluminiumbremssättel des Carrera RS 1973 wurden erstmals im 911 S von 1969 montiert und waren in allen Topmodellen der Serienproduktion von 1969 bis 1977 zu finden. Foto: James D. Newton

Der Bremssattel nach Vorbild des Pendants aus dem Porsche 917, wie er auch im RSR saß, mit angebauter mechanischer Handbremsbetätigung.

um-S-Bremssättel und hinten die M-Sättel beibehalten, 1979 bekamen dann aber alle SC die A-Bremssättel, womit der S-Sattel endgültig abtreten durfte.

1984 stand zur Einführung des Carrera 3,2 eine abermalige Überarbeitung der Bremsanlage an:

- Ein Unterdruckverstärker steigerte den Unterdruck in der Servobremsanlage.
- Der Durchmesser des Bremsservos wurde von 7 auf 8 Zoll vergrößert.
- Die Dicke der Bremsscheiben wurde vorne und hinten von 20 auf 24 mm erhöht. Die dickeren Bremsscheiben ermöglichten eine noch bessere Wärmeabfuhr.
- Die Bremssättel wurden mit Distanzeinlagen an die dickeren Bremsscheiben angepasst.
- Die A- und M-Sättel fanden sich auch im Modell 1984. Der Kolbendurchmesser der hinteren Bremszylinder stieg von 38 auf 42 mm. Der M-Sattel der Hinterradbremsen blieb bis auf die größeren Kolben unverändert. Der Kolbendurchmesser der vorderen Sättel betrug weiterhin 48 mm – wie bereits seit den Aluminium-S-Sätteln von 1969.
- Am hinteren Bremskreis saß ein auf 33 bar eingestellter Druckbegrenzer.
- Die Belagsorte der Textar-Beläge an der Hinterachse wurde von TP22 auf T269 umgestellt.

Die höhere Verzögerungswirkung an den Hinterrädern – bei geringem Bremsdruck – war nach Angaben von Porsche auf die größeren Kolben der Hinterradbremssättel zurückzuführen. Das kraftvollere Ansprechen der Hinterradbremsen zwang allerdings zum Einbau eines Druckbegrenzers, um Überbremsen und Blockieren der Hinterräder bei scharfem Bremsen vorzubeugen. Mit dem Druckbegrenzer wird nach Werksangaben bis zu einem Bremsdruck von 33 bar gleicher Bremsdruck an Vorder- und Hinterradbremsen aufrechterhalten. Bei Drücken über 33 bar, z. B. bei Vollbremsun-

Die Bremsanlage im Stil des 917 an einem 935/78. Links die Vorderradbremse: Der angeklammerte Schlauch leitet die Kühlluft zur Bremse; der Vorderachsstabilisator kann vom Cockpit aus verstellt werden. Rechts die Hinterradbremse: An der Federplatte mit Drehgelenk sitzt der einstellbare Stabilisator.

Die großdimensionierte Bremsanlage des 935/79: Links die Vorderradbremse mit vom Cockpit aus verstellbarem vorderem Stabilisator und Aufsatz auf der Bremsscheibe für die Kühlluftzufuhr. Rechts die Hinterradbremse mit einstellbarem hinterem Stabilisator und Federplatte mit Führung in einem Uniball-Kugelgelenk.

Die dicken roten Porsche-Brembo-Bremssättel: Sie waren erstmals 1993 beim Turbo 3,6 Liter zu finden und wurden in der Folgezeit beim Bi-Turbo und Carrera 4S verbaut. Foto: Porsche AG

gen, werden nur 46 Prozent der Bremswirkung auf die Hinterachse übertragen, aber 54 Prozent auf die Vorderradbremsen. Bei den Modellen mit Turbo-Look wurde der Schaltdruck des Druckbegrenzers von 33 auf 55 bar erhöht, um eine bessere Abstimmung auf die Bremseigenschaften der größeren Bremsanlage zu erreichen.

Beim 964 und 993 stellte Porsche auf zweiteilige Vierkolben-Alusättel von Brembo um, die aus den Bremssätteln des 930 weiterentwickelt worden waren. Die Vorderradbremsen des 993 waren größer, ebenso die Frontbremsen des C2 3,3 Liter Turbo, und entsprachen der Ausführung der Europaversion des RS. Die Bremsbelaggrößen wurden vereinheitlicht – die vorderen Beläge des 930 wurden für die Vorderachse des 964 sowie für die Hinterachse des C4 und späteren C2 und die Hinterachse des 993 übernommen. Die vorderen Bremsbeläge des C2 Turbo fanden sich an der Vorderachse des 993 sowie der Europaversion des 964 RS wieder, die vorderen Beläge des 965 3,6 Liter Turbo tauchten an der Vorderachse des 993 Turbo wieder auf.

Beim 996 und 997 hielten neue Monobloc-Bremssättel mit völlig neuen Bremsbelagformen und -abmessungen Einzug. Keine der bisherigen Beläge passten mehr in diese neuen Sättel. Einige dieser Bremssättel lassen sich mit entsprechenden Adaptern in den älteren Modellen nachrüsten, u.a. die Vorderradbremsen des Boxster, die gerne für die Vorderachse des klassischen 911 übernommen werden.

Der frühe 964 C2 besaß kleinere Zweikolben-Bremssättel, so dass öfters auf die hinteren Sättel des späteren 964 C2 oder andere Hinterachssättel des 964 umgerüstet wird. Allerdings dürfen dafür nicht die Vorderachsbremssättel verwendet werden, denn deren Kolbendurchmesser sind viel zu groß, und außerdem benötigen diese Sättel eine dickere Bremsscheibe.

Bremsbeläge

Auf dem Zubehörmarkt werden zahlreiche Reibbeläge angeboten, allerdings ist ihre Effektivität maßgeblich vom persönlichen Fahrstil des Fahrers abhängig bzw. von dessen Bereitschaft, seine Fahrweise dem Materialmix anzupassen.

Heutige Scheibenbremsbeläge sind asbestfrei und verhalten sich daher anders als die noch vor einigen Jahren üblichen Beläge. Für den normalen Straßeneinsatz sind die von Porsche empfohlenen Beläge in aller Regel das Optimum, für die Rennpisten gibt es dagegen eine Vielzahl unterschiedlicher Belagalternativen, u. a. von Cool Carbon, Performance Friction und Pagid (um nur einige der bei Insidern verbreiteten Marken zu nennen). Diese Beläge bestehen aus Kohlefaserwerkstoffen in Kombination mit Kevlar oder Metall. Sie ermöglichen in kaltem wie heißgebremstem Zustand exzellente Verzögerungswerte, arbeiten allerdings recht geräuschvoll und sind daher für die Straße kaum ein tauglicher Kompromiss.

Später bot Porsche die gelben Pagid-Bremsklötze auch als Serienausrüstung diverser Straßenversionen des 911 an, vor allem an 996 GT2 und GT3, die mit PCCB-Bremsscheiben bestückt waren. Nach Angaben von Pagid zeigt die ABS-Anlage mit den originalen Porsche-Bremsbelägen eine etwas andere Charakteristik.

Kühlung der Bremsen

Für den Renneinsatz lässt sich die Bremsanlage des 911 – außer durch Belagwechsel – noch durch andere Eingriffe optimieren. Insbesondere sollte den vorderen Bremsen mehr Kühlluft zugeführt werden, da diese u. a. aufgrund der dynamischen Achslastverteilung beim Bremsen die Hauptlast zu tragen haben. Ferodo DS11-Beläge verkraften beispielsweise nur Temperaturen bis ca. 660 °C.

Bei der Zusatzkühlung der innenbelüfteten Bremsscheiben wird zuerst die Luftzufuhr zur Scheibenmitte intensiviert, so dass die Kühlluft durch die Innenkühlrippen wieder nach außen abströmt. Diese Kühlluftzutzen können selbst angefertigt oder als Nachrüstsatz erworben werden. Die GFK-Hutze wird von unten am vorderen Querlenker montiert und sitzt hier direkt im Kühlluftstrom. Die Kühlluft gelangt von der Hutze aus über einen Schlauch und Trichter zur Scheibenmitte.

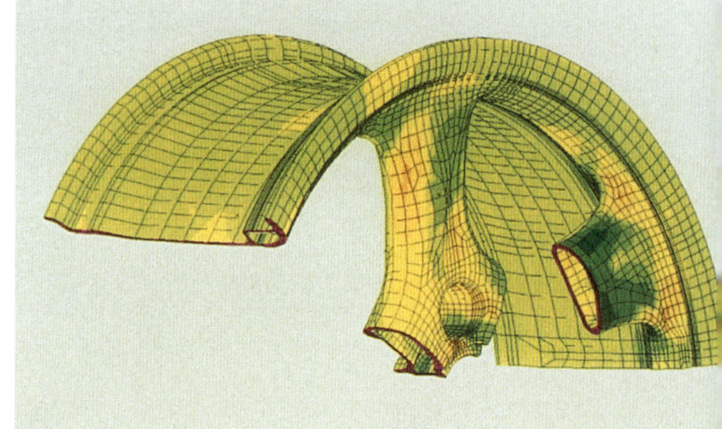

Bei den Hohlspeichenrädern des 993 Turbo wird der Mittelteil durch Reibschweißen mit dem äußeren Felgenkranz verbunden. Foto: Porsche AG

Die Vorderradbremse des GT2. In den Bremssätteln laufen Scheiben mit einem Durchmesser von 380 mm vorne und 322 mm hinten. Die vorderen Sättel sind mit zwei 42-mm- und zwei 34-mm-Kolben bestückt, die hinteren Sättel mit vier 28-mm-Kolben.

Oben und unten: „Cool Carbon"-Kohlefaser-Bremsbeläge für alle Einsatzbereiche und Porsche-Bremsen in allen Größen.

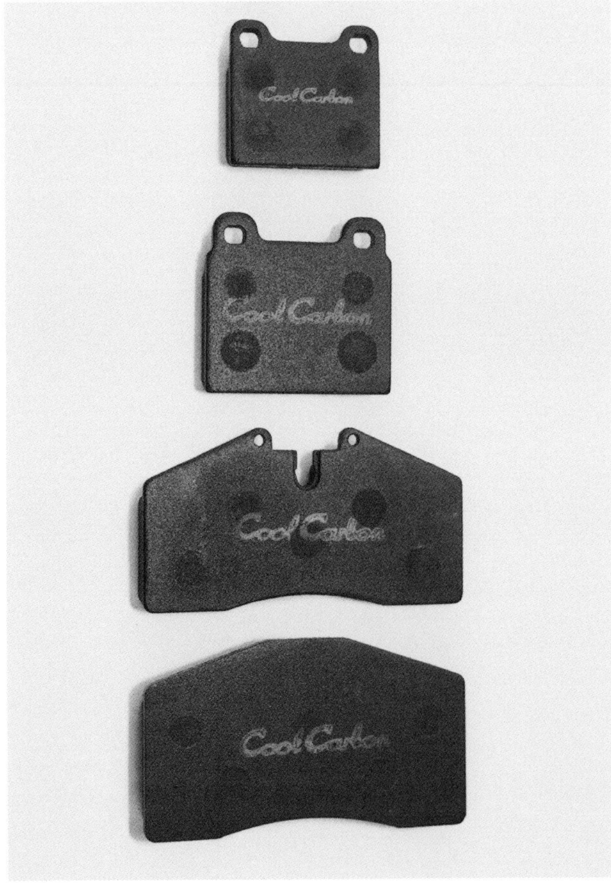

Bremsflüssigkeit

Die Bremsflüssigkeit wird in die Klassifikationsstufen DOT 3, DOT 4 und DOT 5 eingeteilt. Die international anerkannten DOT-Normen für Bremsflüssigkeit wurden 1972 eingeführt. Diese Normen bauten auf der Einteilung in zwei Flüssigkeitssorten mit unterschiedlichen Anforderungen auf, bis später eine Bremsflüssigkeit mit den für alle Bremsanlagen geeigneten Viskositäts- und Siedepunktwerten entwickelt wurde.

Im Interesse bestmöglichen Schutzes gegen Dampfblasen und Fading bei harter Bremsenbeanspruchung sollte DOT 4-Flüssigkeit verwendet werden. Die höhere Viskosität dieser Flüssigkeitssorte, die Dampfblasen und Fading unterdrücken soll, kann allerdings bei extrem niedrigen Temperaturen zu verminderter Bremswirkung führen. Bei DOT 3-Bremsflüssigkeit wurde dagegen der hohe Siedepunkt zugunsten niedrigerer Viskosität bei tiefen Temperaturen aufgegeben, wobei DOT 3-Produkte außerdem den Ruf genießen, in älteren Fahrzeugen verträglicher für die Dichtungen zu sein.

DOT 5-Bremsflüssigkeit ist als die im vorigen Abschnitt angesprochene Alternativlösung gedacht.

Alle drei Bremsflüssigkeiten werden auf unterschiedliche Eigenschaften getestet, insbesondere auf den Trockensiedepunkt, den Nasssiedepunkt und die kinematische Viskosität (Viskosität bei niedrigen Temperaturen).

Der Trockensiedepunkt

Dieser bezeichnet die Mindesttemperatur, bis zu der die verschiedenen Bremsflüssigkeiten siedefest sein müssen (beim Test wird der Siedepunkt im Neuzustand der Flüssigkeit ermittelt):

DOT 3: 205 °C
DOT 4: 230 °C
DOT 5: 260 °C

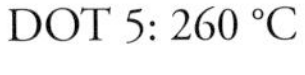

An dieser Vorderradbremse wurde der Kühlluftstrom mithilfe einer Lufthutze von SmartRacing intensiviert.

Diese Kühlhutze aus GFK an der Hinterradbremse des 935 wird so am hinteren Schräglenker montiert, dass der Einlass in den Kühlluftstrom zeigt und die Kühlluft direkt zu den Bremsen strömt.

Rechts: Eine alternative Kühlungsmethode an der großen Bremsanlage eines 935. Die Kühlluft wird nicht zur Bremsscheibenmitte, sondern zur Scheibeninnenseite geleitet.

Der Nasssiedepunkt

Dieser bezeichnet die Mindesttemperatur, bis zu der die verschiedenen Bremsflüssigkeiten in „nassem" Zustand siedefest sein müssen (bei diesem Test wird der Siedepunkt nach der Aufnahme von Feuchtigkeit aus der Luft ermittelt):

DOT 3: 145 °C
DOT 4: 155 °C
DOT 5: 180 °C

Hinweis: Diese Grenzwerte gelten als Mindestanforderungen. Etliche gängige Bremsflüssigkeiten übertreffen diese Mindestanforderungen.

Die kinematische Viskosität

Sämtliche Bremsflüssigkeiten (DOT 3, DOT 4 und DOT 5) müssen bei der Prüfung eine Mindestviskosität von 1,5 mm^2/s bei 100 °C aufweisen; diese Viskosität darf bei den verschiedenen Flüssig-

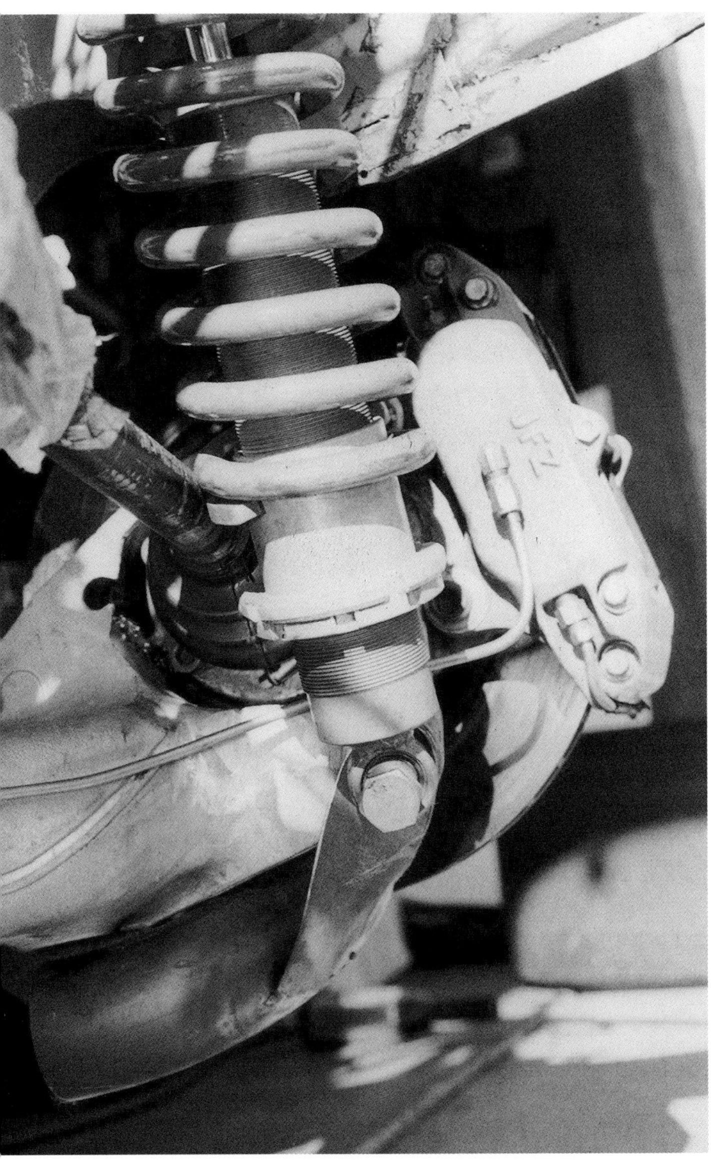

Lufthutze an der Hinterradbremse eines Clubrennwagens.

keitsklassifikationen die nachstehenden Grenzwerte nicht überschreiten (wie bei Motorölen, stehen die höheren Zahlenwerte für eine höhere kinematische Viskosität).

DOT 3: 1500 mm^2/s bei -40 °C
DOT 4: 1800 mm^2/s bei -40 °C
DOT 5: 900 mm^2/s bei -40 °C

Beim Porsche 911 lassen sich bei der Wahl der passenden Bremsflüssigkeit drei Einsatzbereiche unterscheiden:

Bremsflüssigkeiten für die Straße

Fabrikneue Porsche werden mit ATE-Bremsflüssigkeit mit der Klassifikation DOT 4 Typ 200 befüllt. Diese Bremsflüssigkeit ist den bisherigen Sorten DOT 3, DOT 4 und DOT 5 hinsichtlich des Trocken- und Nasssiedepunkts deutlich überlegen. Deshalb können die Wechselintervalle nach Herstellerangabe auch auf 3 Jahre verlängert werden. Für alle anderen Bremsflüssigkeiten gilt der zweijärige Wechselintervall.

Bremsflüssigkeiten für die Rennstrecke

Hierzu zählen hochtemperaturbeständige Bremsflüssigkeiten nach DOT 3 oder DOT 4, beispielsweise von Motul, Castrol oder Pentosin. Silikonbremsflüssigkeit nach DOT 5 eignet sich aufgrund ihrer Komprimierbarkeit nicht für Einsatzbereiche, in denen hohe Temperaturen auftreten können. Silikonbremsflüssigkeit ist daher für Scheibenbremsanlagen in Rennfahrzeugen nicht zu empfehlen.

Einmotten des Fahrzeugs

Für längere Einlagerungszeiten ist DOT 5-Silikonbremsflüssigkeit zu empfehlen, da sie Korrosion und Alterung der Bremsteile vorbeugt. Nur hier dürfte DOT 5 wirklich seine Vorzüge ausspielen können.

Da DOT 5 in bestimmtem Umfang Luft absorbieren kann, was zu einem schwammigen, nachgiebigen Pedalgefühl führt, ist diese Sorte für wirklich harte Beanspruchung der Bremsanlage ungeeignet.

Funktionsstörungen an der Bremsanlage

Ein regelmäßiger Wechsel der Bremsflüssigkeit sorgt nicht nur für Korrosionsschutz, sondern verlängert das Leben der Gummiteile der Bremsanlage. Gealterte Gummis machen sich vor allem an den Bremsschläuchen bemerkbar. Defekte treten hier allerdings oft erst nach rund 10 Jahren auf und sind schwer zu diagnostizieren; die Bremsen scheinen einwandfrei zu funktionieren, außer dass das Pedal nicht mehr rasch genug zurückkommt. Ursache hierfür sind – häufig durch Ablagerungen – zugequollene Bremsschläuche. Die Bremshydraulik bringt genügend mechanischen/hydraulischen Druck auf, um diese Drosselung im Leitungsquerschnitt beim Tritt auf das Bremspedal zu überwinden, die Manschetten, die die Kolben ihre Ausgangslage zurückbewegen, können die Flüssigkeit dann aber nicht mehr zurückdrücken und die Kolben kehren nicht mehr in ihre Ausgangslage zurück.

Nach Korrosion der Bremsleitungen und Alterung der Gummiteile sind in den Bremssätteln festsitzende Kolben ein ebenfalls häufig auftretendes Problem. Neben der Korrosionsproblematik an diesen Bauteilen passiert es auch, dass die Bremskolben beim Rückhub an den Dichtmanschetten hängen bleiben, so dass die Bremsklötze an den Bremsscheiben schleifen (ähnlich wie bei zugequollenen Bremsschläuchen). Hier helfen nur Ausbau und Überholung der Bremssättel. Es lohnt sich allerdings, zur Kontrolle die Kolben mehrmals hinein- und herauszudrücken. Die Bremsflüssigkeit sollte ebenfalls erneuert und die Bremsen entlüftet werden.

Generell sollte bei einem 911 ohne Bremskraftverstärker mit defektem Hauptbremszylinder auch das Fußhebelwerk ausgebaut und die Pedalbuchsen erneuert werden. Die vom undichten Hauptbremszylinder austretende Bremsflüssigkeit drückt sich an der Manschette vorbei in den Pedalträgerbereich. Die serienmäßigen Pedalbuchsen nehmen aber Wasser auf, d. h. die wasserhaltige Bremsflüssigkeit bringt sie zum Quellen, wodurch die Hebelwelle klemmt und das Pedal nicht mehr von allein in die Ausgangslage zu-

Die Pedalerie

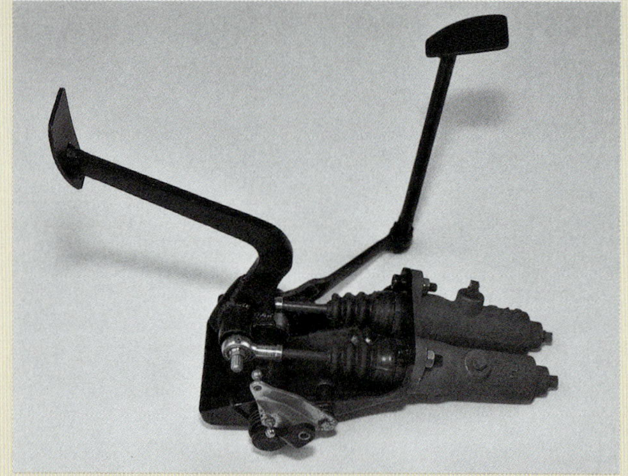

Oben links: Fußhebelwerk mit Tandem-Hauptbremszylindern und Waagebalken zur Bremsdruckverteilung zwischen Vorder- und Hinterradbremsen. Derartige Fußhebelwerke liefern z. B. in den USA Spezialisten wie Greg Brown, BRD, Mark Stevens und Jim Newton Auto Associates, in Deutschland liefert u. a. Cartronic spezielle Pedalsets.

Oben rechts: Fußhebelwerk des Carrera RSR mit Tandem-Hauptzylinder und Waagebalken zur Verteilung der Bremswirkung zwischen Vorder- und Hinterradbremsen. Dieser verstellbare Waagebalken ergibt eine ideale Regelung der Bremswirkung an der Vorder- und Hinterachse.

Unten links: Fußhebelwerk des 935 mit Tandem-Hauptzylinder und Waagebalken zur Verteilung der Bremswirkung zwischen Vorder- und Hinterradbremsen. Das Kupplungspedal steht separat vom Brems- und Gaspedal; das Kupplungsseil verläuft direkt unter dem Fahrersitz nach hinten.

Unten rechts: 954-Fußhebelwerk aus einem 911 SC RS. Diese Pedalerie lässt sich im Serien-911 relativ einfach mit geringfügigen Änderungen am Bodenblech nachrüsten. Foto: Porsche AG

rückholt. Bei schwergängigem Bremspedal kontrollieren wir am 911 also zuerst den Bremsflüssigkeitsstand und die Bodenbleche rund um den Pedalbereich auf Feuchtigkeit. Fehlt Flüssigkeit und ist der Pedalbereich feucht, ist der Hauptbremszylinder wahrscheinlich erneuerungsreif. Am besten sollten die originalen Nylonbuchsen und nicht die als Nachrüstteile mitunter angebotenen Bronzebuchsen montiert werden. Neue Kunststoffbuchsen halten sicherlich mindestens so lange wie der nächste Hauptbremszylinder, also bestimmt 5 bis 10 Jahre oder an die 150.000 km.

Wer seinen 911 im Motorsport an den Start bringen möchte, sollte die Bremsanlage nach jedem Rennwochenende neu entlüften. Wichtig: Um ein Sieden der Bremsflüssigkeit zu verhindern, muss man ein Produkt mit höherem Siedepunkt wählen sowie Kühllufthutzen an den Bremsscheiben und -sätteln montieren. Natürlich helfen auch sehr kurze Wechselintervalle, ein Sieden zu verhindern, da frische Bremsflüssigkeit in der Regel noch keine Feuchtigkeit aufnehmen konnte.

Aftermarket-Bremsenteile

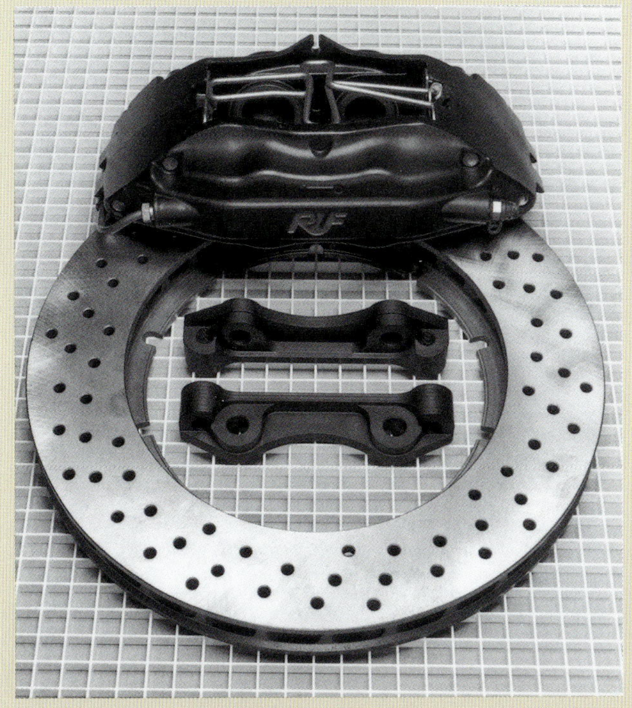

RUF-Bremsenkit für den Einbau der Bremsen des 928 S4 im 930 Turbo. Diese Kits sind mit 12- und 13-mm-Bremsscheiben lieferbar.

Die Racers Group liefert Nachrüstsätze für den Einbau der „Big Red"-Brembo-Bremssättel an allen älteren 911 ab dem 911 SC. Das Bild zeigt den Einbau am vorderen Federbein des 911 von 1969-1989 mit roten 13-Zoll-Sätteln und Pagid-Bremsklötzen, Bilstein-Federbeinen und Racers-Group-Federn.

Der modifizierte Bremssattel der Racers Group für die Hinterachse der 911er mit Aluminium-Schräglenkern.

Der modifizierte Bremssattel der Racers Group für die Hinterachse der Modelle mit Schräglenkern des 930. Diese überarbeiteten Bremssättel passen an die serienmäßigen Befestigungspunkte; Änderungen an den Schräglenkern sind nicht erforderlich.

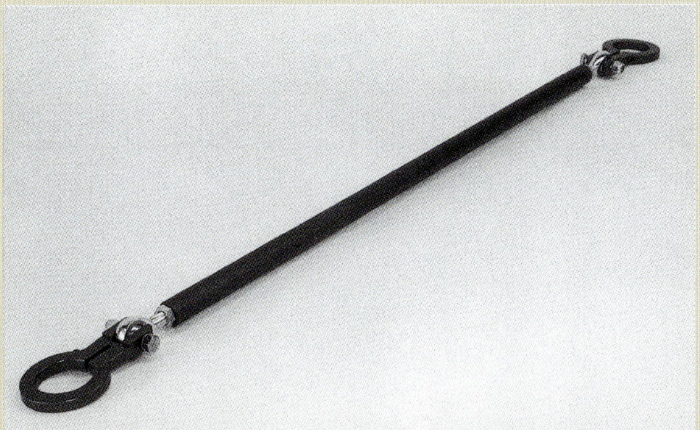

Domstrebe aus dem Programm der Racers Group. Nützlich für Modelle mit Schraubenfedern, bei den älteren Modellen mit Drehstabfederung bewirken sie allerdings wenig.

Das 964er Federbein der Racers Group mit angepasstem roten Brembo-Bremssattel, 13-Zoll-Bremsscheibe und Befestigungsteilen, kurzen Bilstein-Rennstoßdämpfern sowie Uniball-Kugelgelenkbefestigung und Federn aus dem hauseigenen Sortiment.

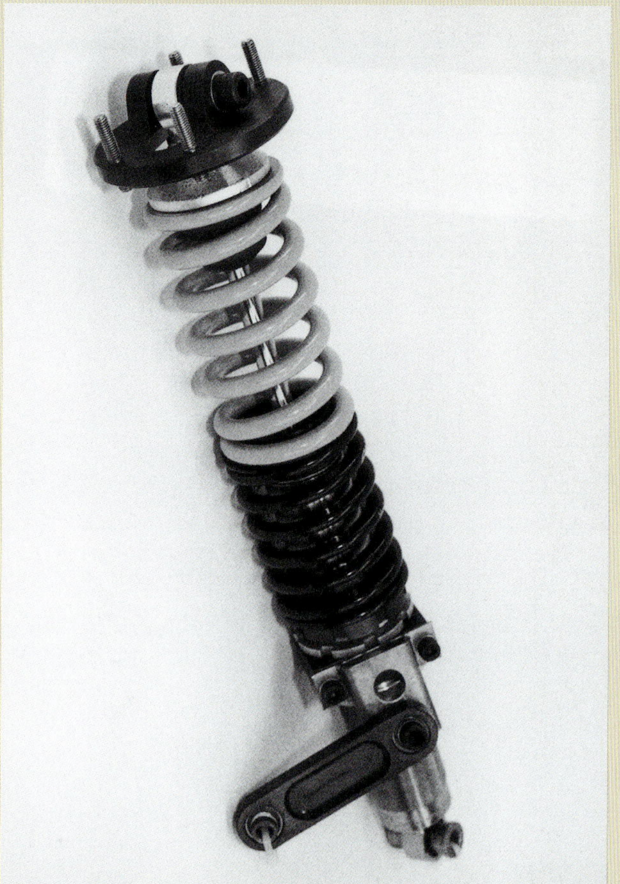

Hinterachs-Federbein eines 993 mit kurzem Stoßdämpfer der Racers Group und geänderten Aufnahmen für den 964 und die früheren 911. Mit den entsprechenden Befestigungsteilen aus dem Racers-Group-Programm ist die Montage über Kopf in den älteren 911 möglich.

Mit den Adaptern von Ralph T. Boothe können die späteren Räder mit geändertem Felgenversatz an den älteren 911 von 1969-1989 montiert werden.

Bremsenkit von Wrightwood Racing für den Einbau der großen Brembo-Bremsanlage mit zugehörigen Bremsscheiben im 964. Foto: Warren Gardner

Vehicle Craft Incorporated (VCI) liefert Bremsscheiben und -sättel, mit denen sich die verschiedenen weiterentwickelten Bremsanlagen an allen Modellvarianten des 911 montieren lassen. Das Programm umfasst schwimmende und starre Bremsscheiben sowie Verkleidungen für die früheren und späteren Varianten des 911 und für den 964 und 993. Foto: VCI

Ein Bremssattel von VCI für den 928 S4, der an einem 930 montiert werden kann. Foto: VCI

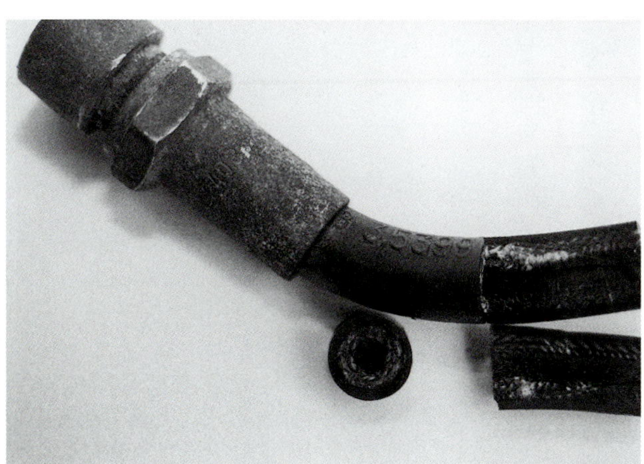

Gummibremsschläuche altern im Laufe der Zeit und führen zum Ausfall der Bremsen.

Optimierung der Bremsanlage

Für den Motorsporteinsatz folgt als nächster Optimierungsschritt der Umbau auf größere Bremsen bzw. Bremssättel. Die größeren Bremsen im Stil des 917, die seit 1978 im 911 Turbo saßen, wurden im Laufe der Zeit von vielen Fahrern nachgerüstet.

Meistens wurde zugleich ein Tandem-Hauptbremszylinder mit Waagebalken zur Bremskraftverteilung zwischen Vorder- und Hinterrädern montiert. Manche Schrauber tüfteln eigene Pedaleriekonstruktionen aus, andere griffen auf den Einbausatz von Neil Pedal zurück, in dem die Tandem-Hauptzylinder mit Waagebalken bereits integriert sind. Am einfachsten lassen sich Montageprobleme durch den Einbau der späteren Version des Fußhebelwerks lösen, das Porsche in der Serienbremsanlage montierte. Die letzte Version aus dem 911 SC RS trägt die Teile-Nr. 954.423.003.00. Bodenblech und Spritzwand müssen für das Serien-Fußhebelwerk im Montagebereich ggf. etwas modifiziert werden. Als Alternative zum Tandem-Hauptzylinder haben sich auch die Turbo-Bremsen mit Unterdruckverstärker und Hauptzylinder des 911 Turbo bewährt. Im Zubehör- und Tuninghandel sind (vor allem in den USA) verschiedene Fußhebelwerke für Tandem-Hauptzylinder lieferbar, so beispielsweise von BRD und Auto Associates.

Im Laufe der letzten anderthalb Jahrzehnte stellte Porsche bei allen Modellen auf die High-Tech-Festsattelbremsen von Brembo mit vier Kolben je Rad um – bis hin zu den „Big Red"-Brembo-Sätteln, die das Werk in den Biturbomodellen und dem Carrera 4S montiert. Diese Brembo-Bremsanlagen sind – wie alle anderen Produkte des italienischen Herstellers – erstklassig und auch nicht überteuert, die Aftermarket-Umrüstsätze stellen für Umbauwillige also immer eine überlegenswerte Option dar. Die meisten neueren Brembo-Bremssättel sind für radiale Montage ausgelegt, so dass die Montage an älteren Modellen (1965 bis 1989) nicht allzu schwierig ist. Die meisten Hinterrad-Bremssättel werden nach wie vor seitlich montiert, allerdings mit anderen Befestigungsmaßen als bei den früheren Modellen. Die Nachrüster drehen auch bei den Hinterradbremsen die seitlichen Befestigungspunkte ab und schrauben Adapter für die Radialbefestigung an, so dass sie bei allen 911er Modellen wesentlich einfacher nachgerüstet werden können. Ausgeklügelt konzipierte Bremseneinbausätze sind u. a. von Vehicle Craft, RUF, Wrightwood Racing und der Racers Group lieferbar. Die Einbausätze enthalten sämtliche Halter sowie die passenden Bremsscheiben und -verkleidungen. Wrightwood Racing bietet außerdem größere Rennbremsen mit Alcon-Bremssätteln an.

Wer seinen 911 zum Rennwagen aufrüsten oder die meiste Zeit auf der Rennstrecke einsetzen möchte, sollte von den Gummibremsschläuchen auf Schläuche mit Teflon-Stahlgeflechtummantelung, Kohlefaser-Kevlar- oder reine Kevlarschläuche umstellen. In Straßenmodellen reichen in der Regel die Gummischläuche aber völlig aus. Natürlich sollte man die Problematiken des Alterns und des Verstopfens nicht unterschätzen. Beim Umbau auf Rennbremsschläuche ist unbedingt auf den richtigen Querschnitt zu achten. Schläuche aus US-Lieferquellen sollten die Größenangabe „-03“ („dash-3“) tragen. Die früher gängigen größeren „-04“-Schläuche („dash-4“) verursachen schwammiges Bremsverhalten. Alle modernen Rennwagen sind heute mit Spezialbremsschläuchen ausgestattet.

Egal ob für Straße oder Rennstrecke: Ungenau gefertigte oder unsachgemäß montierte Bremsschläuche dubioser Herkunft bringen allerdings mehr Schaden als Nutzen! Und natürlich gilt beim Tunen von Straßenfahrzeugen: Bei Verwendung von Stahlflex-Bremsschläuchen auf eine ABE (Allgemeine Betriebserlaubnis) achten, damit es bei der nächsten Hauptuntersuchung keine Probleme gibt.

Gelochte Bremsscheiben muten auf den ersten Blick sinnvoll an, allerdings sind hier nur die Spezialscheiben von Porsche oder Zulieferern wie Automotive Products (AP) zu empfehlen. Problematisch ist bei dieser Bauart die erhöhte Rissanfälligkeit. Als Alternative sind geschlitzte Bremsscheiben zu empfehlen, bei denen die Scheibenoberfläche entsprechend eingefräst ist. Vorteil: Der Belagabrieb wird durch diese Schlitze möglichst schnell von der Bremsfläche abgeführt. Die Schlitze sollten parallel zur Belagvorderkante (in Drehrichtung der Bremsscheibe gesehen) liegen.

KAPITEL 7
GETRIEBE UND ACHSANTRIEB

Links: Getriebe Typ 901 mit der ursprünglichen Ausrückhebellagerung der Federscheibenkupplung und geführtem Ausrücklager.
Rechts: Getriebe Typ 901 mit der geänderten Ausrückhebellagerung für die Kupplung in gezogener Ausführung, die 1970 und 1971 verbaut wurde.

Die ersten 911 wurden mit dem Fünfganggetriebe Typ 901 mit der bewährten Porsche-Synchronisierung ausgerüstet. Der Getrieberädersatz war anfangs in einem Aluminium-Sandgussgehäuse untergebracht, im Modelljahr 1969 wurde jedoch auf ein Magnesiumgehäuse umgestellt. Später war der Getriebetyp 901 sowohl in Vier- als auch in Fünfgangversionen lieferbar.

In den Rennmodellen 904, 906 und 909 kamen eigene Versionen des Getriebetyps 901 zum Einsatz: Hier saß das „Innenleben" des Getriebes in speziellen Gehäusen, um die gesamte Bandbreite der 901-Übersetzungen nutzen zu können. Auch die 914 und 914/6 erhielten Varianten des Typs 901 mit modifizierten Gehäusen. Für den 914 standen drei verschiedene Versionen des Schaltmechanismus zur Wahl, davon zwei mit seitlich von der Endseite wegverlagerten Schaltwellen (je eine Version für den Vier- und Sechszylinder) sowie eine dritte mit seitlicher Schaltstangenankopplung für den 914/4.

Die Getriebebaumuster 915 und 916

1969 löste der Getriebetyp 916 die früheren Renngetriebeversionen ab, nachdem mit der Vergrößerung der Motoren des 908 auf 3 Liter auch die Getriebebeanspruchungen neue Dimensionen erreichten.

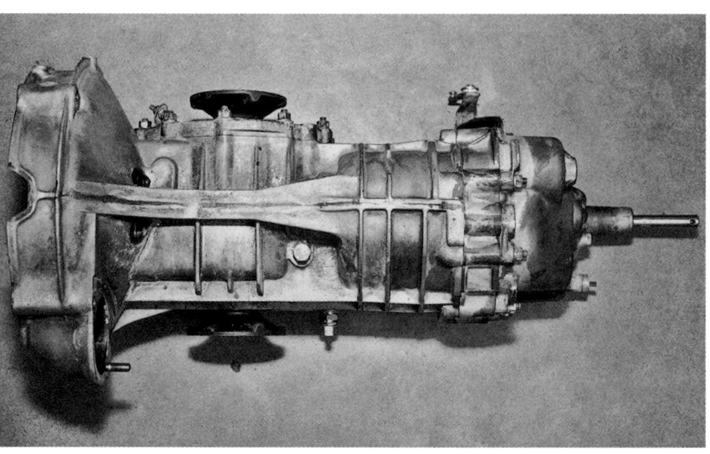

Getriebe Typ 901 mit dem von 1969 bis 1971 verwendeten Magnesiumgehäuse.

Getriebe Typ 915 mit Magnesiumgehäuse.

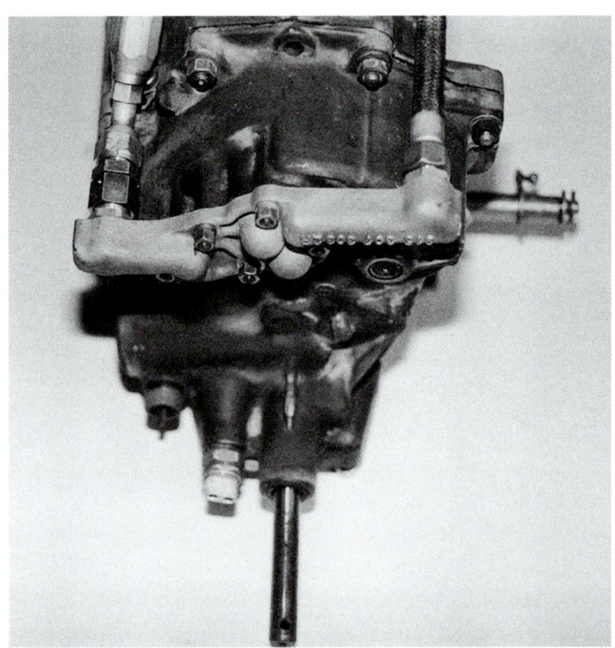

Ein Getriebe Typ 915 mit Ölpumpe: In den Serienmodellen dienten diese Ölpumpen lediglich zur Umwälzung des Getriebeöls.

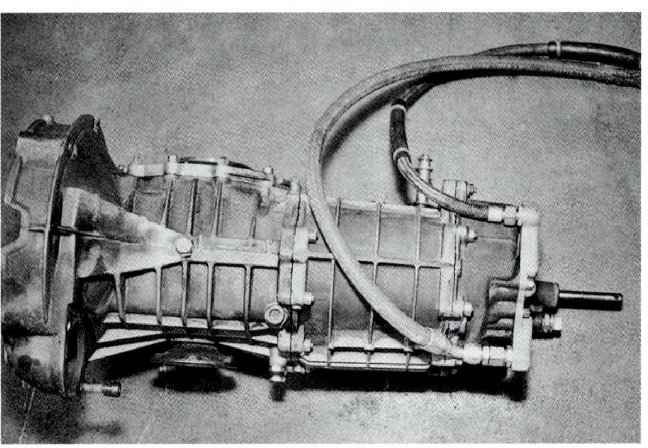

Ein Getriebe Typ 915 mit Ölpumpe aus dem Rennmodell RSR: Im RSR wurde das Öl – um eine ausreichende Kühlung zu gewährleisteten – zu einem Ölkühler und dann zurück ins Getriebe gepumpt.

Der aus dem Renngetriebe 916 abgeleitete Getriebetyp 915 der Serienmodelle (als Vier- und Fünfganggetriebe) wurde 1972 zeitgleich mit den 2,4-Liter-Motoren in der Serie eingeführt und besaß die hauseigene Porsche-Synchronisierung. Das Magnesiumgehäuse wurde bis 1978 beibehalten, bis zur Einführung der größeren und leistungsfähigeren 3,0-Liter-Motoren des SC für den Weltmarkt.

Der Getriebetyp 901 wies das seinerzeit übliche H-Schaltschema auf; lediglich der erste Gang und der Rückwärtsgang waren nach

Es kann passieren, dass sich die Lagerringe im Achsantriebsgehäuse des Getriebetyps 915 in ihrem Gehäusesitz lösen. Dieses bekannte Problem wird sich wohl nie völlig beheben lassen, denn die Lagersitze der beiden Hauptrollenlager nehmen im Laufe der Zeit eine elliptische Form an, d. h. die erforderliche Lagerpassung lässt sich nicht mehr aufrechterhalten. Bei der von WEVO entwickelten Lösung wird das Gehäuse für den Einbau eines neuen Edelstahleinsatzes ausgedreht, der das Lager zuverlässig fixiert. Bild: WEVO

WEVO bietet auch eine Lageraufnahme zur Fixierung der Lager an. Die Originalausführung besteht aus zwei separaten Stahlaufnahmen, die die Lager jedoch nur unzureichend in ihrem Sitz halten. Kern der WEVO-Konstruktion ist eine in der Luft- und Raumfahrtindustrie erprobte Leichtmetalllegierung, die exakter auf die Wärmedehnungseigenschaften der Alu- bzw. Magnesiumlegierungen des Achsantriebsgehäuses abgestimmt ist.

Auch im Hauptgehäuse des Getriebetyps 915 kann es vorkommen, dass die Lagersitze der Rollenlager unrund werden. WEVO produziert hierfür einen Einsatz aus einer speziellen Aluminiumlegierung, in dem das Lager in ähnlicher Weise wie am Ausgleichsradsitz im Achsantriebsgehäuse in eine Aufnahme eingeschrumpft wird.

Die erste Ausführung des Getriebetyps 930 mit kleiner Kupplungsglocke.

links verlegt worden und wurden nach Überwinden einer Federraste eingelegt.

Der Rückwärtsgang lag links vorne, der erste Gang links hinten, die restlichen vier Gänge belegten das normale H-Schema. Bei der Einführung des Getriebetyps 915 wurde dieses Schema geändert: Der Rückwärtsgang und der fünfte Gang lagen jetzt hinter der Federraste rechts außen neben der H-Ebene.

Das Getriebe des 930

Der 1975 neu eingeführte Typ 930 erhielt mit dem Getriebebaumuster 930 zugleich ein neues, wesentlich größer dimensioniertes Getriebe, um die bei der neuen Turbo-Generation zu erwartenden Motorleistungen klaglos übertragen zu können. Auch dieser Viergang-Getriebetyp 930 besaß eine konventionelle H-Schaltung (der Rückwärtsgang lag links vorne) sowie die Porsche-Synchronisierung.

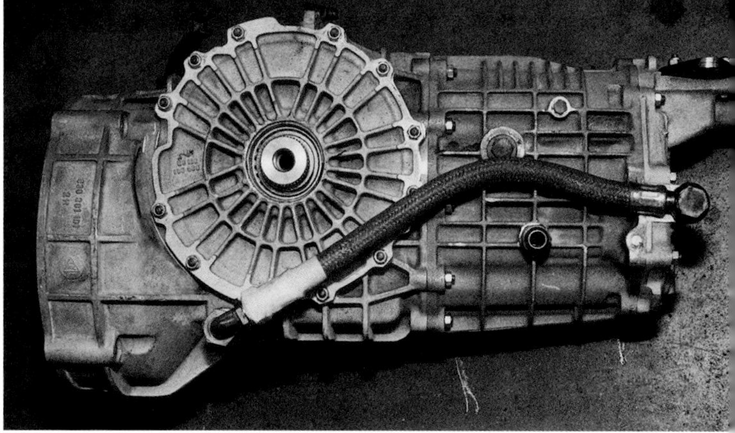
Zwei Ansichten des über Kopf montierten Getriebes des 935: Besonders auffallend sind die Ölkühlerleitungen.

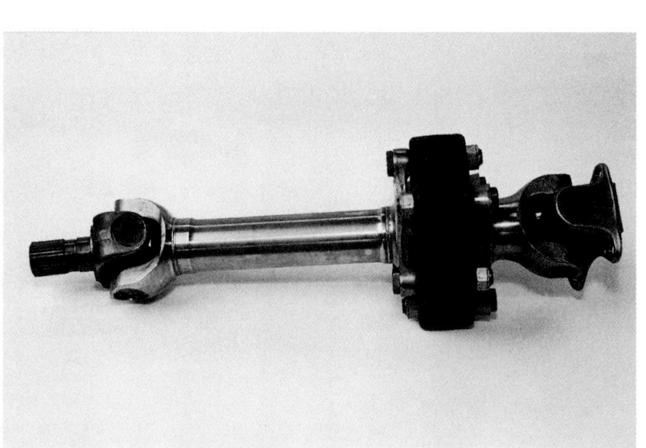
Titan-Hinterachswelle des 935.

1978 kam eine modifizierte Kupplung mit Gummidämpfer hinzu, weshalb die Kupplungsglocke um 30 mm verlängert werden musste.

Das Getriebegehäuse des Serien-911 Turbo (930) bestand aus einer Aluminiumlegierung. Für den 934 und 935 entstanden unterschiedliche Ableger dieses Getriebes. Im 935 waren zwei Varianten zu finden: eine herkömmliche, normal montierte Version und eine „auf dem Kopf stehende" Version, mit der die Beugewinkel der Achswellen verkleinert werden sollten.

1987 erhielt der 911 Carrera 3,2 ein völlig neu konzipiertes, noch robusteres Fünfganggetriebe (Typ G50), bei dem alle Gänge mit Borg-Warner-Synchronisierung ausgestattet waren. Das Schaltschema wurde abermals umgestellt – der Rückwärtsgang lag nun links vorne im H-Schema, der fünfte Gang rechts vorne. Die Hypoidkegelradkonstruktion sollte die Stabilität des Getrieberädersatzes weiter verbessern, dabei aber nicht mehr Platz als beim Typ 915

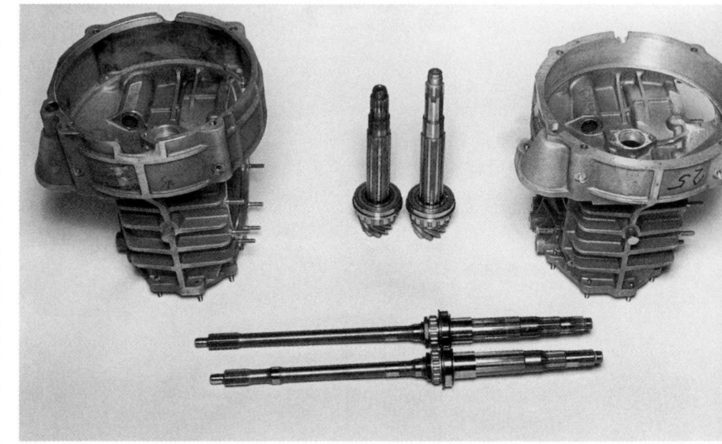

Das RUF-Fünfganggetriebe (rechts) im Vergleich zum Porsche-Vierganggetriebe (links). Die wesentlichen Unterschiede sind hier augenfällig. Foto: RUF GmbH

Das spätere Vierganggetriebe des 930 (oben) mit der größeren Kupplungsglocke für die dickere Kupplungsscheibe und Gummidämpfer, in der Gegenüberstellung zum RUF-Fünfganggetriebe (unten). Die Gussteile des RUF-Getriebes unterschieden sich erheblich von denen des Porsche-Vierganggetriebes, so war u. a. das Differenzialgehäuse geändert und die Kupplungsglocke verkürzt worden (wie im 935). Auch das Mittelteil war ein von RUF konzipiertes Spezialgussteil. Foto: RUF GmbH

Die verschiedenen Entwicklungsstadien der Getriebehauptwellen der Porsche-Rennwagengetriebe. Foto: Guard Transmission

RUF brachte den 5. Gang zusammen mit den Rückwärtsgangrädern im vorderen Gehäusedeckel unter – ähnlich wie beim Originalgetriebe Typ 901. Foto: RUF GmbH

Beim Porsche-Vierganggetriebe sitzt hinter dem vorderen Gehäusedeckel nur der Rückwärtsgang. Foto: RUF GmbH

Mittelteil (Rädergehäuse) des Porsche-Seriengetriebes (links) und des RUF-Getriebes (rechts). Foto: RUF GmbH

Vorderer Getriebedeckel des Porsche-Getriebes (links) und des RUF-Getriebes (rechts). Foto: RUF GmbH

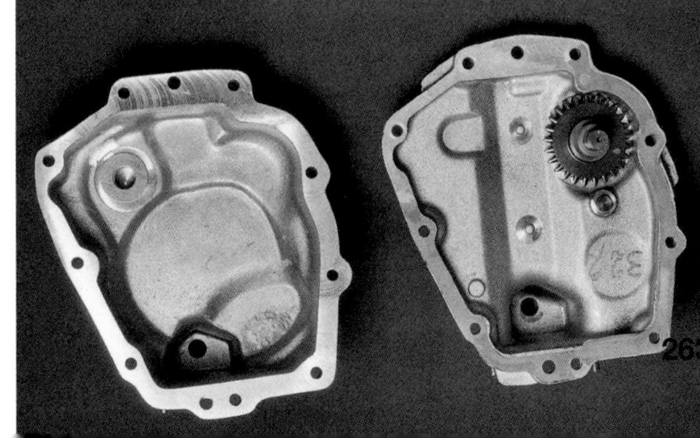

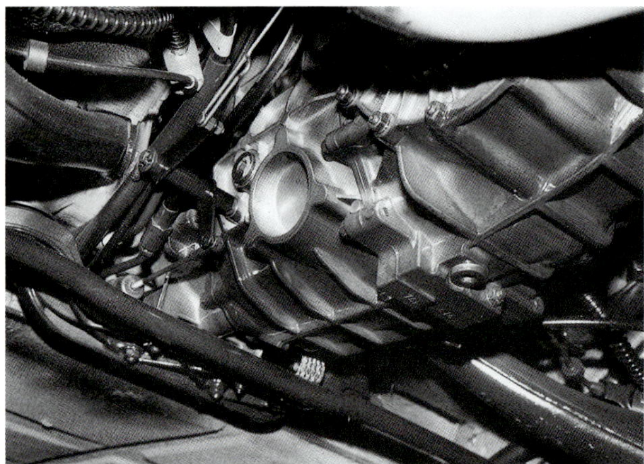

Das neu entwickelte G50-Getriebe im 911 Carrera von 1987: Dieses Getriebe baut so weit nach vorn, dass ein neuer Drehstabträger und eine neue Motoraufhängung notwendig wurden.

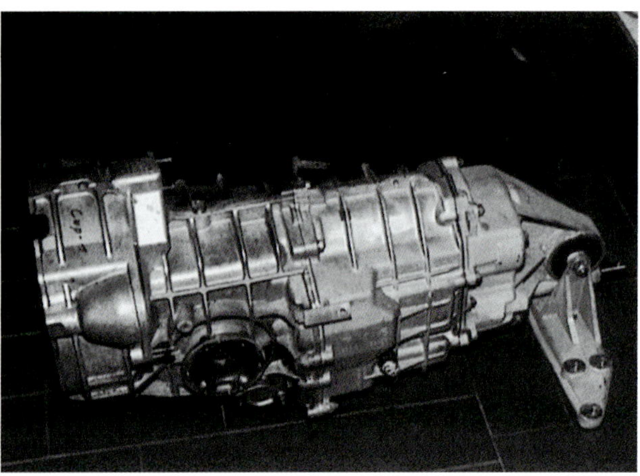

Die im RS 3.6 verwendete Ausführung des G50-Getriebes. Foto: Porsche AG

beanspruchen. Die neue, größere Kupplung wurde über hydraulische Geber- und Nehmerzylinder betätigt. Um den erforderlichen Freiraum für das Getriebe zu schaffen, war der Mittelteil des Hinterachs-Drehstabrohrs abgewinkelt.

Die Getriebetypen G50, G50/50 und G64/50

1989 spendierte Porsche dem 911 Turbo mit dem Modell G50/50 eine länger und stabiler ausgeführte Variante des G50-Getriebes mit anderer Gängeabstufung als im G50 der Saugmotormodelle.

Der im Jahr 1989 lancierte Carrera 4 (C4) erhielt mit dem G64/00 einen weiteren Ableger des G50-Getriebes. Die Besonderheit dieser Weiterentwicklung war der vordere Ausgang für den Antrieb der Vorderräder. Als Vorläufer kann der konstruktiv ähnliche, ältere Getriebetyp 964 gelten, der im Modell 953 für die Rallye Paris-Dakar verbaut worden war.

Als die Modellpalette 1990 um den 964 C2 erweitert wurde, hielt eine neue Evolutionsstufe des G50-Getriebes Einzug. Im Prinzip handelte es sich dabei um das G50-Getriebe aus dem 911 von 1987 bis 1989, allerdings mit einem neuen Vorderteil und anders gestalteter Getriebeaufhängung.

Mit der Einführung des 993 zum Modelljahr 1994 präsentierte sich das G50-Getriebe als Sechsgangversion, die Leistung und Verbrauchswerte weiter optimieren sollte. Damit sich die Gänge noch bequemer schalten ließen, erhielten der erste und zweite Gang eine Doppelkonus-Synchronisiereinrichtung; spezialgeschliffene Zahnräder sollten die Getriebegeräusche verringern. Mit beträchtlichem Aufwand gelang es, das Gewicht des Sechsgängers auf dem Niveau der bisherigen Fünfgangversion zu halten.

Ein Blick auf die Gangabstufungen der Europa- und Nordamerikaversionen

Bei Porsche-Reimporten aus den USA sind einige Besonderheiten zu beachten. Beim RS America und sämtlichen C2, C4 und 993 ohne Turbolader für den US-Markt sind die Gänge aufgrund der in den USA geltenden Vorschriften zur Verbrauchsbegrenzung länger übersetzt als die entsprechenden europäischen Pendants für den Straßen- und Sporteinsatz. Durch diese geänderte Übersetzung ließ sich in der Regel die in den USA drohende „Strafbesteuerung" für Benzinfresser umgehen. Für das normale Anforderungsprofil hierzulande ist jeder sportlich orientierte 911-Fahrer auf jeden Fall mit den kürzer übersetzten Europagetrieben besser bedient.

Die europäischen 964 RS und die Carrera Cup-Modelle besaßen einen kürzer übersetzten Teller- und Kegelradsatz (wie alle europäischen 964), dafür aber länger übersetzte erste und zweite Gänge. Damit schloss sich die Lücke zwischen zweitem und drittem Gang, die in manchen Rennsituationen ein Loch im Durchzug verursachte. Da der Drehzahlabfall, wenn man bei 6000 bis 6500/min vom Zweiten in den Dritten schaltet, mehr als 2000/min beträgt und die Leistung nicht nennenswert unter 4500/min überhaupt erst einsetzt, spürt der Fahrer hier ein Beschleunigungsloch – je nach Rennstrecke ein erheblicher Nachteil.

Das Sechsgang-Renngetriebe des GT 2 mit außenliegendem Ölkühler. Foto: Porsche AG

Ein paar Anregungen für Umrüstungen und Aftermarket-Komponenten

Ein für den 911 Turbo modifiziertes Getriebe Typ 915. Durch eine Zusatzölkühlung soll die Lebensdauer des Getriebes verlängert werden. Jedes Zahnradpaar wird am Zahneingriff durch Spritzöl geschmiert. Foto: Tom Hanna

Ein weiterer Blick auf das für den 911 Turbo passend gemachte Getriebe Typ 915. Für diesen Umbau wurde ein spezieller Seitendeckel angefertigt. Eine der späteren Ölpumpen des 915 wurde zur Umwälzung des Getriebeöls am verstärkten Seitendeckel angebaut. Foto: Tom Hanna

Eine selbstansaugende Tilton-Ölpumpe mit integriertem Kühlluftgebläse für den Getriebeölkühler: keine 2 kg schwer und auch für eine vom Getriebe weggebaute Montage geeignet; zulässige Temperaturbelastung im Dauerbetrieb 130 °C und kurzzeitig 149 °C. Foto: Tilton

Förderpumpe für die Rückförderung des Getriebeöls in den groß dimensionierten Ölkühler sowie von dort ins Getriebe. Bei derartigen Umbauten müssen die Leitungsquerschnitte so groß gewählt sein, dass keine Drosselung im Durchfluss eintritt.

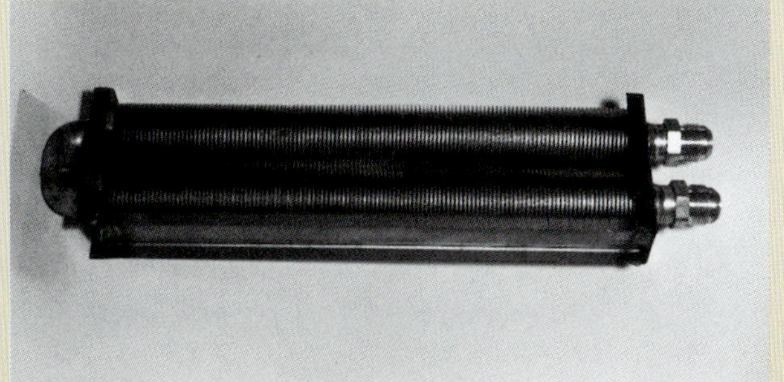

Terbatrol-Ölkühler – ein überaus sinnvolles Nachrüstteil für die Getriebeölkühlung. Foto: Lemke Design

Das PDK-Getriebe

Das Porsche-Doppelkupplungsgetriebe (PDK) besitzt zwei separate Kupplungen und kann ohne Treten der Kupplung geschaltet werden. Die Kraftübertragung erfolgt von der einen Kupplung auf die andere und der eigentliche Gangwechsel spielt sich bei der Kraftübertragung zwischen den Kupplungen ab. Es sind stets zwei Gänge im Eingriff; das Motordrehmoment wird über die beiden Kupplungen zwischen den Gängen übertragen. Geschaltet wird ähnlich wie bei Motorrädern: Zum Herunterschalten drückt man den Schalthebel nach vorne, zum Hochschalten zieht man den Hebel nach hinten.

Erste Entwicklungsarbeiten an Doppelkupplungsgetrieben begannen bei Porsche in den 1960er Jahren. In den 1980ern lief die Entwicklung der PDK-Getriebe dann mit Nachdruck an; einer der Werks-962 lief sogar im Renneinsatz mit dem PDK-Getriebe. Nach Informationen aus Weissach liefen 1986 mindestens zwei weitere entsprechend ausgerüstete Fahrzeuge: der 944 Turbo von Hans Metzger sowie ein Audi-Testfahrzeug. Hans Metzger war voll des Lobes über das PDK-Getriebe, Rennfahrer Derek Bell äußerte sich zurückhaltender über das Getriebe im 962, räumte aber ein, dass es sich schneller schalten ließ als das normale 962er Getriebe. Bei der weiteren Rennwagenentwicklung ging Porsche dann allerdings zu den noch schnelleren sequenziellen Getrieben über.

1999 hatte der Verfasser Gelegenheit zu einem intensiven Meinungsaustausch mit dem Porsche-Ingenieur, der für die neuesten High-Tech-Fahrzeugsysteme verantwortlich war. Diese Systeme kommen oft in den Serienmodellen anderer Hersteller zum Einsatz, und Porsche modifiziert sie dann für den Einbau in den eigenen Modellen. Auf sequenzielle Getriebe angesprochen, hielt er es für unwahrscheinlich, dass diese in Porsche-Straßenmodellen Einzug hielten, da sie für die typischen Porsche-Kunden nicht genug Finesse boten. Ungefähr zu jener Zeit traten Ferrari und BMW mit entsprechenden Getrieben in ihren Modellen an, und bei Fahrvergleichen mit diesen sowie den Audi mit PDK-Getrieben, hinterließen die PDK-Getriebe durchaus den Eindruck einer außerordentlich kultivierten Konstruktion für den Straßenverkehr – sowohl als sehr gutes Schaltgetriebe wie auch als Automatikgetriebe.

PDK-Getriebe von Porsche. Foto: Porsche AG

Bei dem 993 für Europa bekam man dieses Problem dank des Sechsganggetriebes und der günstigeren Teller- und Kegelradübersetzungen nicht so deutlich zu spüren.

Allerdings bestand bei den US-Versionen auch hier das Problem zwischen zweitem und drittem Gang. Der Umbau auf den Rädersatz der Europaversion brachte Abhilfe, doch mussten der zweite bis sechste Gang getauscht werden, nicht der erste und zweite (wie beim 964). Für Besitzer eines frühen US-993 dürften sich die Varioram-Motoren von 1996, die über den gesamten Leistungsbereich deutliche Verbesserungen ermöglichen, als geeignetste Abhilfemaßnahme empfehlen.

Für den RSR und andere Rennmodelle auf Basis des 964 und 993 lieferte das Werk weitere, für spezielle Einsatzzwecke maßgeschneiderte Rädersätze und Gängeabstufungen.

Die Sportomatic

Ab 1968 bot Porsche den 911 jahrelang mit der Sportomatic-Halbautomatik an – erst 1980 verschwand diese Version aus dem Lieferprogramm.

Bei der Sportomatic wurden ein Drehmomentwandler und eine unterdruckbetätigte Kupplung mit einem manuellen Getriebe zu einer „Halbautomatik" kombiniert. Die ursprüngliche Viergangversion lief unter der Typennummer 905.

1972 löste die Viergang-Sportomatic Typ 925 bei nahezu allen Modellen den Typ 905 ab – lediglich die Europaversion des 911 T behielt 1972 und 1973 noch den Typ 905. Der Getriebetyp 925 bildete das Gegenstück zum Schaltgetriebe 915 – genau wie der Typ 905 als Sportomatic-Variante des 901. In den USA war das Sportomatic-Getriebe Typ 925 beim Modell 1975 nur als Dreigangversion lieferbar, da nach Ansicht des Werks der füllige Drehmomentverlauf des 2,7-Liter-Motors ein Vierganggetriebe überflüssig machte. In Europa wurde das Dreiganggetriebe erst ab 1976 mit Einführung des Carrera 3,0 Liter angeboten.

Das Tiptronic-Getriebe

1990 trat Porsche mit der Tiptronic-Eigenentwicklung als Sonderausstattung für den 964 C2 auf den Plan. Das unter Last schaltbare Tiptronic-Viergang-Automatikgetriebe mit Drehmomentwandler sollte vor allem sportbewusste Fahrer ansprechen, denn als besonderer Vorteil dieser Konstruktion brauchte beim Hoch- und Herunterschalten die Gaspedalstellung nicht verändert zu werden.

Die Gänge liegen in zwei Schaltkulissen: Die Hoch- und Herunterschaltvorgänge laufen automatisch in der linken Ebene ab – genau wie bei einer Vollautomatik je nach Stellung des Wählhebels (P-R-N-D-3-2-1). Die Überbrückungskupplung des Drehmomentwandlers bleibt von der zweiten Fahrstufe aufwärts ständig geschlossen.

Die automatischen Schaltvorgänge werden über fünf verschiedene Schaltprogramme gesteuert. Die Steuerung „lernt" den Fahrstil des Fahrers und passt sich entsprechend an. Die unterschiedlichen Schaltvorgänge der Automatik bieten – wenn man sich erst einmal daran gewöhnt hat – ungeahnte Möglichkeiten beim Fahren, vor allem die Möglichkeit, durch kurzes Antippen des Gaspedals herunterzuschalten.

In der rechten Schaltebene des Wählhebels kann der Fahrer die Schaltvorgänge selbsttätig steuern – zum Hochschalten bewegt er den Hebel nach vorne und zum Herunterschalten nach hinten.

Während des Modelljahres 1994 wurde die Modellpalette um eine Tiptronic-S-Version ergänzt. Für mehr Bedienkomfort beim Schalten verfügte die Tiptronic S über zwei Kipptasten – je eine auf beiden Seiten der oberen Lenkradspeichen. Zum Hochschalten wird eine der Tasten nach oben (auf der „Plus"-Seite) gedrückt, zum Herunterschalten nach unten (auf der „Minus"-Seite). Die Bedienelemente am Lenkrad funktionieren allerdings nur in der rechten (manuellen) Schaltebene.

Beim manuellen Schalten entfällt die Kickdown-Funktion. In der manuellen Schaltebene kann der Fahrer jederzeit – je nach Fahrgeschwindigkeit und Motordrehzahl – hoch- oder herunterschalten. Durch zweimaliges kurzes Antippen des Wählhebels in rascher Folge schaltet das Getriebe in einem Zug gleich zwei Gänge zurück. Sobald die Motordrehzahlgrenze erreicht ist, schaltet das Getriebe automatisch hoch, ohne dass der Fahrer eingreifen muss. Die Tiptronic erfreute sich bei den Käufern rasch großer Beliebtheit.

Der Wählhebel der Tiptronic S mit Kipptasten am Lenkrad und Ganganzeigen an der Instrumententafel. Foto: Porsche AG

Wählhebel der Tiptronic. Foto: Porsche AG

Das RUF-Sechsganggetriebe. Foto: Ruf GmbH

In der Automatik-Schaltkulisse sind folgende maximale Schaltdrehzahlen zulässig:

Von D nach 3 bei 4400/min oder 178 km/h
Von 3 nach 2 bei 3800/min oder 116 km/h
Von 2 nach 1 bei 2800/min oder 56 km/h

In der manuellen Schaltkulisse kann jederzeit in den nächsthöheren oder -niedrigeren Gang geschaltet werden, solange die (mit den Drehzahlen im Automatikmodus identischen) Höchstdrehzahlen für das Herunterschalten nicht überschritten werden.

Von D nach 3 bei 4400/min oder 178 km/h
Von 3 nach 2 bei 3800/min oder 116 km/h
Von 2 nach 1 bei 2800/min oder 56 km/h

Das Elektronische Kupplungssystem (EKS) von RUF

Für späte luftgekühlte 911-Generationen lieferte Porsche-Veredler RUF eine weitere Getriebevariante, die schnell positive Resonanz fand: das Elektronische Kupplungssystem (EKS), das die Vorteile kupplungslosen Fahrens und Schaltens ohne die Leistungsverluste bot, die üblicherweise bei älteren kupplungslosen Schaltsystemen mit Drehmomentwandler zu erwarten waren.

Die RUF-Porsche mit EKS besaßen kein Kupplungspedal und ähnelten in der Getriebebedienung modernen Formel-1-Rennwagen. Die Kupplungsbetätigung wurde über elektronische Signale durch einen Bordcomputer gesteuert, der die Hydraulikkreise ansteuerte. Im Kupplungssystem wurden die Signale mehrerer Sensoren verarbeitet: Gaspedalsensor für die Drosselklappenstellung, ein Drehmomentsensor am Schalthebel, der den Schaltvorgang erkennt, sowie Motordrehzahl- und Fahrgeschwindigkeitssensoren. Anhand der Signale dieser Sensoren bestimmte der EKS-Bordcomputer, wann und wie die relativ konventionell aufgebaute Einscheibenkupplung über einen hydraulischen Steller, der das Ausrücklager betätigte, aus- bzw. eingerückt wurde. Das EKS-System entstand in Zusammenarbeit mit RUF bei Fichtel & Sachs, wo man in der Anfangsphase zunächst mit einem kleinen Hersteller Erfahrungen mit dem System sammeln wollte. Als erster Großserienhersteller übernahm Saab diese Bauart in ein Serienmodell – im 900 SE Turbo von 1995, dessen EKS-Variante unter der Bezeichnung „Sensonic" auf den Markt kam.

Nach den Erfahrungen mit der kupplungslosen Sportomatic und der Tiptronic erwarteten die Porsche-Fahrer nicht unbedingt Wunderdinge vom EKS bzw. von der Porsche-Variante dieses Systems. Nach landläufiger Auffassung bieten sich kupplungslose Getriebe wie die Sportomatic und die Tiptronic für einen komfortbetonten Fahrstil an, bei Fachsimpeleien mit Fahrern mit eher sportbetonten Ambitionen kann damit allerdings kaum jemand punkten.

Wie die Fahreindrücke des Verfassers mit dem Prototyp des RUF-993 mit EKS belegen, braucht sich diese Kombination aus Kupplungsautomatik und Sechsgang-Schaltgetriebe freilich auch bei Porsche-Fans mit Sportfahrerambitionen keineswegs zu verstecken. Beim Schalten geht keine Leistung verloren, zumal die computergesteuerte Kupplungsbetätigung intelligenter und gleichmäßiger arbeitet als manch ein Fahrer.

Man vermisst das Kupplungspedal jedenfalls nicht und ertappt sich allenfalls beim Abbremsen zum Stillstand dabei, wie man mit dem linken Bein nach dem nicht vorhandenen Kupplungspedal stochert.

Die EKS-Kupplung von RUF war ab Frühjahr 1992 lieferbar. Mehr als 120 RUF-Porsche mit EKS wurden fertiggestellt und ausgeliefert. Porsche produzierte ebenfalls eine gewisse Anzahl Turbo 3,6 mit EKS, allerdings mit dem hauseigenen Fünfganggetriebe, und bot diese als Sonderausstattung an. In den USA war sie mangels Freigabe für diesen Markt allerdings aus Produkthaftungsgründen nie zu haben.

Im Gegensatz zur Sportomatic oder der fast zeitgleich produzierten Tiptronic entfallen bei der EKS, die mit einer herkömmlichen Kupplung ausgerüstet ist, die Leistungsverluste im Drehmomentwandler. Außerdem verschwand auch das „Kupplungsloch". Das EKS verband das Leistungsniveau und die günstigeren Verbrauchswerte des Schaltgetriebes mit der Fähigkeit, so schnell zu schalten, wie man die Hand zu bewegen vermochte. Und dies, ohne Hand- und Kupplungsfußbewegung koordinieren zu müssen.

Das technisch ausgeklügelte EKS-System bot etliche Vorteile gegenüber einer konventionellen Kupplung. Die Kupplung rückte jederzeit sauber ein – ein ungemein verschleißmindernder Faktor. Überlastung der Kupplung durch gedankenlosen Fahrstil war ebenfalls ausgeschlossen. Und wenn sich der Fahrer verschaltete oder zu früh herunterschaltete, schützte der Computer den Motor, indem einfach noch nicht eingekuppelt wurde. Sowohl im Stop-and-Go-Verkehr als auch bei hohen Dauergeschwindigkeiten bot das EKS-System also volles Schaltvergnügen ohne lästiges Kuppeln – ideal für eine sportliche und zugleich komfortbetonte Fahrweise bei jederzeit absolut präzise arbeitender Kupplung.

Die Wahl der Gangübersetzungen

Die Porsche-Getriebe sind seit jeher mit einer Vielzahl unterschiedlicher Getriebeabstufungen lieferbar. Wie stellen wir nun fest, mit welchen Übersetzungen unser Wagen unterwegs ist? Bei serienmäßigen, „unverbastelten" Exemplaren ist die Typennummer auf dem Getriebegehäuse eingeschlagen. Die Übersetzung können wir dann in den Datenhandbüchern nachlesen.

Bei der Wahl unserer maßgeschneiderten Getriebeübersetzungen legen wir als erstes die Antriebsübersetzung (Differenzial) und den Reifendurchmesser zugrunde und suchen uns danach den ersten Gang aus. Der erste Gang darf weder zu lang (zu hohe Geschwindigkeit für die Drehzahl) übersetzt sein, was beim Anfahren erhöhten Kupplungsverschleiß durch Rutschen bedeutet, noch zu kurz (zu geringe Geschwindigkeit für die Drehzahl)! Eine geeignete Übersetzung des ersten Gangs in einem 911 für den Straßenbetrieb ergäbe ca. 6,5 bis 10 km/h pro 1000/min. Bei einem Rennwagen könnte der erste Gang von ca. 6,5 bis 16 km/h pro 1000/min reichen – je nachdem, wie man den ersten Gang nutzt.

Auf manchen Rennstrecken benötigen wir den ersten Gang nur beim stehenden Start, auf anderen Strecken schaltet der Fahrer auch in Kurven bis in den Ersten hinunter.

Der ultimative Teilesatz, um Verwindungsneigungen am Tellerrad in den Porsche-Rennwagen vorzubeugen. Foto: Guard Transmission

Mit dem GT „Pro-Shift"-Umbausatz von Guard Transmission konnte das Team Reiser Callas Rennsport gleich beim ersten Einsatz dieser Box im November 1999 beim Lauf zur American Le Mans Series in Laguna Seca den Sieg in der GT-Klasse feiern. Foto: Guard Transmission

Anschließend suchen wir uns den direkten Gang aus – in unserem Fall den fünften Gang. Hier spielen drei Faktoren mit: erstens die absolute Höchstgeschwindigkeit des Wagens, zweitens die tatsächlich gefahrene Höchstgeschwindigkeit (z.B. auf langen Geraden) und drittens die Auslegung des direkten Ganges als Schongang für Autobahn-Langstreckenfahrten.

Soll die Übersetzung unseres 911 für maximale Höchstgeschwindigkeit ausgelegt werden, müssen wir die Höchstgeschwindigkeit des Wagens kennen oder aus den vorhandenen Daten hochrechnen. Wird der Wagen für die höchste erzielbare Geschwindigkeit übersetzt, ist die Länge des längsten Abschnitts der Rennstrecke maßgebend. Die maximal erreichbare Geschwindigkeit auf der Geraden der Rennstrecke ist entweder aus Erfahrung bekannt oder wird berechnet.

Die Höchstgeschwindigkeit und die angestrebte maximale Motordrehzahl bei dieser Geschwindigkeit werden dann in die folgende Gleichung eingesetzt (oder in ein Getriebediagramm eingetragen) und daraus die Übersetzung des fünften Gangs berechnet:

$$\text{GÜ} = \frac{(1/\text{min})\ (\text{Reifen-Ø})\ (0{,}002975)}{(\text{km/h})\ (0{,}625)\ \text{mai(AÜ)}}$$

Dabei bedeuten:

GÜ = Getriebeübersetzung
1/min = Motordrehzahl
Reifen-Ø = Reifendurchmesser
km/h = angestrebte Geschwindigkeit in km/h
AÜ = Antriebsübersetzung

Als nächstes unterteilen wir den Bereich zwischen dem ersten und fünften Gang in gleiche Abschnitte. Nehmen wir an, die Gesamtübersetzung des ersten Ganges wäre 11:35 bzw. 1:3,18 und die des fünften Gangs 28:23 bzw. 1:0,82. Wird dieser Bereich in gleiche Teile aufgeteilt, kann das Schaltverhältnis wie folgt berechnet werden:

$$\text{Schaltverhältnis} = \frac{(\text{Übersetzung 1. Gang})}{(\text{Übersetzung 5. Gang})} = \frac{(3.18)}{(0.82)}$$

Schaltverhältnis = 1,4 (in diesem Beispiel)

Dabei ist n gleich der Anzahl der Intervalle zwischen den Gängen, d.h. eines weniger als die Zahl der Gänge (bei einem Fünfganggetriebe also n = 4).

Dies ergibt ein rechnerisches Schaltverhältnis von 1,4.

Dieses Schaltverhältnis (1,4) gibt die Übersetzung der Gangübersetzungen zueinander an. Bei einem 0,82:1 untersetzten 5. Gang ist der 4. Gang 0,82 x 1,4 = 1,15 übersetzt.

Dies entspricht in etwa einem Zahnradpaar mit 24:28 Zähnen. Der dritte Gang ist 1,15-mal dem Schaltverhältnis bzw. 1,15 x 1,4 = 1,60 übersetzt (etwa gleich 20:32 Zähnen). Der zweite Gang ist dann 1,60 x 1,4 = 2,25 übersetzt, was einer ungefähren Zahnradpaarung von 14:31 Zähnen entspricht.

Ein Blick auf die Lage der gewählten Übersetzungen auf dem Getriebediagramm zeigt, dass der Wagen in allen Gängen in demselben Drehzahlband von etwa 5700 bis 8000/min läuft. Auf den ersten Blick vertretbar, allerdings weist kaum ein 911 eine derartige Getriebeabstufung auf. Dies hat seine Gründe:

Betrachten wir zuerst die Fahrgeschwindigkeiten, die dem Schaltzeitpunkt bei 8000/min entsprechen. Vom ersten in den zweiten Gang schalten wir bei 78,9 km/h, vom zweiten in den dritten bei 111 km/h, vom dritten in den vierten bei 154,6 km/h, und der fünfte Gang ist endlich bei 212,5 km/h erreicht. Je höher die Geschwindigkeit, desto breiter der Geschwindigkeitsbereich, den die einzelnen Gänge abdecken sollen. In den unteren Gängen gerät das Schalten recht hektisch, im fünften Gang soll der Wagen aber von 212,5 bis 290 km/h durchziehen. Die beschriebenen geometrisch gleichen Gangabstände wären also eine Möglichkeit der Getriebeabstufung, aber nicht unbedingt die beste.

Die beste Methode zur Festlegung der Gängeabstufung ist eigentlich recht einfach. Der Drehzahlbereich zwischen der Höchstdrehzahl im ersten und im fünften Gang wird dabei durch die Zahl der Gangintervalle geteilt – beim Fünfganggetriebe also vier – und daraus ein konstanter Drehzahlbereich für jeden Gang ermittelt. Jeder Gang wird über knapp 60 km/h genutzt, und bei jedem Hochschalten wird bei etwas höherer Drehzahl in den nächsthöheren Gang geschaltet. Dies empfiehlt sich vor allem deshalb, weil ein „längerer Durchzug", z. B. zwischen 4700 und 8000/min im zweiten Gang, bei niedrigeren Geschwindigkeiten benötigt wird, wenn das Hochbeschleunigen besonders schnell gehen muss. Der „kürzere Durchzug", z. B. zwischen 6500 und 8000/min im 5. Gang, kann bei höheren Drehzahlen erfolgen, da das Fahrzeug aufgrund des Luftwiderstandes länger im oberen Gang bleibt. Anders ausgedrückt: Die bei niedrigeren Geschwindigkeiten verlorene Zeit wird bei höheren Geschwindigkeiten mehr als wettgemacht. Diese Art der Gängeabstufung hat sich bei Straßenmodellen vom 356 bis zum 959 – und auch bei vielen Rennmodellen – bewährt.

Die hier beschriebene Festlegung der Gängeabstufungen ist ideal für die Geradeausbeschleunigung vom stehenden Start bis zur Höchstgeschwindigkeit des 911. Wenn unser 911 aber auf Rennstrecken mit Kurvenabschnitten laufen soll, die mit besonders ungünstigen Geschwindigkeiten angegangen werden müssen, ist eine etwas andere Wahl der Getriebeabstufung notwendig. Die mittleren Gänge müssen etwas nach oben oder unten verschoben werden, damit der Wagen mit möglichst hoher Drehzahl aus der Kurve herauskommt und pro Runde möglichst wenige Schaltvorgänge notwendig sind. Die exakte Gängeabstimmung erfolgt am besten anhand der für die betreffende Strecke gesammelten Erfahrungswerte oder anhand eines exakten Streckendiagramms.

Die wichtigste Kurve, die bei der Wahl der Übersetzung beachtet werden sollte, ist die Einlaufkurve in die längste Gerade. Der richtige Gang in dieser Kurve entscheidet über die besten Rundenzeiten. Der Fahrer muss in diesem Gang die Kurve mit hoher Drehzahl verlassen, muss aber bereits ausreichend weit von der Kurve weg sein, wenn er das nächste Mal schalten muss. Bei vorgegebener Geschwindigkeit lässt sich eine schnellere Beschleunigung aus der Kurve heraus erreichen, wenn der Motor näher im Bereich der Drehzahl läuft, bei der die Höchstleistung erreicht ist, und nicht bei der Drehzahl, bei der das maximale Drehmoment anliegt. Der Kompromiss muss so gewählt werden, dass nicht zu dicht beim Verlassen der Kurve hochgeschaltet werden muss und nicht zu viele Schaltvorgänge notwendig sind.

Getriebegleichungen

Die Getriebediagramme in diesem Kapitel basieren auf der folgenden Gleichung:

$$\text{mph} = \frac{(1/\text{min}) \times (\text{Reifen-}\varnothing) \times 0{,}002975}{(\text{GÜ}) \times (\text{AÜ})}$$

Dabei bedeuten:

mph = Geschwindigkeit in Meilen/h (mph)

1/min = Motordrehzahl

Reifen-Ø = Reifendurchmesser in Zoll

AÜ = Antriebsübersetzung

GÜ = Getriebeübersetzung

Das entsprechende Ergebnis in km/h kann aus der obigen mph-Formel wie folgt errechnet werden: 1 km/h = 0,625 mph

D. h.: Ergebnis in mph multipliziert mit 0,625 = Ergebnis in km/h

Der Reifendurchmesser wird am besten am montierten, auf Solldruck aufgepumpten Reifen gemessen. Wir messen die Strecke (in Zoll), die der Reifen über eine bestimmte Anzahl Umdrehungen zurückgelegt hat, und berechnen daraus den Durchmesser wie folgt:

$$\text{Durchmesser in Zoll} = \frac{\text{Strecke in Zoll}}{(\pi)\ (\text{Anzahl Umdrehungen})}$$

Der Durchmesser nimmt aufgrund der Zentrifugalkräfte mit steigender Geschwindigkeit zu; bei ca. 290 km/h hat der Durchmesser (bei Diagonal-Rennreifen) um ca. 3 Prozent zugelegt.

Bei der Berechnung der Antriebs- und Getriebeübersetzung wird grundsätzlich die Zähnezahl des angetriebenen Rades durch die Zähnezahl des Antriebsrades dividiert. Die Antriebsübersetzung 7:31 ist z. B. mit 31 (Anzahl der Zähne des angetriebenen Rades) dividiert durch 7 (Anzahl der Zähne des Antriebsrades) gleich 4,428 übersetzt. In Tabellen und Diagrammen gilt die erste Zahl des Räderpaares stets für das Antriebsrad, die zweite für das angetriebene Rad. Zur Ermittlung der Übersetzung muss also nur die Zähnezahl des zweiten Rades durch die des ersten Rades dividiert werden. Der daraus ermittelte Wert entspricht der Gangübersetzung.

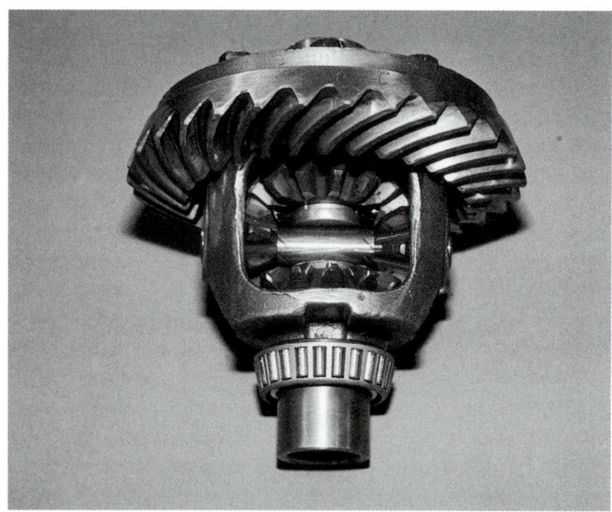

Ein offenes Differenzial eines Porsche-Getriebes.

Soll die Geschwindigkeit für eine andere als die in der Tabelle angegebene Antriebsübersetzung berechnet werden, setzen wir folgende Formel (nach entsprechender Umrechnung von mph in km/h) ein:

$$\text{km/h der neuen Übersetzung} = \text{km/h der alten Übersetzung} \times \frac{\text{alte Übersetzung}}{\text{neue Übersetzung}}$$

Die Geschwindigkeit bei einem anderen Reifendurchmesser wird nach folgender Formel berechnet:

$$\text{km/h beim neuen Reifendurchmesser} = \text{km/h beim alten Reifendurchmesser} \times \frac{\text{alter Reifendurchmesser}}{\text{neuer Reifendurchmesser}}$$

Sperrdifferenziale

Porsche bot während der Bauzeit des 911 als Sonderzubehör ein ZF-Sperrdifferenzial zur Optimierung von Traktion und Fahrverhalten an. Anfangs waren die Werks-Differenziale auf einen Sperrwert von 50 Prozent eingestellt, später wurde dieser Wert auf 40 Prozent reduziert. 1991 erhielten sämtliche Turbo-Modelle ein Sperrdifferenzial – diesmal in asymmetrischer Bauweise, wobei der Sperrwert 20 Prozent unter Last in Vorwärtsrichtung und 100 Prozent im Schiebelauf betrug. Der geringere Sperrwert beim Vorwärtslauf sollte die Kurveneigenschaften verbessern, beim Turbo lagen 30 Prozent des Gewichts auf den Vorderrädern, 70 Prozent dagegen auf den Hinterrädern. Durch die Anhebung der Sperrwirkung auf 100 Prozent im Schiebelauf ließen sich die Gierbewegungen verringern, wenn der Fahrer in der Kurve das Gas wegnahm.

Sperrdifferenziale bauen sowohl bei Beschleunigungen als auch im Schiebelauf eine Sperrwirkung auf. Die Höhe der Sperrwirkung kann durch entsprechende Wahl der Differenzialbauteile angepasst werden. Der US-Spezialbetrieb Guard Transmission liefert Ausführungen mit unterschiedlichen symmetrischen und asymmetrischen

Oben: Sperrdifferenzial in der ab 1969 verwendeten Ausführung. Von Anfang an war ein Mehrscheiben-Sperrdifferenzial lieferbar, nachdem diese Bauart bereits in der 904er Getriebevariante verwendet worden war. Die späteren Sperrdifferenziale waren zuverlässiger und boten einen besseren Wirkungsgrad. Unten links: Links ein frühes Sperrdifferenzial des 901/911, rechts das Sperrdifferenzial des G50. Foto: Guard Transmission.

Unten rechts: Der Sperrdifferenzial-Kit des GT2 passt für die GT2, 993 TT, G50/50 und G50/52. Foto: Guard Transmission

Die Titan-Tellerradkonstruktion im 935, der ohne Hinterachsdifferenzialsperre auskommen musste.

Rampen, mit denen die prozentuale Verteilung beim Beschleunigen und im Schiebelauf verändert werden kann. Eine Differenzialsperrwirkung im Schiebelauf ermöglicht sehr spätes Bremsen und aggressives Anfahren scharfer Kurven.

Nach allgemeinem Konsens der Fachwelt liegen die Stärken von Torsen-Sperren (Torque Biasing-Differenziale) vor allem bei Mittelmotorfahrzeugen sowie im Straßenbetrieb und auf Autocross-Pisten. Klassische Sperrdifferenziale sind nach wie vor erste Wahl für hohe Beanspruchungen auf Rennstrecken und in Hochleistungsfahrzeugen.

Eine Torsen-Sperre baut nur beim Beschleunigen eine Sperrwirkung auf, wobei die Sperrwirkung mit steigendem Drehmoment zunimmt. Im Schiebelauf ist praktisch keine Sperrwirkung vorhanden, d. h. diese Bauform der Differenzialsperren eignet sich besonders für die langsameren Kurven auf Autocross-Strecken. Bei derartigen langsamen Kurven würde ein Differenzial mit einer ausgeprägten Sperrwirkung vermutlich zu unerwünschtem Untersteuern führen.

Auch die Fahrwerksabstimmung ist ein entscheidender Faktor für den Einsatz dieser Differenzialsperren. Torsen-Sperren funktionieren wie ein offenes Differenzial, wenn eines der Räder die Bodenhaftung zu verlieren droht – daher muss das Fahrwerk entsprechend abgestimmt sein. Aus diesem Grund bieten sich Torsen-Sperren in erster Linie für Mittelmotormodelle und für andere Konstruktionen als das Heckmotorkonzept des 911 an.

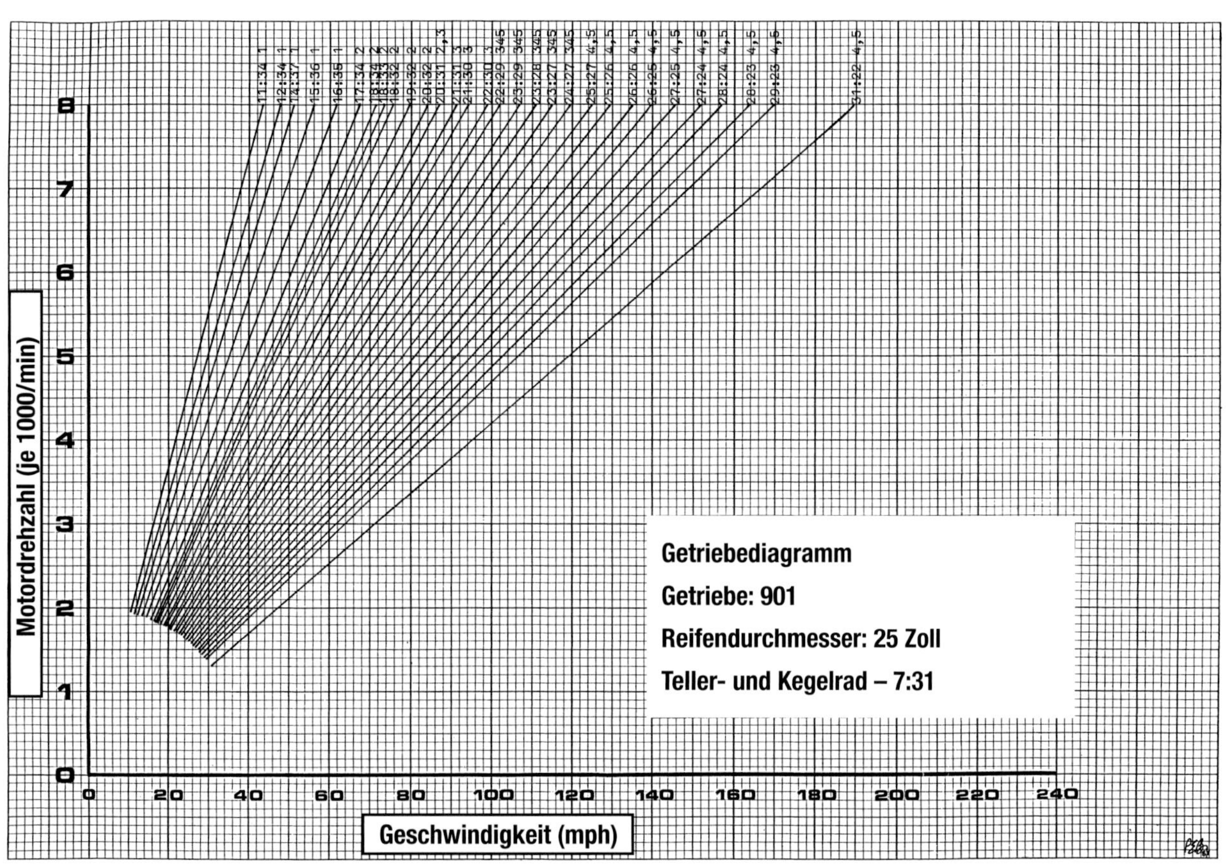

Getriebediagramm des Fünfganggetriebes 901 mit Antriebsübersetzung 7:31. Paul Bingham

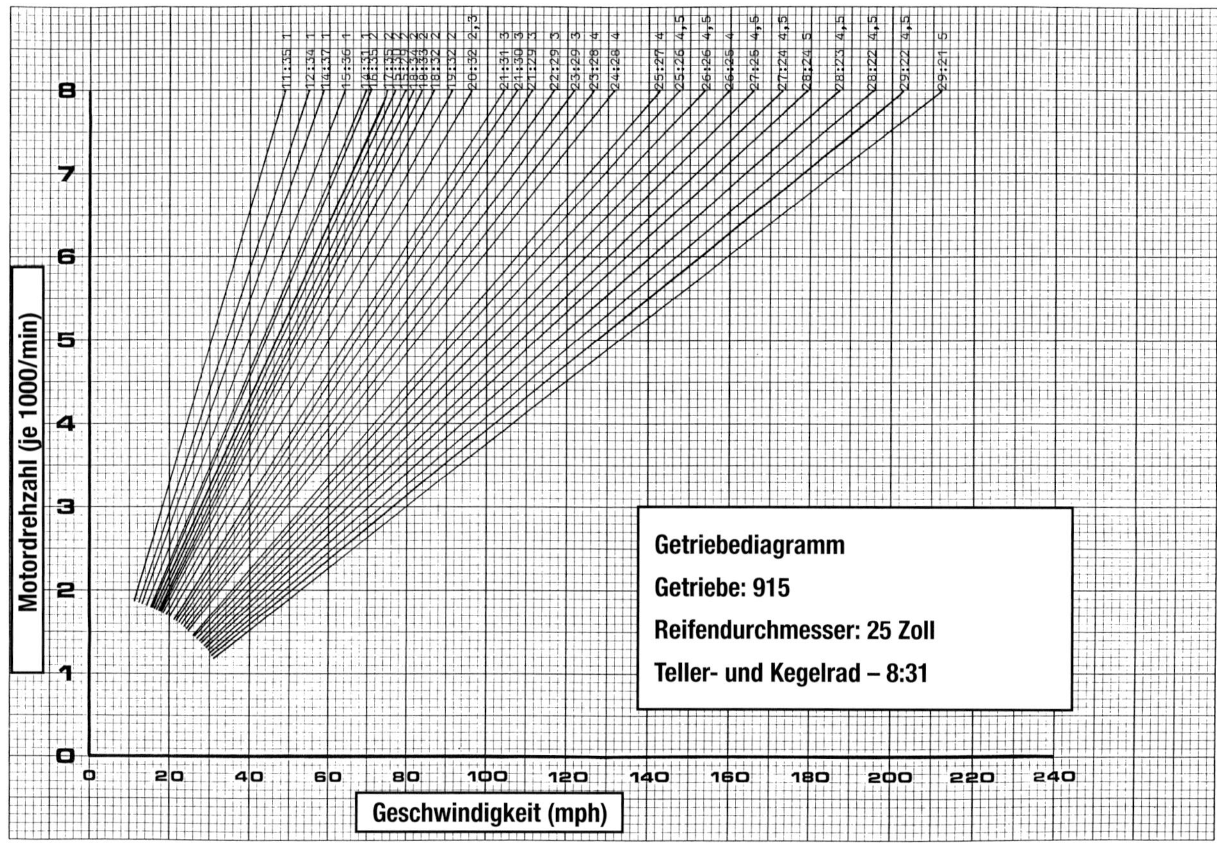

Getriebediagramm des Fünfganggetriebes 915 mit Antriebsübersetzung 8:31. Paul Bingham

Getriebediagramm des Fünfganggetriebes 915 mit Antriebsübersetzung 7:31. Paul Bingham

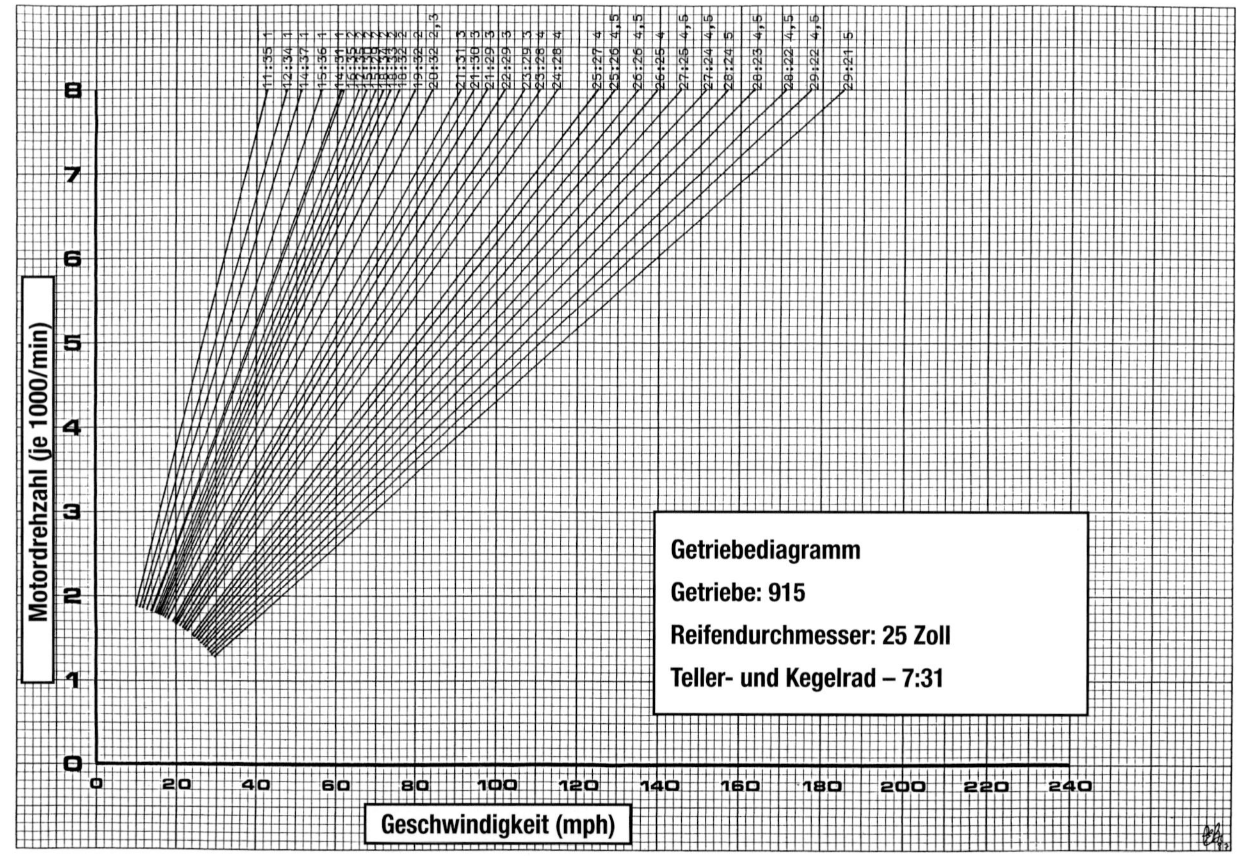

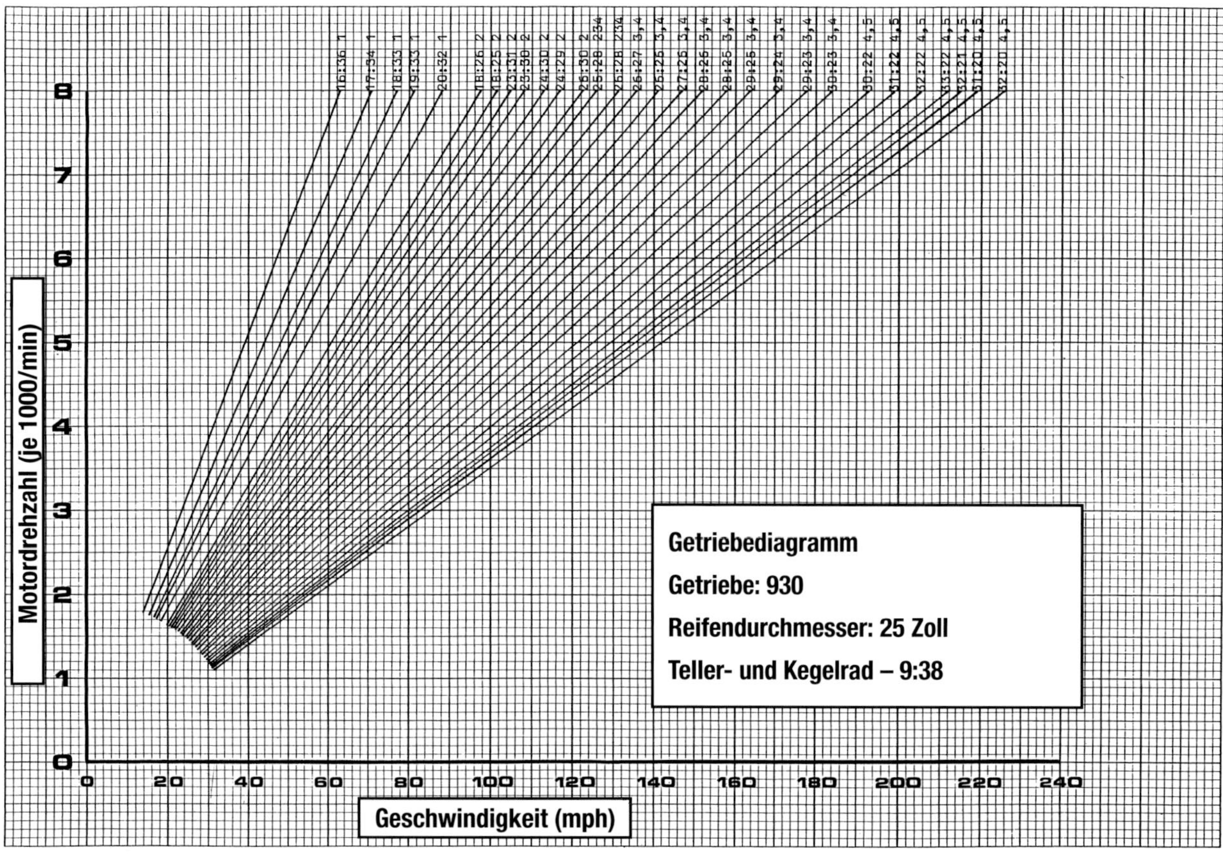

Getriebediagramm des Vierganggetriebes 930 mit Antriebsübersetzung 9:38. Paul Bingham

Getriebediagramm des Vierganggetriebes 930 mit Antriebsübersetzung 8:41. Paul Bingham

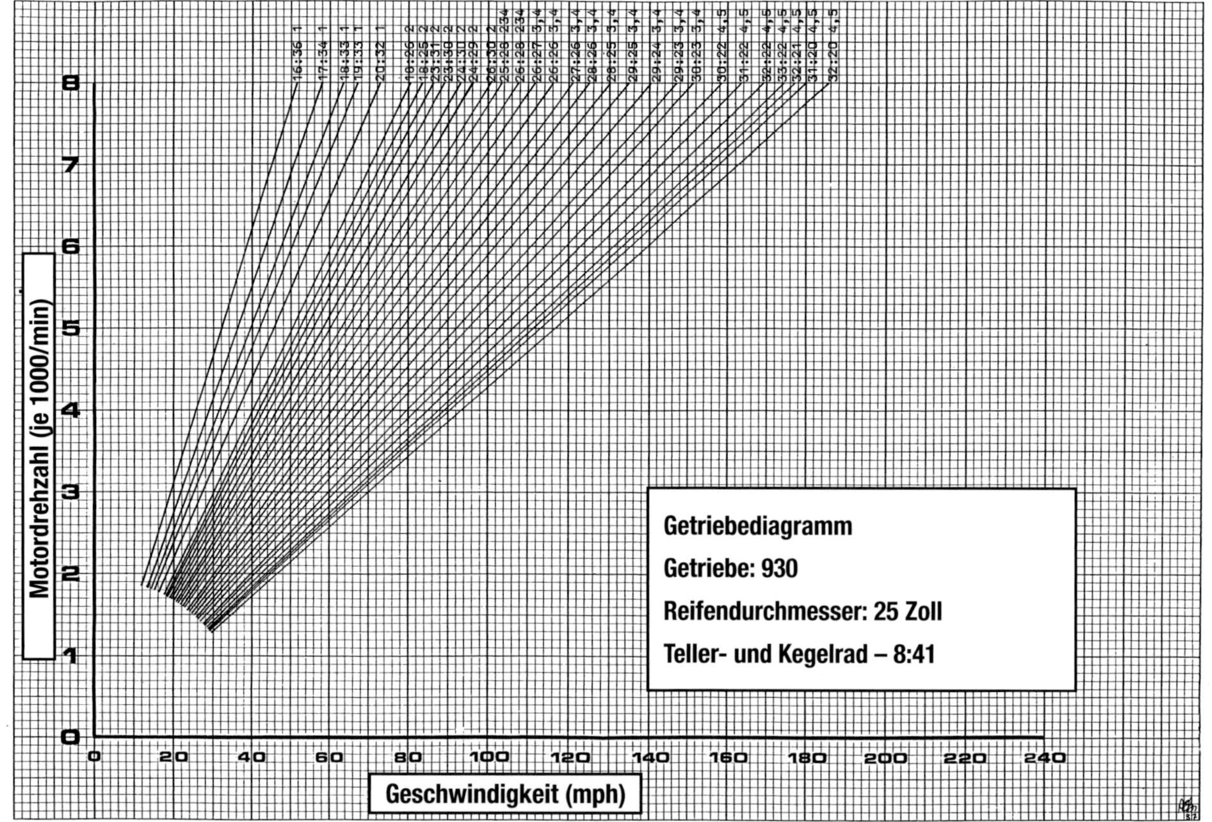

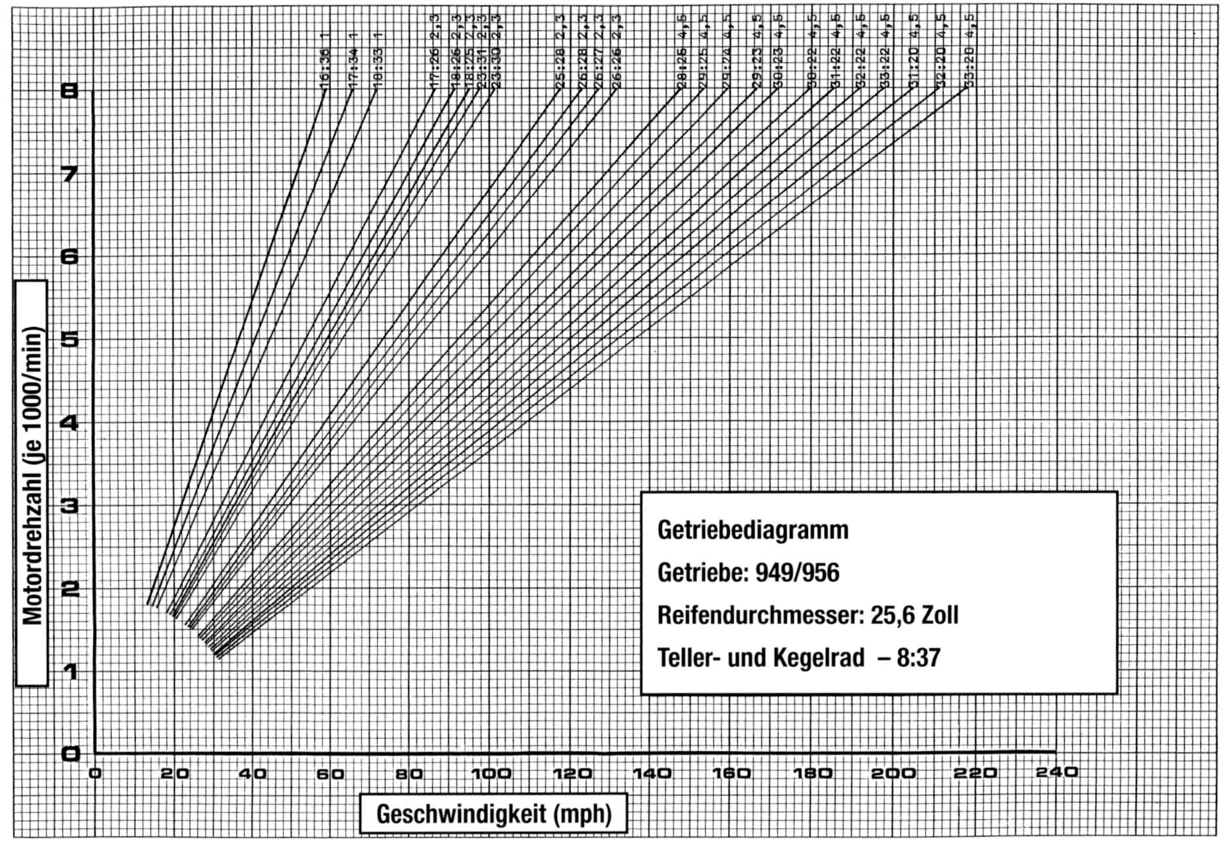

Getriebediagramm des Fünfganggetriebes 949/956 mit Antriebsübersetzung 8:37. Paul Bingham

Getriebediagramm des Fünfganggetriebes G50 mit Antriebsübersetzung 9:31.

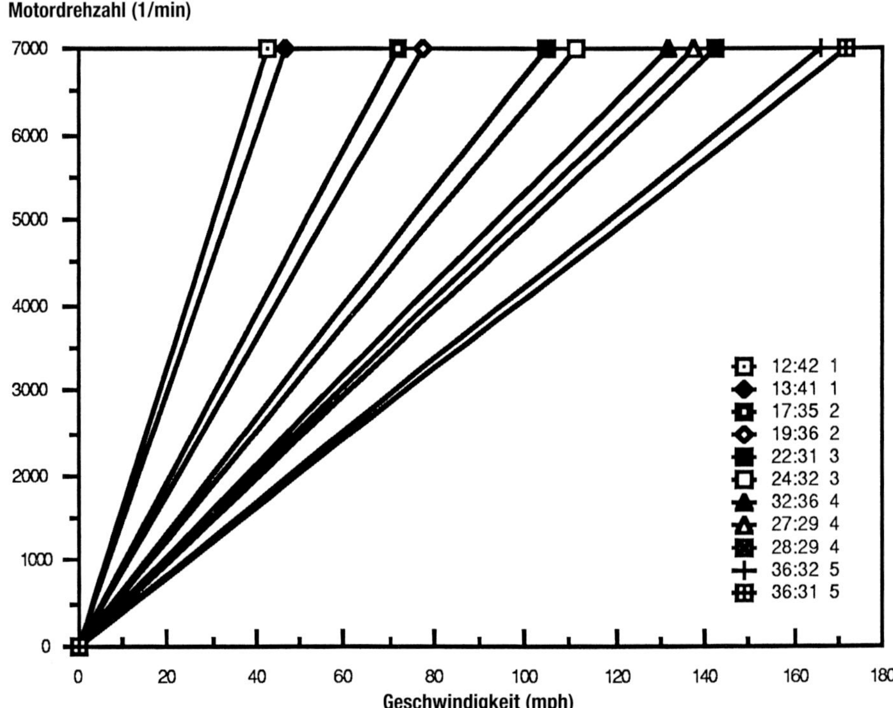

RUF-Fünfganggetriebe

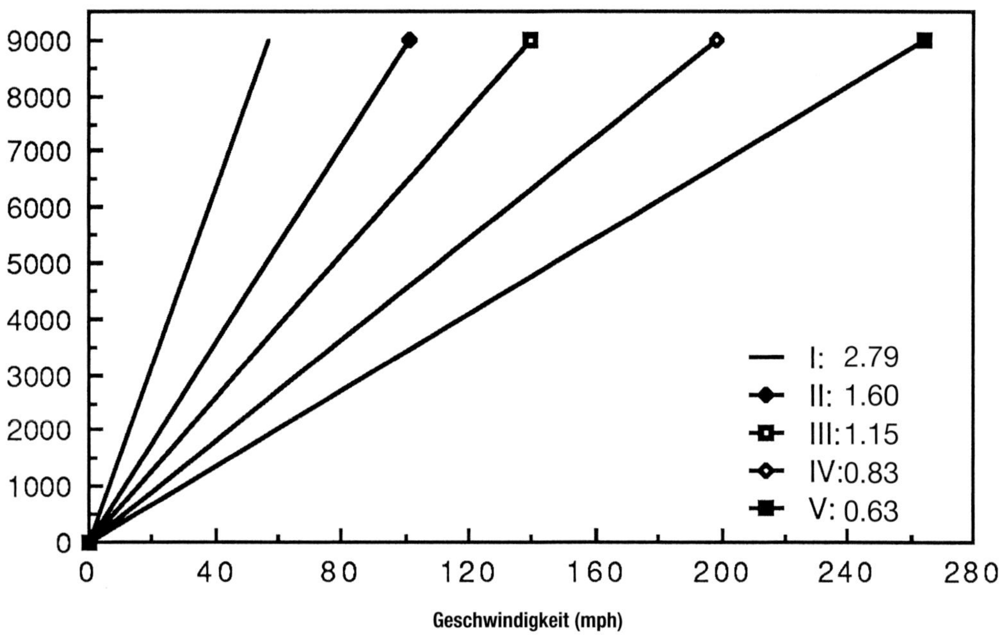

Getriebediagramm des RUF-Fünfganggetriebes mit Antriebsübersetzung 9:36. Dieses Fünfganggetriebe bot gegenüber dem Porsche-Vierganggetriebe den Vorteil, dass der 1. Gang durch seine Übersetzung eine bessere Beschleunigung ermöglicht und die vier weiteren Gänge enger abgestuft sind, so dass der Motor den Ladedruck voll nutzen kann. Die Gangräder der Gänge 2 bis 5 des Getriebetyps 930 sind austauschbar.

Getriebediagramm des Getriebes G64/50 des C4

Getriebe G64/50 des C4 mit Antriebsübersetzung 3,444

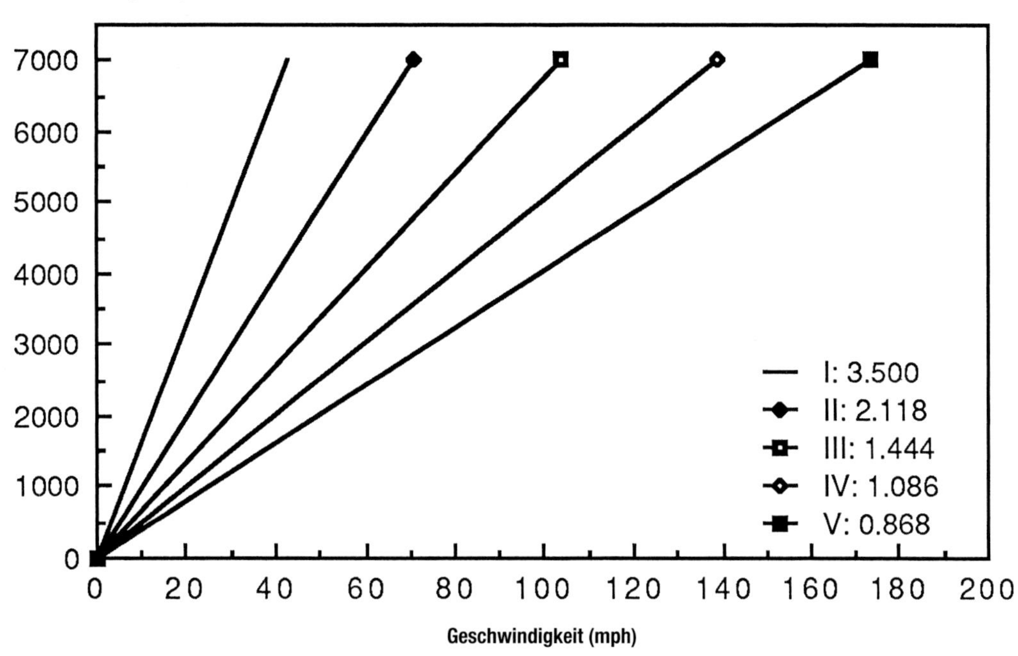

Getriebe G50/03 des 964 (Europaversion) mit Antriebsübersetzung 3,44

Motordrehzahl (1/min)

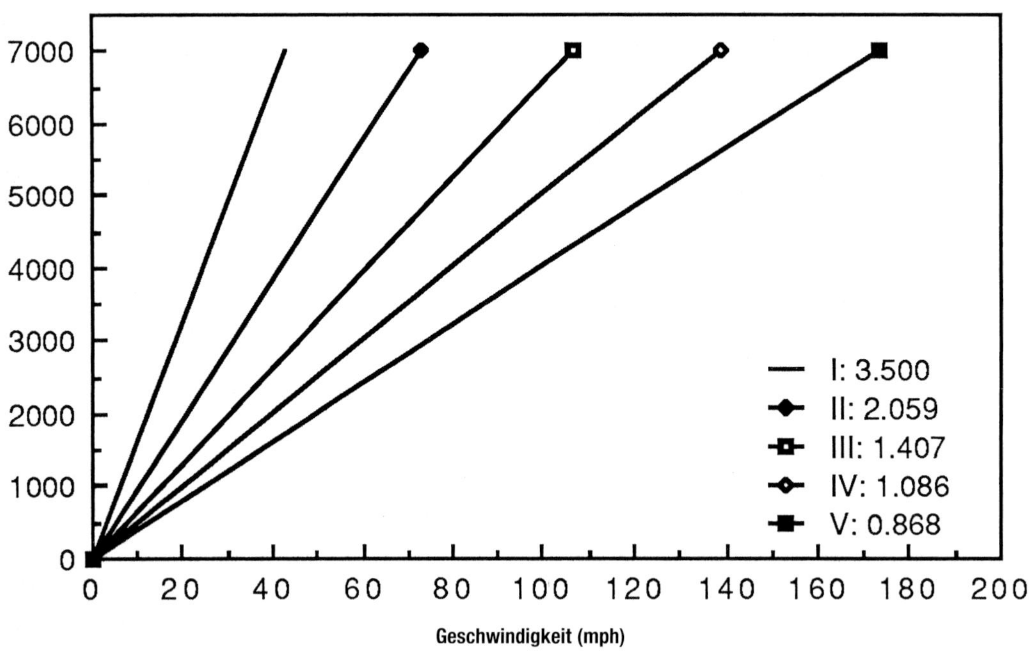

Getriebediagramm des Getriebes G50/03 des 964 (Europaversion).

Getriebediagramm des Getriebes G50/05 des 964 (US-Version).

Getriebe G50/05 des 964 (US-Version) mit Antriebsübersetzung 3,33

Motordrehzahl (1/min)

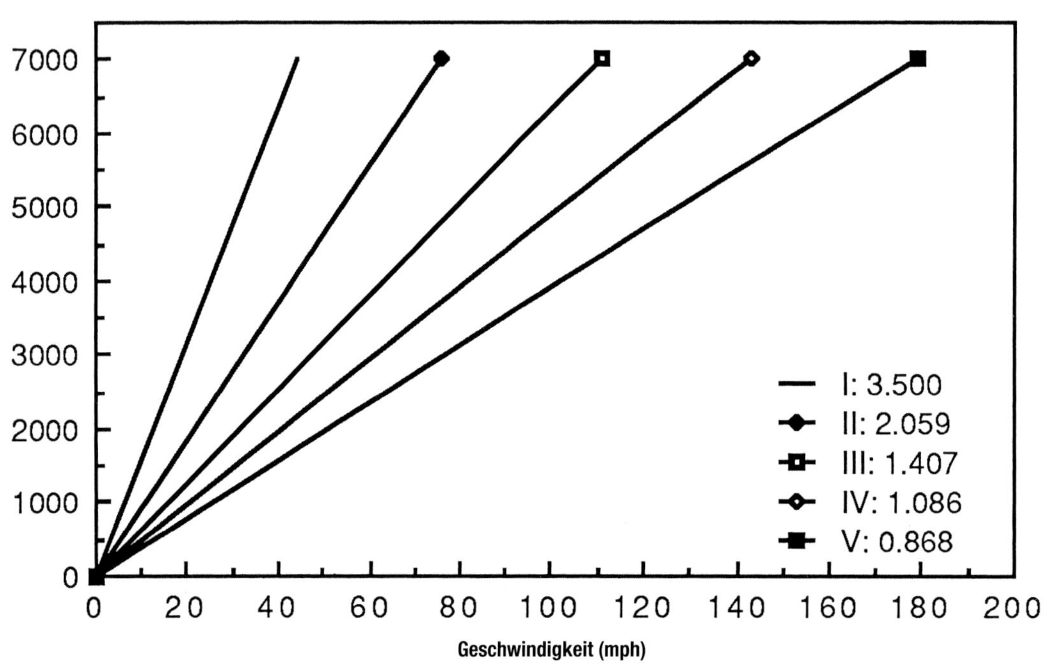

Getriebe G50/10 des RS (Europaversion) mit Antriebsübersetzung 3,44

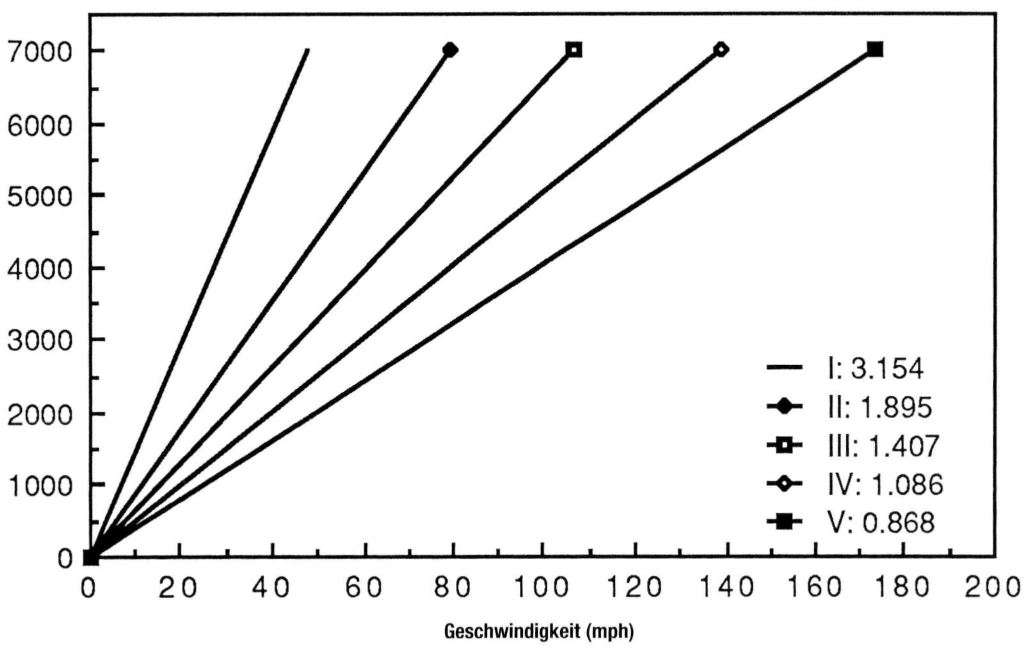

Getriebediagramm des Getriebes G50/10 des RS (Europaversion).

Getriebediagramm des Sechsganggetriebes G50/21 des 993 (Europaversion).

Sechsganggetriebe G50/21 des 993 (Europaversion) mit Antriebsübersetzung 3,44

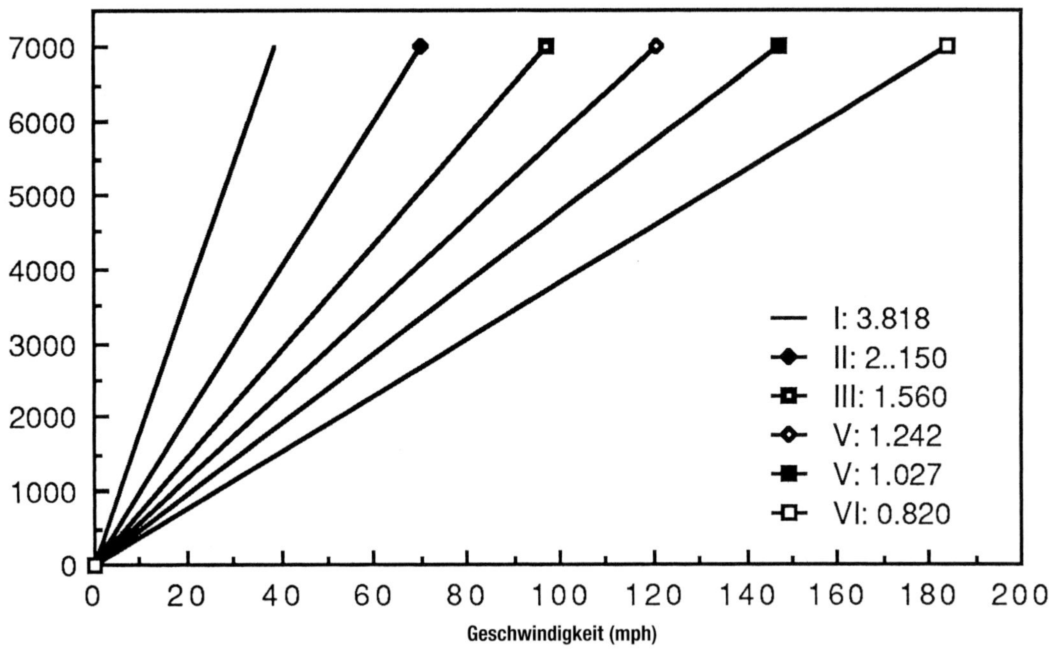

Sechsganggetriebe G50/32 des 993 Carrera RS mit Antriebsübersetzung 3,44

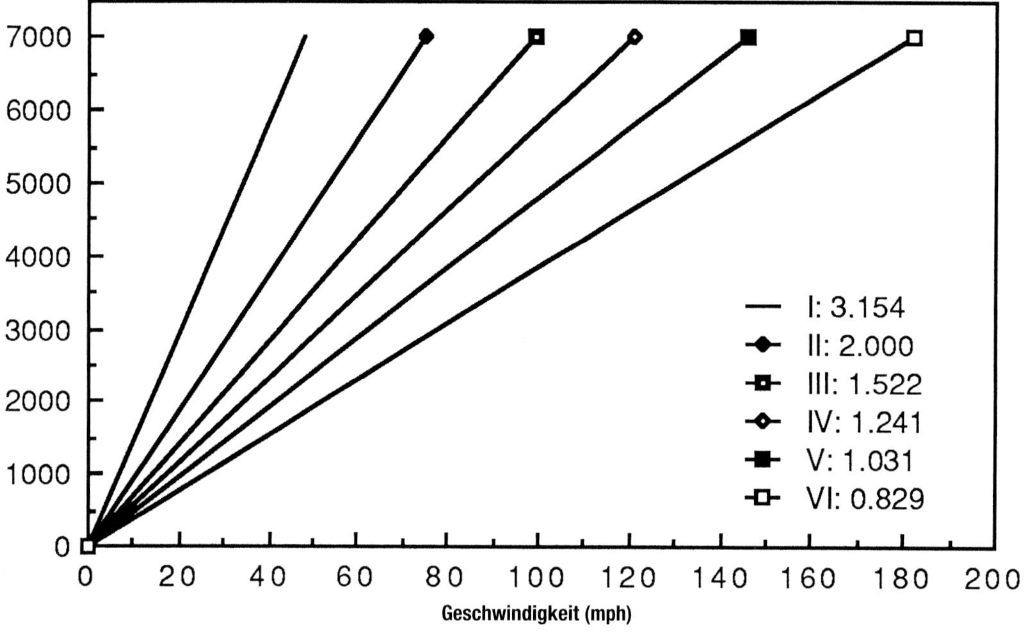

Getriebediagramm des Getriebes G50/32 des RS.

Getriebediagramm des Getriebes G50/33 des RS.

Sechsganggetriebe G50/33 des 993 Carrera RS mit Antriebsübersetzung 3,44

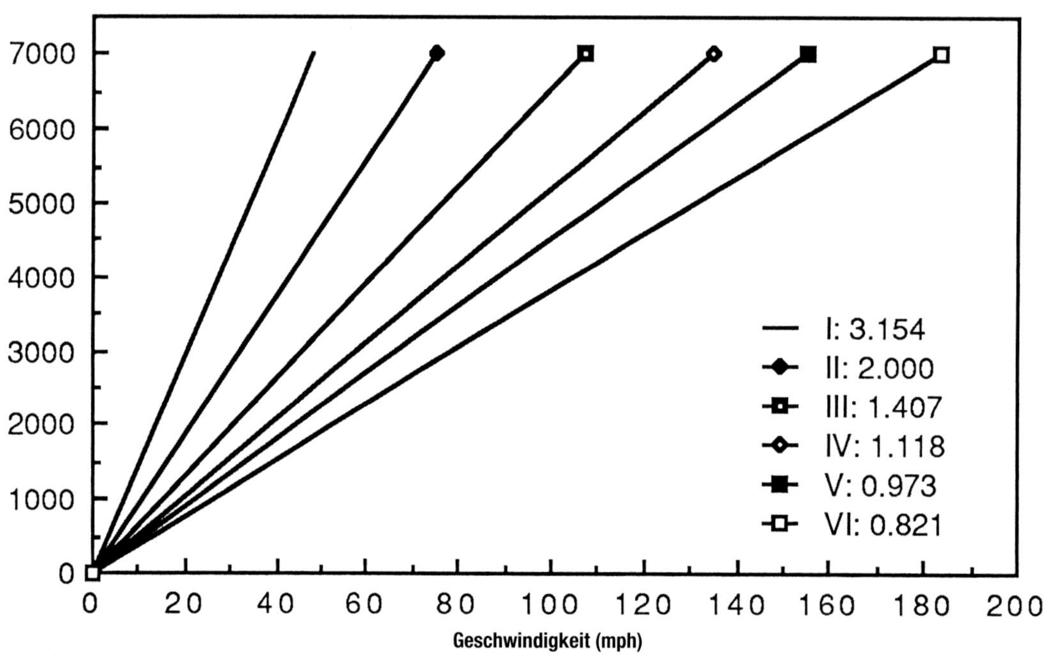

Sechsganggetriebe G50/20 des 993 (US-Version) mit Antriebsübersetzung 3,444

Motordrehzahl (1/min)

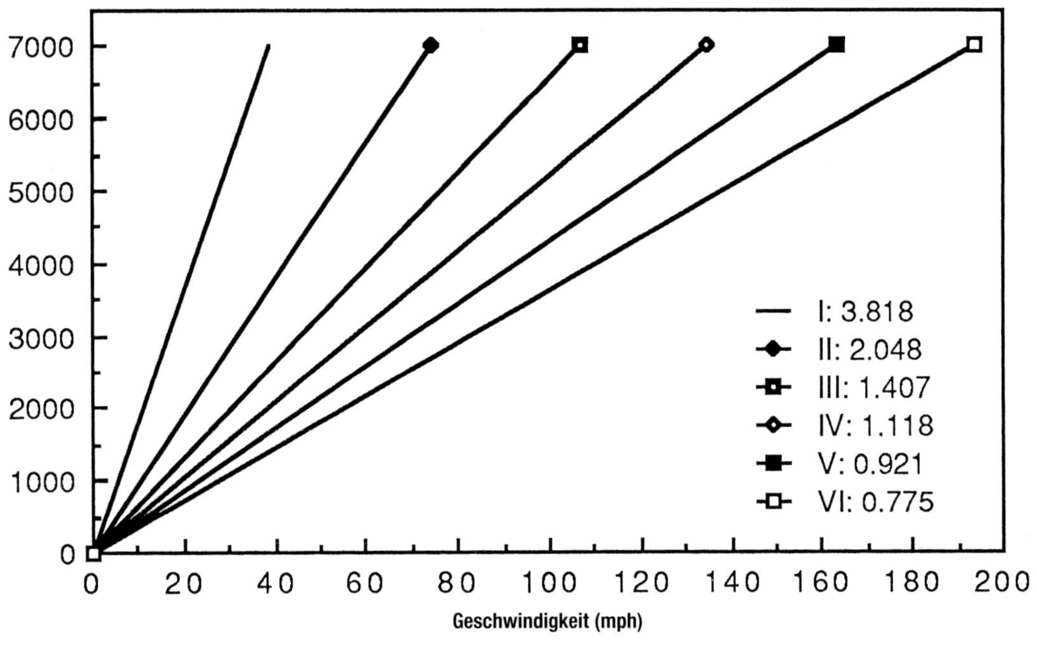

Getriebediagramm des Sechsganggetriebes G50/20 des 993 (US-Version).

Getriebediagramm des 993 C4 (US-Version).

Sechsganggetriebe des C4 (US-Version) mit Antriebsübersetzung 3,44

Motordrehzahl (1/min)

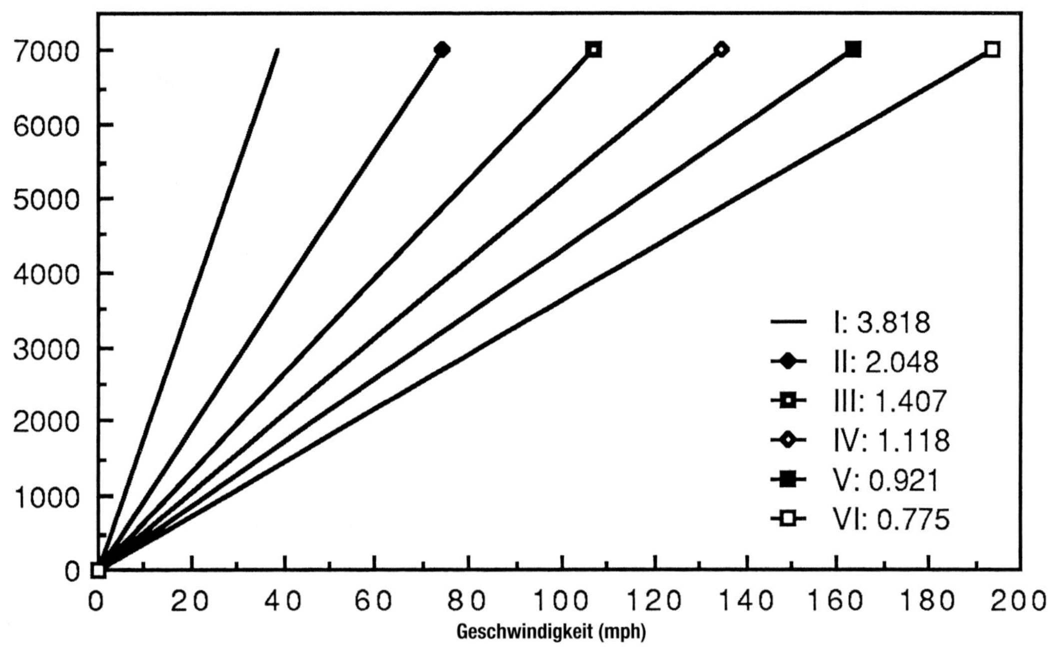

Sechsganggetriebe G50/31 des 993 Carrera RS mit Antriebsübersetzung 3,44

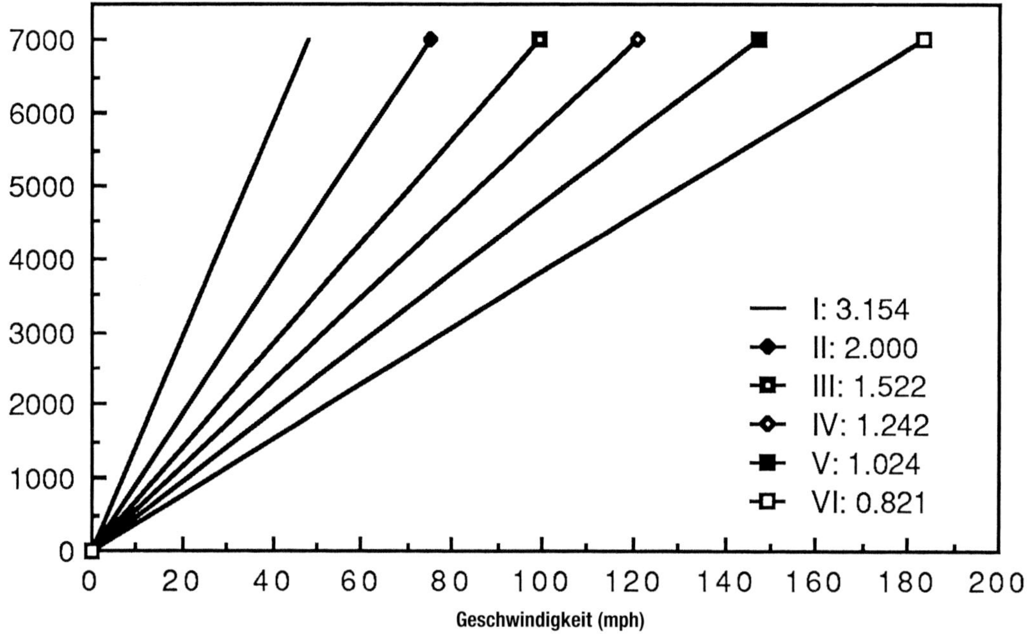

Getriebediagramm des 993 C4 (US-Version).

ANHANG

Anhang 1
Produktionszahlen des Porsche 911

Stückzahl	Modelljahr
232	1964
3065	1965
1708	1966
Stückzahl	**Modelljahr 1967**
1599	911 Coupé
1823	911 S Coupé
1	911 S Coupé (Versuchsfahrzeug)
9	911 S Coupé (Versuchsfahrzeug)
1	911 Viersitzer-Coupé
235	911 Targa
Stückzahl	**Modelljahr 1968**
1267	911 S Coupé
449	911 L Coupé USA
720	911 L Coupé
928	911 T Coupé
683	911 T Coupé Karmann
473	911 S Coupé USA
742	911 Coupé
442	911 S Targa
134	911 L Targa USA
20	911 R Coupé
Stückzahl	**Modelljahr 1969**
343	911 T Coupé
1282	911 T Targa
3561	911 T Coupé Karmann
954	911 E Coupé
858	911 E Targa
1014	911 E Coupé Karmann
1492	911 S Coupé
Stückzahl	**Modelljahr 1970**
2406	911 T Coupé
2534	911 T Targa
4116	911 T Karmann
1293	911 E Coupé
923	911 E Targa
657	911 E Coupé Karmann
1734	911 S Coupé
718	911 S Targa

Stückzahl	Modelljahr 1971
2573	911 T Coupé
3466	911 T Targa
1924	911 T Coupé Karmann
1078	911 E Coupé
925	911 E Targa
1420	911 S Coupé
778	911 S Targa
Stückzahl	**Modelljahr 1972**
2921	911 T Coupé USA
1811	911 T Targa USA
1114	911 E Coupé
851	911 E Targa
1740	911 S Coupé
979	911 S Targa
1953	911 T Coupé
1513	911 T Targa
Stückzahl	**Modelljahr 1973**
3434	911 T Coupé USA
2292	911 T Targa USA
1356	911 E Coupé
1045	911 E Targa
1420	911 S Coupé
915	911 S Targa
1865	911 T Coupé RdW
1531	911 T Targa RdW
1525	Carrera RS
55	Carrera RSR
Stückzahl	**Modelljahr 1974**
4004	911 Coupé
3100	911 Targa
1349	911 S Coupé
888	911 S Targa
518	911 Carrera Coupé USA
236	911 Carrera Targa USA
1026	911 Carrera Coupé RdW
423	911 Carrera Targa RdW
56	911 Carrera 3,0 RS Coupé
42	911 Carrera 3,0 RSR Coupé

Stückzahl	Modelljahr 1975
1228	911 Coupé
988	911 Targa
2300	911 S Coupé USA
1507	911 S Targa USA
375	911 S Coupé
256	911 S Targa
385	911 Carrera Coupé USA
164	911 Carrera Targa USA
508	911 Carrera 2,7 Coupé und 911 Carrera 3,0 RSR IROC
187	911 Carrera 2,7 Targa
12	911 Carrera 3,0 RSR Coupé
274	911 Turbo 3,0 Coupé
Stückzahl	**Modelljahr 1976**
120	911 Coupé Japan
2079	911 S Coupé USA
2165	911 S Targa USA
1888	911 Coupé
1566	911 Targa
1083	911 Carrera 3,0 Coupé
113	911 Carrera 2,7 Coupé
469	911 Carrera 3,0 Targa
20	911 Carrera 2,7 Targa
654	911 Turbo 3,0 Coupé
520	911 Turbo 3,0 Coupé USA
Stückzahl	**Modelljahr 1977**
3378	911 S Coupé USA
2737	911 S Targa USA
2439	911 Coupé
1714	911 Targa
1463	911 Carrera 3,0 Coupé
636	911 Carrera 3,0 Targa
685	911 Turbo 3,0 Coupé
24	934 Coupé und 935 Coupé
717	911 Turbo 3,0 Coupé USA
Stückzahl	**Modelljahr 1978**
2426	911 SC Coupé USA
2569	911 SC Targa USA
2428	911 SC Coupé
293	911 SC Coupé Japan
1719	911 SC Targa
725	911 Turbo 3,3 Coupé
50	911 Turbo 3,3 Coupé Japan
450	911 Turbo 3,3 Coupé USA
23	935 Coupé
1	911 Turbo 3,3 Targa Prototyp

Stückzahl	Modelljahr 1979
2013	911 SC Coupé USA
1955	911 SC Targa USA
3309	911 SC Coupé
363	911 SC Coupé Japan
1865	911 SC Targa
810	911 Turbo 3,3 Coupé
22	911 Turbo 3,3 Coupé Japan
1190	911 Turbo 3,3 Coup USA
16	935 Coupé
Stückzahl	**Modelljahr 1980**
4822	911 SC Coupé/Targa
4222	911 SC Coupé/Targa USA
830	911 Turbo 3,3 Coupé
Stückzahl	**Modelljahr 1981**
3171	911 SC Coupé
1563	911 SC Coupé USA und Kanada
113	911 SC Coupé Japan
1693	911 SC Targa
1397	911 SC Targa USA und Kanada
20	911 SC Targa Japan
688	911 Turbo 3,3 Coupé
53	911 Turbo 3,3 Coupé Kanada
Stückzahl	**Modelljahr 1982**
3249	911 SC Coupé
78	911 SC Coupé Japan
2406	911 SC Coupé USA und Kanada
1686	911 SC Targa
12	911 SC Targa Japan
1	911 SC Cabriolet Prototyp
2376	911 SC Targa USA und Kanada
888	911 Turbo 3,3 Coupé
39	911 Turbo 3,3 Coupé Kanada
Stückzahl	**Modelljahr 1983**
2935	911 SC Coupé
85	911 SC Coupé Japan
2499	911 SC Coupé USA und Kanada
1198	911 SC Targa
85	911 SC Targa Japan
2345	911 SC Cabriolet
30	911 SC Cabriolet Japan
1370	911 SC Targa USA und Kanada
1721	911 SC Cabriolet USA und Kanada
955	911 Turbo 3,3 Coupé
6 911	Turbo 3,3 Coupé Kanada

Stückzahl	Modelljahr 1984
3973	911 Carrera Coupé
157	911 Carrera Coupé Japan
20	911 SC/RS Coupé
2222	911 Carrera Coupé USA und Kanada
1409	911 Carrera Targa
4	911 Carrera Targa Japan
1775	911 Carrera Cabriolet
17	911 Carrera Cabriolet Japan
2200	911 Carrera Targa USA und Kanada
1131	911 Carrera Cabriolet USA und Kanada
744	911 Turbo 3,3 Coupé
17	911 Turbo 3,3 Coupé Kanada
Stückzahl	**Modelljahr 1985**
3469	911 Carrera Coupé
162	Carrera Coupé Japan
1899	911 Carrera Coupé USA und Kanada
1375	911 Carrera Targa
4	911 Carrera Targa Japan
1524	911 Carrera Cabriolet
15	911 Carrera Cabriolet Japan
1882	911 Carrera Targa USA und Kanada
990	911 Carrera Cabriolet USA und Kanada
1003	911 Turbo 3,3 Coupé
25	911 Turbo 3,3 Coupé Kanada
Stückzahl	**Modelljahr 1986**
3984	911 Carrera Coupé
173	911 Carrera Coupé Japan
2559	911 Carrera Coupé USA und Kanada
1689	911 Carrera Targa
8	911 Carrera Targa Japan
2300	911 Carrera Cabriolet
20	911 Carrera Cabriolet Japan
1916	911 Carrera Targa USA und Kanada
1926	911 Carrera Cabriolet USA und Kanada
1098	911 Turbo 3,3 Coupé
1364	911 Turbo 3,3 Coupé US
28	911 Turbo 3,3 Coupé Kanada
Stückzahl	**Modelljahr 1987**
3341	911 Carrera Coupé
11	911 Carrera Coupé Clubsport
248	911 Carrera Coupé Japan
2856	911 Carrera Coupé USA und Kanada
1295	911 Carrera Targa
19	911 Carrera Targa Japan
1407	911 Carrera Cabriolet
25	911 Carrera Cabriolet Japan
2172	911 Carrera Targa USA und Kanada
2593	911 Carrera Cabriolet USA und Kanada
660	911 Turbo 3,3 Coupé
9	911 Turbo 3,3 Targa
82	911 Turbo 3,3 Cabriolet
1545	911 Turbo 3,3 Coupé USA
28	911 Turbo 3,3 Coupé Kanada
27	911 Turbo 3,3 Targa USA
123	911 Turbo 3,3 Cabriolet USA
113	959 Coupé
Stückzahl	**Modelljahr 1988**
3524	911 Carrera Coupé
88	911 Carrera Coupé Clubsport
370	911 Carrera Coupé Japan
2066	911 Carrera Coupé USA und Kanada
1223	911 Carrera Targa
20	911 Carrera Targa Japan
1444	911 Carrera Cabriolet
21	911 Carrera Cabriolet Japan
1440	911 Carrera Targa USA und Kanada
2056	911 Carrera Cabriolet USA und Kanada
617	911 Turbo 3,3 Coupé
76	911 Turbo 3,3 Targa
182	911 Turbo 3,3 Cabriolet
641	911 Turbo 3,3 Coupé USA
81	911 Turbo 3,3 Targa USA
531	911 Turbo 3,3 Cabriolet USA
150	959 Coupé
29	959 S Coupé (ursprünglich für die USA vorgesehen)
Stückzahl	**Modelljahr 1989**
3472	911 Carrera Coupé
1096	911 Carrera Coupé USA und Kanada
1003	911 Carrera Targa
1442	911 Carrera Cabriolet
1285	911 Carrera Speedster
800	911 Carrera Targa USA und Kanada
1301	911 Carrera Cabriolet USA und Kanada
818	911 Carrera Speedster USA und Kanada
797	911 Turbo 3,3 Coupé
55	911 Turbo 3,3 Targa
184	911 Turbo 3,3 Cabriolet
579	911 Turbo 3,3 Coupé USA und Kanada
49	911 Turbo 3,3 Targa USA und Kanada
540	911 Turbo 3,3 Cabriolet USA und Kanada
2010	911 Carrera 4 Coupé
1057	911 Carrera 4 Coupé USA

Stückzahl	Modelljahr 1990
4090	911 Carrera 2 Coupé
4192	911 Carrera 4 Coupé
50	911 Carrera 2 Coupé Cup
753	911 Carrera 2 Targa
485	911 Carrera 4 Targa
1982	911 Carrera 2 Cabriolet
1364	911 Carrera 2 Cabriolet
1350	911 Carrera 2 Coupé USA und Kanada
707	911 Carrera 4 Coupé USA und Kanada
20	911 Carrera 2 Coupé USA (ohne Airbag)
498	911 Carrera 2 Targa USA und Kanada
169	911 Carrera 4 Targa USA und Kanada
1294	911 Carrera 2 Cabriolet USA und Kanada
814	911 Carrera 4 Cabriolet USA und Kanada
Stückzahl	**Modelljahr 1991**
5095	911 Carrera 2 Coupé
2684	911 Carrera 4 Coupé
120	911 Carrera 2 Coupé Cup
1103	911 Carrera 2 Coupé USA und Kanada
444	911 Carrera 4 Coupé USA und Kanada
730	911 Carrera 2 Targa
400	911 Carrera 4 Targa
571	911 Carrera 2 USA und Kanada
114	911 Carrera 4 Targa USA und Kanada
2546	911 Carrera 2 Cabriolet
1279	911 Carrera 4 Cabriolet
1579	911 Carrera 2 Cabriolet USA und Kanada
567	911 Carrera 4 Cabriolet USA und Kanada
2227	911 Turbo 3,3 Coupé
613	911 Turbo 3,3 Coupé USA und Kanada
Stückzahl	**Modelljahr 1992**
3473	911 Carrera 2 Coupé
1309	911 Carrera 4 Coupé
559	911 Carrera 2 Coupé USA und Kanada
94	911 Carrera 4 Coupé USA und Kanada
398	911 Carrera 2 Targa
138	911 Carrera 4 Targa
127	911 Carrera 2 Targa USA und Kanada
23	911 Carrera 4 Targa USA und Kanada
1423	911 Carrera 2 Cabriolet
526	911 Carrera 4 Cabriolet
577	911 Carrera 2 Cabriolet USA und Kanada
354	911 Carrera 2 America Roadster USA
775	911 Turbo 3,3 Coupé
248	911 Turbo 3,3 Coupé USA und Kanada
1989	911 Carrera RS Basisversion und Touring
112	911 Carrera Coupé Cup
290	911 Carrera RS Coupé Club Sport

Stückzahl	Modelljahr 1993
1929	911 Carrera 2 Coupé
520	911 Carrera 4 Coupé
740	911 Carrera 4 Coupé Turbo-Look
617	911 Carrera RS America Coupé
393	911 Carrera 2 Coupé USA und Kanada
67	911 Carrera 4 Coupé USA und Kanada
359	911 Carrera 2 Targa
77	911 Carrera 2 Targa USA und Kanada
771	911 Carrera 2 Cabriolet
252	911 Carrera 4 Cabriolet
296	911 Carrera 2 Cabriolet Turbo-Look
393	911 Carrera 2 Cabriolet USA und Kanada
52	911 Carrera 2 America Roadster USA
590	911 Turbo 3,6 Coupé
86	911 Turbo S 3,3 Coupé
45	911 Carrera RSR 3,8 Coupé
55	911 Carrera RS 3,8 Coupé
15	911 Carrera Cup Coupé
Stückzahl	**Modelljahr 1994**
98	911 Carrera 2 Coupé
2	911 Carrera 4 Coupé
345	911 Carrera 4 Coupé Turbo-Look
84	911 Carrera RS America Coupé
129	911 Carrera 2 Coupé USA und Kanada
267	911 Carrera 4 Coupé USA und Kanada
21	911 Carrera 2 Targa USA und Kanada
225	911 Carrera 2 Cabriolet
521	911 Carrera 2 Speedster
223	911 Carrera Cabriolet USA und Kanada
409	911 Carrera 2 Speedster USA und Kanada
441	911 Turbo 3,6 Coupé
406	911 Turbo 3,6 Coupé USA und Kanada
Stückzahl	**Modelljahr 1995**
4612	911 Carrera Coupé
2345	911 Carrera 4 Coupé
3540	911 Carrera Coupé USA und Kanada
539	911 Carrera 4 Coupé USA und Kanada
2006	911 Carrera Cabriolet
826	911 Carrera 4 Cabriolet
3200	911 Carrera Cabriolet USA und Kanada
458	911 Carrera 4 Cabriolet USA und Kanada
19	911 Turbo Coupé
224	911 Carrera RS Coupé
50	911 Carrera Coupé Cup

Stückzahl	Modelljahr 1996
3242	911 Carrera Coupé
1031	911 Carrera 4 Coupé
2427	911 Carrera 4S Coupé
2109	911 Carrera Coupé USA und Kanada
411	911 Carrera 4 Coupé USA und Kanada
1091	911 Carrera 4S USA und Kanada
2	911 Carrera Coupé Brasilien
4	911 Carrera S Coupé Brasilien
2	911 Carrera 4S Coupé Brasilien
1430	911 Carrera Cabriolet
574	911 Carrera 4 Cabriolet
2092	911 Carrera Cabriolet USA und Kanada
1	911 Carrera Cabriolet Brasilien
2434	911 Turbo Coupé
1297	911 Turbo Coupé USA und Kanada
10	911 Turbo Coupé Brasilien
1919	911 Targa
484	911 Targa USA und Kanada
5	911 Targa Brasilien
790	911 Carrera RS Coupé
141	911 GT2 Coupé
49	911 GTR 2 Coupé
57	911 Carrera Cup Coupé
Stückzahl	**Modelljahr 1997**
644	911 Carrera Coupé
380	911 Carrera 4 Coupé
2812	911 Carrera S Coupé
1887	911 Carrera 4S Coupé
1286	911 Carrera Coupé USA und Kanada
1	911 Carrera 4 Coupé USA und Kanada
759	911 Carrera S Coupé USA und Kanada
937	911 Carrera S4 Coupé USA und Kanada
9	911 Carrera S Coupé Brasilien
6	911 Carrera S4 Coupé Brasilien
1226	911 Carrera Cabriolet
1849	911 Carrera Cabriolet USA und Kanada
3	911 Carrera Cabriolet Brasilien

Stückzahl	Modelljahr 1998
11	911 Carrera Coupé
37	911 Carrera 4 Coupé
130	911 Carrera S Coupé
602	911 Carrera 4S Coupé
1	911 Carrera 4 Coupé USA
993	911 Carrera S Coupé USA und Kanada
298	911 Carrera 4S Coupé USA und Kanada
109	911 Carrera Cabriolet
29	911 Carrera 4 Cabriolet
1059	911 Carrera Cabriolet USA und Kanada
142	911 Carrera 4 Cabriolet USA und Kanada
579	911 Turbo Coupé
160	911 Turbo S Coupé
212	911 Targa
122	911 Targa USA und Kanada
21	911 GT2 Coupé
30	911 Carrera Cup Coupé

Anhang 2
Wartungsarbeiten

Auch ein 911 benötigt regelmäßige Wartung, damit er jederzeit in einwandfreiem Betriebszustand bleibt. Erfahrungsgemäß sollten die periodischen Wartungsarbeiten bei den 2,0-, 2,2- und 2,4-Liter-Modellen alle 10.000 km durchgeführt werden, bei allen neueren 911 spätestens alle 15.000 km. Gewissenhafte 911 Er-Fahrer achten aber auch zwischen den Wartungsintervallen auf etwaige Auffälligkeiten, um teuren Reparaturstau zu vermeiden. Alle Antriebs- und Keilriemen sollten regelmäßig kontrolliert und der Antriebsstrang sollte auf Öl- und Kraftstofflecks überwacht werden.

Probefahrt

Bremsanlage, Kupplung, Lenkung, Heizung, Gebläse, Tempomat und Klimaanlage prüfen wir im Rahmen einer turnusmäßigen Probefahrt (eine Nachfüllung und Wartung der Klimaanlage ist alle zwei Jahre einzuplanen). Außerdem werden bei dieser Gelegenheit alle Anzeigeinstrumente, Bedienelemente und Warnleuchten kontrolliert.

Vorschlag für eine Wartungs-Checkliste

Motoröl und -filter ☐ Wechseln
Keilriemen ☐ Nachspannen und ggf. ersetzen
Ventilspiel ☐ Kontrollieren und einstellen
Fester Sitz der Kipphebelwelle
☐ Kontrollieren und ggf. nachstellen
Zündkerzen ☐ Erneuern und Kompression prüfen
Schließwinkel und Zündzeitpunkt
☐ Mit elektronischen Messgeräten einstellen
Kraftstofffilter ☐ Erneuern
Motor-Leerlaufdrehzahl und CO-Gehalt (%)
☐ Mit Tester kontrollieren und einstellen
Bremsbeläge ☐ Sichtkontrolle und prozentuale Abnutzung prüfen
Handbremse ☐ Nachstellen, wenn Wirkung erst nach der 5. Raste einsetzt
Auspuffanlage ☐ Auf Undichtigkeiten oder Schäden kontrollieren
Türscharniere ☐ Schmieren
Türschlösser ☐ Schmieren
Gasgestänge ☐ Schmieren
Getriebeöl ☐ Füllstand alle 15.000 km kontrollieren und alle 45.000 km wechseln
Kugelgelenke und Spurstangenköpfe
☐ Kontrollieren
Vorderachs-Radlagerspiel
☐ Kontrollieren
Funktion von Leuchten, Signalhorn
☐ Kontrollieren
Funktion der Scheibenwischer
☐ Kontrollieren
Scheinwerfereinstellung
☐ Kontrollieren
Batteriesäurestand ☐ Kontrollieren und ggf. nachfüllen
Reifen – Abnutzung und Zustand
☐ Kontrollieren, Reifendruck korrigieren und Abnutzung notieren
Funktion der Scheibenwaschanlage
☐ Kontrollieren und nachfüllen
Filtereinsatz für Sekundärluftpumpe
☐ Erneuern
Sekundärluftpumpe, Stellventile
☐ Kontrollieren
Lufteinblasschläuche ☐ Kontrollieren
Abgasrückführung ☐ Reset durchführen
Kraftstoffverdunstungsanlage
☐ Sichtprüfung
Kurbelgehäuseentlüftungsfilter
☐ Reinigen
Kurbelgehäuse-Schlauchleitungen
☐ Sichtprüfung
Kupplungspedalspiel ☐ Kontrollieren und einstellen

Anhang 3
Einstelldaten (auf Basis der USA-Exportversionen)

Modelljahr/Typ	1968	1969 911 T	1969 911 E	1969 911 S
Gemischaufbereitung	Weber 40IDTP3C	Weber 40IDTP3C	Bosch mech. Einspritzung	Bosch mech. Einspritzung
Zusatzlufteinblasung	Ja	Nein	Nein	Nein
Drosselklappenregler	Ja	Ja	Nein	Nein
Verteiler-Unterdruckdose	Ja	Ja	Nein	Nein
Luftumleitventil	Ja	Nein	Nein	Nein
Zündkerzen	W250C/W4DC	W225T30/W5D	W265C/W3DC	W265C/W3DC
Elektrodenabstand	0,35 mm	0,6 mm	0,55 mm	0,55 mm
Zündverteiler	Bosch	Marelli	Bosch	Bosch
Teile-Nr.	0.231.159.001	S112AX	0.231.159.006	0.231.159.007
Schließwinkel	38° ± 3°	40° ±3°	38° ±3°	38° ±3°
Zündzeitpunkt/min-1	30° vor OT/6000	35° vor OT/6000	30° vor OT/6000	30° vor OT/6000
Leerlaufdrehzahl	900 ±50	900 ±50	900 ±50	900 ±50
CO-Wert (%)	4,5 (Sek.-Luft abgeklemmt)	3,5% + 0,5 im Leerlauf	3,5% +0,5 im Leerlauf	3,5% +0,5 im Leerlauf
Auspuffanlage	Standard 3 in 1	Standard 3 in 1	Standard 3 in 1	Standard 3 in 1
Motor-Code-Nr.	901/14 901.17	901/17	901/198	901/09 901/11 901/10
Modelljahr/Typ	**1970/71 911 T**	**1970/71 911 E**	**1970/71 911 S**	**1972 911 T**
Gemischaufbereitung	Zenith 40 TIN	Bosch mech. Einspritzung	Bosch mech. Einspritzung	Bosch mech. Einspritzung
Zusatzlufteinblasung	Nein	Nein	Nein	Nein
Drosselklappenregler	Nein	Nein	Nein	Nein
Verteiler-Unterdruckdose	Nein	Nein	Nein	Ja
Luftumleitventil	Nein	Nein	Nein	Nein
Zündkerzen	W225T30/W5DC	W265C/W4DC	W265C/W4DC	W265C/W4DC
Elektrodenabstand	0,6 mm	0,55 mm	0,55 mm	0,6 mm
Zündverteiler	Bosch	Bosch	Bosch	Bosch
Teile-Nr.	0.231.159.008	0.231.159.006	0.231.159.007	0.231.169.003
Schließwinkel	40° ±3°	38° ±3°	38° ±3°	38° ±3°
Zündzeitpunkt/min-1	35° vor OT/6000	30° vor OT/6000	30° vor OT/6000	5° nach OT, Leerlauf
Leerlaufdrehzahl	900 ±50	900 ±50	900 ±50	900 ±50
CO-Wert (%)	3,5±0,5 im Leerlauf	3,0± 0,5 im Leerlauf	3,0±0,5 im Leerlauf	1,5-2,0 im Leerlauf
Auspuffanlage	Standard 3 in 1	Standard 3 in 1	Standard 3 in 1	Standard 3 in 1
Motor-Code-Nr.	911/07 911/08	911/01 911/04	911/02	911/51 911/61
Modelljahr/Typ	**1972 911 E**	**1972 911 S**	**1973 911 T**	**1973 911 E**
Gemischaufbereitung	Bosch mech. Einspritzung	Bosch mech. Einspritzung	Bosch mech. Einspritzung und K-Jetronic	Bosch mech. Einspritzung
Zusatzlufteinblasung	Nein	Nein	Nein	Nein
Drosselklappenregler	Nein	Nein	Abmagerungsventil bei K-Jetronic	Nein
Verteiler-Unterdruckdose	Ja	Ja	Ja	Ja
Luftumleitventil	Nein	Nein	Nein	Nein
Zündkerzen	W265C/W3DC	W265C/W3DC	W235P2/W5DC	W265C/W3DC
Elektrodenabstand	0,55 mm	0,55 mm	0,6 mm	0,55 mm
Zündverteiler	Bosch	Bosch	Bosch	Bosch
Teile-Nr.	0.231.169.004	0.231.169.005		
Schließwinkel	38° ±3°	38° ±3°	38° ±3°	38° ±3°
Zündzeitpunkt	5° nach OT	5° nach OT	5° nach OT	5° nach OT
Leerlaufdrehzahl	900 ±50	900 ±50	900 ±50	900 ±50
CO-Wert (%)	2,0-2,5 im Leerlauf	2,0-2,5 im Leerlauf	1,5-2,0 im Leerlauf	2,0-2,5 im Leerlauf
Auspuffanlage	Standard 3 in 1	Standard 3 in 1	Standard 3 in 1	Standard 3 in 1
Motor-Code-Nr.	911/52	911/62 911/53	911/51/91/92	911/52/62

Modelljahr/Typ	1973 911 S	1974 911	1974 911 S	1975 911
Gemischaufbereitung	Bosch mech. Einspritzung	Bosch K-Jetronic	Bosch K-Jetronic	Bosch K-Jetronic.
Zusatzlufteinblasung	Nein	Ja	Ja	Ja
Drosselklappenregler	Nein	Abmagerungsventil	Abmagerungsventil	Abmagerungsventil
Verteiler-Unterdruckdose	Ja	Ja	Ja	Ja
Luftumleitventil	Nein	Nein	Nein	Nein
Zündkerzen	W265C/W3DC	W215C/W6DC	W235C/W5DC	W235C/W5DC
Elektrodenabstand	0,55 mm	0,55 mm	0,55 mm	0,55 mm
Zündverteiler	Bosch	Bosch	Bosch	Bosch
Teile-Nr.				
Schließwinkel	38° ±3°	38° ±3°	38° ±3°	38° ±3°
Zündzeitpunkt	5° nach OT	5° nach OT	5° nach OT	5° nach OT
Leerlaufdrehzahl	900 ±50	900 ±50	900 ±50	900 ±50
CO-Wert (%)	2,5 ±0,5	1,5 ±0,5	1,5 ±0,5	1,5-2,0 Sek.-Luft abgeklemmt
Auspuffanlage	Standard 3 in 1	Standard 3 in 1	Standard 3 in 1	49 Staaten: Standard/ Kalif.: Thermoreaktoren, AGR
Motor-Code-Nr.	911/53	911/92/97	911/93/97	49 Staaten: 911/43/48 Kalif.: 911/44/49

Modelljahr/Typ	1976 911	1977 911	1978/79 911 SC	1980 911 SC
Gemischaufbereitung	K-Jetronic	K-Jetronic	K-Jetronic	K-Jetronic
Zusatzlufteinblasung	Ja	Ja	Ja	Nein
Drosselklappenregler	Abmagerungsventil	Abmagerungsventil	Abmagerungsventil	Nein
Verteiler-Unterdruckdose	Ja	Ja	Ja	Ja
Luftumleitventil	Nein	Nein	Nein	Nein
Zündkerzen	W235C/W5DC	W235C/W5DC	W145T30/W8DC W225T30/ W5DC	
Elektrodenabstand	0,55 mm	0,55 mm	0,8 mm	0,8 mm
Zündverteiler	Bosch	Bosch	Bosch	Bosch
Teile-Nr.			0.237.306.001	0.237.304.016
Schließwinkel	38° ±3°	38° ±3°	Kontaktlos	Kontaktlos
Zündzeitpunkt	5° nach OT	49 St.: 5° nach OT ±2°	5° ±2° vor OT	5° ±2° vor OT
		Kalif.: 15°±2° nach OT		
Leerlaufdrehzahl	900 ±50	49 St.: 950 ±50	900 ±50	900 ±50
		Kalif.: 1000±50		
CO-Wert (%)	2,0-3,5	1,5-3,0	2,5 ±1,0	0,4-0,8
	Sek.-Luft abgeklemmt	Sek.-Luft abgeklemmt	Sek.-Luft abgeklemmt	Lambdasonde abgeklemmt
Auspuffanlage	49 St. Standard/Kalif.	AGR, Thermoreaktoren	Kat., AGR	3-Wege-Kat., Lambdasonde, Thermoreaktoren, AGR
Motor-Code-Nr.	49 St.: 911/82/89	911/85/90	930/04 Kal.	930/06 930/07

Modelljahr/Typ	1981/82/83 911 SC	1984/85 Carrera	1986-89 Carrera	
Gemischaufbereitung	K-Jetronic	L-Jetronic DME	L-Jetronic DME	
Zusatzlufteinblasung	Nein	Nein	Nein	
Drosselklappenregler	Nein	Leerlaufregler	Leerlaufreger	
Verteiler-Unterdruckdose	Ja	Nein	Nein	
Luftumleitventil	Nein	Nein	Nein	
Zündkerzen	225T30/W5DC	W7DC, WR7DC	WR7DC	
Elektrodenabstand	0,8 mm	0,7 ±0,1 mm	0,7 ±0,1 mm	
Zündverteiler	Bosch	Bosch	Bosch	
Teile-Nr.	0.237.304.016	0.237.505.001	0.237.505.001	
Schließwinkel	Kontaktlos	DME 0.261.200.050	DME	
Zündzeitpunkt	5° ±2° vor OT	3° ±3° nach OT	3° ±3° nach OT	
Leerlaufdrehzahl	900 ±50	800 ±20	800 ±20	
CO-Wert (%)	0,4-0,8 Lambdasonde abgeklemmt	0,8±0,2 Lambdasonde abgeklemmt	0,8±0,2 Lambdasonde abgeklemmt	
Auspuffanlage	3-Wege-Kat., Lambdasonde	3-Wege-Kat., Lambdasonde	3-Wege-Kat., Lambdasonde	
Motor-Code-Nr.	930/16	930/21	1986 930/21; 1987 930/25	

Modelljahr/Typ	1989-94 C2/C4 964	1994-98 Carrera 993		
Gemischaufbereitung	L-Jetronic DME	L-Jetronic DME		
Zusatzlufteinblasung	Nein	Ja (US-Modelle)		
Drosselklappenregler	Leerlaufregler	Leerlaufregler		
Zündkerzen	Bosch FR5DTC, Beru 14FR-5DTU	Bosch FR6LDC/FR5DTC, Beru 14FR5DTU		
Elektrodenabstand	0,7 mm	0,7 mm		
Zündverteiler	DME Doppelzündung	DME Doppelzündung		
Leerlaufdrehzahl	880 ±40	800±40 Schaltgetr., 750 ±40 Tiptronic		
CO-Wert (%) im Leerlauf	0,4 ohne Kat.	0,8 ±0,2 Lambdasonde abgeklemmt		
Auspuffanlage	3-Wege-Kat. mit beheizter Lambdasonde	3-Wege-Kat. mit beheizter Lambdasonde		
Motor-Code-Nr.	M64/01 Schaltgetr. M64/02 Tiptronic	M64/05/07 Schaltgetr. M64/06/08 Tiptronic		

Modelljahr/Typ	1976 911 Turbo	1977 911 Turbo	1978 911 Turbo	
Gemischaufbereitung	K-Jetronic	K-Jetronic	K-Jetronic	
Zusatzlufteinblasung	Ja	Ja	Ja	
Drosselklappenregler	Abmagerungsventil	Abmagerungsventil	Abmagerungsventil	
Verteiler-Unterdruckdose	Ja	Ja	Ja	
Luftumleitventil	Ja	Ja	Ja	
Zündkerzen	W3CS/W4CS*	W3CS/W4CS*	W3CS/W4CS*	
Elektrodenabstand	0,6 mm	0,6 mm	0,6 mm	
Zündverteiler	Bosch	Bosch	Bosch	
Schließwinkel	Kontaktlos	Kontaktlos	Kontaktlos	
Zündzeitpunkt	5° ±2° nach OT	7° ±2° nach OT	10° ±2° nach OT; 5° ±2° nach OT, Kalif.	
Leerlaufdrehzahl	900 ±50	1000 ±50	1000 ±50	
CO-Wert (%)	1,0-3,0 Sek.-luft abgeklemmt	2,0-4,0 Sek.-luft abgeklemmt	2,5 ±0,5 Sek.-luft abgeklemmt	
Auspuffanlage	Thermoreaktoren	Thermoreaktoren, AGR	Thermoreaktoren, AGR	
Motor-Code-Nr.	930/51	930/53	930/61/63	

Modelljahr/Typ	1981/82 911 Turbo	1983/84/85 Turbo	1986/89 911 Turbo	
Gemischaufbereitung	K-Jetronic	K-Jetronic	K-Jetronic	
Zusatzlufteinblasung	Ja	Ja	Ja	
Drosselklappenregler	Abmagerungsventil	Abmagerungsventil	Abmagerungsventil	
Verteiler-Unterdruckdose	Ja	Ja	Ja	
Luftumleitventil	Ja	Ja	Ja	
Zündkerzen	W3CS/W4CS*	W3CS/W4CS*	W3CS/W4CS*	
Elektrodenabstand	0,7 mm	0,7 mm	0,7 mm	
Zündverteiler	Bosch	Bosch	Bosch	
Schließwinkel	Kontaktlos	Kontaktlos	Kontaktlos	
Zündzeitpunkt/min-1	29° vor OT/4000	29° vor OT/4000	26°±1° vor OT/4000, Unterdruckschlauch abgeklemmt	
Leerlaufdrehzahl	1000 ±50	900 ±50	900 ±50	
CO-Wert (%)	2,5 ±0,5 Sek.-luft abgeklemmt	2,0 ±0,5 Sek.-luft abgeklemmt	0,4-0,8 vor Kat. gemessen, Lambdasonde abgeklemmt	
Auspuffanlage	Standard	Standard	3-Wege-Kat.	
Motor-Code-Nr.	930/60	930/66	930/68	

Modelljahr/Typ	1991/92 C2 Turbo	1993 C2 3,6 Turbo	1996/98 993 Biturbo	
Gemischaufbereitung	K-Jetronic	K-Jetronic	DME Motormanagement	
Zusatzlufteinblasung	Ja	Ja	Nein	
Verteiler-Unterdruckdose	EZF, kennfeldgesteuert	EZF, kennfeldgesteuert	DME Doppelzündung, Klopfregelung	
Zündkerzen	W3CS/W4CS*	W3CS/W4CS*	FR6LDC/FR6LCS	
Elektrodenabstand	0,7 mm	0,7 mm	0,7 mm	
Zündverteiler	Bosch	Bosch	Bosch	
Zündzeitpunkt	0° vor OT im Leerlauf	0° vor OT im Leerlauf	über DME	
Leerlaufdrehzahl	900 ±50	900 ±50	900 ±50	
CO-Wert (%)	1,0 ±0,2, vor Kat. gemessen	1,0 ±0,2, vor Kat. gemessen	0,4-0,8, vor Kat. gemessen	
	Lambdasonde abgeklemmt	Lambdasonde abgeklemmt		
Auspuffanlage	3-Wege-Kat.	3-Wege-Kat.	3-Wege-Kat.	
Motor-Code-Nr.	930/69	M64/50	M64/60	
*Für serienmäßige Modelle W4CS, für Fahrzeuge mit höherem Ladedruck oder anderen Motorumbauten W3CS.				

Anhang 4
Einstellen der Solex-Vergaser

Die Zusammensetzung der Ottokraftstoffe hat sich in den letzten Jahrzehnten spürbar geändert, und daher kann niemand mehr garantieren, dass die vor 30 Jahren üblichen Vergasereinstelltricks heute noch genauso funktionieren, aber einen Versuch ist es wert. Über die Jahre hat es sich bewährt, die Mischrohre Nr. 25 aus den Solex-Vergasern 40 PII-4 des 356SC zu übernehmen. Außerdem wurde eine geänderte Hauptdüse in einer Größe um 120 montiert, allerdings sind hier eigene Versuche notwendig, denn aufgrund der geänderten Zusammensetzung der heutigen Tankstellenbenzinsorten kann wieder eine andere Ideallösung erforderlich werden.

Um das „Loch" im mittleren Teillast-Drehzahlbereich zu kurieren, empfiehlt sich, das Leerlaufgemisch bei erhöhter Leerlaufdrehzahl (ca. 1800-2000/min) einzustellen. Wird das Leerlaufgemisch so eingestellt, dass der Motor bei dieser erhöhten Leerlaufdrehzahl optimal weich und rund läuft, verschwinden auch die „Löcher" weitgehend, die durch den Leerlaufkreis verursacht werden.

Anhang 5
Einstellen der Weber-Vergaser

Die Weber 40 IDA 3C-Vergaser kamen bei verschiedenen frühen 911 – vom 911 T bis zum 911 S – zum Einbau. Die nachstehenden Hinweise sind bewusst allgemein gehalten, damit sie auf alle Motorvarianten anwendbar sind. Vor weitergehenden Einstellversuchen an den Gemischfabriken empfiehlt sich eine gründliche Überprüfung des Zündverteilers. Auch ein suboptimal arbeitender Verteiler kann sich durch unrunden Leerlauf, mangelhafte Gasannahme beim Hochbeschleunigen aus der Leerlaufdrehzahl und unruhigen Lauf im gesamten Drehzahlbereich bemerkbar machen.

Der Zündzeitpunkt sollte ebenfalls überprüft werden. Je nach Motorbaumuster sollte die Zündung bei 6000/min auf 30-35° vor OT stehen. Auch die Verstellkennlinie des Verteilers muss bei dieser Gelegenheit überprüft werden.

Die Modelle mit Weber 40 IDA 3C-Vergasern wurden mit unterschiedlichen Zündverteilerausführungen ausgeliefert.

Für den 2-Liter-Motor mit Bosch-Verteiler 0 231 121 006 (Typencode J FR 6 (R)) oder 0 231 159 001 (Typencode J FDR 6 (R)) sieht die Verstellkennlinie in Tabellenform wie folgt aus:

bei Leerlaufdrehzahl 5° nach OT
bei 2800-4200/min 17-26° vor OT
bei 5000/min 21-28° vor OT
bei 6000/min 30° vor OT

Für den 2000S-Motor mit Bosch-Verteiler 0231 159 002 (Typencode J FDR 6 (R)) gilt folgende Verstellkennlinie:
bei Leerlaufdrehzahl 5° vor OT
bei 2000-4800/min 23-29° vor OT
bei 6000/min 30° vor OT

Zum frühen Zündverteiler gehört folgende Kennlinie:
Marelli-Verteiler S 112 AX und BX:
bei Leerlaufdrehzahl 3° nach OT
bei 2000/min 15-19° vor OT
bei 3000/min 19-23° vor OT
bei 4000/min 24-28° vor OT
bei 5000/min 28-32° vor OT
bei 6000/min 32-35° vor OT

Grundsätzlich ist darauf zu achten, dass der zum Motor passende Verteiler montiert ist. Die Verteiler der E- und S-Typen weisen eine zu steile Verstellkennlinie für den Motor des 911 T auf und verursachen unregelmäßigen Motorlauf im mittleren Drehzahlbereich. Für den normalen 2-Liter-Motor und den Motor des 911 T hat sich alles in allem der Verteiler 0 231 159 001 (Code J FDR 6 (R) – hier als L-Verteiler bezeichnet) als ideal erwiesen. Der serienmäßige T-Verteiler besitzt eine sehr flache, träge Verstellkennline. Der Verteiler des 911 L hat eine etwas steilere Verstellkennlinie und bietet von allen für diesen Motor passenden Verteilern den gleichmäßigsten Kennlinienverlauf. Aufgrund seiner kürzeren Kennlinie ist die statische Vorzündung etwas größer als beim Serienverteiler der 911 T-Motoren. Dies erleichtert erfahrungsgemäß die Einstellung eines schönen runden Leerlaufs beim 911 T.

Zur Einstellung der Vergaser stellen wir zuerst mit der Schwimmerlehre (P 226 a) den Schwimmerstand aller vier Schwimmer ein. Das Fahrzeug muss dabei auf einem absolut ebenen Untergrund stehen. Die Schwimmerlehre wird an der Bohrung seitlich an der Schwimmerkammer angeschraubt. Dazu das Verschlussstück ausbauen und die Schwimmerlehre montieren. Motor bei Leerlaufdrehzahl laufen lassen. Der Kraftstoffstand muss zwischen den beiden Höhenmarken an der Lehre stehen. Zur Änderung des Schwimmerstands bauen wir das Schwimmernadelventil und die Sitzabdeckung sowie Nadelventil und Nadelsitz aus. Dann eine dickere Beilagscheibe unter dem Schwimmernadelventil unterlegen, um den Schwimmerstand zu erhöhen, bzw. eine dünnere Beilagscheibe unterlegen, um den Schwimmerstand zu senken.

Auch die Einspritzmengen der Beschleunigerpumpe müssen mit der Messlehre (P 25 a) eingestellt werden. Für die Pumpenlehre müssen wir uns einen Halter anfertigen, so dass die Lehre unterhalb der Beschleunigerpumpendüse in den Lufttrichter abgesenkt werden kann. Dieser Halter kann aus dünnem Draht oder einem sehr kleinen Kabelbinder angefertigt werden. Die Einspritzmenge sollte pro Drosselklappenbetätigung 0,5 ±0,1 ccm betragen. Ist die Einspritzmenge zu gering, nimmt der Motor nur langsam oder träge Gas an. Bei zu großer Einspritzmenge neigt der Motor beim Beschleunigen dazu, sich zu verschlucken. Die Einspritzmenge wird an jedem Zylinder überprüft; sie muss durchweg annähernd gleich sein.

Nachdem Schwimmerstand und Fördermenge der Beschleunigerpumpe eingestellt wurden, folgt die Vergaserabstimmung im Leerlauf. Zur Abstimmung der Weber-Vergaser im Leerlauf werden zuerst die Leerlaufluftdüsen eingestellt. Zur Einstellung dieser Düsen – an ihrer Kontermutter zu erkennen – drehen wir alle Düsen hinein und anschließend nur die Düsen an den Zylindern wieder heraus, bei denen der Luftdurchsatz geringer ist als an dem, der am jeweiligen Vergaser den größten Luftdurchsatz aufweist. Wenn an allen drei Lufttrichtern an jedem Vergaser der gleiche Luftdurchsatz erreicht ist, drehen wir die Kontermuttern fest und rühren sie nie wieder an (mehr oder weniger ...).

Die Abstimmung der beiden Vergaser erfolgt bei Leerlaufdrehzahl, die durch Einstellen der Drosselklappenanschlagschrauben an beiden Vergasern eingestellt wird. Wir beschweren das Gaspedal mit einem geeigneten Gegenstand, so dass der Motor im Stand mit etwa 1800/min läuft. Wer einen Handgashebel an seinem Wagen hat, kann die Drehzahl damit entsprechend anheben. Bei dieser Drehzahl stellen wir das Gestänge an den Vergasern so ein, dass an beiden die gleiche Luftdurchsatzmenge erreicht wird. Dann lassen wir die Drehzahl auf die normale Leerlaufdrehzahl absinken, um zu prüfen, ob die Einstellung nach wie vor stimmt. Anschließend beschweren wir wieder das Gaspedal, bis eine Drehzahl von 1800/min erreicht ist. Jetzt werden die Leerlaufgemischregulierschrauben eingestellt (die Schrauben mit den Federn). Die optimale Einstellposition, ab der der Motorlauf nicht mehr besser wird, müsste sich durch langsames Drehen „ertasten“ lassen, ähnlich wie bei der Sendersuche auf der Senderskala eines Radios. Nach diesen Einstellschritten müsste der Motor einwandfrei rund laufen.

Anhang 6
Einstellen der Zenith-Vergaser

An den Zenith-Vergasern scheiden sich die Geister der Schrauberwelt. Vor weitergehenden Einstellversuchen an der Gemischfabrik empfiehlt sich auch hier eine gründliche Überprüfung des Zündverteilers. Arbeitet der Verteiler nicht richtig, nimmt der Motor beim Hochbeschleunigen aus dem Leerlauf nur zögerlich Gas an und läuft im gesamten Drehzahlbereich nicht optimal. Der Zündzeitpunkt sollte ebenfalls nachkontrolliert werden. Er sollte bei 6000/min bei 33-35° vor OT liegen. Auch die Verstellkennlinie des Verteilers muss bei dieser Gelegenheit überprüft werden.

Beim 911 T wurden mehrere unterschiedliche Verteiler montiert; Mitte 1970 kam ein neuer Verteiler zum Einbau.

In Tabellenform sieht die Kennlinie bei den frühen Verteilern wie folgt aus:

Marelli S 112 AX und BX
bei Leerlaufdrehzahl 3° nach OT
bei 2000/min 15-19° vor OT
bei 3000/min 19-23° vor OT
bei 4000/min 24-28° vor OT
bei 5000/min 28-32° vor OT
bei 6000/min 32-35° vor OT

Ab April 1970 wurde der Bosch-Verteiler 0 231 159 008 (Typencode J FDR (R)) eingebaut. Seine Verstellkennlinie sieht wie folgt aus:

bei Leerlaufdrehzahl 2-4° nach OT
bei 3000/min 20-22° vor OT
bei 4600/min 27-29° vor OT
bei 6000/min 33-35° vor OT

Der einzige andere Verteiler, der an den 911 T-Motoren gut funktioniert, ist nach Ansicht des Verfassers der Bosch-Verteiler 0 231 159 001 (Typencode J FDR 6 (R)) des 911 L. Die Verteiler der E- und S-Typen weisen eine zu steile Verstellkennlinie auf und verursachen unregelmäßigen Motorlauf im mittleren Drehzahlbereich. Der serienmäßige T-Verteiler besitzt eine sehr flache, träge Verstellkennline. Der Verteiler des 911 L hat eine etwas steilere Verstellkennlinie und weist von allen anderen passenden Verteilern den gleichmäßigsten Kennlinienverlauf auf. Aufgrund seiner kürzeren Kennlinie ist die statische Vorzündung etwas größer als beim Serienverteiler. Dies erleichtert die Einstellung eines schönen runden Leerlaufs. Mit etwas mehr Frühzündung lassen sich auch die Probleme mit dem Leerlaufkreis des Vergasers besser korrigieren, zuviel Frühzündung ist allerdings ebenfalls schädlich, denn dabei brennt man womöglich ein Loch in die Kolben.

Zur Einstellung der Vergaser stellen wir zuerst mit einer Schwimmerlehre den Schwimmerstand aller vier Schwimmer ein. Das Fahrzeug muss dabei auf einem absolut ebenen Untergrund stehen. Die Schwimmerlehre wird an einer Bohrung seitlich an der Schwimmerkammer angeschraubt. Den Motor bei Leerlaufdrehzahl laufen lassen. Der Kraftstoffstand muss zwischen den beiden Höhenmarken an der Lehre stehen. Zur Änderung des Schwimmerstands bauen wir das Schwimmernadelventil und die Sitzabdeckung sowie Nadelventil und Nadelsitz aus. Dann eine dickere Beilagscheibe unter das Schwimmernadelventil legen, um den Schwimmerstand zu erhöhen, bzw. eine dünnere Beilagscheibe unterlegen, um den Schwimmerstand zu senken.

Auch die Einspritzmengen der Beschleunigerpumpe müssen mit der Messlehre (P 25 a) eingestellt werden. Für die Pumpenlehre müssen wir uns einen Halter anfertigen, so dass die Lehre unterhalb der Beschleunigerpumpendüse in den Lufttrichter abgesenkt werden kann. Dieser Halter kann aus dünnem Draht oder einem sehr kleinen Kabelbinder angefertigt werden. Die Einspritzmenge sollte pro Drosselklappenbetätigung 0,5 ±0,1 ccm betragen. Ist die Einspritzmenge zu gering, nimmt der Motor nur langsam oder träge Gas an. Bei zu großer Einspritzmenge neigt der Motor beim Beschleunigen dazu, sich zu verschlucken. Die Einspritzmenge wird an jedem Zylinder überprüft; sie muss durchweg gleich sein.

Nachdem Schwimmerstand und Fördermenge der Beschleunigerpumpe eingestellt wurden, folgt die Vergaserabstimmung im Leerlauf. Zur Abstimmung des Leerlaufs der beiden Vergaser werden zuerst die Leerlaufluftdüsen eingestellt. Zur Einstellung dieser Düsen – an ihrer Kontermutter zu erkennen – drehen wir alle Düsen hinein und anschließend nur die Düsen an den Zylindern wieder heraus, bei denen der Luftdurchsatz geringer ist als an dem, der am jeweiligen Vergaser den größten Luftdurchsatz aufweist. Wenn an allen drei Lufttrichtern an jedem Vergaser der gleiche Luftdurchsatz erreicht ist, drehen wir die Kontermuttern fest und rühren sie nie wieder an.

Die Abstimmung der beiden Vergaser erfolgt bei Leerlaufdrehzahl, die durch Einstellen der Drosselklappenanschlagschrauben an beiden Vergasern eingestellt wird. Wir beschweren das Gaspedal mit einem geeigneten Gegenstand, so dass der Motor im Stand mit etwa 1800/min läuft. Wer einen Handgashebel an seinem Wagen hat, kann die Drehzahl damit entsprechend anheben. Bei dieser Drehzahl stellen wir das Gestänge an den Vergasern so ein, dass an beiden die gleiche Durchsatzmenge erreicht wird. Dann lassen wir die Drehzahl auf die normale Leerlaufdrehzahl absinken, um zu prüfen, ob die Einstellung nach wie vor stimmt. Anschließend beschweren wir wieder das Gaspedal, bis eine Drehzahl von 1800/min erreicht ist. Jetzt werden die Leerlaufgemischregulierschrauben (also die anderen Schrauben – die mit den Federn) eingestellt. Die optimale Einstellposition, ab der der Motorlauf nicht mehr besser wird, müsste sich durch langsames Drehen „ertasten" lassen, ähnlich wie bei der Sendersuche auf der Senderskala eines Radios. Nach diesen Einstellschritten müsste der Motor einwandfrei rund laufen.

Soweit die grundsätzliche Einstellmethode, allerdings ist es damit noch nicht getan. Zenith-Vergaser sind notorisch schwierig einzustellen. Das Schiebelaufsystem der Zenith-Vergaser dient dazu, die Leerlaufgemischzusammensetzung im Schiebelauf abzumagern, so dass die US-Abgasnormen zuverlässiger eingehalten werden können. Funktioniert diese Einrichtung nicht richtig, gestaltet sich die Einstellung des Leerlaufsystems an diesen Vergasern extrem schwierig. Sie wurden bei den 911 T-Motoren für die USA in den Modelljahren 1970/71 sowie bei den RdW-Modellen des 911 T von 1970 bis 1973 verwendet.

Patschen im Auspuff bei erhöhter Leerlaufdrehzahl ist auf zu magere Leerlaufeinstellung der Vergaser zurückzuführen. Ursache hierfür ist das Schiebelaufsystem der Zenith-Vergaser.

Die Zusatzgemischanreicherungsvorrichtung besteht aus zwei Gemischanreicherungsventilen, die jeweils in der Vergasermitte sitzen, dem Magnetventil und dem Drehzahlschalter. Diese Gemischanreicherung soll nur im Schiebelauf (bei geschlossener Drosselklappe) wirksam werden, wenn die Motordrehzahl 1350/min übersteigt. Ein Drehzahlschalter erfasst die Motordrehzahl und öffnet das Magnetventil, so dass der Motorunterdruck an der Membran der Mischventile anliegt und die Ventile öffnen und damit die einzelnen Saugrohre mit zusätzlichem Kraftstoff-Luft-Gemisch versorgen, so dass eine vollständige Verbrennung erfolgen kann und damit die Kohlenwasserstoffemissionen im Schiebelauf gesenkt werden. Sinkt die Motordrehzahl unter 1300/min, schließen die Gemischanreicherungsventile und der normale Leerlaufkreis tritt wieder in Aktion.

Wenn die Drosselklappen beim Gasgeben öffnen, schaltet ein Mikroschalter am Gasgestänge die Zusatz-Gemischanreicherung ab, so dass sie bei normalem Beschleunigen oder Fahren ohne Funktion bleibt.

Bevor die Zusatz-Gemischanreicherung eingestellt wird, müssen erst alle anderen Einstellarbeiten am Vergaser abgeschlossen sein:

1) Dann jede Zusatzgemischregulierschraube (die Schraube an den Vergasern am mittleren Zylinder gegenüber dem Leerlaufdüsenträger) zwei volle Umdrehungen herausdrehen.
2) Anschließend die Einstellschraube für den Mikroschalter hineindrehen, bis die Kontakte schließen (auf das klickende Schaltgeräusch achten) und danach die Schraube noch eine halbe Umdrehung weiter hineindrehen.
3) Das grau-rote Kabel am Gemischanreicherungsmagnetventil abziehen.
4) Ein Hilfskabel von der Anschlussklemme des Magnetventils zu einem Stromversorgungspunkt (z.B. der obersten Sicherung am Sicherungsträger) ziehen.
5) Motor anlassen. Die Leerlaufdrehzahl ist jetzt etwas höher, da die Leerlaufgemischanreicherung zugeschaltet ist.
6) Regulierschrauben für die Durchsatzmenge (die Schrauben, die auf die Membranen wirken) hinein- bzw. herausdrehen, bis der Motor mit einer Leerlaufdrehzahl von 1150 bis 1250/min läuft.
7) Mit dem Vergaser-Synchrontester den Luftdurchsatz von Zylinder 2 und 5 kontrollieren und synchronisieren und gleichzeitig die Regulierschrauben für die Durchsatzmenge nachjustieren. Die Leerlaufdrehzahl muss dabei bei 1150 bis 1250/min gehalten werden. Zur Verringerung der Drehzahl die Regulierschraube hineindrehen, zum Anheben der Drehzahl herausdrehen.
8) Zusatzgemischregulierschrauben (die Schraube an den Vergasern am mittleren Zylinder gegenüber dem Leerlaufdüsenträger) hinein- bzw. herausdrehen – ähnlich wie bei der Einstellung der normalen Leerlaufgemischschrauben.
9) Wer einen Abgastester besitzt, sollte jetzt den CO-Gehalt (%) prüfen. Der CO-Gehalt sollte bei erhöhter Leerlaufdrehzahl (1150-1250/min) bei 3% liegen. Kann der CO-Wert von 3% nicht eingehalten, werden, muss der CO-Gehalt durch Hinein- oder Herausdrehen der Gemischschrauben soweit nachreguliert werden, bis der Wert von 3% erreicht ist.
10) Am Ende müssen die Zylinder 2 und 5 bei einer erhöhten Leerlaufdrehzahl zwischen 1150 und 1250/min und einem CO-Gehalt von 3% miteinander synchronisiert sein.
11) Hilfskabel abziehen und grau-rotes Kabel am Gemischanreicherungsmagnetventil wieder anschließen.
12) Wenn alle Einstellschritte richtig ausgeführt wurden, arbeitet der Gemischanreicherungskreis, ohne dass dies im Motorlauf überhaupt auffällt.

Zenith-Vergaserersatzteile (aus Altbeständen) sind heute in der Regel nur noch über Spezialhändler für klassische Porsche oder über Vergaserspezialbetriebe zu bekommen.

Anhang 7
Einstellen der mechanischen Einspritzanlage

Die frühen 911 S waren fantastische Fahrzeuge und der 911 S 2,4 Liter vielleicht sogar der Beste von allen. So unglaublich es auch klingt – trotz all der High-Tech-Entwicklung, die in die späteren Porsche 911 einfloss, dauerte es rund 20 Jahre, bis Porsche wieder ähnliche spezifische Leistungsdaten wie beim 2,4-Liter-Motor des 911 S erreichte. Dessen spezifische Leistung betrug 81,6 PS/Liter, und erst der 993 von 1996 kam wieder auf 79,2 PS/Liter. Der 2-Liter-911 S von 1969 hatte mit 85,4 PS/Liter den Bestwert aller Zeiten erreicht, gefolgt vom 911 S 2,2 Liter von 1970/71 mit 82,0 PS/Liter sowie dem 911 S 2,4 Liter von 1972/73 mit 81,6 PS/Liter. Dass die Literleistung beim 2,4-Liter-911 S geringfügig niedriger lag, ist sicher auf die auf bescheidene 8,5:1 zurückgenommene Motorverdichtung (statt dem Maximalwert von 9,9:1 des 911 S von 1969) zurückzuführen. Erstaunliche Randbemerkung: Bei diesem PS-Wettlauf kam sogar der Carrera RS 2,7 nur noch auf 78,2 PS/Liter – weniger als alle 911 S-Motoren mit mechanischer Einspritzanlage und auch als der 993er Motor von 1996.

Als die auf 2,4 l vergrößerten 911 debütierten, hieß es in einer Porsche-Kundendienstmitteilung, dass bei Rundlaufproblemen mit den 911 mit mechanischer Saugrohr-Einspritzanlage zuallererst die Oktanzahl des getankten Kraftstoffs zu prüfen sei, denn aufgrund der geringeren Verdichtung wurde das niedrigeroktanige (92 ROZ) Normalbenzin und nicht mehr die damals angebotenen Superkraftstoffe empfohlen. In einer von Porsche veröffentlichten Prüf- und Einstellbroschüre zur mechanischen Einspritzanlage wurde auf folgenden Zusammenhang hingewiesen:

Motoren, die mit höheroktanigen Kraftstoffen betrieben werden, laufen nicht einwandfrei, da das Benzin umso schwerer zündet (also zündunwilliger wird), je ausgeprägter die Antiklopfeigenschaften sind (d. h. je höher die Oktanzahl ist).

Ist die Oktanzahl zu hoch und kommt im Motor kein sauberer Verbrennungsverlauf zustande, steigt der CO-Wert (%) in den Abgasen deutlich an und die Gemischeinstellung ist spürbar erschwert. Porsche wies die Werkstätten daher bei Schwierigkeiten bei der Einstellung des CO-Werts an, stets die Kunden nach der getankten Kraftstoffsorte (und dessen Oktanzahl) zu befragen. Diese Probleme sowie Laufunruhe im mittleren Drehzahlbereich der 911 S mit 2,4-Liter-Motor waren damals keine Seltenheit – während vergleichbare Störungen bei anderen Fahrzeugen mit mechanischer Einspritzanlage nie zu beobachten waren (es sei denn, es lag ein echter mechanischer Defekt vor). Als Abhilfe wurde eine Vorverlegung der Nockenwellensteuerzeiten vorgeschlagen. Eigene Versuche ergaben, dass dies durchaus eine gewisse Verbesserung brachte. Offenbar war die Einspritzcharakteristik des Raumnockens der Einspritzpumpe doch nicht so genau auf den Motor abgestimmt wie bei anderen Fahrzeugtypen mit mechanischer Einspritzanlage.

Bei Arbeiten an Fahrzeugen mit mechanischer Einspritzanlage müssen unbedingt alle anderen Motorkomponenten in einwandfreiem Zustand sein, bevor wir uns der Einspritzpumpe zuwenden. Die Einspritzpumpe dieser Anlagen ist eine relativ simple Konstruktion, die darauf angewiesen ist, dass der Motor selbst in tadellosem Zustand ist, denn sie kann – anders als neuere elektronische Einspritzanlagen – in anderen Bereichen des Motors vorhandene Fehler nicht kompensieren. Stimmt der Verbrennungsablauf also aufgrund ungeeigneten Benzins nicht, kann die mechanische Einspritzpumpe diese Störungen im Verbrennungsablauf nicht ausgleichen.

Aufgrund seiner niedrigen Verdichtung müsste der 2,4-Liter-911 S von 1972 mit niedrigeroktanigen Kraftstoffen problemlos auskommen und damit sogar besser laufen. Zur Funktionsdiagnose der Motoren des 911 S führen wir zuerst die folgenden Prüfungen durch, bevor wir uns der Einspritzpumpe zuwenden:

1) Bauform, Wärmewert und Elektrodenabstand der Zündkerze müssen stimmen und die Kerzen müssen in tadellosem Zustand sein.
2) Widerstand der Zündkerzenstecker prüfen.
3) Luftfilter auf Verschmutzung oder sonstige Strömungshindernisse prüfen.
4) Batteriespannung prüfen. Sie muss mindestens 12,5 V betragen.
5) Kompression messen. Dabei die Zahl der Motorumdrehungen mitzählen und bei allen Zylindern mit der gleichen Zahl Umdrehungen messen. Die Kompressionsunterschiede der einzelnen Zylinder dürfen nicht mehr als 10 Prozent zwischen dem höchsten und dem niedrigsten Wert betragen. Die Batteriespannung darf nicht unter 10 V abfallen, wenn der Motor bei der Kompressionsprüfung mit dem Anlasser durchgedreht wird.
6) Schließwinkel und Zündzeitpunkt kontrollieren. Ein falsch eingestellter Zündzeitpunkt kann die Abgaswerte verfälschen.
7) Ventilspiel kontrollieren. Bei falsch eingestelltem Ventilspiel können sich auch die Nockenwellensteuerzeiten verschieben, was wiederum Unregelmäßigkeiten im Motorlauf hervorrufen kann, für die fälschlicherweise die Einspritzanlage verantwortlich gemacht wird.
8) Der Einspritzzeitpunkt muss richtig eingestellt sein; der richtige Zeitpunkt ist 40° nach OT-Überschneidung (OT des 4. Zylinders). Wenn der Antriebsriemen der Einspritzpumpe nicht genug Spannung hat, beeinflusst dies ebenfalls die Pumpeneinstellung und kann unrunden Lauf verursachen.
9) Einspritzdruck der elektrischen Kraftstoffpumpe prüfen: 0,8 ±0,2 bar.
10) Fördermenge der elektrischen Kraftstoffpumpe prüfen: 900 ccm ±100 ccm je 30 Sekunden.
11) Synchronisation der Gestängebewegung einschließlich Länge der Pumpenregelstange (114 ±1 mm) prüfen. Die Synchronisation der Pumpengestängebewegung ist sehr wichtig, da die Pumpe eine falsche Gemischzusammensetzung nicht ausgleichen kann und die Gestängeeinstellung die Kraftstoff-Luft-Gemischzusammensetzung bestimmt (sofern die Pumpe einwandfrei funktioniert).
12) Einstellversuche an der Pumpe sollten erst vorgenommen werden, wenn alle obigen Punkte überprüft und etwaige Fehler behoben wurden. Beim Einstellen der Pumpe muss der Motor seine Betriebstemperatur erreicht haben und die Pumpeneinstellung mit dem Abgastester überprüft werden. Im Leerlauf darf der CO-Wert (%) nicht mehr als 3 ±0,5% betragen. Ist das Gemisch zu fett eingestellt, drehen wir die Leerlaufeinstellschraube entgegen dem Uhrzeigersinn weiter; ist das Gemisch zu mager, drehen wir sie im Uhrzeigersinn.
13) Auch der Leistungsbereich der Pumpe muss mithilfe eines Abgastesters eingestellt werden, entweder auf einem Rollenprüfstand oder durch Fahrversuche. Das Gemisch ist so einzustellen, dass bei einer Drosselklappenöffnung von 7° im 2. Gang bei 2500/min der CO-Wert bei 2,0 ±0,7% liegt. Bei Vollgas im 2. Gang bei 3000/min (bei Fahrversuchen auf der Straße kann der Wagen mit der Betriebsbremse auf dieser Drehzahl gehalten werden) sollte der CO-Wert bei 6,5 ±0,7% liegen. Anschließend muss der CO-Wert nochmals im Leerlauf überprüft werden; er muss jetzt 3,5 ±0,5% bei 900-950/min betragen. Bei der Einstellung die Regelstangenschraube im Uhrzeigersinn (nach rechts) drehen, um die Einstellung abzumagern, und nach links drehen, für eine fettere Einstellung.

Zusammenfassung: Bei der Einstellung des Leistungsbereichs (Einstellung der Regelstange) wird die Einstellschraube also zur fetteren Einstellung nach links und zur Abmagerung nach rechts gedreht. Bei der Leerlaufeinstellung wird durch Linksdrehen das Gemisch abgemagert und durch Rechtsdrehen fetter eingestellt – also umgekehrt als bei der Einstellung der Regelstange.

Beim Anlassen der Modelle mit mechanischer Einspritzanlage soll der Handgaszug bis zum Anschlag herausgezogen werden. Das Gaspedal darf beim Anlassen nicht betätigt werden. Sobald der Motor angesprungen ist, lassen wir ihn einige Minuten laufen, dann geben wir Gas, bis der Motor mit ca. 4500/min läuft. Dann vom Gaspedal gehen und den Handzug soweit hineinschieben, dass die Motordrehzahl ca. 1200-1400/min beträgt. Mit zunehmend wärmerem Motor steigt die Motordrehzahl; jetzt kann mit dem Handzug die Drehzahl korrigiert werden, bis der Handzug schließlich ganz hineingedrückt wird.

Springt der Motor mit dieser Methode nicht an, liegt irgendwo ein Fehler vor. Wenn der Handzug bei kaltem Motor gezogen wird, soll damit die Kaltstartanreicherung über dem Benzinfilter zugeschaltet werden. Durch einen Temperaturzeitschalter in der Motorentlüfterabdeckung wird erfasst, ob der Motor kalt genug ist, um eine Kaltstartanreicherung zu benötigen. Über dem Benzinfilter sitzt ein Anreicherungsmagnetventil: Wenn der Handzug gezogen und der Temperaturzeitschalter beim Betätigen des Anlassers aktiviert wurde, wird Kraftstoff in ein Anreicherungsrohr in den Saugrohren eingespritzt (vor der Einführung der 2,4-Liter-Motoren saß diese Anreicherungsvorrichtung in den Luftfiltern).

Diese zusätzliche Kraftstoffmenge erleichtert das Anspringen des Motors. Sobald der Motor nicht mehr mit dem Anlasser durchgedreht wird, wird aber auch kein Kraftstoff mehr zugeführt.

An einem Rohr am Wärmetauscher sitzt ein Schlauch, der vorgewärmte Luft zu einem Thermostat an der mechanischen Einspritzpumpe leitet. Dieser Thermostat besteht aus mehreren Lagen, die sich bei Erwärmung ausdehnen und eine mechanische Bewegung ausführen, durch die das Kraftstoffgemisch abgemagert wird. Bei kaltem Motor steht die Einspritzregelstange in der Maximalstellung, damit der Motor das bei kaltem Motor benötigte passende Gemisch erhält. Nimmt der Motor nach und nach Temperatur auf, strömt die warme Luft aus diesem Schlauch vom Wärmetauscher zu den Metall-Dehnlagen. In dieser Warmlaufphase des Motors erwärmen sich die Dehnlagen und üben eine Zugbewegung auf die Einspritzregelstange aus, wodurch die zusätzliche Anreicherung immer weiter reduziert wird. Der Thermostat ist nur bis zu einer Temperatur von 45 °C (112 °F) aktiv. Wenn alle Anschlüsse in Ordnung sind, müsste der Thermostat dem Motor jetzt einen schönen Rundlauf bescheren.

Läuft der Motor aber im Leerlauf und bei niedrigen Drehzahlen unrund, sollten die folgenden zehn von Porsche vorgeschriebenen Prüfungen durchgeführt werden:

Porsche-Vorgaben für die Reihenfolge der Prüf- und Einstellarbeiten an den mechanischen Einspritzanlagen

1. Luftfilter
- Auf evtl. Drosselungen des Luftdurchsatzes kontrollieren

2. Druckverlustprüfung an den Zylindern
- max. Unterschied 10 Prozent

3. Zündkerzen
- Widerstand an Kerzensteckern und Zündkabeln prüfen
- Kerzentypen:
  2 Liter, 2,2 und 2,4 Liter (E und S): Bosch W265P21
  2,4 Liter (T): Bosch W5DC
- **Elektrodenabstand:**
  HKZ-Zündanlage: 0,55 mm
  Zündanlage ohne HKZ: 0,35 mm

4. Schließwinkel
- Bosch: 38° + 3°
- Marelli: 37° + 3°

5. Zündzeitpunkt
- 2 und 2,2 l: 0-2° nach OT bei Leerlaufdrehzahl; nicht mehr als 30° vor OT bei 6000/min
- 2,4 l: 5° nach OT bei Leerlaufdrehzahl (Unterdruckschlauch angeschlossen), 32-38° vor OT bei 6000/min (Unterdruckschlauch abgezogen)

6. Kraftstoffdruck und -durchsatz
- Druck: 0,8 ±0,2 bar
- Durchsatz: 1,0 l in 30 Sekunden

7. Einspritzventile
- Spritzbild prüfen; die Einspritzventile dürfen nicht nachtropfen

8. Einspritzzeitpunkt
- 40° nach OT-Überschneidung, Zylinder Nr. 1

9. Synchronisation
- Gestängenachlauf

Pumpe (Grad)	Drosselklappen (Grad)	Zulässige max. Abweichung (Grad)
Links (Ist)	Rechts (Ist)	
0	0	±0,5
5	3	±0,5
10	6	±0,5
15	9,5	±0,5
20	13	±0,5
30	21	±0,5
40	30	±0,1
50	40,5	±0,1
60	52	±0,1
70	65	±0,1
79-82	80-85	±0,1

Synchronisation der Drosselklappen
- Grundeinstellung: Luftkorrekturschrauben öffnen
  2 und 2,2 l: 5/2 Umdrehungen
  2,4 l: 3/2 Umdrehungen
- Luftdurchsatz an den einzelnen Zylindern bei 3000/min messen
- Durchschnittswert der Ablesewerte ermitteln
- Jeden Zylinder auf Durchschnittswert einstellen (äußerste Einstellung 8/2 Umdrehungen)

10. Abgaswerte
- bei Teillast
- im Leerlauf

Siehe Motoraufkleber und Seiten SF 38 und SF 39 im Werkstatthandbuch.

Nach Werksvorschrift sollen die Abgaswerte bei Teillast entweder auf einem Rollenprüfstand mit Abgasanalysator oder durch eine Probefahrt mit mobilem Abgastester geprüft werden.

Anhang 8
K-Jetronic

Die K-Jetronic-Einspritzanlage tauchte erstmals im Modelljahr 1973 – im Januar – im 911 T auf und kam in den Folgejahren in allen 911 zum Einbau, bis 1984 der 911 Carrera auf den Markt kam. Bei der K-Jetronic (auch als CIS-Einspritzanlage bezeichnet) handelt es sich um eine relativ einfach aufgebaute mechanische Einspritzanlage für Ottomotoren. Die in den Motor angesaugte Luftmenge wird durch die Drosselklappe dosiert und die Luftmenge durch einen Luftmengenmesser gemessen, der seinerseits die Stellung eines Kraftstoff-Steuerkolbens im Kraftstoffmengenteiler bestimmt. Vom Mengenteiler strömt der Kraftstoff über die einzelnen Kraftstoffleitungen zu den Einspritzventilen und wird in den Motor eingespritzt. Die Konstruktion ist also relativ einfach und arbeitet bedarfsabhängig, wobei die benötigte Gemischzusammensetzung anhand des Luftdurchsatzes ermittelt wird. Darüber hinaus verfügt die K-Jetronic über diverse Ausgleichseinrichtungen, die in allen Betriebszuständen des Motors eine präzise Funktion der Einspritzanlage gewährleisten sollen.

Bei ihrem Debüt 1973 war die K-Jetronic eine recht durchdachte Konstruktion, die ordentliche Leistung bei mäßigem Verbrauch ermöglichte. Zudem ließen sich mit ihr die Abgasgrenzwerte, die seinerzeit in den USA jedes Jahr weiter verschärft wurden, zuverlässiger einhalten.

Allerdings ist die K-Jetronic mit einigen Mängeln behaftet, von denen sich manche nur mit Mühe in den Griff bekommen lassen. Aufgrund des Prinzips der Luftmengenmessung eignet sich die K-Jetronic nur für Motoren mit relativ zahmen Nockenwellen, entsprechend begrenzt ist auch das nutzbare Leistungspotenzial dieser Motoren. Noch bedenklicher ist die Anfälligkeit der K-Jetronic gegenüber Verunreinigungen im Kraftstoff, da der Kraftstoff unzählige Bauteile im Innenleben der Einspritzanlage passieren muss.

Über die Jahre sorgten durch verunreinigten Kraftstoff hervorgerufene Funktionsstörungen an K-Jetronic-Anlagen immer wieder für Probleme. Feuchtigkeitseinschlüsse und Verunreinigungen im Kraftstoff waren die Ursache für Kraftstoffmangel und unsauberen Motorlauf. Die K-Jetronic ist daher ganz besonders auf absolut sauberes Benzin ohne Wassereinschlüsse angewiesen. Bei als Oktanbooster verwendeten Alkoholzusätzen oder neueren Benzinsorten mit höherem Ethanolgehalt ist zu beachten, dass der Alkohol Wasser in Suspension hält, das dann in konzentrierter Form in die Einspritzanlage gelangen und dort Rückstandsbildung und Korrosionsschäden verursachen kann.

Bei den 911 mit K-Jetronic können auch verstellte oder defekte Warmlaufregler Probleme bereiten. Bei anderen Modellen mit K-Jetronic (z. B. den Porsche 924 und 928 bis 1980) machen sich diese Störungen erstaunlicherweise bei weitem nicht so gravierend bemerkbar. Ohne die richtige Gemischzusammensetzung kann die Warmlaufphase zu einer Art Russisch Roulette mit dem Luftführungsgehäuse (Ansaugkasten bzw. Airbox) geraten. Oft sind fehlerhafte Warmlaufregler an geplatzten Luftführungsgehäusen schuld. Läuft Ihr 911 nach dem Kaltstart während den ersten 1 bis 2 Minuten spürbar holprig, will der Motor ein Problem signalisieren. Als aufmerksamer Porsche-Fahrer sollte man dann genau hinhören.

Der Warmlaufregler sollte eingestellt oder erneuert werden, bevor auch ein neues Luftführungsgehäuse fällig wird. Zwar kann nicht nur der Warmlaufregler dem Luftführungsgehäuse den Garaus machen, er lässt sich als Fehlerquelle aber relativ zuverlässig eingrenzen. Bei unrundem Motorlauf ist eine eingehende Ursachenforschung unabdingbar, denn Fehlzündungen im Ansaugtrakt, die das Luftführungsgehäuse zum Platzen bringen, können unterschiedlichste Ursachen haben und deren erstes Symptom ist oft unrunder Motorlauf. Es kam auch schon vor, dass ein und derselbe 911 jedes Jahr pünktlich zum Beginn der kalten Jahreszeit im Spätherbst und dann wieder bei den ersten wärmeren Temperaturen im Frühling Patscher auf der Ansaugseite produzierte und damit das Luftführungsgehäuse ruinierte.

Die geschirmten Zündkabel, die Porsche ab Werk montierte, sollten Interferenzen zwischen den Zündkabeln unterdrücken, die nach der Einführung der K-Jetronic lange Zeit als Ursache für Fehlzündungen und die daraus resultierenden Risse im Luftführungsgehäuse vermutet wurden. Eigentlicher Grund dieser Patscher auf der Ansaugseite waren jedoch von Zylinder zu Zylinder stark schwankende Gemischzusammensetzungen. Extrem magere Gemische verbrennen langsamer, d.h. der Verbrennungsvorgang läuft möglicherweise noch, wenn das Einlassventil des zu mager laufenden Zylinders bereits wieder öffnet. Wenn dann frisches Kraftstoff-Luft-Gemisch in den noch laufenden Verbrennungsvorgang gerät, können die Fehlzündungen in das Ansauggehäuse zurückschlagen und dort den Kraftstoff entzünden und das Gehäuse regelrecht sprengen.

Etliche Besitzer eines dieser 911 montierten zum Schutz der Luftführungsgehäuse ein Flammrückschlagsicherungsventil. Über dieses Ventil sollen Verpuffungen oder Flammenrückschläge im Ansaugtrakt direkt ins Freie entweichen, damit – der Theorie nach – Überdrücke ungehindert abgeleitet werden können und sich gar nicht erst anderswo ihren Weg ins Freie suchen und dabei das Luftführungsgehäuse oder andere Bauteile zerreißen.

Ab dem Modelljahr 1981 wurde unten im Luftansauggehäuse für die einzelnen Zylinder ein Kaltstartverteiler montiert. Der Anreicherungskraftstoff für den Kaltstart wird in das Zentralrohr dieses Verteilers eingespritzt und mit der Zusatzluft aus dem Zusatzluftventil bzw. Zusatzluftregler gemischt und gleichmäßig auf die einzelnen Zylinder verteilt. Bei den Modellen vor 1981 tropfte der für den Kaltstart benötigte zusätzliche Kraftstoff einfach in das Unterteil des Luftführungsgehäuses. Dadurch geriet die Gemischverteilung zwischen den Zylindern mitunter sehr uneinheitlich, und hierin lag auch die eigentliche Ursache für die allermeisten Verpuffungen beim Kaltstart und deswegen geplatzten Luftführungsgehäuse. Bei einigen Zylindern war die Gemischzusammensetzung in Ordnung, bei anderen zu fett und wieder bei anderen zu mager, und dieses Ungleichgewicht zerstörte so manche Gehäuse.

Die 1981 eingeführte geänderte Kaltstarteinrichtung mit Kaltstartverteiler dürfte das Problem der geplatzten Luftführungsgehäuse zu rund 90 Prozent behoben haben. Vereinzelt tritt dieses Phänomen allerdings noch auf.

Hierfür sind allerdings eher Störungen an der Einspritzanlage oder abrupte Veränderungen der klimatischen Bedingungen auf der Ansaugseite verantwortlich. Auf der Einspritzseite kann vor allem ein schadhafter Warmlaufregler für Probleme sorgen. Die Gemischzusammensetzung stimmt dann nach dem Anspringen nicht und der Motor „patscht" nach dem Anspringen genauso in den Ansaugtrakt zurück, wie es zuvor während des Kaltstart-Anlassvorgangs passierte. Läuft der Motor nach dem Anspringen also einige Sekunden holprig und erst danach zunehmend runder, ist dies meist auf einen schadhaften Warmlaufregler zurückzuführen. Wird diese Störung nicht rasch behoben, ist das Luftführungsgehäuse akut gefährdet.

Um diese Gefahr von Fehlzündungen zu beseitigen, ist bei allen K-Jetronic-Modellen von 1973 bis 1983 der Einbau der Rückschlagventile zu empfehlen. Dieses Rückschlagventil dürfte rund 10 Prozent jener Luftführungs- bzw. Ansauggehäuse das Leben retten, bei denen infolge eines Defekts angrenzender Bauteile Fehlzündungen und Flammrückschläge auftreten.

Vor der Umstellung auf den neuen Kaltstartverteiler versuchte Porsche, dem Fehlzündungsproblem beim Kaltstart auf andere Weise Herr zu werden, u. a. durch geschirmte Zündkabel, da – wie erwähnt – Interferenzen zwischen den einzelnen Zündkabeln als Ursache der Fehlzündungen vermutet wurden. Dies brachte allerdings keine durchgreifende Besserung. Als hochwertige Nachrüstzündkabel haben sich 7-mm-Aramidfaserkabel bewährt.

Fehlerdiagnosen und -behebungen an der K-Jetronic sind nicht einfach. Es führt kein Weg daran vorbei, jede Einzelkomponente zu prüfen und etwaige Störungen zu beheben.

Grundvoraussetzung ist, dass der Motor an sich einwandfrei in Ordnung ist:

- Kompression prüfen: Eine gleichmäßige Kompression auf allen Zylindern ist ein Muss.
- Funktion des Zündverteilers prüfen.
- Zündzeitpunkt kontrollieren.
- Alle Bestandteile der K-Jetronic müssen richtig angeschlossen und befestigt sein. Das Schaubild im Reparaturleitfaden zeigt die Einzelheiten hierzu.
- Saugrohrmanschetten und alle andere Anschlüsse hinter dem Luftmengenmesser auf Luftaustritt bzw. Undichtigkeiten kontrollieren.
- Am Luftführungsgehäuse (Ansaugkasten) dürfen keinerlei Undichtigkeiten vorhanden sein, auch nicht am Rückschlagventil.
- Bewegung des Luftmengenmessers kontrollieren; dazu die Stauscheibe über ihren Weg anheben. Sie muss sich ruckfrei auf- und abbewegen.
- Ausrichtung der Stauscheibe im Ansauglufttrichter kontrollieren. Die Stauscheibe muss auf der richtigen Höhe und zentriert im Lufttrichter stehen.
- Fördermenge der Kraftstoffpumpe prüfen.
- Kraftstoffdruck prüfen.
- Steuerdruck über den gesamten Betriebsbereich von kaltem bis zu betriebswarmem Motor prüfen.
- Zusatzluftregler (an den elektrischen Anschlüssen zu erkennen) prüfen.
- Eine zu hohe Leerlaufdrehzahl kann auf schadhafte Luftregeleinrichtungen zurückzuführen sein: Zusatzluftventil, Zusatzluftregler, Abmagerungsventil.
- Zusatzluftregler kontrollieren; dazu den oberen Luftschlauch abziehen und den Schlauch verschließen. Ist der Fehler jetzt verschwunden, ist das Luftventil der Schuldige. Der Schlauch kann auch mit einer Gripzange abgeklemmt werden – oder der Schlauch wird abgezogen und mit einer Spitzzange verschlossen.
- Diese Prüfung wiederholen wir am Zusatzluftventil und am Abmagerungsventil. Verschwindet der Fehler dann, ist sehr wahrscheinlich das betreffende Ventil schadhaft und sollte erneuert werden.

Kaltstartschwierigkeiten sind bei der K-Jetronic keine Seltenheit. Beim Anlassen müssen drei Vorgänge ablaufen: Zuerst muss das Kaltstartventil zusätzlichen Kraftstoff einspritzen, solange der Anlasser den kalten Motor durchdreht. Sobald der Motor anspringt, soll der Zusatzluftregler eine Öffnung an der Drosselklappe freigeben, damit die Leerlaufdrehzahl angehoben wird. Außerdem soll der Warmlaufregler den Steuerdruck senken und das Gemisch anreichern, solange der Motor noch kalt ist.

Die nachstehende Beschreibung der Funktion des Kaltstartsystems gibt hoffentlich ein paar Fingerzeige für die Störungssuche.

Das Kaltstartsystem verfügt an der Rückseite des Luftführungsgehäuses über ein elektronisch gesteuertes Einspritzventil (als siebtes Einspritzventil), das seine Ansteuerspannung während des Anlassvorgangs vom Anlasser erhält. Außerdem ist in diesem System ein Thermozeitschalter vorhanden, der das Kaltstartsystem zuschaltet, wenn der Motor kalt ist, und abschaltet, wenn der Motor warm ist.

1976 stellte Porsche auf eine neue Ausführung des Warmlaufreglers um, wie sie in ähnlicher Ausführung bei anderen Modellen zu finden ist. Mit der ursprünglichen Ausführung wurde lediglich das Gemisch bei kaltem Motor angereichert, der neue, komplexer aufgebaute Warmlaufregler bewirkt dagegen auch bei bestimmten anderen Betriebszuständen eine Gemischanreicherung. Der Warmlaufregler regelt den Steuerdruck in Abhängigkeit vom Ansaugdruck.

Die Gemischanreicherung wird durch eine Verringerung des Steuerdrucks im Mengenteiler erreicht. Sinkt der Steuerdruck, vergrößern sich die Stellwege von Luftmengenmesser und Gemischregler gegenüber dem Normalzustand und das Gemisch wird zusätzlich angefettet.

Als Porsche auf diese Reglerausführung umstellte, war der Warmlaufregler des 911 S neu und besaß einen zusätzlichen Steueranschluss. Bei voll betätigtem (warmem) Warmlaufregler wird der Steuerdruck im Betriebszustand des Motors entsprechend dem Differenzdruck am Saugrohr vor und hinter der Drosselklappe verändert. Der ursprüngliche Warmlaufregler funktionierte entsprechend dieser von Bosch formulierten Beschreibung. 1978 wurde jedoch der interne Aufbau des Warmlaufreglers und damit auch dessen Funktion verändert und die Anschlüsse der Unterdruckleitungen wurden vertauscht. Als Grundprinzip bleibt, dass das Gemisch angereichert wird, damit die Motoren besser laufen und höhere Leistung entwickeln können.

1977 kam das Thermoventil hinzu; nach dem Anlassen des Motors wird das Thermoventil langsam über eine elektrische Verbindung zum Kraftstoffpumpenkreis aufgeheizt. Indem der Unterdruckkanal mit Verzögerung öffnet, wird eine zusätzliche Warmlaufanreicherung über den Warmlauf-/Steuerdruckregler erreicht. Die Kontrolle des Thermoventils kann anhand des Zeit-/Lufttemperatur-Diagramms in den Herstellerunterlagen erfolgen. Bei 20 °C sollte die Öffnungsdauer beispielsweise 20 bis 33 Sekunden betragen.

Zur Kontrolle des Thermoventils muss der Unterdruckschlauch vom oberen Anschluss am Steuerdruckregler (Schlauch vom Thermoventil) abgezogen werden. Dann die Zündung einschalten und den Stecker des Luftmengenmessers abziehen und den Schlauch durchblasen. Am Ventil darf in geschlossenem Zustand keine Luft austreten, es sollte sich aber entsprechend dem Zeit-/Lufttemperaturdiagramm öffnen.

Der Thermozeitschalter ist nur im Kaltstartsystem (siebtes Einspritzventil) aktiv, d. h. wenn der kalte Motor anspringt, ist der Zeitschalter vermutlich in Ordnung. Der Thermozeitschalter soll die Öffnungsdauer des Kaltstartventils begrenzen. Das Kaltstartventil tritt nur beim erstmaligen Anlassen des kalten Motors in Funktion, wobei mehrere Bedingungen erfüllt sein müssen, damit es überhaupt zuschaltet. Nachdem der Motor angesprungen ist, schalten die weiteren Zusatzsysteme zu, die den Motor am Laufen halten.

Springt der Motor also in kaltem Zustand problemlos an, ist das Kaltstartsystem in Ordnung und die „Kaltstartschwierigkeiten" dürften eher bei der Zusatzluftregelung oder Kraftstoffanreicherung zu suchen sein. Am besten lässt sich der Warmlaufregler mit einem Druckmanometersatz prüfen. Die Prüfung der unterschiedlichen Betriebsdrücke zeigt, ob alle Kraftstoffsysteme einwandfrei arbeiten. Zur Kontrolle des Zusatzluftventils muss dieses ausgebaut und einer Sichtprüfung unterzogen werden. In kaltem Zustand muss es geöffnet sein. Anschließend schließen wir es an eine 12-V-Stromversorgung an und prüfen, ob es sich jetzt relativ schnell schließt.

Auch die Prüfung des Ansaugtrakts auf Falschluft bzw. Undichtigkeiten ist sinnvoll. Risse im Luftführungsgehäuse oder andere undichte Stellen können intermittierende, unerklärliche Störungen verursachen.

Springt der Motor dagegen bei warmem oder heißem Motor schlecht an, liegt dies meistens am Abfall des Systemdrucks in der Einspritzanlage. Springt der Motor nur zögerlich an, nachdem der Wagen einige Minuten stand, kann der Kraftstoff-Druckspeicher der Schuldige sein. Am häufigsten sind derartige Störungen aber auf ein schadhaftes Rückschlagventil in der Benzinpumpe zurückzuführen.

Statt die komplette Benzinpumpe zu tauschen, kann dieses Problem auch durch den Einbau eines zusätzlichen Rückschlagventils behoben werden.

Die M12x1,5-Version trägt die Teile-Nr. 810.906.093, die Teile-Nr. für die Haube ist die N011 0691. Diese Ausführung wird bei neueren 911, 930 und 928 verwendet. Die M10x1,5-Version trägt die Teile-Nr. 911.608.211.00, die Haube die Teile-Nr. N011 0651. Ähnliche Rückschlagventile sind von Audi unter der Teile-Nr. 810 906 112 und von Bosch unter der Teile-Nr. 1 587 010 001 lieferbar.

Zweck hinter dieser Nachrüstung ist, dass in der Kraftstoffanlage ein gewisser Restdruck erhalten bleibt, d. h. beim Anlassen des nicht ausgekühlten Motors springt der Motor mit dem restlichen Kraftstoff in der Anlage schneller an. Springt der Motor schlecht an oder läuft er unsauber, sollten die folgenden Drücke in der Kraftstoffanlage überprüft werden:

- Kraftstoffdruck und Steuerdruck prüfen.
- Der Kraftstoffdruck sollte 4,5 bis 5,2 bar betragen.
- Der vorgeschriebene Steuerdruck ist:
  Kalt: 1,1 bis 3,8 bar (je nach Temperatur), siehe Schaubild im Reparaturleitfaden oder Datenhandbuch.
  Warm: 3,4 bis 3,8 bar [kein Unterdruck]
- Auch eine Leckprüfung muss bei dieser Gelegenheit durchgeführt werden. Die Solldrücke sind:
  1,3 bar nach 10 Minuten.
  1,1 bar nach 20 Minuten.

Soll der Motor nach ca. 20 Minuten angelassen werden, geht das System davon aus, dass noch ein Restdruck von 1,1 bar anliegt. Ist der Kraftstoffdruck niedriger, dreht der Motor endlos am Anlasser, springt aber nicht an. Bleibt der Motor stehen, bis er richtig ausgekühlt ist, erkennt der Thermosensor am Kaltstartsystem den kalten Motor und das Ventil schaltet zu und der Motor springt an. Übermäßiger Abfall des Kraftstoffdrucks kann auf unterschiedliche Funktionsstörungen zurückzuführen sein, insbesondere am Rückschlagventil oder in der Benzinpumpe.

Die Störungsdiagnose an der Einspritzanlage sollte möglichst durch Fachleute mit Erfahrung und den erforderlichen Prüfgeräten erfolgen. Eine Fehlersuche, bei der Bauteile der Einspritzanlage auf Verdacht ausgetauscht werden, läuft schnell ins Geld. Alteingesessene Bosch-Dienste oder Fachbetriebe für Einspritzanlagen, die sich auch mit älteren Bauarten auskennen, sind geeignete Ansprechpartner.

Auch bei der Störungsdiagnose an modernen Einspritzanlagen hilft nur systematisches Vorgehen und Abarbeiten aller Einzelschritte, bis wir zum Kern des Problems vordringen.

Anhang 9
Ölwechsel beim 964 und 993

964

Der Öl- und Ölfilterwechsel ist beim 964 deutlich aufwändiger als bei früheren Modellen, daher ist es keine Schande, diese Arbeit einer Fachwerkstatt zu übertragen. Eine Hebebühne ist auf jeden Fall sehr hilfreich, um den Ölwechsel in einer vernünftigen Arbeitshöhe durchführen zu können.

Zunächst müssen die Unterbodenverkleidung unter dem Motor, die rechte Seitenverkleidung und der Kotflügeleinsatz des rechten Heckkotflügels demontiert werden, um zum Ablassen des Altöls an die Ablassschrauben an Kurbelgehäuse und Thermostatgehäuse und an der Ölfilteraufnahme (nur bei Saugmotoren) heranzukommen. Die Unterbodenverkleidung unter dem Motor sollte nicht wieder montiert werden, denn sie ist für Hitzestau im Motorraum verantwortlich.

Wir bauen den Ölfilter mit einem handelsüblichen Ölfilterspannband aus. Der Dichtring der neuen Filterpatrone wird dünn mit Motoröl bestrichen und die Patrone von Hand festgedreht, bis der Dichtring satt anliegt, und anschließend noch ungefähr eine halbe Umdrehung weiter festgedreht.

Dann die Ablassschrauben reinigen und neue Dichtringe auflegen. Anzugsmomente: Ölablassschraube am Kurbelgehäuse: 70 Nm. Ablassschraube am Thermostatgehäuse: 65 Nm. Schraube an Ölfilteraufnahme: 30 Nm.

Beim Befüllen zuerst 6 Liter frisches Motoröl einfüllen und den Motor anlassen. Dann weitere 3 bis 4 Liter nachfüllen, bis der Ölstand am Ölmessstab an der „Voll"-Marke (auf halber Strecke zwischen den beiden Marken am Messstab) steht. Anschließend eine Probefahrt machen, bei der der Motor seine Betriebstemperatur erreichen soll, und danach auf Ölverlust kontrollieren. Dann nochmals den Ölstand prüfen und ggf. Öl nachfüllen.

Beim Ölwechsel kann nicht das komplette Motoröl abgelassen werden. Im Ölkreislauf bleibt eine gewisse Restmenge zurück, d. h. de facto werden nur der Öltank und das Kurbelgehäuse sowie der Ölfilter entleert. Die verbleibende Restmenge in den Ölleitungen, dem Motor und dem Bugölkühler beträgt ca. 2 bis 3 Liter. Dies ist jedoch unbedenklich.

993

Porsche empfiehlt Ölwechselintervalle von 25.000 km bzw. einen jährlichen Ölwechsel bei normaler Beanspruchung sowie häufigere Ölwechsel bei besonders harter Beanspruchung. Wem wohler dabei ist, sein Motoröl alle 10.000 oder 15.000 km zu wechseln, der kann dies tun, als Leitlinie sollte jedoch auch hier ein jährlicher Ölwechsel beibehalten werden. Wenn Ihr Porsche die Hälfte des Jahres eingemottet ist, werden ohnehin kaum 10.000 oder 15.000 km jährliche Fahrleistung zusammenkommen.

Seit 11. April 2007 empfiehlt Porsche für alle Porsche 911 ab 1984 die Viskositäten SAE 0W40, SAE 5W40 oder SAE 5W50. Bei Verwendung dieser Öle ist ein jährlicher Ölwechsel empfehlenswert, am besten kurz vor der Einmottung während der kalten Jahreszeit. Der Öl- und Ölfilterwechsel ist beim 993 deutlich aufwendiger als bei früheren Modellen, daher wäre es überlegenswert, diese Arbeit einer Fachwerkstatt zu übertragen. Eine Hebebühne ist auf jeden Fall sehr hilfreich, um den Ölwechsel in einer vernünftigen Arbeitshöhe durchführen zu können. Eine gewisse Geschicklichkeit ist erforderlich, um den am Motor angebauten Ölfilter lösen zu können. Auf jeden Fall müssen die Unterbodenverkleidung unter dem Motor, die rechte Seitenverkleidung und der Kotflügeleinsatz des rechten Heckkotflügels demontiert werden, um zum Ablassen des Altöls an die Ölablassschrauben und Filter heranzukommen. Die Unterbodenverkleidung unter dem Motor sollte nicht wieder montiert werden, denn sie ist für Hitzestau im Motorraum mit verantwortlich.

Das Öl muss an der Ablassöffnung an der Motorunterseite sowie an der Ablassöffnung am Thermostatgehäuse unter den Verkleidungen vor dem rechten Hinterrad abgelassen werden. Zum Ausbau der Ölfilter empfiehlt sich Porsche-Spezialwerkzeug 9204; für den Filter am Thermostatgehäuse ist dies zwar nicht unbedingt erforderlich, für den Filter am Motor ist aber jede Ausbauhilfe willkommen. Dieser Filter sitzt an einem Gehäuse an der Stelle, an der bei den älteren 911 die Ölkühler montiert waren. Manche Schrauber demontieren vorab die störenden Schläuche – einen Heizschlauch oder eine Ölleitung –, um den Filter lösen zu können, anderen gelingt der Filterausbau dagegen auch ohne Schlauchdemontage. Gerade bei diesem Arbeitsgang wünscht man sich oft Spinnenfinger oder ein zusätzliches Armgelenk.

Beim Befüllen zuerst 6 Liter frisches Motoröl einfüllen und den Motor anlassen. Dann weitere 3 bis 4 Liter nachfüllen, bis der Ölstand am Ölmessstab an der „Voll"-Marke steht. Eine Probefahrt machen, bei der der Motor seine Betriebstemperatur erreichen soll, und danach ringsum auf Ölverlust kontrollieren. Dann nochmals den Ölstand prüfen und ggf. Öl nachfüllen.

Auch beim 993 kann beim Ölwechsel nicht das komplette Motoröl abgelassen werden. Im Ölkreislauf bleibt eine gewisse Restmenge zurück, d. h. de facto werden nur der Öltank und das Kurbelgehäuse sowie die Ölfilter entleert. Die verbleibende Restmenge in den Ölleitungen, dem Motor und dem Bugölkühler beträgt ca. 2 bis 3 Liter. Dies ist jedoch unbedenklich.

Achtung: Altöl, Filter und Verbrauchmaterialien (Lappen ect.) müssen in jedem Fall fachgerecht entsorgt werden.

PORSCHE

Fach- und Praxiswissen – *natürlich in Büchern von HEEL*

€ (D) 14,99 / € (A) 15,40
ISBN 9783868522983

€ (D) 9,99 / € (A) 10,30
ISBN 9783868526363

€ (D) 9,99 / € (A) 10,30
ISBN 9783868528831

€ (D) 9,99 / € (A) 10,30
ISBN 9783868528039

€ (D) 9,99 / € (A) 10,30
ISBN 9783868523737

€ (D) 9,99 / € (A) 10,30
ISBN 9783868523744

€ (D) 9,99 / € (A) 10,30
ISBN 9783868526936

€ (D) 9,99 / € (A) 10,30
ISBN 9783958431430

€ (D) 9,99 / € (A) 10,30
ISBN 9783898804998

€ (D) 14,95 / € (A) 15,40
ISBN 9783868520934

€ (D) 49,90 / € (A) 51,30
ISBN 9783898809108

€ (D) 49,90 / € (A) 51,30
ISBN 9783898809887

€ (D) 49,90 / € (A) 51,30
ISBN 9783898809894

€ (D) 39,95 / € (A) 41,10
ISBN 9783958434981

€ (D) 29,90 / € (A) 30,80
ISBN 9783898809146

€ (D) 39,95 / € (A) 41,10
ISBN 9783958433038

€ (D) 9,99 / € (A) 10,30
ISBN 9783868528060

€ (D) 14,99 / € (A) 15,50
ISBN 9783868528886

€ (D) 19,99 / € (A) 20,60
ISBN 9783868520415

€ (D) 29,95 / € (A) 30,80
ISBN 9783958433595

UNSER KOMPLETTES PROGRAMM ERHALTEN SIE IN IHRER BUCHHANDLUNG ODER UNTER WWW.HEEL-VERLAG.DE

€ (D) 49,95 / € (A) 51,30
ISBN 9783868526417

€ (D) 35,– / € (A) 36,–
ISBN 9783958435926

€ (D) 35,– / € (A) 36,–
ISBN 9783898802017

€ (D) 49,90 / € (A) 51,30
ISBN 9783868523058

€ (D) 45,– / € (A) 46,30
ISBN 9783958431447

€ (D) 45,– / € (A) 46,30
ISBN 9783958430075

€ (D) 45,– / € (A) 46,30
ISBN 9783868529463

€ (D) 59,– / € (A) 60,70
ISBN 9783958435957

€ (D) 49,95 / € (A) 51,30
ISBN 9783958430327

€ (D) 49,95 / € (A) 51,30
ISBN 9783868528138

€ (D) 49,95 / € (A) 51,30
ISBN 9783868521023

€ (D) 49,95 / € (A) 51,30
ISBN 9783868526929

UNSER KOMPLETTES PROGRAMM ERHALTEN SIE IN IHRER BUCHHANDLUNG ODER UNTER WWW.HEEL-VERLAG.DE